자기주도학습 체크리스트

- ✓ 선생님의 친절한 강의로 여러분의 예습 · 복습을 도와 드릴게요.
- ✓ 강의를 듣는 데에는 30분이면 충분합니다.
- ✓ 공부를 마친 후에 확인란에 체크하면서 스스로를 칭찬해 주세요.

날짜	강의명	확인
	강	
	강	
	강	
	강	
	강	
	강	
	강	
	강	
	강	
	강	
	강	
	강	
	강	
	강	
	강	
	강	
	강	
	강	
	강	
	강	
	강	
	강	

날짜	강의명	확인
	강	
	강	
	강	
	강	
	강	
	강	
	강	
	강	
	강	
	강	
	강	
	강	
	강	
	강	
	강	
	강	
	강	
	강	
	강	

자기주도학습 체크리스트로 공부의 기쁨이 차곡차곡 쌓일 것입니다.

수학
수학
꽉
잡아

만점왕 연산
만점왕 수학 3-2
만점왕 수학 플러스 3-2
만점왕 수학 고난도 6-2
① 연산
② 기본
③ 응용
④ 심화
예비 초등~6학년
초등1~6학년
초등1~6학년
초등4~6학년

초|등|부|터
EBS

만점왕 수학 플러스

교과서 기본과 응용 문제를
한 번에 잡는 **교과서 기본+응용**

BOOK 1
본책

5-2

BOOK 1
본책

BOOK 1 본책으로 교과서에 담긴 **학습 개념과 기본+응용 문제**를 꼼꼼하게 공부하세요.

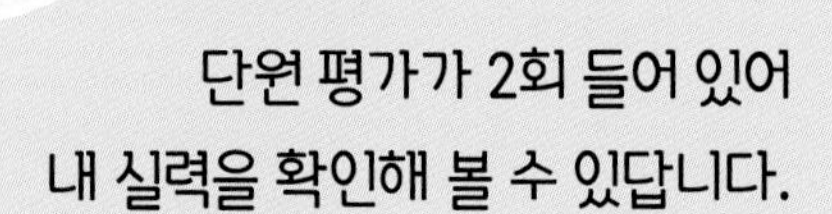
단원 평가가 2회 들어 있어
내 실력을 확인해 볼 수 있답니다.

정답과 풀이 PDF 파일은 EBS 초등사이트(primary.ebs.co.kr)에서 내려받으실 수 있습니다.

교재 내용 문의	교재 내용 문의는 EBS 초등사이트 (primary.ebs.co.kr)의 교재 Q&A 서비스를 활용하시기 바랍니다.
교재 정오표 공지	발행 이후 발견된 정오 사항을 EBS 초등사이트 정오표 코너에서 알려 드립니다. **교재 검색 ▶ 교재 선택 ▶ 정오표**
교재 정정 신청	공지된 정오 내용 외에 발견된 정오 사항이 있다면 EBS 초등사이트를 통해 알려 주세요. **교재 검색 ▶ 교재 선택 ▶ 교재 Q&A**

EBS

초|등|부|터
EBS

교과서 기본과 응용 문제를
한 번에 잡는 **교과서 기본+응용**

BOOK 1
본책

5-2

구성과 특징

BOOK 1 본책

① 단원 도입

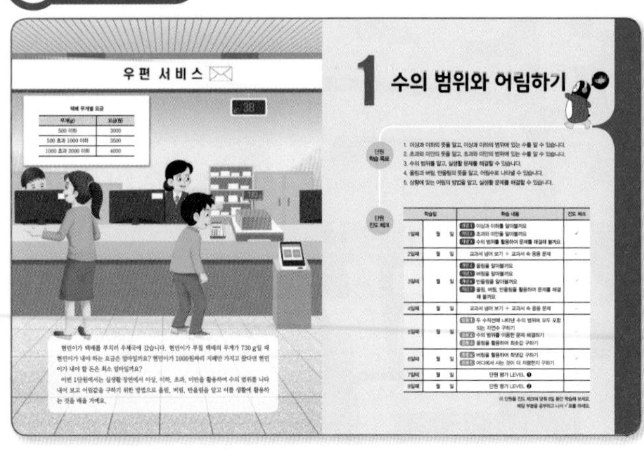

단원을 시작할 때 주어진 그림과 글을 읽으면 공부할 내용에 대해 흥미를 갖게 됩니다.

② 교과서 개념 다지기

주제별로 교과서 개념을 공부하는 단계입니다.
다양한 예와 그림을 통해 핵심 개념을 쉽게 익힙니다.

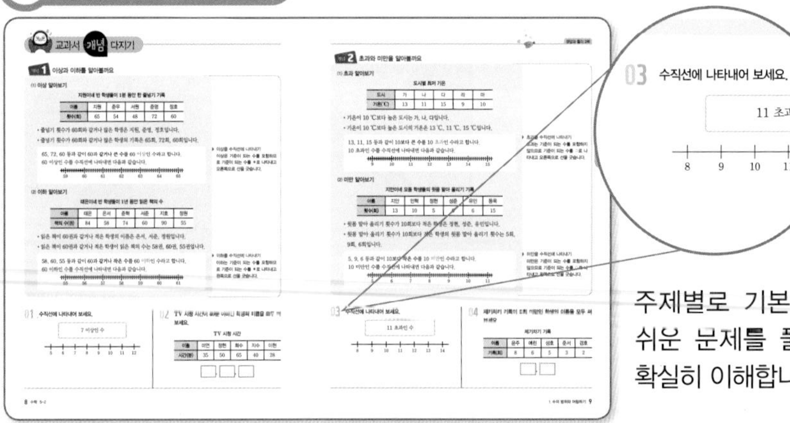

주제별로 기본 원리 수준의 쉬운 문제를 풀면서 개념을 확실히 이해합니다.

③ 교과서 넘어 보기

교과서와 익힘책의 기본+응용 문제를 풀면서 수학의 기본기를 다지고 문제해결력을 키웁니다.

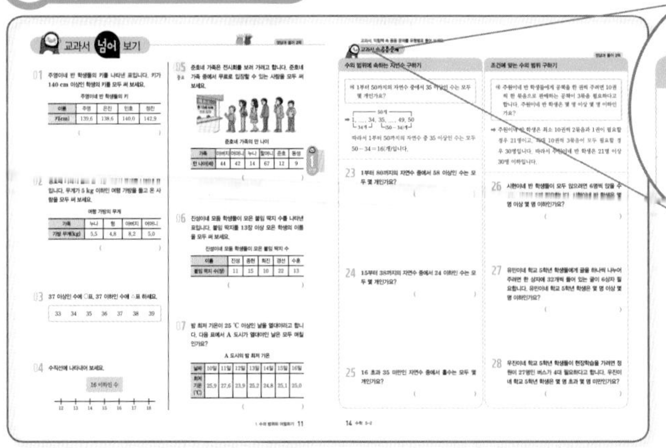

★교과서 속 응용 문제
교과서와 익힘책 속 응용 수준의 문제를 유형별로 정리하여 풀어 봅니다.

4 응용력 높이기

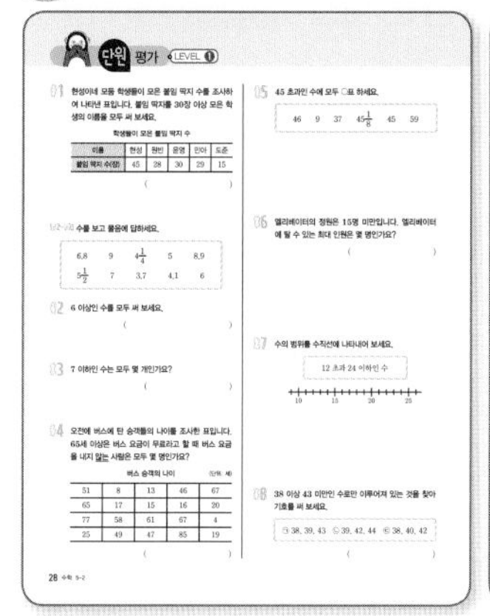

★QR코드 활용
제공된 QR코드를 스마트폰에 인식시키면 EBS 선생님의 문제 풀이 동영상을 무료로 학습할 수 있습니다.

단원별 대표 응용 문제와 쌍둥이 문제를 풀어 보며 실력을 완성합니다.

5 단원 평가 LEVEL1, LEVEL2

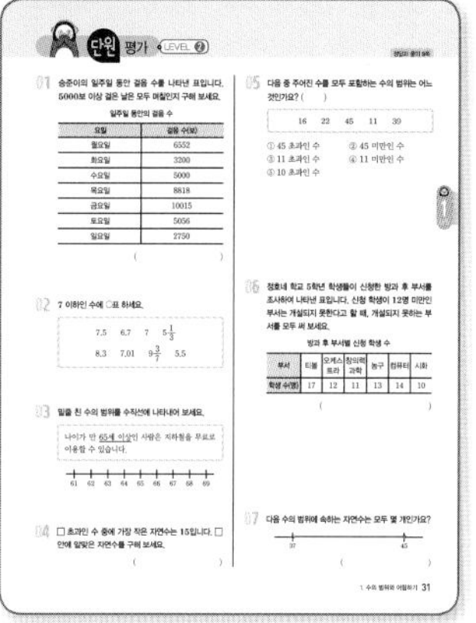

학교 단원 평가에 대비하여 단원에서 공부한 내용을 마무리하는 문제를 풀어 봅니다. 틀린 문제, 실수했던 문제는 반드시 개념을 다시 확인합니다.

BOOK 2 복습책

❶기본 문제 복습 ❷응용 문제 복습

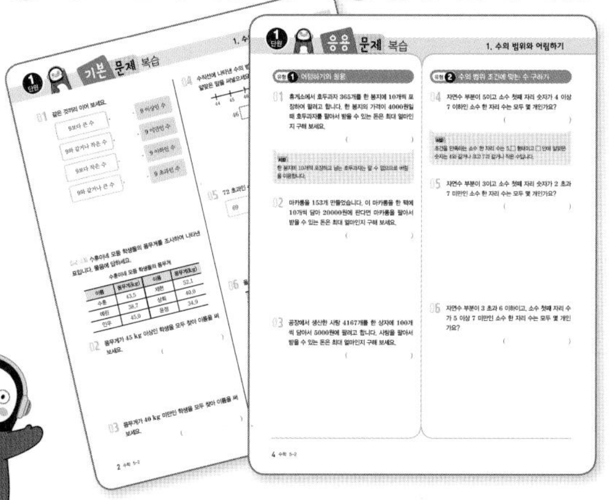

기본 문제를 통해 학습한 내용을 복습하고, 응용 문제를 통해 다양한 유형을 연습합니다.

❸서술형 수행 평가

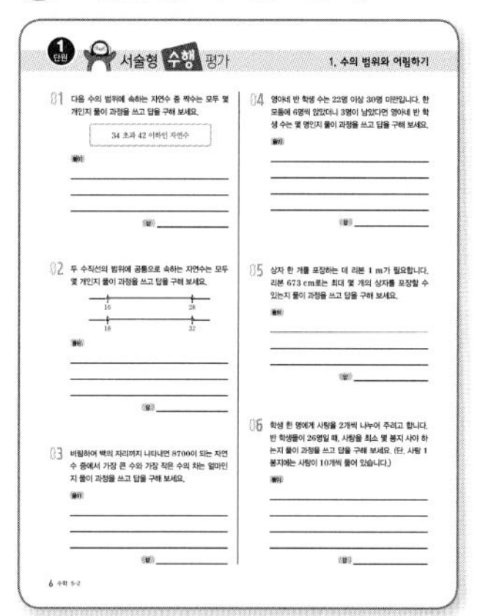

서술형 문제를 심층적으로 연습함으로써 강화되는 서술형 수행 평가에 대비합니다.

❹단원 평가

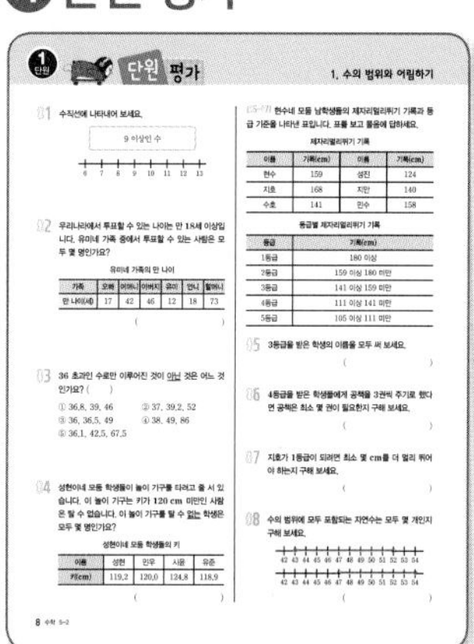

시험 직전에 단원 평가를 풀어 보면서 학교 시험에 철저히 대비합니다.

만점왕 수학 플러스로 기본과 응용을 모두 잡는 공부 비법

만점왕 수학 플러스를 효과적으로 공부하려면?

교재 200% 활용하기

각 단원이 시작될 때마다 나와 있는 **단원 진도 체크**를 참고하여 공부하면 보다 효과적으로 수학 실력을 쑥쑥 올릴 수 있어요!

응용력 높이기 에서 단원별 난이도 높은 대표 응용문제를 문제 스케치 를 보면서 문제 해결의 포인트를 찾아보세요. 어려운 문제에 이미지 해법을 활용하면 문제를 훨씬 쉽게 해결할 수 있을 거예요!

교재로 혼자 공부했는데, 잘 모르는 부분이 있나요? 만점왕 수학 플러스 강의가 있으니 걱정 마세요!

QR코드 강의 또는 인터넷(TV) 강의로 공부하기

응용력 높이기 코너의 QR코드를 스마트폰에 인식시키면 EBS 선생님의 문제 풀이 동영상을 무료로 학습할 수 있어요. 만점왕 수학 플러스 전체 강의는 TV를 통해 시청하거나 EBS 초등 사이트를 통해 언제 어디서든 이용할 수 있습니다.

• 방송 시간 : EBS 홈페이지 편성표 참조
• EBS 초등 사이트 : http://primary.ebs.co.kr

BOOK 1
차례

우 편 서 비 스 

택배 무게별 요금

무게(g)	요금(원)
500 이하	3000
500 초과 1000 이하	3500
1000 초과 2000 이하	4000

38

현민이가 택배를 부치러 우체국에 갔습니다. 현민이가 부칠 택배의 무게가 730 g일 때 현민이가 내야 하는 요금은 얼마일까요? 현민이가 1000원짜리 지폐만 가지고 왔다면 현민이가 내야 할 돈은 최소 얼마일까요?

이번 1단원에서는 실생활 장면에서 이상, 이하, 초과, 미만을 활용하여 수의 범위를 나타내어 보고 어림값을 구하기 위한 방법으로 올림, 버림, 반올림을 알고 이를 생활에 활용하는 것을 배울 거예요.

1 수의 범위와 어림하기

단원 학습 목표

1. 이상과 이하의 뜻을 알고, 이상과 이하의 범위에 있는 수를 알 수 있습니다.
2. 초과와 미만의 뜻을 알고, 초과와 미만의 범위에 있는 수를 알 수 있습니다.
3. 수의 범위를 알고, 실생활 문제를 해결할 수 있습니다.
4. 올림과 버림, 반올림의 뜻을 알고, 어림수로 나타낼 수 있습니다.
5. 상황에 맞는 어림의 방법을 알고, 실생활 문제를 해결할 수 있습니다.

단원 진도 체크

학습일		학습 내용	진도 체크
1일째	월 일	개념 1 이상과 이하를 알아볼까요 개념 2 초과와 미만을 알아볼까요 개념 3 수의 범위를 활용하여 문제를 해결해 볼까요	✓
2일째	월 일	교과서 넘어 보기 + 교과서 속 응용 문제	✓
3일째	월 일	개념 4 올림을 알아볼까요 개념 5 버림을 알아볼까요 개념 6 반올림을 알아볼까요 개념 7 올림, 버림, 반올림을 활용하여 문제를 해결해 볼까요	✓
4일째	월 일	교과서 넘어 보기 + 교과서 속 응용 문제	✓
5일째	월 일	응용 1 두 수직선에 나타낸 수의 범위에 모두 포함되는 자연수 구하기 응용 2 수의 범위를 이용한 문제 해결하기 응용 3 올림을 활용하여 최솟값 구하기	✓
6일째	월 일	응용 4 버림을 활용하여 최댓값 구하기 응용 5 어디에서 사는 것이 더 저렴한지 구하기	✓
7일째	월 일	단원 평가 LEVEL ❶	✓
8일째	월 일	단원 평가 LEVEL ❷	✓

이 단원을 진도 체크에 맞춰 8일 동안 학습해 보세요.
해당 부분을 공부하고 나서 ✓표를 하세요.

교과서 개념 다지기

개념 1 이상과 이하를 알아볼까요

(1) 이상 알아보기

지원이네 반 학생들이 1분 동안 한 줄넘기 기록

이름	지원	준우	서원	준영	정호
횟수(회)	65	54	48	72	60

- 줄넘기 횟수가 60회와 같거나 많은 학생은 지원, 준영, 정호입니다.
- 줄넘기 횟수가 60회와 같거나 많은 학생의 기록은 65회, 72회, 60회입니다.

65, 72, 60 등과 같이 60과 **같거나 큰 수**를 60 이상인 수라고 합니다.
60 이상인 수를 수직선에 나타내면 다음과 같습니다.

59 60 61 62 63 64 65

▶ 이상을 수직선에 나타내기
이상은 기준이 되는 수를 포함하므로 기준이 되는 수를 ●로 나타내고 오른쪽으로 선을 긋습니다.

(2) 이하 알아보기

태은이네 반 학생들이 1년 동안 읽은 책의 수

이름	태은	은서	준혁	서준	지호	정원
책의 수(권)	84	58	74	60	90	55

- 읽은 책이 60권과 같거나 적은 학생의 이름은 은서, 서준, 정원입니다.
- 읽은 책이 60권과 같거나 적은 학생이 읽은 책의 수는 58권, 60권, 55권입니다.

58, 60, 55 등과 같이 60과 **같거나 작은 수**를 60 이하인 수라고 합니다.
60 이하인 수를 수직선에 나타내면 다음과 같습니다.

55 56 57 58 59 60 61

▶ 이하를 수직선에 나타내기
이하는 기준이 되는 수를 포함하므로 기준이 되는 수를 ●로 나타내고 왼쪽으로 선을 긋습니다.

01 수직선에 나타내어 보세요.

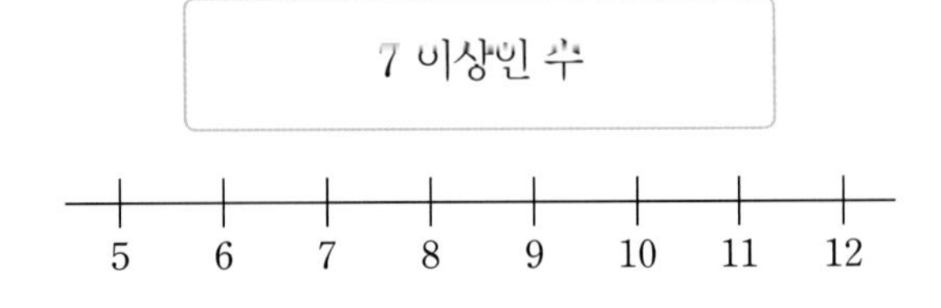

02 TV 시청 시간이 40분 이하인 학생의 이름을 모두 써 보세요.

TV 시청 시간

이름	미연	정현	희수	지수	이현
시간(분)	35	50	65	40	28

개념 2 초과와 미만을 알아볼까요

(1) 초과 알아보기

도시별 최저 기온

도시	가	나	다	라	마
기온(℃)	13	11	15	9	10

• 기온이 10 ℃보다 높은 도시는 가, 나, 다입니다.

• 기온이 10 ℃보다 높은 도시의 기온은 13 ℃, 11 ℃, 15 ℃입니다.

13, 11, 15 등과 같이 **10보다 큰 수**를 10 초과인 수라고 합니다.
10 초과인 수를 수직선에 나타내면 다음과 같습니다.

9 10 11 12 13 14 15

▶ 초과를 수직선에 나타내기
초과는 기준이 되는 수를 포함하지 않으므로 기준이 되는 수를 ○로 나타내고 오른쪽으로 선을 긋습니다.

1 단원

(2) 미만 알아보기

지안이네 모둠 학생들의 윗몸 말아 올리기 기록

이름	지안	민혁	정현	성준	유민	동욱
횟수(회)	13	10	5	9	6	15

• 윗몸 말아 올리기 횟수가 10회보다 적은 학생은 정현, 성준, 유민입니다.

• 윗몸 말아 올리기 횟수가 10회보다 적은 학생의 윗몸 말아 올리기 횟수는 5회, 9회, 6회입니다.

5, 9, 6 등과 같이 **10보다 작은 수**를 10 미만인 수라고 합니다.
10 미만인 수를 수직선에 나타내면 다음과 같습니다.

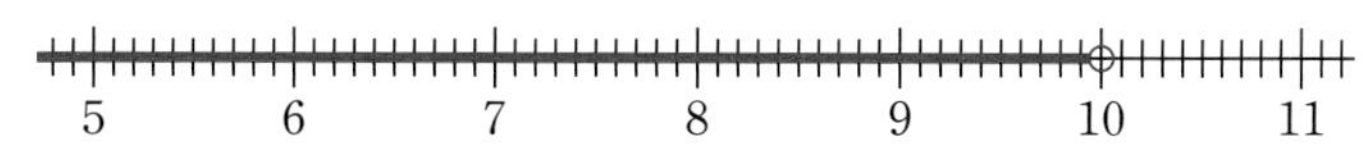

▶ 미만을 수직선에 나타내기
미만은 기준이 되는 수를 포함하지 않으므로 기준이 되는 수를 ○로 나타내고 왼쪽으로 선을 긋습니다.

03 수직선에 나타내어 보세요.

11 초과인 수

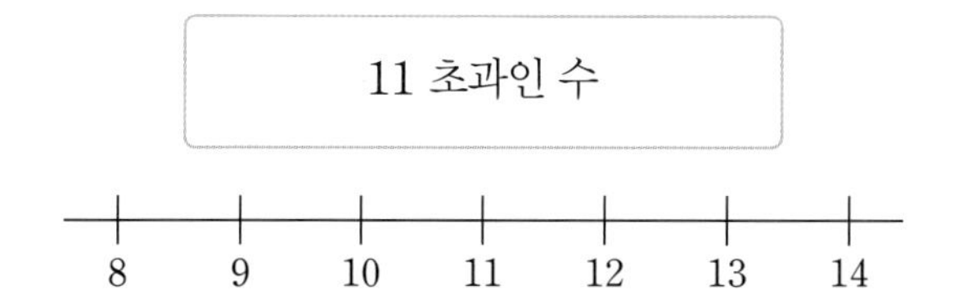

04 제기차기 기록이 5회 미만인 학생의 이름을 모두 써 보세요.

제기차기 기록

이름	윤주	예린	성호	준서	경호
기록(회)	8	6	5	3	2

개념 3 수의 범위를 활용하여 문제를 해결해 볼까요

(1) 수의 범위를 활용하여 문제 해결하기

씨름 시합의 몸무게별 체급(초등학생용)

몸무게(kg)	체급
40 이하	경장급
40 초과 45 이하	소장급
45 초과 50 이하	청장급

학생들의 몸무게

이름	몸무게(kg)	이름	몸무게(kg)
용준	45.2	은후	39.8
선우	38.7	민재	40.5
준영	47.5	재훈	42.4

- 용준이가 속한 체급의 몸무게의 범위는 45 kg 초과 50 kg 이하입니다.
- 용준이와 같은 체급에 속하는 학생은 준영입니다.
- 용준이가 속한 체급의 몸무게의 범위를 수직선에 나타내면 다음과 같습니다.

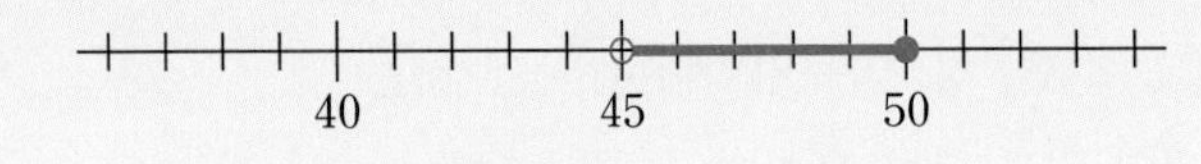

▶ 수의 범위를 이상, 이하, 초과, 미만을 이용하여 수직선에 나타내기
- 이상과 이하는 기준이 되는 수를 ●을 사용하여 나타냅니다.
- 초과와 미만은 기준이 되는 수를 ○을 사용하여 나타냅니다.
- 5 이상 8 이하인 수

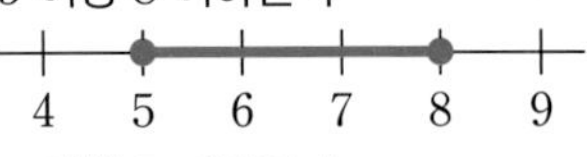

- 5 이상 8 미만인 수

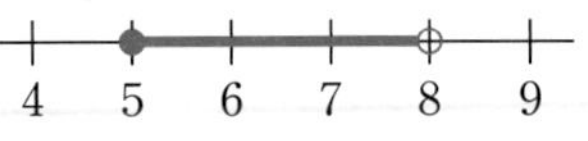

- 5 초과 8 이하인 수

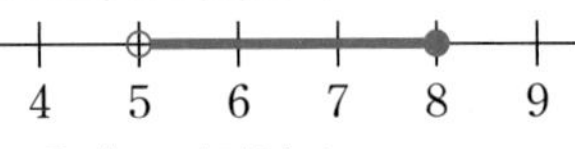

- 5 초과 8 미만인 수

4 5 6 7 8 9

05 28 초과 33 이하인 수에 ○표 하세요.

27 28 29 30 31 32 33 34

06 수직선을 보고 □ 안에 이상, 이하, 초과, 미만 중에서 알맞은 말을 써넣으세요.

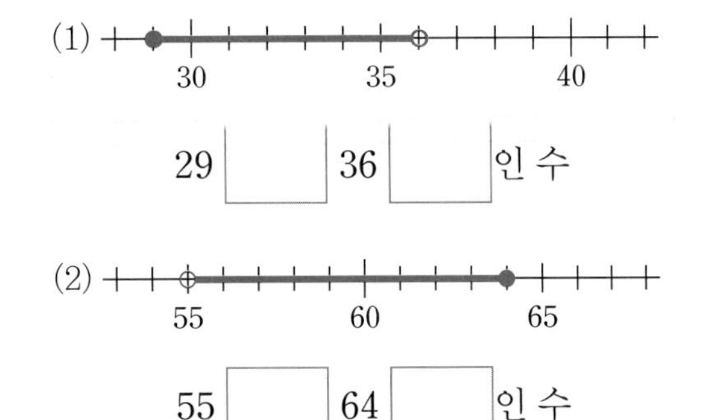

07 표를 보고 □ 안에 알맞은 수나 말을 써넣으세요.

읽은 책의 수별 상장

책의 수(권)	상장
100 이상	금상
90 이상 99 이하	은상
80 이상 89 이하	동상
70 이상 79 이하	장려상
69 이하	참가상

(1) 금상을 받기 위해서는 책을 □권 이상 읽어야 합니다.

(2) 서준이는 80권을 읽어서 □을 받게 됩니다.

01 주영이네 반 학생들의 키를 나타낸 표입니다. 키가 140 cm 이상인 학생의 키를 모두 써 보세요.

주영이네 반 학생들의 키

이름	주영	은진	민호	정찬
키(cm)	139.6	138.6	140.0	142.9

(　　　　　　　　　　)

02 영호네 가족이 들고 온 여행 가방의 무게를 나타낸 표입니다. 무게가 5 kg 이하인 여행 가방을 들고 온 사람을 모두 써 보세요.

여행 가방의 무게

가족	누나	형	아버지	어머니
가방 무게(kg)	5.5	4.8	8.2	5.0

(　　　　　　　　　　)

03 37 이상인 수에 ○표, 37 이하인 수에 △표 하세요.

33　34　35　36　37　38　39

04 수직선에 나타내어 보세요.

16 이하인 수

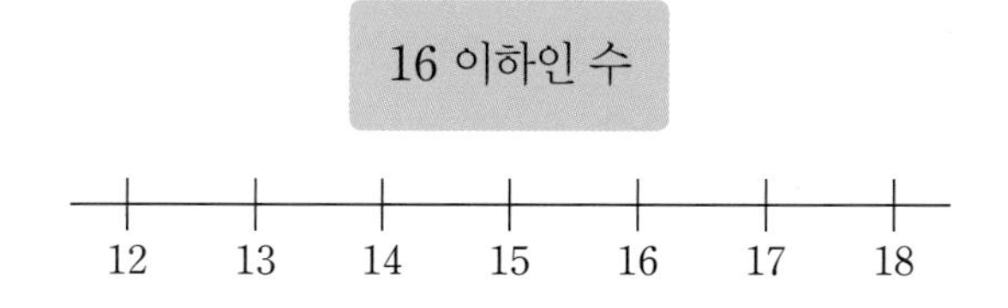

05 중요 준호네 가족은 전시회를 보러 가려고 합니다. 준호네 가족 중에서 무료로 입장할 수 있는 사람을 모두 써 보세요.

준호네 가족의 만 나이

가족	아버지	어머니	누나	할머니	준호	동생
만 나이(세)	44	42	14	67	12	9

(　　　　　　　　　　)

06 진성이네 모둠 학생들이 모은 붙임 딱지 수를 나타낸 표입니다. 붙임 딱지를 13장 이상 모은 학생의 이름을 모두 써 보세요.

진성이네 모둠 학생들이 모은 붙임 딱지 수

이름	진성	종현	희진	경선	수훈
붙임 딱지 수(장)	11	15	10	22	13

(　　　　　　　　　　)

07 밤 최저 기온이 25 ℃ 이상인 날을 열대야라고 합니다. 다음 표에서 A 도시가 열대야인 날은 모두 며칠인가요?

A 도시의 밤 최저 기온

날짜	10일	11일	12일	13일	14일	15일	16일
최저 기온(℃)	25.9	27.6	23.9	25.2	24.8	25.1	25.0

(　　　　　　　　　　)

08 종석이네 반 학생들의 발길이를 조사하여 나타낸 표입니다. 발길이가 220 mm 초과인 학생의 발길이를 모두 써 보세요.

종석이네 반 학생들의 발길이

이름	종석	경미	서준	하진	아람
발길이(mm)	220	215	230	235	205

(　　　　　　　　　　)

09 민재네 모둠 친구들의 50 m 달리기 기록을 나타낸 표입니다. 50 m 달리기 기록이 10초 미만인 학생의 기록을 모두 써 보세요.

50 m 달리기 기록

이름	민재	건하	윤서	정화
시간(초)	9.51	9.68	10.25	11.04

(　　　　　　　　　　)

10 19 초과인 수에 ○표, 18 미만인 수에 △표 하세요.

16　17　18　19　20　21　22

11 수직선에 나타내어 보세요.

55 초과인 수

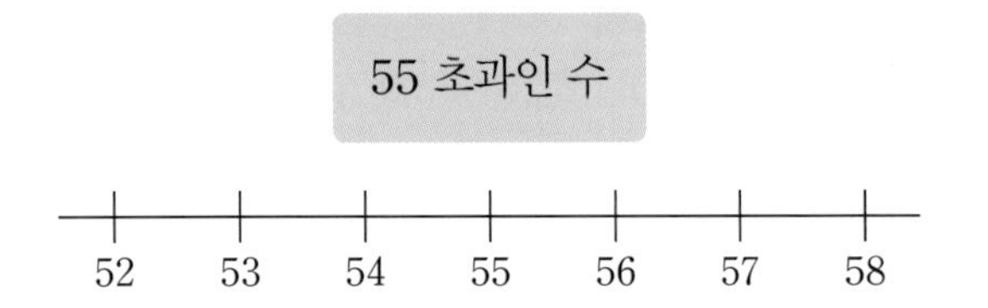

12 주머니 안에 다음과 같은 수 카드가 들어 있습니다. 20 초과인 수 카드는 모두 몇 개인지 구해 보세요.

32　21　13　20　58　7

(　　　　　　　　　　)

13 연주와 민경이 중 누구의 생각이 틀린지 알아보고 바르게 고쳐 보세요.

친구	친구의 생각
연주	47은 47 초과인 수에 포함돼.
민경	53, 54, 55 중에서 54 미만인 수는 53뿐이야.

(　　　　　　　　　　)

14 제자리멀리뛰기의 기록이 145 cm 초과인 학생만 본선에 진출할 수 있다고 합니다. 본선에 진출할 수 있는 학생의 이름을 모두 써 보세요.

제자리멀리뛰기의 기록

이름	영미	수지	명수	재현	윤호
기록(cm)	122.5	110.7	146.8	145.0	152.7

(　　　　　　　　　　)

15 어느 다리는 무게가 32 t을 초과하는 화물차는 지나갈 수 없습니다. 이 다리를 지나갈 수 없는 화물차를 모두 찾아 기호를 써 보세요.

화물차의 무게

화물차	㉠	㉡	㉢	㉣	㉤	㉥
무게(t)	27.6	31.8	34.9	32.0	27.6	36.1

(　　　　　　　　　　)

16 69 이상 73 미만인 수에 모두 ○표 하세요.

55	69	66	70	73	48	71

17 수직선에 나타내어 보세요.

25 초과 28 이하인 수

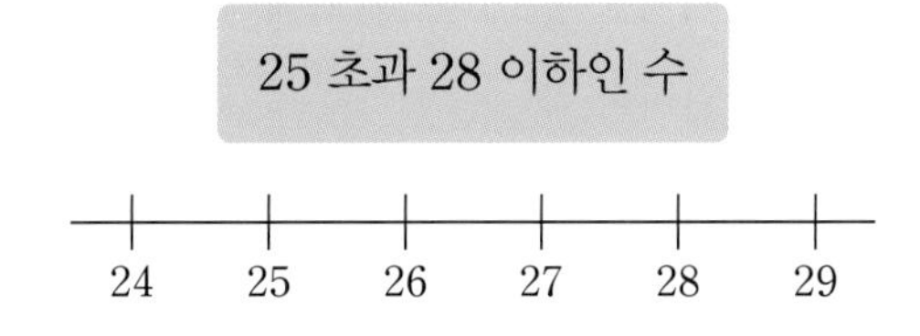

18 중요 58을 포함하는 수의 범위를 모두 찾아 기호를 써 보세요.

㉠ 58 이상 61 미만인 수
㉡ 58 초과 61 이하인 수
㉢ 57 초과 61 미만인 수
㉣ 53 이상 58 미만인 수

( )

19 주어진 수가 모두 포함되는 수의 범위를 나타내려고 합니다. □ 안에 알맞은 말을 써넣으세요.

25	26	27	28	29	30	31

25 □ 31 □인 자연수

20 어느 놀이기구는 키가 95 cm 이상 120 cm 미만의 어린이만 탈 수 있습니다. 이 놀이기구를 탈 수 있는 어린이의 이름을 모두 써 보세요.

어린이들의 키

이름	서연	희수	도진	지나	재훈
키(cm)	103.2	95.5	85.8	120.0	87.5

( )

[21~22] 성민이네 반 학생들의 윗몸 말아 올리기 기록과 등급별 횟수를 나타낸 표입니다. 물음에 답하세요.

윗몸 말아 올리기 기록

이름	성민	형욱	지섭	민혁	가은
횟수(회)	40	27	21	14	39

등급별 횟수(초등학생용)

등급	횟수(회)
1	80 이상
2	40 이상 79 이하
3	22 이상 39 이하
4	10 이상 21 이하
5	9 이하

21 3등급에 속하는 학생들의 이름을 모두 써 보세요.

( )

민혁이가 속한 등급의 윗몸 말아 올리기 기록의 범위를 수직선에 나타내어 보세요.

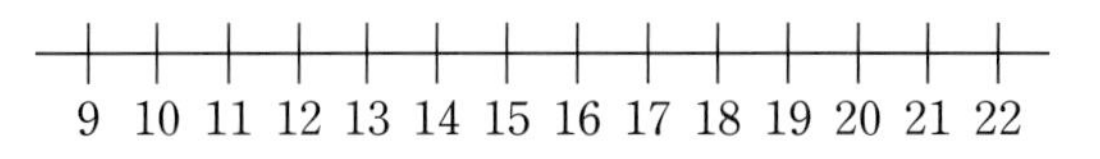

교과서 속 응용 문제

정답과 풀이 2쪽

수의 범위에 속하는 자연수 구하기

예 1부터 50까지의 자연수 중에서 35 이상인 수는 모두 몇 개인가요?

➡ 1, …, 34, 35, …, 49, 50 (전체 50개, 1부터 34까지 34개, 35부터 50까지 (50−34)개)

따라서 1부터 50까지의 자연수 중 35 이상인 수는 모두 $50-34=16$(개)입니다.

23 1부터 80까지의 자연수 중에서 58 이상인 수는 모두 몇 개인가요?

(　　　　　　　　)

24 15부터 38까지의 자연수 중에서 24 이하인 수는 모두 몇 개인가요?

(　　　　　　　　)

25 16 초과 35 미만인 자연수 중에서 홀수는 모두 몇 개인가요?

(　　　　　　　　)

조건에 맞는 수의 범위 구하기

예 주원이네 반 학생들에게 공책을 한 권씩 주려면 10권씩 한 묶음으로 판매하는 공책이 3묶음 필요하다고 합니다. 주원이네 반 학생은 몇 명 이상 몇 명 이하인가요?

➡ 주원이네 반 학생은 최소 10권씩 2묶음과 1권이 필요할 경우 21명이고, 최대 10권씩 3묶음이 모두 필요할 경우 30명입니다. 따라서 주원이네 반 학생은 21명 이상 30명 이하입니다.

26 시현이네 반 학생들이 모두 앉으려면 6명씩 앉을 수 있는 의자가 5개 필요합니다. 시현이네 반 학생은 몇 명 이상 몇 명 이하인가요?

(　　　　　　　　)

27 유민이네 학교 5학년 학생들에게 귤을 하나씩 나누어 주려면 한 상자에 32개씩 들어 있는 귤이 6상자 필요합니다. 유민이네 학교 5학년 학생은 몇 명 이상 몇 명 이하인가요?

(　　　　　　　　)

28 우진이네 학교 5학년 학생들이 현장학습을 가려면 정원이 27명인 버스가 4대 필요하다고 합니다. 우진이네 학교 5학년 학생은 몇 명 초과 몇 명 미만인가요?

(　　　　　　　　)

정답과 풀이 4쪽

개념 4 올림을 알아볼까요

(1) 올림 알아보기

173을 십의 자리까지 나타내기 위하여 십의 자리 아래 수인 3을 10으로 보고 180으로 나타낼 수 있습니다. 이와 같이 구하려는 자리 아래 수를 올려서 나타내는 방법을 올림이라고 합니다.

올림하여 십의 자리까지 나타내기: 173 → 180

올림하여 백의 자리까지 나타내기: 173 → 200

㈜ 달빛초등학교 학생 173명에게 공책을 한 권씩 나누어 주려고 합니다. 공책을 한 묶음에 10권씩 묶음으로 판다면 공책은 최소 몇 권을 사야 하는지 알아보세요.

➡ 공책을 10권씩 17묶음을 사고 3권이 더 있어야 하는데 3권만 살 수 없으므로 1묶음 더 사야 합니다. 따라서 최소 17+1=18(묶음)을 사야 하므로 180권을 사야 합니다.

(2) 소수를 올림하여 나타내기

2.527
- 올림하여 소수 첫째 자리까지 나타내기: 2.527 → 2.6
  - 0.027을 0.1로 보고 올림합니다.
- 올림하여 소수 둘째 자리까지 나타내기: 2.527 → 2.53
  - 0.007을 0.01로 보고 올림합니다.

▶ 올림하는 방법 알아보기
- 올림을 할 때는 구하려는 자리 바로 아래 자리의 숫자만 확인하는 것이 아니라 구하려는 자리 아래의 수 전부를 확인해야 합니다.
- 구하려는 자리 미만의 수를 0으로 만들고 그 윗자리 수에 1을 더합니다.

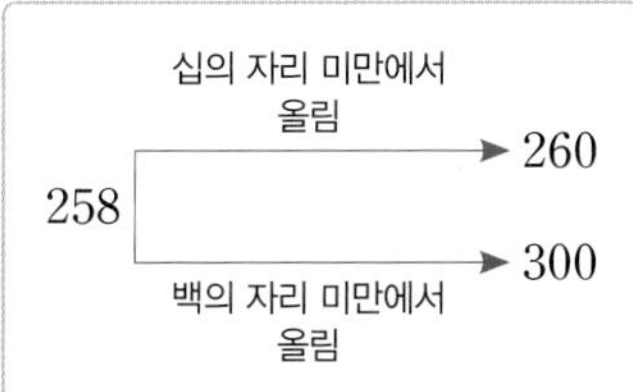

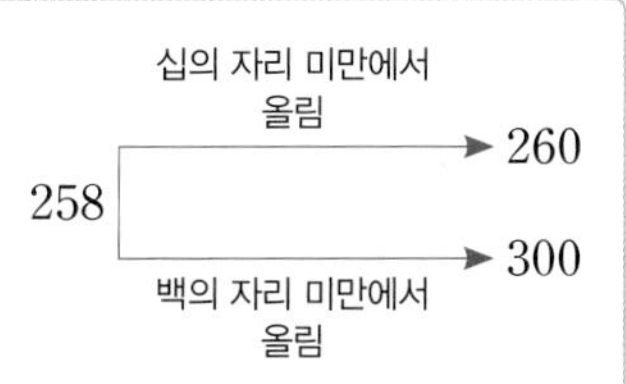

01 올림하여 주어진 자리까지 나타내어 보세요.

수	십의 자리
123	
754	

02 올림하여 주어진 자리까지 나타내어 보세요.

수	백의 자리
123	
754	

03 2.356을 올림하여 주어진 자리까지 나타내어 보세요.

소수 첫째 자리	
소수 둘째 자리	

04 올림하여 백의 자리까지 나타내면 1500이 되는 수를 찾아 써 보세요.

1505 1401 1555 1650

( )

개념 5 버림을 알아볼까요

(1) 버림 알아보기

469를 십의 자리까지 나타내기 위하여 십의 자리 아래 수인 9를 0으로 보고 460으로 나타낼 수 있습니다. 이와 같이 구하려는 자리 아래 수를 버려서 나타내는 방법을 버림이라고 합니다.

버림하여 십의 자리까지 나타내기: 469 → 460
버림하여 백의 자리까지 나타내기: 469 → 400

예 탁구공 469개를 한 상자에 10개씩 또는 100개씩 담으려고 합니다. 상자에 담을 수 있는 탁구공은 최대 몇 개인지 알아보세요.

➡ 탁구공을 한 상자에 10개씩 담는다면 최대 460개까지 담을 수 있고, 탁구공을 한 상자에 100개씩 담는다면 최대 400개까지 담을 수 있습니다.

(2) 소수를 버림하여 나타내기

3.451
- 버림하여 소수 첫째 자리까지 나타내기: 3.451 → 3.4
  - 0.051을 0으로 보고 버림합니다.
- 버림하여 소수 둘째 자리까지 나타내기: 3.451 → 3.45
  - 0.001을 0으로 보고 버림합니다.

▶ 버림하는 방법 알아보기
구하려는 자리 아래 수를 0으로 만들거나 구하려는 자리 아래 수가 모두 0인 경우에는 원래 수를 그대로 씁니다.

25860 → 25800 (백의 자리 미만에서 버림)
25860 → 25000 (천의 자리 미만에서 버림)

05 버림하여 주어진 자리까지 나타내어 보세요.

수	십의 자리
372	
801	

06 버림하여 주어진 자리까지 나타내어 보세요.

수	백의 자리
372	
801	

07 3.815를 버림하여 주어진 자리까지 나타내어 보세요.

소수 첫째 자리	
소수 둘째 자리	

08 버림하여 백의 자리까지 나타내면 3200이 되는 수를 찾아 써 보세요.

3180   3299   3300   3110

(   )

개념 6 반올림을 알아볼까요

(1) 반올림 알아보기

구하려는 자리 바로 아래 자리의 숫자가 0, 1, 2, 3, 4이면 버리고, 5, 6, 7, 8, 9이면 올리는 방법을 반올림이라고 합니다.

반올림하여 십의 자리까지 나타내기: 7882 → 7880

반올림하여 백의 자리까지 나타내기: 7882 → 7900

㉠ 오늘 야구장을 찾은 관람객은 7882명입니다. 관람객의 수를 어림하는 방법을 알아보세요.

➡ 7882를 수직선에서 나타내면 다음과 같습니다.

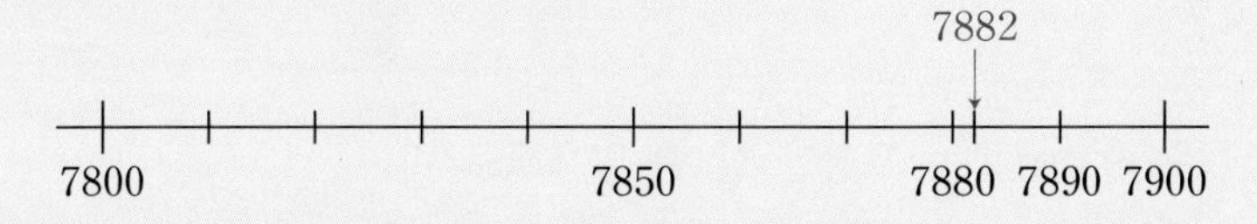

- 7882는 7880과 7890 중에서 7880에 더 가까우므로 약 7880이라고 할 수 있습니다.
- 7882는 7800과 7900 중에서 7900에 더 가까우므로 약 7900이라고 할 수 있습니다.

(2) 소수를 반올림하여 나타내기

3.263
- 반올림하여 소수 첫째 자리까지 나타내기: 3.263 → 3.3
  - 소수 둘째 자리 숫자가 6이므로 올립니다.
- 반올림하여 소수 둘째 자리까지 나타내기: 3.263 → 3.26
  - 소수 셋째 자리 숫자가 3이므로 버림합니다.

▶ 반올림하는 방법 알아보기
- 구하려는 자리 바로 아래 자리의 숫자가 0, 1, 2, 3, 4이면 버립니다.
- 구하려는 자리 바로 아래 자리의 숫자가 5, 6, 7, 8, 9이면 올립니다.

09 반올림하여 주어진 자리까지 나타내어 보세요.

수	십의 자리
555	
628	

10 반올림하여 주어진 자리까지 나타내어 보세요.

수	백의 자리
555	
628	

11 3.253을 반올림하여 주어진 자리까지 나타내어 보세요.

소수 첫째 자리	
소수 둘째 자리	

12 반올림하여 천의 자리까지 나타내면 8000이 되는 수를 찾아 써 보세요.

7053 7585 7499 8500

(   )

개념 7 올림, 버림, 반올림을 활용하여 문제를 해결해 볼까요

(1) 올림이 필요한 경우

예 친구에게 줄 선물을 사는 데 필요한 돈은 12800원입니다. 1000원짜리 지폐로만 선물값을 낸다면 최소 얼마를 내야 하나요?

➡ 선물값 12800원을 1000원짜리 지폐로만 내야 하므로 12800을 올림하여 천의 자리까지 나타내면 12800 → 13000입니다. 따라서 최소 13000원을 내야 합니다.

(2) 버림이 필요한 경우

예 상품 한 개를 포장하는 데 끈 100 cm가 필요합니다. 끈 759 cm로 상품을 최대 몇 개까지 포장할 수 있을까요?

➡ 상품을 최대 7개까지 포장하고 남은 59 cm로는 포장을 할 수 없으므로 버림하여 백의 자리까지 나타내면 759 → 700입니다. 따라서 끈 759 cm로는 100 cm씩 최대 7개까지 포장할 수 있습니다.

(3) 반올림이 필요한 경우

예 42.8 kg인 몸무게를 1 kg 단위로 나타내면 몇 kg일까요?

➡ 42.8 kg을 반올림하여 일의 자리까지 나타내면 43 kg입니다.

▶ 생활 속에서 올림, 버림, 반올림을 하는 경우
- 자판기에서 700원짜리 음료수를 사기 위해 음료수 값을 올림하여 1000원짜리 지폐를 넣기도 합니다.
- 시장에서 고기 등을 살 때 가격에서 10원 미만의 금액은 버림하여 계산하기도 합니다.
- 영화를 관람한 관람객의 수를 말할 때 반올림하여 몇천 명이라고 말하기도 합니다.

13 올림, 버림, 반올림의 경우를 찾아 이어 보세요.

물건의 길이, 무게를 가까운 자연수 단위로 알아보기 •	• 올림
물건을 살 때 내야 하는 지폐의 수 •	• 버림
동전을 지폐로 바꿀 때 바꿀 수 있는 금액 •	• 반올림

14 1000원짜리만 넣을 수 있는 자판기에서 2300원짜리 음료수를 뽑으려고 합니다. 1000원짜리 지폐는 최소 몇 장을 넣어야 하나요?

( )

15 토마토 462개를 한 상자에 100개씩 포장하려고 합니다. 포장할 수 있는 토마토는 최대 몇 개인가요?

( )

29 올림하여 주어진 자리까지 나타내어 보세요.

수	십의 자리	백의 자리	천의 자리
3726			

30 올림하여 주어진 자리까지 나타내어 보세요.

수	소수 첫째 자리	소수 둘째 자리
3.463		

31 어림한 후, 어림한 수의 크기를 비교하여 ○ 안에 >, =, <를 알맞게 써넣으세요.

4439를 올림하여 백의 자리까지 나타낸 수 ➡ □	○	4532를 올림하여 십의 자리까지 나타낸 수 ➡ □

32 다음 두 수를 각각 올림하여 백의 자리까지 나타낸 수의 차는 얼마인가요?

5623　　　1855

(　　　　　　)

33 중요 자물쇠의 비밀번호를 올림하여 십의 자리까지 나타내면 7350이고, 비밀번호의 일의 자리 숫자는 2입니다. 자물쇠의 비밀번호를 구해 보세요.

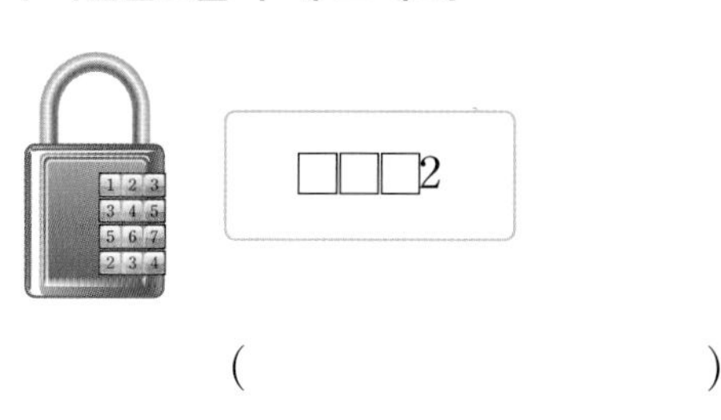

(　　　　　　)

34 버림하여 주어진 자리까지 나타내어 보세요.

수	십의 자리	백의 자리	천의 자리
3851			

35 6.594를 버림하여 소수 첫째 자리까지 나타내어 보세요.

(　　　　　　)

36 어림한 후, 어림한 수의 크기를 비교하여 ○ 안에 >, =, <를 알맞게 써넣으세요.

5268을 버림하여 십의 자리까지 나타낸 수 ➡ □	○	5736을 버림하여 천의 자리까지 나타낸 수 ➡ □

1 단원

37 버림하여 백의 자리까지 나타내면 3400이 되는 자연 수 중에서 가장 큰 수를 써 보세요.

(　　　　　　　　　　)

38 반올림하여 주어진 자리까지 나타내어 보세요.

수	십의 자리	백의 자리	천의 자리
4529			

39 크레파스의 길이는 몇 cm인지 반올림하여 일의 자리까지 나타내어 보세요.

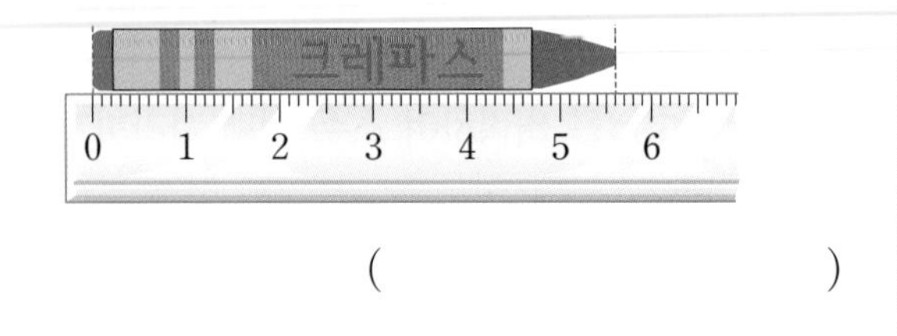

(　　　　　　　　　　)

40 2일 동안 야구장에 입장한 관람객의 수입니다. 입장한 관람객의 수를 반올림하여 천의 자리까지 나타내어 보세요.

1일차 17482명 ➡ [　　　　] 명

2일차 21746명 ➡ [　　　　] 명

41 어떤 영화의 일주일 동안 관람객의 수는 1532457명입니다. 관람객의 수를 반올림하여 십만의 자리까지 나타내어 보세요.

(　　　　　　　　　　)

42 반올림하여 백의 자리까지 나타낸 수가 다른 하나를 찾아 기호를 써 보세요.

㉠ 1551　　㉡ 1612　　㉢ 1650

(　　　　　　　　　　)

43 연서네 학교 학생 수는 654명입니다. 학생 수를 반올림하여 십의 자리까지 나타낸 수와 반올림하여 백의 자리까지 나타낸 수의 차는 몇 명인지 구해 보세요.

(　　　　　　　　　　)

44 중요 수 카드 4장을 한 번씩만 사용하여 가장 큰 네 자리 수를 만들고, 만든 네 자리 수를 반올림하여 십의 자리까지 나타내어 보세요.

[3] [4] [6] [9]

(　　　　　　　　　　)

45 □ 안에 들어갈 수 있는 자연수를 모두 구해 보세요.

> 357□를 반올림하여 십의 자리까지 나타내면 3580입니다.

( )

46 올림의 방법으로 구해야 하는 친구의 이름을 써 보세요.

지영	귤 257개를 한 봉지에 10개씩 넣어서 봉지 단위로 팔려고 한다면 최대 몇 개를 팔 수 있을까?
은미	문구점에서 3650원짜리 수첩을 한 권 사려고 해. 1000원짜리 지폐로 수첩 값을 내려면 최소 얼마를 내야 할까?

( )

47 과수원에서 수확한 사과를 한 상자에 100개씩 남김 없이 담으려고 합니다. 수확한 사과가 모두 682개라면 상자는 최소 몇 개가 필요한지 구해 보세요.

( )

48 초콜릿 153개를 한 봉지에 10개씩 담아서 팔려고 합니다. 봉지에 담아서 팔 수 있는 초콜릿은 최대 몇 개인지 구해 보세요.

( )

49 이삿짐을 싸는 데 노끈이 862 cm 필요합니다. 노끈은 1 m 단위로만 판다면 노끈은 최소 몇 m를 사야 하는지 구해 보세요.

( )

50 현준이의 몸무게는 37.78 kg입니다. 현준이의 몸무게를 1 kg단위로 가까운 쪽의 눈금을 읽으면 몇 kg인지 구해 보세요.

( )

어려운 문제

51 민찬이네 가족은 12세인 민찬, 17세인 누나, 45세인 어머니, 50세인 아버지로 모두 4명입니다. 민찬이네 가족이 모두 버스를 타려고 할 때 버스 요금을 1000원짜리 지폐로만 낸다면 최소 얼마를 내야 하는지 구해 보세요.

버스 요금

구분	요금
어린이(8세 이상 14세 미만)	450원
청소년(14세 이상 20세 미만)	900원
어른(20세 이상)	1350원

( )

교과서, 익힘책 속 응용 문제를 유형별로 풀어 보세요.

교과서 속 응용 문제

정답과 풀이 4쪽

어림한 수의 범위 구하기

예 다음은 반올림하여 십의 자리까지 나타내면 260이 되는 수의 범위를 나타낸 것입니다. □ 안에 알맞은 수를 구해 보세요.

□ 이상 □ 미만인 수

➡ 260보다는 작으면서 일의 자리 숫자가 5, 6, 7, 8, 9 중에서 하나여야 하므로 255 이상이어야 합니다. 또, 260보다는 크면서 일의 자리 숫자가 0, 1, 2, 3, 4 중 하나여야 하므로 265 미만이어야 합니다.

52 다음은 반올림하여 십의 자리까지 나타내면 320이 되는 수의 범위를 나타낸 것입니다. □ 안에 알맞은 수를 써넣으세요.

□ 이상 □ 미만인 수

53 어떤 수를 반올림하여 십의 자리까지 나타내었더니 730이 되었습니다. 어떤 수가 될 수 있는 수의 범위를 수직선에 나타내어 보세요.

720 730 740

54 45□를 반올림하여 십의 자리까지 나타내었더니 460이 되었습니다. □ 안에 들어갈 수 있는 숫자의 합을 구해 보세요.

( )

어림하기 전의 수 구하기

예 어떤 자연수에 8을 곱한 후 버림하여 십의 자리까지 나타내면 60이 됩니다. 어떤 자연수를 구해 보세요.

➡ 버림하여 십의 자리까지 나타내어 60이 되는 자연수는 60부터 69까지의 수이고, 이 중에서 8의 배수는 64입니다. 따라서 어떤 자연수에 8을 곱한 수가 64이므로 어떤 자연수는 $64 \div 8 = 8$입니다.

55 지한이와 수현이의 대화를 보고 수현이가 처음에 생각한 자연수를 구해 보세요.

지한: 네가 생각한 자연수에 7을 곱해서 나온 수를 버림하여 십의 자리까지 나타내 봐. 얼마야?

수현: 30이야.

( )

56 어떤 자연수에 8을 곱한 후 올림하여 십의 자리까지 나타내면 50이 됩니다. 어떤 자연수를 구해 보세요.

( )

57 어떤 자연수에 4를 곱한 후 반올림하여 십의 자리까지 나타내면 30이 됩니다. 어떤 자연수가 될 수 있는 수를 모두 구해 보세요.

( )

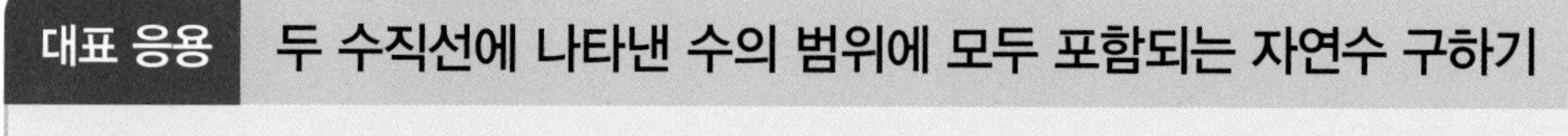

대표 응용 두 수직선에 나타낸 수의 범위에 모두 포함되는 자연수 구하기

1 두 수직선에 나타낸 수의 범위에 모두 포함되는 자연수를 구해 보세요.

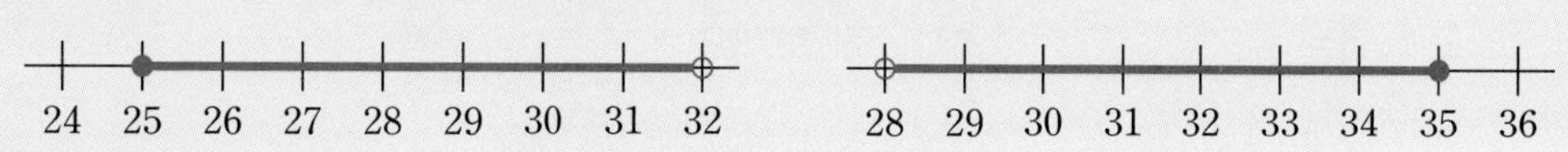

문제 스케치

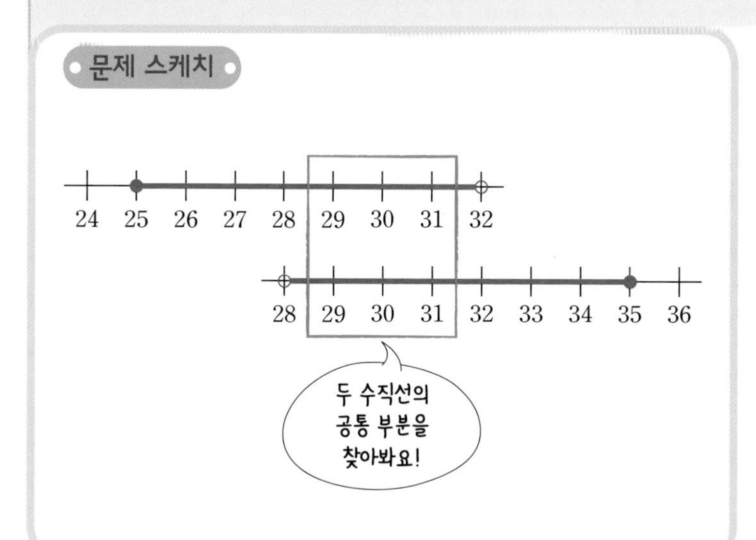

해결하기

25 이상 32 미만인 자연수는 ☐, ☐, ☐, ☐, ☐, ☐, ☐입니다.

28 초과 35 이하인 자연수는 ☐, ☐, ☐, ☐, ☐, ☐, ☐입니다.

따라서 두 수직선에 나타낸 수의 범위에 모두 포함되는 자연수는 ☐, ☐, ☐입니다.

1-1 두 수직선에 나타낸 수의 범위에 모두 포함되는 자연수를 구해 보세요.

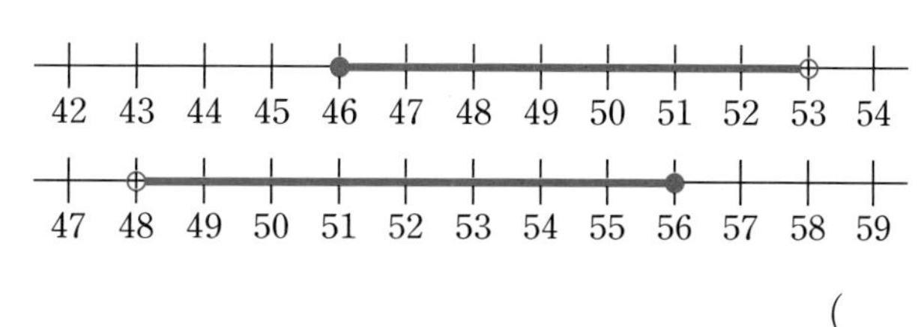

(　　　　　　　　　　)

1-2 두 수직선에 나타낸 수의 범위에 모두 포함되는 자연수는 6개입니다. ㉠에 알맞은 수를 구해 보세요.

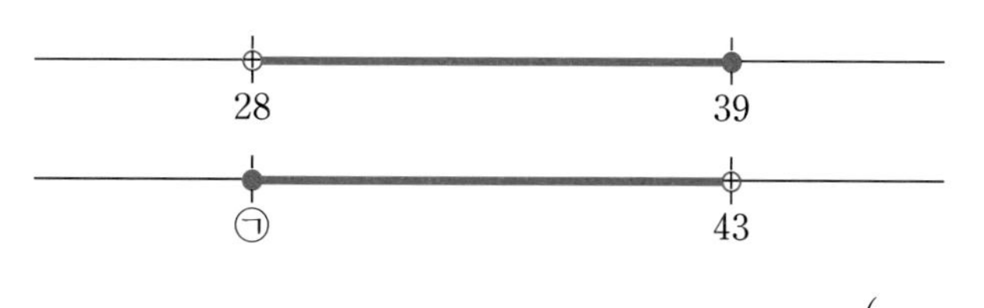

(　　　　　　　　　　)

대표 응용 수의 범위를 이용한 문제 해결하기

2 다음은 택배 무게별 요금을 나타낸 표입니다. 현서가 100 g, 500 g, 1000 g짜리 택배 3개를 부치려고 할 때 내야 하는 요금은 모두 얼마인지 구해 보세요.

택배 무게별 요금

무게(g)	요금(원)
350 이하	3000
350 초과 500 이하	3500
500 초과 1000 이하	4000
1000 초과 2000 이하	4500

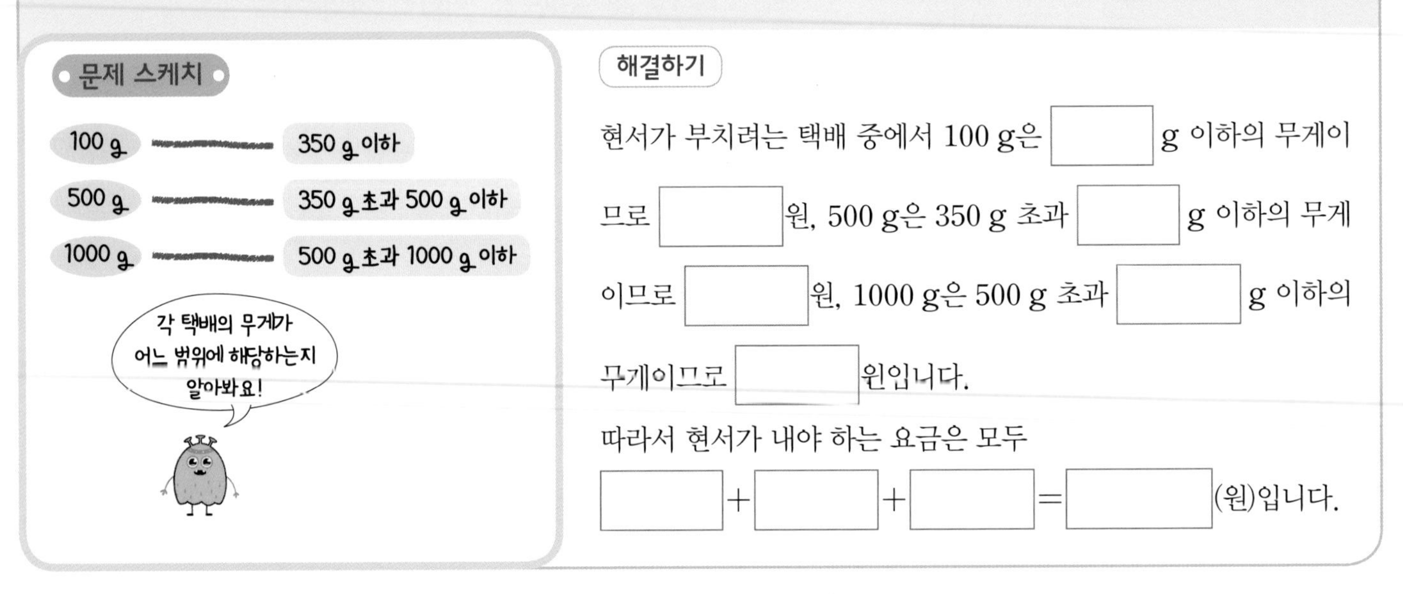

문제 스케치
100 g
350 g 이하
500 g
350 g 초과 500 g 이하
1000 g
500 g 초과 1000 g 이하
각 택배의 무게가 어느 범위에 해당하는지 알아봐요!

해결하기

현서가 부치려는 택배 중에서 100 g은 ☐ g 이하의 무게이므로 ☐원, 500 g은 350 g 초과 ☐ g 이하의 무게이므로 ☐원, 1000 g은 500 g 초과 ☐ g 이하의 무게이므로 ☐원입니다.

따라서 현서가 내야 하는 요금은 모두

☐ + ☐ + ☐ = ☐(원)입니다.

2-1 재헌이네 가족은 76세인 할아버지, 74세인 할머니, 46세인 아버지, 44세인 어머니, 15세인 형, 12세인 재헌이로 모두 6명입니다. 재헌이네 가족이 모두 박물관에 간다면 내야 하는 입장료는 모두 얼마인지 구해 보세요.

박물관 입장료

구분	어린이(6세 이상 14세 미만)	청소년(14세 이상 19세 이하)	어른(19세 초과 65세 미만)
요금(원)	2000	3000	4000

* 6세 미만은 무료이며 65세 이상은 어른 요금의 절반임.

(　　　　　　　　)

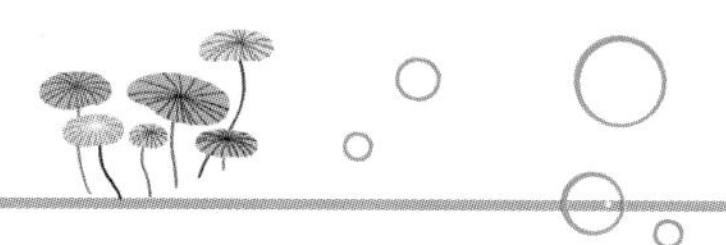

대표 응용 올림을 활용하여 최솟값 구하기

3 소영이가 친구들에게 줄 선물을 포장하는 데 포장지 24장이 필요합니다. 포장지는 10장씩 묶음으로만 팔고 한 묶음에 900원입니다. 소영이가 포장지를 사는 데 최소 얼마가 필요한가요?

문제 스케치

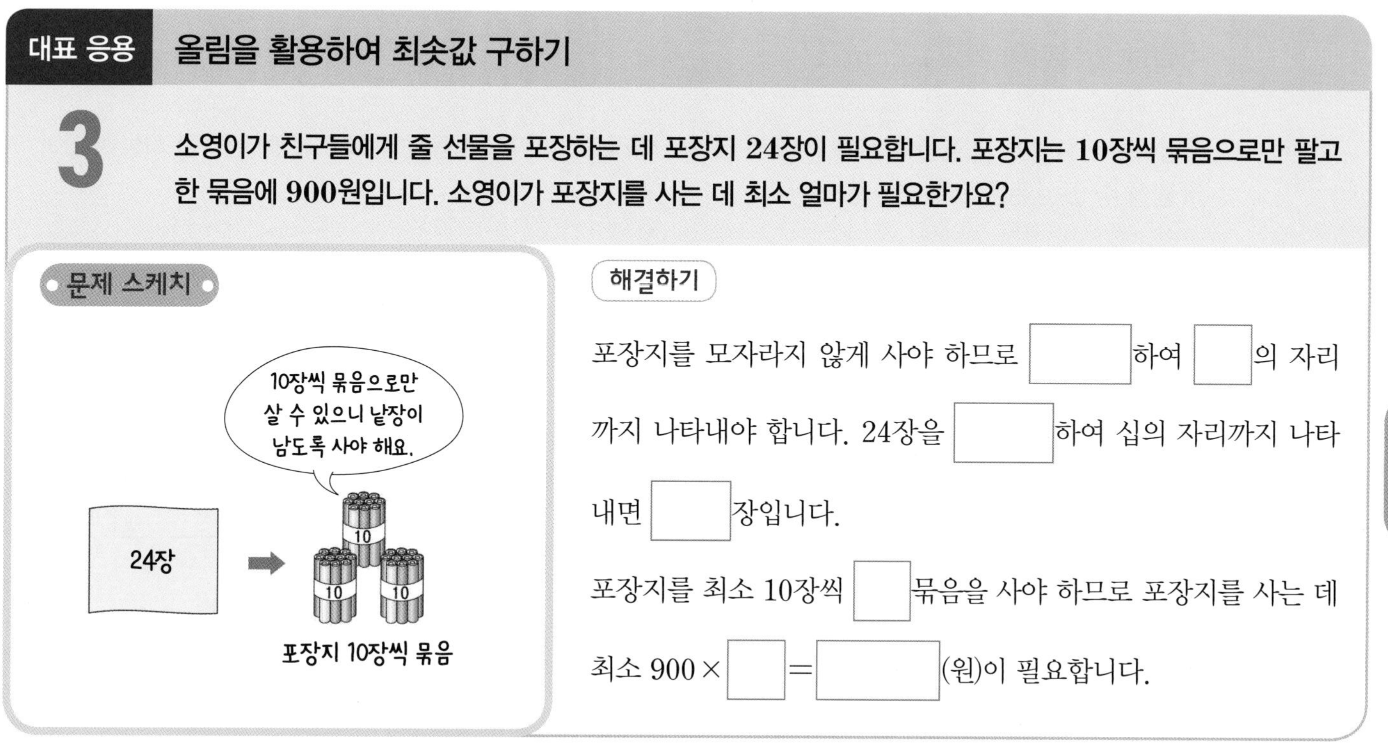

10장씩 묶음으로만 살 수 있으니 낱장이 남도록 사야 해요.
24장
10
10
10
포장지 10장씩 묶음

해결하기

포장지를 모자라지 않게 사야 하므로 ☐하여 ☐의 자리까지 나타내야 합니다. 24장을 ☐하여 십의 자리까지 나타내면 ☐장입니다.

포장지를 최소 10장씩 ☐묶음을 사야 하므로 포장지를 사는 데 최소 $900 \times$ ☐ $=$ ☐(원)이 필요합니다.

3-1 하민이가 반 친구들 22명에게 연필을 3자루씩 나누어 주려고 합니다. 연필은 한 묶음에 10자루씩 팔고 한 묶음에 2000원입니다. 하민이가 연필을 사는 데 최소 얼마가 필요한가요?

(　　　　　　　)

3-2 유진이는 미술 시간에 사용할 끈 426 cm가 필요합니다. 문구점에서 끈을 1 m 단위로만 팔고 1 m에 800원입니다. 유진이가 끈을 사는 데 최소 얼마가 필요한가요?

(　　　　　　　)

1 단원

대표 응용 **버림을 활용하여 최댓값 구하기**

4 가영이는 사탕 314개를 한 봉지에 10개씩 담아서 팔려고 합니다. 한 봉지에 1500원에 판다면 사탕을 팔아서 받을 수 있는 돈은 최대 얼마인가요?

문제 스케치

10개에서 1개만 부족해도 팔 수 없어요.

해결하기

한 봉지에 10개씩 담고 남는 사탕은 팔 수 없으므로 ☐하여 ☐의 자리까지 나타내야 합니다.

314개를 ☐하여 십의 자리까지 나타내면 ☐개입니다. 사탕을 최대로 담을 수 있는 봉지 수는 ☐ $\div 10=$ ☐(개)이므로 사탕을 팔아서 받을 수 있는 돈은 최대 $1500\times$ ☐ $=$ ☐(원)입니다.

4-1 지헌이네 밭에서 수확한 감자 132 kg을 한 상자에 10 kg씩 담아서 팔려고 합니다. 한 상자에 10000원에 판다면 감자를 팔아서 받을 수 있는 돈은 최대 얼마인가요?

( )

4-2 김 한 톳은 100장입니다. 김 2017장을 한 상자에 한 톳씩 넣어서 팔려고 합니다. 한 상자에 22000원에 판다면 김을 팔아서 받을 수 있는 돈은 최대 얼마인가요?

( )

대표 응용 어디에서 사는 것이 더 저렴한지 구하기

5 종합장 165권을 사려고 합니다. 문구점에서는 10권씩 묶음으로만 판매하며 1묶음에 4000원이고, 대형 마트에서는 100권씩 상자로만 판매하며 1상자에 36000원입니다. 종합장을 최소한으로 살 때 어디에서 사는 것이 더 저렴한지 구해 보세요.

문제 스케치

165권

문구점 / 대형 마트

17묶음 / 2상자

문구점과 대형 마트에서 각각 최소 몇 권을 사야 하는지 구해 봐요!

해결하기

문구점: 종합장을 10권씩 사야 하므로 165를 올림하여 십의 자리까지 나타내면 170으로 최소 □묶음을 사야 합니다.

➡ 4000 × □ = □(원)이 필요합니다.

대형 마트: 종합장을 100권씩 사야 하므로 165를 올림하여 백의 자리까지 나타내면 200으로 최소 □상자를 사야 합니다.

➡ 36000 × □ = □(원)이 필요합니다.

따라서 (문구점 , 대형 마트)에서 사는 것이 더 저렴합니다.

5-1 도희네 학교 5학년 친구들에게 나누어 줄 요구르트 278개가 필요합니다. 마트에서는 요구르트를 10개씩 묶음으로 5000원에 팔고 도매점에서는 100개씩 묶음으로 45000원에 팝니다. 요구르트를 최소한으로 살 때 어디에서 사는 것이 더 저렴한지 구해 보세요.

( )

5-2 구슬 577개를 사려고 합니다. 가 가게에서는 한 봉지에 10개씩 담아 250원에 팔고, 나 가게에서는 한 봉지에 100개씩 담아 2400원에 판다고 합니다. 구슬을 최소한으로 살 때 어느 가게가 얼마 더 저렴한지 구해 보세요.

( ), ( )

01 현성이네 모둠 학생들이 모은 붙임 딱지 수를 조사하여 나타낸 표입니다. 붙임 딱지를 30장 이상 모은 학생의 이름을 모두 써 보세요.

학생들이 모은 붙임 딱지 수

이름	현성	원빈	윤영	민아	도준
붙임 딱지 수(장)	45	28	30	29	15

( )

[02~03] 수를 보고 물음에 답하세요.

6.8	9	$4\frac{1}{4}$	5	8.9
$5\frac{1}{2}$	7	3.7	4.1	6

02 6 이상인 수를 모두 써 보세요.

( )

03 7 이하인 수는 모두 몇 개인가요?

( )

04 오전에 버스에 탄 승객들의 나이를 조사한 표입니다. 65세 이상은 버스 요금이 무료라고 할 때 버스 요금을 내지 않는 사람은 모두 몇 명인가요?

버스 승객의 나이 (단위: 세)

51	8	13	46	67
65	17	15	16	20
77	58	61	67	4
25	49	47	85	19

( )

05 45 초과인 수에 모두 ○표 하세요.

46 9 37 $45\frac{1}{8}$ 45 59

06 엘리베이터의 정원은 15명 미만입니다. 엘리베이터에 탈 수 있는 최대 인원은 몇 명인가요?

( )

07 수의 범위를 수직선에 나타내어 보세요.

12 초과 24 이하인 수

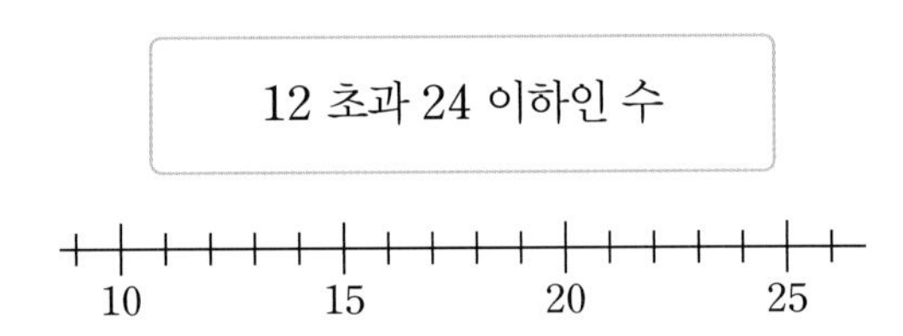

08 38 이상 43 미만인 수로만 이루어져 있는 것을 찾아 기호를 써 보세요.

㉠ 38, 39, 43 ㉡ 39, 42, 44 ㉢ 38, 40, 42

( )

09 태권도 경기에서 초등부의 라이트 헤비급은 몸무게가 49 kg 초과 52 kg 이하입니다. 표를 보고 라이트 헤비급에 속하는 사람을 모두 찾아 써 보세요.

몸무게

정민	52.0 kg	경환	48.7 kg	민수	54.1 kg
은후	41.5 kg	성훈	49.0 kg	지욱	50.8 kg

(　　　　　　　　　)

10 중요 어느 날 여러 도시의 초미세 먼지 농도를 조사하여 나타낸 표입니다. 표를 완성해 보세요.

도시별 초미세 먼지 농도

도시	가	나	다	라	마	바	사	아
초미세 먼지 농도(마이크로그램)	29	14	36	77	35	8	16	108

초미세 먼지 농도(마이크로그램)	도시
15 이하	
15 초과 35 이하	
35 초과 75 이하	
75 초과	

11 올림하여 주어진 자리까지 나타내어 보세요.

수	십의 자리까지	백의 자리까지
1357		

12 2543을 버림하여 주어진 자리까지 나타낸 수에 ○표 하세요.

백의 자리	2400　2500　2600
천의 자리	1000　2000　3000

13 반올림하여 천의 자리까지 나타내면 3000이 되는 수에 모두 ○표 하세요.

2564　2672　3512　2417　2499　3246

14 중요 잘못 설명한 학생을 찾아 이름을 써 보세요.

- 지민: 1553을 반올림하여 십의 자리까지 나타내면 1550이야.
- 연수: 2642를 반올림하여 백의 자리까지 나타내면 2600이야.
- 현빈: 7534를 반올림하여 천의 자리까지 나타내면 7000이야.

(　　　　　　　　　)

15 어림한 수를 비교하여 ○ 안에 >, =, <를 알맞게 써넣으세요.

46.253을 올림하여 소수 첫째 자리까지 나타낸 수 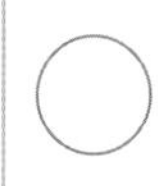 46.315를 반올림하여 소수 둘째 자리까지 나타낸 수

1 단원

16 집에서 학교까지의 거리는 657 m이고 학교에서 서점까지의 거리는 549 m입니다. 집에서 학교를 거쳐 서점까지 가는 거리는 몇 m인지 반올림하여 십의 자리까지 나타내어 보세요.

(　　　　　　　　　　　)

17 7534를 반올림하여 천의 자리까지 나타낸 수와 버림하여 십의 자리까지 나타낸 수의 차를 구해 보세요.

(　　　　　　　　　　　)

18 어려운 문제

은호네 모둠 친구들이 우리 주변에서 올림, 버림, 반올림을 하는 경우를 찾아보았습니다. 잘못된 방법을 사용한 사람은 누구인가요?

은호	자판기에서 음료수를 뽑는 경우 지폐를 넣고 거스름돈을 받을 때 넣는 지폐의 액수는 올림을 사용해.
성준	은행에서 돈을 지폐로 바꿀 때 최대로 바꿀 수 있는 돈의 액수는 올림하여 구할 수 있지.
경민	오늘 입장한 야구장 관람객 수를 말할 때 보통 반올림하여 말해.

(　　　　　　　　　　　)

서술형 문제

19 빵집에서 쿠키를 57개 만들었습니다. 이 쿠키를 한 봉지에 10개씩 담아서 2000원에 팔려고 합니다. 오늘 쿠키를 팔아서 받을 수 있는 돈은 최대 얼마인지 풀이 과정을 쓰고 답을 구해 보세요.

풀이

답 ____________

20 성현이와 아버지는 영화를 보러 가서 주차장에 주차를 하였습니다. 주차 요금은 얼마인지 풀이 과정을 쓰고 답을 구해 보세요.

1시간 50분 동안 주차를 하였구나.
그럼 얼마죠?
아버지
성현

- 1시간(기본): 3000원
- 1시간 초과시 10분마다 400원씩 추가

풀이

답 ____________

01 승준이의 일주일 동안 걸음 수를 나타낸 표입니다. 5000보 이상 걸은 날은 모두 며칠인지 구해 보세요.

일주일 동안의 걸음 수

요일	걸음 수(보)
월요일	6552
화요일	3200
수요일	5000
목요일	8818
금요일	10015
토요일	5056
일요일	2750

( )

02 7 이하인 수에 ○표 하세요.

7.5　6.7　7　$5\frac{1}{3}$

8.3　7.01　$9\frac{3}{7}$　5.5

03 밑줄 친 수의 범위를 수직선에 나타내어 보세요.

나이가 만 65세 이상인 사람은 지하철을 무료로 이용할 수 있습니다.

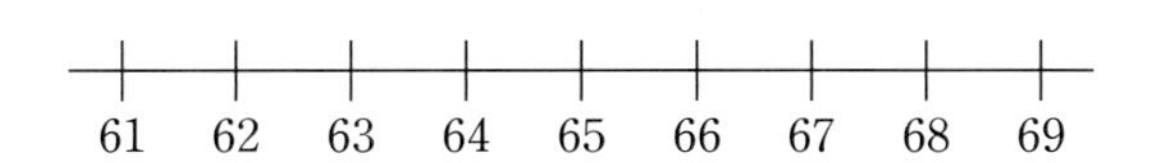

04 □ 초과인 수 중에 가장 작은 자연수는 15입니다. □ 안에 알맞은 자연수를 구해 보세요.

( )

05 다음 중 주어진 수를 모두 포함하는 수의 범위는 어느 것인가요? ( )

16　22　45　11　39

① 45 초과인 수　② 45 미만인 수
③ 11 초과인 수　④ 11 미만인 수
⑤ 10 초과인 수

06 정호네 학교 5학년 학생들이 신청한 방과 후 부서를 조사하여 나타낸 표입니다. 신청 학생이 12명 미만인 부서는 개설되지 못한다고 할 때, 개설되지 못하는 부서를 모두 써 보세요.

방과 후 부서별 신청 학생 수

부서	티볼	오케스트라	창의력 과학	농구	컴퓨터	시화
학생 수(명)	17	12	11	13	14	10

( )

07 다음 수의 범위에 속하는 자연수는 모두 몇 개인가요?

( )

08 중요 다음 수를 모두 포함하는 수의 범위를 알맞게 나타낸 것을 모두 고르세요. (　　　　)

26　27　28　29　30　31　32

① 26 이상 32 미만인 수
② 26 이상 33 이하인 수
③ 26 초과 32 이하인 수
④ 25 초과 32 이하인 수
⑤ 25 초과 32 미만인 수

09 무더운 여름이면 곳곳에서 에어컨을 작동합니다. 다음 중에서 적정 온도를 유지하는 곳을 모두 써 보세요.

너무 더워!
18 ℃로 낮추자.

안돼. 26 ℃ 이상 28 ℃ 이하가 적정 온도야.

장소	도서관	박물관	미술관	은행
온도(℃)	27.6	26.0	28.3	24.2

(　　　　　　　　)

10 독서 퀴즈 대회 예선에서 맞힌 문제 수를 나타낸 표입니다. 민혁이와 우석이가 예선을 탈락하고 나머지 학생들은 통과하였습니다. 예선을 통과하려면 몇 문제 이상을 맞혀야 하나요?

독서 퀴즈 대회 예선에서 맞힌 문제 수

이름	승원	준호	민혁	진우	우석
맞힌 문제 수(문제)	19	16	13	17	15

(　　　　　　　　)

11 올림하여 백의 자리까지 나타낸 수가 틀린 것은 어느 것인가요? (　　　)

① 260 → 300
② 1627 → 1700
③ 2984 → 2900
④ 7561 → 7600
⑤ 5762 → 5800

12 버림하여 천의 자리까지 나타내면 48000이 되는 수 중에서 가장 큰 수를 구해 보세요.

(　　　　　　　　)

13 재현이네 반 학생들의 발길이를 나타낸 표입니다. 발길이를 반올림하여 십의 자리까지 나타낸 수가 각자의 신발 사이즈라고 할 때 신발 사이즈가 다른 한 명은 누구인지 써 보세요.

재현이네 반 학생들의 발길이

이름	발길이(mm)	이름	발길이(mm)
재현	215	영훈	229
은우	222	은채	220
서준	217	하은	224

(　　　　　　　　)

14 다음 수를 반올림하여 백의 자리까지 나타내면 4600이 된다고 합니다. □ 안에 들어갈 수 있는 숫자는 모두 몇 개인가요?

46□5

(　　　　　　　　)

15 수 카드 4장을 한 번씩만 사용하여 만든 가장 작은 네 자리 수를 반올림하여 백의 자리까지 나타내어 보세요.

8 5 1 3

( )

16 중요 반올림하여 백의 자리까지 나타내어 1600이 되는 자연수 중에서 가장 작은 수와 가장 큰 수를 차례로 써 보세요.

( ), ( )

17 주어진 경우에 알맞은 어림하기 방법을 '올림'과 '버림' 중 써 보세요.

사탕을 한 사람에게 10개씩 나누어 줄 때 최대 나누어 줄 수 있는 사람 수를 구하는 경우	
야구공을 한 상자에 100개씩 남김없이 담을 때 최소 필요한 상자의 개수를 구하는 경우	

18 민지네 학교 5학년 학생 168명이 10인승 보트를 타려고 합니다. 학생을 모두 태우기 위해서는 보트가 최소 몇 대 필요한지 구해 보세요.

( )

서술형 문제

19 우편 요금은 무게에 따라 정해집니다. 다음은 영민이네 모둠 학생들이 쓴 편지의 무게입니다. 영민이네 모둠 학생들이 쓴 편지를 보내는 데 필요한 돈은 모두 얼마인지 풀이 과정을 쓰고 답을 구해 보세요.

학생들이 쓴 편지의 무게

이름	영민	재석	지수	준성
무게(g)	19	5	38	25

무게별 우편 요금

무게(g)	요금(원)
5 이하	350
5 초과 25 이하	450
25 초과 50 이하	550

풀이

답

20 어려운 문제 상민이는 100원짜리 동전 24개와 1000원짜리 지폐 57장을 모았습니다. 은행에 가서 10000원짜리 지폐로 바꾸려면 최대 얼마까지 바꿀 수 있는지 풀이 과정을 쓰고 답을 구해 보세요.

풀이

답

1 단원

오늘은 신체검사를 하는 날입니다. 지아의 키가 성현이 키의 $1\frac{1}{13}$이라면 지아의 키는 몇 cm일까요? 성현이의 몸무게가 지아 몸무게의 $\frac{8}{9}$이라면 성현이의 몸무게는 몇 kg일까요?

이번 2단원에서는 제시된 상황이 분수의 곱셈을 활용하는 것임을 알고, (분수) × (자연수), (자연수) × (분수), 여러 가지 분수의 계산 원리를 이해하고 계산해 볼 거예요. 또한 실생활 문제를 분수의 곱셈을 이용하여 해결하는 과정에 대해 알아볼 거예요.

2 분수의 곱셈

단원 학습 목표

1. (분수)×(자연수)의 계산 원리를 이해하고 이를 계산할 수 있습니다.
2. (자연수)×(분수)의 계산 원리를 이해하고 이를 계산할 수 있습니다.
3. 진분수의 곱셈의 계산 원리를 이해하고 이를 계산할 수 있습니다.
4. 여러 가지 분수의 곱셈의 계산 원리를 이해하고 이를 계산할 수 있습니다.

단원 진도 체크

학습일		학습 내용	진도 체크
1일째	월 일	개념 1 (분수)×(자연수)를 알아볼까요 개념 2 (자연수)×(분수)를 알아볼까요	✓
2일째	월 일	교과서 넘어 보기 + 교과서 속 응용 문제	✓
3일째	월 일	개념 3 진분수의 곱셈을 알아볼까요 개념 4 여러 가지 분수의 곱셈을 알아볼까요	✓
4일째	월 일	교과서 넘어 보기 + 교과서 속 응용 문제	✓
5일째	월 일	응용 1 공이 땅에 닿았다가 튀어 올랐을 때의 높이 구하기 응용 2 분수의 규칙을 찾아 곱하기 응용 3 색칠한 부분의 넓이 구하기	✓
6일째	월 일	응용 4 이어 붙인 색 테이프의 전체 길이 구하기 응용 5 움직인 전체 거리 구하기	✓
7일째	월 일	단원 평가 LEVEL ❶	✓
8일째	월 일	단원 평가 LEVEL ❷	✓

이 단원을 진도 체크에 맞춰 8일 동안 학습해 보세요.
해당 부분을 공부하고 나서 ✓표를 하세요.

개념 1 (분수)×(자연수)를 알아볼까요 → (진분수)×(자연수), (대분수)×(자연수)

(1) (진분수)×(자연수)

예) $\frac{5}{6}\times4$의 계산

방법 1 분자와 자연수를 곱한 후, 분자와 분모를 약분하여 계산하기

$$\frac{5}{6}\times4=\frac{5\times4}{6}=\frac{\overset{10}{\cancel{20}}}{\underset{3}{\cancel{6}}}=\frac{10}{3}=3\frac{1}{3}$$

방법 2 (분수)×(자연수)의 식에서 분모와 자연수를 약분하여 계산하기

$$\frac{5}{\underset{3}{\cancel{6}}}\times\overset{2}{\cancel{4}}=\frac{5\times2}{3}=\frac{10}{3}=3\frac{1}{3}$$

(2) (대분수)×(자연수)

예) $1\frac{1}{5}\times3$의 계산

방법 1 대분수를 가분수로 바꾸어 계산하기

$$1\frac{1}{5}\times3=\frac{6}{5}\times3=\frac{6\times3}{5}=\frac{18}{5}=3\frac{3}{5}$$

방법 2 대분수를 자연수 부분과 진분수 부분으로 나누어 계산하기

$$1\frac{1}{5}\times3=(1+1+1)+\left(\frac{1}{5}+\frac{1}{5}+\frac{1}{5}\right)=(1\times3)+\left(\frac{1}{5}\times3\right)$$

$1+\frac{1}{5}$

$$=3+\frac{3}{5}=3\frac{3}{5}$$

▶ (단위분수)×(자연수)
단위분수의 분자와 자연수를 곱하여 계산합니다.
$\frac{1}{5}\times2=\frac{1}{5}+\frac{1}{5}=\frac{1\times2}{5}=\frac{2}{5}$

▶ 대분수를 가분수로 바꾸지 않고 분모와 자연수를 약분하지 않도록 합니다.
예) $1\frac{1}{\underset{2}{\cancel{4}}}\times\overset{1}{\cancel{2}}=1\frac{1}{2}$ (×)
[바른 계산]
$1\frac{1}{4}\times2=\frac{5}{\underset{2}{\cancel{4}}}\times\overset{1}{\cancel{2}}=\frac{5}{2}$
$=2\frac{1}{2}$ (○)

01 그림을 보고 □ 안에 알맞은 수를 써넣으세요.

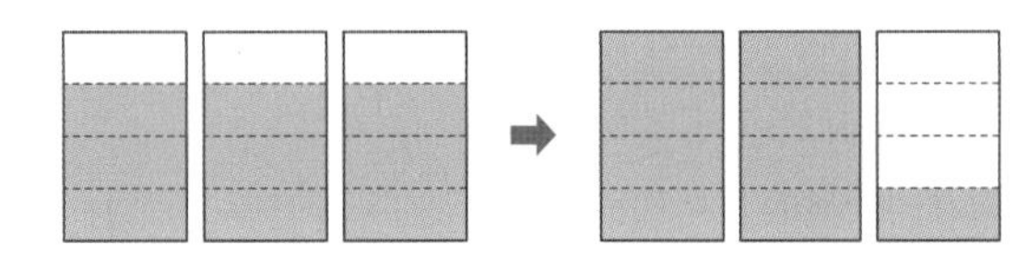

$\frac{3}{4}\times3=\frac{3}{4}+\square+\square=\frac{3\times\square}{4}$

$=\frac{\square}{4}=\square$

02 □ 안에 알맞은 수를 써넣으세요.

(1) $2\frac{1}{7}\times3=\frac{\square}{7}\times3=\frac{\square}{7}=\square$

(2) $2\frac{1}{7}\times3=(2+2+2)+\left(\frac{1}{7}+\square+\square\right)$

$=(2\times\square)+\left(\frac{1}{7}\times\square\right)$

$=\square+\frac{\square}{7}=\square$

개념 2 (자연수)×(분수)를 알아볼까요 →(자연수)×(진분수), (자연수)×(대분수)

(1) (자연수)×(진분수)

예 $4\times\frac{3}{8}$의 계산

방법 1 자연수와 분자를 곱한 후, 분자와 분모를 약분하여 계산하기

$$4\times\frac{3}{8}=\frac{4\times3}{8}=\frac{\overset{3}{\cancel{12}}}{\underset{2}{\cancel{8}}}=\frac{3}{2}=1\frac{1}{2}$$

방법 2 자연수와 분자를 곱하기 전, 분자와 분모를 약분하여 계산하기

$$4\times\frac{3}{8}=\frac{\overset{1}{\cancel{4}}\times3}{\underset{2}{\cancel{8}}}=\frac{3}{2}=1\frac{1}{2}$$

(2) (자연수)×(대분수)

예 $2\times2\frac{3}{5}$의 계산

방법 1 대분수를 가분수로 바꾸어 계산하기

$$2\times2\frac{3}{5}=2\times\frac{13}{5}=\frac{2\times13}{5}=\frac{26}{5}=5\frac{1}{5}$$

방법 2 대분수를 자연수 부분과 진분수 부분으로 나누어 계산하기

$$2\times2\frac{3}{5}=(2\times2)+\left(2\times\frac{3}{5}\right)=4+\frac{6}{5}=4+1\frac{1}{5}=5\frac{1}{5}$$

▶ (자연수)×(분수)
(자연수)×(분수)의 식에서 자연수와 분모를 약분하여 계산합니다.
$\overset{1}{\cancel{4}}\times\frac{3}{\underset{2}{\cancel{8}}}=\frac{3}{2}=1\frac{1}{2}$

▶ 분수의 곱셈 결과 알아보기
자연수의 곱셈에서는 항상 그 결과가 커졌지만 분수의 곱셈은 곱하는 수가 1보다 더 크면 값이 커지고, 곱하는 수가 1과 같으면 값이 변하지 않고, 곱하는 수가 1보다 더 작으면 값이 작아집니다.

- $5<5\times1\frac{1}{2}$
- $5=5\times1$
- $5>5\times\frac{1}{3}$

2 단원

03 □ 안에 알맞은 수를 써넣으세요.

(1) $9\times\frac{5}{6}=\frac{9\times\square}{6}=\frac{\square}{6}=\frac{\square}{2}=\square$

(2) $9\times\frac{5}{6}=\frac{\overset{\square}{\cancel{9}}\times5}{\underset{\square}{\cancel{6}}}=\square=\square$

(3) $\overset{\square}{\cancel{9}}\times\frac{5}{\underset{\square}{\cancel{6}}}=\square=\square$

04 □ 안에 알맞은 수를 써넣으세요.

(1) $3\times1\frac{2}{5}=3\times\frac{\square}{5}=\frac{\square\times\square}{5}=\frac{\square}{5}=\square$

(2) $3\times1\frac{2}{5}=(3\times1)+\left(3\times\frac{\square}{5}\right)=\square+\square\frac{\square}{5}=\square$

교과서 넘어 보기

01 여러 가지 방법으로 계산한 것입니다. □ 안에 알맞은 수를 써넣으세요.

방법 1 $\frac{7}{12}\times9=\frac{7\times9}{12}=\frac{\overset{\square}{\cancel{63}}}{\underset{4}{\cancel{12}}}=\frac{\square}{\square}$

$=\square$

방법 2 $\frac{7}{12}\times9=\frac{7\times\overset{\square}{\cancel{9}}}{\underset{4}{\cancel{12}}}=\frac{\square}{\square}=\square$

방법 3 $\frac{7}{\underset{4}{\cancel{12}}}\times\overset{\square}{\cancel{9}}=\frac{\square}{\square}=\square$

02 □ 안에 알맞은 수를 써넣고 덧셈으로 계산한 방법을 수직선에 나타내어 보세요.

$\frac{2}{5}\times4=\square+\square+\square+\square=\square$

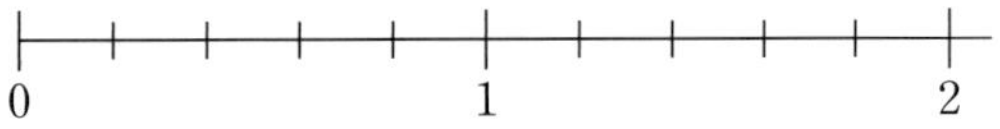

(수직선: 0, 1, 2)

03 계산해 보세요.

(1) $\frac{3}{8}\times4$ (2) $\frac{5}{18}\times6$

04 지수는 매일 $\frac{4}{5}$ km씩 달리기를 하였습니다. 지수가 일주일 동안 달린 거리는 몇 km인가요?

(   )

05 □ 안에 알맞은 수를 써넣으세요.

(1) $1\frac{1}{8}\times6=\frac{\square}{\underset{4}{\cancel{8}}}\times\overset{\square}{\cancel{6}}=\frac{\square}{4}=\square$

(2) $1\frac{1}{8}\times6=(1\times6)+\left(\frac{1}{\underset{4}{\cancel{8}}}\times\overset{\square}{\cancel{6}}\right)=6+\frac{\square}{\square}$

$=\square$

06 다음 중 잘못 계산한 것을 찾아 기호를 쓰고, 옳게 고쳐 보세요.
중요

㉠ $2\frac{4}{5}\times6=\frac{14}{5}\times6=\frac{84}{5}=16\frac{4}{5}$

㉡ $6\frac{2}{5}\times14=(6\times14)+\left(\frac{2}{5}\times14\right)$

$=84+\frac{28}{5}=84+5\frac{3}{5}=89\frac{3}{5}$

㉢ $1\frac{5}{12}\times4=\frac{17}{12}\times4=\frac{17\times4}{12\times4}=\frac{68}{48}$

$=1\frac{20}{48}=1\frac{5}{12}$

기호	옳게 고친 계산

07 계산해 보세요.

(1) $2\frac{1}{7}\times3$ (2) $3\frac{5}{6}\times10$

08 계산 결과가 같은 것끼리 이어 보세요.

$\frac{5}{8}\times 3$ •	• $\frac{6}{5}\times 4$
$1\frac{1}{5}\times 4$ •	• $\frac{13}{3}\times 2$
$1\frac{4}{9}\times 6$ •	• $\frac{3}{8}\times 5$

09 한 변의 길이가 $13\frac{3}{4}$ cm인 정삼각형 모양의 색종이의 둘레는 몇 cm인가요?

( )

10 그림을 보고 바르게 이야기한 친구를 모두 찾아 이름을 써 보세요.

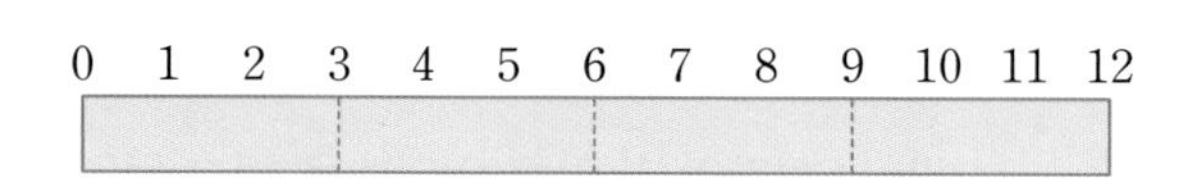

경민: 12의 $\frac{1}{4}$은 3입니다.

선우: $12\times\frac{3}{4}$은 12보다 큽니다.

지호: $12\times\frac{2}{4}$는 6입니다.

( )

11 빈칸에 알맞은 수를 써넣으세요.

$\times$	$\frac{5}{6}$	$\frac{3}{8}$
20		

12 밀가루가 2 kg 있습니다. 빵을 만드는 데 처음에 있던 밀가루의 $\frac{5}{6}$만큼 사용했다면 사용한 밀가루의 양은 몇 kg인가요?

( )

13 중요 수빈이는 96쪽짜리 동화책을 전체의 $\frac{5}{8}$만큼 읽었습니다. 수빈이가 읽고 남은 동화책은 몇 쪽인가요?

( )

14 계산해 보세요.

(1) $10\times 2\frac{7}{15}$

(2) $18\times 3\frac{5}{24}$

15 계산 결과가 8보다 큰 식에 ○표, 8보다 작은 식에 △표 하세요.

$8\times1\frac{1}{5}$ $8\times\frac{11}{12}$ 8×1 $8\times\frac{5}{6}$ $8\times\frac{9}{4}$

16 계산에서 잘못된 곳을 찾아 바르게 계산해 보세요.

$\overset{2}{\cancel{8}}\times1\frac{1}{\underset{3}{\cancel{12}}}=2\times1\frac{1}{3}=2\times\frac{4}{3}=\frac{8}{3}=2\frac{2}{3}$

바른 계산

$8\times1\frac{1}{12}$ ______

17 보기 에서 가장 큰 수를 찾아 □ 안에 써넣고 계산한 값을 구해 보세요.

어려운 문제

보기

$4\frac{7}{10}$ $4\frac{2}{5}$ $\frac{18}{5}$ $\frac{21}{5}$ 4

$15\times$ □

(　　　　　　　)

18 어느 주차장의 평일 주차비는 1시간에 1500원입니다. 주말에는 1시간에 평일 주차비의 $1\frac{1}{5}$만큼 내야 한다고 할 때 주말에 1시간 동안 내야 하는 주차비는 얼마인가요?

(　　　　　　　)

교과서, 익힘책 속 응용 문제를 유형별로 풀어 보세요.

교과서 속 응용 문제

정답과 풀이 10쪽

(자연수)×(분수)의 활용

예 1 kg의 $\frac{1}{2}$은 몇 g인가요?

➡ 1 kg=1000 g이므로 1 kg의 $\frac{1}{2}$은

$\overset{500}{\cancel{1000}}\times\frac{1}{\underset{1}{\cancel{2}}}=500$ (g)입니다.

19 □ 안에 알맞은 수를 써넣으세요.

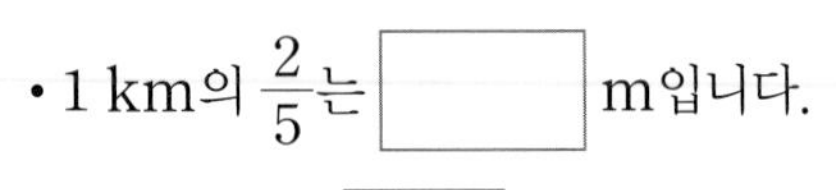

• 1 km의 $\frac{2}{5}$는 □ m입니다.

• 1 m의 $\frac{1}{2}$은 □ cm입니다.

20 바르게 말한 친구는 누구인가요?

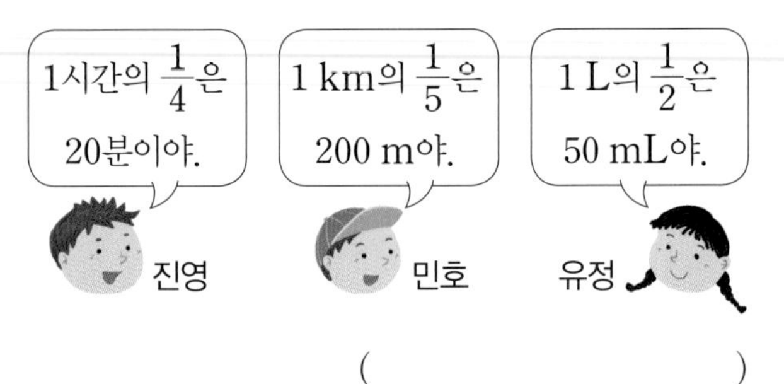

1시간의 $\frac{1}{4}$은 20분이야.
1 km의 $\frac{1}{5}$은 200 m야.
1 L의 $\frac{1}{2}$은 50 mL야.
진영
민호
유정

(　　　　　　　)

21 선재는 1시간의 $\frac{5}{6}$만큼 인터넷을 했고 하영이는 1시간의 $\frac{4}{15}$만큼 인터넷을 했습니다. 선재와 하영이가 인터넷을 한 시간은 모두 몇 시간 몇 분인지 구해 보세요.

(　　　　　　　)

정답과 풀이 12쪽

개념 3 진분수의 곱셈을 알아볼까요 → (단위분수) × (단위분수), (진분수) × (진분수), 세 분수의 곱셈

(1) **(단위분수) × (단위분수)**

예 $\frac{1}{4} \times \frac{1}{3}$의 계산

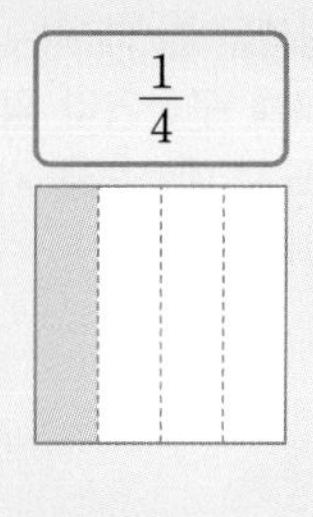

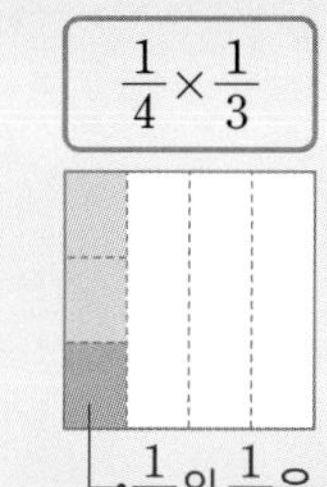

$\frac{1}{4} \times \frac{1}{3} = \frac{1}{4 \times 3} = \frac{1}{12}$

$\frac{1}{4}$의 $\frac{1}{3}$은 전체를 12등분 한 것 중의 하나와 같습니다.

➡ 분모는 분모끼리 곱하고, 분자에는 1을 씁니다.

▶ (단위분수) × (단위분수)의 계산은 분자 1은 그대로 두고 분모끼리 곱합니다.

$\frac{1}{●} \times \frac{1}{▲} = \frac{1}{● \times ▲}$

(2) **(진분수) × (진분수)**

예 $\frac{4}{9} \times \frac{6}{7}$의 계산

$\frac{4}{9} \times \frac{6}{7} = \frac{4 \times 6}{9 \times 7} = \frac{\overset{8}{\cancel{24}}}{\underset{21}{\cancel{63}}} = \frac{8}{21}$

➡ 분자는 분자끼리, 분모는 분모끼리 곱합니다.

▶ (진분수) × (진분수)의 계산

$\frac{4}{9} \times \frac{6}{7} = \frac{4 \times \overset{2}{\cancel{6}}}{\underset{3}{\cancel{9}} \times 7} = \frac{8}{21}$

과 같이 계산할 수도 있습니다.

(3) **세 분수의 곱셈**

예 $\frac{1}{2} \times \frac{1}{4} \times \frac{2}{3}$의 계산

$\frac{1}{2} \times \frac{1}{4} \times \frac{2}{3} = \frac{1 \times 1 \times 2}{2 \times 4 \times 3} = \frac{\overset{1}{\cancel{2}}}{\underset{12}{\cancel{24}}} = \frac{1}{12}$

➡ 세 분수의 곱셈은 분자는 분자끼리, 분모는 분모끼리 곱합니다.

▶ 세 분수의 곱셈을 할 때, 중간에 약분할 수도 있습니다.

예 $\frac{1}{2} \times \frac{1}{4} \times \frac{2}{3}$

$= \frac{1 \times 1 \times \overset{1}{\cancel{2}}}{\underset{1}{\cancel{2}} \times 4 \times 3} = \frac{1}{12}$

2 단원

01 □ 안에 알맞은 수를 써넣으세요.

(1) $\frac{1}{5} \times \frac{1}{4} = \frac{1 \times \square}{5 \times \square} = \frac{\square}{\square}$

(2) $\frac{2}{7} \times \frac{3}{5} = \frac{2 \times 3}{\square \times \square} = \frac{\square}{\square}$

02 □ 안에 알맞은 수를 써넣으세요.

$\frac{1}{3} \times \frac{2}{5} \times \frac{4}{7} = \frac{1 \times \square \times \square}{3 \times \square \times \square}$

$= \frac{\square}{\square}$

개념 4 여러 가지 분수의 곱셈을 알아볼까요 → (대분수) × (대분수), 여러 가지 분수의 곱셈

(1) (대분수) × (대분수)

예 $2\frac{2}{3}\times1\frac{1}{2}$의 계산

방법 1 대분수를 가분수로 바꾸어 계산하기

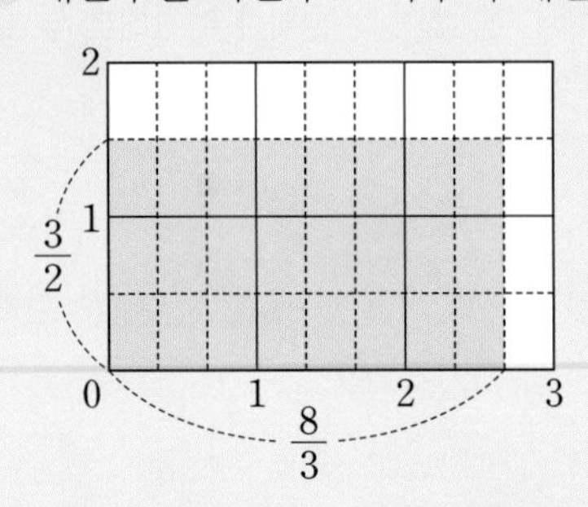

$$2\frac{2}{3}\times1\frac{1}{2}=\frac{\overset{4}{\cancel{8}}}{\underset{1}{\cancel{3}}}\times\frac{\overset{1}{\cancel{3}}}{\underset{1}{\cancel{2}}}=4$$

▶ 대분수의 곱셈을 할 때에는 대분수 상태에서 곱을 구하거나 약분하면 안 되고 반드시 대분수를 가분수로 바꾸어 계산합니다.

방법 2 분수를 자연수 부분과 진분수 부분으로 나누어 계산하기

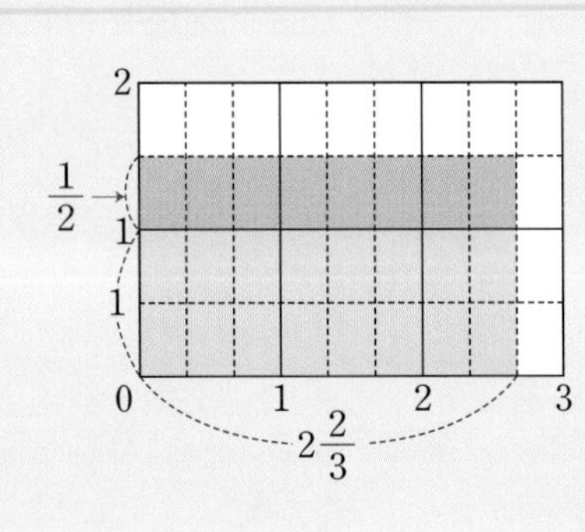

$$2\frac{2}{3}\times1\frac{1}{2}$$
$$=\left(2\frac{2}{3}\times1\right)+\left(2\frac{2}{3}\times\frac{1}{2}\right)$$
$$=2\frac{2}{3}+\left(\frac{\overset{4}{\cancel{8}}}{3}\times\frac{1}{\underset{1}{\cancel{2}}}\right)=2\frac{2}{3}+\frac{4}{3}$$
$$=2\frac{2}{3}+1\frac{1}{3}=4$$

(2) 여러 가지 분수의 곱셈

- $3\times\frac{5}{8}=\frac{3}{1}\times\frac{5}{8}=\frac{3\times5}{1\times8}=\frac{15}{8}=1\frac{7}{8}$
- $\frac{3}{4}\times1\frac{1}{2}=\frac{3}{4}\times\frac{3}{2}=\frac{3\times3}{4\times2}=\frac{9}{8}=1\frac{1}{8}$

→ 자연수나 대분수는 모두 가분수 형태로 나타낼 수 있습니다.

➡ 분수가 들어간 모든 곱셈은 진분수나 가분수 형태로 바꾼 후, 분자는 분자끼리 분모는 분모끼리 곱하여 계산할 수 있습니다.

▶ 자연수는 분수 형태로 나타낼 수 있습니다.

예 $3=\frac{3}{1}$, $5=\frac{5}{1}$, ...

03 □ 안에 알맞은 수를 써넣으세요.

$$1\frac{3}{5}\times1\frac{2}{7}=\frac{\square}{5}\times\frac{\square}{7}=\frac{\square\times\square}{\square\times\square}$$
$$=\frac{\square}{\square}=\square\frac{\square}{\square}$$

04 □ 안에 알맞은 수를 써넣으세요.

$$\frac{2}{3}\times2\frac{4}{5}=\frac{\square}{3}\times\frac{\square}{5}=\frac{\square\times\square}{\square\times\square}$$
$$=\frac{\square}{\square}=\square\frac{\square}{\square}$$

22 그림을 보고 □ 안에 알맞은 수를 써넣으세요.

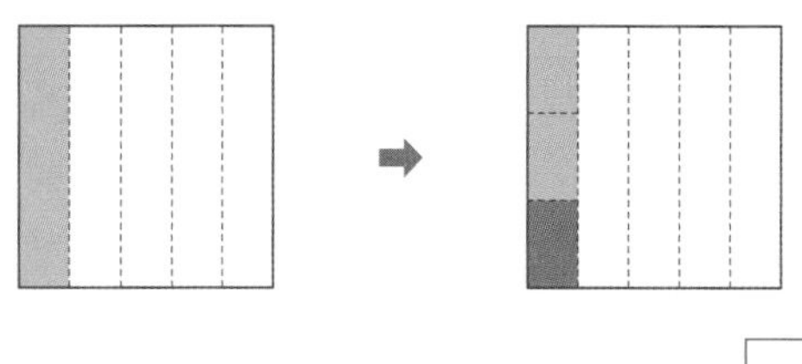

$\frac{1}{5}$

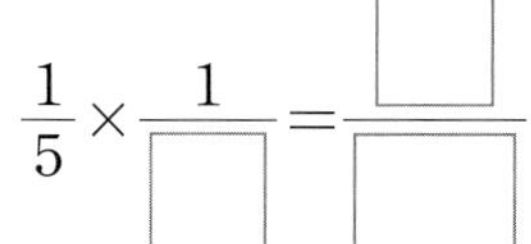

$\frac{1}{5} \times \frac{1}{\square} = \frac{\square}{\square}$

23 곱이 가장 큰 것을 찾아 기호를 써 보세요.

㉠ $\frac{1}{7} \times \frac{1}{5}$ ㉡ $\frac{1}{6} \times \frac{1}{4}$ ㉢ $\frac{1}{8} \times \frac{1}{9}$

( )

24 중요 다음 수 카드 중 두 장을 사용하여 분수의 곱셈을 만들려고 합니다. 계산 결과가 가장 큰 곱셈식과 가장 작은 곱셈식을 각각 구해 보세요.

2 3 4 5 6 7 8

계산 결과가 가장 큰 곱셈식: $\frac{1}{\square} \times \frac{1}{\square}$

계산 결과가 가장 작은 곱셈식: $\frac{1}{\square} \times \frac{1}{\square}$

25 다음 곱의 계산 결과가 $\frac{1}{28}$보다 클 때 □ 안에 들어갈 수 있는 자연수를 모두 구해 보세요.

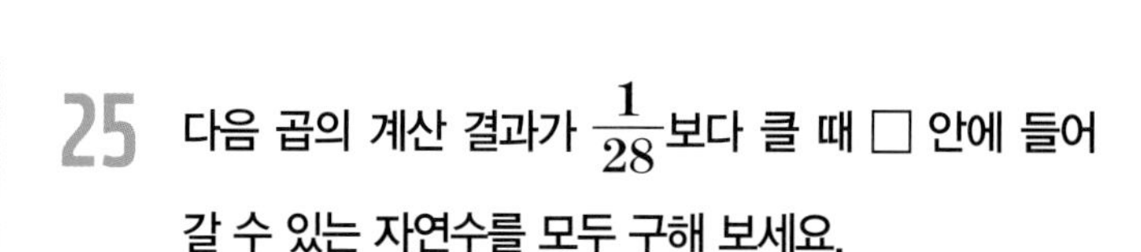

$\frac{1}{7} \times \frac{1}{\square}$

( )

26 여러 가지 방법으로 계산한 것입니다. □ 안에 알맞은 수를 써넣으세요.

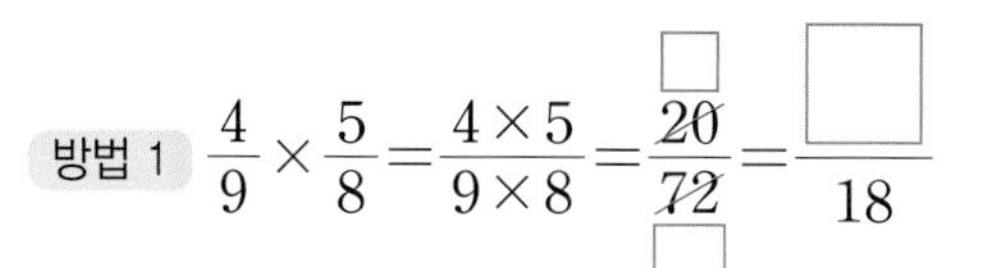

방법 1 $\frac{4}{9} \times \frac{5}{8} = \frac{4 \times 5}{9 \times 8} = \frac{\overset{\square}{\cancel{20}}}{\underset{\square}{\cancel{72}}} = \frac{\square}{18}$

방법 2 $\frac{4}{9} \times \frac{5}{8} = \frac{\overset{\square}{\cancel{4}} \times 5}{9 \times \underset{\square}{\cancel{8}}} = \frac{\square}{18}$

방법 3 $\frac{\overset{\square}{\cancel{4}}}{9} \times \frac{5}{\underset{\square}{\cancel{8}}} = \frac{\square}{18}$

27 형수네 반 학급 문고 전체의 $\frac{2}{5}$는 위인전이고 형수는 위인전의 $\frac{3}{7}$만큼을 읽었습니다. 형수가 읽은 위인전은 학급 문고 전체의 몇 분의 몇인가요?

( )

2 단원

28 한 변의 길이가 $\frac{4}{5}$ m인 정사각형의 넓이는 몇 m^2인지 구해 보세요.

(　　　　　　　　　　)

29 길이가 $\frac{2}{5}$ m인 색 테이프가 있습니다. 그중의 $\frac{2}{9}$를 사용하였다면 사용한 색 테이프의 길이는 몇 m인가요?

(　　　　　　　　　　)

30 중요

정원이는 어제 우유를 $\frac{5}{8}$ L 마셨고 오늘은 어제 마신 우유의 $\frac{2}{5}$만큼 마셨습니다. 물음에 답하세요.

(1) 오늘 마신 우유의 양은 몇 L인가요?

(　　　　　　　　　　)

(2) 어제와 오늘 마신 우유는 모두 몇 L인가요?

(　　　　　　　　　　)

31 빈 곳에 알맞은 수를 써넣으세요.

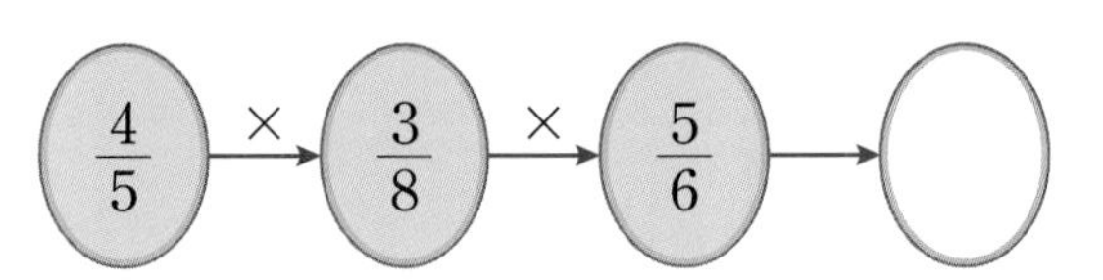

32 지현이네 학교 5학년 학생의 $\frac{1}{2}$은 남학생이고, 남학생의 $\frac{3}{5}$은 안경을 썼습니다. 그중 $\frac{4}{9}$는 뿔테 안경을 썼을 때, 뿔테 안경을 쓴 남학생은 5학년 전체 학생의 몇 분의 몇인가요?

(　　　　　　　　　　)

33 □ 안에 알맞은 수를 써넣으세요.

(1) $2\frac{3}{4} \times 1\frac{2}{3} = \frac{\square}{4} \times \frac{\square}{3} = \frac{\square}{\square}$

$= \square$

(2) $5 \times \frac{7}{8} = \frac{\square}{1} \times \frac{7}{8} = \frac{\square \times 7}{1 \times 8} = \frac{\square}{\square}$

$= \square$

34 빈칸에 두 수의 곱을 써넣으세요.

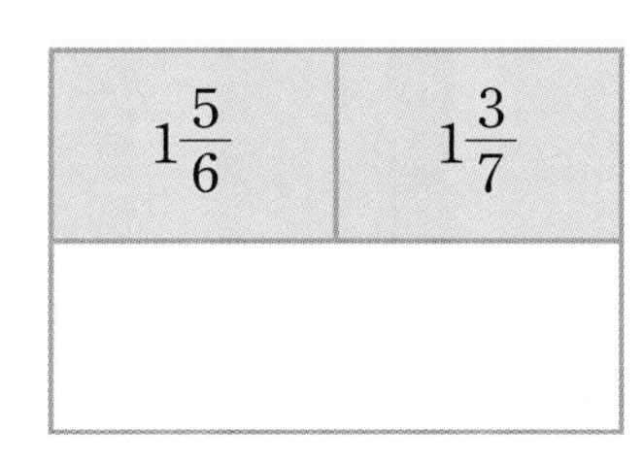

35 계산 결과를 비교하여 ○ 안에 >, =, <를 알맞게 써넣으세요.

$$1\frac{3}{7}\times1\frac{1}{5} \bigcirc 1\frac{6}{7}\times1\frac{1}{6}$$

36 $2\frac{2}{5}$에 어떤 수를 곱하였더니 곱이 $2\frac{2}{5}$보다 작아졌습니다. 어떤 수가 될 수 있는 수를 찾아 기호를 써 보세요.

㉠ $\frac{3}{4}$　　㉡ 1　　㉢ $1\frac{1}{5}$

(　　　　　　　　)

37 계산 결과가 가장 큰 것을 찾아 기호를 써 보세요.

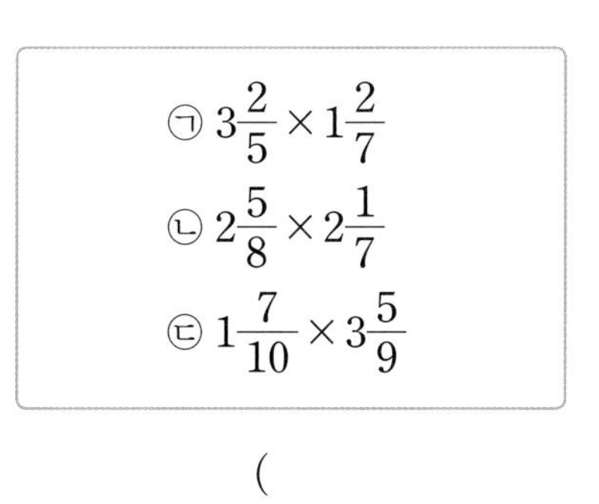
㉠ $3\frac{2}{5}\times1\frac{2}{7}$

㉡ $2\frac{5}{8}\times2\frac{1}{7}$

㉢ $1\frac{7}{10}\times3\frac{5}{9}$

(　　　　　　　　)

38 다음 수 카드 중 3장을 한 번씩만 사용하여 곱이 가장 크게 되는 대분수를 만들고 곱을 구해 보세요.

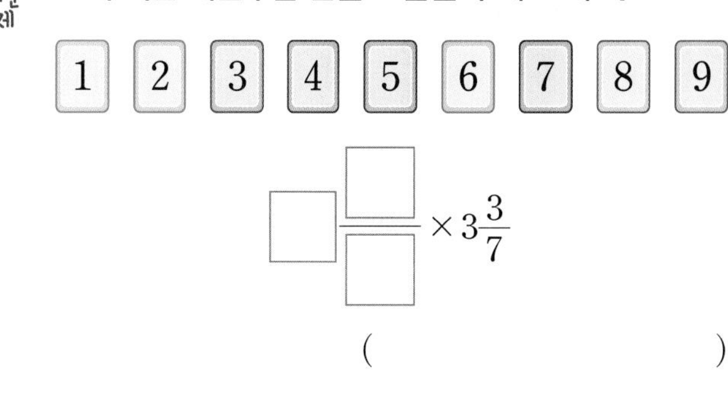

(　　　　　　　　)

39 정사각형 가와 직사각형 나가 있습니다. 가와 나 중 어느 것의 넓이가 더 넓은지 구해 보세요.

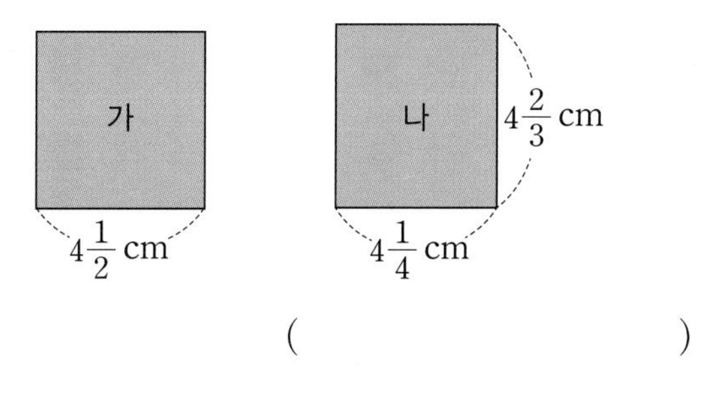

(　　　　　　　　)

40 어떤 수는 7의 $\frac{2}{5}$배입니다. 어떤 수의 $1\frac{3}{7}$배는 얼마인가요?

(　　　　　　　　)

2 단원

교과서 속 응용 문제

정답과 풀이 12쪽

나머지 부분에 해당하는 양 구하기

예 어제 피자 전체의 $\frac{2}{5}$를 먹고 오늘은 어제 먹고 남은 피자의 $\frac{1}{3}$을 먹었습니다. 오늘 먹은 피자는 전체의 몇 분의 몇인가요?

➡ 어제 먹고 남은 피자: 전체의 $1-\frac{2}{5}=\frac{5}{5}-\frac{2}{5}=\frac{3}{5}$

오늘 먹은 피자: 전체의 $\frac{\cancel{3}^{1}}{5}\times\frac{1}{\cancel{3}_{1}}=\frac{1}{5}$

41 민서네 반 전체 학생의 $\frac{2}{3}$는 수학여행 장소로 제주도를 희망했고, 제주도를 희망하지 않은 학생의 $\frac{5}{8}$는 강원도를 희망하였습니다. 강원도를 희망한 학생은 반 전체의 몇 분의 몇인가요?

(　　　　　　)

42 하연이네 반 전체 학생의 $\frac{3}{5}$은 축구를 하고, 축구를 하지 않은 학생의 $\frac{5}{8}$는 피구를 하였습니다. 피구를 한 학생은 반 전체의 몇 분의 몇인가요?

(　　　　　　)

43 희진이와 수연이가 흙 가져가기 놀이를 하고 있습니다. 희진이가 전체 흙의 $\frac{1}{4}$을 가져가고 수연이가 남은 흙의 $\frac{5}{9}$만큼 가져갔습니다. 수연이가 가져가고 남은 흙은 전체의 몇 분의 몇인가요?

(　　　　　　)

□ 안에 들어갈 수 있는 자연수 구하기

예 $2\frac{5}{6}\times1\frac{1}{9}>\square\frac{2}{27}$

➡ $2\frac{5}{6}\times1\frac{1}{9}=\frac{17}{\cancel{6}_{3}}\times\frac{\cancel{10}^{5}}{9}=\frac{85}{27}=3\frac{4}{27}$이므로

$3\frac{4}{27}>\square\frac{2}{27}$입니다. 따라서 □ 안에 들어갈 수 있는 자연수는 1, 2, 3입니다.

44 □ 안에 들어갈 수 있는 자연수는 모두 몇 개인가요?

$$3\frac{8}{9}\times1\frac{1}{14}>\square\frac{5}{6}$$

(　　　　　　)

45 □ 안에 들어갈 수 있는 자연수를 모두 구해 보세요.

$$1\frac{1}{3}\times1\frac{5}{7}<\square<6\frac{2}{3}\times1\frac{1}{8}$$

(　　　　　　)

46 □ 안에 들어갈 수 있는 자연수를 모두 구해 보세요.

$$2\frac{5}{6}\times1\frac{7}{8}<\square<2\frac{4}{7}\times3\frac{1}{3}$$

(　　　　　　)

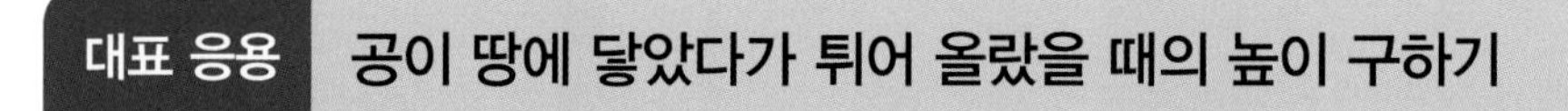

응용력 높이기

정답과 풀이 14쪽

대표 응용 공이 땅에 닿았다가 튀어 올랐을 때의 높이 구하기

1 땅에 닿으면 떨어진 높이의 $\frac{2}{3}$만큼 튀어 오르는 공이 있습니다. 150 cm 높이에서 공을 떨어뜨렸을 때 공이 땅에 두 번 닿았다가 튀어 올랐을 때의 높이는 몇 cm인가요?

문제 스케치

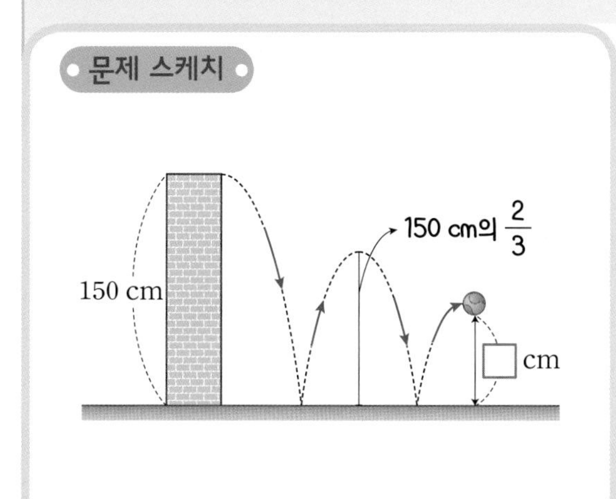

해결하기

공이 땅에 한 번 닿았다가 튀어 올랐을 때의 높이는

$\left(150 \times \frac{\square}{\square}\right)$ cm입니다.

따라서 공이 땅에 두 번 닿았다가 튀어 올랐을 때의 높이는

$150 \times \frac{\square}{\square} \times \frac{\square}{\square} = \square$ (cm)입니다.

1-1 땅에 닿으면 떨어진 높이의 $\frac{5}{8}$만큼 튀어 오르는 공이 있습니다. 128 cm 높이에서 공을 떨어뜨렸을 때 공이 땅에 두 번 닿았다가 튀어 올랐을 때의 높이는 몇 cm인가요?

( )

1-2 어떤 공을 똑바로 떨어뜨리면 떨어진 높이의 $\frac{3}{5}$만큼 튀어 오른다고 합니다. 이 공을 200 cm 높이에서 떨어뜨리면 세 번째로 튀어 오른 공의 높이는 몇 cm인가요?

( )

대표 응용 분수의 규칙을 찾아 곱하기

2 일정한 규칙으로 분수를 나열한 것입니다. 10번째 분수와 20번째 분수의 곱을 구해 보세요.

$\frac{2}{3}$ $\frac{3}{6}$ $\frac{4}{9}$ $\frac{5}{12}$ $\frac{6}{15}$ …

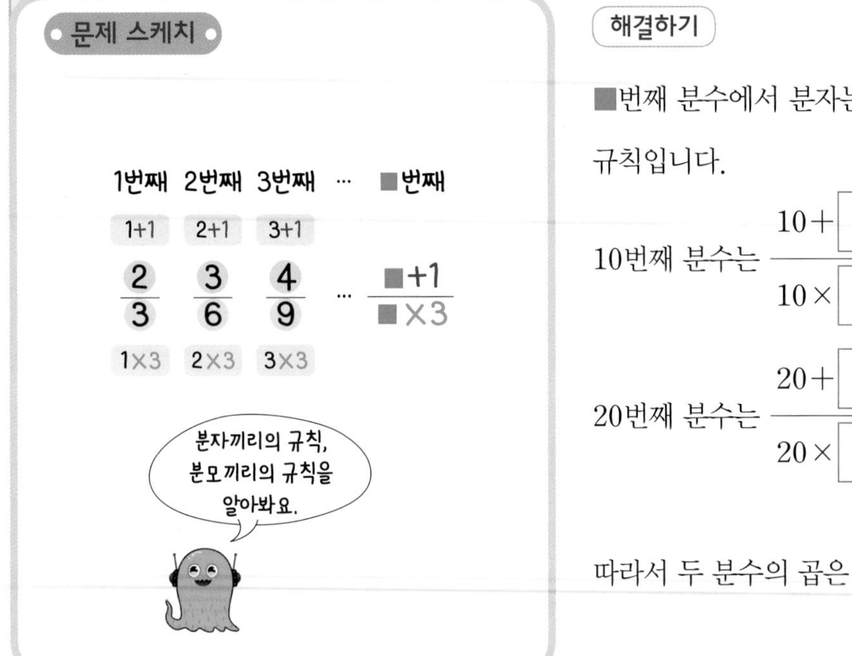

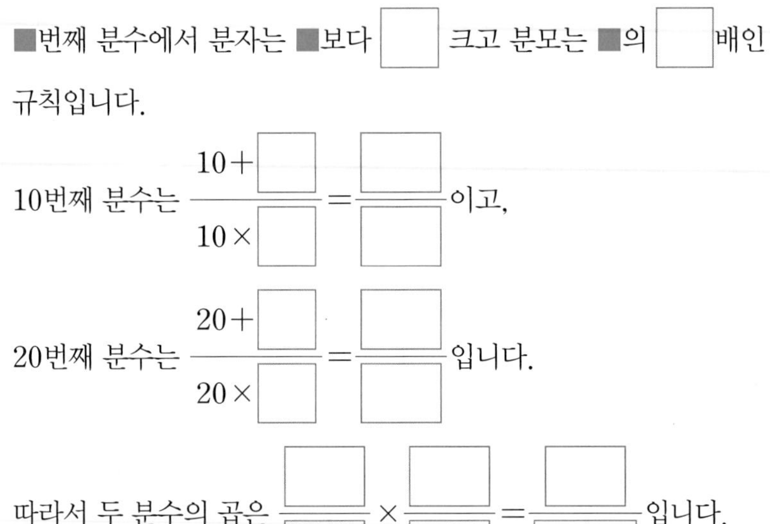

해결하기
■번째 분수에서 분자는 ■보다 □ 크고 분모는 ■의 □배인 규칙입니다.
10번째 분수는 10+□ / 10×□ = □/□ 이고,
20번째 분수는 20+□ / 20×□ = □/□ 입니다.
따라서 두 분수의 곱은 □/□ × □/□ = □/□ 입니다.

2-1 일정한 규칙으로 분수를 나열한 것입니다. 10번째 분수와 12번째 분수의 곱을 구해 보세요.

$\frac{2}{5}$ $\frac{4}{6}$ $\frac{6}{7}$ $\frac{8}{8}$ $\frac{10}{9}$ …

( )

2-2 일정한 규칙으로 분수를 나열한 것입니다. 9번째 분수와 10번째 분수의 곱을 구해 보세요.

$1\frac{1}{2}$ $2\frac{2}{3}$ $3\frac{3}{4}$ $4\frac{4}{5}$ …

( )

대표 응용 색칠한 부분의 넓이 구하기

3 오른쪽 직사각형에서 색칠한 부분의 넓이는 몇 cm^2인지 구해 보세요.

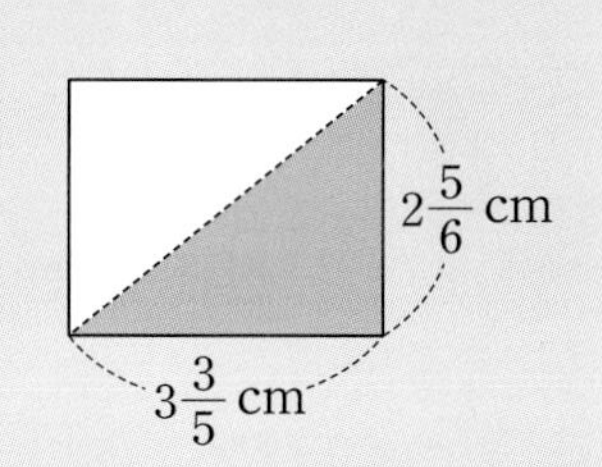

문제 스케치

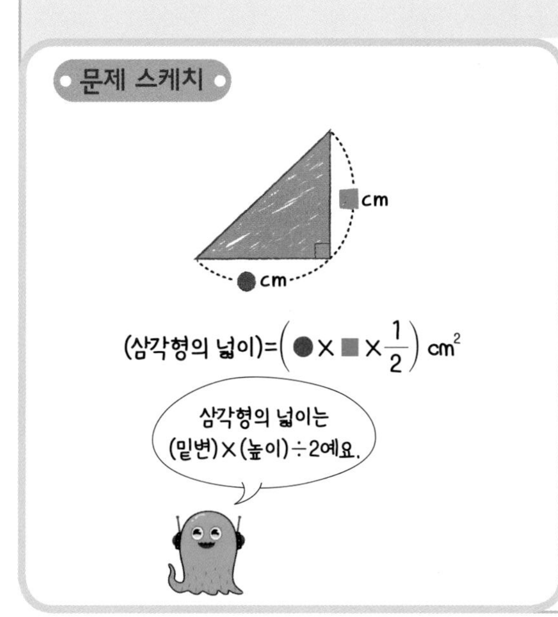

해결하기

(삼각형의 넓이)=(밑변의 길이)×(높이)×$\frac{1}{\square}$입니다.

따라서 색칠한 부분의 넓이는

$3\frac{3}{5}\times2\frac{5}{6}\times\frac{1}{\square}=\frac{\square}{5}\times\frac{\square}{6}\times\frac{1}{\square}=\frac{\square}{\square}$

$=\square\frac{\square}{\square}$ (cm^2)입니다.

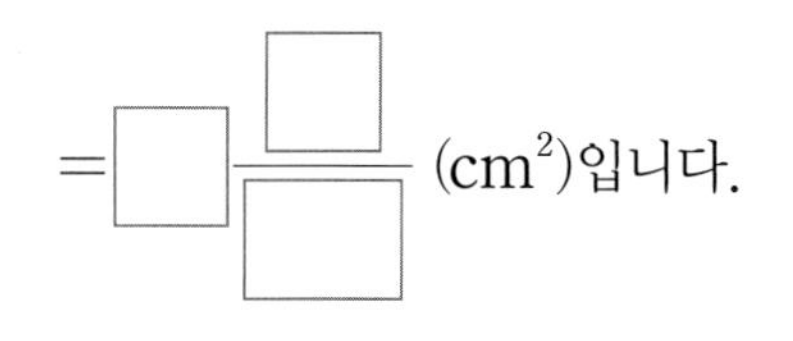

3-1 오른쪽 직사각형에서 색칠한 부분의 넓이는 몇 cm^2인지 구해 보세요.

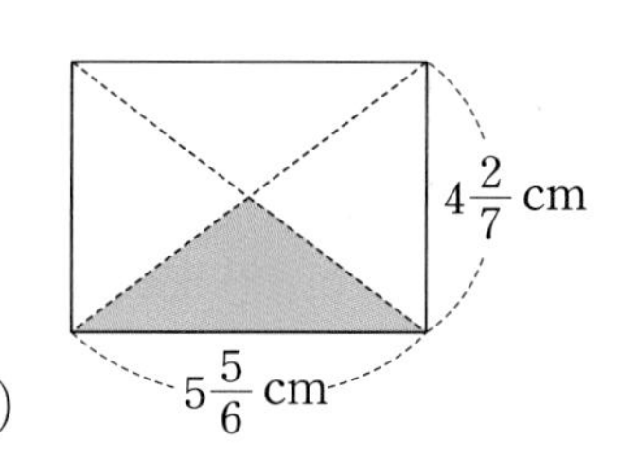

(　　　　　　　　)

3-2 오른쪽 도형에서 색칠한 부분의 넓이는 몇 cm^2인지 구해 보세요.

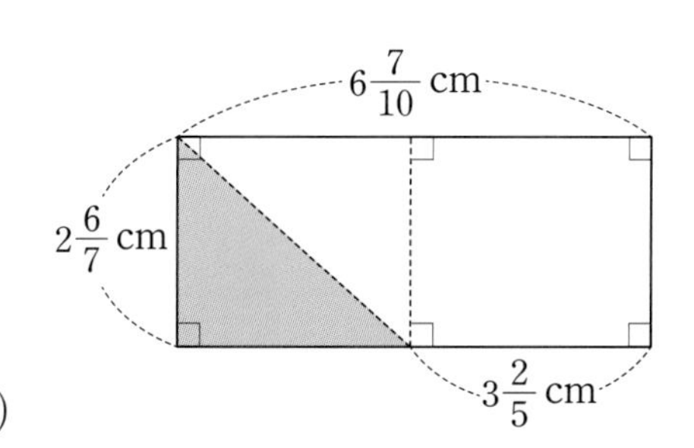

(　　　　　　　　)

2 단원

대표 응용 이어 붙인 색 테이프의 전체 길이 구하기

4 길이가 $6\frac{4}{9}$ cm인 색 테이프 3장을 그림과 같이 $1\frac{2}{3}$ cm씩 겹치게 이어 붙였습니다. 이어 붙인 색 테이프의 전체 길이는 몇 cm인가요?

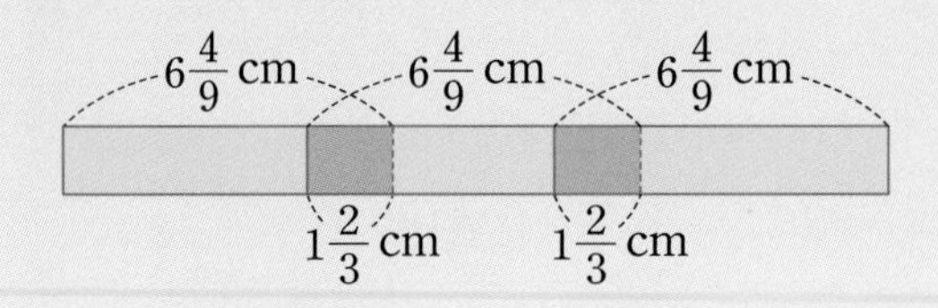

문제 스케치

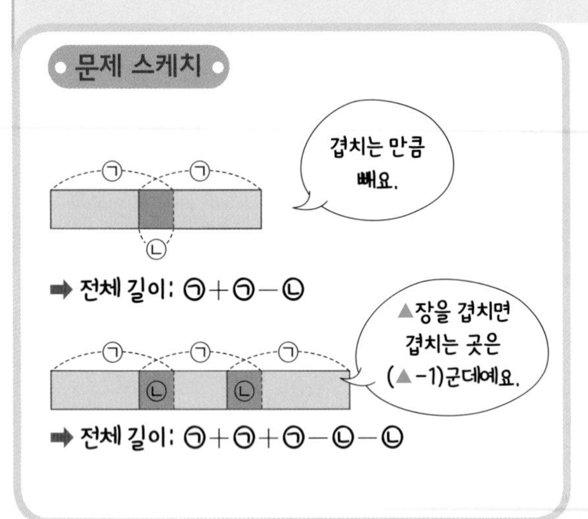

겹치는 만큼 빼요.
㉠
㉠
㉡
➡ 전체 길이: ㉠+㉠−㉡
▲장을 겹치면 겹치는 곳은 (▲−1)군데예요.
㉠
㉠
㉠
㉡
㉡
➡ 전체 길이: ㉠+㉠+㉠−㉡−㉡

해결하기

(색 테이프 3장의 길이의 합) $=6\frac{4}{9}\times3=$ □ (cm)

(겹쳐진 부분의 길이의 합) $=1\frac{2}{3}\times2=$ □ (cm)

➡ (이어 붙인 색 테이프의 전체 길이)
=(색 테이프 3장의 길이의 합)−(겹쳐진 부분의 길이의 합)
= □ − □ = □ (cm)

4-1 길이가 $4\frac{11}{15}$ cm인 색 테이프 5장을 $1\frac{1}{3}$ cm씩 겹치게 이어 붙였습니다. 이어 붙인 색 테이프의 전체 길이는 몇 cm인가요?

( )

4-2 길이가 $8\frac{3}{10}$ cm인 색 테이프 10장을 그림과 같이 $\frac{26}{27}$ cm씩 겹치게 이어 붙였습니다. 이어 붙인 색 테이프의 전체 길이는 몇 cm인가요?

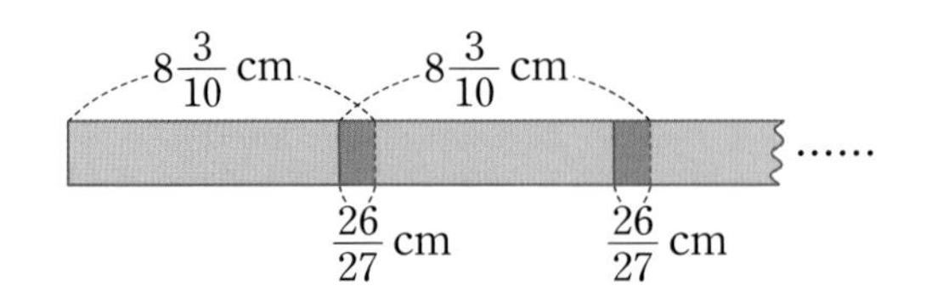

( )

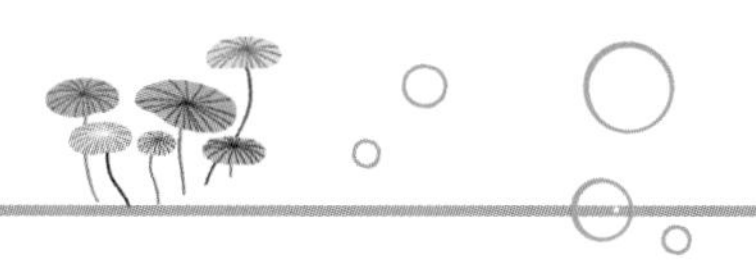

정답과 풀이 14쪽

대표 응용 움직인 전체 거리 구하기

5 윤서는 1시간에 $2\frac{1}{7}$ km를 걷는 빠르기로 2시간 20분 동안 걸었습니다. 윤서가 걸은 거리는 몇 km인지 구해 보세요.

문제 스케치
1분 = $\frac{1}{60}$시간
➡ ☺분 = $\frac{☺}{60}$시간
2시간 20분을 시간 단위로
바꿔서 분수로 나타내요.

해결하기

2시간 20분$=2\frac{\square}{60}$시간$=2\frac{\square}{3}$시간입니다.

따라서 윤서가 2시간 20분 동안 걸은 거리는

$2\frac{1}{7}\times2\frac{\square}{3}=\frac{\square}{7}\times\frac{\square}{3}=\square$ (km)입니다.

5-1 예나는 1시간에 $4\frac{2}{7}$ km를 걷는 빠르기로 1시간 15분 동안 걸었습니다. 예나가 걸은 거리는 몇 km인지 구해 보세요.

(　　　　　　　　)

5-2 1분에 각각 $2\frac{1}{4}$ km와 $1\frac{4}{5}$ km를 달리는 두 자동차가 있습니다. 같은 빠르기로 같은 장소에서 서로 반대 방향으로 6분 15초 동안 달렸다면 두 자동차 사이의 거리는 몇 km인지 구해 보세요.

(　　　　　　　　)

01

□ 안에 알맞은 수를 써넣으세요.

$$\frac{5}{8}\times 12=\frac{5\times \cancel{12}^{\square}}{\cancel{8}_{\square}}=\frac{\square}{\square}=\square\frac{\square}{\square}$$

02

계산 결과가 자연수인 것을 찾아 기호를 써 보세요.

㉠ $\frac{3}{12}\times 6$ ㉡ $\frac{5}{14}\times 42$ ㉢ $\frac{5}{16}\times 40$

( )

03

$1\frac{1}{9}\times 6$을 두 가지 방법으로 계산한 것입니다. □ 안에 알맞은 수를 써넣으세요.

(1) $1\frac{1}{9}\times 6=\frac{\square}{\cancel{9}_{3}}\times \cancel{6}^{\square}=\frac{\square}{3}=\square\frac{\square}{\square}$

(2) $1\frac{1}{9}\times 6=(1\times 6)+\left(\frac{1}{\cancel{9}_{3}}\times \cancel{6}^{\square}\right)=6+\frac{\square}{\square}$

$=\square\frac{\square}{\square}$

04

다음 중 잘못 계산한 것을 찾아 기호를 쓰고, 바르게 계산해 보세요.

㉠ $1\frac{1}{8}\times 4=\frac{9}{8}\times 4=\frac{9}{2}=4\frac{1}{2}$

㉡ $3\frac{1}{4}\times 3=\frac{13}{4}\times 3=\frac{13}{12}=1\frac{1}{12}$

기호	바르게 계산하기

05

중요

한 변의 길이가 $2\frac{4}{9}$ cm인 정육각형의 둘레는 몇 cm인지 구해 보세요.

( )

06

$6\times\frac{3}{8}$을 계산한 것입니다. 계산이 처음 틀린 곳을 찾아 ○표 하고 바르게 계산해 보세요.

$$6\times\frac{3}{8}=\frac{3}{6\times 8}=\frac{\cancel{3}^{1}}{\cancel{48}_{16}}=\frac{1}{16}$$

⬇

07 빈칸에 알맞은 수를 써넣으세요.

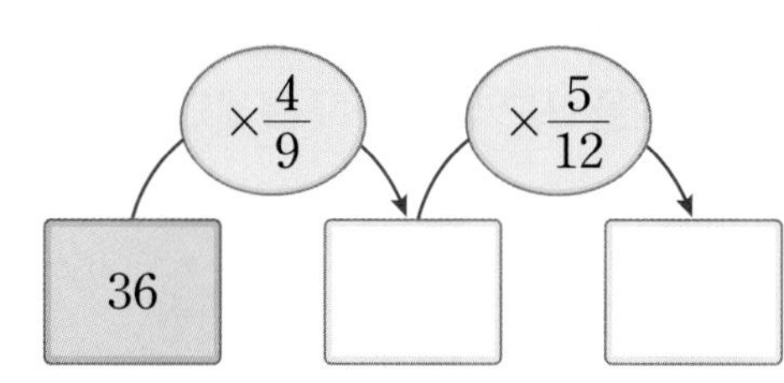

08 상현이네 반 학생 28명 중에서 $\frac{3}{7}$이 여학생이라면 여학생은 몇 명인지 구해 보세요.

( )

09 □ 안에 들어갈 수 있는 가장 큰 자연수를 구해 보세요.

$6\times2\frac{1}{4}>\square$

( )

10 밤 1 kg은 8000원입니다. 밤 $2\frac{1}{4}$ kg은 얼마인지 구해 보세요.

( )

11 □ 안에 알맞은 수를 써넣으세요.

(1) $\frac{5}{6}\times\frac{7}{10}=\frac{5\times7}{6\times10}=\frac{\overset{\square}{\cancel{35}}}{\underset{\square}{\cancel{60}}}=\frac{\square}{12}$

(2) $\frac{5}{6}\times\frac{7}{10}=\frac{\overset{\square}{\cancel{5}}\times7}{6\times\underset{\square}{\cancel{10}}}=\frac{\square}{12}$

12 가장 큰 수와 가장 작은 수의 곱을 구해 보세요.

$\frac{1}{5}$ $\frac{1}{2}$ $\frac{1}{7}$ $\frac{1}{9}$

( )

13 넓이가 $\frac{8}{11}$ m^2인 종이의 $\frac{3}{4}$에 그림을 그렸습니다. 그림이 그려진 부분의 넓이는 몇 m^2인지 구해 보세요.

( )

14 중요 영우는 피자 한 판의 $\frac{1}{2}$을 먹었고, 동생은 영우가 먹고 남은 피자의 $\frac{3}{8}$을 먹었습니다. 동생이 먹은 피자는 전체의 몇 분의 몇인가요?

( )

15 수아는 종이의 $\frac{3}{4}$에 노란색을 칠하고, 노란색을 칠한 곳의 $\frac{5}{8}$에 빨간색을 칠했습니다. 노란색과 빨간색이 모두 칠해진 곳의 $\frac{4}{9}$에 파란색을 칠했다면 노란색, 빨간색, 파란색이 모두 겹친 곳은 전체 종이의 몇 분의 몇인가요?

(　　　　　　　　　　)

16 빈칸에 알맞은 수를 써넣으세요.

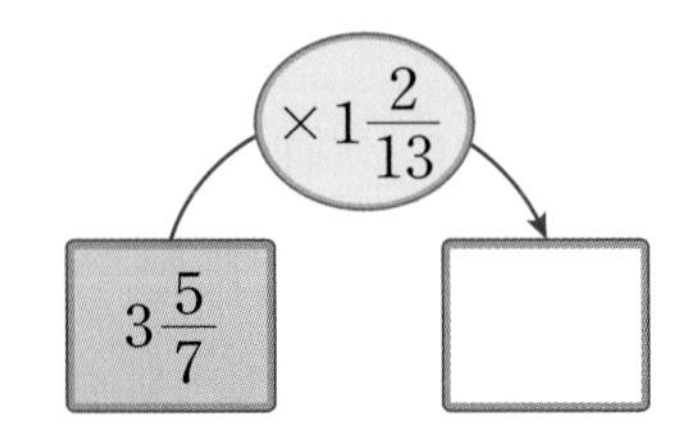

17 계산 결과가 $\frac{5}{8}$보다 작은 것은 어느 것인가요?

(　　)

① $\frac{5}{8}\times 1\frac{1}{2}$　② $\frac{5}{8}\times 1$　③ $\frac{5}{8}\times \frac{1}{2}$

④ $\frac{5}{8}\times 6$　⑤ $2\frac{2}{5}\times \frac{5}{8}$

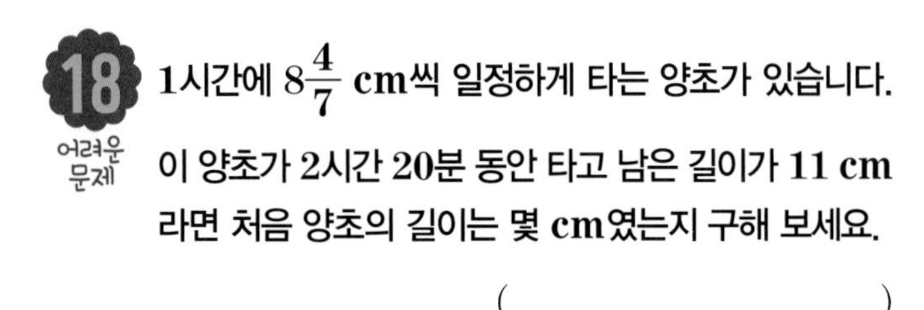

18 어려운 문제

1시간에 $8\frac{4}{7}$ cm씩 일정하게 타는 양초가 있습니다. 이 양초가 2시간 20분 동안 타고 남은 길이가 11 cm라면 처음 양초의 길이는 몇 cm였는지 구해 보세요.

(　　　　　　　　　　)

서술형 문제

19 □ 안에 들어갈 수 있는 자연수는 모두 몇 개인지 풀이 과정을 쓰고 답을 구해 보세요.

$$\frac{5}{8}\times\frac{2}{3}>\frac{\square}{12}$$

풀이

답

20 직사각형 모양의 가 밭과 나 밭이 있습니다. 두 밭 중 어느 것의 넓이가 더 넓은지 풀이 과정을 쓰고 답을 구해 보세요.

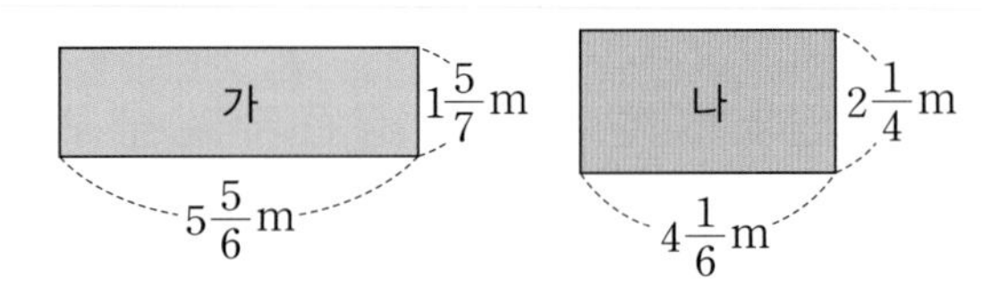

풀이

답

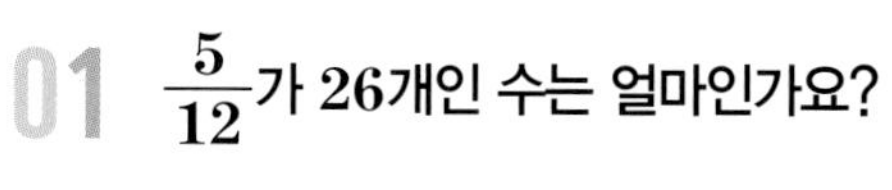

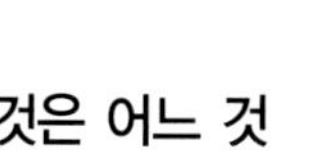

정답과 풀이 17쪽

01 $\frac{5}{12}$가 26개인 수는 얼마인가요?

(　　　　　　　　　　)

02 계산 결과를 찾아 이어 보세요.

$\frac{5}{9}\times 27$ •	• 30
$\frac{5}{6}\times 36$ •	• 15
$\frac{3}{7}\times 42$ •	• 18

03 □ 안에 들어갈 수 있는 자연수는 모두 몇 개인가요?

$$\square < \frac{5}{18}\times 24$$

(　　　　　　　　　　)

04 빈칸에 두 수의 곱을 써넣으세요.

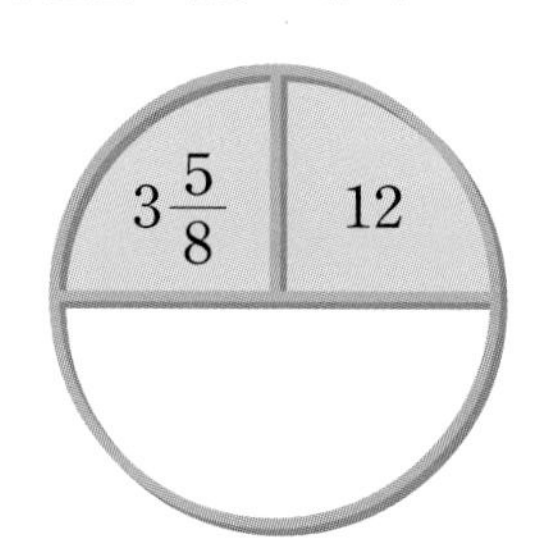

05 각 번호 안에 들어갈 수로 알맞지 않은 것은 어느 것인가요? (　　　)

$$3\frac{4}{5}\times 4=(①\times 4)+(②\times 4)=12+③$$
$$=12+④=⑤$$

① 3　　② $\frac{4}{5}$　　③ $\frac{16}{5}$

④ $3\frac{1}{5}$　　⑤ $36\frac{1}{5}$

06 정사각형의 둘레는 몇 cm인지 구해 보세요.

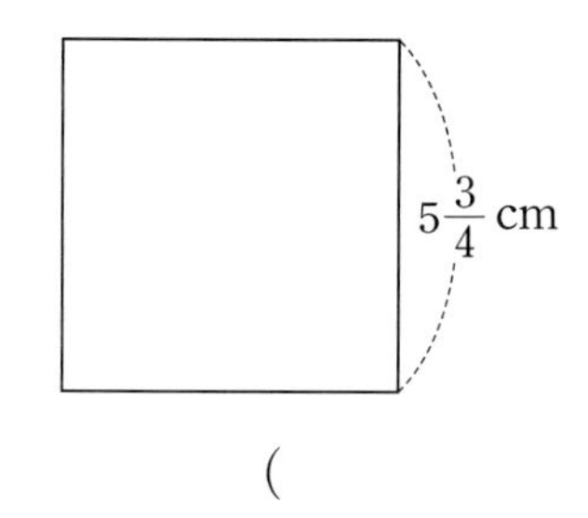

(　　　　　　　　　　)

07 계산 결과를 비교하여 ○ 안에 >, =, <를 알맞게 써넣으세요.

$$12\times\frac{7}{15}\ \bigcirc\ 5\times 1\frac{3}{10}$$

08 어머니의 몸무게는 56 kg입니다. 아들의 몸무게는 어머니의 몸무게의 $\frac{9}{16}$일 때 아들의 몸무게는 몇 kg인지 구해 보세요.

(　　　　　　　　　　)

2 단원

09 잘못 말한 친구는 누구인가요?

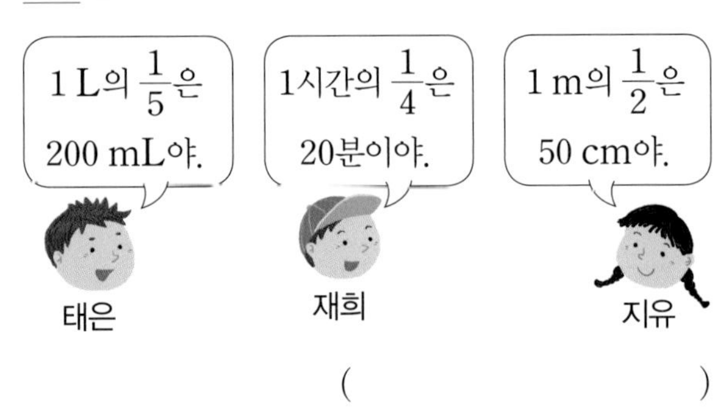

1 L의 $\frac{1}{5}$은 200 mL야.
1시간의 $\frac{1}{4}$은 20분이야.
1 m의 $\frac{1}{2}$은 50 cm야.
태은
재희
지유

( )

10 빈칸에 알맞은 수를 써넣으세요.

$\times$	$\frac{7}{20}$	$\frac{5}{24}$
5		
16		

11 계산 결과가 6보다 큰 것은 어느 것인가요? ( )

중요

① $6\times\frac{3}{8}$ ② $6\times\frac{5}{7}$ ③ $6\times1\frac{9}{10}$
④ $6\times\frac{9}{10}$ ⑤ $6\times\frac{4}{15}$

12 시연이는 일정한 빠르기로 1시간에 4 km를 걷습니다. 같은 빠르기로 2시간 45분 동안 걸었다면 시연이가 걸은 거리는 몇 km인가요?

중요

( )

13 □ 안에 들어갈 자연수를 구해 보세요.

$$\frac{1}{40}<\frac{1}{7}\times\frac{1}{\square}<\frac{1}{30}$$

( )

14 가장 큰 수와 가장 작은 수의 곱을 구해 보세요.

$\frac{3}{4}$ $\frac{8}{9}$ $\frac{12}{13}$ $\frac{5}{6}$

( )

15 가로가 $\frac{5}{8}$ m인 직사각형의 세로는 가로의 $\frac{2}{3}$배입니다. 이 직사각형의 넓이는 몇 m^2인지 구해 보세요.

( )

16 시현이는 50분 동안 TV를 보았고 TV를 본 시간의 $\frac{6}{7}$만큼 책을 읽었습니다. 시현이가 책을 읽은 시간은 몇 시간인지 구해 보세요.

(　　　　　　　　　)

17 지유네 자동차가 다음과 같이 일정한 빠르기로 갈 때 $5\frac{1}{3}$ L의 휘발유로 몇 km를 갈 수 있는지 구해 보세요.

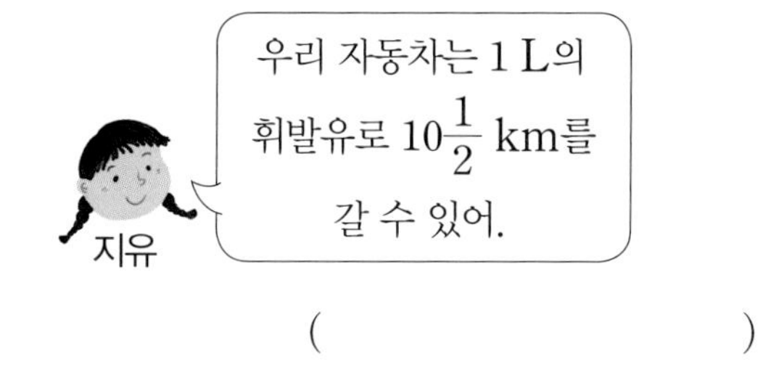
우리 자동차는 1 L의
휘발유로 $10\frac{1}{2}$ km를
갈 수 있어.
지유

(　　　　　　　　　)

18 어려운 문제

다음 수 카드 중 3장을 뽑아 한 번씩만 사용하여 각각 만들 수 있는 가장 큰 대분수와 가장 작은 대분수의 곱을 구해 보세요.

2	4	5	8

(　　　　　　　　　)

서술형 문제

19 훈이는 어제 책 한 권의 $\frac{1}{3}$을 읽었고 오늘은 어제 읽고 남은 양의 $\frac{3}{8}$을 읽었습니다. 책 한 권이 180쪽일 때 아직 읽지 않은 책은 몇 쪽인지 풀이 과정을 쓰고 답을 구해 보세요.

풀이

답

20 땅에 닿으면 떨어진 높이의 $\frac{1}{3}$만큼 튀어 오르는 공이 있습니다. 이 공을 $3\frac{3}{7}$ m 높이에서 떨어뜨렸다면 두 번째로 튀어 올랐을 때의 공의 높이는 몇 m인지 풀이 과정을 쓰고 답을 구해 보세요.

풀이

답

2 단원

현경이네 반에서는 미술 시간에 모양 조각을 이용하여 도형 만들기 활동을 하였습니다. 친구들이 만든 다양한 도형에서 모양과 크기가 같은 모양 조각을 찾을 수 있나요? 또 반으로 접었을 때 똑같이 포개어지거나 180° 돌렸을 때 처음 도형과 똑같은 것이 있나요?

이번 3단원에서는 도형의 합동을 이해하고, 이를 바탕으로 대칭의 개념을 학습할 거예요. 또한 선대칭도형과 점대칭도형의 개념과 성질을 알아볼 거예요.

3 합동과 대칭

단원 학습 목표

1. 합동인 도형의 개념을 이해합니다.
2. 합동인 두 도형에서 대응점, 대응변, 대응각을 이해하고 그 성질을 알 수 있습니다.
3. 선대칭도형의 개념을 이해합니다.
4. 선대칭도형의 성질을 알고 그릴 수 있습니다.
5. 점대칭도형의 개념을 이해합니다.
6. 점대칭도형의 성질을 알고 그릴 수 있습니다.
7. 선대칭도형과 점대칭도형을 이용하여 여러 가지 문제를 해결할 수 있습니다.

단원 진도 체크

학습일		학습 내용	진도 체크
1일째	월 일	개념 1 도형의 합동을 알아볼까요 개념 2 합동인 도형의 성질을 알아볼까요	✓
2일째	월 일	교과서 넘어 보기 + 교과서 속 응용 문제	✓
3일째	월 일	개념 3 선대칭도형을 알아볼까요 개념 4 선대칭도형의 성질을 알아볼까요 개념 5 점대칭도형을 알아볼까요 개념 6 점대칭도형의 성질을 알아볼까요	✓
4일째	월 일	교과서 넘어 보기 + 교과서 속 응용 문제	✓
5일째	월 일	응용 1 서로 합동인 삼각형에서 변의 길이 구하기 응용 2 접은 직사각형 모양 종이의 넓이 또는 둘레 구하기	✓
6일째	월 일	응용 3 접은 종이 모양에서 합동을 이용하여 각의 크기 구하기 응용 4 점대칭도형의 성질을 이용하여 변의 길이 구하기	✓
7일째	월 일	단원 평가 LEVEL ❶	✓
8일째	월 일	단원 평가 LEVEL ❷	✓

이 단원을 진도 체크에 맞춰 8일 동안 학습해 보세요.
해당 부분을 공부하고 나서 ✓표를 하세요.

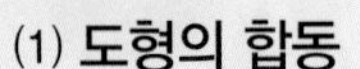

개념 1 도형의 합동을 알아볼까요

(1) **도형의 합동**

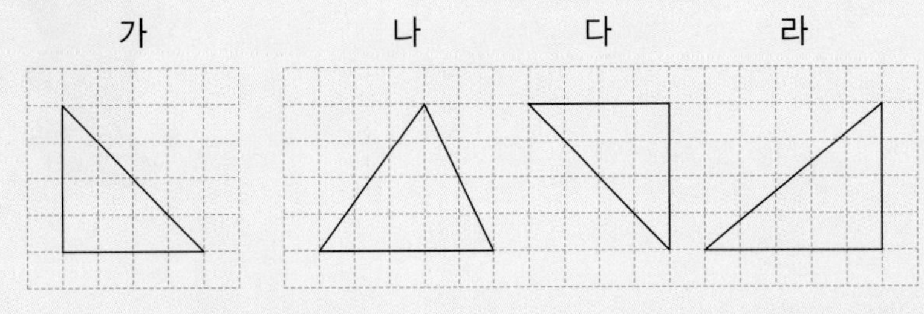

도형 가와 완전히 겹치도록 포갤 수 있는 도형은 다입니다.

모양과 크기가 같아서 포개었을 때 완전히 겹치는 두 도형을 서로 합동이라고 합니다.

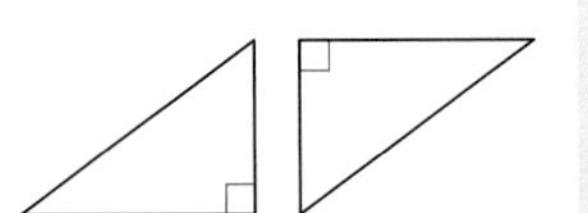

서로 합동인 사각형 2개 만들기	서로 합동인 삼각형 4개 만들기
예 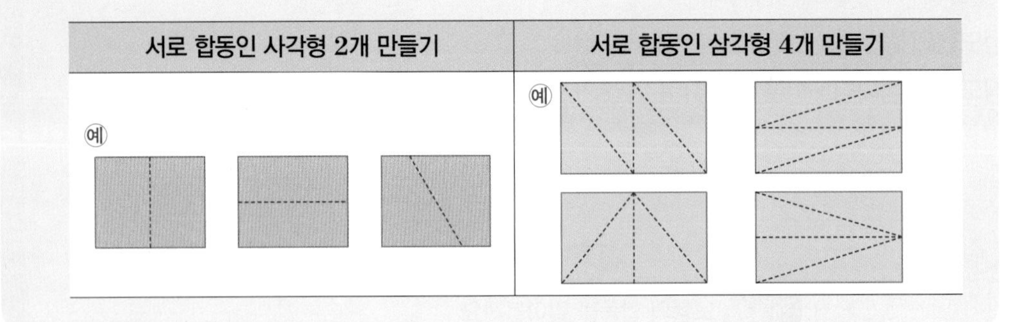	예

▶ 합동인 도형은 겹쳤을 때 남거나 모자란 부분이 없습니다.

▶ 서로 합동인 도형을 찾는 방법
- 모눈 칸의 수를 세어 크기가 같은 것을 찾아봅니다.
- 원, 삼각형, 사각형끼리 모은 다음 크기가 같은 것을 찾습니다.

01 주어진 도형과 서로 합동인 도형을 그려 보세요.

(1)

(2)

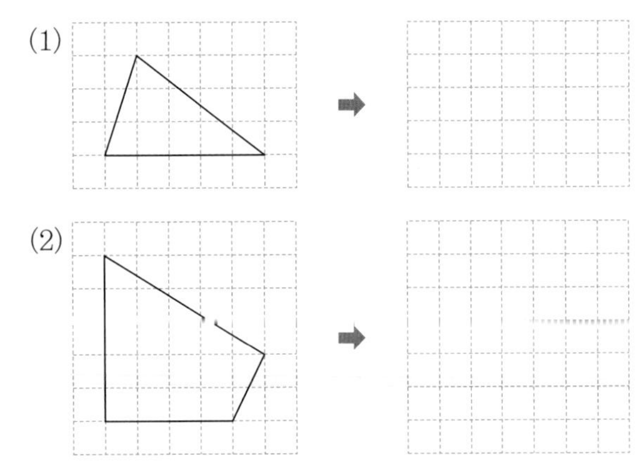

02 도형 가와 완전히 겹치는 도형을 찾아 기호를 써 보세요.

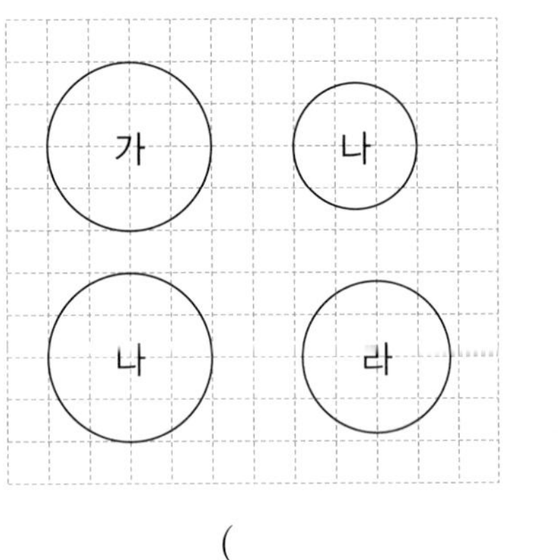

( )

개념 2 합동인 도형의 성질을 알아볼까요

(1) 대응점, 대응변, 대응각

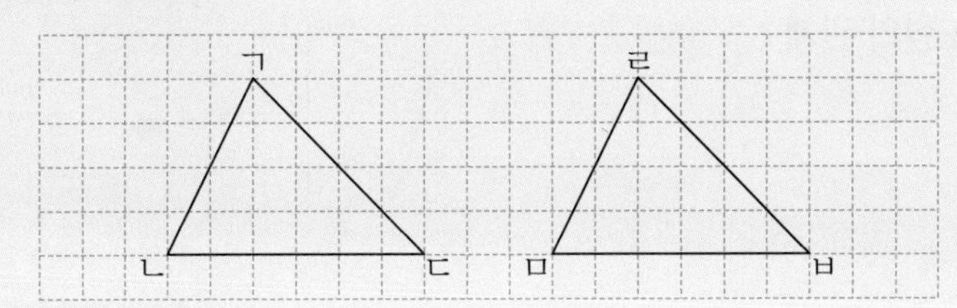

- 포개었을 때 겹치는 점

  ➡ 점 ㄱ과 점 ㄹ, 점 ㄴ과 점 ㅁ, 점 ㄷ과 점 ㅂ

- 포개었을 때 겹치는 변

  ➡ 변 ㄱㄴ과 변 ㄹㅁ, 변 ㄴㄷ과 변 ㅁㅂ, 변 ㄱㄷ과 변 ㄹㅂ

- 포개었을 때 겹치는 각

  ➡ 각 ㄱㄴㄷ과 각 ㄹㅁㅂ, 각 ㄱㄷㄴ과 각 ㄹㅂㅁ, 각 ㄴㄱㄷ과 각 ㅁㄹㅂ

서로 합동인 두 도형을 포개었을 때 완전히 겹치는 점을 대응점, 겹치는 변을 대응변, 겹치는 각을 대응각이라고 합니다.

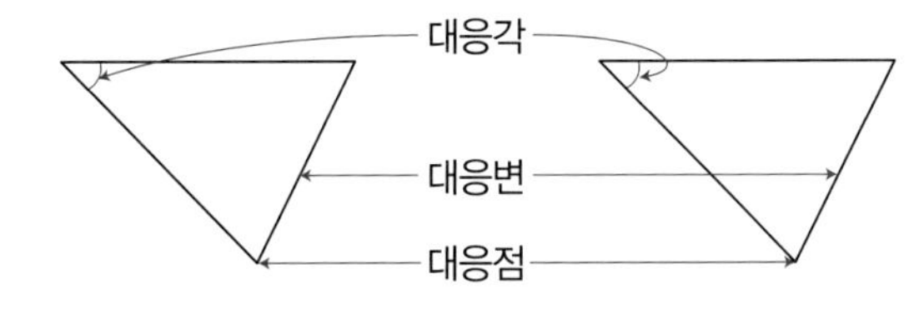

(2) 서로 합동인 두 도형의 성질

① 각각의 대응변의 길이가 서로 같습니다.

② 각각의 대응각의 크기가 서로 같습니다.

▶ 서로 합동인 두 도형에서 변의 길이와 각의 크기 알아보기

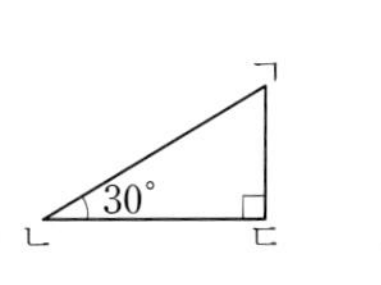

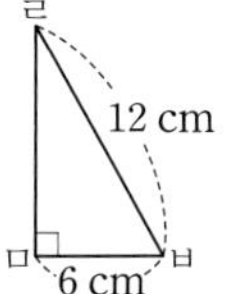

- 변 ㄱㄴ의 대응변은 변 ㅂㄹ이므로 두 변의 길이는 같습니다.

  ➡ (변 ㄱㄴ)=(변 ㅂㄹ)=12 cm

- 각 ㅂㄹㅁ의 대응각은 각 ㄱㄴㄷ이므로 두 각의 크기는 같습니다.

  ➡ (각 ㅂㄹㅁ)=(각 ㄱㄴㄷ)=30°

[03~05] 두 삼각형은 서로 합동입니다. 물음에 답하세요.

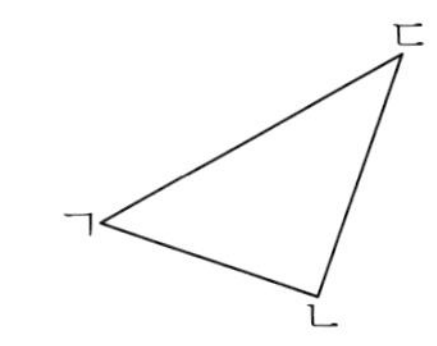

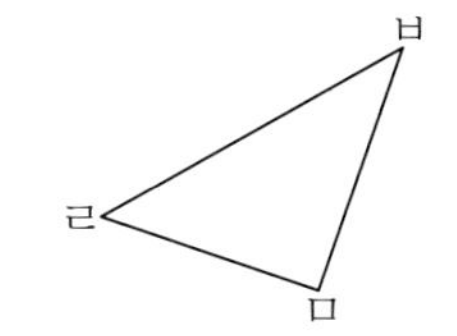

03 대응점을 써 보세요.

점 ㄱ	점 ㄴ	점 ㄷ

04 대응변을 써 보세요.

변 ㄱㄴ	변 ㄴㄷ	변 ㄷㄱ

05 대응각을 써 보세요.

각 ㄱㄴㄷ	각 ㄴㄷㄱ	각 ㄷㄱㄴ

3 단원

01 종이 두 장을 포개어 놓고 도형을 오렸을 때 두 도형의 모양과 크기는 똑같습니다. 이러한 두 도형의 관계를 무엇이라고 하는지 써 보세요.

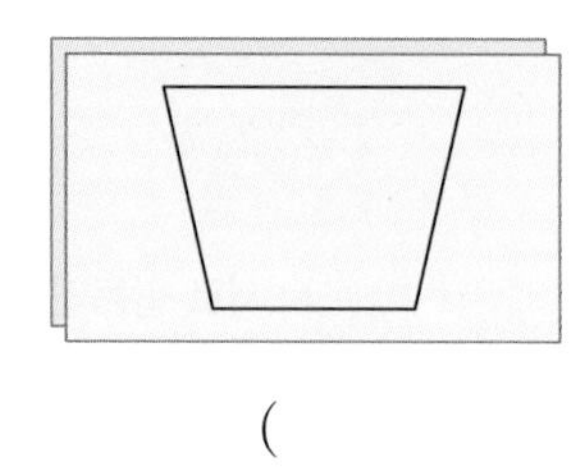

(   )

02 다음 도형과 서로 합동인 도형을 찾아 ○표 하세요.

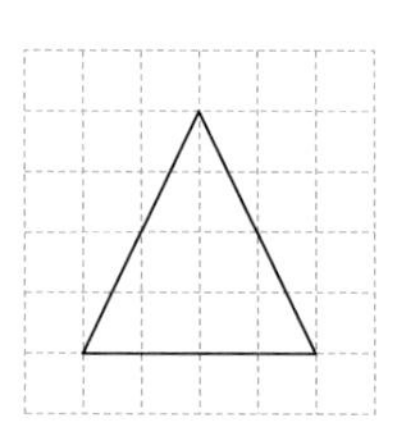

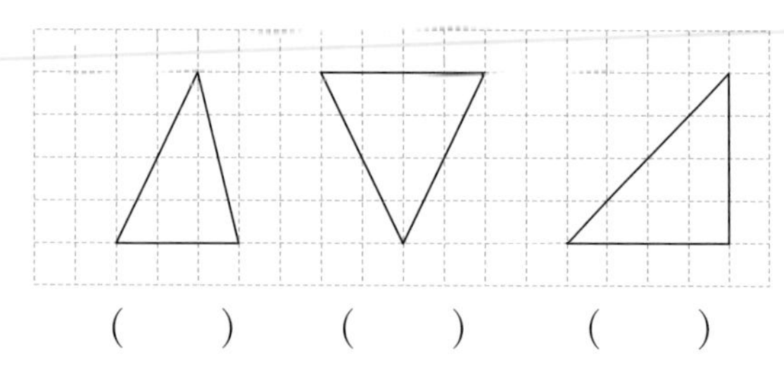

(   )   (   )   (   )

03 다음 정사각형을 서로 합동인 사각형이 4개 만들어지도록 선을 그어 보세요.

중요

04 주어진 도형과 서로 합동인 도형을 그려 보세요.

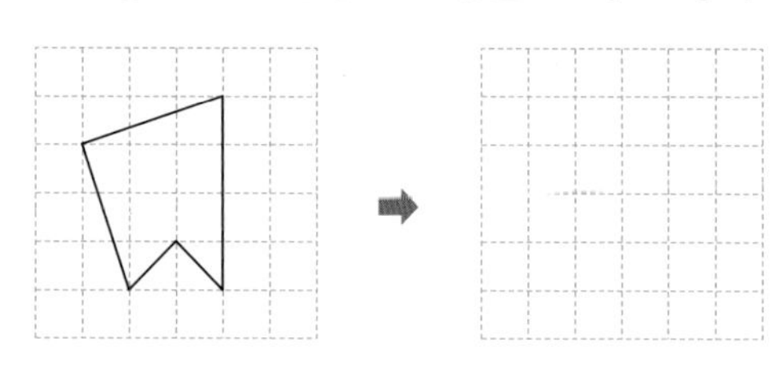

05 다음 육각형을 점선을 따라 잘랐을 때 나와 서로 합동인 도형을 찾아 기호를 써 보세요.

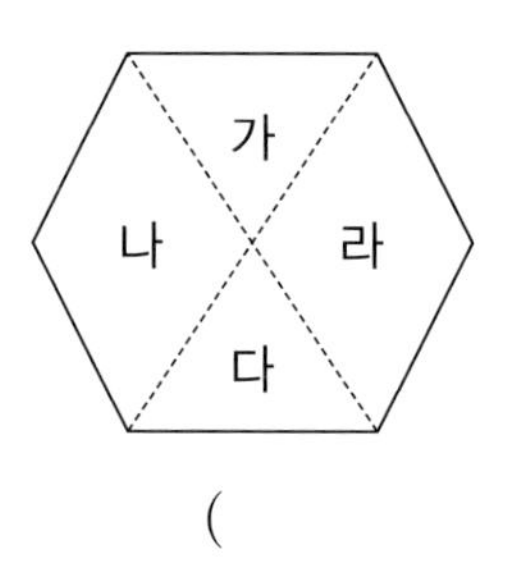

(   )

06 서준이네 집의 욕실에서 깨진 타일을 새 타일로 바꾸어 붙이려고 합니다. 다음 중에서 바꾸어 붙일 수 있는 타일을 찾아 기호를 써 보세요.

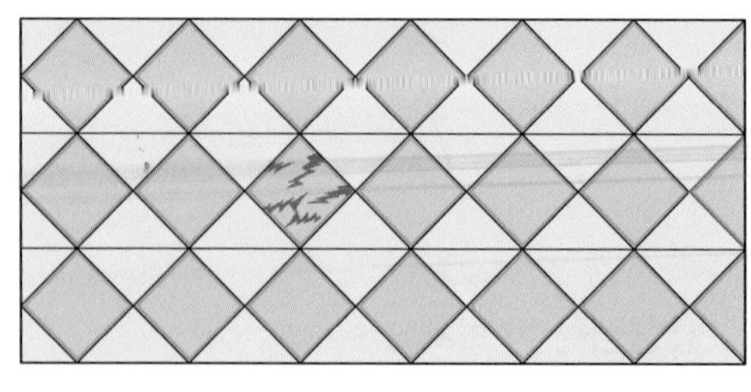

(   )

07 우리나라에서 사용하는 표지판입니다. 서로 합동인 표지판을 모두 찾아 기호를 써 보세요. (표지판의 색깔과 표지판 안의 그림은 생각하지 않습니다.)

(   )

08 점선을 따라 잘랐을 때, 만들어지는 두 도형이 서로 합동이 되는 것은 어느 것인가요? (   )

①
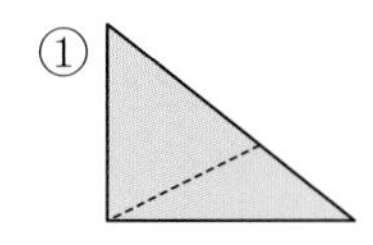

②
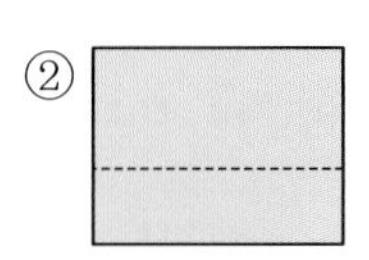

③
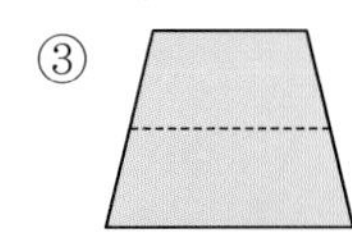

④
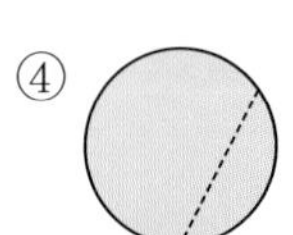

⑤
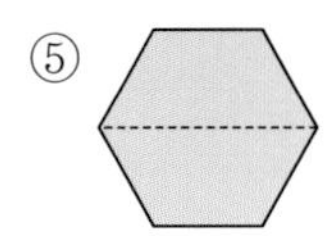

09 항상 합동인 도형이 아닌 것을 찾아 기호를 써 보세요.

㉠ 둘레가 같은 두 정사각형
㉡ 둘레가 같은 두 직사각형
㉢ 둘레가 같은 두 정삼각형
㉣ 넓이가 같은 두 정사각형

(   )

10 두 사각형은 서로 합동입니다. 알맞게 써 보세요.

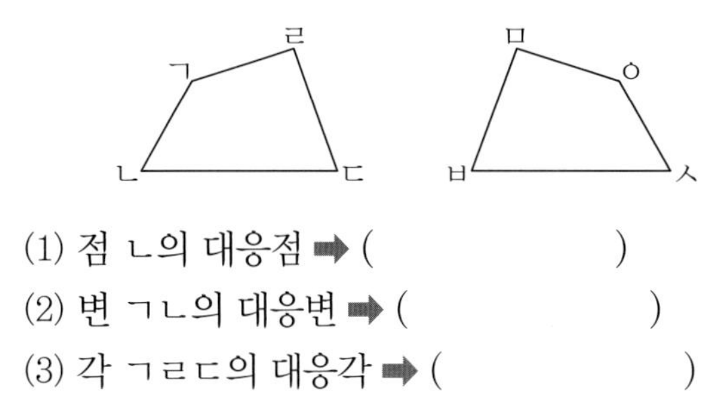

(1) 점 ㄴ의 대응점 ➡ (   )

(2) 변 ㄱㄴ의 대응변 ➡ (   )

(3) 각 ㄱㄹㄷ의 대응각 ➡ (   )

11 두 도형은 서로 합동입니다. 대응점, 대응변, 대응각이 각각 몇 쌍 있는지 써 보세요.

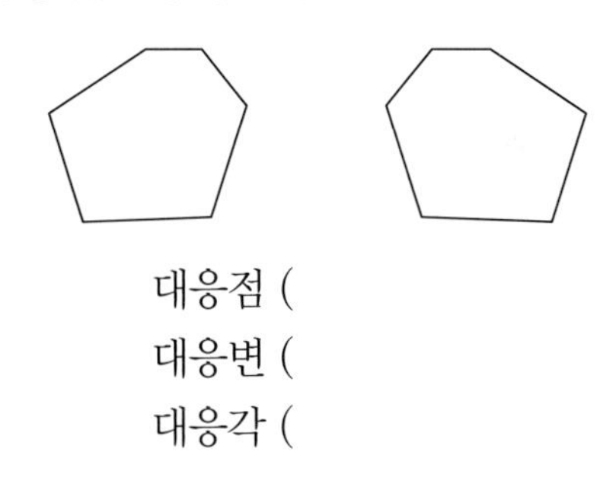

대응점 (   )

대응변 (   )

대응각 (   )

[12~13] 두 삼각형은 서로 합동입니다. 물음에 답하세요.

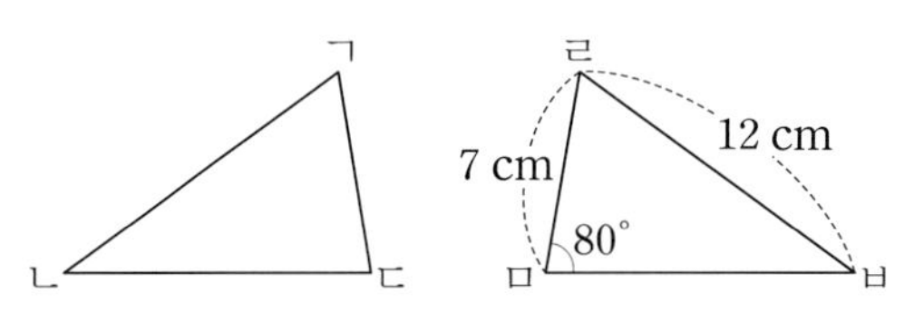

12 변 ㄱㄷ은 몇 cm인가요?

(   )

13 각 ㄱㄴㄷ의 크기가 30°일 때 각 ㅁㄹㅂ은 몇 도인가요?

중요

(   )

3 단원

14 두 사각형은 서로 합동입니다. 사각형 ㄱㄴㄷㄹ의 둘레는 몇 cm인가요?

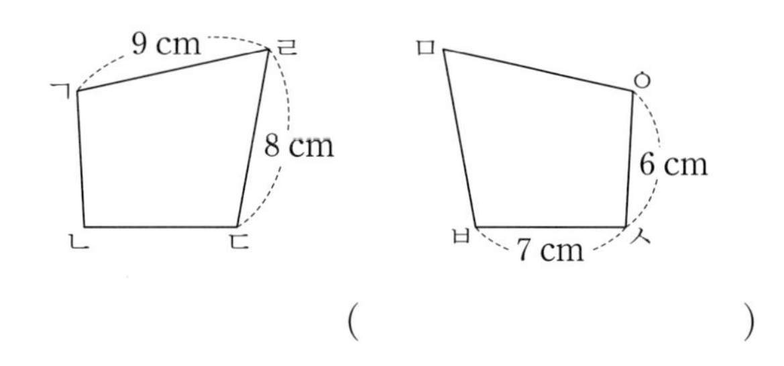

(　　　　　　　　　　)

15 두 사각형은 서로 합동입니다. 각 ㅂㅁㅇ은 몇 도인지 구해 보세요.

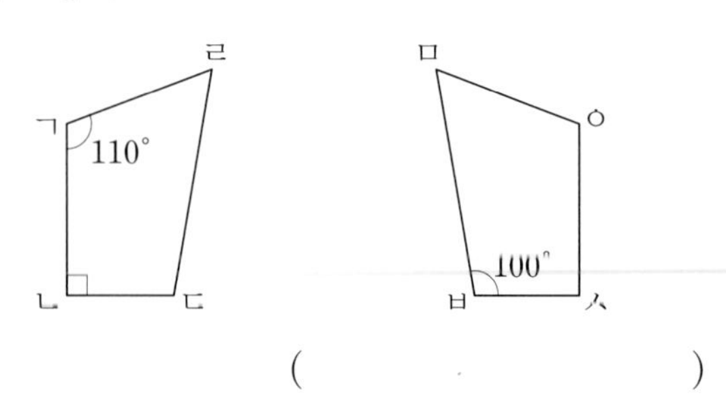

(　　　　　　　　　　)

16 어려운 문제 서로 합동인 직각삼각형 2개를 겹치지 않게 붙여 놓았습니다. 이 도형 전체의 둘레는 몇 cm인가요?

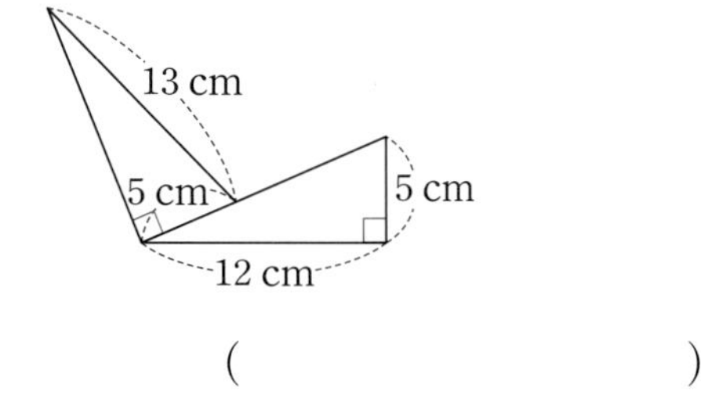

(　　　　　　　　　　)

교과서, 익힘책 속 응용 문제를 유형별로 풀어 보세요.

교과서 속 응용 문제

정답과 풀이 19쪽

합동인 도형의 활용

예 삼각형 ㄱㄴㅁ과 삼각형 ㄹㅁㄷ은 서로 합동입니다. 사각형 ㄱㄴㄷㄹ의 둘레는 몇 m인가요?

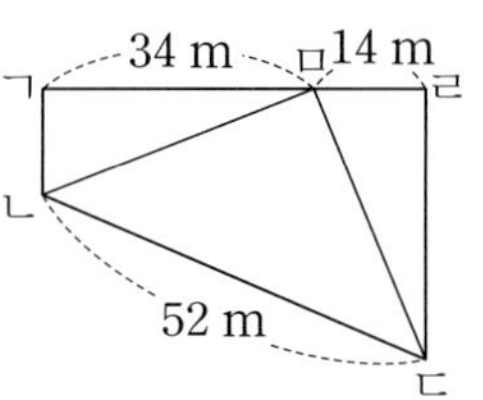

➡ 대응변의 길이가 서로 같음을 이용합니다.

(변 ㄱㄴ)=(변 ㄹㅁ)=14 m

(변 ㄹㄷ)=(변 ㄱㅁ)=34 m

(사각형 ㄱㄴㄷㄹ의 둘레)$=14+52+34+14+34$

$=148$ (m)

17 삼각형 ㄱㄴㄷ과 삼각형 ㄹㄷㅁ은 서로 합동입니다. 사각형 ㄱㄴㅁㄷ의 둘레는 몇 cm인가요?

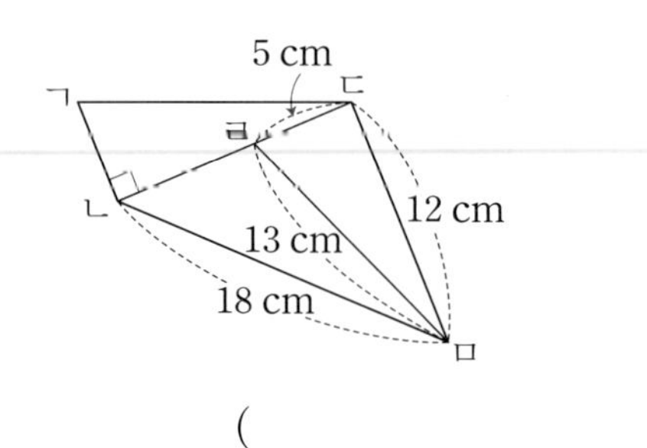

(　　　　　　　　　　)

18 삼각형 ㄱㄴㄷ과 삼각형 ㅁㄹㄷ은 서로 합동입니다. 오각형 ㄱㄴㄷㄹㅁ의 둘레는 몇 m인가요?

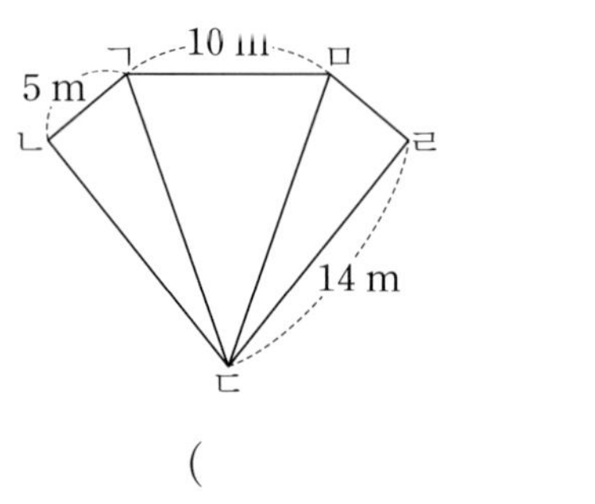

(　　　　　　　　　　)

정답과 풀이 20쪽

개념 3 선대칭도형을 알아볼까요

(1) 선대칭도형

한 직선을 따라 접었을 때 완전히 겹치는 도형을 선대칭도형이라고 합니다. 이때 그 직선을 대칭축이라고 합니다.
대칭축을 따라 포개었을 때 겹치는 점을 대응점, 겹치는 변을 대응변, 겹치는 각을 대응각이라고 합니다.

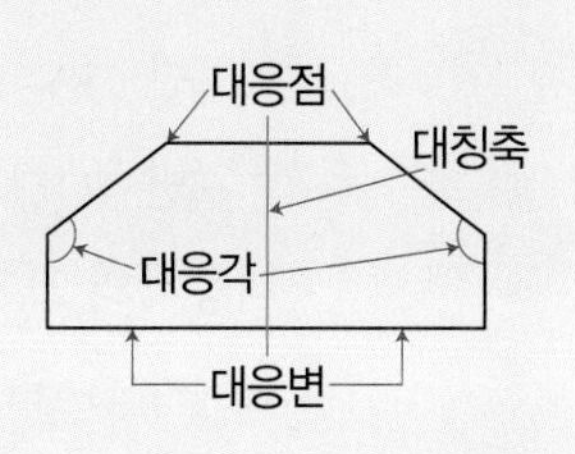

(2) 선대칭도형의 대칭축

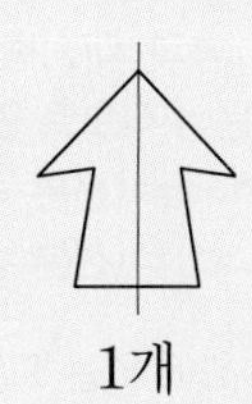
1개

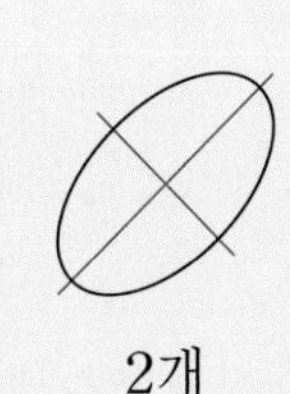
2개

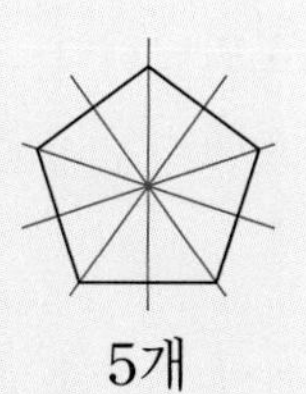
5개

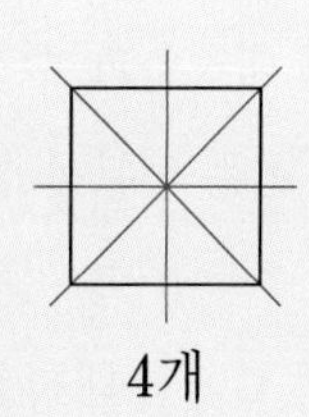
4개

- 선대칭도형의 대칭축은 1개이거나 여러 개일 수 있습니다.
- 대칭축이 여러 개일 때 모든 대칭축은 한 점에서 만납니다.

▶ 선대칭도형은 대칭축을 중심으로 접었을 때 완전히 겹치므로 대칭축을 따라 자른 두 도형은 서로 합동입니다.

01 선대칭도형을 모두 찾아 기호를 써 보세요.

가 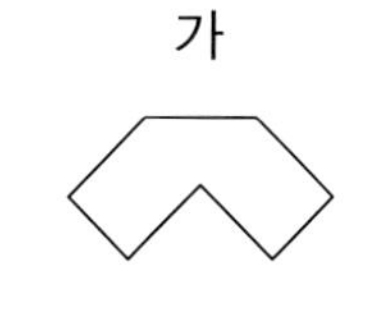

나 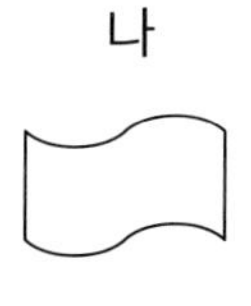

다 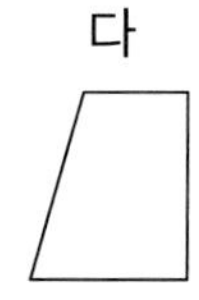

라 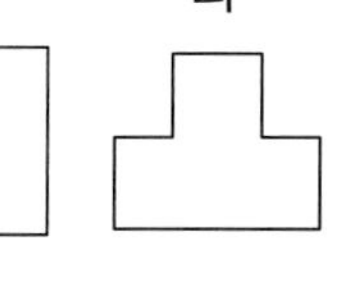

(　　　　　　　　　　)

02 다음은 선대칭도형입니다. 대칭축을 그려 보세요.

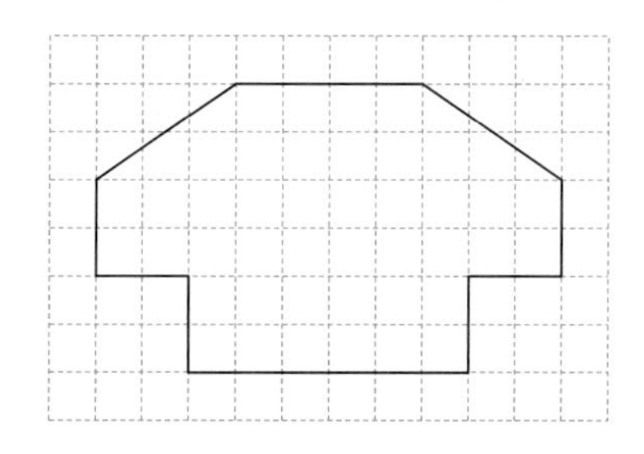

03 직선 ㅂㅅ을 대칭축으로 하는 선대칭도형입니다. 물음에 답하세요.

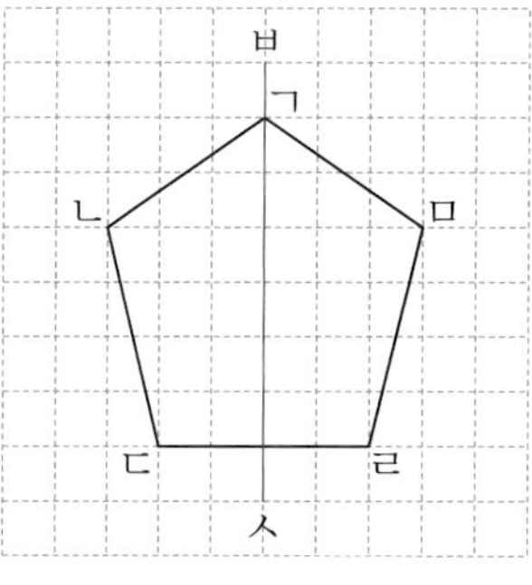

(1) 점 ㄴ의 대응점을 써 보세요.

(　　　　　　　　　　)

(2) 변 ㄴㄷ의 대응변을 써 보세요.

(　　　　　　　　　　)

(3) 각 ㄱㄴㄷ의 대응각을 써 보세요.

(　　　　　　　　　　)

3 단원

개념 4 선대칭도형의 성질을 알아볼까요

(1) 선대칭도형의 성질

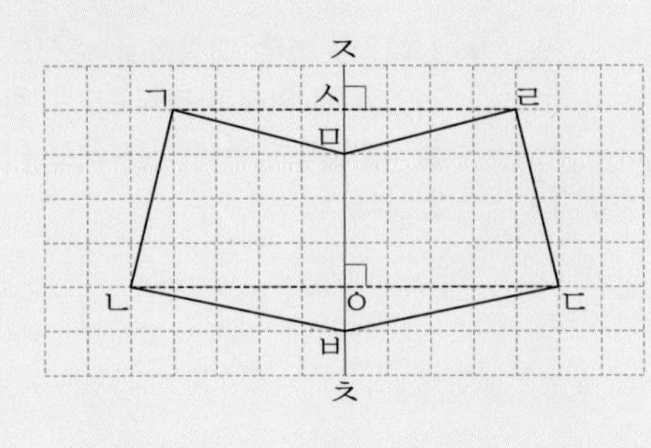

- 대응변의 길이가 서로 같습니다.
  예 (변 ㄱㄴ)=(변 ㄹㄷ),
  (변 ㄱㅁ)=(변 ㄹㅁ)
- 대응각의 크기가 서로 같습니다.
  예 (각 ㅁㄱㄴ)=(각 ㅁㄹㄷ),
  (각 ㄱㄴㅂ)=(각 ㄹㄷㅂ)

- 선대칭도형의 대응점끼리 이은 선분은 대칭축과 수직으로 만납니다.
- 선대칭도형에서 대칭축은 대응점끼리 이은 선분을 둘로 똑같이 나눕니다.

▸ 선분 ㄱㄹ과 대칭축, 선분 ㄴㄷ과 대칭축은 수직으로 만납니다.
▸ (선분 ㄱㅅ)=(선분 ㄹㅅ),
(선분 ㄴㅇ)=(선분 ㄷㅇ)

(2) 선대칭도형 그리기

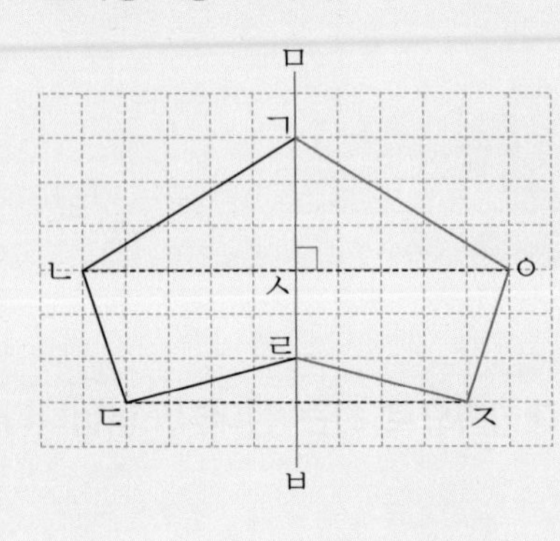

① 점 ㄴ에서 대칭축 ㅁㅂ에 수선을 긋고, 대칭축과 만나는 점을 찾아 점 ㅅ으로 표시합니다.
② 이 수선에 선분 ㄴㅅ과 길이가 같은 선분 ㅇㅅ이 되도록 점 ㄴ의 대응점을 찾아 점 ㅇ으로 표시합니다.
③ 위와 같은 방법으로 점 ㄷ의 대응점을 찾아 점 ㅈ으로 표시합니다.
④ 점 ㄹ과 점 ㅈ, 점 ㅈ과 점 ㅇ, 점 ㅇ과 점 ㄱ을 차례로 이어 선대칭도형이 되도록 그립니다.

▸ 대칭축 위에 있는 도형의 점은 대응점이 그 점과 같습니다.

▸ 선대칭도형 확인하기
각각의 대응점에서 대칭축까지의 거리가 서로 같은지 확인합니다.

04 오른쪽은 직선 ㅁㅂ을 대칭축으로 하는 선대칭도형입니다. □ 안에 알맞은 수를 써넣으세요.

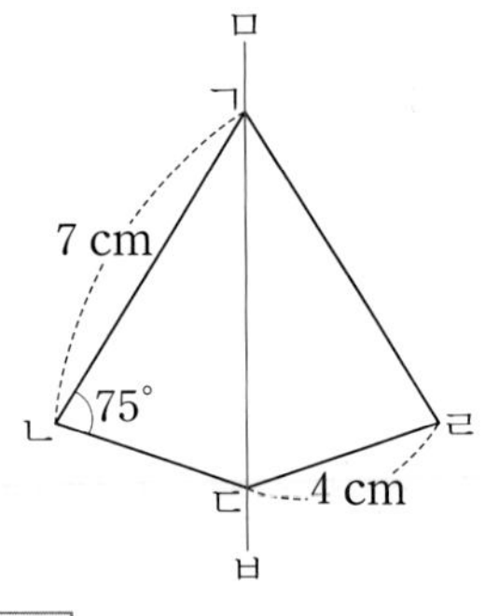

(1) 변 ㄴㄷ의 길이는 □ cm입니다.

(2) 각 ㄱㄹㄷ의 크기는 □°입니다.

05 직선 ㄱㄴ을 대칭축으로 하는 선대칭도형을 완성해 보세요.

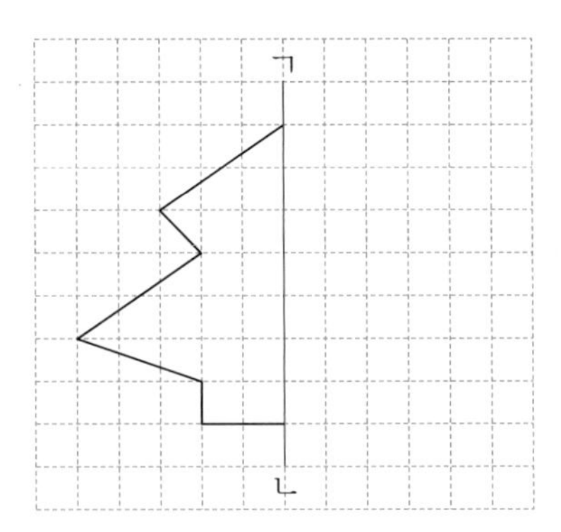

개념 5 점대칭도형을 알아볼까요

(1) 점대칭도형

한 도형을 어떤 점을 중심으로 180° 돌렸을 때 처음 도형과 완전히 겹치면 이 도형을 점대칭도형이라고 합니다. 이때 그 점을 대칭의 중심이라고 합니다.

대칭의 중심을 중심으로 180° 돌렸을 때 겹치는 점을 대응점, 겹치는 변을 대응변, 겹치는 각을 대응각이라고 합니다.

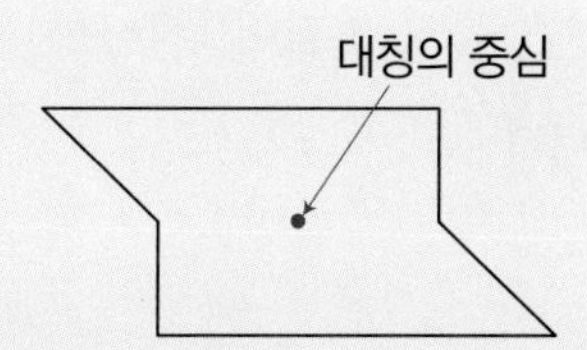

(2) 대칭의 중심

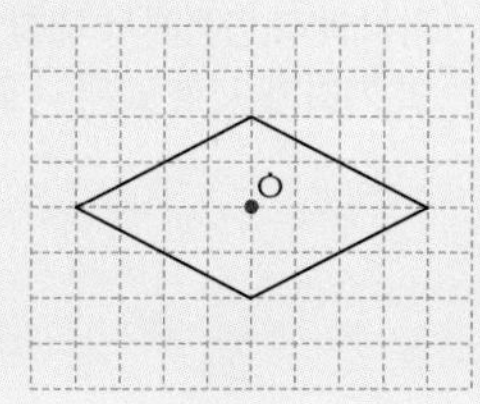

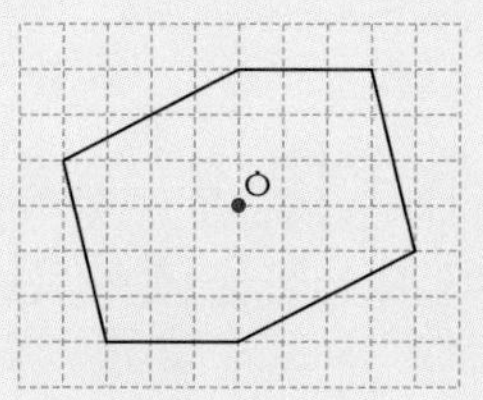

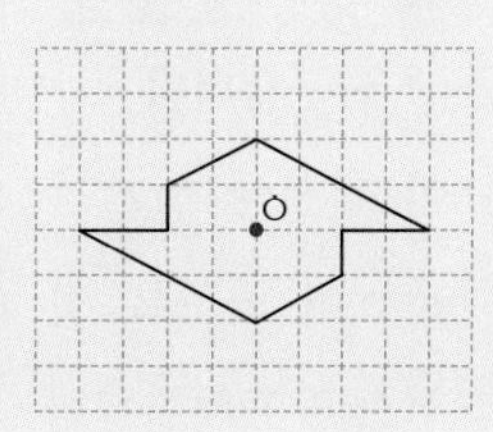

➡ 대칭의 중심은 도형의 한가운데에 위치하고 1개뿐입니다.

▶ 대칭의 중심 찾기

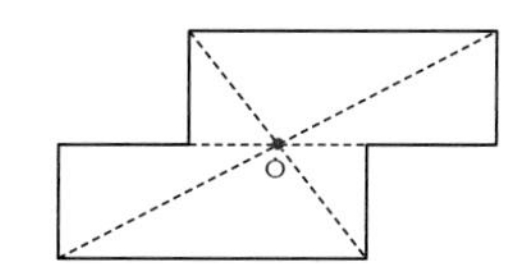

대응점끼리 선분으로 이으면 선분이 만나는 점이 대칭의 중심입니다.

06 점대칭도형을 모두 찾아 기호를 써 보세요.

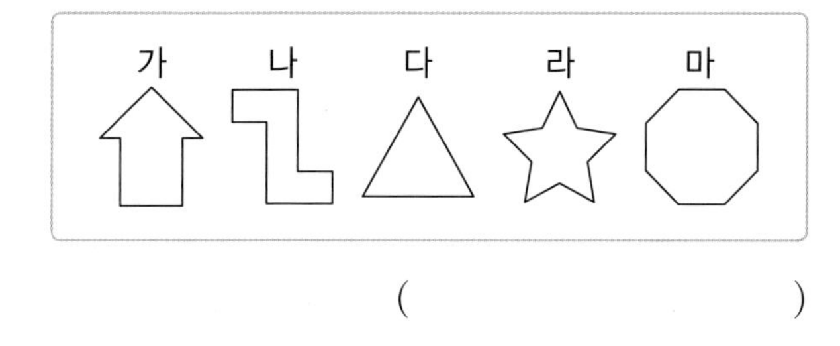

( )

07 다음은 점대칭도형입니다. 대칭의 중심을 찾아 표시해 보세요.

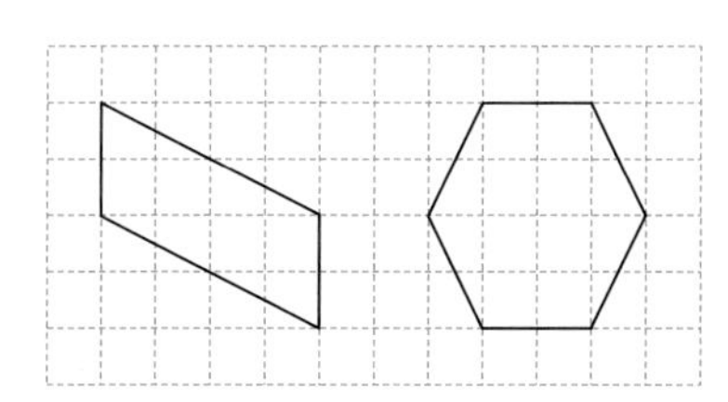

08 점 ㅇ을 대칭의 중심으로 하는 점대칭도형입니다. 물음에 답하세요.

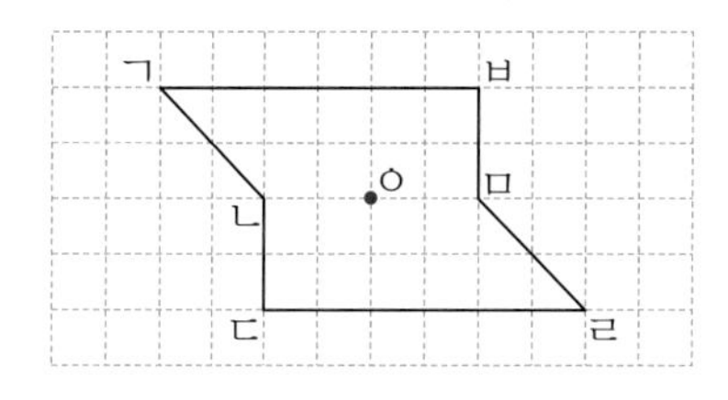

(1) 점 ㄴ의 대응점을 써 보세요.

( )

(2) 변 ㄴㄷ의 대응변을 써 보세요.

( )

(3) 각 ㄴㄷㄹ의 대응각을 써 보세요.

( )

개념 6 점대칭도형의 성질을 알아볼까요

(1) 점대칭도형의 성질

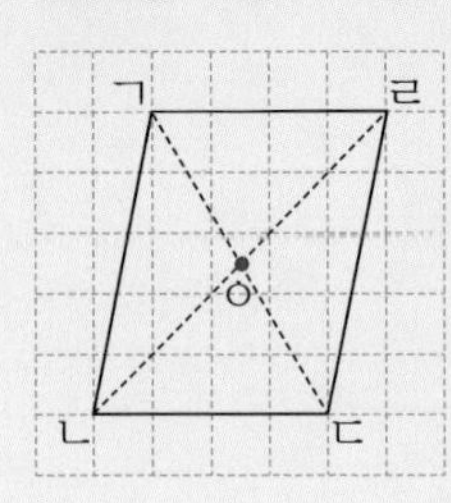

- 대응변의 길이가 서로 같습니다.
  (변 ㄱㄴ)=(변 ㄷㄹ), (변 ㄴㄷ)=(변 ㄹㄱ)
- 대응각의 크기가 서로 같습니다.
  (각 ㄱㄴㄷ)=(각 ㄷㄹㄱ), (각 ㄹㄱㄴ)=(각 ㄴㄷㄹ)
- 대칭의 중심은 대응점끼리 이은 선분을 둘로 똑같이 나누므로 각각의 대응점에서 대칭의 중심까지의 거리는 서로 같습니다.
  (선분 ㄱㅇ)=(선분 ㄷㅇ), (선분 ㄴㅇ)=(선분 ㄹㅇ)

(2) 점대칭도형 그리기

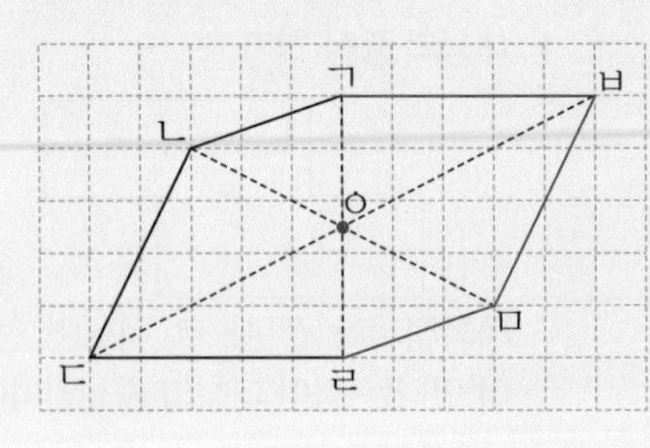

① 점 ㄴ에서 대칭의 중심인 점 ㅇ을 지나는 직선을 긋습니다.

② 이 직선에 선분 ㄴㅇ과 길이가 같은 선분 ㅁㅇ이 되도록 점 ㄴ의 대응점을 찾아 점 ㅁ으로 표시합니다.

③ 위와 같은 방법으로 점 ㄷ의 대응점을 찾아 점 ㅂ으로 표시합니다.

④ 점 ㄱ의 대응점은 점 ㄹ입니다.

⑤ 점 ㄹ과 점 ㅁ, 점 ㅁ과 점 ㅂ, 점 ㅂ과 점 ㄱ을 차례로 이어 점대칭도형이 되도록 그립니다.

▶ 점대칭도형의 대응점, 대응변, 대응각
- 대응점
  - 점 ㄱ의 대응점: 점 ㄷ
  - 점 ㄴ의 대응점: 점 ㄹ
- 대응변
  - 변 ㄱㄴ의 대응변: 변 ㄷㄹ
  - 변 ㄴㄷ의 대응변: 변 ㄹㄱ
- 대응각
  - 각 ㄱㄴㄷ의 대응각: 각 ㄷㄹㄱ
  - 각 ㄹㄱㄴ의 대응각: 각 ㄴㄷㄹ

▶ 점대칭도형 확인하기
각각의 대응점에서 대칭의 중심까지의 거리가 서로 같은지 확인합니다.

09 점 ㅇ을 대칭의 중심으로 하는 점대칭도형입니다. □ 안에 알맞은 수를 써넣으세요.

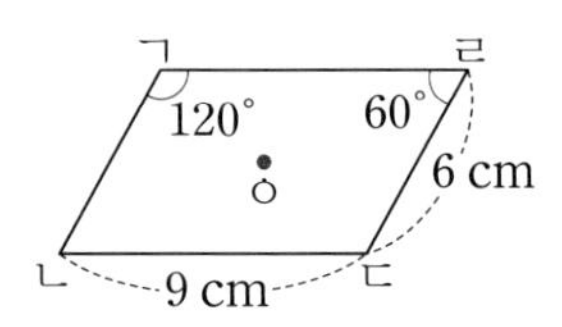

(1) 변 ㄱㄴ의 길이는 □ cm입니다.

(2) 각 ㄴㄷㄹ의 크기는 □°입니다.

10 점 ㅇ을 대칭의 중심으로 하는 점대칭도형을 완성해 보세요.

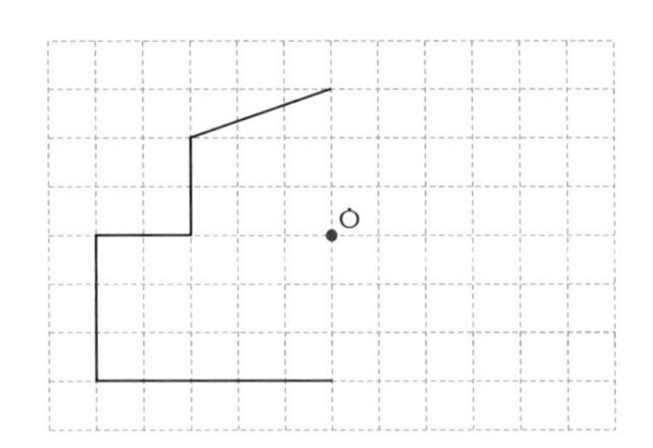

19 선대칭도형을 모두 찾아 기호를 써 보세요.

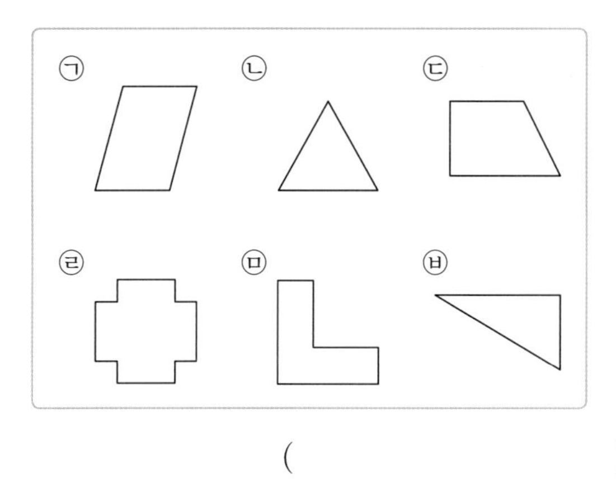

(　　　　　　　　)

20 다음은 선대칭도형입니다. 대칭축을 그려 보세요.

21 대칭축이 무수히 많은 도형을 찾아 기호를 써 보세요.

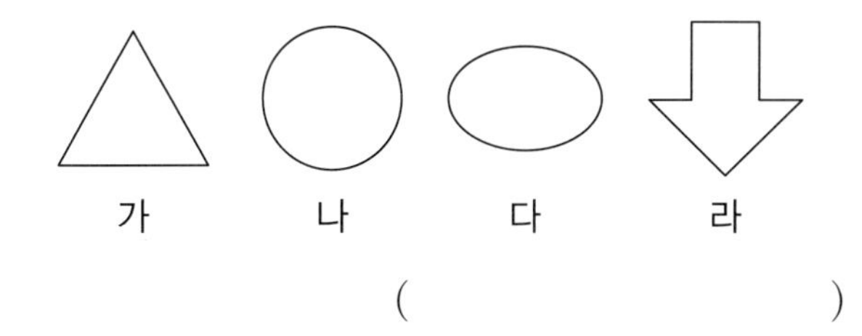

(　　　　　　　　)

22 선대칭도형의 대칭축의 개수가 가장 많은 것을 찾아 기호를 써 보세요.

중요

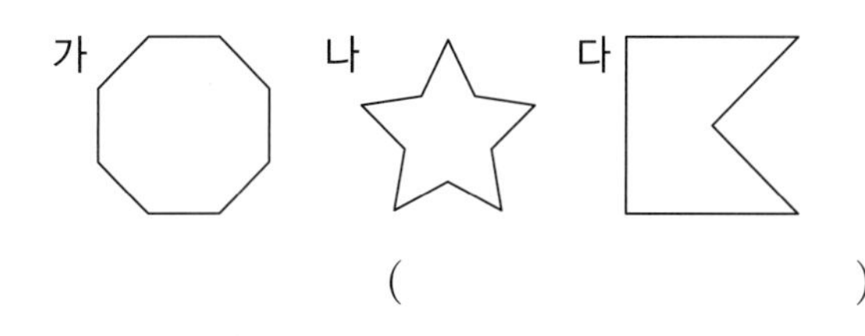

(　　　　　　　　)

23 다음 선대칭도형의 대칭축의 개수의 합은 몇 개인지 구해 보세요.

(　　　　　　　　)

24 다음은 직선 ㅈㅊ을 대칭축으로 하는 선대칭도형입니다. 물음에 답하세요.

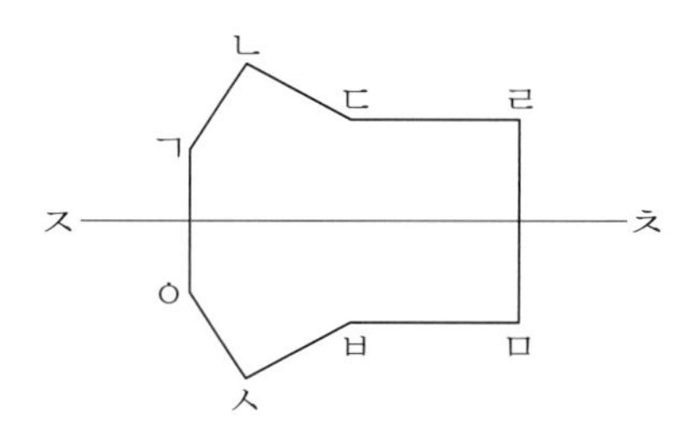

(1) 점 ㄴ의 대응점을 써 보세요.

(　　　　　　　　)

(2) 변 ㅂㅅ의 대응변을 써 보세요.

(　　　　　　　　)

(3) 각 ㄱㄴㄷ의 대응각을 써 보세요.

(　　　　　　　　)

25 직선 ㄱㄴ을 대칭축으로 하는 선대칭도형입니다. □ 안에 알맞은 수를 써넣으세요.

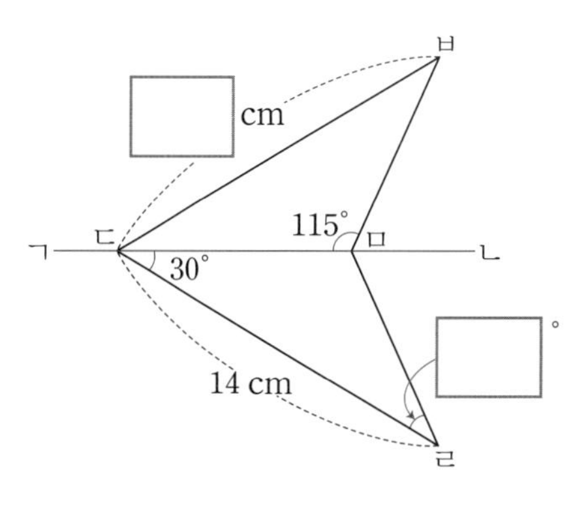

3 단원

26 직선 가를 대칭축으로 하는 선대칭도형입니다. 선대칭도형의 둘레는 몇 cm인지 구해 보세요.

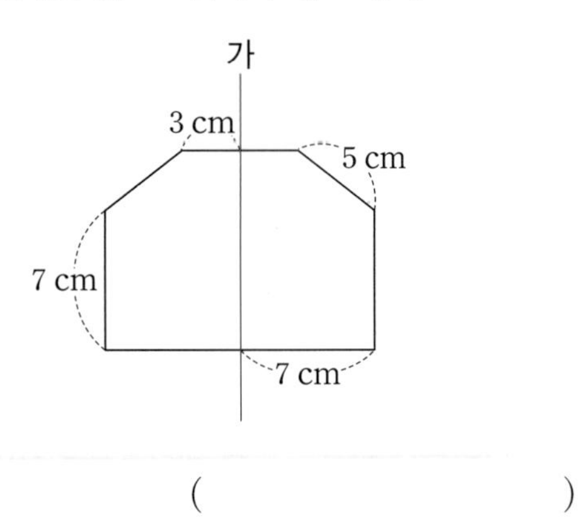

(　　　　　　　　　)

27 직선 ㅅㅇ을 대칭축으로 하는 선대칭도형입니다. □ 안에 알맞은 수를 써넣으세요.

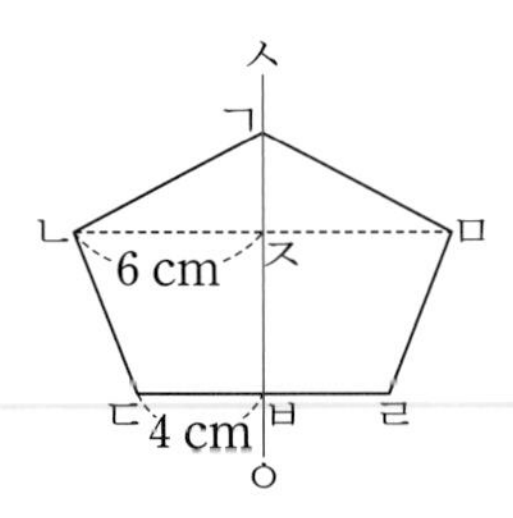

(1) 선분 ㅁㅈ의 길이는 □ cm입니다.

(2) 각 ㄱㅂㄹ의 크기는 □°입니다.

28 직선 ㄱㄴ을 대칭축으로 하는 선대칭도형을 완성해 보세요.

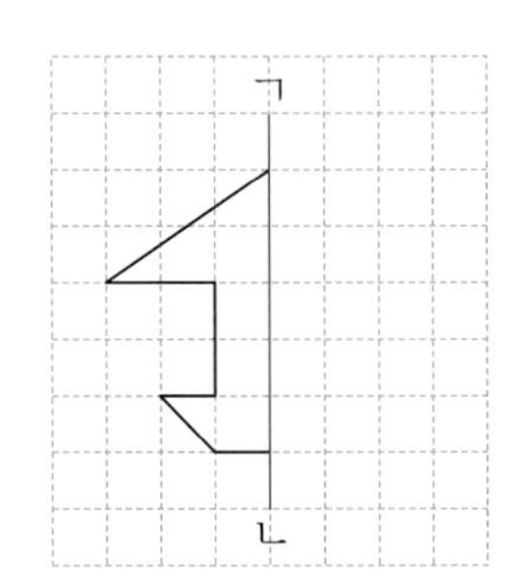

29 작은 정사각형의 한 변의 길이가 1 cm인 모눈종이에 직선 가를 대칭축으로 하여 선대칭도형을 완성하려고 합니다. 완성한 선대칭도형의 둘레는 몇 cm인지 구해 보세요.

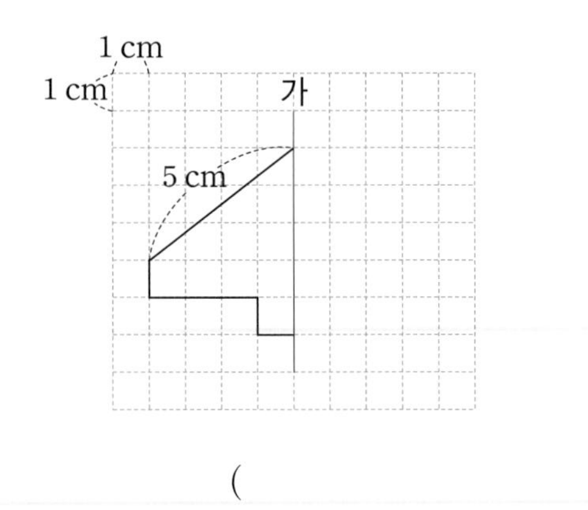

(　　　　　　　　　)

30 선분 ㄴㄹ을 대칭축으로 하는 선대칭도형입니다. 삼각형 ㄱㄴㄷ의 둘레가 48 cm일 때 변 ㄴㄷ은 몇 cm인가요?

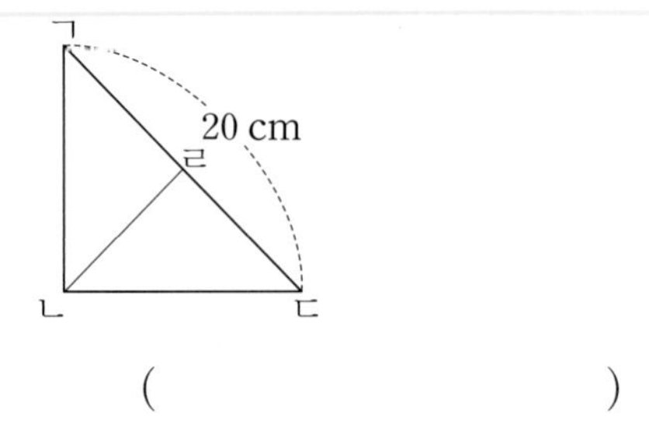

(　　　　　　　　　)

31 점대칭도형을 모두 찾아 ○표 하세요.

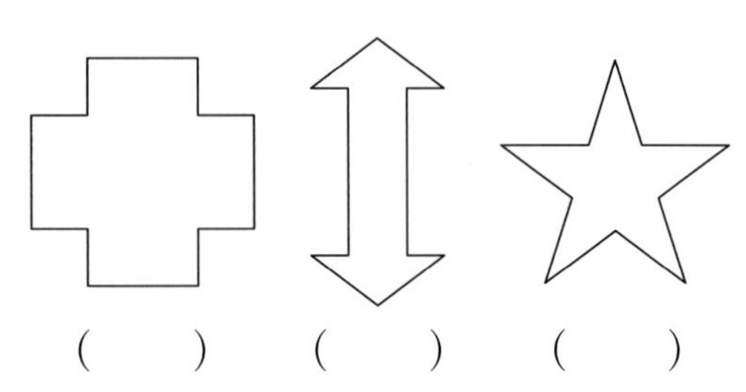

(　　)　(　　)　(　　)

32 다음은 점대칭도형입니다. 대칭의 중심을 찾아 점 ㅇ으로 표시해 보세요.

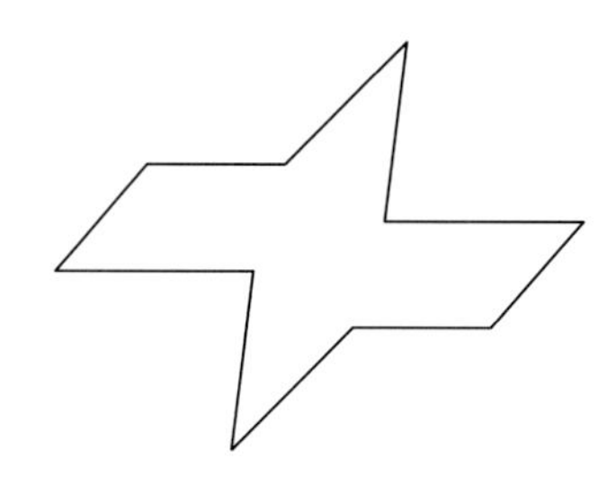

33 점 ㅇ을 대칭의 중심으로 하는 점대칭도형입니다. 대응점, 대응변, 대응각을 각각 써 보세요.

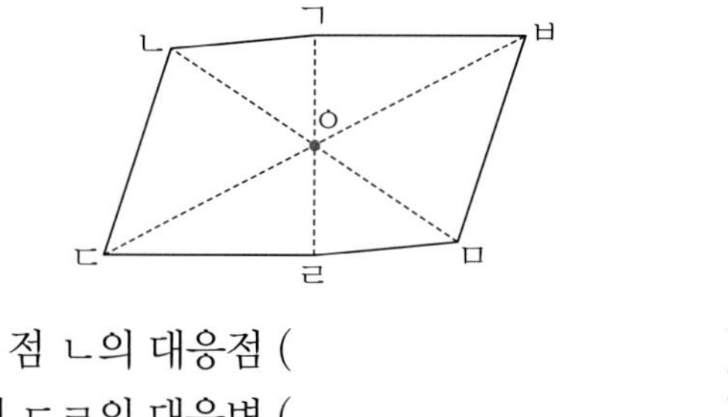

점 ㄴ의 대응점 (　　　　　　　　)
변 ㄷㄹ의 대응변 (　　　　　　　　)
각 ㄱㄴㄷ의 대응각 (　　　　　　　　)

34 점대칭도형을 완성해 보세요.

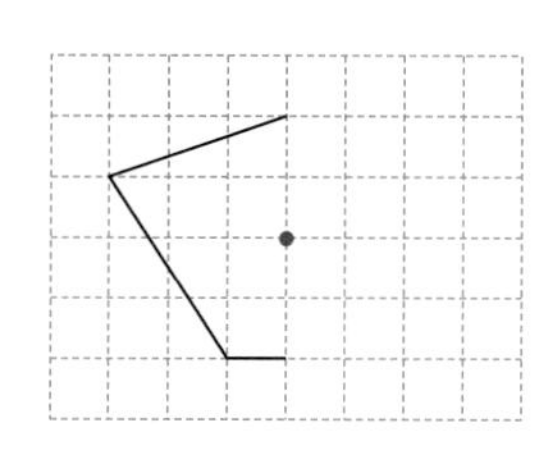

[35~36] 보기 를 보고 물음에 답하세요.

보기

㉠ 정삼각형	㉡ 직각삼각형
㉢ 평행사변형	㉣ 정사각형
㉤ 정육각형	㉥ 마름모

35 항상 점대칭도형인 것을 모두 찾아 기호를 써 보세요.

(　　　　　　　　)

36 항상 선대칭도형이면서 점대칭도형인 것을 모두 찾아 기호를 써 보세요.

(　　　　　　　　)

37 점 ㅇ을 대칭의 중심으로 하는 점대칭도형입니다. 선분의 길이가 같은 것끼리 잘못 짝지어진 것은 어느 것인가요? (　　)

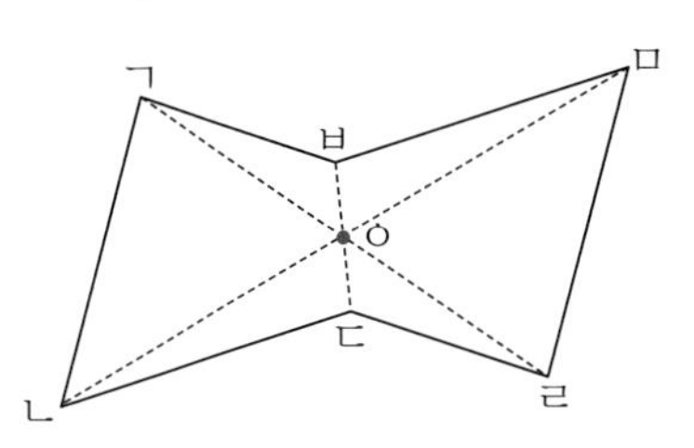

① 선분 ㄱㅂ, 선분 ㄹㄷ
② 선분 ㄱㅇ, 선분 ㄹㅇ
③ 선분 ㄱㄴ, 선분 ㄹㅁ
④ 선분 ㄴㅇ, 선분 ㅁㅂ
⑤ 선분 ㅂㅇ, 선분 ㄷㅇ

38 점대칭도형에 대하여 잘못 설명한 것은 어느 것인가요? (   )

① 각각의 대응각의 크기는 서로 같습니다.
② 각각의 대응변의 길이는 서로 같습니다.
③ 대칭의 중심의 개수는 도형에 따라 다릅니다.
④ 대응점끼리 이은 선분은 대칭의 중심에 의해 길이가 같게 나누어집니다.
⑤ 어떤 점을 중심으로 180° 돌렸을 때 처음 도형과 완전히 겹치는 도형입니다.

39 점 ㅇ을 대칭의 중심으로 하는 점대칭도형입니다. 각 ㄴㄷㄹ은 몇 도인가요?

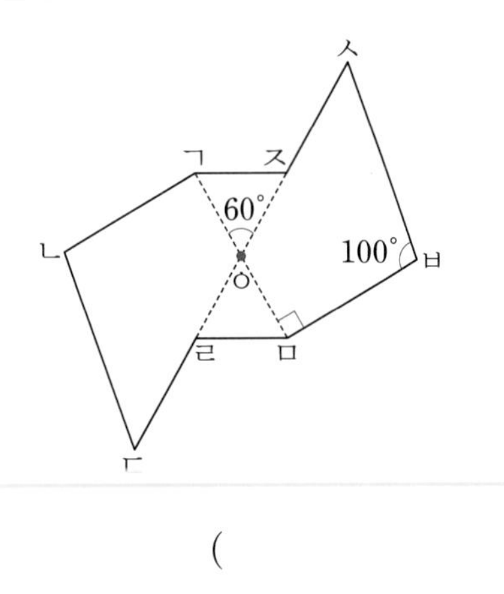

(   )

40 점 ㅇ을 대칭의 중심으로 하는 점대칭도형입니다. 물음에 답하세요.

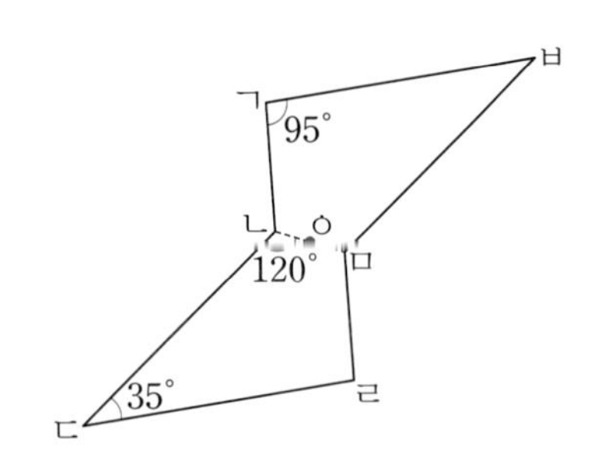

(1) 각 ㄱㅂㅁ은 몇 도인가요?

(   )

(2) 각 ㄴㅁㄹ은 몇 도인가요?

(   )

41 점 ㅇ을 대칭의 중심으로 하는 점대칭도형입니다. 선분 ㄱㄹ은 몇 cm인가요?

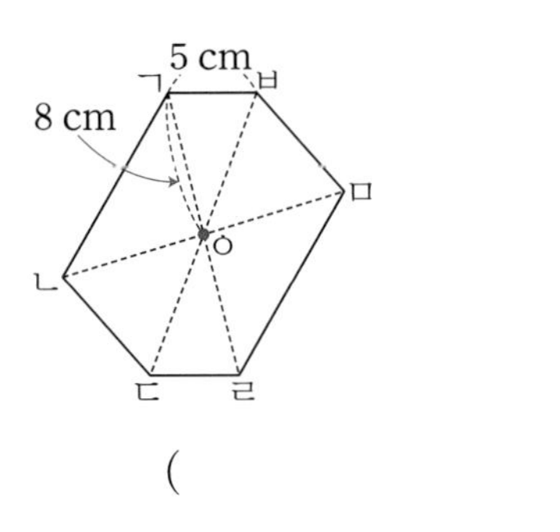

(   )

42 중요 점 ㅇ을 대칭의 중심으로 하는 점대칭도형입니다. 사각형 ㄱㄴㄷㄹ의 둘레는 몇 cm인지 구해 보세요.

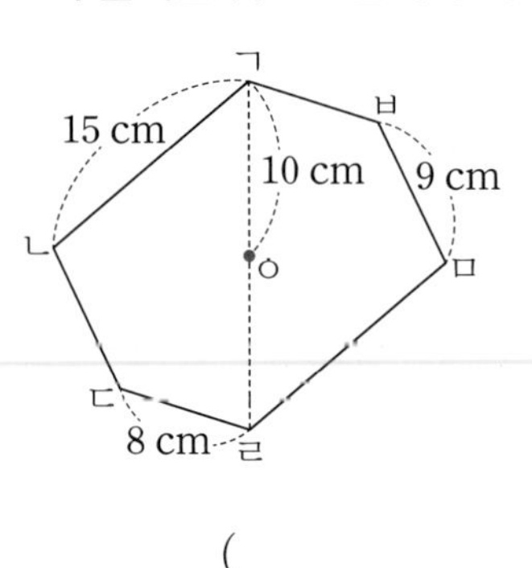

(   )

43 어려운 문제 점 ㅇ을 대칭의 중심으로 하는 점대칭도형입니다. 사각형 ㄱㄴㄷㄹ의 둘레가 16 cm일 때 이 도형의 넓이는 몇 cm^2인가요?

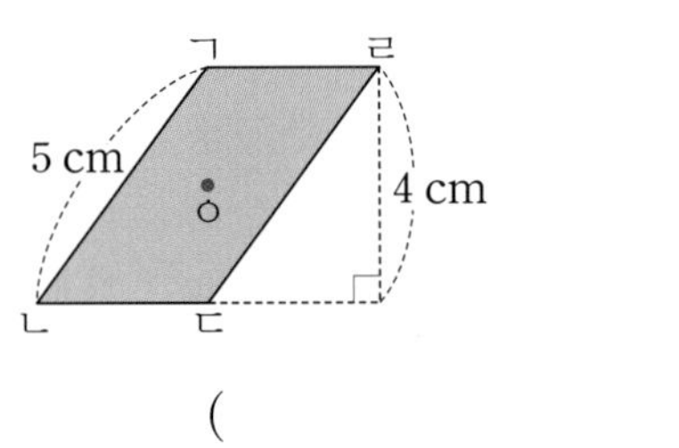

(   )

교과서, 익힘책 속 응용 문제를 유형별로 풀어 보세요.

교과서 속 응용 문제

정답과 풀이 20쪽

선대칭도형의 활용

예 선분 ㄱㄷ을 대칭축으로 하는 선대칭도형입니다. 사각형 ㄱㄴㄷㄹ의 넓이는 몇 cm^2인지 구해 보세요.

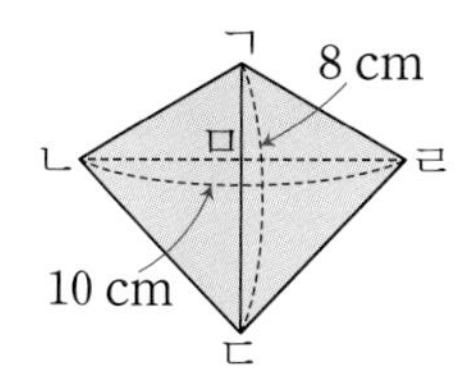

➡ 대칭축은 대응점끼리 이은 선분을 둘로 똑같이 나누므로 (선분 ㄴㅁ)=(선분 ㄹㅁ)$=10\div2=5$ (cm)입니다. 사각형 ㄱㄴㄷㄹ의 넓이는 삼각형 ㄱㄴㄷ의 넓이의 2배이므로 $(8\times5\div2)\times2=40$ (cm^2)입니다.

44 오른쪽은 선분 ㄴㄹ을 대칭축으로 하는 선대칭도형입니다. 사각형 ㄱㄴㄷㄹ의 넓이는 몇 cm^2인지 구해 보세요.

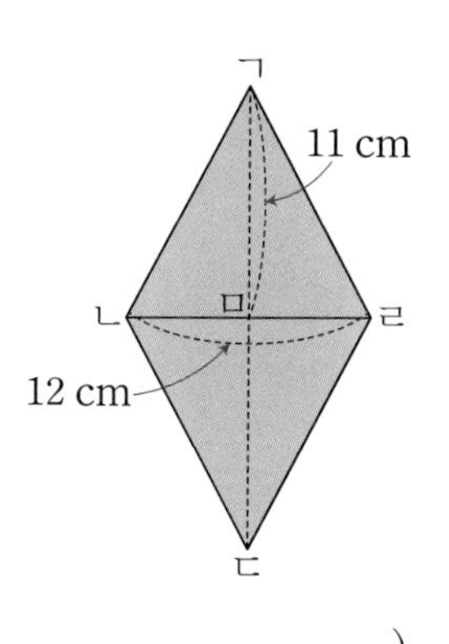

(　　　　　　　　　)

45 선분 ㄱㄹ을 대칭축으로 하는 선대칭도형입니다. 삼각형 ㄱㄴㄷ의 넓이가 18 cm^2일 때 선분 ㄴㄹ은 몇 cm인가요?

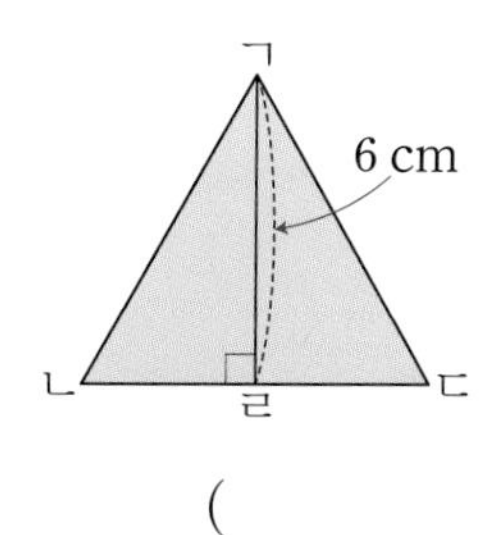

(　　　　　　　　　)

점대칭도형의 활용

예 점 ㅇ을 대칭의 중심으로 하는 점대칭도형입니다. 이 점대칭도형의 둘레는 몇 cm인지 구해 보세요.

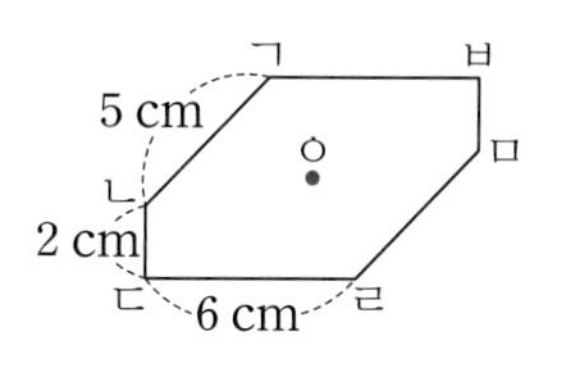

➡ 대응변의 길이가 서로 같습니다.

(변 ㄹㅁ)=(변 ㄱㄴ)=5 cm,

(변 ㅁㅂ)=(변 ㄴㄷ)=2 cm,

(변 ㅂㄱ)=(변 ㄷㄹ)=6 cm

➡ (점대칭도형의 둘레)$=(5+2+6)\times2=26$ (cm)

46 점 ㅇ을 대칭의 중심으로 하는 점대칭도형입니다. 이 점대칭도형의 둘레는 몇 cm인가요?

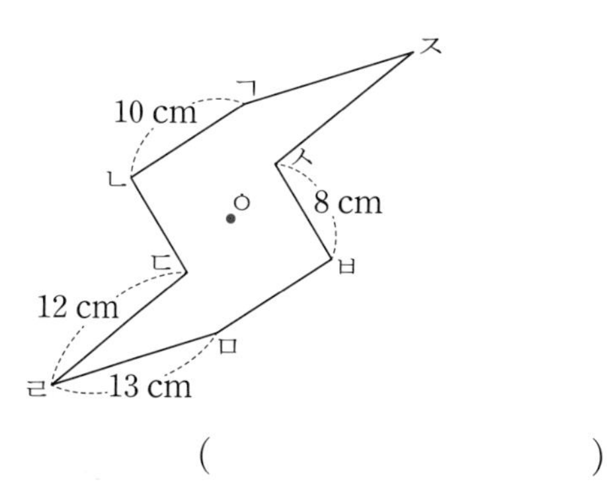

(　　　　　　　　　)

47 점 ㅇ을 대칭의 중심으로 하는 점대칭도형의 일부분입니다. 완성한 점대칭도형의 둘레는 몇 cm인가요?

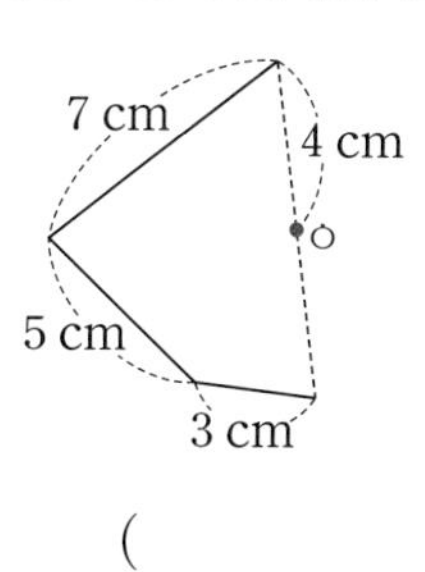

(　　　　　　　　　)

대표 응용 서로 합동인 삼각형에서 변의 길이 구하기

1 오른쪽 그림에서 삼각형 ㄱㄴㄷ과 삼각형 ㅁㄹㄷ은 서로 합동입니다. 삼각형 ㅁㄹㄷ의 둘레가 21 cm일 때 변 ㅁㄷ은 몇 cm인지 구해 보세요.

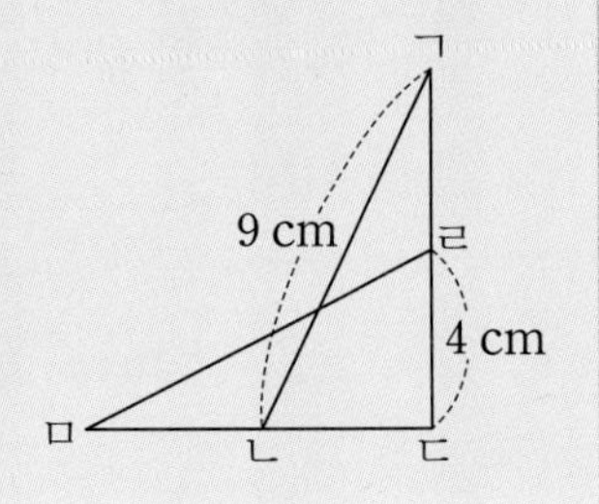

문제 스케치

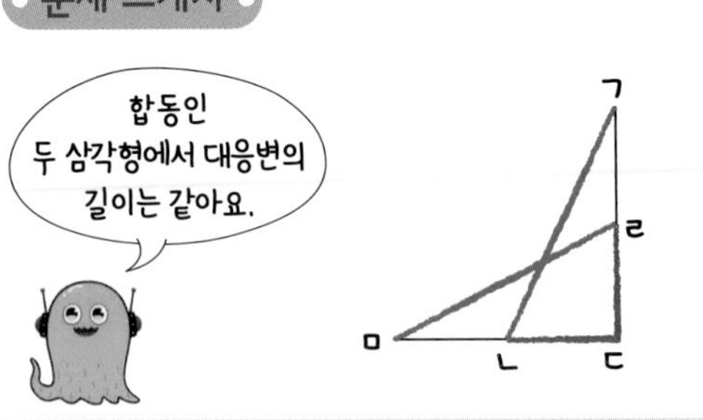

합동인 두 삼각형에서 대응변의 길이는 같아요.
ㄱ
ㄹ
ㅁ
ㄴ
ㄷ

해결하기

변 ㅁㄹ의 대응변은 변 ☐이므로 (변 ㅁㄹ)=☐ cm입니다.

삼각형 ㅁㄹㄷ의 둘레가 21 cm이므로 변 ㅁㄷ의 길이는

21−☐−☐=☐ (cm)입니다.

1-1 오른쪽 그림에서 삼각형 ㄱㄴㄷ과 삼각형 ㄹㄴㅁ은 서로 합동입니다. 삼각형 ㅁㄴㄹ의 둘레가 44 cm일 때 변 ㄱㄴ은 몇 cm인지 구해 보세요.

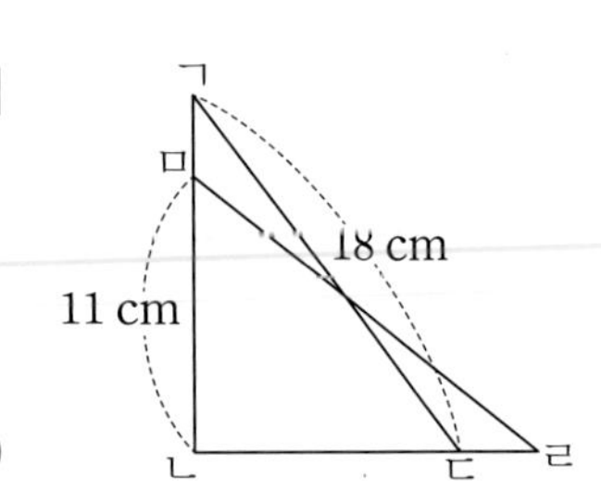

(　　　　　　　　)

1-2 오른쪽 그림에서 삼각형 ㄱㄴㄷ과 삼각형 ㄱㅁㄹ은 서로 합동입니다. 삼각형 ㄱㄴㄷ의 넓이가 30 cm^2일 때 선분 ㄷㅁ은 몇 cm인지 구해 보세요.

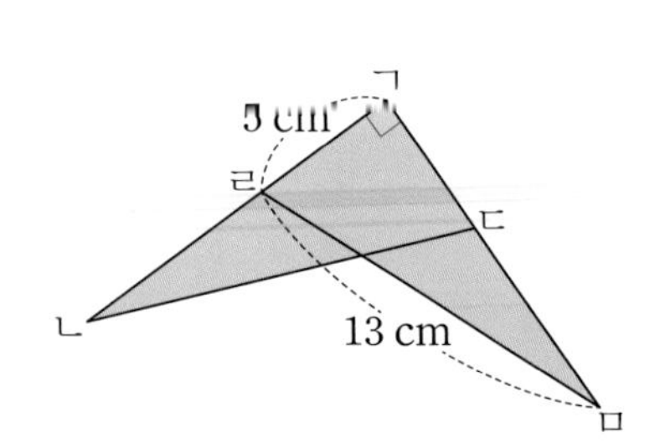

(　　　　　　　　)

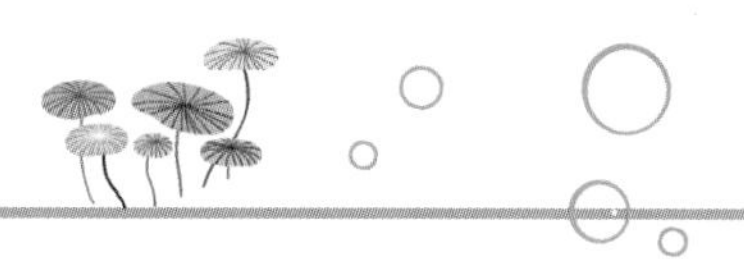

대표 응용 접은 직사각형 모양 종이의 넓이 또는 둘레 구하기

2 오른쪽 그림과 같이 삼각형 ㄴㅁㅂ과 삼각형 ㄹㄷㅂ이 서로 합동이 되도록 직사각형 모양의 종이를 접었습니다. 직사각형 ㄱㄴㄷㄹ의 넓이는 몇 cm^2인지 구해 보세요.

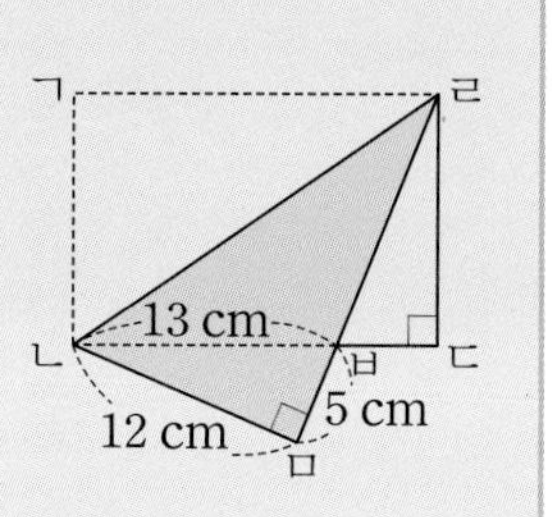

문제 스케치

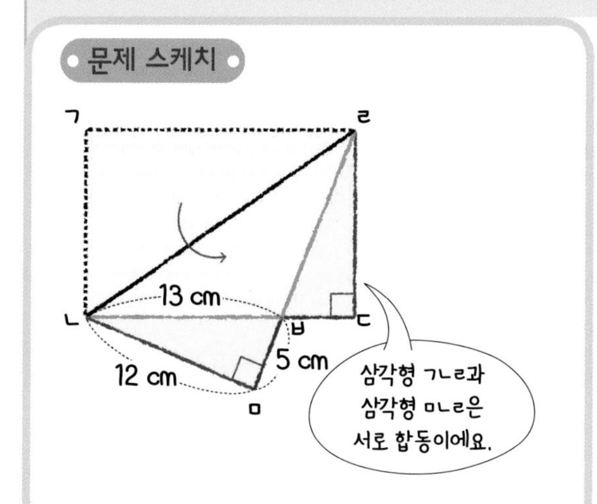

해결하기

각각의 대응변의 길이가 서로 같으므로

(변 ㄹㄷ)=(변 ☐)=☐ cm,

(변 ㅂㄷ)=(변 ☐)=☐ cm입니다.

(변 ㄴㄷ)=☐+☐=☐(cm)입니다.

따라서 직사각형 ㄱㄴㄷㄹ의 넓이는

☐×☐=☐(cm^2)입니다.

3 단원

2-1 오른쪽 그림과 같이 삼각형 ㄱㄴㅁ과 삼각형 ㄷㅂㅁ이 서로 합동이 되도록 직사각형 모양의 종이를 접었습니다. 직사각형 ㄱㄴㄷㄹ의 넓이는 몇 cm^2인지 구해 보세요.

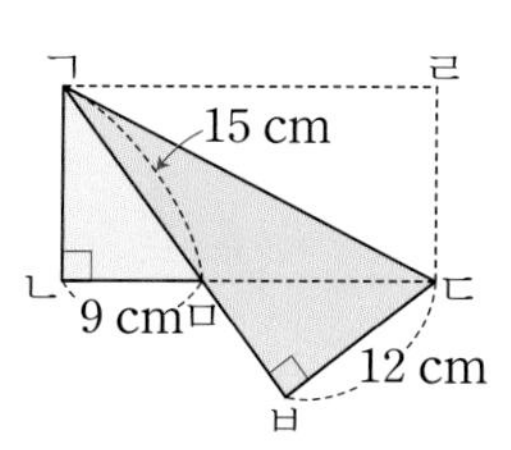

(　　　　　　　　)

2-2 오른쪽 그림과 같이 삼각형 ㄱㄴㅁ과 삼각형 ㄷㅂㅁ이 서로 합동이 되도록 직사각형 모양의 종이를 접었습니다. 삼각형 ㄱㄴㅁ의 넓이가 6 cm^2일 때 사각형 ㄱㅁㄷㄹ의 둘레는 몇 cm인지 구해 보세요.

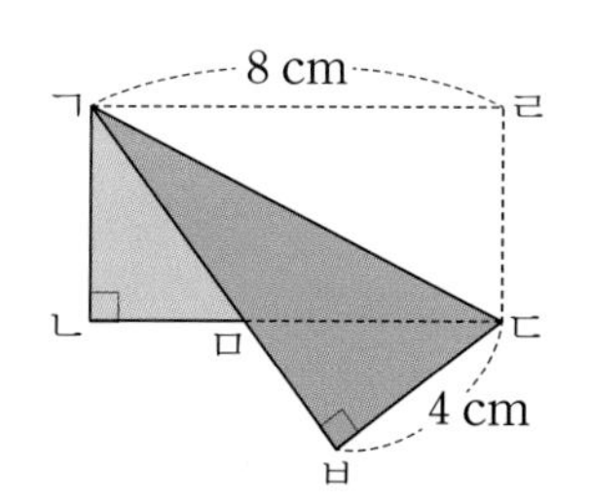

(　　　　　　　　)

대표 응용 **접은 종이 모양에서 합동을 이용하여 각의 크기 구하기**

3

오른쪽 그림과 같이 삼각형 모양의 종이를 접었을 때 각 ㄹㅁㅂ은 몇 도인지 구해 보세요.

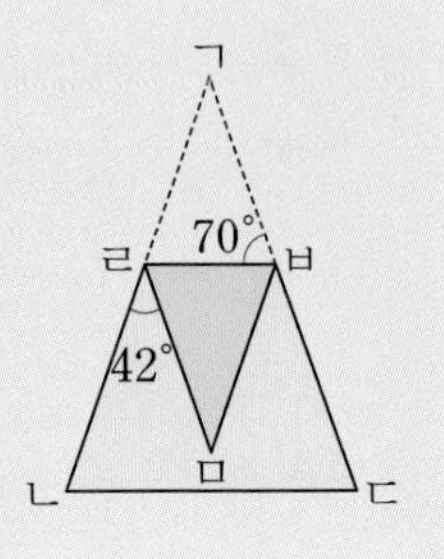

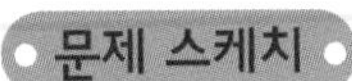

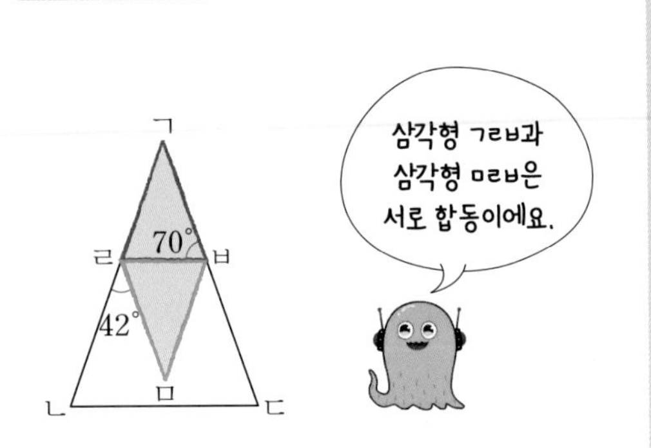

해결하기

삼각형 ㄱㄹㅂ과 삼각형 ☐은 서로 합동이므로 대응각의 크기가 서로 같습니다.

(각 ㅁㅂㄹ)=(각 ㄱㅂㄹ)=☐°,

(각 ㅁㄹㅂ)=(180°−☐°)÷☐=☐°입니다.

따라서 (각 ㄹㅁㅂ)=180°−☐°−☐°=☐°입니다.

3-1 오른쪽 그림과 같이 삼각형 모양의 종이를 접었을 때 각 ㅂㄹㅁ은 몇 도인지 구해 보세요.

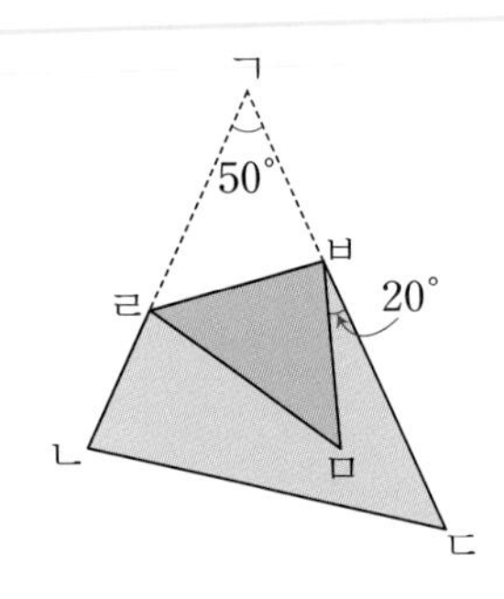

(　　　　　　　　)

3-2 오른쪽 그림과 같이 정사각형 모양의 색종이를 접었을 때 각 ㄴㅁㅂ은 몇 도인지 구해 보세요.

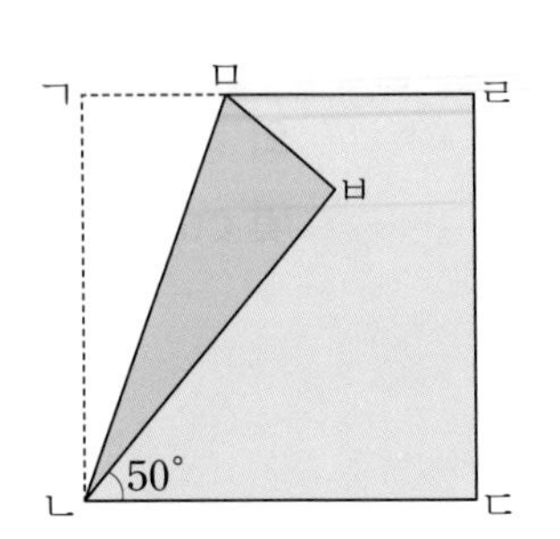

(　　　　　　　　)

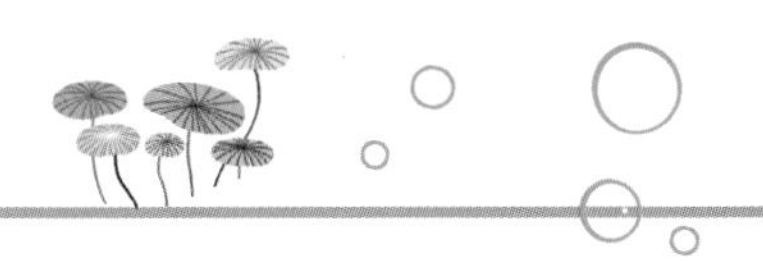

점대칭도형의 성질을 이용하여 변의 길이 구하기

4 오른쪽은 점 ㅇ을 대칭의 중심으로 하는 점대칭도형입니다. 점대칭도형의 둘레가 50 cm일 때 변 ㅁㄹ은 몇 cm인지 구해 보세요.

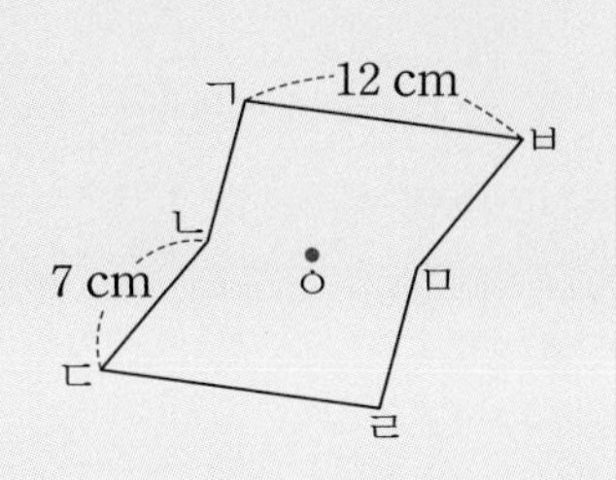

문제 스케치

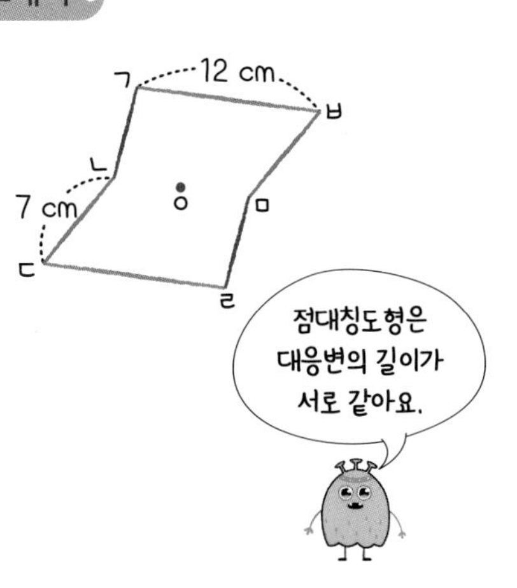

해결하기

점대칭도형에서 대응변의 길이가 서로 같으므로

(변 ㄷㄹ)=(변 ㅂㄱ)=☐ cm,

(변 ㅁㅂ)=(변 ㄴㄷ)=☐ cm입니다.

따라서 (변 ㅁㄹ)=(변 ☐)이므로

(변 ㅁㄹ)=(50−12−7−☐−☐)÷2

=☐÷2=☐ (cm)입니다.

3 단원

4-1 오른쪽은 점 ㅇ을 대칭의 중심으로 하는 점대칭도형입니다. 점대칭도형의 둘레가 38 cm일 때 변 ㄴㄷ은 몇 cm인지 구해 보세요.

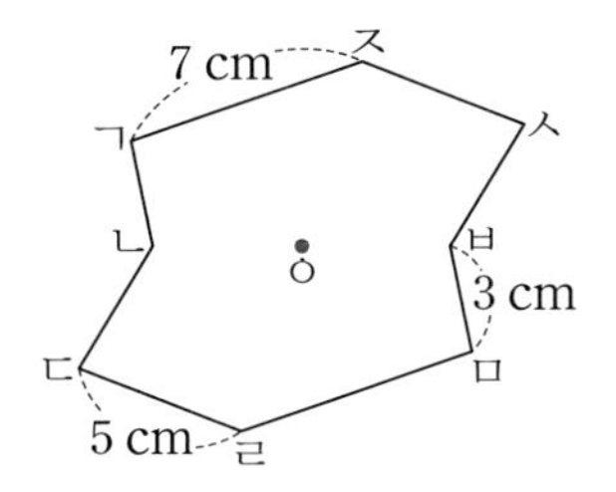

(   )

4-2 오른쪽은 점 ㅇ을 대칭의 중심으로 하는 점대칭도형입니다. 점대칭도형의 둘레가 46 cm일 때 변 ㄹㅁ은 몇 cm인지 구해 보세요.

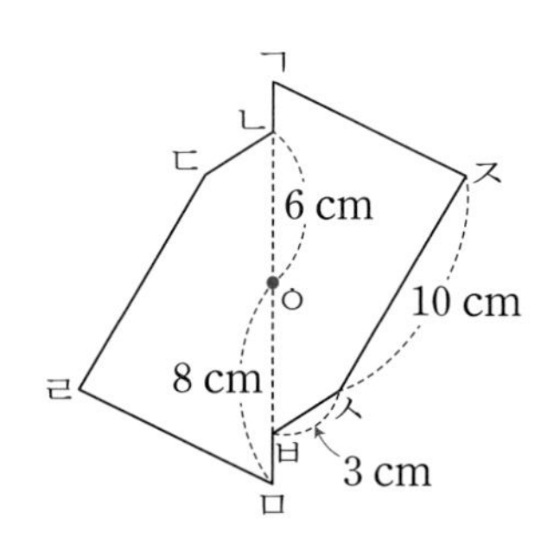

(   )

01 투명 종이에 왼쪽 도형의 본을 떠서 포개었을 때 완전히 겹치는 도형에 ○표 하세요.

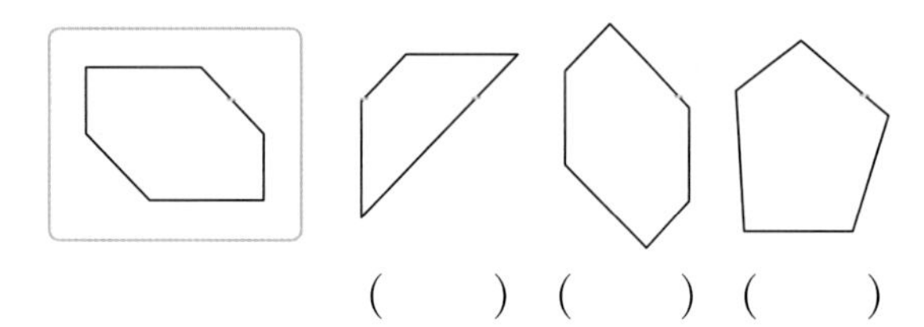

( ) ( ) ( )

02 연수네 집의 욕실에서 깨진 타일을 새 타일로 바꾸어 붙이려고 합니다. 세 타일 중에서 바꾸어 붙일 수 있는 타일을 찾아 기호를 써 보세요.

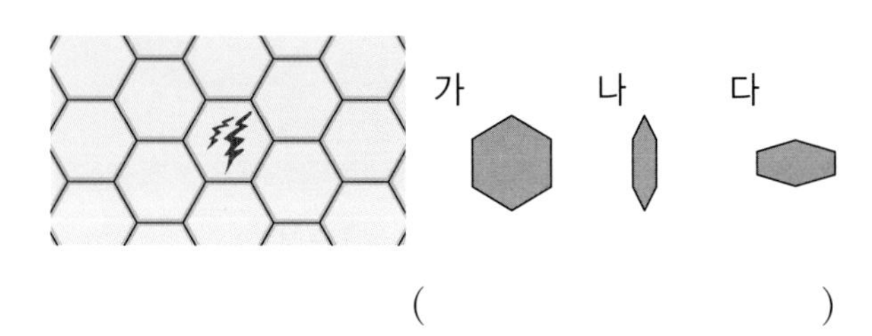

( )

03 사다리꼴을 점선을 따라 잘랐을 때 가 도형과 합동인 도형을 찾아 기호를 써 보세요.

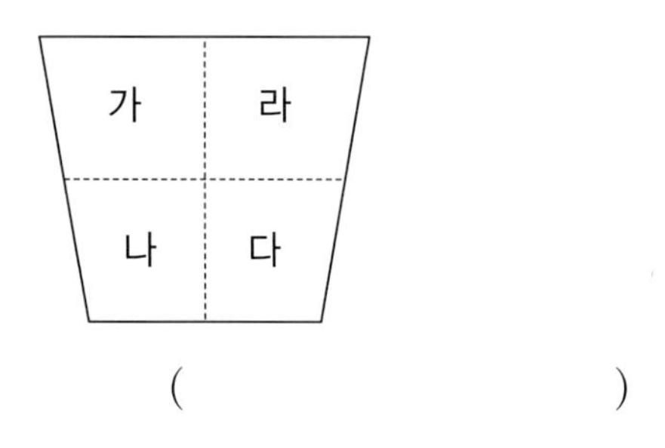

( )

04 왼쪽 도형과 서로 합동인 도형을 그려 보세요.

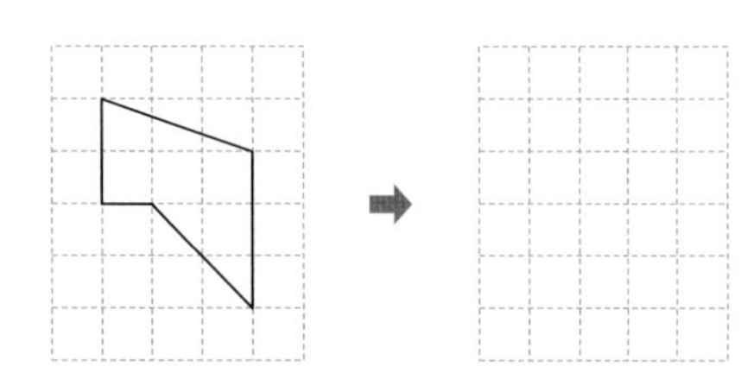

05 두 사각형은 서로 합동입니다. 변 ㅇㅅ은 몇 cm인가요?

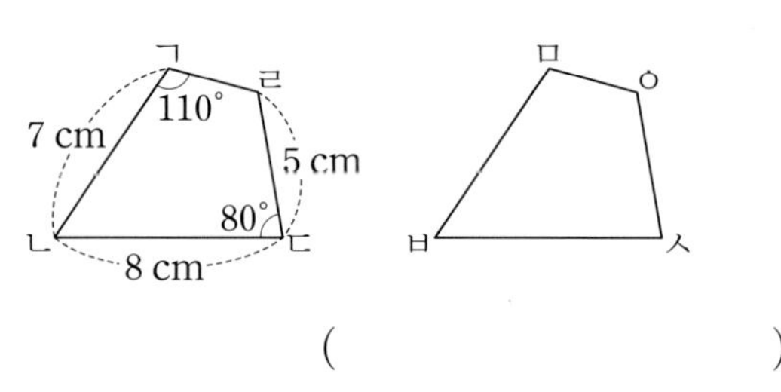

( )

06 중요 두 삼각형은 서로 합동입니다. 각 ㄹㅁㅂ은 몇 도인가요?

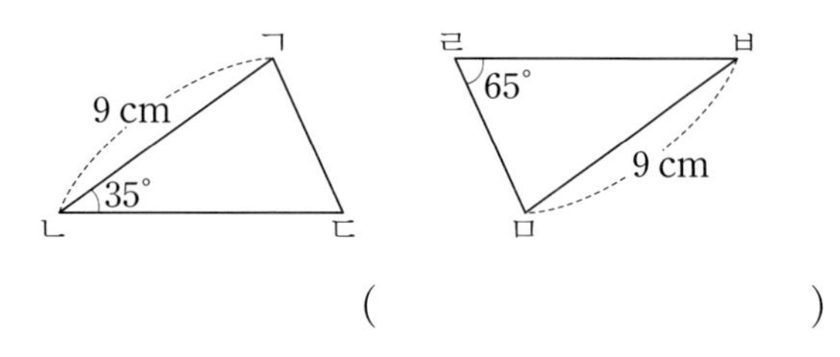

( )

07 두 평행사변형은 서로 합동입니다. 평행사변형 ㄱㄴㄷㄹ의 둘레는 몇 cm인가요?

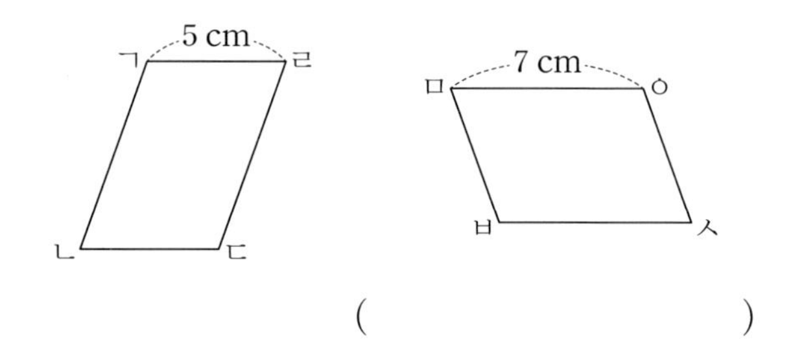

( )

08 다음은 선대칭도형입니다. 대칭축을 그려 보세요.

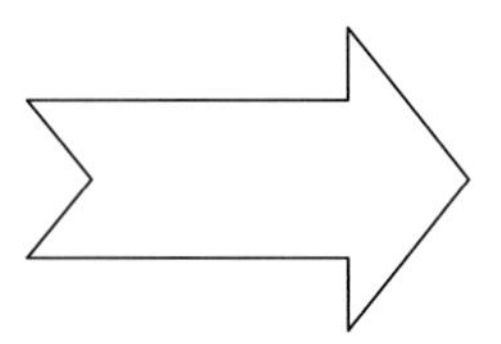

09 다음 중 선대칭도형이 아닌 것은 어느 것인가요?

( )

① ② ③ ④ ⑤

10 선대칭도형이 되도록 그림을 완성해 보세요.

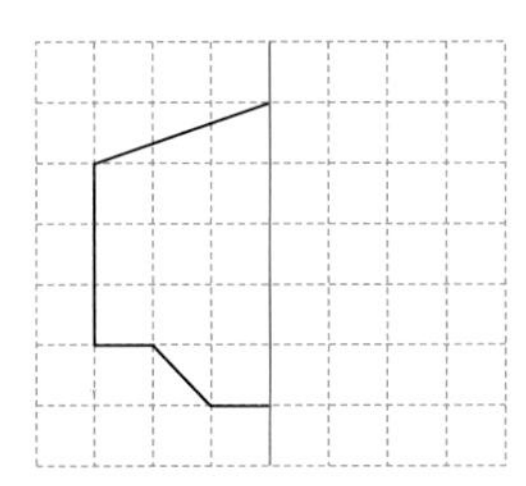

11 직선 ㄱㄴ을 대칭축으로 하는 선대칭도형입니다. □ 안에 알맞은 수를 써넣으세요.

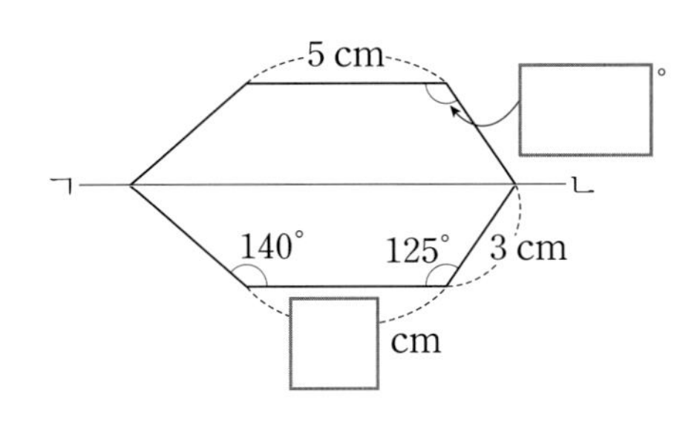

12 중요 직선 ㅁㅂ을 대칭축으로 하는 선대칭도형입니다. 각 ㄴㄱㄹ은 몇 도인지 구해 보세요.

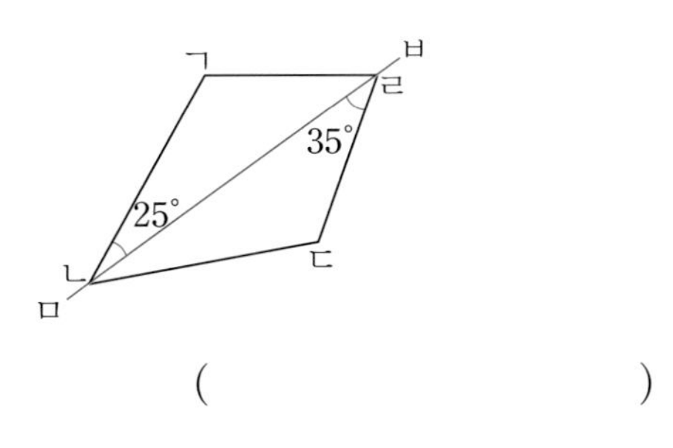

( )

13 어려운 문제 선분 ㄱㄹ을 대칭축으로 하는 선대칭도형입니다. 삼각형 ㄱㄴㄷ의 둘레는 몇 cm인가요?

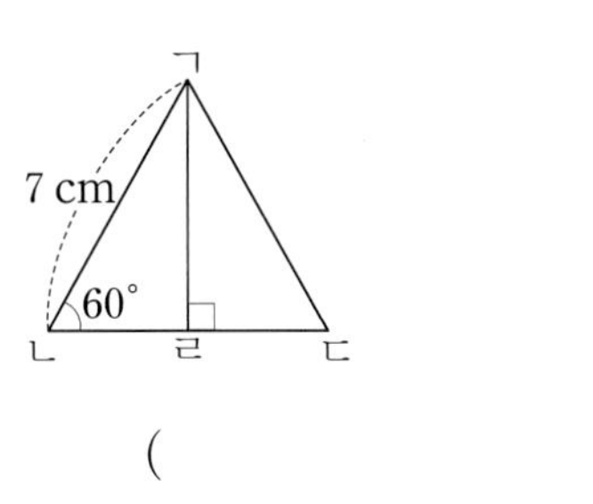

( )

14 다음은 점대칭도형입니다. 대칭의 중심을 찾아 점 ㅇ으로 표시해 보세요.

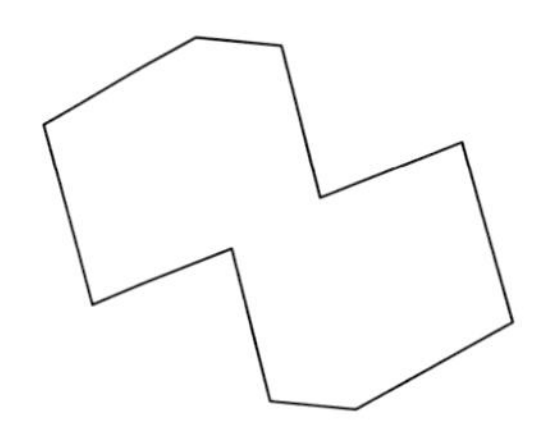

15 점 ㅇ을 대칭의 중심으로 하는 점대칭도형입니다. □ 안에 알맞은 수를 써넣으세요.

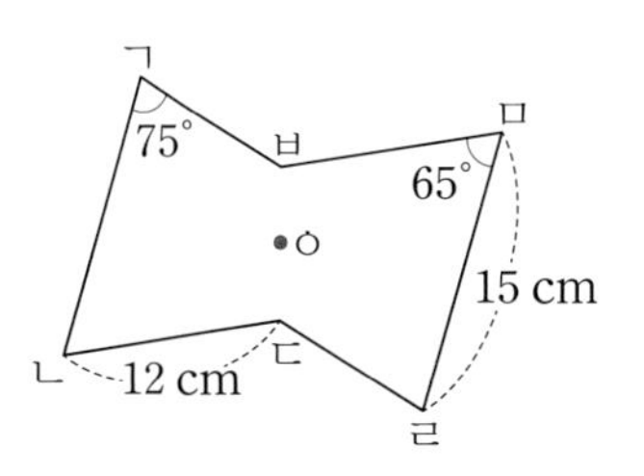

(1) 각 ㄱㄴㄷ의 크기는 □°입니다.

(2) 변 ㅂㅁ의 길이는 □cm입니다.

16 다음 점대칭도형에 대한 설명으로 틀린 것을 모두 고르세요. (　　　　)

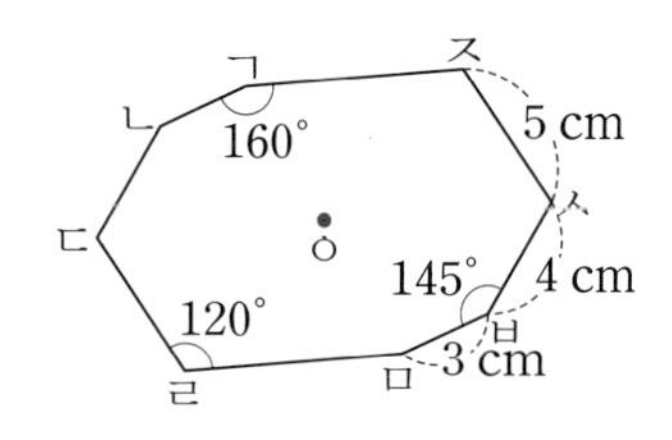

① 점 ㄱ은 대칭의 중심입니다.
② 변 ㄱㄴ의 길이는 3 cm입니다.
③ 변 ㄷㄹ의 길이는 4 cm입니다.
④ 각 ㄱㄴㄷ의 크기는 145°입니다.
⑤ 각 ㄱㅈㅅ의 크기는 120°입니다.

17 점 ㅇ을 대칭의 중심으로 하는 점대칭도형이 되도록 그림을 완성해 보세요.

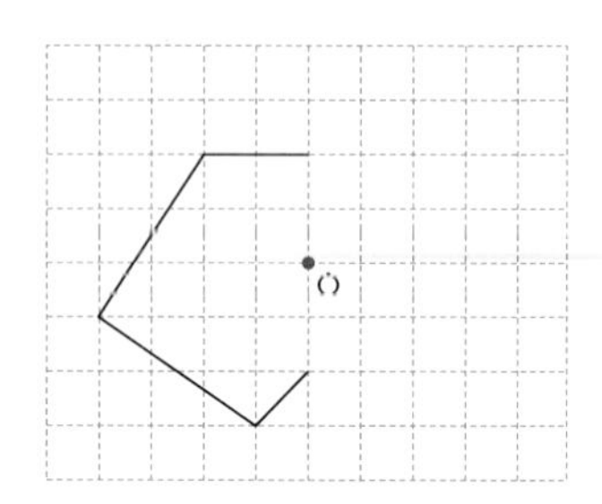

18 점 ㅇ을 대칭의 중심으로 하는 점대칭도형입니다. 변 ㄴㅇ이 7 cm일 때 선분 ㄴㄹ은 몇 cm인지 구해 보세요.

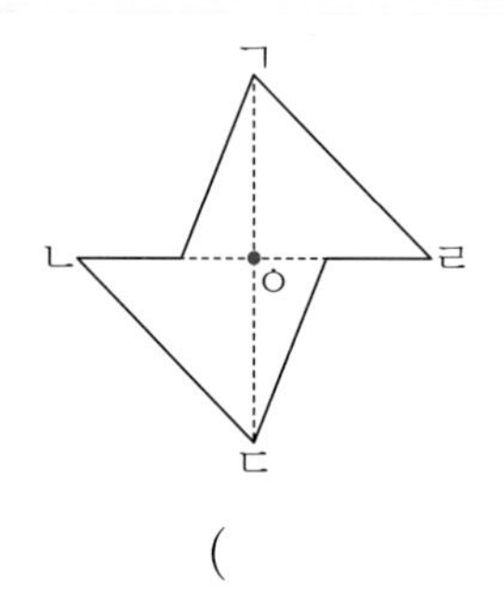

(　　　　　　　　　　)

서술형 문제

19 선분 ㄱㄷ을 대칭축으로 하는 선대칭도형입니다. 사각형 ㄱㄴㄷㄹ의 넓이는 몇 cm^2인지 풀이 과정을 쓰고 답을 구해 보세요.

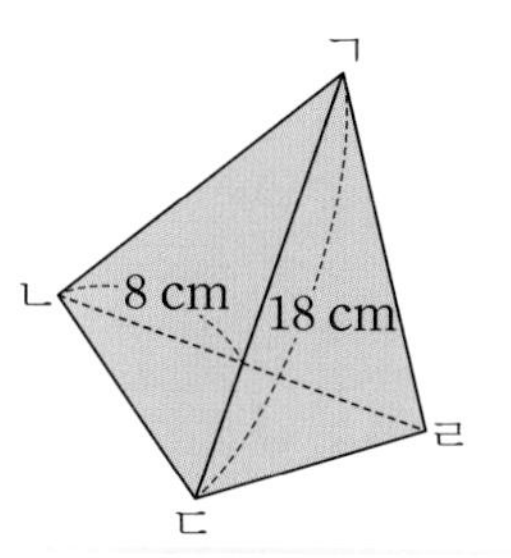

풀이

답

20 점 ㅇ을 대칭의 중심으로 하는 점대칭도형입니다. 각 ㄱㅂㅁ은 몇 도인지 풀이 과정을 쓰고 답을 구해 보세요.

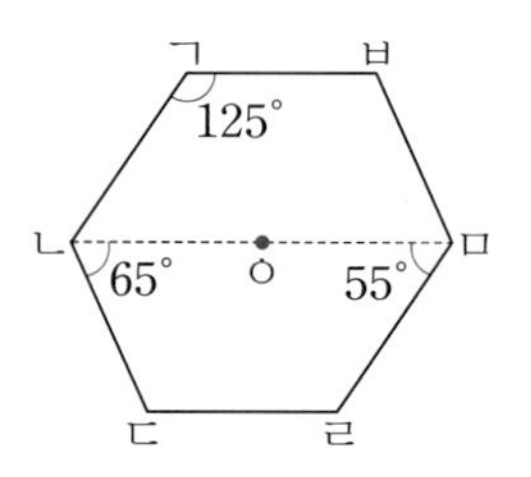

풀이

답

정답과 풀이 24쪽

01 도형 가와 서로 합동인 도형을 찾아 기호를 써 보세요.

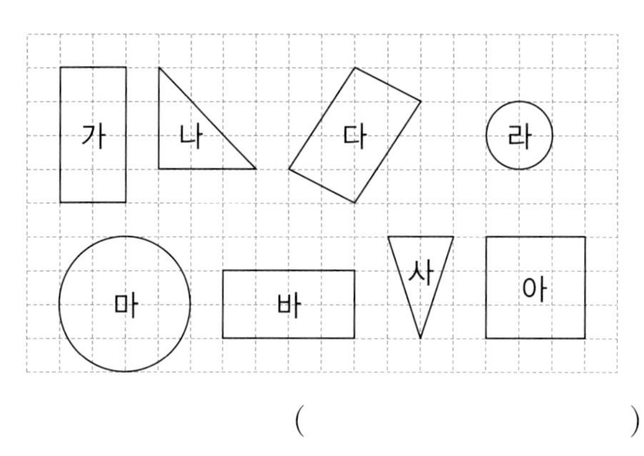

(   )

02 왼쪽 도형과 서로 합동인 도형에 ○표 하세요.

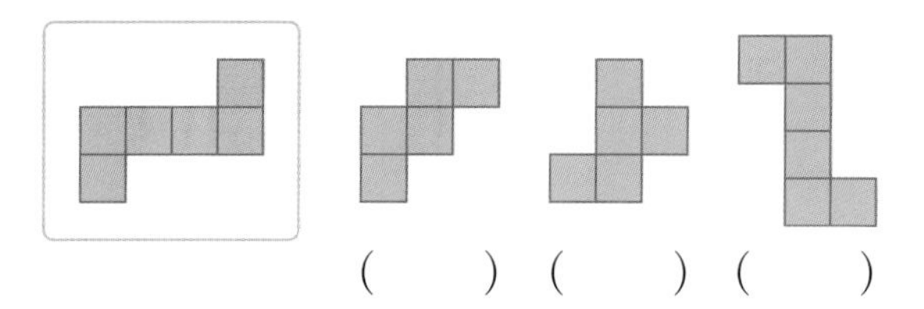

(   ) (   ) (   )

03 두 사각형은 서로 합동입니다. 변 ㄱㄴ의 길이는 몇 cm인가요?

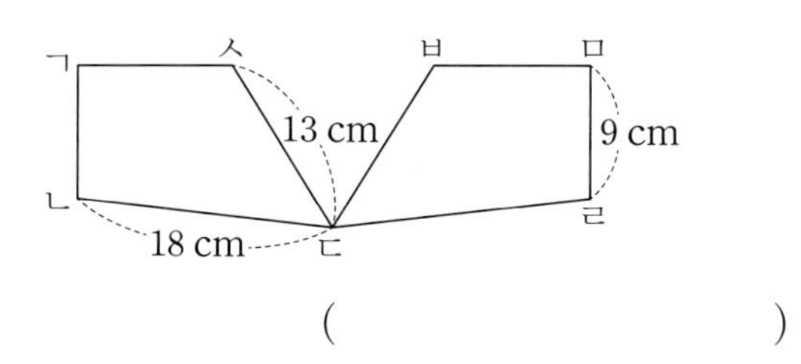

(   )

04 주어진 도형과 서로 합동인 도형을 그려 보세요.

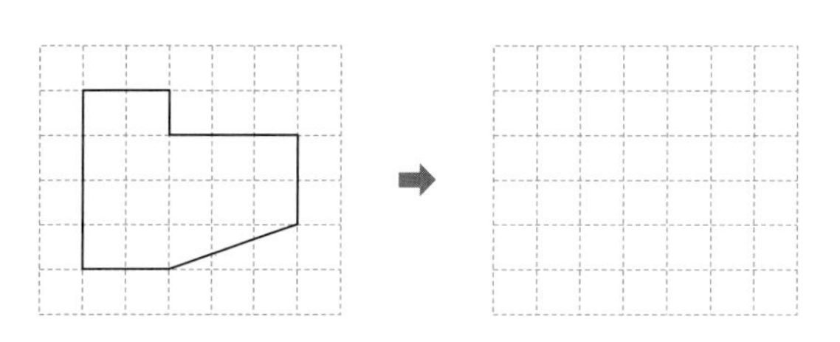

05 두 삼각형은 서로 합동입니다. 각 ㅁㅂㄹ은 몇 도인지 구해 보세요.

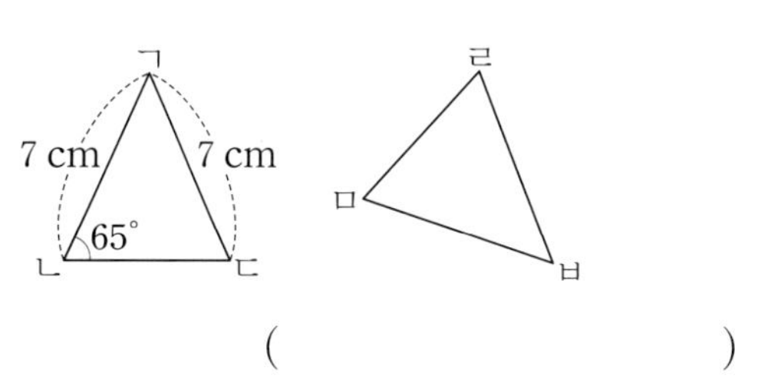

(   )

06 삼각형 ㄱㄴㅁ과 삼각형 ㄹㅁㄷ은 서로 합동입니다. 사각형 ㄱㄴㄷㄹ의 둘레는 몇 cm인지 구해 보세요.

중요

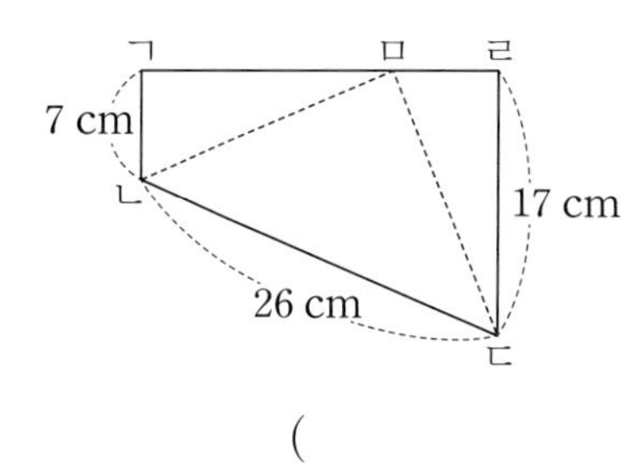

(   )

07 삼각형 ㄱㄴㄷ과 삼각형 ㄷㄹㄱ은 서로 합동입니다. 각 ㄴㄱㄷ은 몇 도인지 구해 보세요.

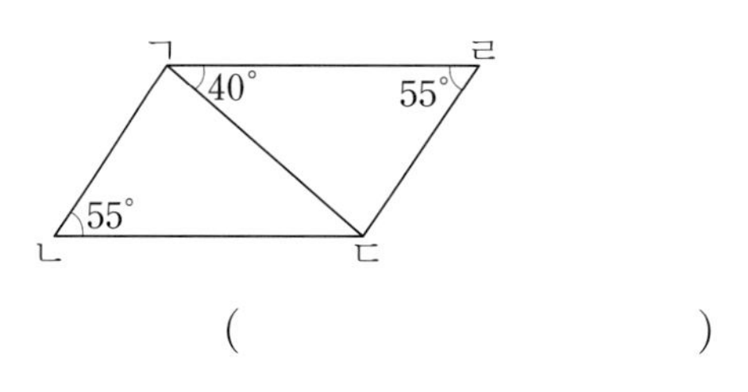

(   )

08 선대칭도형에 대한 설명으로 틀린 것을 찾아 기호를 써 보세요.

㉠ 대칭축은 1개뿐입니다.
㉡ 각각의 대응변의 길이는 서로 같습니다.
㉢ 각각의 대응각의 크기는 서로 같습니다.

(   )

09 항상 선대칭도형인 것을 모두 찾아 기호를 써 보세요.

㉠ 삼각형	㉡ 정오각형	㉢ 직사각형
㉣ 평행사변형	㉤ 원	㉥ 사다리꼴

( )

10 직선 ㄱㄴ을 대칭축으로 하는 선대칭도형을 완성해 보세요.

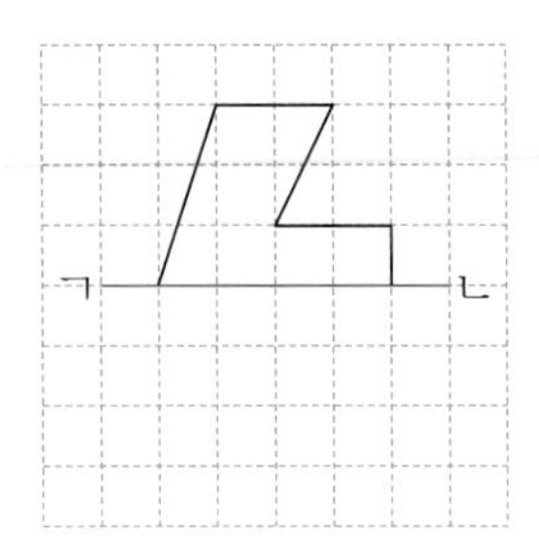

11 다음 두 선대칭도형의 대칭축의 수의 차는 몇 개인지 구해 보세요.

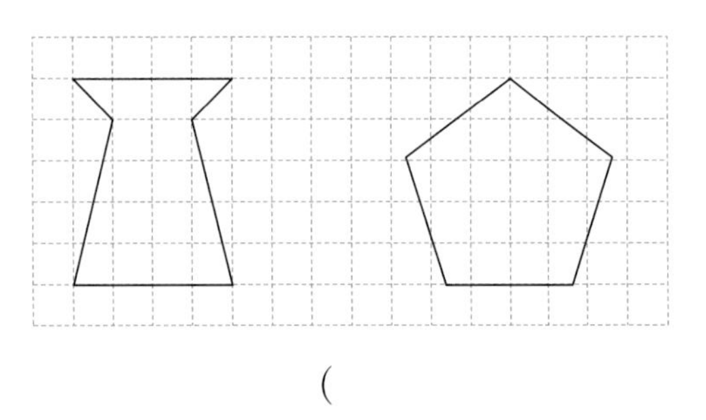

( )

12 오른쪽은 직선 가를 대칭축으로 하는 선대칭도형의 일부분입니다. 선대칭도형을 완성했을 때, 완성한 선대칭도형의 넓이는 몇 cm^2인가요?

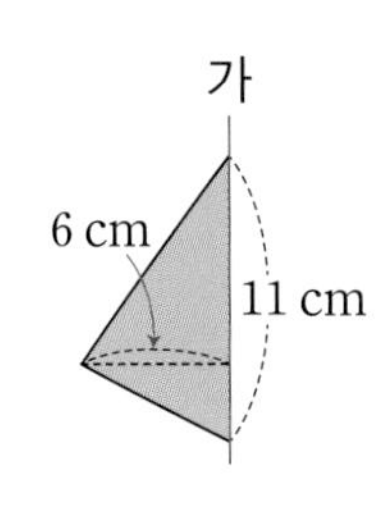

( )

13 선분 ㄱㄹ을 대칭축으로 하는 선대칭도형입니다. 삼각형 ㄱㄴㄷ의 둘레가 36 cm일 때 변 ㄱㄴ은 몇 cm인가요?

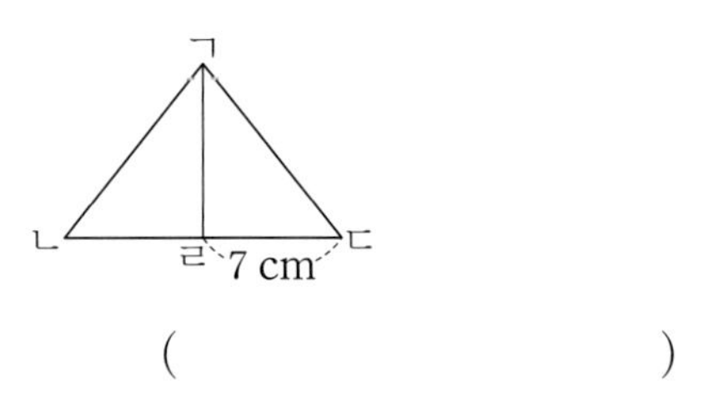

( )

14 어려운 문제

태은이와 서준이는 알파벳 카드를 모으고 있습니다. 알파벳 모양이 점대칭도형인 카드만 가지고 있는 학생은 누구인가요?

X O Y E	S H N Z
태은	서준

( )

15 점 ㅇ을 대칭의 중심으로 하는 점대칭도형을 완성해 보세요.

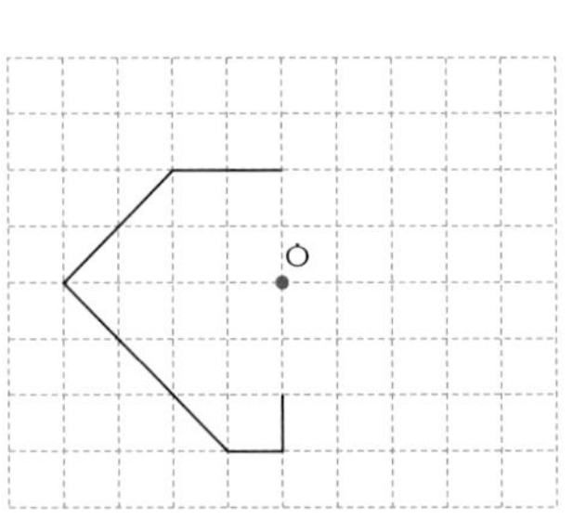

16 중요 점 ㅇ을 대칭의 중심으로 하는 점대칭도형입니다. 각 ㄱㄴㄷ의 크기는 각 ㄴㄱㄹ의 크기의 2배일 때 각 ㄹㄱㅂ은 몇 도인지 구해 보세요.

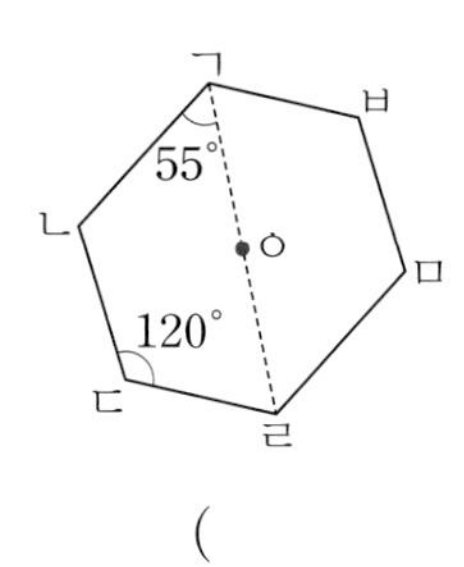

(　　　　　　　　　　)

17 점 ㅇ을 대칭의 중심으로 하는 점대칭도형입니다. 변 ㄱㅂ과 변 ㄹㅁ의 길이의 차는 몇 cm인지 구해 보세요.

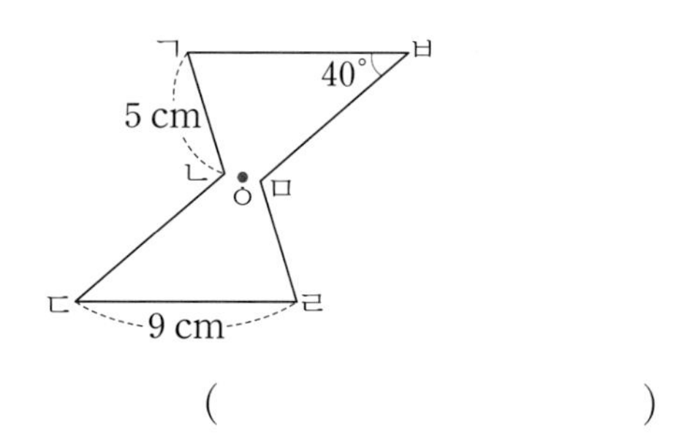

(　　　　　　　　　　)

18 반지름이 6 cm인 원 안에 점 ㅇ을 대칭의 중심으로 하는 점대칭도형을 그렸습니다. 선분 ㄱㄹ은 몇 cm인가요?

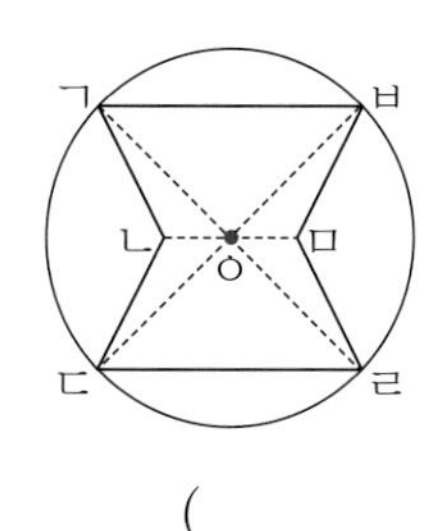

(　　　　　　　　　　)

서술형 문제

19 직사각형 모양의 종이를 그림과 같이 접었습니다. 각 ㄷㄹㅂ은 몇 도인지 풀이 과정을 쓰고 답을 구해 보세요.

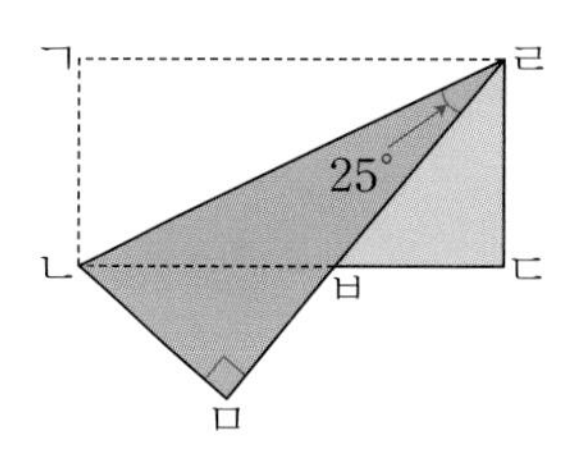

풀이

답

20 선분 ㄴㅁ은 선대칭도형 ㄱㄴㄷㅁ의 대칭축이고 선분 ㅁㄷ은 선대칭도형 ㄹㅁㄴㄷ의 대칭축입니다. 도형 ㄱㄴㄷㄹㅁ의 둘레는 몇 cm인지 풀이 과정을 쓰고 답을 구해 보세요.

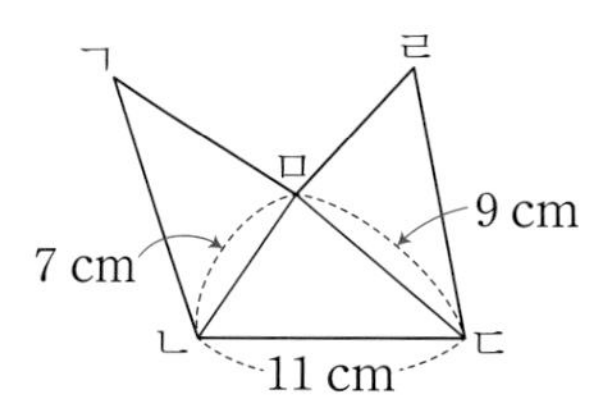

풀이

답

3 단원

한서와 나래는 건강을 위해 걷기 운동을 합니다. 두 사람 중 일주일 동안 더 많이 걷기 운동을 한 사람은 누구일까요?

이번 4단원에서는 (소수) × (자연수), (자연수) × (소수), (소수) × (소수)를 계산하고 곱의 소수점 위치에 대해 배우고 실생활 문제를 해결해 볼 거예요.

4 소수의 곱셈

단원 학습 목표

1. (소수)×(자연수)의 결과를 어림하고 계산 원리를 이해하여 계산할 수 있습니다.
2. (자연수)×(소수)의 결과를 어림하고 계산 원리를 이해하여 계산할 수 있습니다.
3. (소수)×(소수)의 결과를 어림하고 계산 원리를 이해하여 계산할 수 있습니다.
4. 소수의 곱셈 상황에서 곱의 소수점 위치 변화의 원리를 이해하여 계산할 수 있습니다.

단원 진도 체크

학습일		학습 내용	진도 체크
1일째	월 일	개념 1 (소수)×(자연수)를 알아볼까요(1) 개념 2 (소수)×(자연수)를 알아볼까요(2)	✓
2일째	월 일	개념 3 (자연수)×(소수)를 알아볼까요(1) 개념 4 (자연수)×(소수)를 알아볼까요(2)	✓
3일째	월 일	교과서 넘어 보기 + 교과서 속 응용 문제	✓
4일째	월 일	개념 5 (소수)×(소수)를 알아볼까요(1) 개념 6 (소수)×(소수)를 알아볼까요(2) 개념 7 곱의 소수점 위치는 어떻게 달라질까요	✓
5일째	월 일	교과서 넘어 보기 + 교과서 속 응용 문제	✓
6일째	월 일	응용 1 새로운 도형의 넓이 구하기 응용 2 ■ 안에 들어갈 수 있는 자연수 구하기 응용 3 몇 배만큼 늘어난 후의 값 구하기 응용 4 분 단위를 시간 단위로 고쳐서 계산하기 응용 5 수 카드를 사용하여 곱셈식 만들기	✓
7일째	월 일	단원 평가 LEVEL ❶	✓
8일째	월 일	단원 평가 LEVEL ❷	✓

이 단원을 진도 체크에 맞춰 8일 동안 학습해 보세요.
해당 부분을 공부하고 나서 ✓표를 하세요.

개념 1 (소수)×(자연수)를 알아볼까요(1) → (1보다 작은 소수)×(자연수)

(1) **(1보다 작은 소수)×(자연수)**

예 0.3×6의 계산

방법 1 수직선으로 계산하기

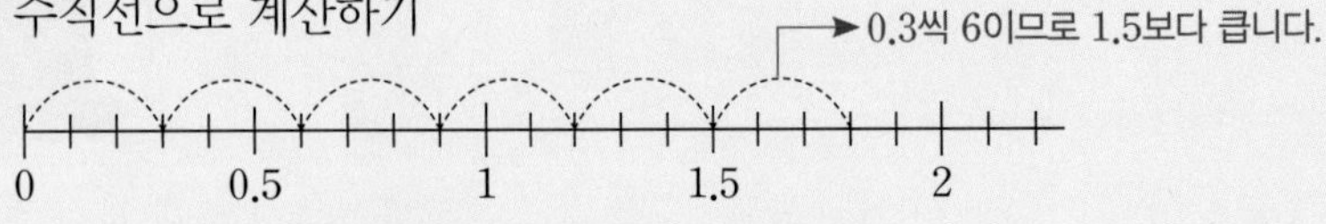

➡ 0.3씩 6이면 1.8입니다.

▶ 이 수직선의 작은 눈금 한 칸은 0.1을 나타냅니다.

방법 2 덧셈식으로 계산하기

$0.3\times6=\underline{0.3+0.3+0.3+0.3+0.3+0.3}=1.8$
→ 0.3이 6개

▶ 0.3×6은 0.3을 6번 더한 것과 같습니다.

방법 3 0.1의 개수로 계산하기

0.1	0.1	0.1	0.1	0.1	0.1
0.1	0.1	0.1	0.1	0.1	0.1
0.1	0.1	0.1	0.1	0.1	0.1

→ 0.3은 0.1이 3개입니다. 0.3×6은 0.1이 3개씩 6묶음입니다.

$0.3\times6=0.1\times3\times6=0.1\times18$

➡ 0.1이 모두 18개이므로 0.3×6=1.8입니다.

방법 4 분수의 곱셈으로 계산하기

$0.3\times6=\frac{3}{10}\times6=\frac{3\times6}{10}=\frac{18}{10}=1.8$ → 소수를 분수로 고친 후 분수와 자연수의 곱셈으로 계산합니다.

▶ 소수를 분수로 고치기
소수 한 자리 수는 분모가 10인 분수로 나타낼 수 있습니다.
$0.1=\frac{1}{10}$이므로 0.3은 $\frac{3}{10}$과 같습니다.

01 수직선을 보고 □ 안에 알맞은 수를 써넣으세요.

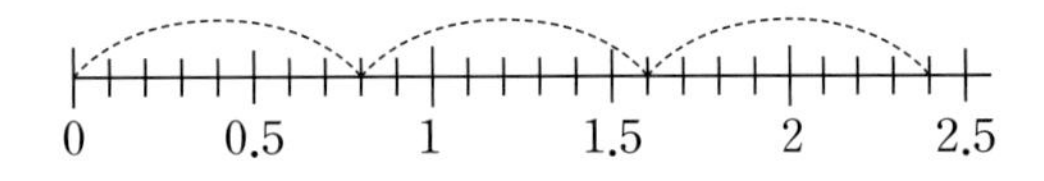

(1) 0.8씩 3이면 □입니다.

(2) 덧셈식으로 나타내면
0.8+0.8+0.8=□입니다.

(3) 곱셈식으로 나타내면 0.8×□=□입니다.

02 □ 안에 알맞은 수를 써넣으세요.

(1) $0.7\times4=\frac{\square}{10}\times4=\frac{\square\times4}{10}=\frac{\square}{10}$
$=\square$

(2) $0.4\times9=\frac{\square}{10}\times9=\frac{\square\times9}{10}=\frac{\square}{10}$
$=\square$

개념 2 (소수)×(자연수)를 알아볼까요(2) → (1보다 큰 소수)×(자연수)

(1) (1보다 큰 소수)×(자연수)

예 1.5×3의 계산

방법 1 수직선으로 계산하기

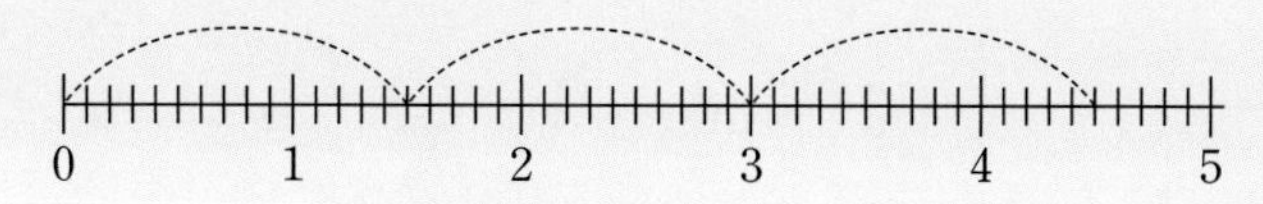

➡ 1.5씩 3이면 4.5입니다.

방법 2 덧셈식으로 계산하기

$1.5 \times 3 = \underbrace{1.5 + 1.5 + 1.5}_{1.5가\ 3개} = 4.5$

방법 3 0.1의 개수로 계산하기

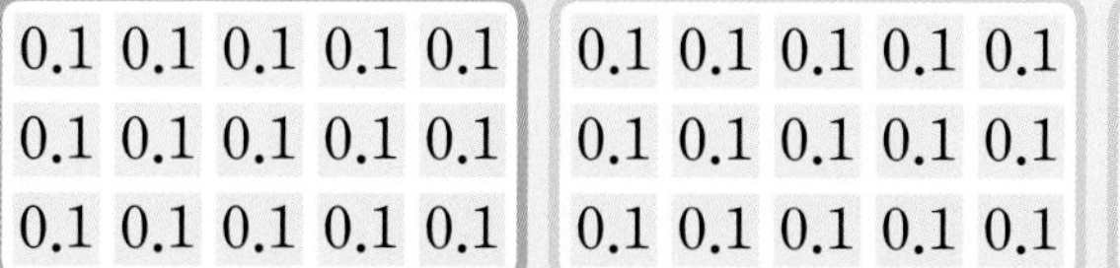

0.1	0.1	0.1	0.1	0.1		0.1	0.1	0.1	0.1	0.1		0.1	0.1	0.1	0.1	0.1
0.1	0.1	0.1	0.1	0.1		0.1	0.1	0.1	0.1	0.1		0.1	0.1	0.1	0.1	0.1
0.1	0.1	0.1	0.1	0.1		0.1	0.1	0.1	0.1	0.1		0.1	0.1	0.1	0.1	0.1

→ 1.5는 0.1이 15개입니다. 1.5×3은 0.1이 15개씩 3묶음입니다.

$1.5 \times 3 = 0.1 \times 15 \times 3 = 0.1 \times 45$

➡ 0.1이 모두 45개이므로 $0.1 \times 45 = 4.5$입니다.

방법 4 분수의 곱셈으로 계산하기

$1.5 \times 3 = \frac{15}{10} \times 3 = \frac{15 \times 3}{10} = \frac{45}{10} = 4.5$

▶ 소수의 덧셈식으로 계산하기

$$\begin{array}{r} 1.5 \\ 1.5 \\ +\ 1.5 \\ \hline 4.5 \end{array}$$

▶ 1.5×3에서 1.5는 $1 + 0.5$이므로
$1.5 \times 3 = 1 \times 3 + 0.5 \times 3$
$= 3 + 1.5 = 4.5$입니다.

▶ 소수를 분수로 고치기
1.5는 1과 0.5를 더한 수입니다.
$1.5 = 1 + 0.5 = \frac{10}{10} + \frac{5}{10} = \frac{15}{10}$

4 단원

03 1.7×3을 계산하려고 합니다. □ 안에 알맞은 수를 써넣으세요.

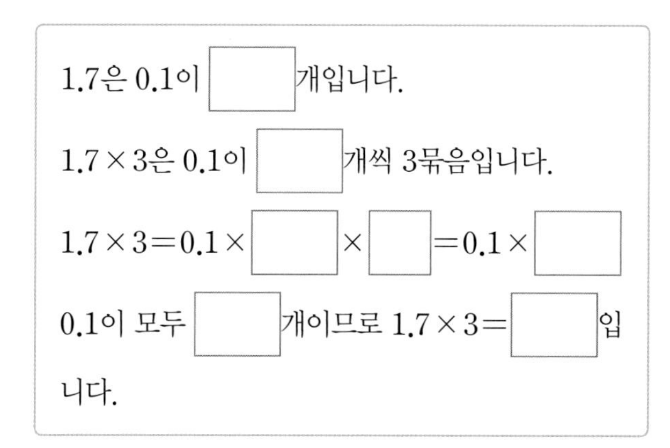

1.7은 0.1이 □개입니다.

1.7×3은 0.1이 □개씩 3묶음입니다.

$1.7 \times 3 = 0.1 \times$ □ $\times$ □ $= 0.1 \times$ □

0.1이 모두 □개이므로 $1.7 \times 3 =$ □입니다.

04 □ 안에 알맞은 수를 써넣으세요.

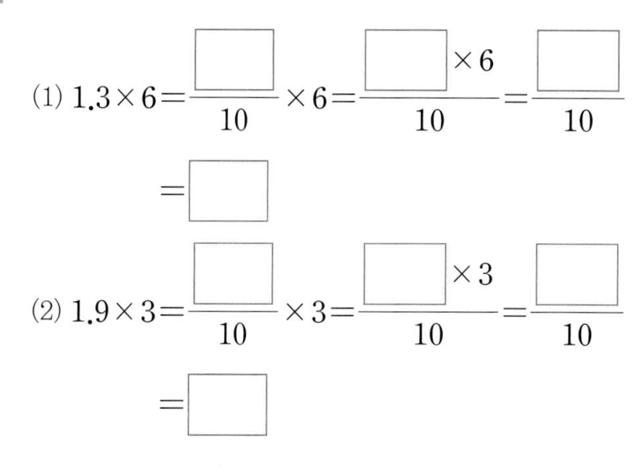

(1) $1.3 \times 6 = \frac{□}{10} \times 6 = \frac{□ \times 6}{10} = \frac{□}{10}$
$= □$

(2) $1.9 \times 3 = \frac{□}{10} \times 3 = \frac{□ \times 3}{10} = \frac{□}{10}$
$= □$

개념 3 (자연수)×(소수)를 알아볼까요 (1) →(자연수)×(1보다 작은 소수)

(1) **(자연수)×(1보다 작은 소수)**

예 2×0.8의 계산

방법 1 그림으로 계산하기

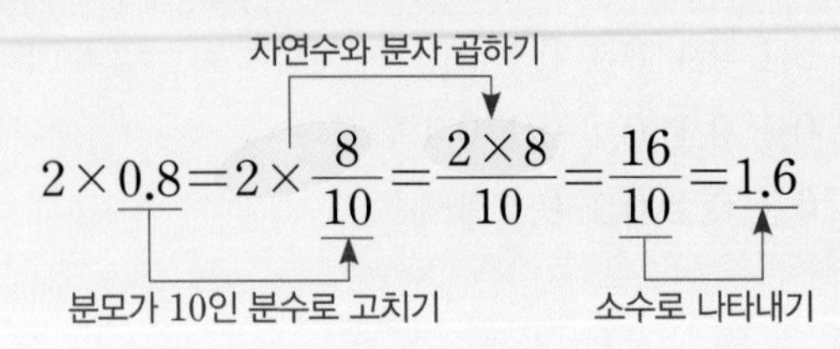

2를 10등분한 다음 8칸을 색칠합니다. 한 칸의 크기는 2의 0.1, 2의 $\frac{1}{10}$이고, 두 칸의 크기는 2의 0.2, 2의 $\frac{2}{10}$입니다.

여덟 칸의 크기는 2의 0.8, 2의 $\frac{8}{10}$이므로 $\frac{16}{10}$이 되어 1.6입니다.

방법 2 분수의 곱셈으로 계산하기

자연수와 분자 곱하기

$$2\times0.8=2\times\frac{8}{10}=\frac{2\times8}{10}=\frac{16}{10}=1.6$$

분모가 10인 분수로 고치기 / 소수로 나타내기

방법 3 자연수의 곱셈으로 계산하기

$2\times8=16$
($\frac{1}{10}$배) ($\frac{1}{10}$배)
$2\times0.8=1.6$

0.8은 8의 $\frac{1}{10}$배이므로 2와 0.8의 곱은 16의 $\frac{1}{10}$배가 되어야 합니다.

▶ (자연수)×(1보다 작은 소수)는 항상 (자연수)보다 작습니다.
예 $2\times0.7<2$
➡ $2\times0.7<2\times1$ ($0.7<1$)

05 2×0.7을 그림으로 계산하려고 합니다. □ 안에 알맞은 수를 써넣으세요.

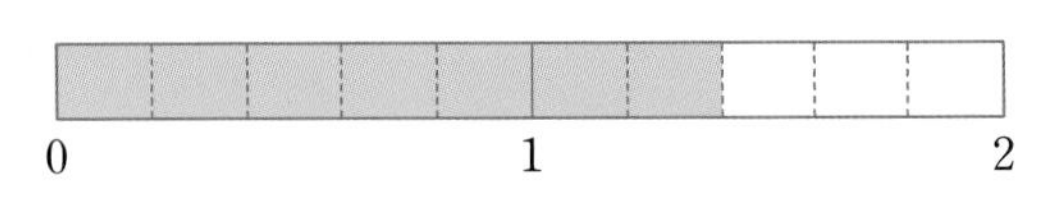

한 칸의 크기는 2의 0.1, 2의 $\frac{1}{10}$입니다.

7칸의 크기는 2의 □, 2의 $\frac{□}{10}$이므로

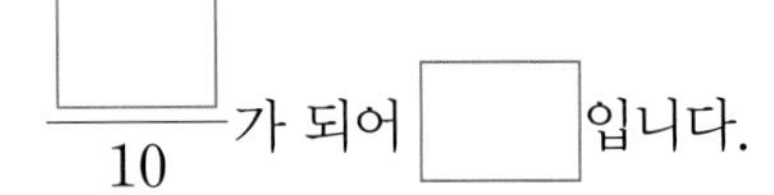

$\frac{□}{10}$가 되어 □입니다.

06 분수의 곱셈으로 계산해 보세요.

$$15\times0.3=15\times\frac{□}{10}=\frac{□}{10}=□$$

07 자연수의 곱셈으로 계산해 보세요.

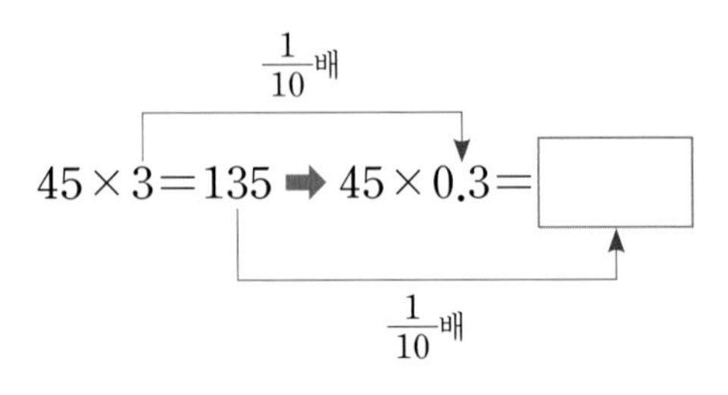

개념 4 (자연수)×(소수)를 알아볼까요(2) →(자연수)×(1보다 큰 소수)

(1) (자연수)×(1보다 큰 소수)

예 3×2.5의 계산

방법 1 분수의 곱셈으로 계산하기

$$3\times 2.5=3\times \frac{25}{10}=\frac{3\times 25}{10}=\frac{75}{10}=7.5$$

방법 2 자연수의 곱셈으로 계산하기

$3\times 25=75$
$\frac{1}{10}$배 ↓ $\frac{1}{10}$배
$3\times 2.5=7.5$

2.5는 25의 $\frac{1}{10}$배이므로 3과 2.5의 곱은 75의 $\frac{1}{10}$배가 되어야 합니다.

- 자연수에 1보다 작은 수를 곱하면 계산 결과는 처음 수보다 작아집니다.
- 자연수에 1보다 큰 수를 곱하면 계산 결과는 처음 수보다 커집니다.

▸ 곱하는 수가 $\frac{1}{10}$배가 되면 계산 결과도 $\frac{1}{10}$배가 됩니다.

08 2×2.5를 두 가지 방법으로 계산한 것입니다. □ 안에 알맞은 수를 써넣으세요.

(1) 분수의 곱셈으로 계산하기

$$2\times 2.5=2\times \frac{\square}{10}=\frac{2\times \square}{10}=\frac{\square}{10}=\square$$

(2) 자연수의 곱셈으로 계산하기

①

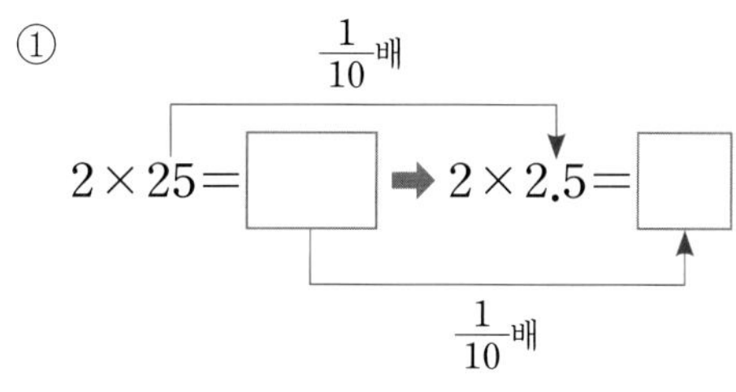

$2\times 25=\square$ ➡ $2\times 2.5=\square$ ($\frac{1}{10}$배, $\frac{1}{10}$배)

②

$$\begin{array}{r} 2 \\ \times\ 25 \\ \hline 50 \end{array} \quad ➡ \quad \begin{array}{r} 2 \\ \times\ 2.5 \\ \hline \square \end{array}$$

09 □ 안에 알맞은 수를 써넣으세요.

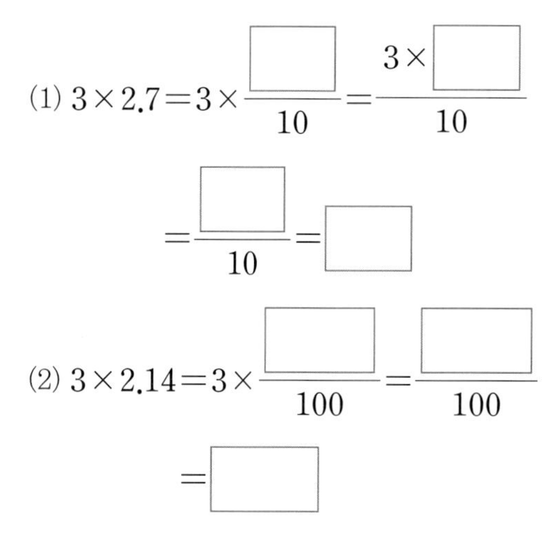

(1) $3\times 2.7=3\times \frac{\square}{10}=\frac{3\times \square}{10}$

$=\frac{\square}{10}=\square$

(2) $3\times 2.14=3\times \frac{\square}{100}=\frac{\square}{100}$

$=\square$

10 □ 안에 알맞은 수를 써넣으세요.

(1) $3\times 43=129$ ➡ $3\times 4.3=\square$

(2)

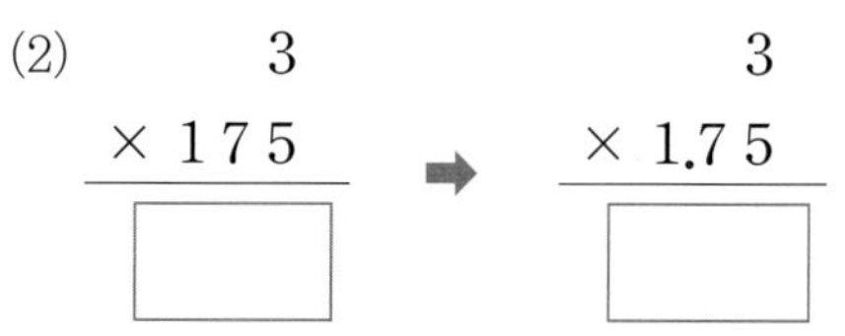

$$\begin{array}{r} 3 \\ \times\ 175 \\ \hline \square \end{array} \quad ➡ \quad \begin{array}{r} 3 \\ \times\ 1.75 \\ \hline \square \end{array}$$

4 단원

01 수직선을 보고 □ 안에 알맞은 수를 써넣으세요.

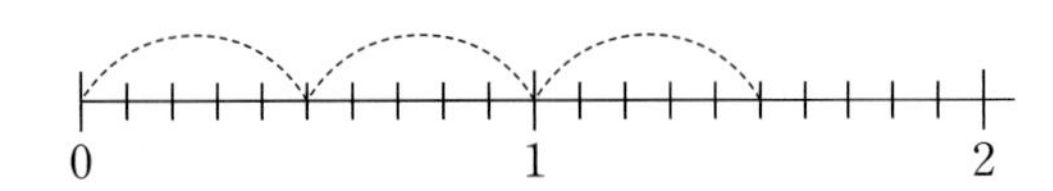

(1) 덧셈식으로 나타내면

0.5＋□＋□＝□입니다.

(2) 곱셈식으로 나타내면

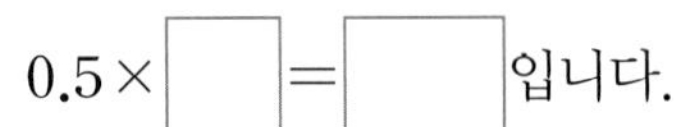

0.5×□＝□입니다.

02 계산 결과가 같은 것끼리 이어 보세요.

	0.6×3
0.3＋0.3＋0.3＋0.3	
	0.3×3
0.6＋0.6＋0.6	
	$\frac{3}{10}\times4$

03 계산해 보세요.

(1) $\begin{array}{r} 0.8 \\ \times\ \ 6 \\ \hline \end{array}$

(2) $\begin{array}{r} 0.42 \\ \times\ \ \ 7 \\ \hline \end{array}$

(3) 0.7×3

(4) 0.67×5

04 진호는 한 도막에 **0.9 m**인 포장끈 **4**도막을 사용하여 선물을 포장하였습니다. 선물 포장을 하는 데 사용한 포장끈은 모두 몇 **m**인지 구해 보세요.

(　　　　　　　　　　)

05 중요 계산 결과를 잘못 말한 친구를 찾아 이름을 쓰고, 바르게 고쳐 보세요.

연우: 0.78×5

➡ 0.8과 5의 곱으로 어림할 수 있으니까 결과는 4 정도가 돼.

서준: 0.87×9

➡ 87과 9의 곱은 약 800이니까 0.87과 9의 곱은 80 정도가 돼.

(　　　　　　　　　　)

바르게 고치기

06 계산 결과를 비교하여 ○ 안에 >, =, <를 알맞게 써넣으세요.

0.35×7 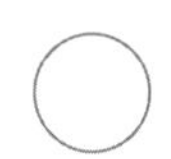 0.76×3

07 다음은 가은이의 운동 기록표입니다. 가은이가 일주일 동안 달린 거리는 몇 km인가요?

가은이의 운동 기록표

월	화	수	목	금	토	일
달리기 0.8 km	줄넘기 500개	달리기 0.8 km	줄넘기 500개	달리기 0.8 km	줄넘기 500개	달리기 0.8 km

( )

08 계산이 잘못된 곳을 찾아 바르게 계산해 보세요.

$$\begin{array}{r} 1.8\,4 \\ \times \quad\ 9 \\ \hline 1\,6\,5.6 \end{array} \Rightarrow \boxed{}$$

09 3.7×4를 보기 와 다른 2가지 방법으로 계산해 보세요.

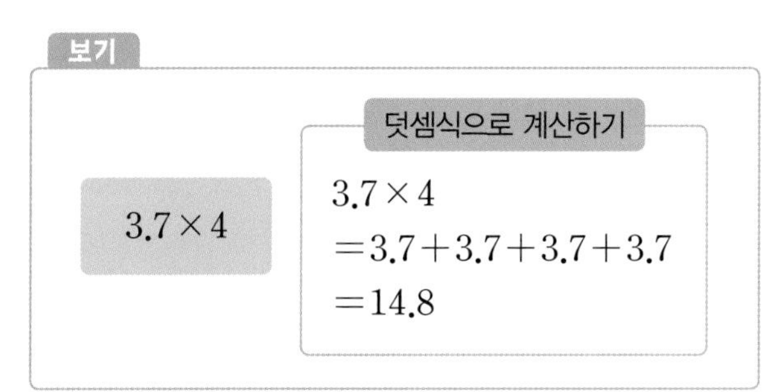

(1) 분수의 곱셈으로 계산하기

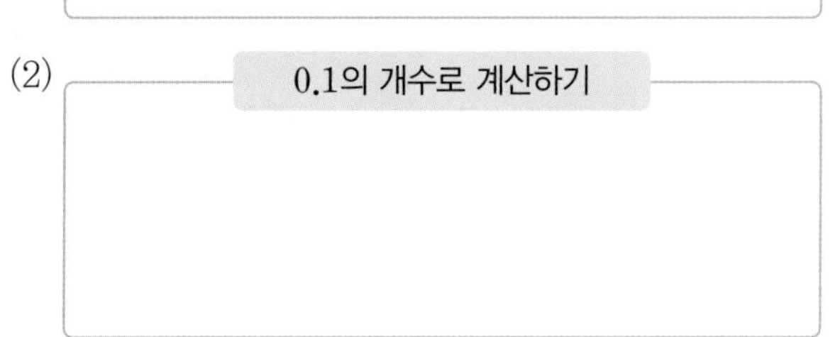

10 빈칸에 알맞은 수를 써넣으세요.

5.16	×4	

11 정오각형의 둘레는 몇 cm인지 구해 보세요.

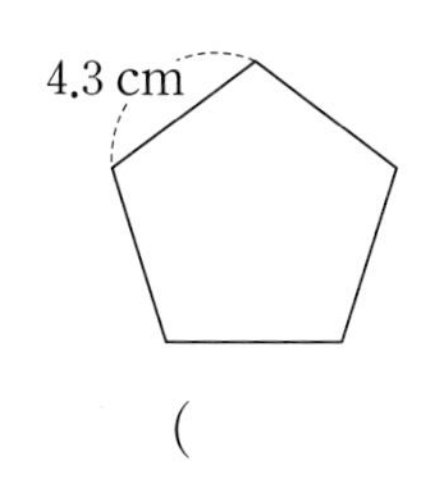

( )

12 중요 10분 동안 15.9 km를 달리는 자동차가 있습니다. 이 자동차가 같은 빠르기로 1시간 20분 동안 달렸다면 몇 km를 달렸는지 구해 보세요.

( )

13 선호는 매일 집에서 2.9 km 떨어진 도서관까지 자전거를 타고 갔다가 집으로 돌아왔습니다. 선호가 3일 동안 자전거를 타고 집에서 도서관까지 다녀온 거리는 모두 몇 km인지 구해 보세요.

( )

14 대화에 나타난 환율을 보고 어림을 이용하여 □ 안에 알맞은 단위를 구해 보세요.

도형: 우리나라 돈 1000원이 필리핀 돈으로 42.72페소래.
경준: 우리나라 돈 1000원은 태국 돈으로 26.09 바트야.
도형: 그럼 우리나라 돈 5000원은 약 130□로 바꿀 수 있겠다.

(　　　　　　)

15 □ 안에 알맞은 수를 써넣으세요.

$$12 \times 0.63 = 12 \times \frac{\square}{100} = \frac{\square}{100} = \square$$

16 어림하여 계산한 결과가 5보다 큰 것을 찾아 ○표 하세요.

7의 0.69	6의 0.93	5의 0.89
(　　)	(　　)	(　　)

17 빈칸에 알맞은 수를 써넣으세요.

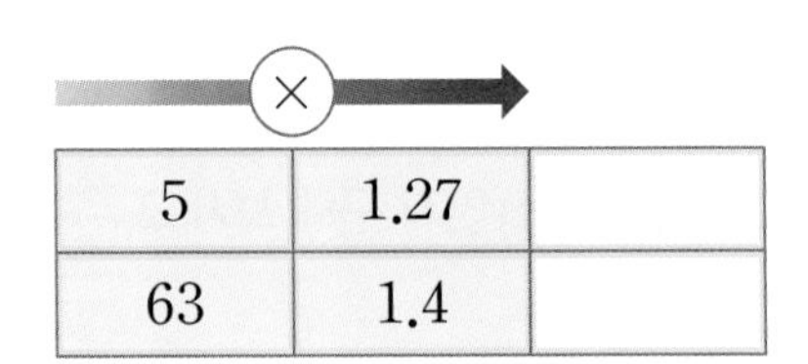

(×)

5	1.27	
63	1.4	

18 계산 결과가 더 큰 쪽의 기호를 써 보세요.

㉠ 13×0.59　　㉡ 37×0.19

(　　　　　　)

19 바르게 설명한 친구의 이름을 써 보세요.

예준: 11×6.7은 6.7을 11번 더하여 구할 수 있어.
다솔: 14×6.08은 14×608의 계산 결과의 $\frac{1}{10}$배야.

(　　　　　　)

20 곱이 1보다 작은 것을 찾아 기호를 써 보세요.

㉠ 19×0.05　　㉡ 24×0.06　　㉢ 41×0.03

(　　　　　　)

21 준우의 몸무게는 46 kg입니다. 금성과 수성에서 준우의 몸무게는 각각 약 몇 kg인가요?

- 금성에서 몸무게는 지구에서 잰 몸무게의 약 0.91배입니다.
- 수성에서 몸무게는 지구에서 잰 몸무게의 약 0.38배입니다.

금성: 약 (　　　　　　)
수성: 약 (　　　　　　)

22 오늘 아침 7시를 기준으로 본 대전 지역의 미세먼지 수치는 42마이크로그램입니다. 같은 시각 서울 지역의 미세먼지 수치는 대전 지역 미세먼지 수치의 1.57배입니다. 서울 지역의 미세먼지 수치는 몇 마이크로그램인가요?

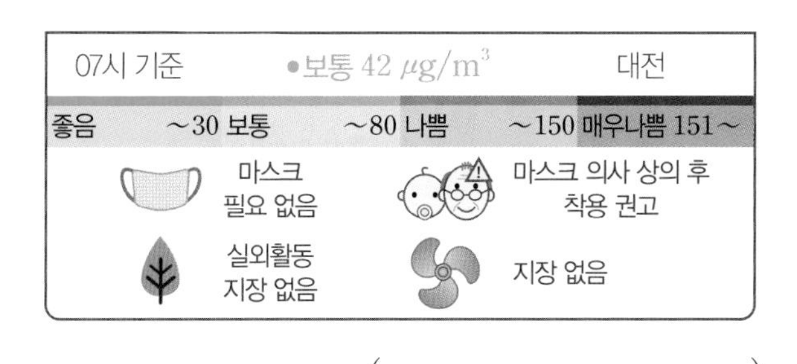

(　　　　　　　　　　)

23 혜나는 건강을 유지하기 위해서 지난 일주일 동안 훌라후프 돌리기를 40분, 줄넘기를 55분 했습니다. 혜나가 훌라후프와 줄넘기로 소모한 열량은 모두 몇 킬로칼로리인가요?

운동	훌라후프	줄넘기
1분당 소모한 열량(킬로칼로리)	1.95	3.5

(　　　　　　　　　　)

24 어려운 문제

□ 안에 들어갈 수 있는 가장 큰 자연수를 구해 보세요.

$\square < 53 \times 1.82$

(　　　　　　　　　　)

교과서, 익힘책 속 응용 문제를 유형별로 풀어 보세요.

교과서 속 응용 문제

정답과 풀이 26쪽

최소한으로 필요한 양 구하기

예 하루에 우유를 0.4 L씩 4일 동안 마시려고 합니다. 1 L짜리 우유를 적어도 몇 개 사야 하는지 구해 보세요.

➡ 우유는 $0.4 \times 4 = 1.6$ (L)가 필요하므로 1 L짜리 우유를 적어도 2개 사야 합니다.

25 현서는 0.6 L씩 22잔의 식혜를 준비하려고 합니다. 1 L짜리 식혜를 적어도 몇 병 사야 하는지 구해 보세요.

(　　　　　　　　　　)

26 서희는 1 g 당 9.7원인 고구마칩을 300 g 사려고 합니다. 고구마칩을 사려면 1000원짜리 지폐가 적어도 몇 장 필요한지 구해 보세요.

(　　　　　　　　　　)

27 정훈이네 강아지가 하루에 먹는 사료의 양은 0.4 kg입니다. 강아지가 2주 동안 먹을 사료를 준비하려면 한 포에 2 kg짜리 사료를 적어도 몇 포 사야 하나요?

(　　　　　　　　　　)

4 단원

개념 5 (소수)×(소수)를 알아볼까요(1) →(1보다 작은 소수)×(1보다 작은 소수)

(1) (1보다 작은 소수)×(1보다 작은 소수)

예 0.8×0.9의 계산

방법 1 그림으로 계산하기

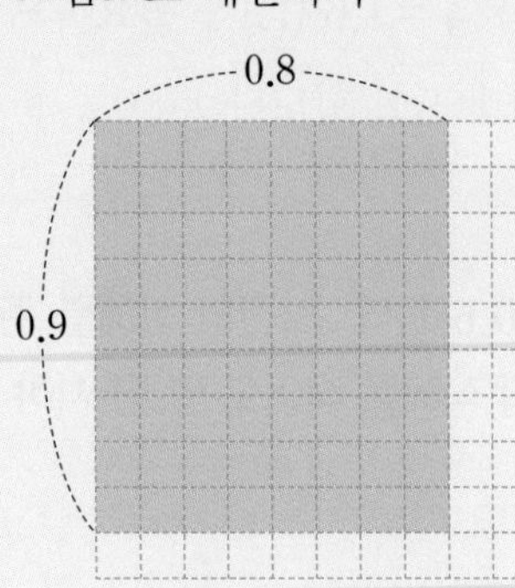

모눈종이의 가로를 0.8만큼 색칠하고 세로를 0.9만큼 색칠하면 72칸이 색칠됩니다. 한 칸의 넓이가 0.01이므로 색칠한 부분은 0.72입니다.

➡ $0.8 \times 0.9 = 0.72$

▶ 색칠한 부분의 넓이 구하기
색칠한 부분의 넓이는 직사각형의 넓이로 (가로)×(세로)로 계산합니다.
➡ 0.8×0.9

방법 2 분수의 곱셈으로 계산하기

$$0.8 \times 0.9 = \frac{8}{10} \times \frac{9}{10} = \frac{72}{100} = 0.72$$

방법 3 자연수의 곱셈으로 계산하기

$8 \times 9 = 72$
↓ $\frac{1}{10}$배 ↓ $\frac{1}{10}$배 ↓ $\frac{1}{100}$배
$0.8 \times 0.9 = 0.72$

0.8은 8의 $\frac{1}{10}$배이고 0.9는 9의 $\frac{1}{10}$배이므로 0.8×0.9는 8×9의 $\frac{1}{100}$배가 됩니다.

방법 4 소수의 크기를 생각하여 계산하기

0.8에 1보다 작은 수인 0.9를 곱하면 계산 결과가 0.8보다 작아집니다. $8 \times 9 = 72$인데 0.8×0.9는 0.8보다 작은 값이 나와야 하므로 계산 결과는 0.72입니다.

01 0.4×0.6의 계산을 그림으로 알아보려고 합니다. □ 안에 알맞은 수를 써넣으세요.

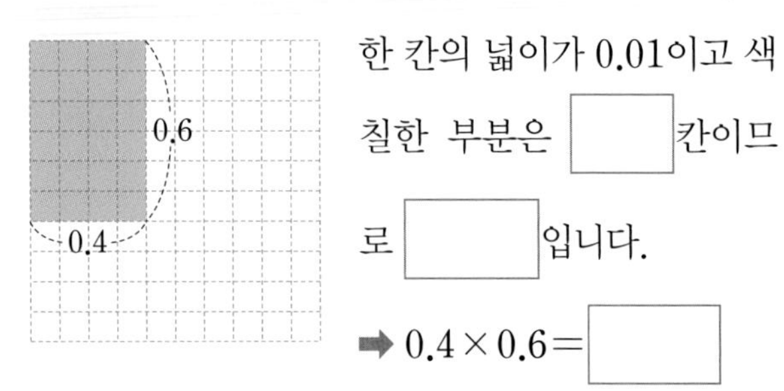

한 칸의 넓이가 0.01이고 색칠한 부분은 □ 칸이므로 □ 입니다.

➡ $0.4 \times 0.6 =$ □

02 □ 안에 알맞은 수를 써넣으세요.

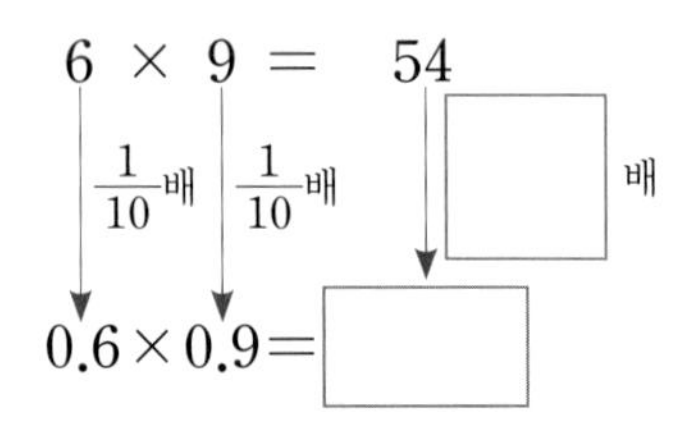

개념 6 (소수)×(소수)를 알아볼까요(2) →(1보다 큰 소수)×(1보다 큰 소수)

(1) **(1보다 큰 소수)×(1보다 큰 소수)**

예 1.4×1.5의 계산

방법 1 분수의 곱셈으로 계산하기

$$1.4\times1.5=\frac{14}{10}\times\frac{15}{10}=\frac{210}{100}=2.1$$

방법 2 자연수의 곱셈으로 계산하기

$14 \times 15 = 210$ → $\frac{1}{10}$배, $\frac{1}{10}$배, $\frac{1}{100}$배 → $1.4 \times 1.5 = 2.1$

1.4는 14의 $\frac{1}{10}$배이고 1.5는 15의 $\frac{1}{10}$배이므로 1.4×1.5는 14×15의 $\frac{1}{100}$배가 됩니다.

방법 3 소수의 크기를 생각하여 계산하기

자연수의 곱셈 결과에 소수의 크기를 생각하여 소수점을 찍습니다.

14×15=210인데 1.4에 1.5를 곱하면 1.4보다 조금 큰 값이 나와야 하므로 2.1입니다.

▶ 소수를 자연수처럼 생각하고 계산한 다음 소수의 크기를 생각하여 소수점을 찍습니다.

03 □ 안에 알맞은 수를 써넣으세요.

(1) $1.8\times2.1=\frac{\square}{10}\times\frac{\square}{10}=\frac{\square}{100}$

$=\square$

(2) $2.3\times4.15=\frac{\square}{10}\times\frac{\square}{\square}$

$=\frac{\square}{\square}=\square$

04 계산해 보세요.

(1) $3.2\times1.4=\square$

(2) $22.5\times1.3=\square$

05 □ 안에 알맞은 수를 써넣으세요.

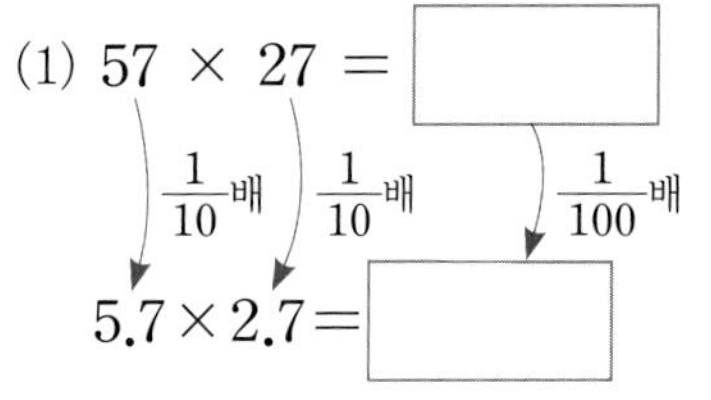

(1) $57 \times 27 = \square$ → $\frac{1}{10}$배, $\frac{1}{10}$배, $\frac{1}{100}$배 → $5.7\times2.7=\square$

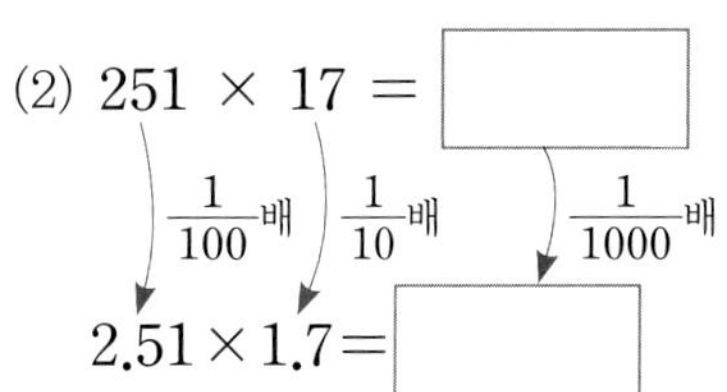

(2) $251 \times 17 = \square$ → $\frac{1}{100}$배, $\frac{1}{10}$배, $\frac{1}{1000}$배 → $2.51\times1.7=\square$

06 □ 안에 알맞은 수를 써넣으세요.

15×62=□인데 1.5에 6.2를 곱하면 1.5의 6배인 9보다 커야 하므로 1.5×6.2=□입니다.

4 단원

정답과 풀이 27쪽

개념 7 곱의 소수점 위치는 어떻게 달라질까요

(1) 자연수와 소수의 곱셈에서 곱의 소수점 위치의 규칙 찾기

$3.14 \times 1 = 3.14$
$3.14 \times 10 = 31.4$
$3.14 \times 100 = 314$
$3.14 \times 1000 = 3140$

➡ 곱하는 수의 0이 하나씩 늘어날 때마다 곱의 소수점이 오른쪽으로 한 자리씩 옮겨집니다.

$314 \times 1 = 314$
$314 \times 0.1 = 31.4$
$314 \times 0.01 = 3.14$
$314 \times 0.001 = 0.314$

➡ 곱하는 소수의 소수점 아래 자리 수가 하나씩 늘어날 때마다 곱의 소수점이 왼쪽으로 한 자리씩 옮겨집니다.

(2) 소수와 소수의 곱셈에서 곱의 소수점 위치의 규칙 찾기

① $6 \times 4 = \frac{6}{1} \times \frac{4}{1} = \frac{24}{1} = 24$

② $0.6 \times 0.4 = \frac{6}{10} \times \frac{4}{10} = \frac{24}{100} = 0.24$

③ $0.6 \times 0.04 = \frac{6}{10} \times \frac{4}{100} = \frac{24}{1000} = 0.024$

④ $0.06 \times 0.04 = \frac{6}{100} \times \frac{4}{100} = \frac{24}{10000} = 0.0024$

➡ 곱하는 두 수의 소수점 아래 자리 수를 더한 것과 결괏값의 소수점 아래 자리 수가 같습니다.

예 $1.2 \times 2.3 = 2.76$
1.2 → 소수점 아래 한 자리 수
2.3 → 소수점 아래 한 자리 수
2.76 → 소수점 아래 두 자리 수

▶ 곱의 소수점을 옮길 자리가 없으면 0을 채우면서 옮깁니다.
$2.4 \times 100 = 240$
$24 \times 0.01 = 0.24$

07 □ 안에 알맞은 수를 써넣으세요.

$2.67 \times 1 = 2.67$
$2.67 \times 10 =$ □
$2.67 \times 100 =$ □
$2.67 \times 1000 =$ □

08 □ 안에 알맞은 수를 써넣으세요.

$3420 \times 1 = 3420$
$3420 \times 0.1 =$ □
$3420 \times 0.01 =$ □
$3420 \times 0.001 =$ □

28 보기 와 같이 계산해 보세요.

보기

$0.4\times0.57=\frac{4}{10}\times\frac{57}{100}=\frac{228}{1000}=0.228$

$0.9\times0.23=$ ____________________

29 빈칸에 두 수의 곱을 써넣으세요.

0.64	0.95

30 평행사변형의 넓이는 몇 m^2인지 구해 보세요.

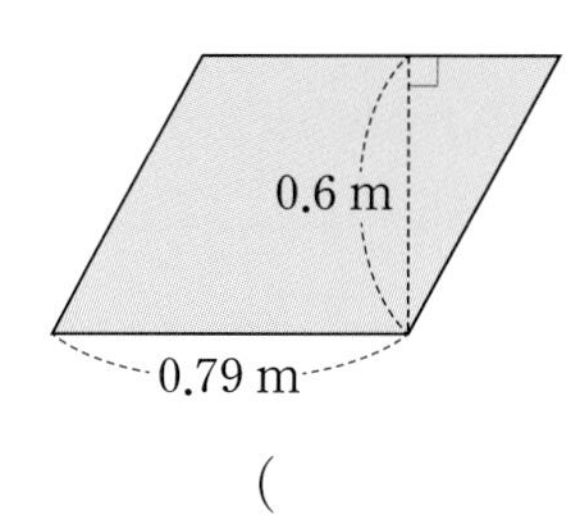

(   )

31 가장 큰 수와 가장 작은 수의 곱을 구해 보세요.

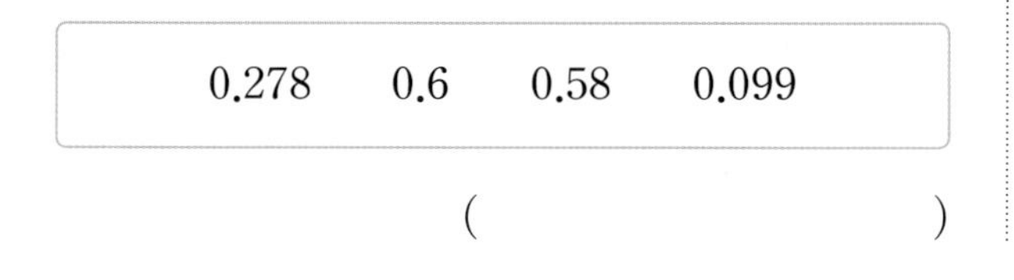

(   )

32 모눈종이에 넓이가 $0.36\ m^2$인 정사각형을 1개 그리고, 넓이를 구하는 식을 써 보세요.

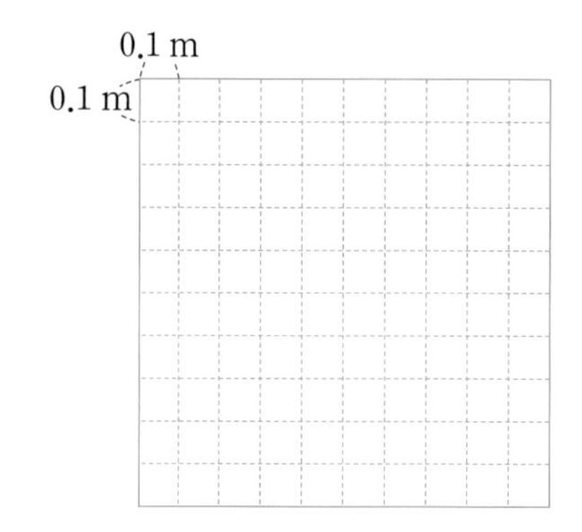

식 ____________________

33 4.2×2.8을 서로 다른 두 가지 방법으로 계산해 보세요.

(1) 자연수의 곱셈으로 계산하기

(2) 분수의 곱셈으로 계산하기

34 곱의 소수점 아래 자리 수가 적은 것부터 차례로 기호를 써 보세요.

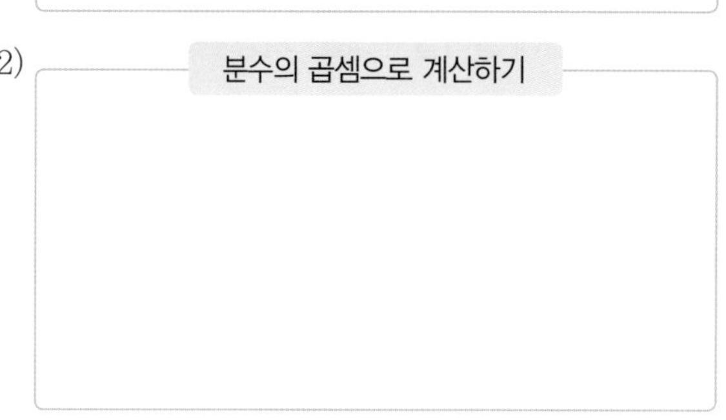

㉠ 0.64 × 0.45 ㉡ 0.12 × 0.91 ㉢ 25.04 × 0.5

(   )

4 단원

35 계산 결과가 4.3보다 큰 것을 모두 찾아 기호를 써 보세요.

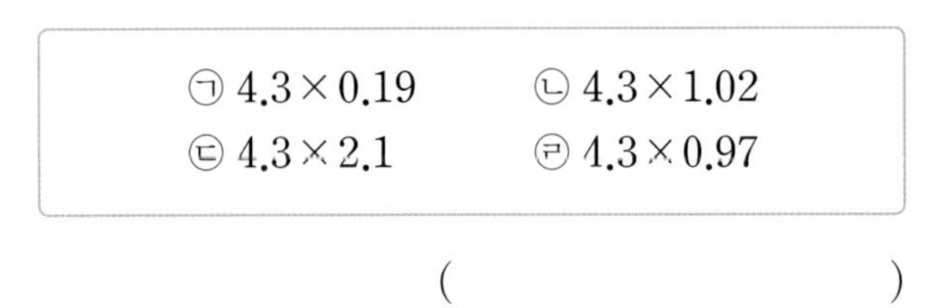

㉠ 4.3×0.19 ㉡ 4.3×1.02
㉢ 4.3×2.1 ㉣ 4.3×0.97

( )

36 빈칸에 알맞은 수를 써넣으세요.

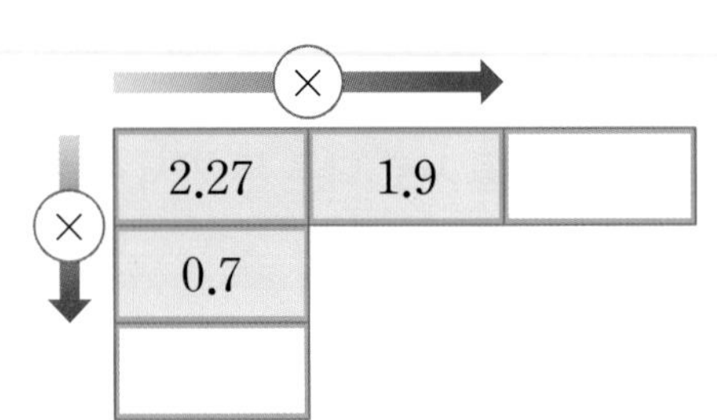

37 □ 안에 들어갈 수 있는 가장 큰 자연수를 구해 보세요.

$\square<5.8\times1.3$

( )

38 □ 안에 들어갈 수 있는 가장 작은 자연수를 구해 보세요.

$12.1\times2.3<\square$

( )

39 보기 와 같은 방법으로 10.2☆3.4를 계산해 보세요.

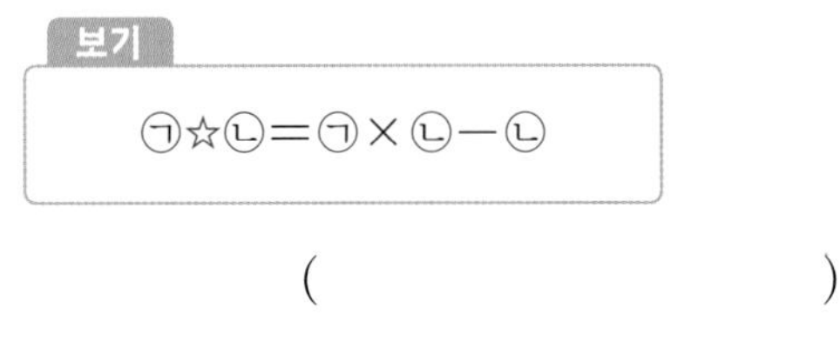

( )

40 쿠키를 굽는 데 지호는 1.6 L 우유의 0.35만큼 사용했고, 세미는 2.4 L 우유의 0.22만큼 사용했습니다. 우유를 더 많이 사용한 사람의 이름을 써 보세요.

( )

41 계산 결과가 다른 하나를 찾아 기호를 써 보세요.

㉠ 134×0.1 ㉡ 13.4의 0.1
㉢ 1.34×10 ㉣ 0.0134의 1000배

( )

42 중요 □ 안에 알맞은 수를 써넣으세요.

(1) $51.31\times\square=5.131$

(2) $\square\times100=62.9$

43 □ 안에 알맞은 수가 다른 하나를 찾아 기호를 써 보세요.

㉠ $5.209 \times \square = 520.9$

㉡ $\square \times 0.0178 = 1.78$

㉢ $0.0976 \times \square = 97.6$

(   )

44 유주네 집에서 놀이 동산까지의 거리는 12.04 km이고 집에서 할머니 댁까지의 거리는 9280.8 m입니다. 집에서 거리가 더 가까운 곳은 어디인지 써 보세요.

(   )

45 휘발유가 1 L에 1568.76원입니다. 휘발유 10 L의 가격과 100 L의 가격은 각각 얼마인지 올림하여 일의 자리까지 나타내어 보세요.

10 L의 가격 (   )

100 L의 가격 (   )

46 어려운 문제

어떤 수에 100을 곱해야 할 것을 잘못하여 0.01을 곱하였더니 0.947이 되었습니다. 바르게 계산하면 얼마인가요?

(   )

47 곱하는 두 수의 크기를 생각하여 결괏값에 소수점을 찍어 보세요.

$1.27 \times 2.5 = 3\ 1\ 7\ 5$

48 관계있는 것끼리 이어 보세요.

2.37×1.3 •	• 2.37×0.13
0.237×1.3 •	• 23.7×0.13

49 중요

보기 를 이용하여 □ 안에 알맞은 수를 써넣으세요.

보기

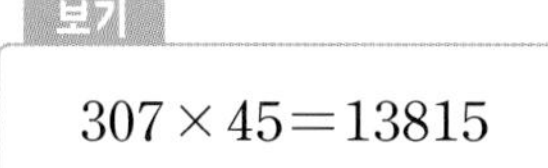
$307 \times 45 = 13815$

(1) $3.07 \times \square = 13.815$

(2) $\square \times 0.45 = 1.3815$

교과서 속 **응용 문제**

정답과 풀이 28쪽

계산기에 누른 두 수 구하기

예 정훈이가 계산기로 0.28×0.5를 계산하려고 두 수를 눌렀는데 수 하나의 소수점 위치를 잘못 눌러서 1.4라는 결과가 나왔습니다. 정훈이가 계산기에 누른 두 수를 구해 보세요.

➡ $0.28 \times 0.5 = 0.14$이어야 하는데 잘못 눌러서 1.4가 나왔으므로 2.8과 0.5를 눌렀거나 0.28과 5를 누른 것입니다.

50 계산기로 0.75×0.6을 계산하려고 두 수를 눌렀는데 수 하나의 소수점 위치를 잘못 눌러서 4.5라는 결과가 나왔습니다. 계산기에 누른 두 수를 구해 보세요.

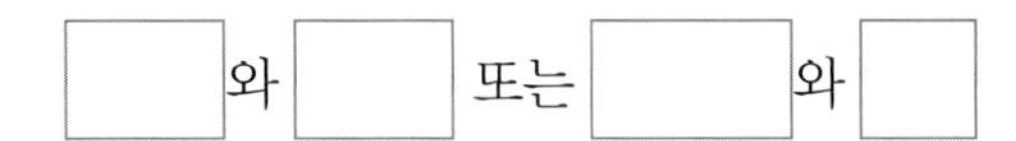

51 계산기로 0.9×1.31을 계산하려고 하는데 실수로 1.31의 소수점을 누르지 않아 117.9가 되었습니다. 바르게 계산한 결과를 구해 보세요.

( )

52 계산기로 7.5×8.4를 계산하려고 하는데 실수로 소수점을 모두 누르지 않아 6300이 나왔습니다. 바르게 계산한 결과를 구해 보세요.

( )

서로 다른 단위를 비교하기

예 민우가 키우는 강낭콩은 0.382 m까지 자랐고, 준서가 키우는 토마토는 36.5 cm까지 자랐습니다. 누가 키우는 식물이 더 큰지 구해 보세요.

➡ 1 m는 100 cm이므로 cm 단위로 바꾸면 $0.382 \times 100 = 38.2$ (cm)입니다. 따라서 $38.2 > 36.5$이므로 민우가 키우는 식물이 더 큽니다.

53 예은이는 1.5 km 달리기를 일주일에 3번 하고, 정환이는 500 m 달리기를 일주일 동안 매일 했습니다. 두 사람이 일주일 동안 달린 거리의 차는 몇 m인가요?

( )

54 은행에서 미국 돈 1달러를 우리나라 돈 1341.5원으로 바꿔 준다고 합니다. 소은이는 100달러짜리 지폐 1장과 10달러짜리 지폐 1장을 가지고 있습니다. 소은이가 가진 미국 돈은 우리나라 돈으로 모두 얼마인지 구해 보세요.

( )

55 어느 빵집에 0.092 kg짜리 빵 10개와 9.5 g짜리 초콜릿 100개가 있습니다. 빵 10개와 초콜릿 100개 중 어느 것이 더 무거운지 구해 보세요.

( )

대표 응용 새로운 도형의 넓이 구하기

1 다음과 같은 직사각형 모양의 놀이터가 있습니다. 이 놀이터의 가로와 세로를 각각 1.5배로 늘여서 새로운 놀이터를 만들려고 합니다. 새로운 놀이터의 넓이는 몇 m^2인지 구해 보세요.

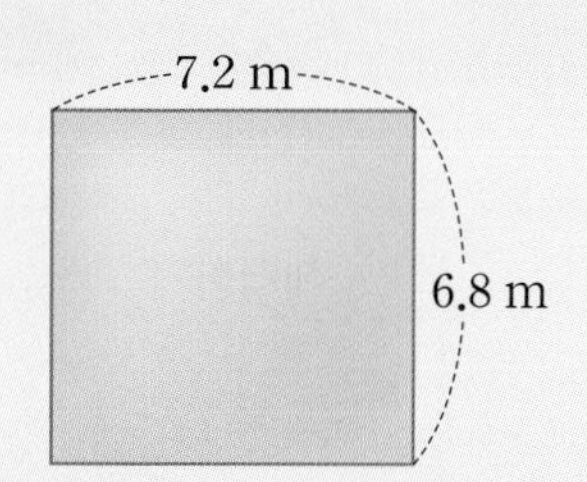

문제 스케치

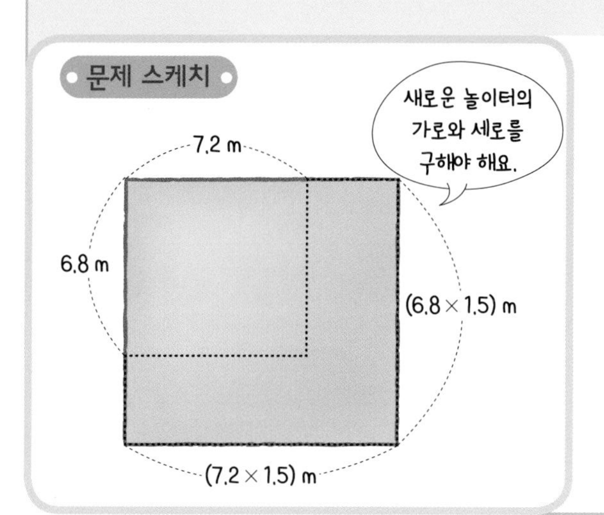

해결하기

새로운 놀이터의 가로는 $7.2 \times 1.5 =$ ☐ (m)이고,

세로는 $6.8 \times 1.5 =$ ☐ (m)입니다.

➡ (새로운 놀이터의 넓이) = (가로) × (세로)

= ☐ × ☐

= ☐ (m^2)

1-1 다음과 같은 평행사변형의 밑변의 길이를 0.8배로 줄이고, 높이를 1.2배로 늘이려고 합니다. 새로운 평행사변형의 넓이는 몇 m^2인지 구해 보세요.

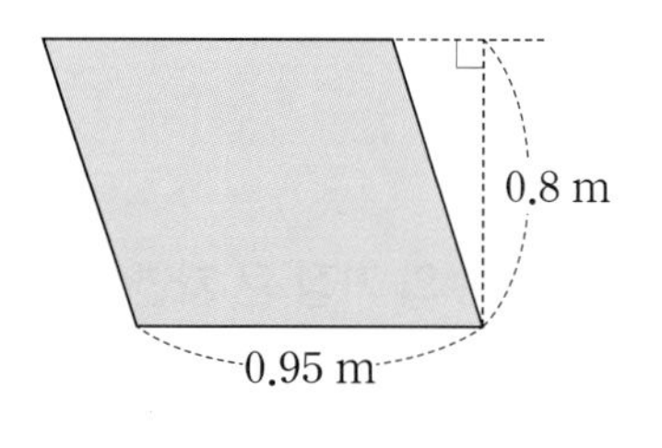

(　　　　　　　　)

1-2 한 변의 길이가 6.5 cm인 정사각형에서 가로는 2.4배로 늘이고 세로는 1.6배로 늘여서 직사각형을 만들었습니다. 만든 직사각형의 넓이는 몇 cm^2인지 구해 보세요.

(　　　　　　　　)

대표 응용 ■ 안에 들어갈 수 있는 자연수 구하기

2

■ 안에 들어갈 수 있는 자연수를 모두 구해 보세요.

$5.5 \times 12 < ■ < 20 \times 3.51$

문제 스케치

$5.5 \times 12 < ■ < 20 \times 3.51$

● < ■ < ▲

소수의 곱셈을 먼저 계산해 봐요.

해결하기

$5.5 \times 12 =$ □이고, $20 \times 3.51 =$ □입니다.

따라서 □ < ■ < □이므로 ■ 안에 들어갈 수 있는 자연수는 □, □, □, □입니다.

2-1 □ 안에 들어갈 수 있는 가장 작은 자연수와 가장 큰 자연수를 차례로 써 보세요.

$30 \times 0.57 < □ < 0.096 \times 400$

( ), ( )

2-2 □ 안에 들어갈 수 있는 가장 작은 자연수와 가장 큰 자연수의 합을 구해 보세요.

$3.38 \times 5.5 < □ < 20.6 \times 1.9$

( )

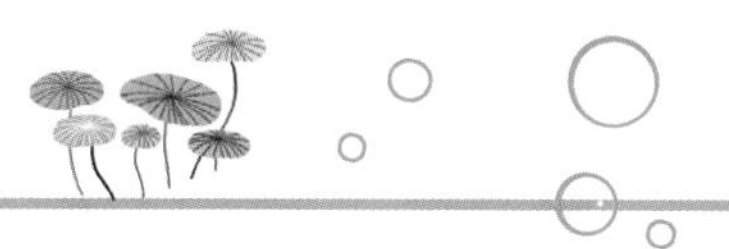

대표 응용 몇 배만큼 늘어난 후의 값 구하기

3 강아지의 지난달 몸무게가 3.7 kg이었습니다. 강아지의 이번 달 몸무게는 지난달 몸무게의 0.1배만큼 더 늘었다면 이번 달 강아지의 몸무게는 몇 kg인지 구해 보세요.

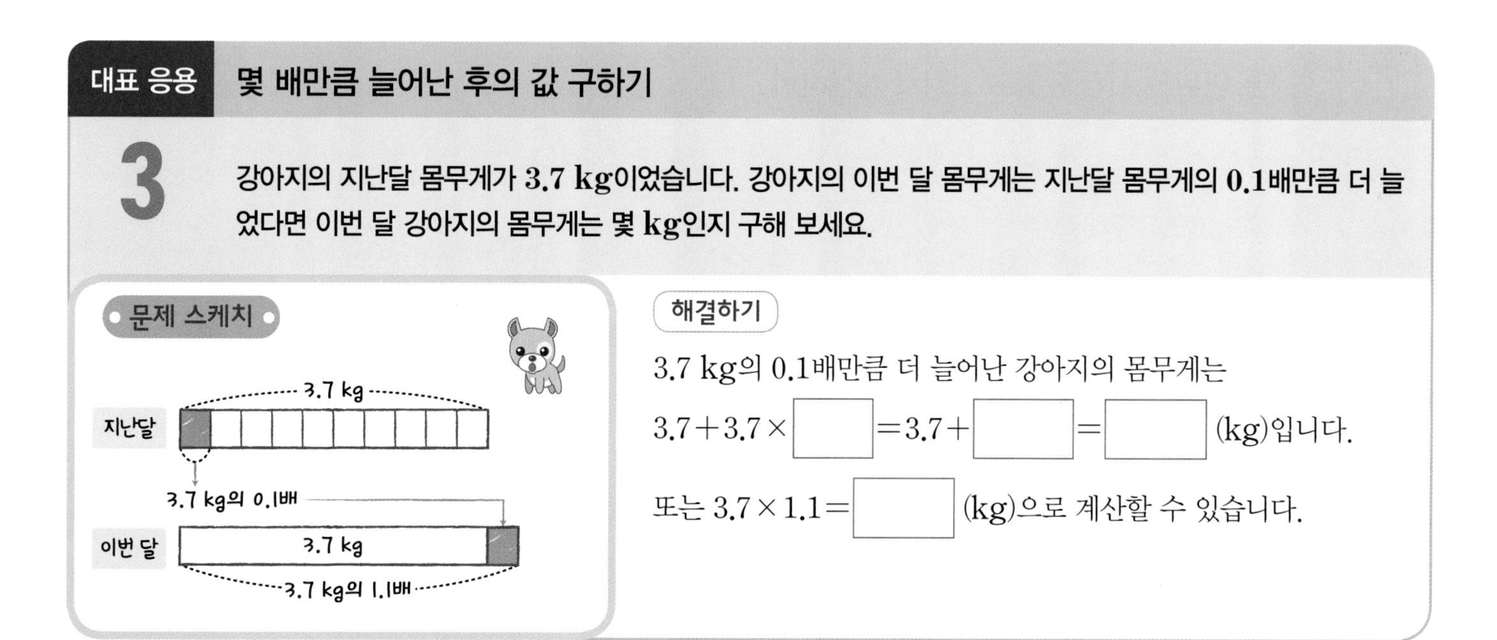

해결하기

3.7 kg의 0.1배만큼 더 늘어난 강아지의 몸무게는

$3.7+3.7\times$ ☐ $=3.7+$ ☐ $=$ ☐ (kg)입니다.

또는 $3.7\times1.1=$ ☐ (kg)으로 계산할 수 있습니다.

3-1 길이가 19.2 m인 산책로를 0.7배만큼 더 연장하려고 합니다. 공사 후 산책로의 길이는 몇 m가 되는지 구해 보세요.

(　　　　　　　　)

3-2 길이가 8.7 cm인 고무줄이 있습니다. 이 고무줄을 1.5배만큼 더 늘였다면 고무줄의 길이는 몇 cm가 되는지 구해 보세요.

(　　　　　　　　)

대표 응용 분 단위를 시간 단위로 고쳐서 계산하기

4

1시간에 95.8 km를 달리는 자동차가 있습니다. 같은 빠르기로 이 자동차가 3시간 30분 동안 달린 거리는 몇 km인지 구해 보세요.

문제 스케치

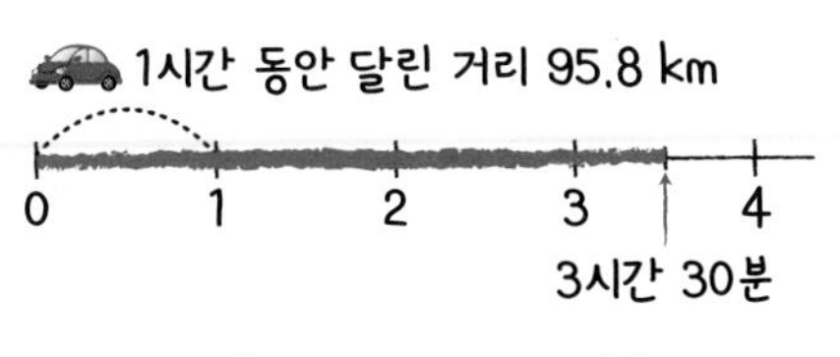

1분$=\frac{1}{60}$시간 ➡ ■분$=\frac{■}{60}$시간

해결하기

3시간 30분$=3\frac{\square}{60}$시간$=3\frac{\square}{2}$시간이므로 소수로 나타내면 $\square$시간입니다.

따라서 자동차가 3시간 30분 동안 달린 거리는

$95.8\times\square=\square$(km)입니다.

4-1 1분에 0.58 L의 물이 나오는 수도꼭지가 있습니다. 이 수도꼭지 5개로 3분 15초 동안 물을 받았다면 받은 물의 양은 모두 몇 L인지 구해 보세요.

( )

4-2 1시간에 70.8 km를 달리는 자동차가 있습니다. 이 자동차가 1 km를 달리는 데 0.13 L의 휘발유가 필요하다면 같은 빠르기로 2시간 45분 동안 달리는 데 필요한 휘발유는 몇 L인지 구해 보세요.

( )

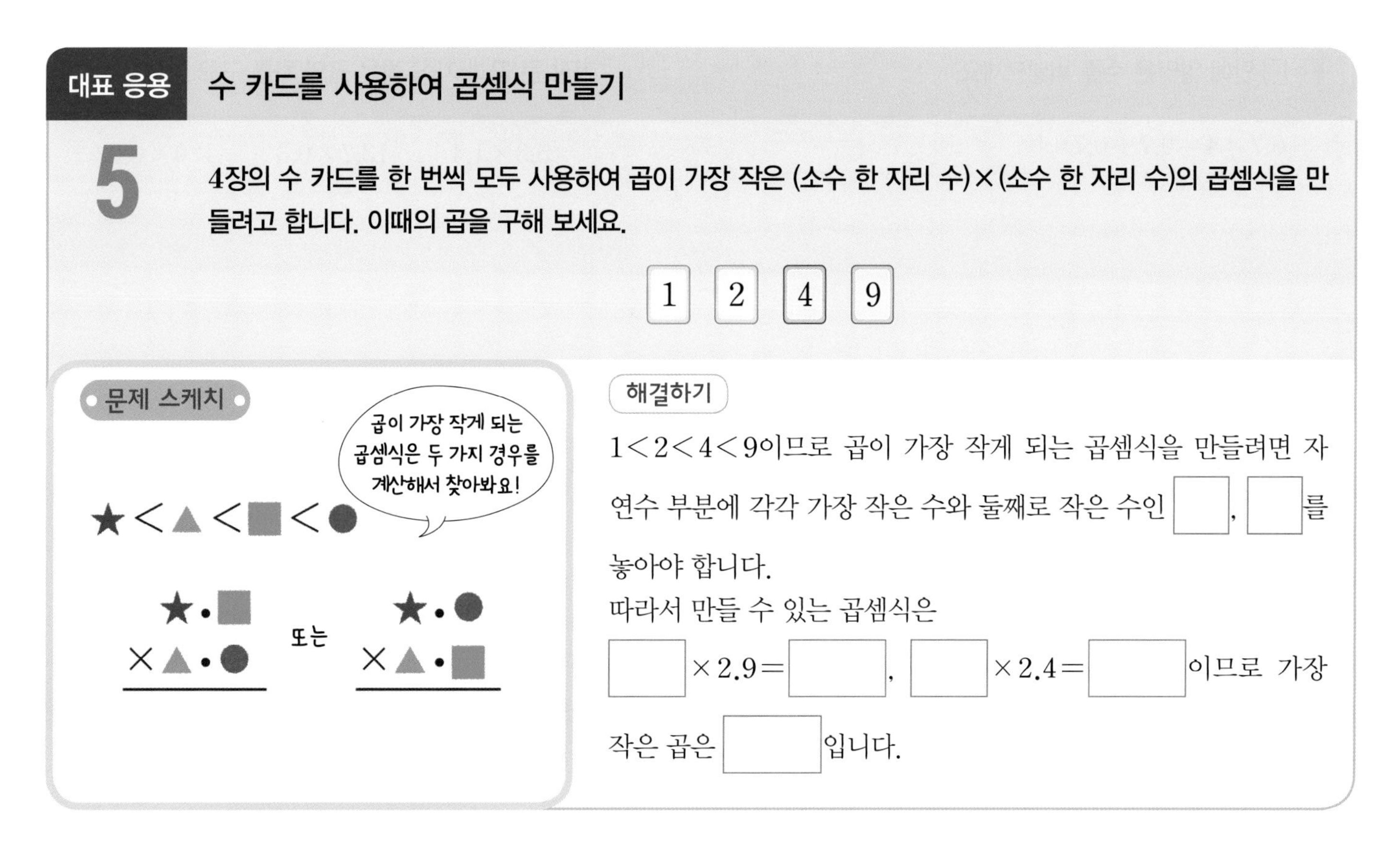

대표 응용 **수 카드를 사용하여 곱셈식 만들기**

5 4장의 수 카드를 한 번씩 모두 사용하여 곱이 가장 작은 (소수 한 자리 수)×(소수 한 자리 수)의 곱셈식을 만들려고 합니다. 이때의 곱을 구해 보세요.

[1] [2] [4] [9]

문제 스케치

곱이 가장 작게 되는 곱셈식은 두 가지 경우를 계산해서 찾아봐요!
★<▲<■<●
★.■ ×▲.●
또는
★.● ×▲.■

해결하기

1<2<4<9이므로 곱이 가장 작게 되는 곱셈식을 만들려면 자연수 부분에 각각 가장 작은 수와 둘째로 작은 수인 ☐, ☐를 놓아야 합니다.

따라서 만들 수 있는 곱셈식은

☐×2.9=☐, ☐×2.4=☐이므로 가장 작은 곱은 ☐입니다.

5-1 4장의 수 카드를 한 번씩 모두 사용하여 곱이 가장 작은 (소수 한 자리 수)×(소수 한 자리 수)의 곱셈식을 만들려고 합니다. 이때의 곱을 구해 보세요.

[2] [3] [5] [7]

( )

5-2 [3], [1], [6], [5]의 수 카드를 한 번씩만 사용하여 다음과 같은 곱셈식의 곱을 가장 작게 만들려고 합니다. 이때의 곱을 구해 보세요.

0.☐☐×0.☐☐

( )

01 □ 안에 알맞은 수를 써넣으세요.

$0.7\times4=0.7+0.7+\square+\square=\square$

02 두 수의 곱을 구해 보세요.

0.72 8

( )

03 윤서네 집에서 우체국까지의 거리는 3 km이고, 우체국에서 서점까지의 거리는 윤서네 집에서 우체국까지 거리의 0.46배입니다. 우체국에서 서점까지의 거리는 몇 km인지 구해 보세요.

( )

04 시언이는 길이가 0.82 m인 철사를 가지고 있습니다. 보화는 시언이가 가지고 있는 철사 길이의 0.8배인 철사를 가지고 있습니다. 보화가 가지고 있는 철사의 길이는 몇 m인지 구해 보세요.

( )

05 가장 큰 곱과 가장 작은 곱의 차를 구해 보세요.

5.3×1.4 13.7×0.3 120×0.02

( )

06 직사각형의 넓이는 몇 m^2인지 구해 보세요.

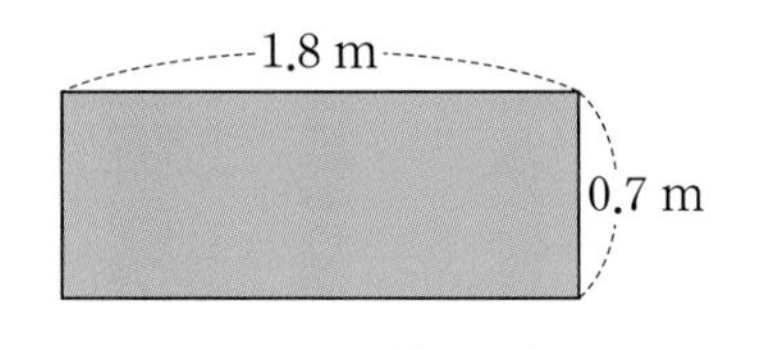

( )

07 계산 과정에서 틀린 부분을 찾아 바르게 고쳐 보세요.

$$2.5\times3.02=\frac{25}{10}\times\frac{32}{10}=\frac{800}{100}=8$$

바른 계산

$2.5\times3.02=$ ____________

08 색칠한 부분의 넓이는 몇 cm^2인지 구해 보세요.

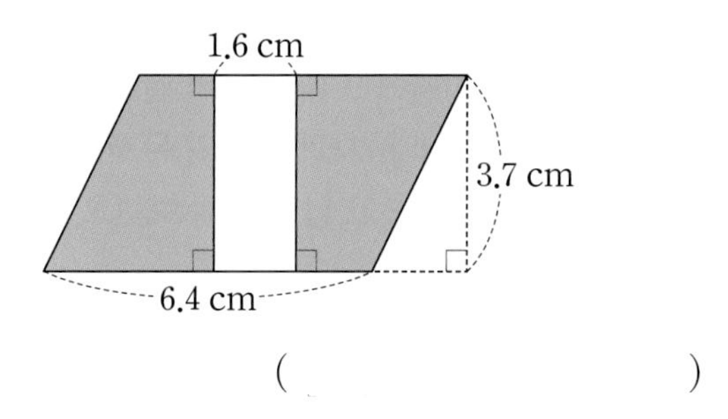

( )

09 어려운 문제

가로가 7.8 m, 세로가 11.2 m인 직사각형 모양 수영장의 가로와 세로를 각각 2.5배로 늘여 새로운 수영장을 만들려고 합니다. 새로운 수영장의 넓이는 몇 m^2인가요?

( )

10 계산 결과가 가장 작은 것을 찾아 기호를 써 보세요.

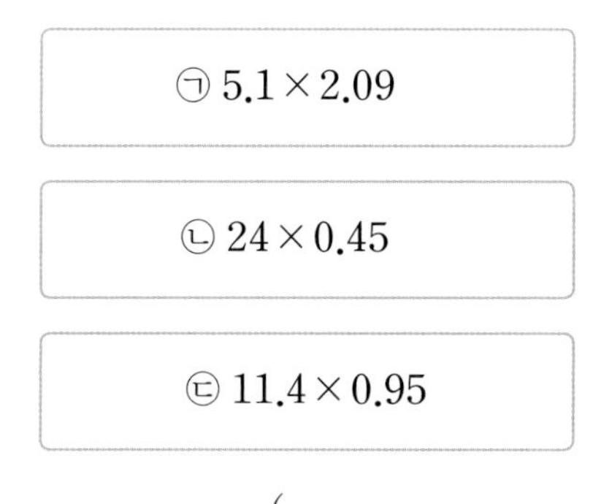

( )

11 계산 결과가 같은 것끼리 이어 보세요.

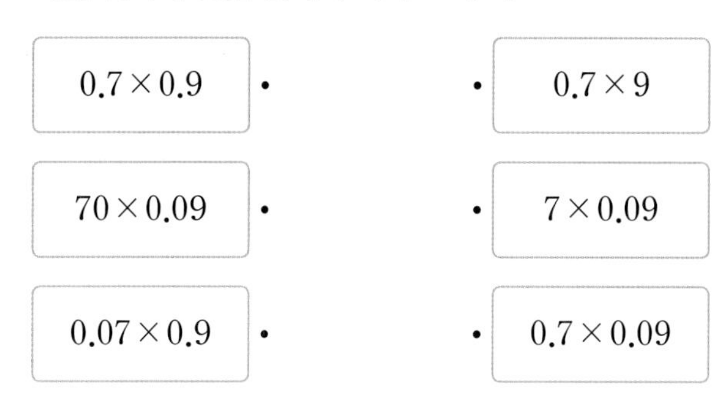

12 빈칸에 알맞은 수를 써넣으세요.

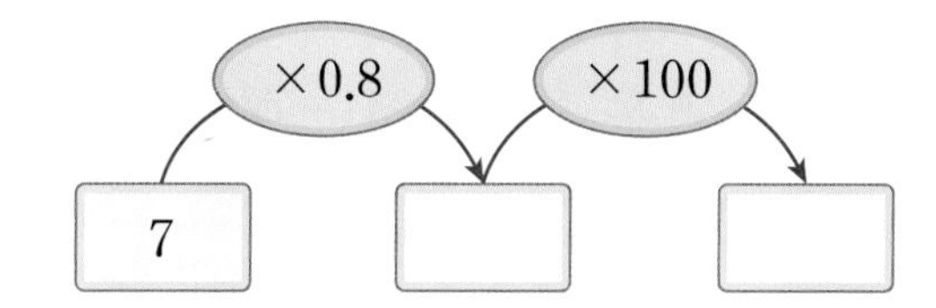

13 중요

곱의 소수점 아래 자리 수가 적은 것부터 차례로 기호를 써 보세요.

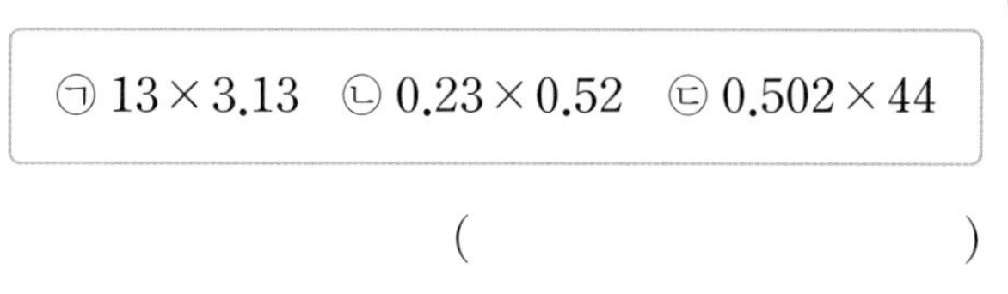

( )

14 □ 안에 들어갈 수 있는 수 중에서 가장 작은 자연수를 구해 보세요.

10.2×2.79<□

( )

4 단원

15 □ 안에 알맞은 수가 다른 하나를 찾아 기호를 써 보세요.

㉠ $19.34 \times \square = 1934$　㉡ $\square \times 0.659 = 65.9$
㉢ $\square \times 1.365 = 136.5$　㉣ $4.09 \times \square = 4090$

(　　　　　　)

16 중요 보기 를 이용하여 □ 안에 알맞은 수를 써넣으세요.

보기
$212 \times 34 = 7208$

$2.12 \times \square = 0.7208$

17 계산 결과가 가장 큰 것을 찾아 기호를 써 보세요.

㉠ 10000×0.0001　㉡ 1000×0.1
㉢ 100000×0.0001　㉣ 10000×0.001

(　　　　　　)

18 철근 1 m의 무게는 6.23 kg입니다. 같은 철근 10 cm의 무게는 몇 kg인지 구해 보세요.

(　　　　　　)

서술형 문제

19 한 상자에 4.75 kg의 사과가 들어 있는 사과 18상자와 한 상자에 9.68 kg의 귤이 들어 있는 귤 15상자가 있습니다. 사과와 귤의 무게는 모두 몇 kg인지 풀이 과정을 쓰고 답을 구해 보세요.

풀이

답

20 자동차가 1시간에 80 km를 달리고 있습니다. 이 자동차는 1 km를 달리는 데 0.08 L의 휘발유가 필요하다고 합니다. 같은 빠르기로 3시간 30분 동안 달리는 데 필요한 휘발유는 몇 L인지 풀이 과정을 쓰고 답을 구해 보세요.

풀이

답

정답과 풀이 31쪽

01 보기 와 같이 계산해 보세요.

보기

$$3.6\times7=\frac{36}{10}\times7=\frac{252}{10}=25.2$$

$0.53\times4=$ ______________

02 빈칸에 알맞은 수를 써넣으세요.

×	0.3	0.4	0.12
0.7			

03 다음 정삼각형의 둘레와 정사각형의 한 변의 길이는 같습니다. 정사각형의 둘레는 몇 cm인가요?

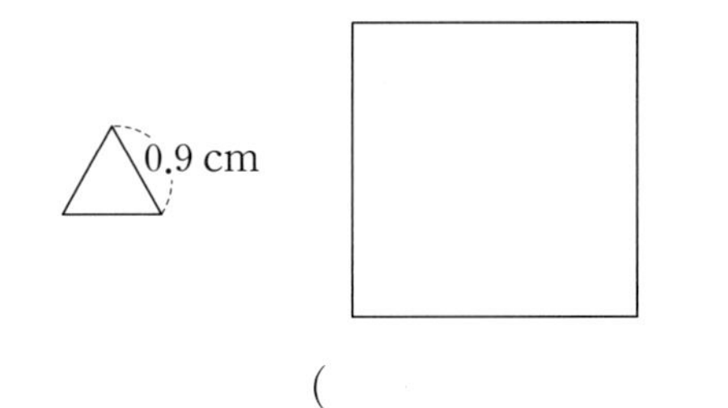

( )

04 계산 결과가 3×0.29보다 큰 것의 기호를 써 보세요.

㉠ 1.3×0.65 ㉡ 0.7×1.3

( )

05 정훈이는 1시간에 동화책을 80쪽 읽었습니다. 같은 빠르기로 1시간 45분 동안 동화책을 몇 쪽 읽을 수 있는지 구해 보세요.

( )

06 토마토를 한 상자에 13.5 kg씩 7상자에 담았습니다. 상자에 담은 토마토는 모두 몇 kg인지 구해 보세요.

( )

07 □ 안에 알맞은 수를 써넣으세요.

$$0.3\times1.8=\frac{\square}{10}\times\frac{\square}{10}$$

$$=\frac{\square}{100}=\square$$

08 연우네 집에서 학교까지의 거리는 1.2 km였는데 새로운 길이 생기면서 0.9배로 짧아졌습니다. 연우네 집에서 학교까지 가는 새로운 길의 거리는 몇 km인가요?

( )

09 한 봉지에 4.5 kg씩 들어 있는 쌀가루 4봉지가 있습니다. 전체 쌀가루의 0.8을 사용했다면 남은 쌀가루는 몇 kg인지 구해 보세요.

( )

10 중요 수 카드를 □ 안에 한 번씩 모두 써넣어 곱이 가장 큰 곱셈식을 만들려고 합니다. 이때의 곱을 구해 보세요.

3 4 5 6

□.□×□.□

( )

11 □ 안에 들어갈 수 있는 자연수는 모두 몇 개인지 구해 보세요.

$12.5 \times 3.2 < □ < 14.3 \times 3.3$

( )

12 어려운 문제 1시간에 71.4 km를 달리는 트럭이 있습니다. 이 트럭이 1 km를 달리는 데 0.15 L의 경유가 필요하다고 합니다. 같은 빠르기로 2시간 24분 동안 달리는 데 필요한 경유는 몇 L인가요?

( )

13 두 사람 중 누가 리본을 몇 m 더 많이 사용했는지 구해 보세요.

예솔: 나는 8.5 m의 0.5만큼 사용했어.
진서: 나는 45.4 m의 0.05만큼 사용했어.

이름 ( )
더 많이 사용한 길이 ( )

14 어떤 달팽이가 1분에 0.95 m를 기어갑니다. 이 달팽이가 같은 빠르기로 5분 30초 동안 기어간다면 몇 m를 갈 수 있는지 구해 보세요.

( )

15 □ 안에 들어갈 수 있는 가장 큰 자연수를 구해 보세요.

$□ < 98.2 \times 0.1$

( )

16 계산 결과가 다른 하나를 찾아 기호를 써 보세요.

㉠ 0.0312의 1000배	㉡ 0.312×100
㉢ 312×0.1	㉣ 3120×0.001

( )

17 중요 □ 안에 알맞은 수가 다른 하나는 어느 것인가요? ( )

① $23 \times \square = 0.023$
② $\square \times 0.79 = 7.9$
③ $\square \times 0.124 = 1.24$
④ $16 \times \square = 160$
⑤ $8.3 \times \square = 83$

18 지점토 20.4 kg의 0.01만큼을 미술 시간에 만들기를 하는 데 사용하였습니다. 사용한 지점토의 양은 몇 g인지 구해 보세요.

( )

서술형 문제

19 빈 수조에 물을 가득 채우려면 들이가 2.5 L인 그릇으로 물을 가득 채워 27번 부어야 합니다. 영수는 빈 수조에 들이가 1.8 L인 그릇으로 물을 가득 채워 32번 부었습니다. 수조를 가득 채우려면 물을 몇 L 더 부어야 하는지 풀이 과정을 쓰고 답을 구해 보세요.

풀이

답

20 혜정이네 거실 벽을 도배하는 데 가로가 0.8 m, 세로가 2.25 m인 직사각형 모양의 벽지 24.5장이 필요합니다. 거실 벽의 넓이는 몇 m^2인지 풀이 과정을 쓰고 답을 구해 보세요. (단, 겹치거나 남는 부분은 없습니다.)

풀이

답

4 단원

한서와 윤호는 선물을 포장하려고 합니다. 선물 포장 가게에는 직사각형으로 둘러싸인 선물 상자도 있고 정사각형으로 둘러싸인 선물 상자도 있어요. 선물에 꼭 맞는 상자를 직접 만들려면 도화지에 상자를 펼친 그림을 그려 만들 수도 있습니다.

이번 5단원에서는 직육면체와 정육면체를 알고 성질을 살펴볼 거예요. 또한 직육면체와 정육면체의 겨냥도와 전개도를 이해하고 그려볼 거예요.

5 직육면체

단원 학습 목표

1. 직육면체의 의미를 알고 구성 요소를 알 수 있습니다.
2. 정육면체의 의미를 알고 구성 요소를 알 수 있습니다.
3. 직육면체의 면 사이의 관계를 알고 서로 평행한 면과 수직인 면을 찾을 수 있습니다.
4. 직육면체의 겨냥도를 이해하고 그릴 수 있습니다.
5. 정육면체와 직육면체의 전개도를 이해하고 그릴 수 있습니다.

단원 진도 체크

학습일		학습 내용	진도 체크
1일째	월 일	개념 1 직육면체를 알아볼까요 개념 2 정육면체를 알아볼까요	✓
2일째	월 일	개념 3 직육면체의 겨냥도를 알아볼까요 개념 4 직육면체의 성질을 알아볼까요	✓
3일째	월 일	교과서 넘어 보기 + 교과서 속 응용 문제	✓
4일째	월 일	개념 5 정육면체의 전개도를 알아볼까요 개념 6 직육면체의 전개도를 알아볼까요	✓
5일째	월 일	교과서 넘어 보기 + 교과서 속 응용 문제	✓
6일째	월 일	응용 1 주사위 눈의 수를 찾아 전개도 완성하기 응용 2 직육면체의 전개도에 선 긋기 응용 3 지나간 색 테이프의 길이 구하기 응용 4 직육면체를 쌓아서 정육면체 만들기	✓
7일째	월 일	단원 평가 LEVEL ❶	✓
8일째	월 일	단원 평가 LEVEL ❷	✓

이 단원을 진도 체크에 맞춰 8일 동안 학습해 보세요.
해당 부분을 공부하고 나서 ✓표를 하세요.

교과서 개념 다지기

개념 1 직육면체를 알아볼까요

(1) 직육면체

직사각형 6개로 둘러싸인 도형을 직육면체라고 합니다.

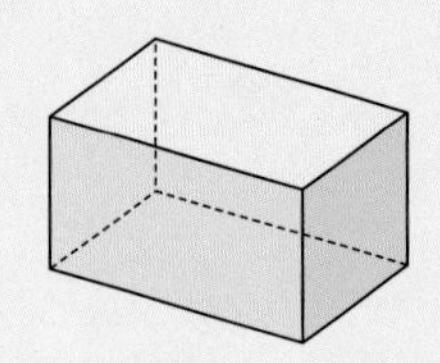

▶ 우리 주변에서 찾을 수 있는 직육면체 모양의 물건

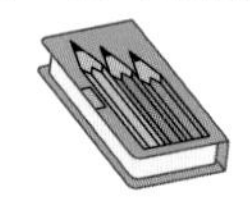
필통

책

(2) 직육면체의 구성 요소

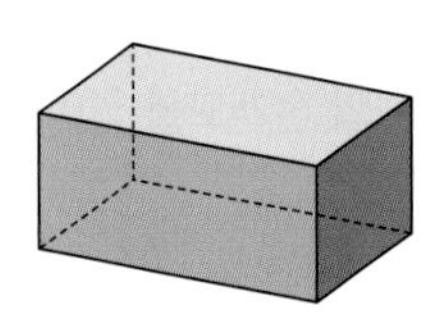

① 직육면체에서

- 면: 선분으로 둘러싸인 부분
- 모서리: 면과 면이 만나는 선분
- 꼭짓점: 모서리와 모서리가 만나는 점

② 직육면체의 면, 모서리, 꼭짓점의 수 알아보기

면의 모양	면의 수(개)	모서리의 수(개)	꼭짓점의 수(개)
직사각형	6	12	8

▶ 직육면체의 특징

- 모두 직사각형으로 둘러싸여 있습니다.
- 뾰족한 곳은 모두 8군데입니다.

01 오른쪽 그림을 보고 □ 안에 알맞은 수나 말을 써넣으세요.

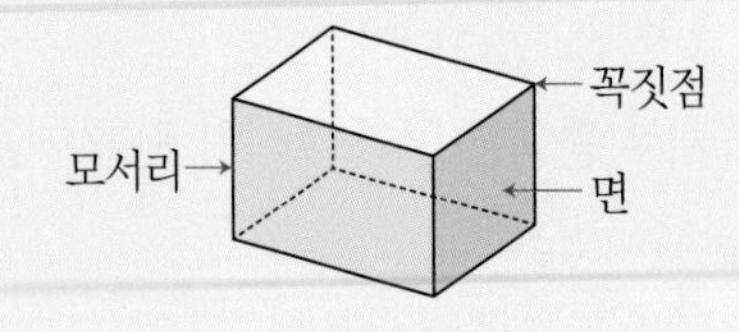

직사각형 □개로 둘러싸인 도형을 □(이)라고 합니다.

02 □ 안에 알맞게 써넣으세요.

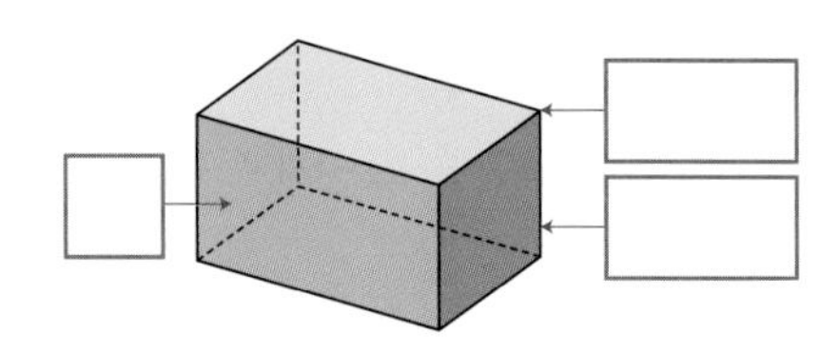

03 01번의 도형을 보고 □ 안에 알맞은 수나 말을 써넣으세요.

직육면체는 모서리가 □개이고 □(은)는 8개입니다.

04 직육면체를 찾아 ○표 하세요.

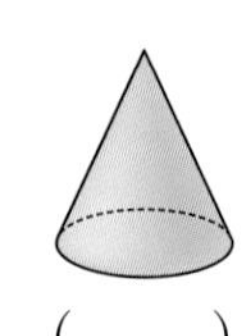
( )

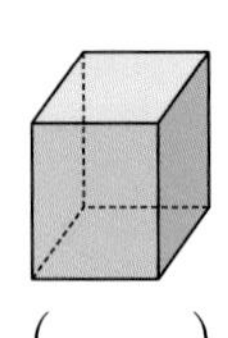
( )

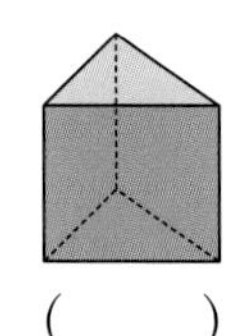
( )

개념 2 정육면체를 알아볼까요

(1) 정육면체

오른쪽 그림과 같이 정사각형 6개로 둘러싸인 도형을 정육면체라고 합니다.

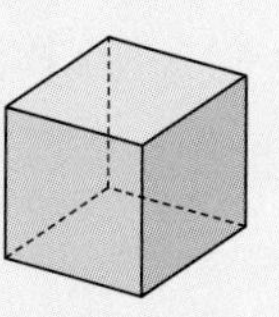

(2) 직육면체와 정육면체의 비교

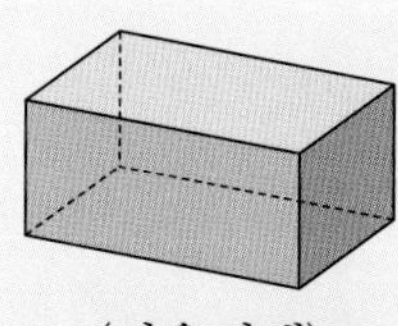

〈직육면체〉

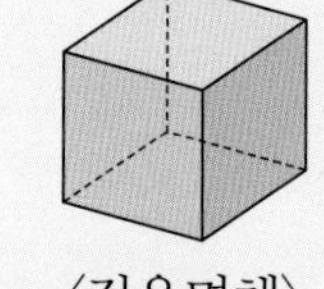

〈정육면체〉

▶ 직육면체와 정육면체의 관계
정사각형은 직사각형이라고 할 수 있으므로 정육면체는 직육면체라고 할 수 있습니다.

■ 공통점

	직육면체	정육면체
면의 수(개)	6	6
모서리의 수(개)	12	12
꼭짓점의 수(개)	8	8

▶ 정육면체와 직육면체는 구성 요소가 같습니다.

■ 차이점

	직육면체	정육면체
면의 모양	직사각형	정사각형
모서리의 길이	길이가 같은 모서리가 4개씩 3종류	모두 같음

▶ 직육면체는 평행한 모서리의 길이가 같지만 정육면체는 모서리의 길이가 모두 같습니다.

05 오른쪽 그림을 보고 □ 안에 알맞은 말이나 수를 써넣으세요.

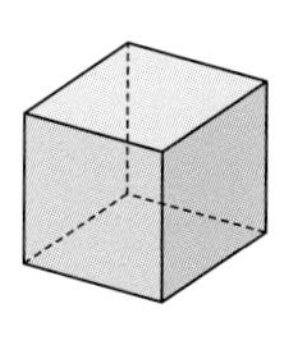

(1) 정사각형 6개로 둘러싸인 도형을 □(이)라고 합니다.

(2) 정육면체는 면이 □개, □(이)가 12개, 꼭짓점이 □개입니다.

06 직육면체와 정육면체에 대한 설명으로 옳은 것을 모두 찾아 기호를 써 보세요.

㉠ 정사각형 4개로 둘러싸인 도형을 정육면체라고 합니다.
㉡ 직육면체와 정육면체는 면, 모서리, 꼭짓점의 수가 각각 같습니다.
㉢ 정육면체의 모서리의 길이는 다릅니다.
㉣ 정육면체는 직육면체라고 할 수 있습니다.

( )

5 단원

개념 3 직육면체의 겨냥도를 알아볼까요

(1) **직육면체의 겨냥도**

- 직육면체의 모양을 잘 알 수 있도록 나타낸 그림을 겨냥도라고 합니다.
- 겨냥도에서는 보이는 모서리는 실선으로, 보이지 않는 모서리는 점선으로 그립니다.

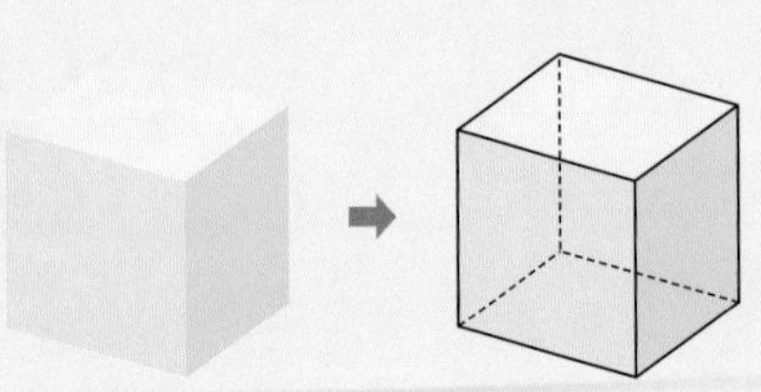

(2) **직육면체의 겨냥도에서 면, 모서리, 꼭짓점의 수**

면의 수(개)		모서리의 수(개)		꼭짓점의 수(개)	
보이는 면	보이지 않는 면	보이는 모서리	보이지 않는 모서리	보이는 꼭짓점	보이지 않는 꼭짓점
3	3	9	3	7	1

- 보이는 부분

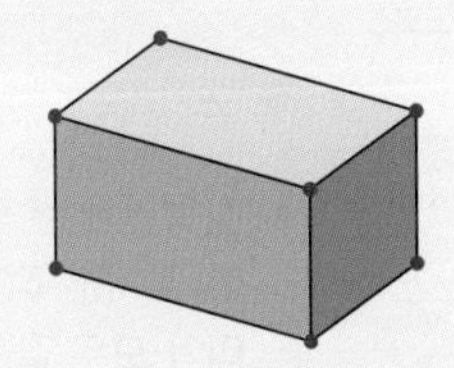

- 보이지 않는 부분

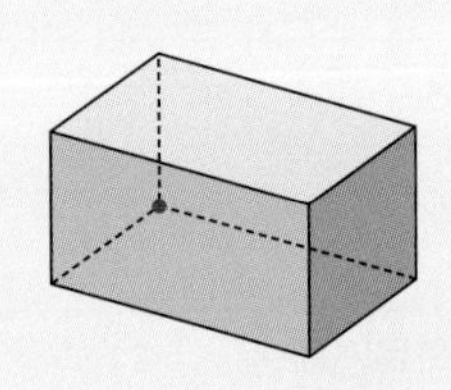

▶ 직육면체의 겨냥도에는 6개의 면, 12개의 모서리, 8개의 꼭짓점을 모두 나타낼 수 있습니다.

▶ 마주 보는 모서리끼리 평행하게 그립니다.

▶ 직육면체의 겨냥도에서 보이지 않는 모서리 3개는 보이지 않는 꼭짓점에서 만납니다.

[07~08] 오른쪽 직육면체를 보고 물음에 답하세요.

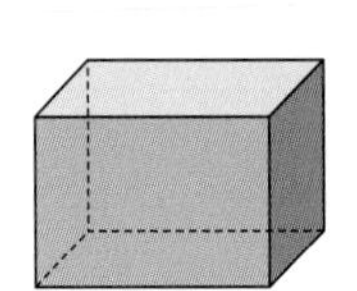

07 □ 안에 알맞은 말을 써넣으세요.

> 직육면체의 겨냥도는 모양을 잘 알 수 있도록 보이는 모서리는 □으로, 보이지 않는 모서리는 □으로 그립니다.

08 □ 안에 알맞은 수를 써넣으세요.

(1) 보이는 면은 □개입니다.

(2) 보이지 않는 꼭짓점은 □개입니다.

09 빠진 부분을 그려 넣어 직육면체의 겨냥도를 완성해 보세요.

(1)

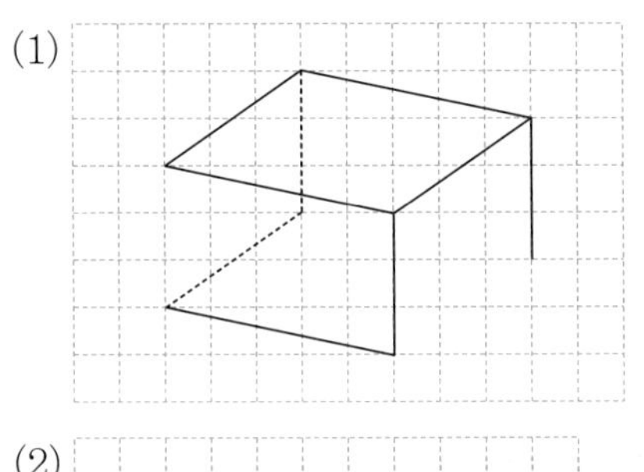

(2)

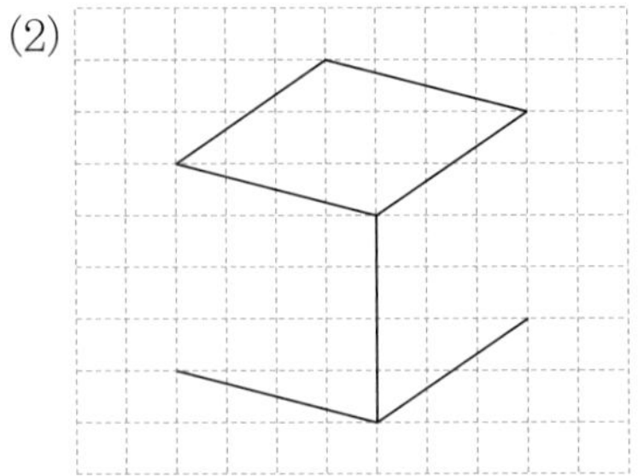

개념 4 직육면체의 성질을 알아볼까요

(1) 직육면체에서 서로 마주 보고 있는 면 알아보기

• 그림과 같이 직육면체에서 색칠한 두 면처럼 계속 늘여도 만나지 않는 두 면을 서로 평행하다고 합니다. 이 두 면을 직육면체의 밑면이라고 합니다.

• 직육면체에는 평행한 면이 3쌍 있고 이 평행한 면은 각각 밑면이 될 수 있습니다.

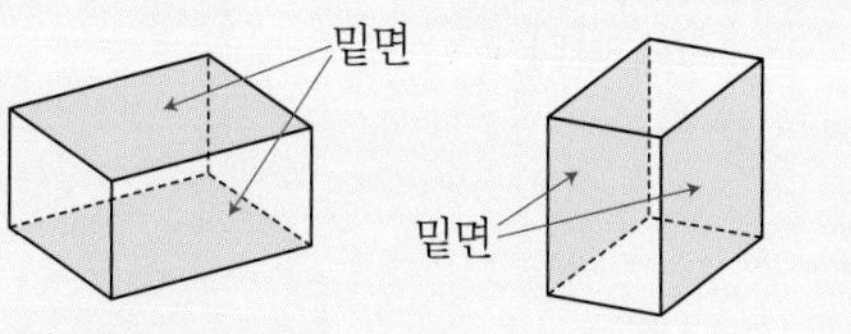

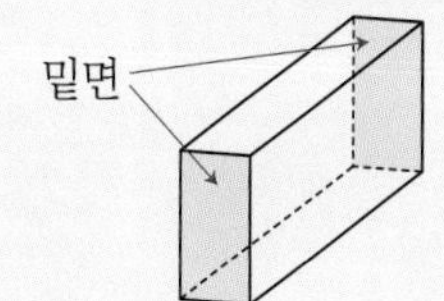

(2) 직육면체에서 서로 만나는 면 알아보기

• 삼각자 3개를 오른쪽 그림과 같이 놓았을 때 면 ㄱㄴㄷㄹ과 면 ㄷㅅㅇㄹ은 수직입니다.

예 수직인 두 면: 면 ㄴㅂㅅㄷ과 면 ㄷㅅㅇㄹ,

면 ㄱㄴㄷㄹ과 면 ㄴㅂㅅㄷ

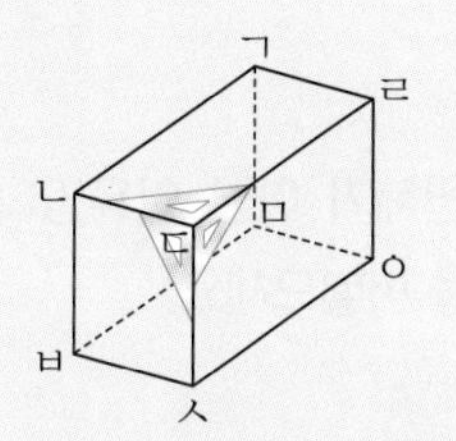

• 직육면체에서 밑면과 수직인 면을 직육면체의 옆면이라고 합니다.

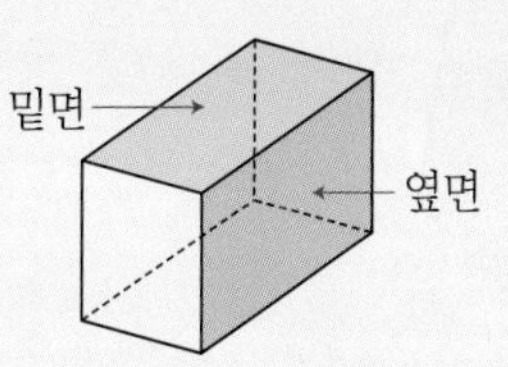

(3) 직육면체에서 평행한 면과 수직인 면

• 직육면체에서 서로 평행한 면은 모두 3쌍입니다.

• 직육면체에서 한 면과 수직인 면은 4개이므로 옆면은 4개입니다.

▶ 직육면체에서 어느 면을 밑면으로 하느냐에 따라 옆면도 바뀝니다.

▶ 직육면체에서 평행한 면은 서로 합동입니다.

▶ 직육면체에서 서로 평행한 모서리의 길이는 각각 같습니다.

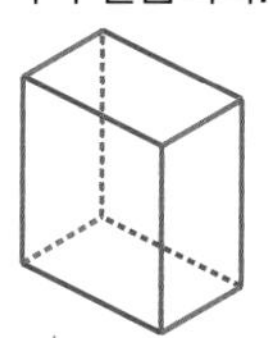

└→ 같은 색으로 나타낸 모서리의 길이는 각각 같습니다.

10 오른쪽 직육면체에서 색칠한 면과 평행한 면을 찾아 바르게 색칠한 것에 ○표 하세요.

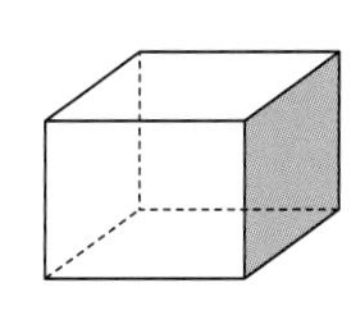

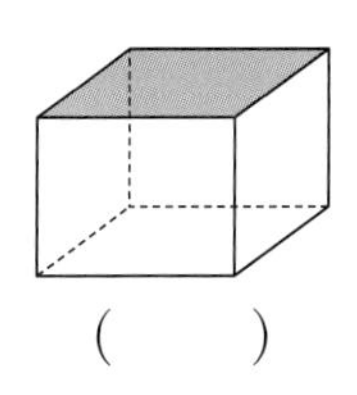

(   )

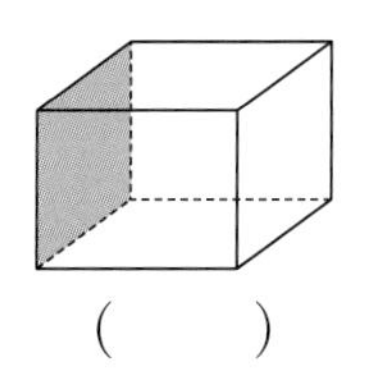

(   )

[11~12] 오른쪽 직육면체를 보고 □ 안에 알맞게 써넣으세요.

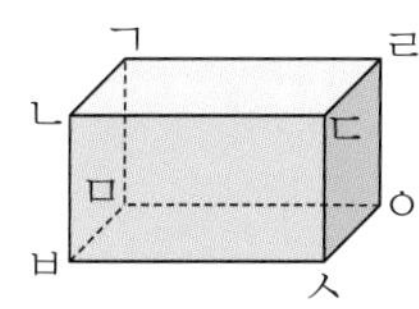

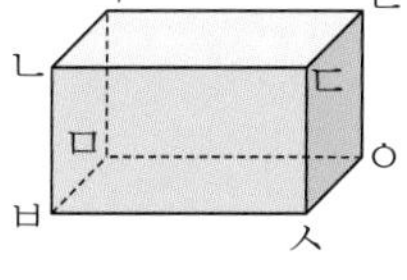

11 면 ㄱㄴㄷㄹ과 평행한 면은 면 □입니다.

12 면 ㄱㄴㄷㄹ과 수직인 면은 면 □, 면 □, 면 □, 면 □입니다.

5단원

교과서  보기

01 직육면체에서 색칠한 부분을 본뜬 모양은 무엇인지 써 보세요.

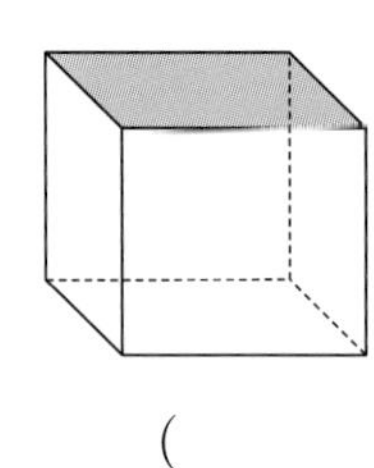

(　　　　　　　　　　)

02 다음은 주어진 도형이 직육면체가 아닌 이유입니다. □ 안에 알맞은 도형의 이름을 써넣으세요.

중요

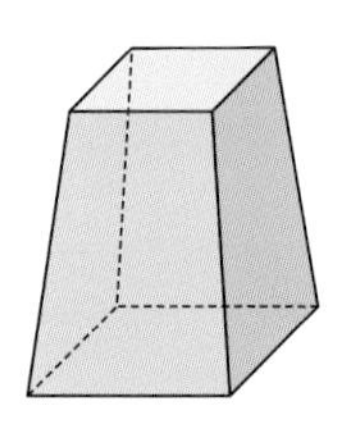

직육면체는 □ 6개로 둘러싸인 도형인데 주어진 도형은 □ 2개와 □ 4개로 이루어져 있습니다.

03 직육면체를 모두 찾아 기호를 써 보세요.

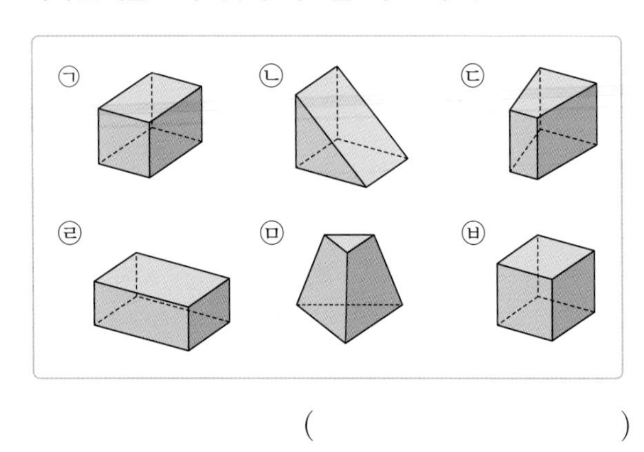

(　　　　　　　　　　)

04 다음 중 직육면체에 대해 바르게 설명한 것을 찾아 기호를 써 보세요.

㉠ 모서리는 면과 면이 만나는 선분입니다.
㉡ 선분으로 둘러싸인 부분을 모서리라고 합니다.
㉢ 모서리와 모서리가 만나는 점을 면이라고 합니다.

(　　　　　　　　　　)

05 직육면체의 면의 수와 모서리 수의 차는 몇 개인지 구해 보세요.

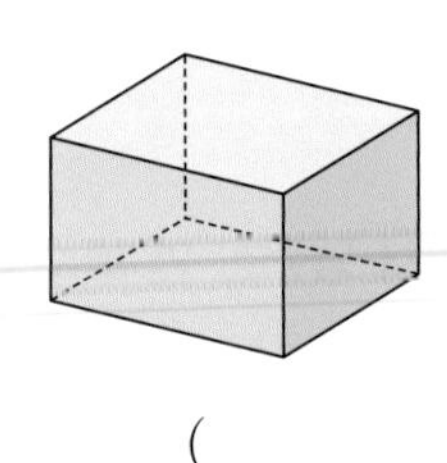

(　　　　　　　　　　)

06 직육면체에서 보이는 면과 보이지 않는 꼭짓점의 수의 합은 몇 개인지 구해 보세요.

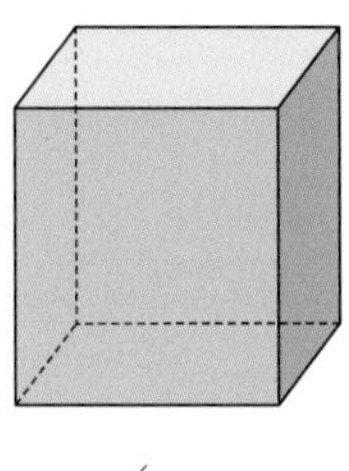

(　　　　　　　　　　)

07 준기와 성현이가 가진 도형을 각각 찾아 기호를 써 보세요.

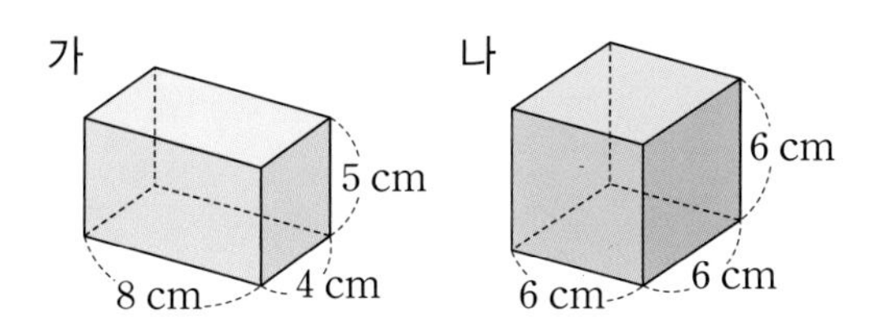

• 준기: 내가 가진 도형은 모든 면이 정사각형인 정육면체야.
• 성현: 난 3쌍의 서로 다른 직사각형의 면으로 이루어진 직육면체를 가지고 있어.

준기 (　　　　　　)
성현 (　　　　　　)

08 중요 다음 설명에서 옳은 것은 ○표, 틀린 것은 ×표 하세요.

직육면체의 모든 면은 정사각형입니다.	
정육면체는 모서리의 길이가 모두 같습니다.	
직육면체는 정육면체라고 할 수 있습니다.	

09 정육면체를 보고 □ 안에 알맞은 수를 써넣으세요.

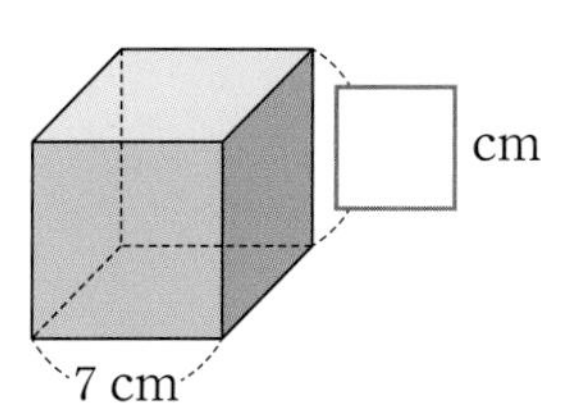

10 다음 직육면체에서 서로 평행한 한 쌍의 면에 같은 색칠을 하려고 합니다. 직육면체에 모두 색칠을 한다면 몇 가지 색이 필요한지 구해 보세요.

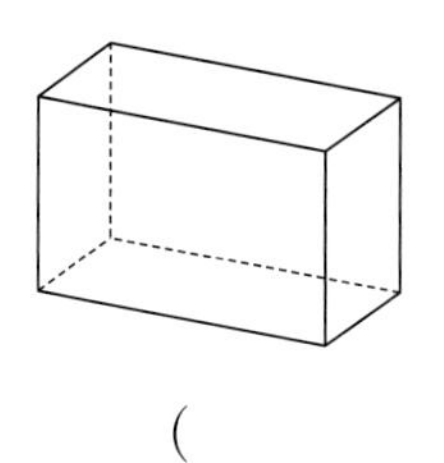

(　　　　　　)

11 정육면체에서 색칠한 면의 네 변의 길이의 합은 몇 cm인가요?

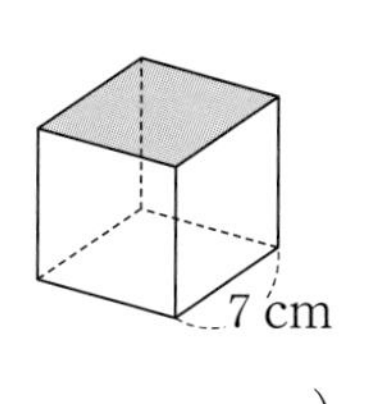

(　　　　　　)

12 오른쪽과 같은 정육면체의 모든 모서리의 길이의 합을 구해 보세요.

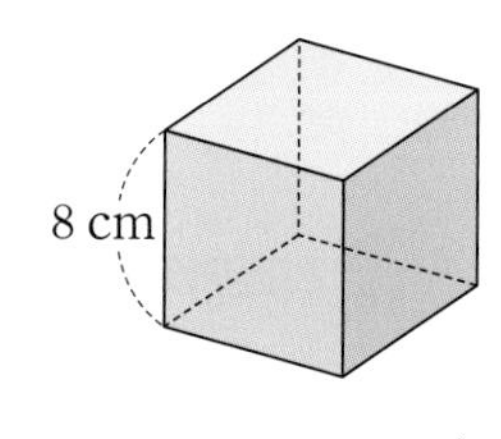

(　　　　　　)

13 직육면체의 겨냥도에서 빠진 부분을 그려 넣어 완성해 보세요.

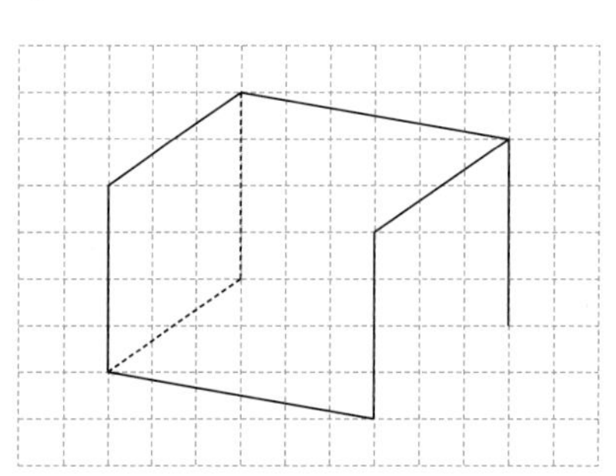

14 직육면체에서 면 ㄱㄴㄷㄹ과 평행한 면을 찾아 써 보세요.

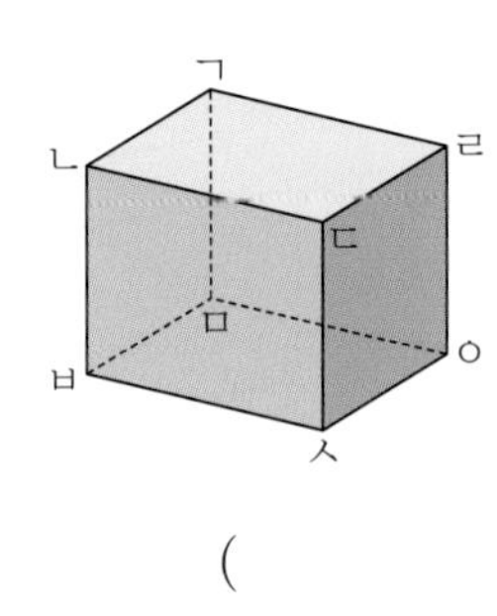

( )

15 직육면체의 성질에 대해 잘못 설명한 것을 찾아 기호를 써 보세요.

㉠ 평행한 면은 모두 3쌍이 있고 각각은 모두 밑면이 될 수 있습니다.
㉡ 한 모서리에서 만나는 두 면은 서로 평행합니다.
㉢ 한 꼭짓점에서 만나는 면은 모두 3개입니다.

( )

16 중요

직육면체의 모든 모서리의 길이의 합을 구해 보세요.

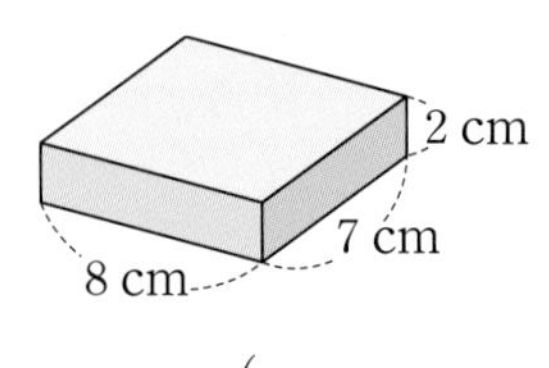

( )

17 정육면체에서 색칠한 면과 수직인 면은 모두 몇 개인지 써 보세요.

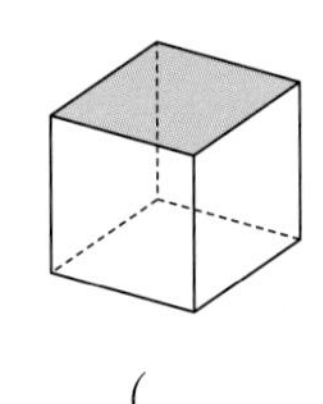

( )

18 정육면체에서 색칠한 면을 본떠 그려 보세요.

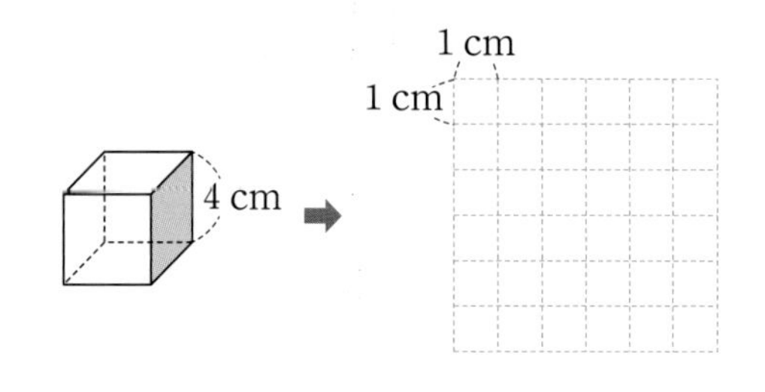

19 직육면체에서 면 ㅁㅂㅅㅇ과 평행한 면의 모서리의 길이의 합은 몇 cm인지 구해 보세요.

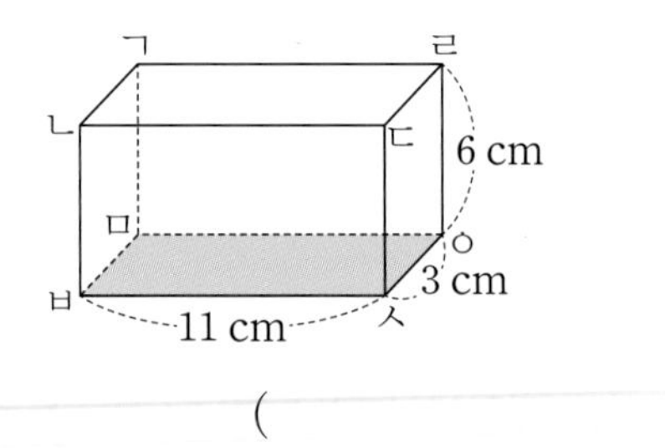

( )

20 효진이와 유리가 직육면체의 빠진 부분을 그려 넣어 직육면체의 겨냥도를 완성하려고 합니다. 빠진 부분을 실선으로만 그려 겨냥도를 완성할 수 있는 사람은 누구인가요?

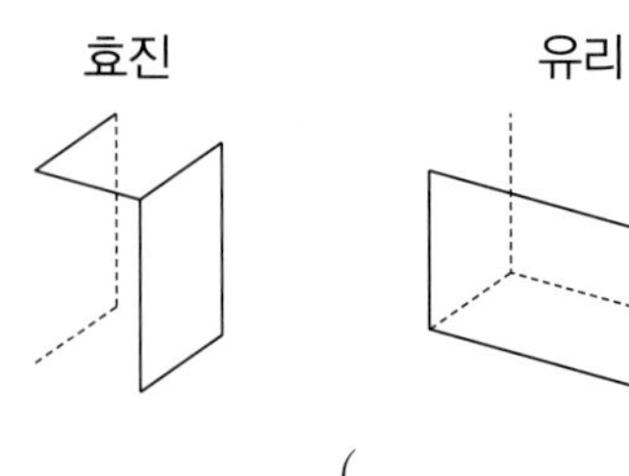

( )

21 직육면체에서 면 ㄴㅂㅅㄷ과 면 ㄷㅅㅇㄹ에 공통으로 수직인 면을 모두 찾아 써 보세요.

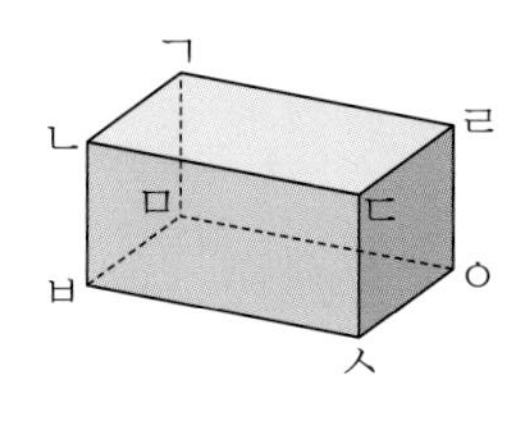

(　　　　　　　　　　　　　　　　　　)

22 오른쪽 그림은 직육면체의 겨냥도를 잘못 그린 것입니다. 그 이유를 써 보세요.

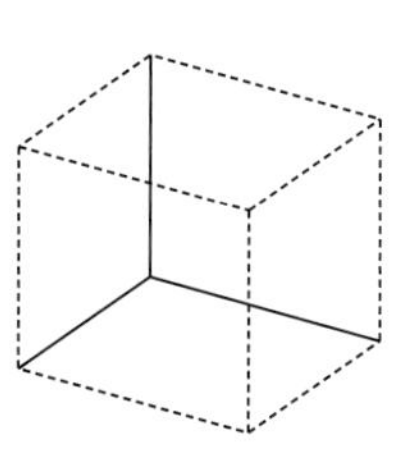

이유 ______________________________

____

23 어려운 문제

직육면체의 꼭짓점 ㉠에서 모서리를 따라 꼭짓점 ㉡까지 가는 가장 가까운 길은 모두 몇 가지인가요?

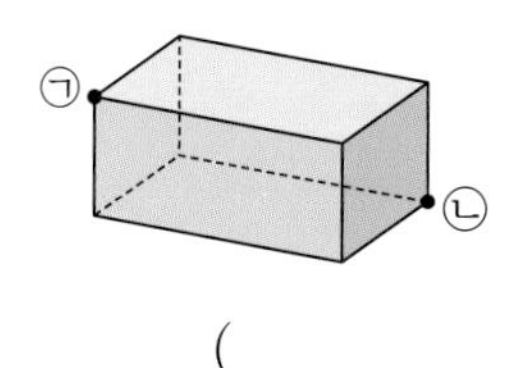

(　　　　　　　　　　　　　　　　　　)

교과서 속 응용 문제

정답과 풀이 33쪽

보이지 않는 모서리의 길이 구하기

직육면체에서 보이지 않는 모서리는 길이가 서로 다른 모서리가 각각 1개씩 있습니다.

24 직육면체에서 보이지 않는 모서리의 길이의 합은 몇 cm인지 구해 보세요.

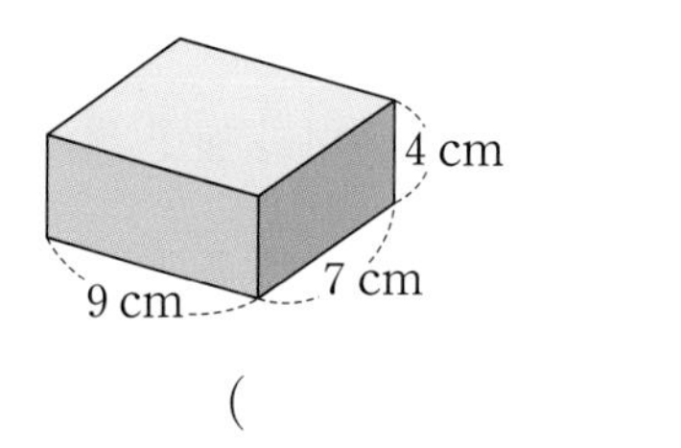

(　　　　　　　　　　　　　　　　　　)

25 직육면체에서 보이지 않는 모서리의 길이의 합은 몇 cm인지 구해 보세요.

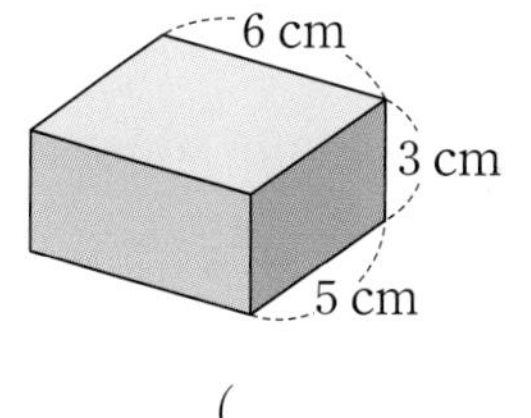

(　　　　　　　　　　　　　　　　　　)

26 오른쪽 직육면체에서 보이지 않는 모서리의 길이의 합은 15 cm입니다. 직육면체에서 보이는 모서리의 길이의 합은 몇 cm인지 구해 보세요.

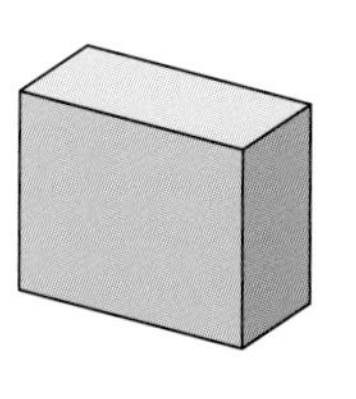

(　　　　　　　　　　　　　　　　　　)

5 단원

개념 5 정육면체의 전개도를 알아볼까요

(1) 정육면체 모양의 상자를 펼치기

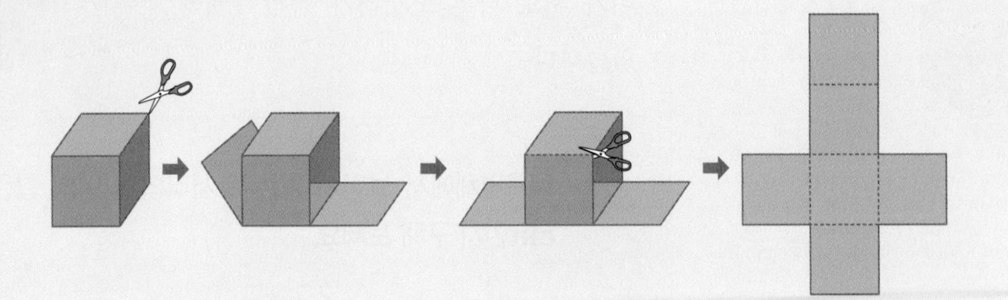

모서리 7군데를 따라 잘라 펼친 모양입니다.

▶ 정육면체의 전개도
자르는 방법에 따라 전개도의 모양은 여러 가지로 달라집니다.

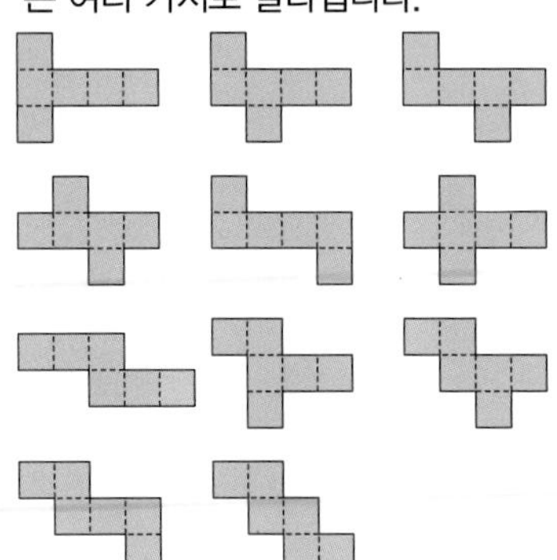

(2) 정육면체의 전개도 알아보기

정육면체의 모서리를 잘라서 펼친 그림을 정육면체의 전개도라고 합니다.

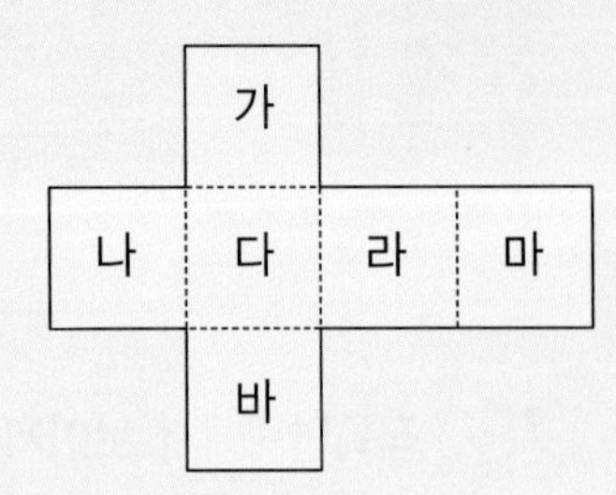

- 정육면체의 전개도에서 잘린 모서리는 실선으로, 잘리지 않은 모서리는 점선으로 그립니다.
  ➡ 정육면체를 펼친 모양에서 잘린 곳은 모두 7군데이고, 정육면체를 만들기 위해 접는 곳은 모두 5군데입니다.
- 접었을 때 서로 평행한 면: 면 가와 면 바, 면 나와 면 라, 면 다와 면 마
- 접었을 때 면 가와 수직인 면: 면 나, 면 다, 면 라, 면 마
  └ 면 가와 평행한 면을 제외한 나머지 면 4개를 찾습니다.

(3) 정육면체의 전개도의 특징

① 정사각형 6개로 이루어져 있습니다.
② 모든 모서리의 길이가 같습니다.
③ 접었을 때 서로 겹치는 부분이 없습니다.
④ 접었을 때 서로 마주 보며 평행한 면이 3쌍 있습니다.
⑤ 접었을 때 겹치는 모서리의 길이가 같습니다.
⑥ 접었을 때 한 면과 수직인 면이 4개입니다.

▶ 정육면체의 전개도의 특징 중 한 가지라도 만족하지 않으면 정육면체의 전개도가 아닙니다.

01 그림을 보고 □ 안에 알맞은 것을 보기 에서 찾아 써넣으세요.

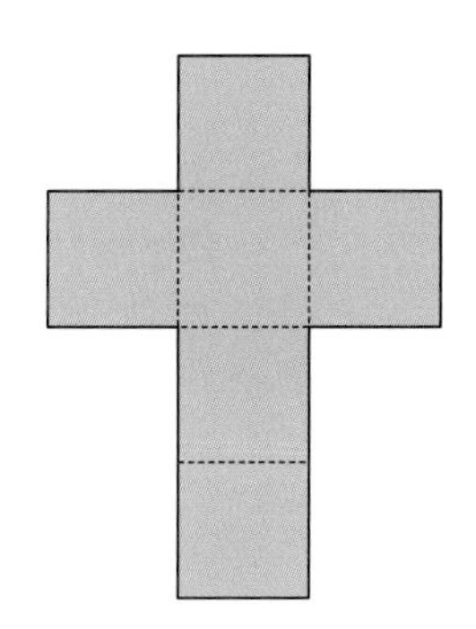

보기

전개도, 겨냥도, 점선, 실선

정육면체의 모서리를 잘라서 펼친 그림을 정육면체의 □(이)라고 합니다. 잘린 모서리는 □으로, 잘리지 않은 모서리는 □으로 그립니다.

02 정육면체의 전개도를 모두 찾아 ○표 하세요.

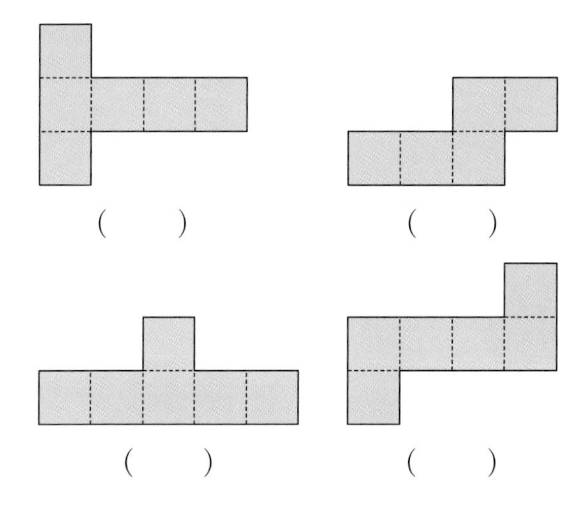

( )　( )

( )　( )

03 전개도를 접어서 정육면체를 만들었을 때, 색칠한 면과 평행한 면에 색칠해 보세요.

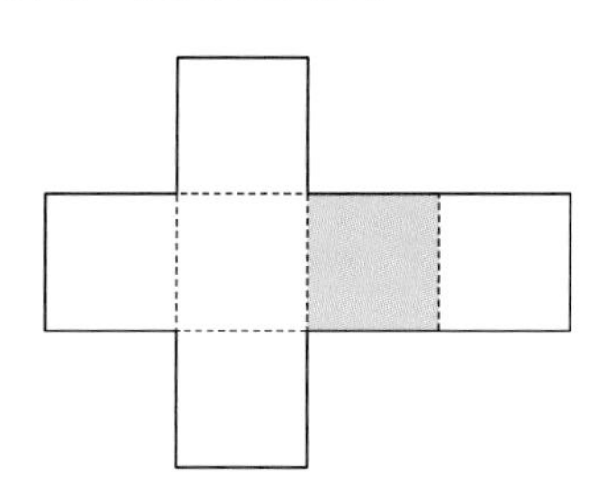

04 전개도를 접어서 정육면체를 만들었을 때, 색칠한 면과 수직인 면에 모두 색칠해 보세요.

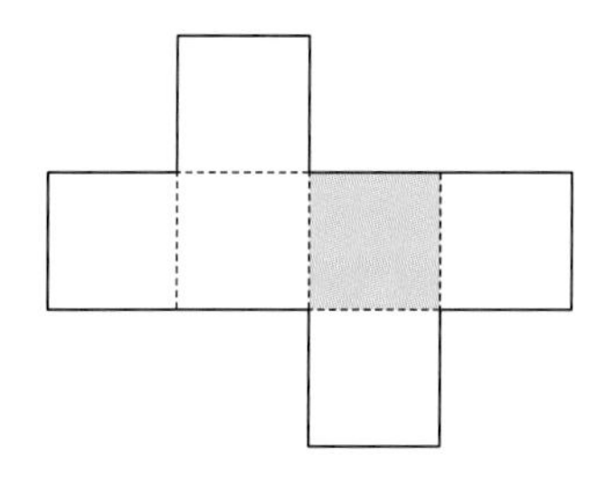

05 정육면체의 전개도에 대한 설명으로 알맞은 것에 ○표 하세요.

- 전개도를 접었을 때 평행한 면은 서로 (마주 보는 , 수직인)면입니다.
- 전개도를 접었을 때 한 면과 수직인 면은 (3 , 4 , 5)개입니다.

교과서 개념 다지기

개념 6 직육면체의 전개도를 알아볼까요

(1) 직육면체 모양의 상자를 펼치기

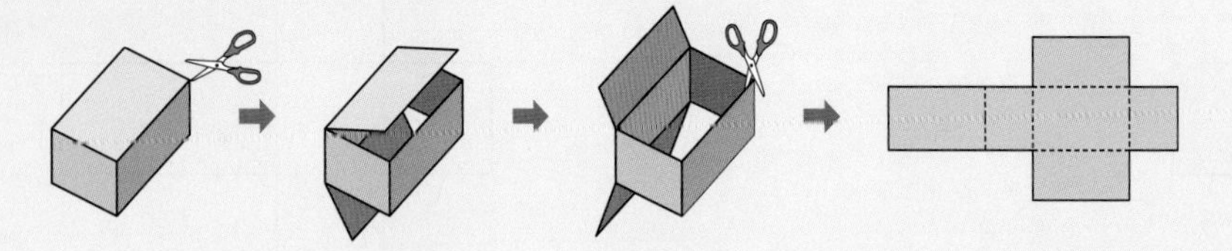

모서리 7군데를 따라 잘라 펼친 모양입니다.

▶ 직육면체의 전개도에서 잘린 모서리는 실선으로, 잘리지 않은 모서리는 점선으로 그립니다.

(2) 직육면체의 전개도 알아보기

직육면체의 모서리를 잘라서 펼친 그림을 직육면체의 전개도라고 합니다.

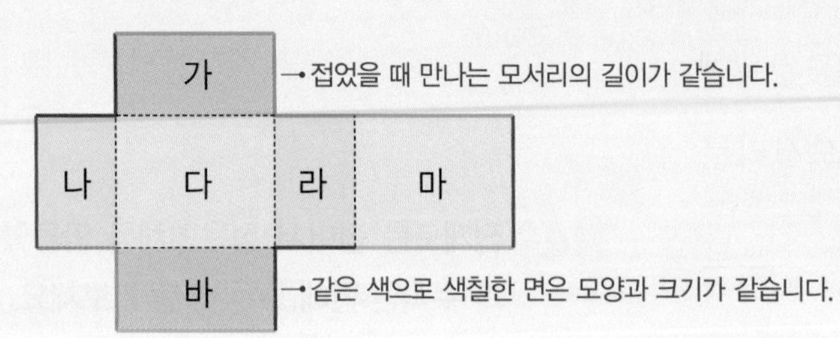
가
→접었을 때 만나는 모서리의 길이가 같습니다.
나
다
라
마
바
→같은 색으로 색칠한 면은 모양과 크기가 같습니다.

- 전개도를 접었을 때 면 가와 면 바, 면 나와 면 라, 면 다와 면 마는 서로 평행합니다.
- 전개도를 접었을 때 한 꼭짓점에서 만나는 모서리는 모두 3개입니다.
- 전개도를 접었을 때 한 꼭짓점에서 만나는 면은 모두 3개입니다.
- 전개도를 접었을 때 면 다에 수직인 면은 면 가, 면 나, 면 바, 면 라입니다.

▶ 직육면체의 전개도에서 한 면과 수직인 면을 찾을 때에는 5개의 면 중에서 평행한 면을 제외한 나머지 4개를 찾습니다.

(3) 직육면체의 전개도와 정육면체의 전개도의 공통점

① 6개의 면으로 이루어져 있습니다.

② 접었을 때 마주 보는 3쌍의 면의 모양과 크기가 서로 같습니다.

③ 접었을 때 한 면에 수직인 면이 4개 있습니다.

④ 완전히 펼치려면 모서리를 7군데 잘라야 합니다.

⑤ 직육면체를 만들 때 다시 접는 곳은 모두 5군데입니다.

(4) 직육면체 전개도를 바르게 그렸는지 확인하기

① 모양과 크기가 같은 면이 3쌍 있는지 확인합니다.

② 접었을 때 겹치는 면이 없는지 확인합니다.

③ 접었을 때 만나는 모서리의 길이가 같은지 확인합니다.

▶ 직육면체의 전개도를 그릴 때 모서리를 어떤 방법으로 자르는지에 따라 여러 가지 방법으로 그릴 수 있습니다.

06 그림을 보고 □ 안에 알맞은 것을 보기 에서 찾아 써넣으세요.

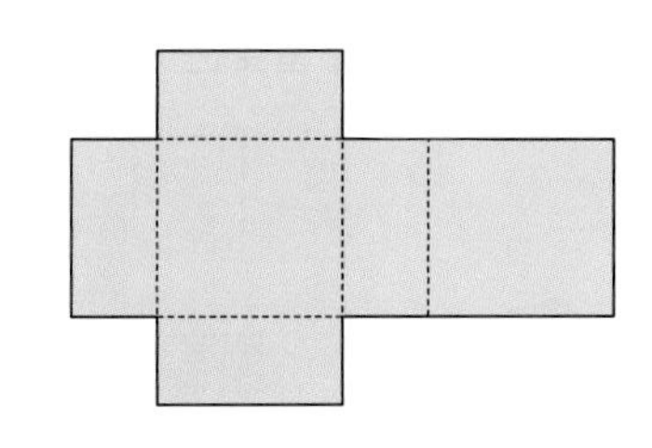

보기

전개도, 겨냥도, 3, 6

직육면체의 모서리를 잘라서 펼친 그림을 직육면체의 □라고 합니다. 바르게 그린 전개도에는 모양과 크기가 같은 면이 □쌍 있습니다.

07 직육면체의 전개도가 아닌 것을 찾아 ×표 하세요.

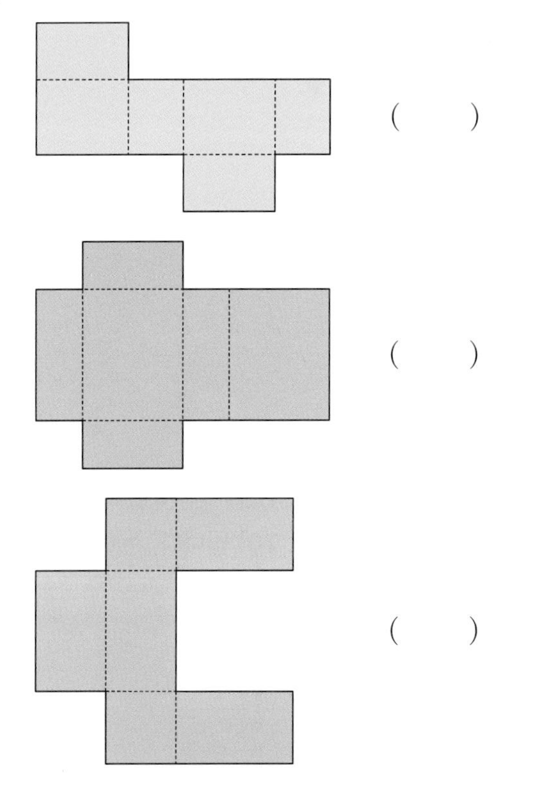

(　　)

(　　)

(　　)

08 전개도를 접어서 직육면체를 만들었을 때, 색칠한 면과 평행한 면에 색칠해 보세요.

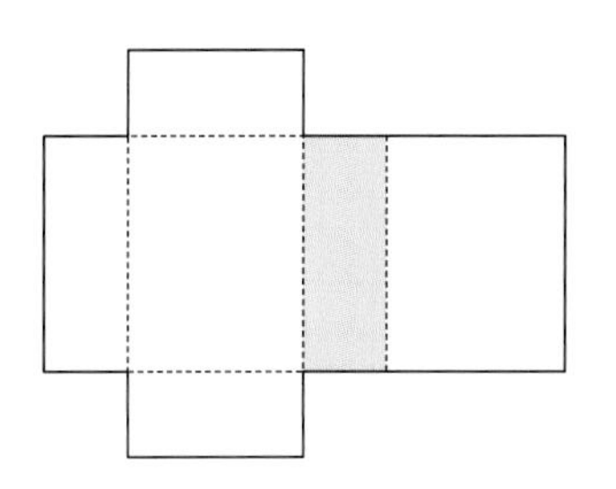

09 전개도를 접어서 직육면체를 만들었을 때, 색칠한 면과 수직인 면에 모두 색칠해 보세요.

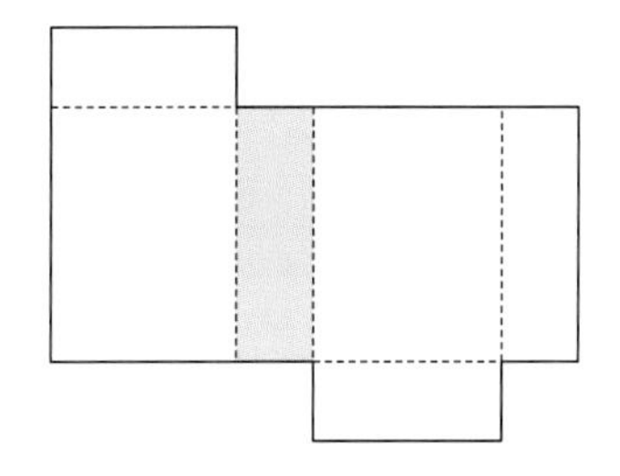

10 직육면체의 전개도를 정확하게 그렸는지 확인하는 방법으로 알맞은 것에 ○표 하세요.

바르게 그린 직육면체의 전개도에는 모양과 크기가 같은 면이 (3 , 4 , 5)쌍 있습니다.
접었을 때 겹치는 면이 (있고 , 없고),
만나는 모서리의 길이가 (같습니다 , 다릅니다).

27 정육면체의 전개도를 완성해 보세요.

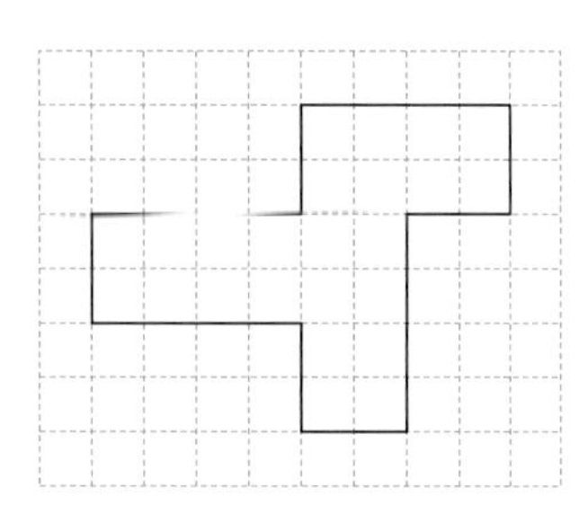

28 전개도를 접었을 때, 면 바와 수직인 면을 모두 찾아 써 보세요.

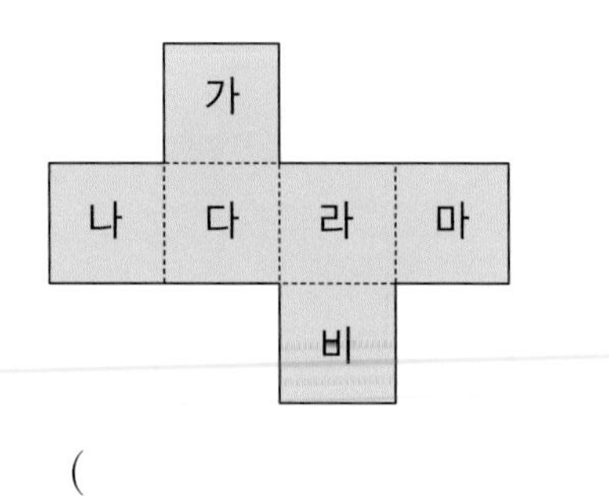

(　　　　　　　　　　　　)

29 정육면체의 전개도를 모두 찾아 기호를 써 보세요.

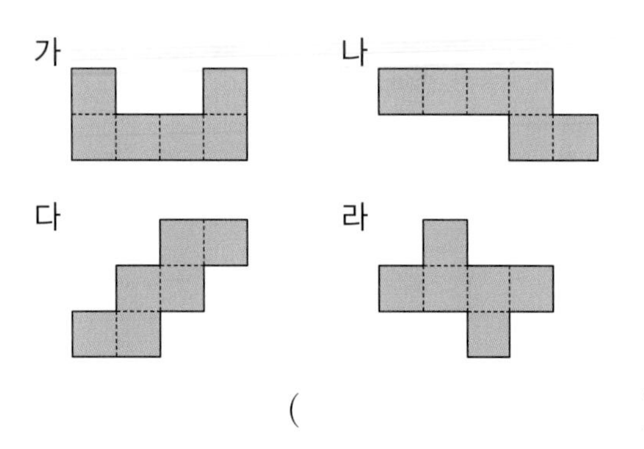

(　　　　　　　　　　　　)

30 정육면체의 모서리를 잘라서 정육면체의 전개도를 만들었습니다. □ 안에 알맞은 기호를 써넣으세요.

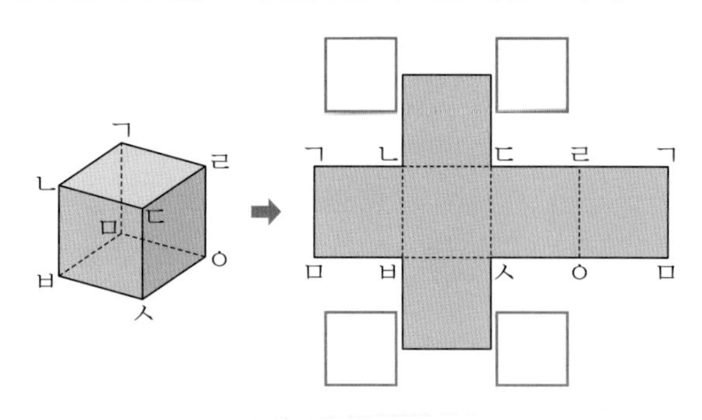

31 정육면체의 전개도를 접었을 때 서로 평행한 면에 같은 기호를 그려 넣으려고 합니다. 빈칸에 알맞은 기호를 그려 넣으세요.

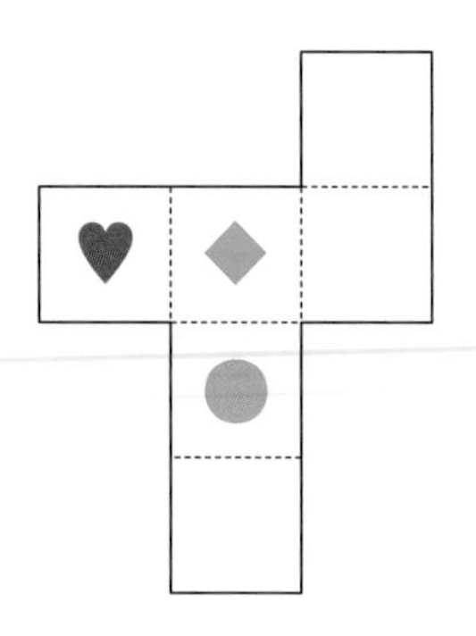

32 중요 정육면체의 전개도를 접었을 때 서로 마주 보는 면에 그려진 눈의 수의 합이 7이 됩니다. ㉠에 알맞은 주사위 눈의 수를 구해 보세요.

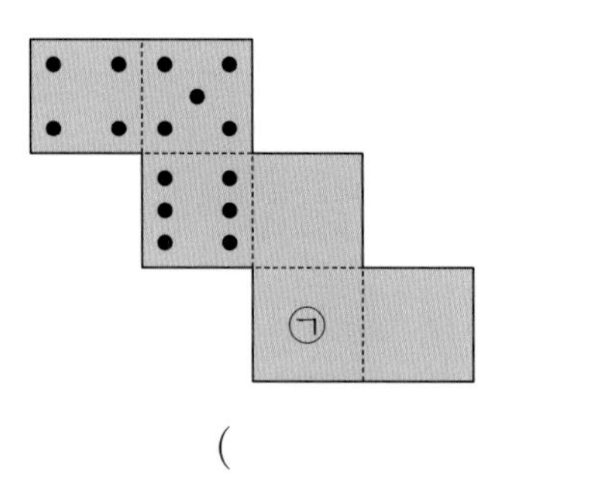

(　　　　　　　　　　　　)

33 주사위의 전개도를 접었을 때, 서로 마주 보는 눈의 수의 합은 7입니다. 주사위의 6의 눈과 수직인 면의 눈의 수의 합을 구해 보세요.

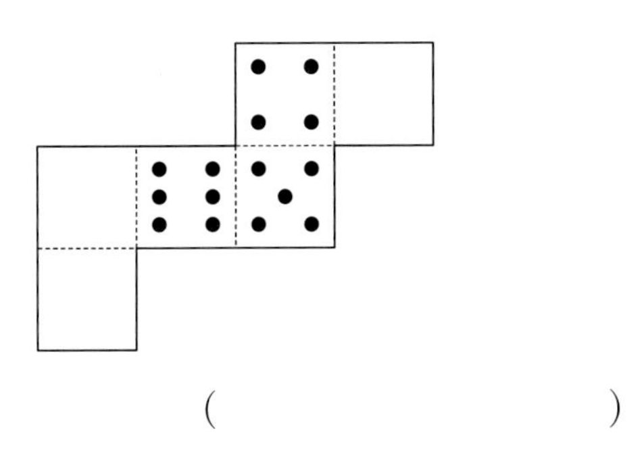

(　　　　　　　　　　)

34 직육면체의 전개도를 그린 것입니다. □ 안에 알맞은 수를 써넣으세요.

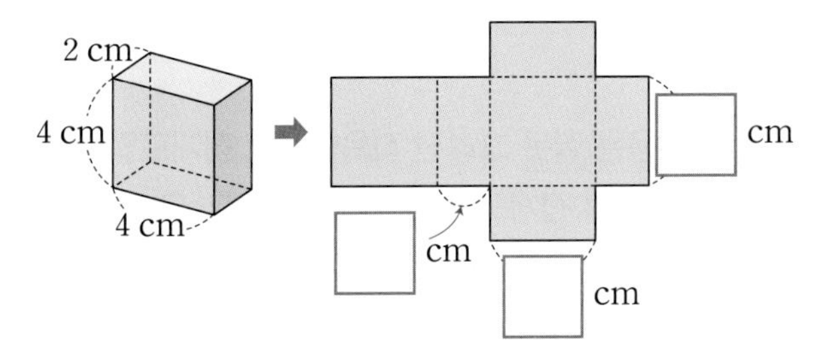

35 전개도를 접어서 직육면체를 만들었을 때 점 ㄱ과 만나는 점을 보기 에서 모두 찾아 써 보세요.

중요

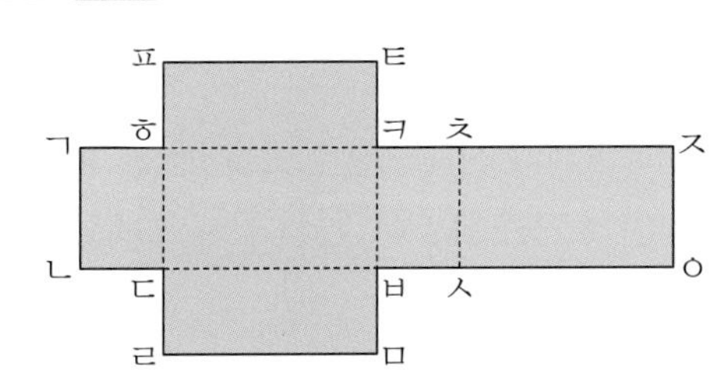

보기

점 ㄹ	점 ㅈ	점 ㅊ
점 ㅋ	점 ㅌ	점 ㅍ

(　　　　　　　　　　)

36 전개도를 접어서 직육면체를 만들었습니다. 물음에 답하세요.

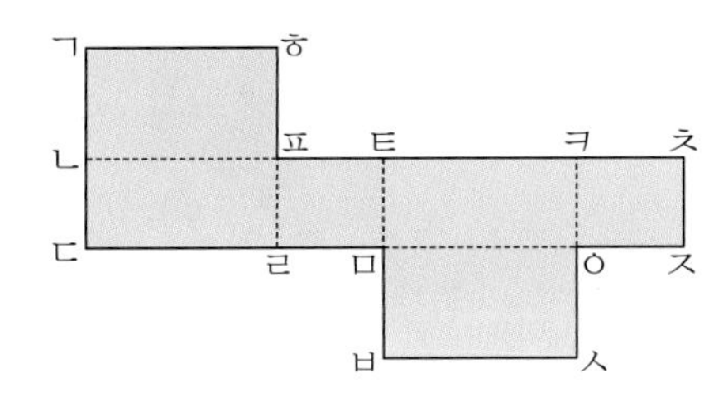

(1) 선분 ㄱㅎ과 겹치는 선분을 찾아 써 보세요.

(　　　　　　　　　　)

(2) 점 ㄷ과 만나는 점을 모두 찾아 써 보세요.

(　　　　　　　　　　)

37 직육면체의 전개도에는 모양과 크기가 같은 면이 모두 몇 쌍인지 써 보세요.

(　　　　　　　　　　)

38 전개도를 접어서 직육면체를 만들 때 초록색 선분과 겹치는 선분에 색칠해 보세요.

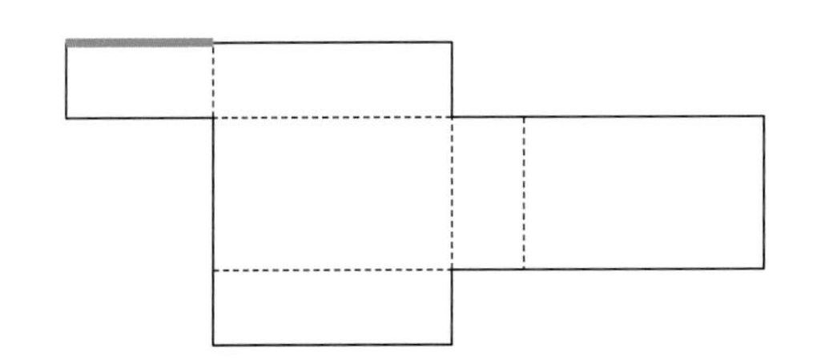

39 직육면체를 보고 전개도를 완성해 보세요.

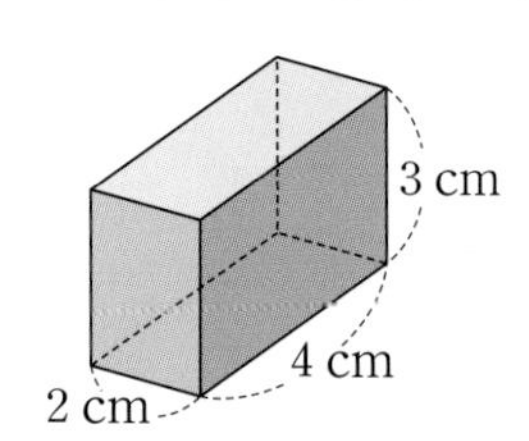

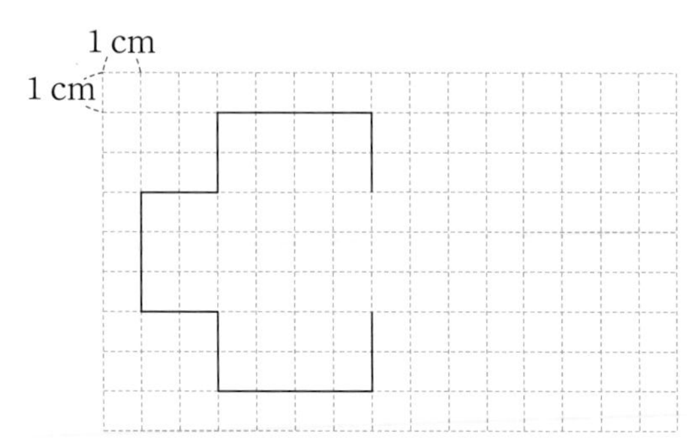

40 전개도를 접어서 직육면체를 만들었을 때 모든 모서리의 길이의 합은 몇 cm인지 구해 보세요.

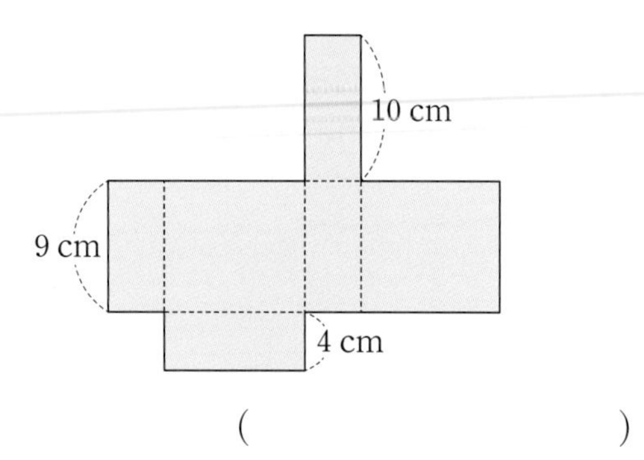

(　　　　　　　　)

41 중요 직육면체의 전개도입니다. 면 가의 넓이는 몇 cm^2인지 구해 보세요.

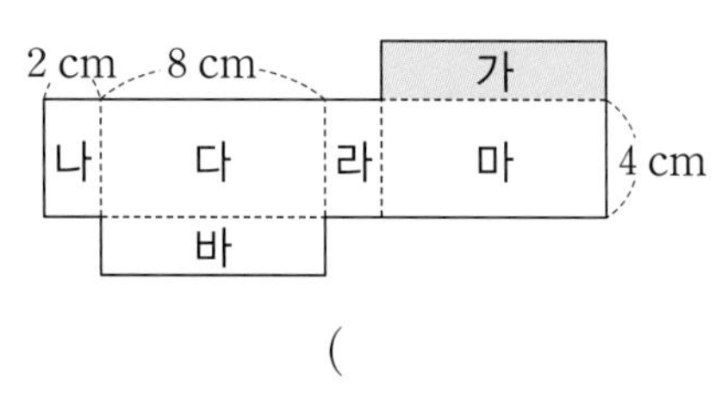

(　　　　　　　　)

42 직육면체의 겨냥도를 보고 전개도를 그려 보세요.

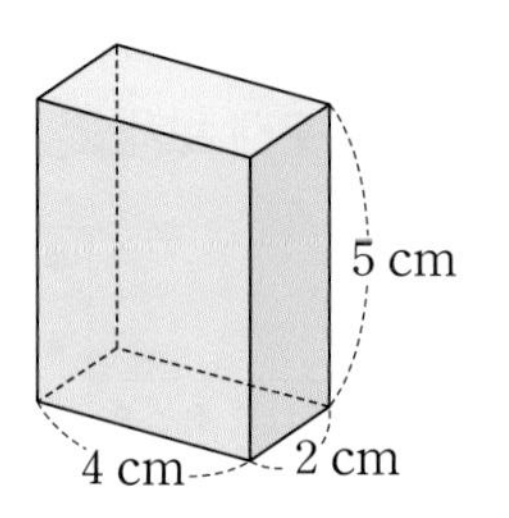

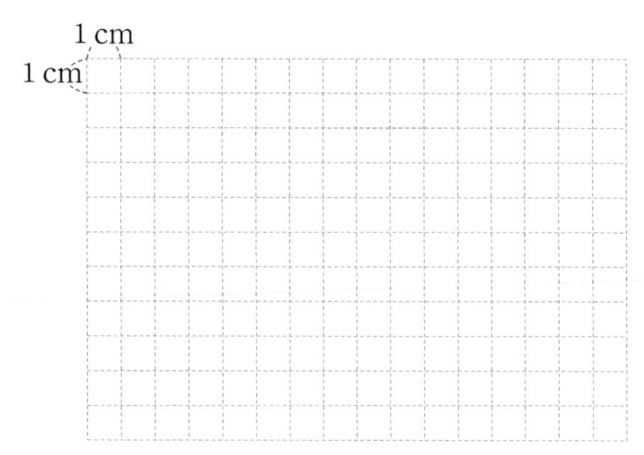

43 다음은 잘못 그려진 직육면체의 전개도입니다. 면 1개를 옮겨 전개도를 바르게 그려 보세요.

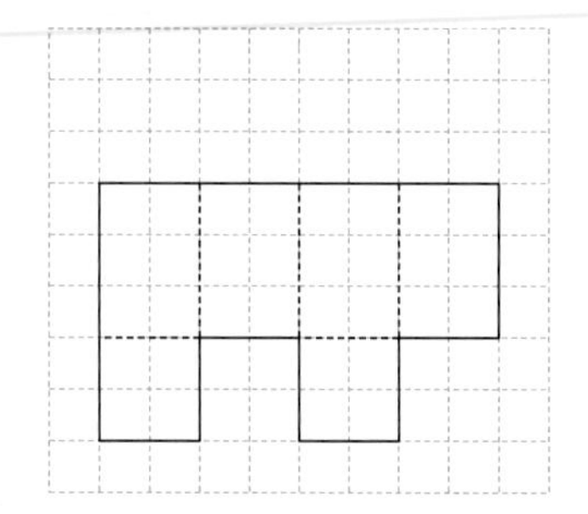

44 어려운 문제 직육면체의 전개도를 접었을 때 면 가와 수직인 면의 넓이의 합은 몇 cm^2인지 구해 보세요.

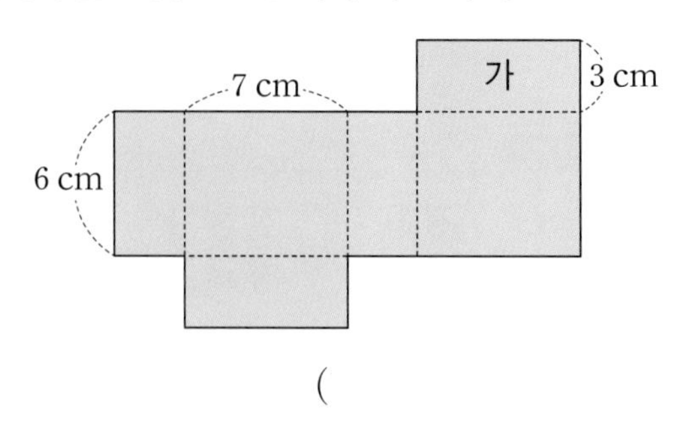

(　　　　　　　　)

정답과 풀이 35쪽

직육면체의 전개도

마주 보는 3쌍의 면의 모양과 크기가 서로 같고, 접었을 때 만나는 모서리의 길이가 같으며 겹치는 면이 없습니다.

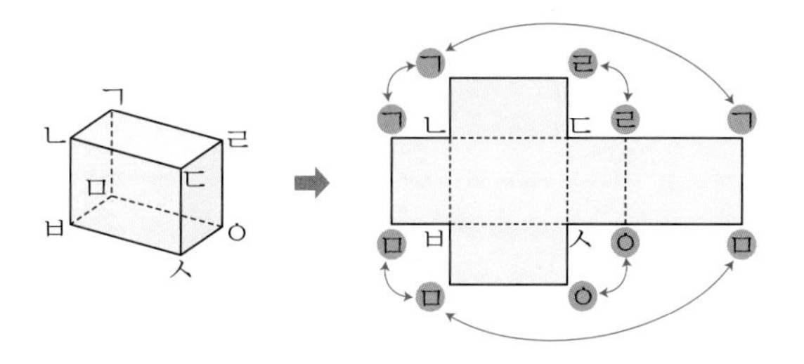

전개도에 무늬 그려 넣기

무늬가 있는 면 3개가 한 꼭짓점에서 만나도록 전개도에 무늬를 그려 넣습니다.

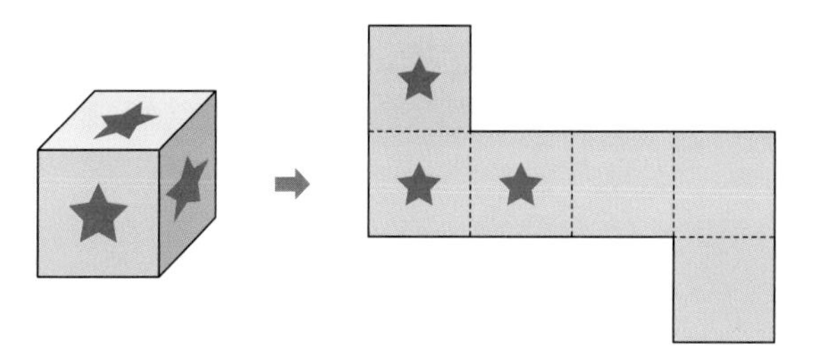

45 직육면체의 전개도가 아닌 이유를 바르게 설명한 사람은 누구인가요?

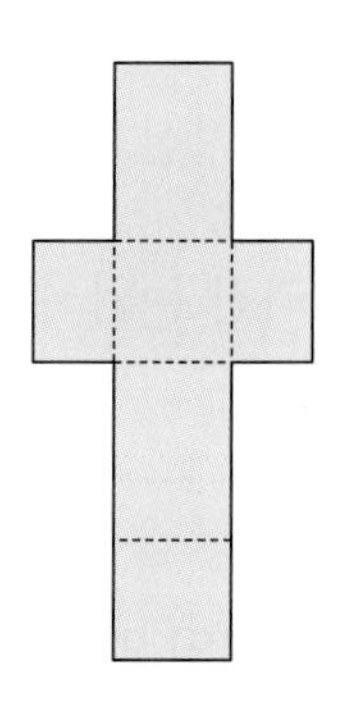

• 정민: 면의 모양과 크기가 모두 같지 않아.
• 수혁: 접었을 때 만나는 모서리의 길이가 달라.

(　　　　　　　　　　)

46 면 1개만 옮겨서 정육면체의 전개도가 될 수 있도록 그려 보세요.

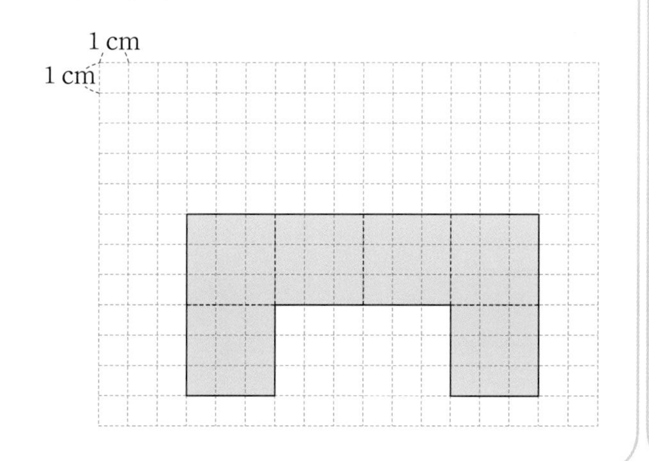

47 그림과 같이 세 면이 칠해진 정육면체를 만들 수 있도록 전개도에서 노란색으로 칠해야 하는 면의 기호를 써 보세요.

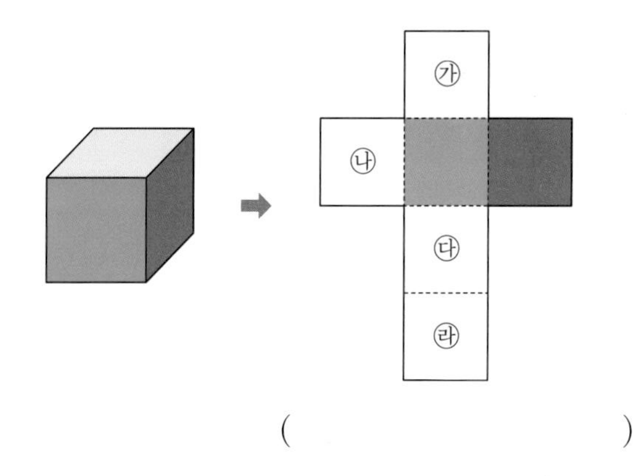

(　　　　　　　　　　)

48 그림과 같이 무늬 3개가 그려져 있는 정육면체를 만들 수 있도록 전개도에 무늬 1개를 그려 넣으세요.

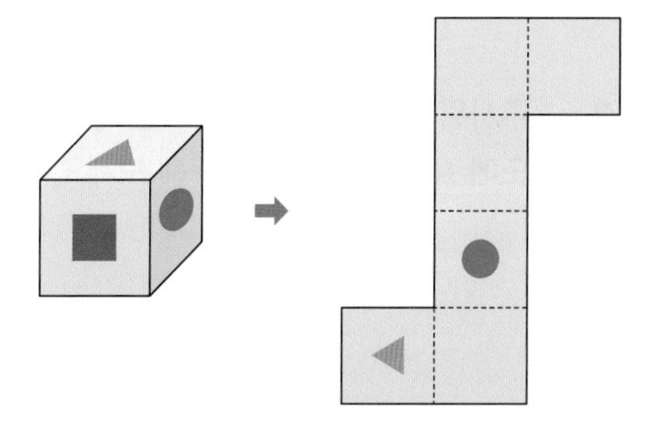

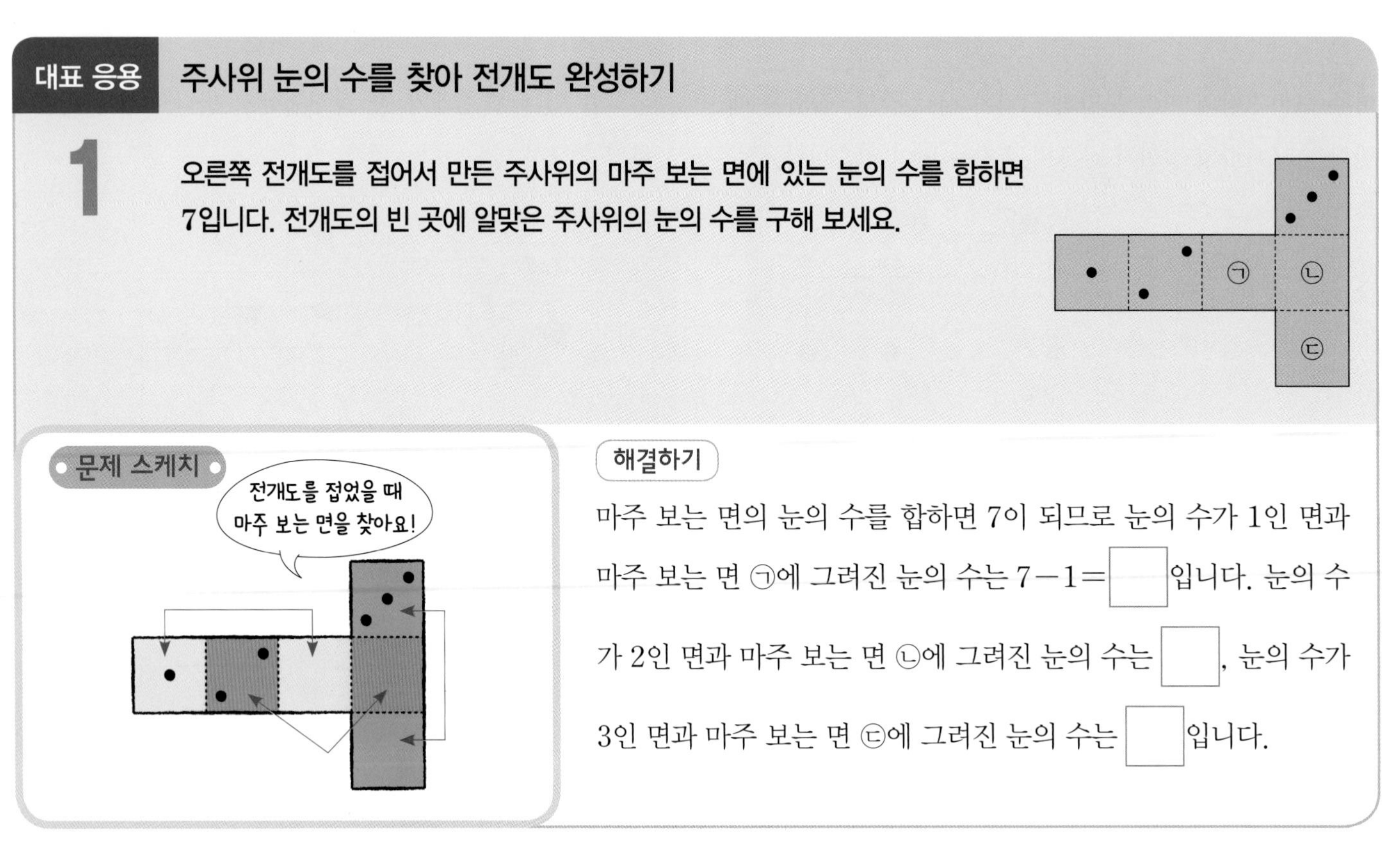

대표 응용 **주사위 눈의 수를 찾아 전개도 완성하기**

1 오른쪽 전개도를 접어서 만든 주사위의 마주 보는 면에 있는 눈의 수를 합하면 7입니다. 전개도의 빈 곳에 알맞은 주사위의 눈의 수를 구해 보세요.

문제 스케치

전개도를 접었을 때 마주 보는 면을 찾아요!

해결하기

마주 보는 면의 눈의 수를 합하면 7이 되므로 눈의 수가 1인 면과 마주 보는 면 ㉠에 그려진 눈의 수는 $7-1=$ ☐입니다. 눈의 수가 2인 면과 마주 보는 면 ㉡에 그려진 눈의 수는 ☐, 눈의 수가 3인 면과 마주 보는 면 ㉢에 그려진 눈의 수는 ☐입니다.

1-1 주사위의 마주 보는 면에 있는 눈의 수를 합하면 7입니다. 전개도에 눈의 수가 4인 면과 수직인 면을 모두 찾아 주사위의 눈을 그려 넣으세요.

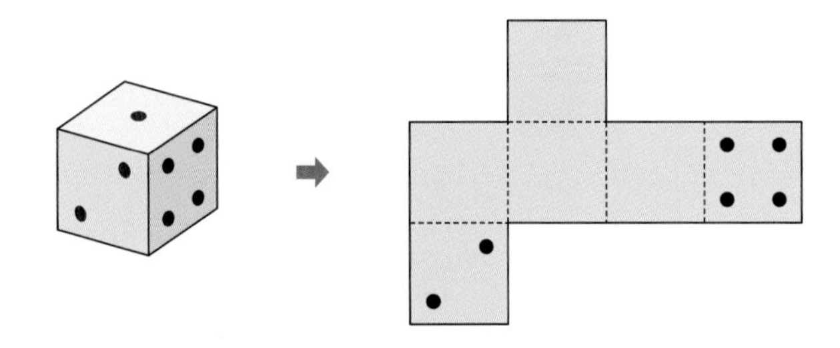

1-2 주사위의 마주 보는 면에 있는 눈의 수를 합하면 7입니다. 1의 눈이 그려진 면과 수직인 면의 눈의 수를 숫자로 전개도에 표시하고 그 합을 구해 보세요.

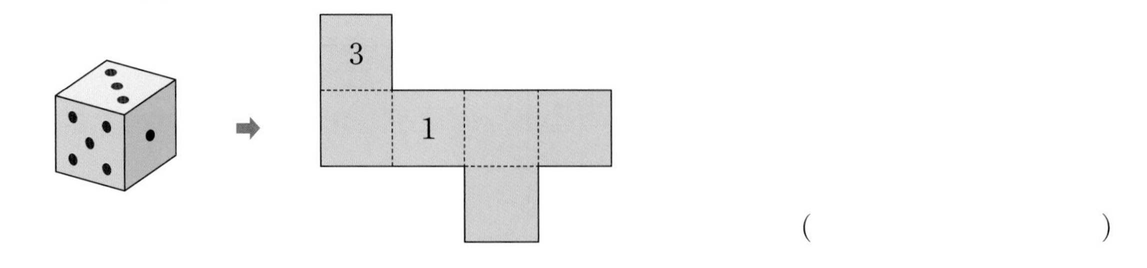

(　　　　　　　　)

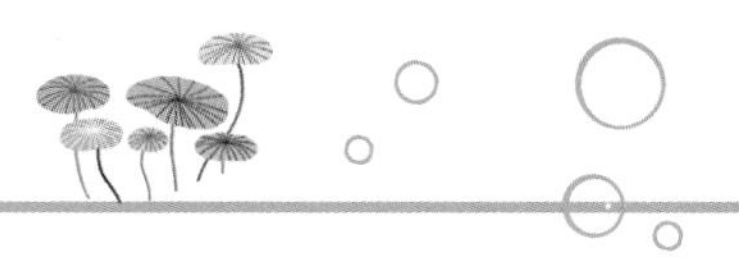

대표 응용 직육면체의 전개도에 선 긋기

2 그림과 같이 직육면체의 면에 선을 그었습니다. 이 직육면체의 모서리를 잘라 전개도를 펼쳤을 때 전개도에 나타나는 선을 바르게 그어 보세요.

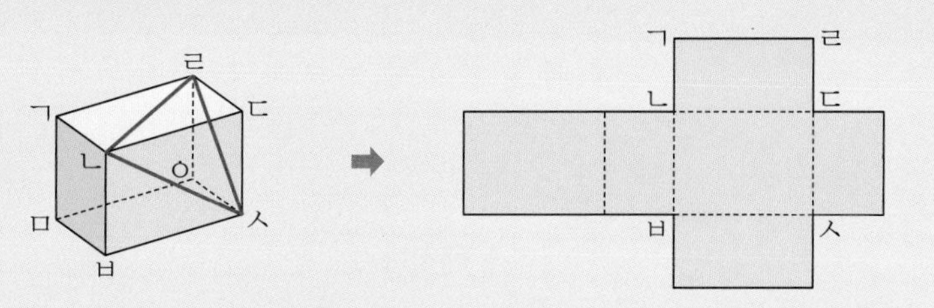

문제 스케치

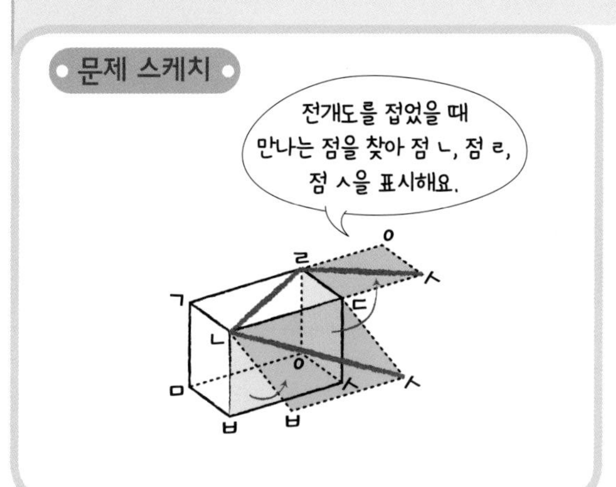

전개도를 접었을 때 만나는 점을 찾아 점 ㄴ, 점 ㄹ, 점 ㅅ을 표시해요.

해결하기

전개도를 접었을 때 만나는 점을 찾고 선분을 긋습니다.

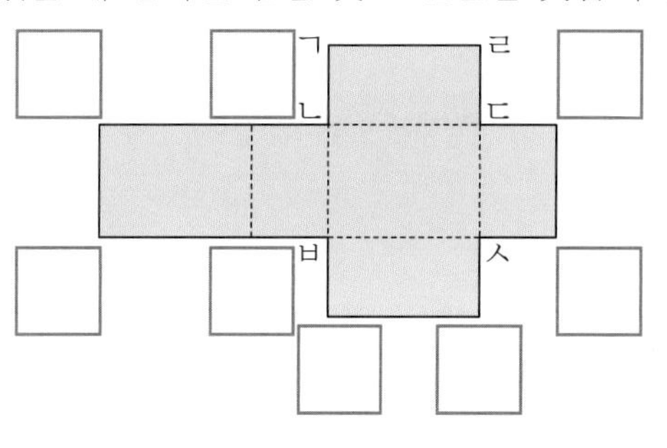

2-1 전개도를 접어서 정육면체를 만들었을 때 정육면체에 나타나는 선을 바르게 그어 보세요.

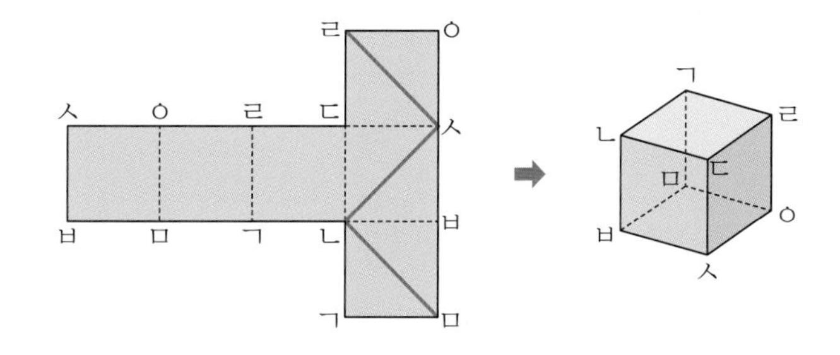

2-2 그림과 같이 정육면체에 선을 그었습니다. □ 안에 알맞은 기호를 써넣고 전개도에 나타나는 선을 바르게 그어 보세요.

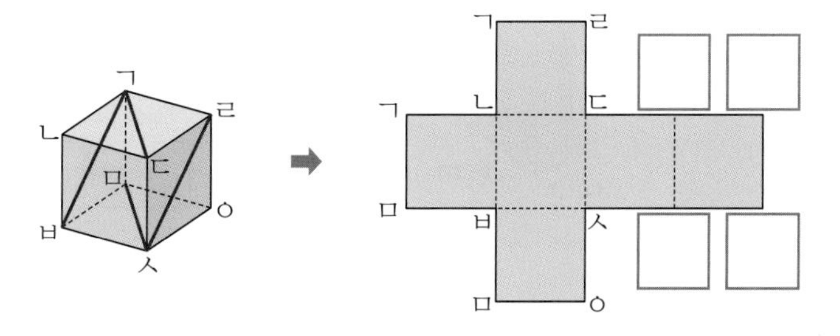

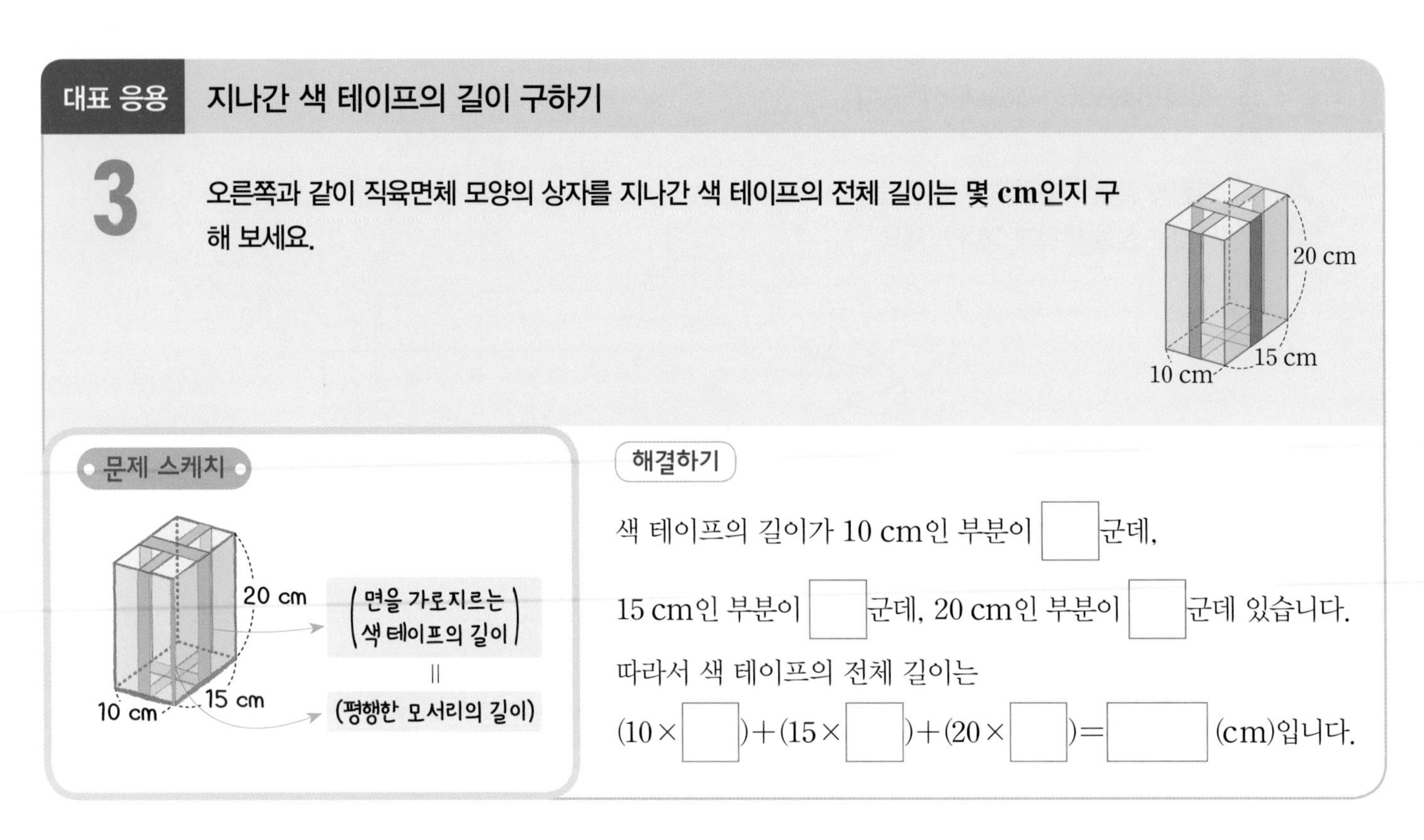

대표 응용 지나간 색 테이프의 길이 구하기

3 오른쪽과 같이 직육면체 모양의 상자를 지나간 색 테이프의 전체 길이는 몇 cm인지 구해 보세요.

문제 스케치

해결하기

색 테이프의 길이가 10 cm인 부분이 □군데,

15 cm인 부분이 □군데, 20 cm인 부분이 □군데 있습니다.

따라서 색 테이프의 전체 길이는

$(10\times\square)+(15\times\square)+(20\times\square)=\square$(cm)입니다.

3-1 오른쪽과 같이 직육면체 모양의 상자를 지나간 색 테이프의 전체 길이는 몇 cm인지 구해 보세요.

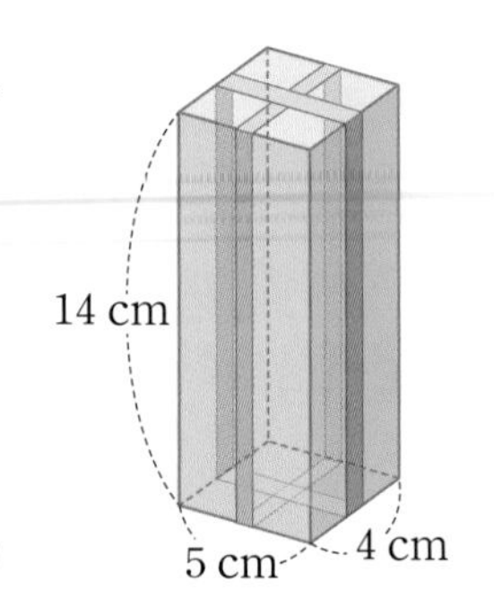

(　　　　　　　　　　)

3-2 직육면체 모양의 상자 위를 지나간 색 테이프의 자리를 전개도에 나타내고, 색 테이프의 전체 길이는 몇 cm인지 구해 보세요.

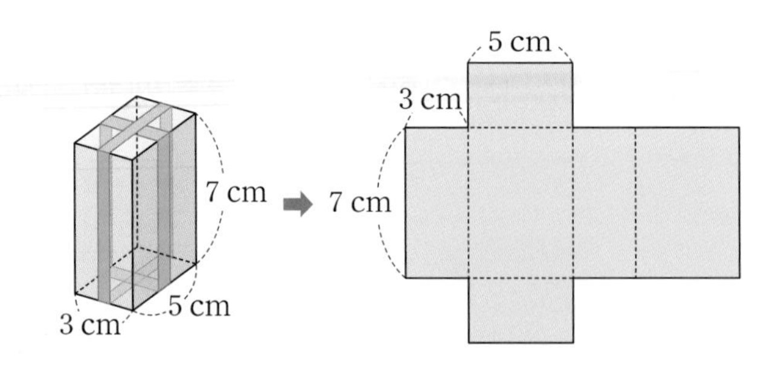

(　　　　　　　　　　)

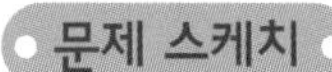

대표 응용 직육면체를 쌓아서 정육면체 만들기

4 오른쪽과 같은 직육면체를 빈틈없이 여러 개 쌓아서 정육면체를 만들려고 합니다. 만들 수 있는 가장 작은 정육면체의 한 모서리의 길이는 몇 cm인지 구해 보세요.

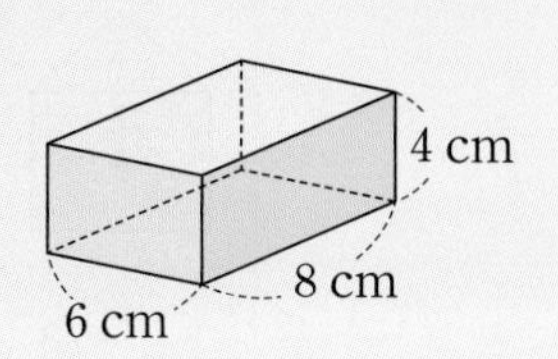

문제 스케치

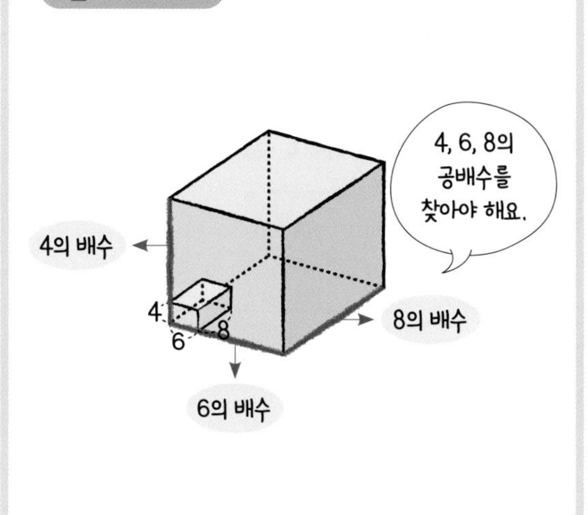

해결하기

가장 작은 정육면체의 한 모서리의 길이는 직육면체의 세 모서리의 길이의 (최대공약수 , 최소공배수)와 같습니다.

4의 배수: 4, 8, 12, ☐, ☐, ☐……

6의 배수: 6, 12, ☐, ☐……

8의 배수: 8, ☐, ☐……

4, 6, 8의 최소공배수는 ☐이므로 만들 수 있는 가장 작은 정육면체의 한 모서리의 길이는 ☐cm입니다.

4-1 오른쪽과 같은 직육면체를 빈틈없이 여러 개 쌓아서 가장 작은 정육면체를 만들었습니다. 만든 정육면체의 한 면의 넓이는 몇 cm^2인지 구해 보세요.

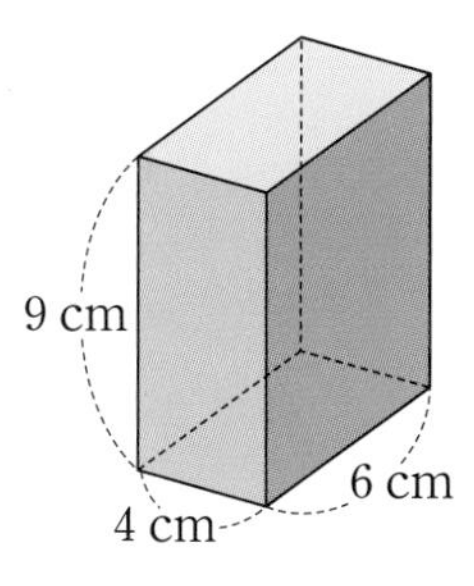

(　　　　　　　　)

5 단원

4-2 오른쪽과 같은 직육면체를 빈틈없이 여러 개 쌓아서 가장 작은 정육면체를 만들었습니다. 만든 정육면체의 모든 모서리의 길이의 합은 몇 cm인지 구해 보세요.

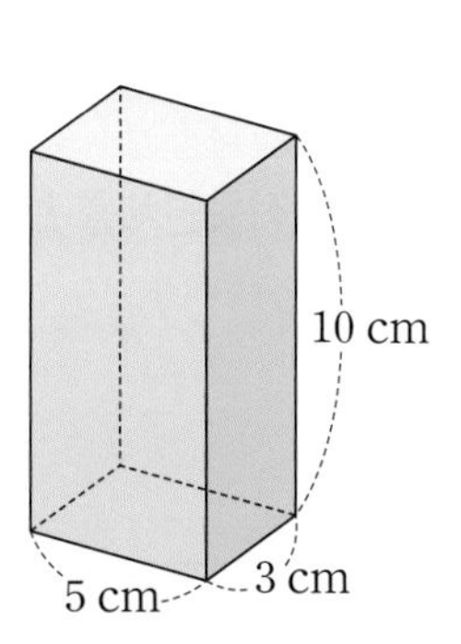

(　　　　　　　　)

01 직육면체를 모두 찾아 ○표 하세요.

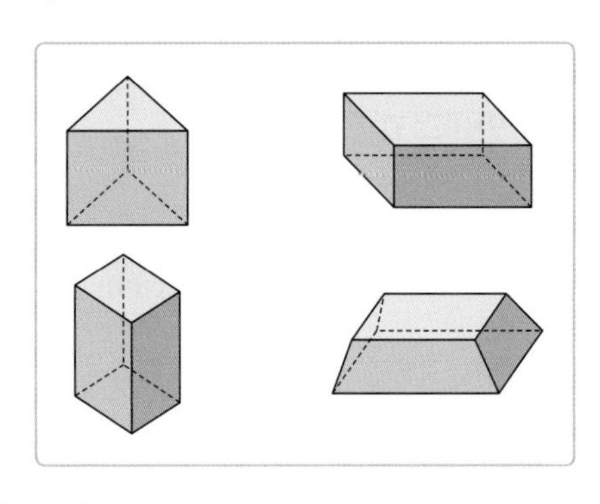

02 직육면체에서 선분 ㄷㅅ과 평행한 모서리의 길이의 합은 몇 cm인지 구해 보세요.

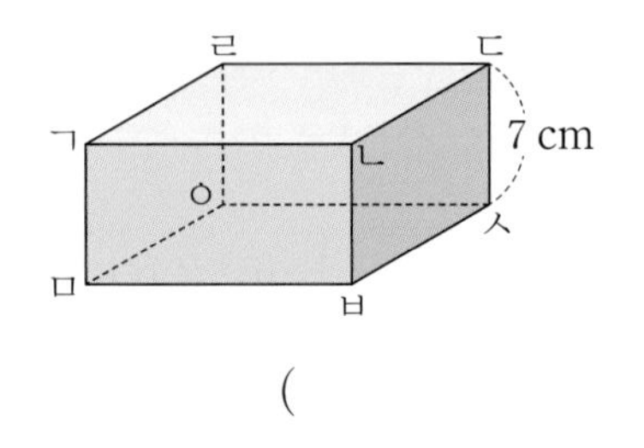

(   )

03 정육면체의 한 모서리의 길이가 3 cm일 때, 정육면체의 한 면의 넓이는 몇 cm^2인지 구해 보세요.

(   )

04 직육면체를 보고 표를 완성해 보세요.

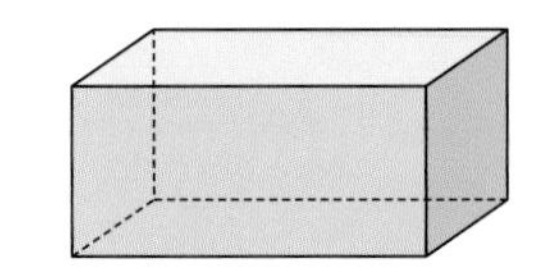

보이는 모서리의 수(개)	보이지 않는 모서리의 수(개)

05 직육면체와 정육면체에 대한 설명으로 옳은 것은 어느 것인가요? (   )

① 직육면체의 모서리는 8개입니다.
② 정육면체는 직육면체라고 할 수 있습니다.
③ 정육면체의 모서리의 길이는 서로 다릅니다.
④ 정육면체와 직육면체의 면의 수는 다릅니다.
⑤ 정육면체의 두 밑면은 서로 수직입니다.

06 직육면체의 겨냥도를 바르게 그린 것에 ○표 하세요.

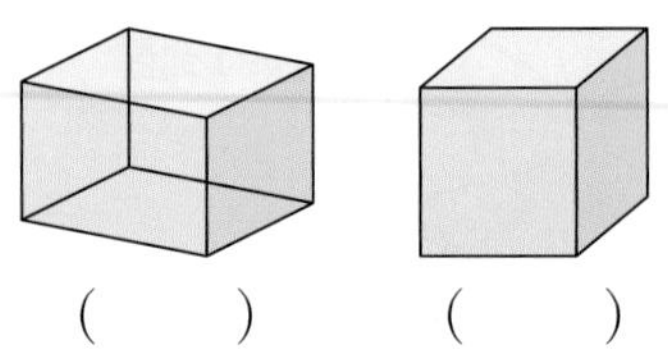
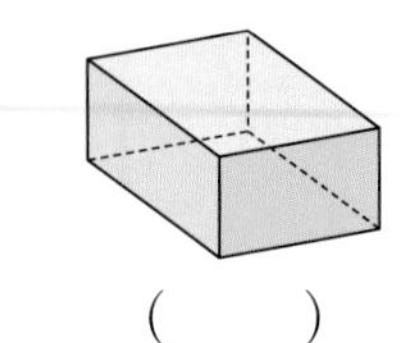

(   ) (   ) (   )

07 직육면체의 겨냥도를 잘못 그린 그림입니다. 겨냥도를 바르게 그려 보세요.

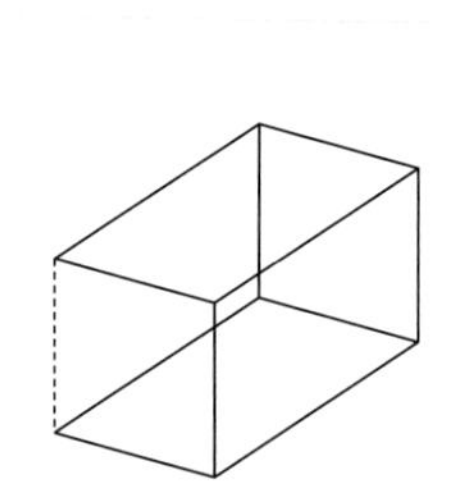

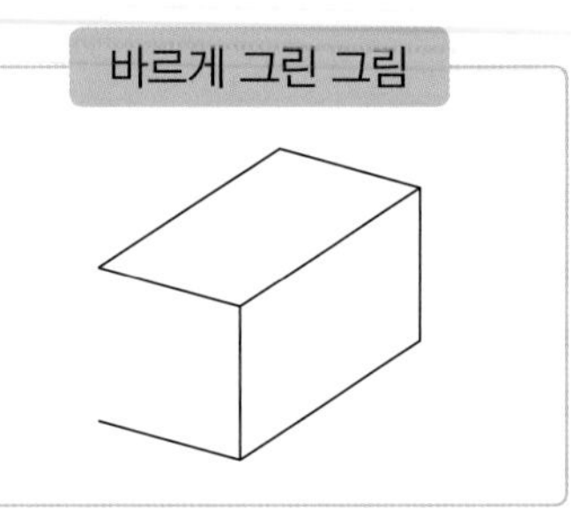

08 직육면체에서 보이지 않는 모서리의 길이의 합은 몇 cm인지 구해 보세요.

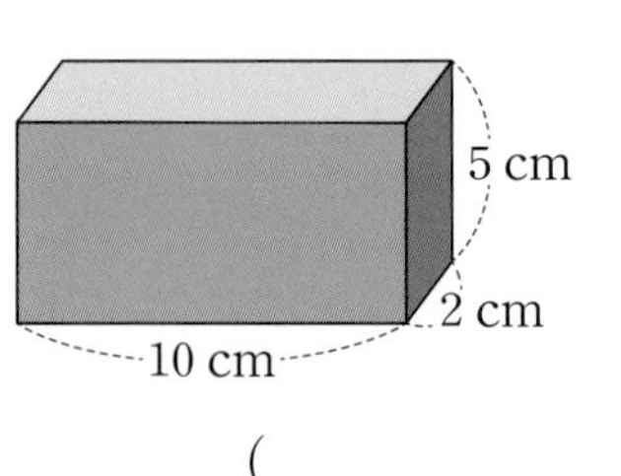

(   )

09 직육면체에서 면 ㄷㅅㅇㄹ과 평행한 면을 찾아 써 보세요.

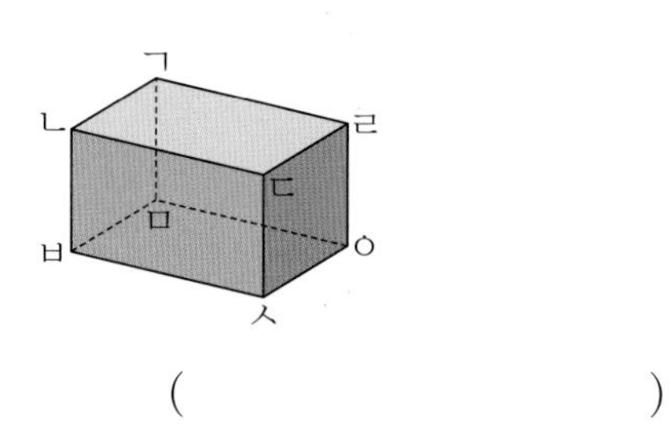

(   )

10 직육면체에서 면 ㄱㅁㅇㄹ과 수직인 면이 아닌 것은 어느 것인가요? (   )

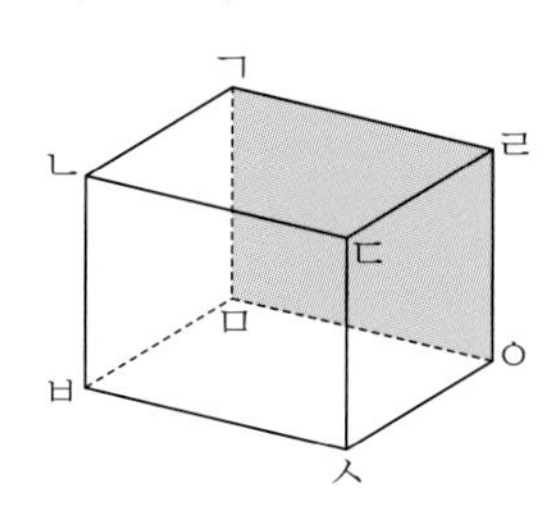

① 면 ㄱㄴㄷㄹ
② 면 ㅁㅂㅅㅇ
③ 면 ㄴㅂㅅㄷ
④ 면 ㄷㅅㅇㄹ
⑤ 면 ㄴㅂㅁㄱ

11 중요 직육면체에서 두 면의 관계가 서로 다른 것을 찾아 기호를 써 보세요.

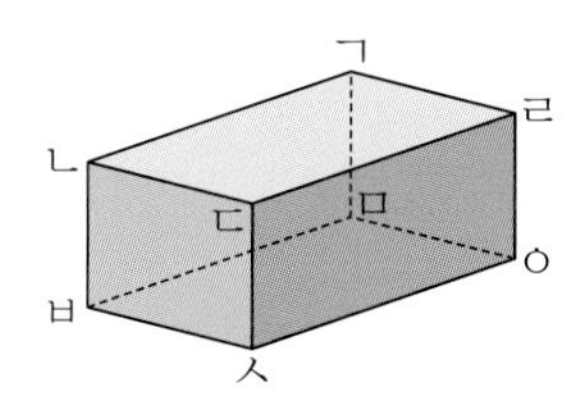

㉠ 면 ㄱㄴㄷㄹ과 면 ㄱㄴㅂㅁ
㉡ 면 ㄴㅂㅅㄷ과 면 ㄱㅁㅇㄹ
㉢ 면 ㄷㅅㅇㄹ과 면 ㅁㅂㅅㅇ

(   )

12 어려운 문제 오른쪽과 같이 직육면체 모양의 상자를 지나간 색 테이프의 전체 길이는 몇 cm인지 구해 보세요.

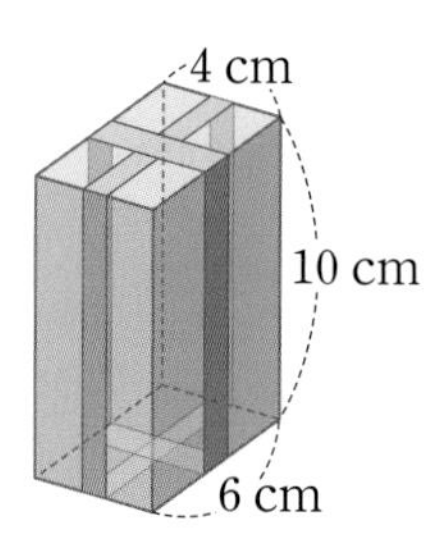

(   )

13 정육면체의 전개도를 완성해 보세요.

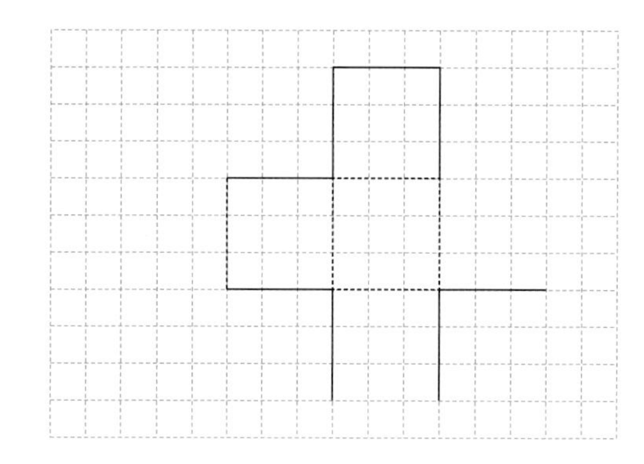

14 다음은 정육면체를 펼친 모양입니다. 빠진 부분을 그려 넣어 완성해 보세요.

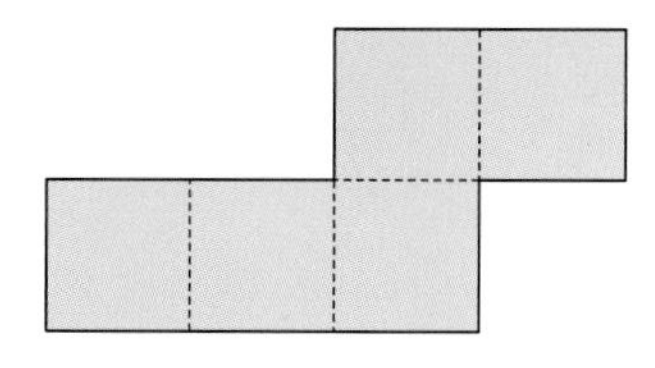

15 직육면체와 전개도를 보고 □ 안에 알맞은 수를 써넣으세요.

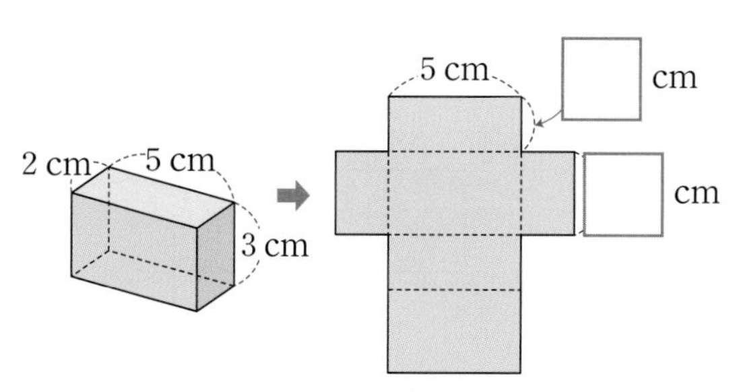

5 단원

16 직육면체의 전개도를 보고 서로 평행한 면끼리 이어 보세요.

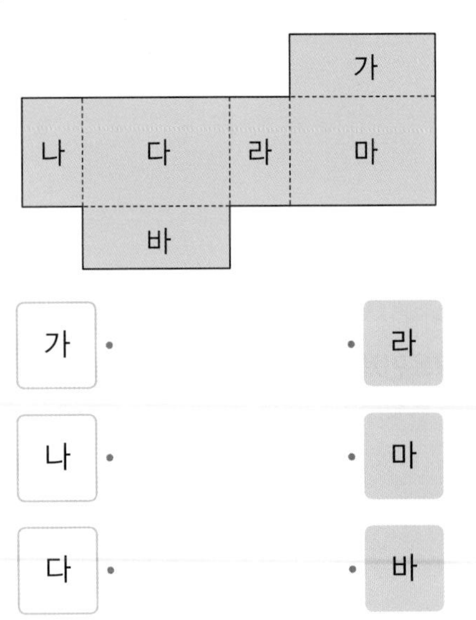

17 직육면체의 전개도를 접었을 때 면 다와 수직인 면을 모두 찾아 써 보세요.

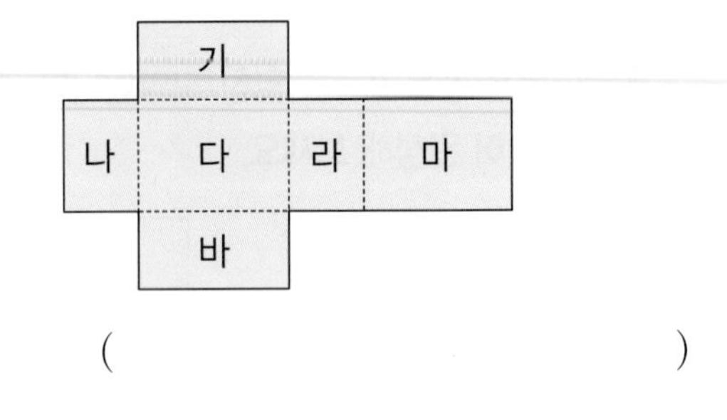

(　　　　　　　　　　　　　　)

18 중요 전개도를 접어서 정육면체를 만들었을 때 평행한 두 면의 수의 합이 각각 7이 되도록 알맞은 수를 써넣으세요.

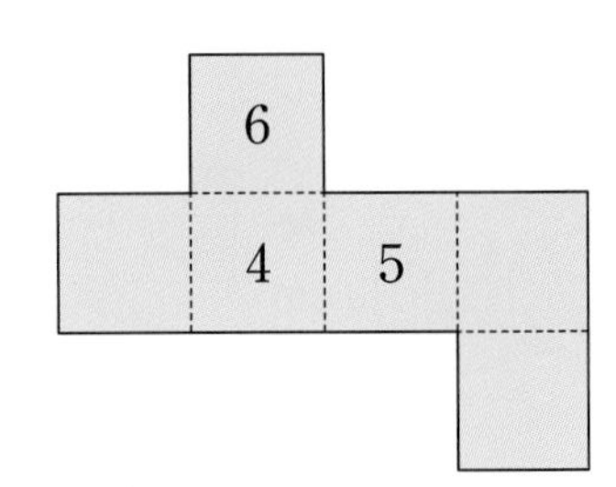

서술형 문제

19 직육면체에서 면 ㄱㄴㅂㅁ과 평행한 면의 모서리의 길이의 합은 몇 cm인지 풀이 과정을 쓰고 답을 구해 보세요.

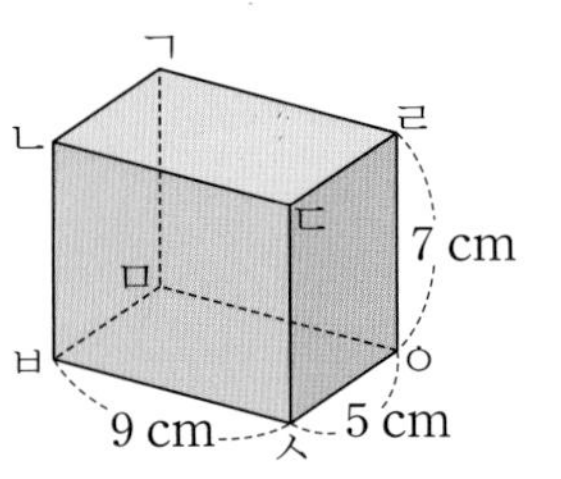

풀이

답

20 직육면체의 전개도를 접었을 때 면 ㉮와 평행한 면을 찾아 색칠하고, 면 ㉮와 평행한 면의 네 변의 길이의 합은 몇 cm인지 풀이 과정을 쓰고 답을 구해 보세요.

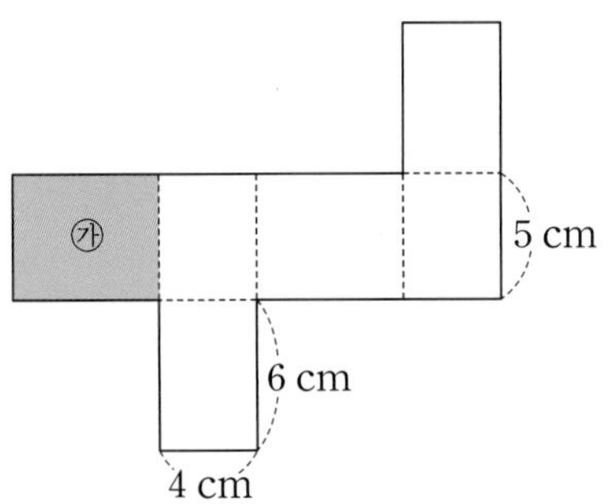

풀이

답

정답과 풀이 38쪽

01 직육면체에 대해 바르게 설명한 것에 ○표, 아닌 것에 ×표 하세요.

(1) 직육면체에서 모서리의 수는 면의 수의 2배입니다.
( )

(2) 직육면체에서 면의 모양은 모두 합동인 직사각형입니다.
( )

(3) 직육면체는 마주 보는 면이 서로 평행합니다.
( )

02 직육면체와 정육면체의 차이점을 모두 찾아 기호를 써 보세요.

㉠ 꼭짓점의 수	㉡ 모서리의 수
㉢ 면의 모양	㉣ 모서리의 길이

( )

03 모서리의 길이의 합이 72 cm인 정육면체의 한 모서리의 길이는 몇 cm인지 구해 보세요.

( )

04 오른쪽 직육면체의 겨냥도에서 보이는 면, 보이는 모서리, 보이는 꼭짓점의 수를 써 보세요.

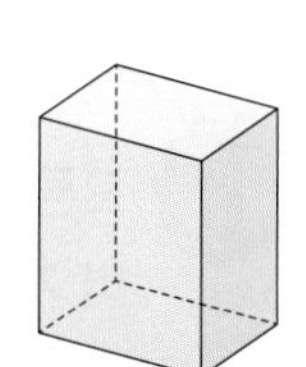

보이는 면의 수(개)	보이는 모서리의 수(개)	보이는 꼭짓점의 수(개)

05 그림에서 빠진 부분을 그려 넣어 정육면체의 겨냥도를 완성해 보세요.

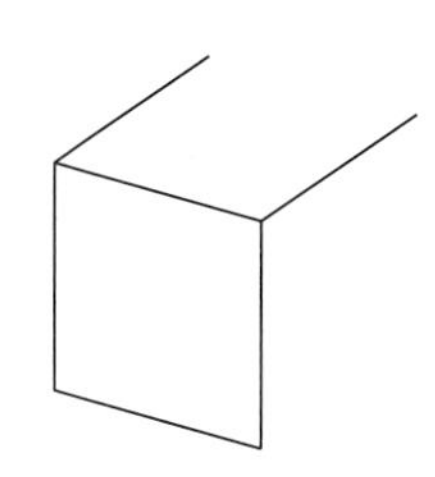

06 직육면체에서 보이지 않는 모서리의 길이의 합은 몇 cm인지 구해 보세요.
중요

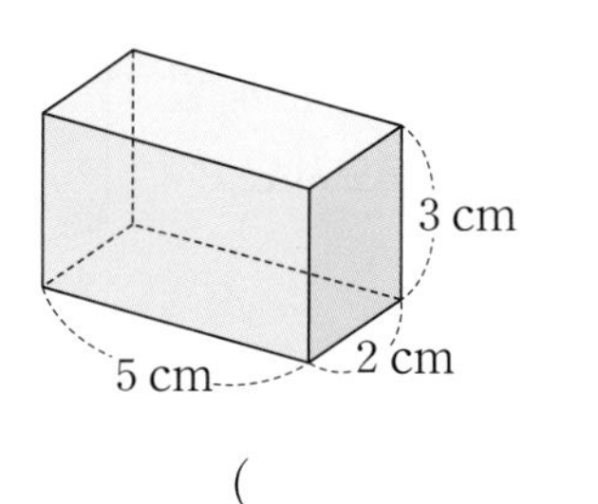

( )

07 직육면체의 면 중 가장 넓은 면의 넓이는 몇 cm^2인지 구해 보세요.

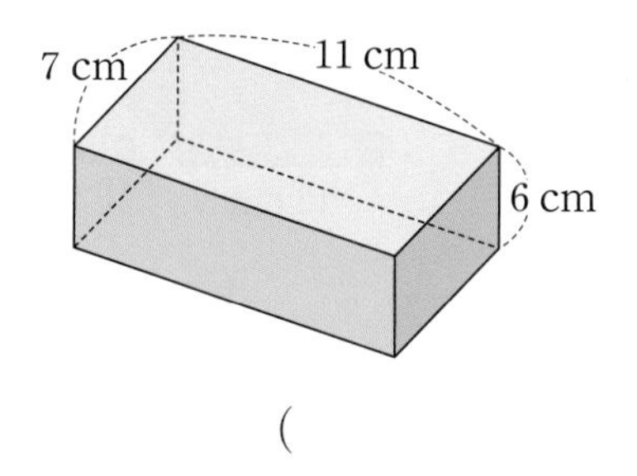

( )

08 오른쪽 직육면체에서 보이는 모서리의 길이의 합은 몇 cm인지 구해 보세요.

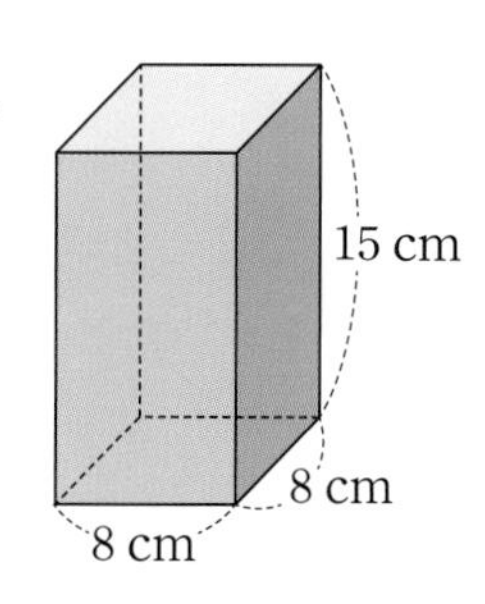

( )

09 정육면체에서 색칠한 부분의 넓이가 $36\ cm^2$일 때 모든 모서리의 길이의 합은 몇 cm인지 구해 보세요.

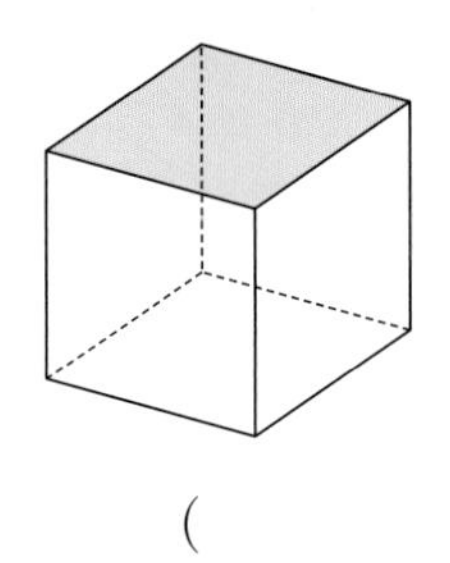

(　　　　　　　　　　)

10 오른쪽 직육면체의 모든 모서리의 길이의 합이 60 cm일 때 □ 안에 알맞은 수를 써넣으세요.

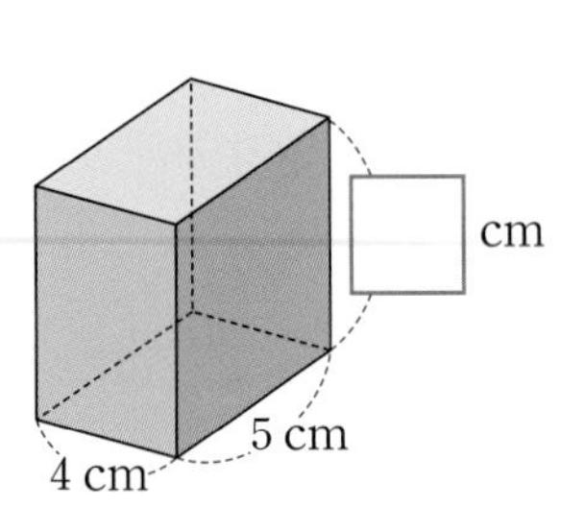

11 다음 직육면체와 모든 모서리의 길이의 합이 같은 정육면체를 만들려고 합니다. 정육면체의 한 모서리의 길이는 몇 cm인지 구해 보세요.

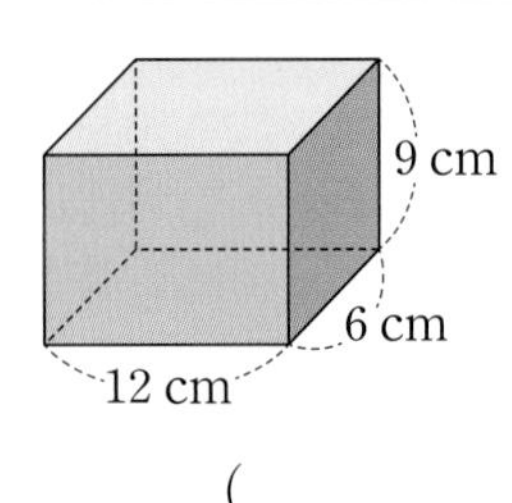

(　　　　　　　　　　)

12 직육면체에서 모든 모서리의 길이의 합이 48 cm일 때, 가장 짧은 모서리의 길이는 몇 cm인가요?

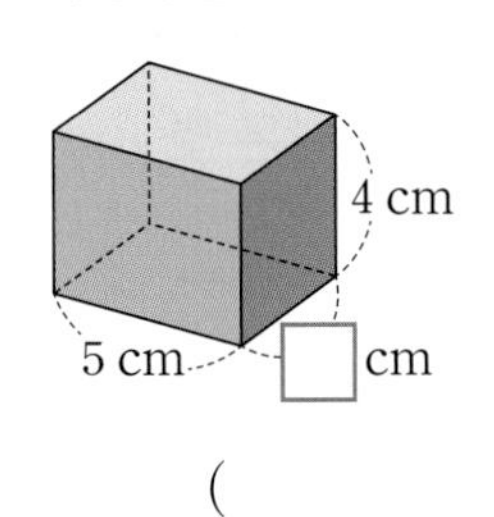

(　　　　　　　　　　)

13 직육면체에서 모든 모서리의 길이의 합이 88 cm일 때, 면 ㉮의 넓이는 cm^2인지 구해 보세요.

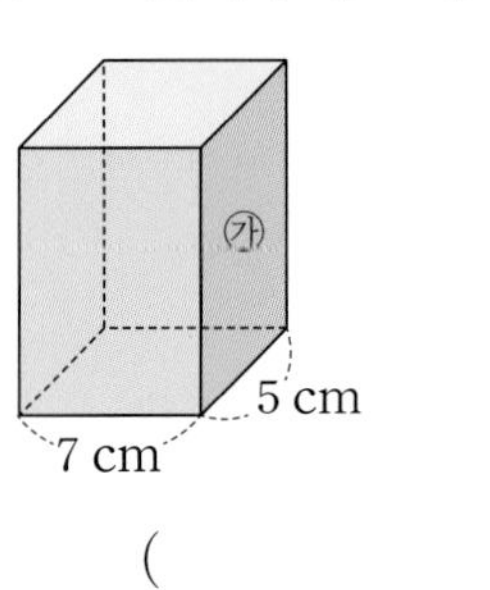

(　　　　　　　　　　)

14 중요

다음 직육면체와 모든 모서리의 길이의 합이 같은 정육면체가 있습니다. 정육면체의 한 면의 넓이는 몇 cm^2인가요?

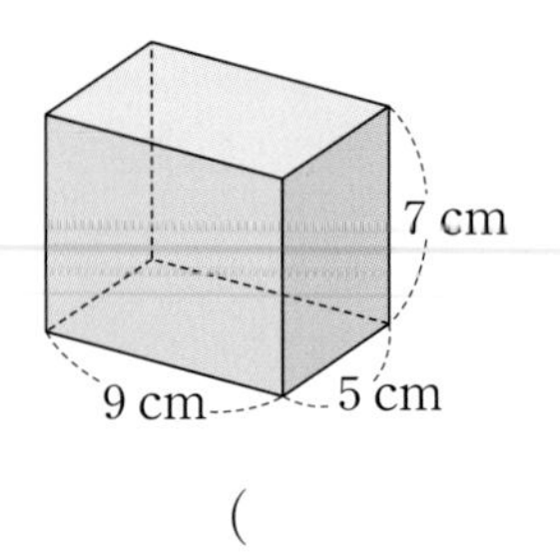

(　　　　　　　　　　)

15 어려운 문제

오른쪽 직육면체를 빈틈없이 여러 개 쌓아서 정육면체를 만들려고 합니다. 만들 수 있는 가장 작은 정육면체의 모든 모서리의 길이의 합은 몇 cm인가요?

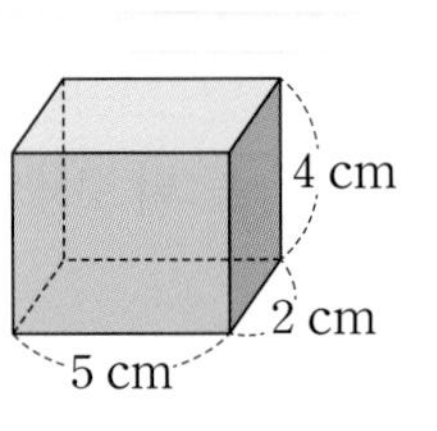

(　　　　　　　　　　)

16 직육면체에서 면 가의 넓이는 몇 cm^2인지 구해 보세요.

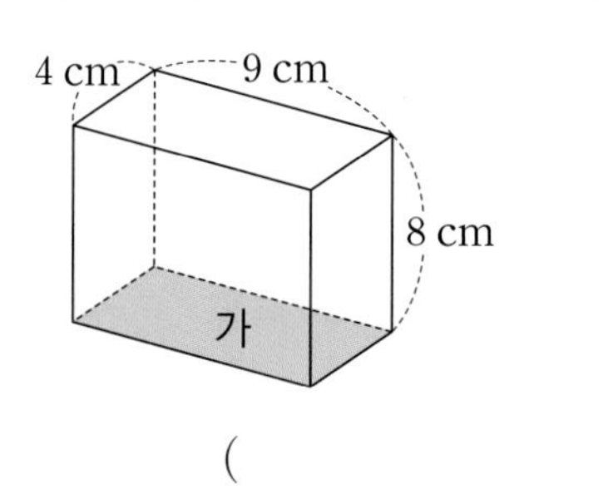

( )

17 직육면체에서 색칠한 면의 넓이가 $45\ cm^2$일 때, 색칠한 면과 평행한 면의 둘레는 몇 cm인지 구해 보세요.

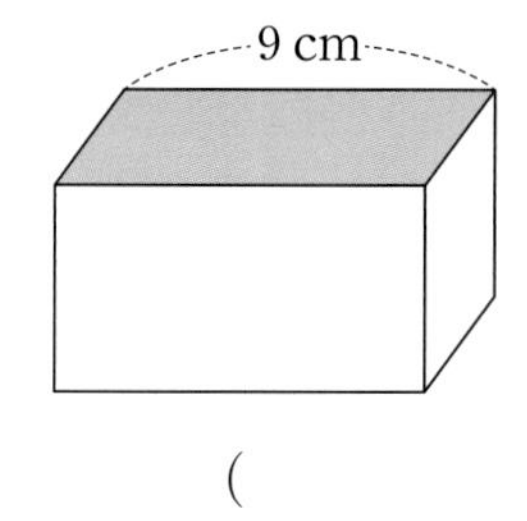

( )

18 전개도를 접었을 때 선분 ㄱㄴ과 겹치는 선분을 찾아 써 보세요.

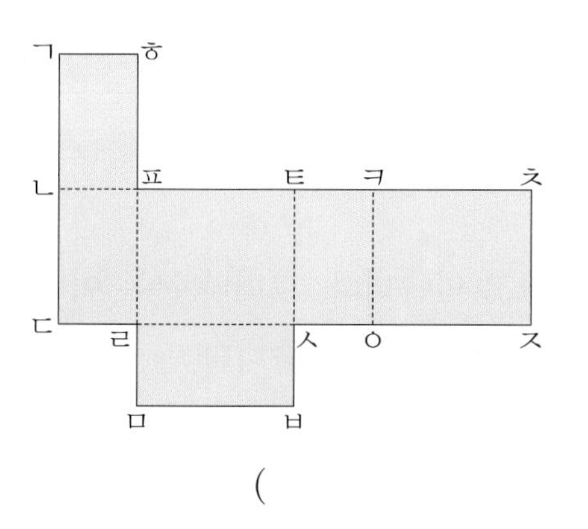

( )

서술형 문제

19 직육면체의 모든 모서리의 길이의 합이 92 cm일 때 직육면체의 전개도의 둘레는 몇 cm인지 풀이 과정을 쓰고 답을 구해 보세요.

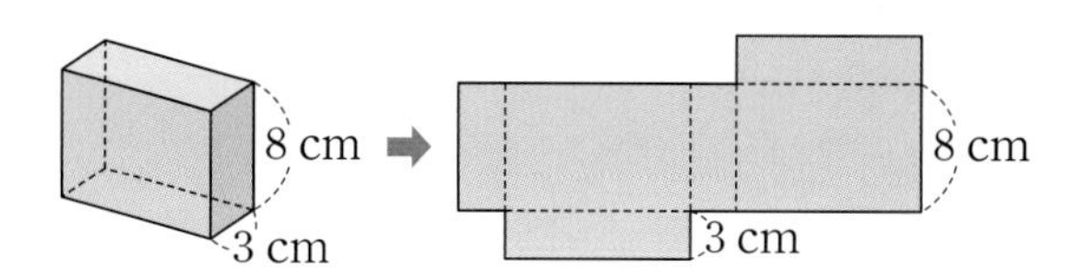

풀이

답

20 오른쪽 직육면체의 전개도를 접었을 때 면 ㉮와 수직인 면을 모두 찾아 빗금으로 나타내고, 빗금으로 나타낸 부분의 둘레는 몇 cm인지 풀이 과정을 쓰고 답을 구해 보세요.

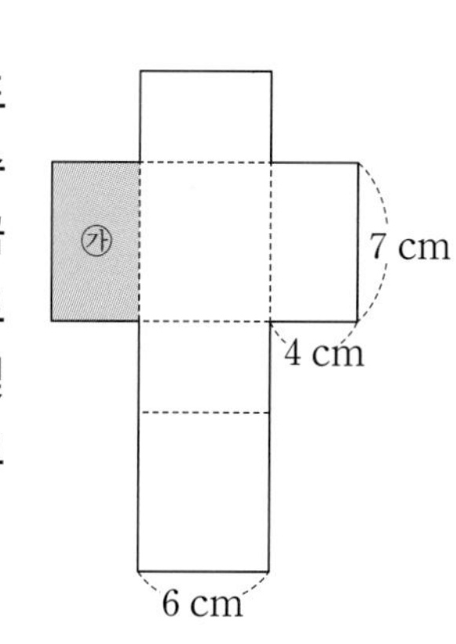

풀이

답

5 단원

한서는 지구촌 곳곳의 이상 기후 현상에 대한 뉴스를 보고 있습니다. 그러다 문득 이렇게 이상 기후가 잦아지면 한여름에도 눈이 내릴 가능성이 있을까 궁금해졌습니다.

이번 6단원에서는 평균의 의미를 알고 여러 가지 방법으로 평균을 구해 볼 거예요. 그리고 일이 일어날 가능성을 말과 수로 표현하는 방법에 대해서 알아볼 거예요.

6 평균과 가능성

단원 학습 목표

1. 평균의 의미를 알고 필요성을 이해할 수 있습니다.
2. 평균을 구하는 방법을 이해하고, 평균을 구할 수 있습니다.
3. 여러 가지 방법으로 평균을 구하고, 평균을 이용하여 문제를 해결할 수 있습니다.
4. 일이 일어날 가능성을 말로 표현하고 비교할 수 있습니다.
5. 일이 일어날 가능성을 수로 표현할 수 있습니다.

단원 진도 체크

학습일		학습 내용	진도 체크
1일째	월 일	개념 1 평균을 알아볼까요 개념 2 평균을 구해 볼까요(1)	✓
2일째	월 일	개념 3 평균을 구해 볼까요(2) 개념 4 평균을 어떻게 이용할까요	✓
3일째	월 일	교과서 넘어 보기 + 교과서 속 응용 문제	✓
4일째	월 일	개념 5 일이 일어날 가능성을 말로 표현해 볼까요 개념 6 일이 일어날 가능성을 비교해 볼까요 개념 7 일이 일어날 가능성을 수로 표현해 볼까요	✓
5일째	월 일	교과서 넘어 보기 + 교과서 속 응용 문제	✓
6일째	월 일	응용 1 두 집단을 합쳤을 때의 평균 구하기 응용 2 두 모둠의 평균이 같을 때 모르는 자료의 값 구하기 응용 3 추가된 자료의 값 구하기 응용 4 가능성이 같도록 회전판 색칠하기	✓
7일째	월 일	단원 평가 LEVEL ❶	✓
8일째	월 일	단원 평가 LEVEL ❷	✓

이 단원을 진도 체크에 맞춰 8일 동안 학습해 보세요.
해당 부분을 공부하고 나서 ✓표를 하세요.

교과서 개념 다지기

개념 1 평균을 알아볼까요

예 민지네 모둠과 용준이네 모둠이 투호에서 넣은 화살 수의 기록 비교하기

민지네 모둠이 넣은 화살 수

이름	민지	지민	수연	서린
넣은 화살 수(개)	5	5	8	2

용준이네 모둠이 넣은 화살 수

이름	용준	민기	현솔	도현	준서
넣은 화살 수(개)	6	4	7	3	0

- 민지네 모둠은 4명이고, 모두 $5+5+8+2=20$(개)의 화살을 넣었습니다.
- 용준이네 모둠은 5명이고, 모두 $6+4+7+3=20$(개)의 화살을 넣었습니다.
- 민지네 모둠과 용준이네 모둠이 한 사람당 몇 개의 화살을 넣었는지 구해 봅니다.

➡ 민지네 모둠: $20\div4=5$(개), 용준이네 모둠: $20\div5=4$(개)이므로 민지네 모둠이 더 잘한 것 같습니다.

민지네 모둠의 투호 기록 5, 5, 8, 2를 모두 더해 자료의 수 4로 나눈 수 5는 민지네 모둠의 투호 기록을 대표하는 값으로 정할 수 있습니다. 이 값을 평균이라고 합니다.

▶ 민지네 모둠은 4명이 20개를 넣었기 때문에 한 명이 5개를 넣은 것과 같습니다.
용준이네 모둠은 5명이 20개를 넣었기 때문에 한 명이 4개를 넣은 것과 같습니다.
5개와 4개를 각 모둠의 개수를 대표하는 값으로 정할 수 있습니다.

▶ 평균 기준으로 두 모둠이 넣은 화살 수 비교하기
- (자료의 값)>(평균)일 때 좋은 편, 잘한 편입니다.
- (자료의 값)<(평균)일 때 나쁜 편, 못한 편입니다.

01 보화네 학교 5학년 학급별 학생 수를 나타낸 표입니다. 한 학급당 학생 수를 고르게 하면 몇 명이 되는지 ○표 하세요.

학급별 학생 수

학급(반)	인	의	예	지	신
학생 수(명)	19	21	20	22	18

각 학급의 학생 수 19, 21, 20, 22, 18을 고르게 하면 (18 , 19 , 20)명이 됩니다.

02 지희가 5일 동안 윗몸일으키기를 한 기록을 나타낸 표입니다. □ 안에 알맞은 수를 써넣으세요.

요일	월	화	수	목	금
기록(번)	32	38	35	40	35

(1) (5일 동안 윗몸일으키기 기록의 합계)
$=\square+\square+\square+\square+\square=\square$(번)

(2) (윗몸일으키기를 한 날수)$=\square$일

(3) (5일 동안 윗몸일으키기 기록의 평균)
$=\square\div\square=\square$(번)

개념 2 평균을 구해 볼까요(1)

예 윤진이가 4개월 동안 읽은 책의 수의 평균 알아보기

윤진이가 읽은 책의 수

월	1월	2월	3월	4월
책의 수(권)	7	3	4	6

(1) 자료의 값이 고르게 되도록 모형을 옮겨 평균 구하기

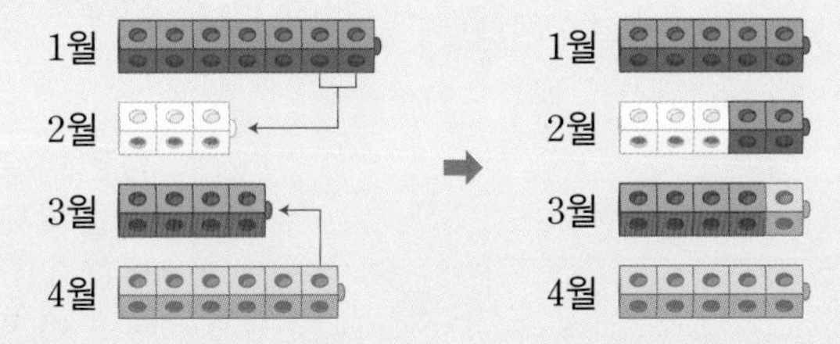

➡ 윤진이가 읽은 책의 수를 모형을 옮겨 고르게 하면 5개가 되므로 윤진이가 읽은 책의 수의 평균은 5권입니다.

▶ 평균은 각 자료의 값이 크고 작음의 차이가 나지 않도록 고르게 한 값입니다.

(2) 자료의 값을 모두 더하고 자료의 수로 나누어 평균 구하기

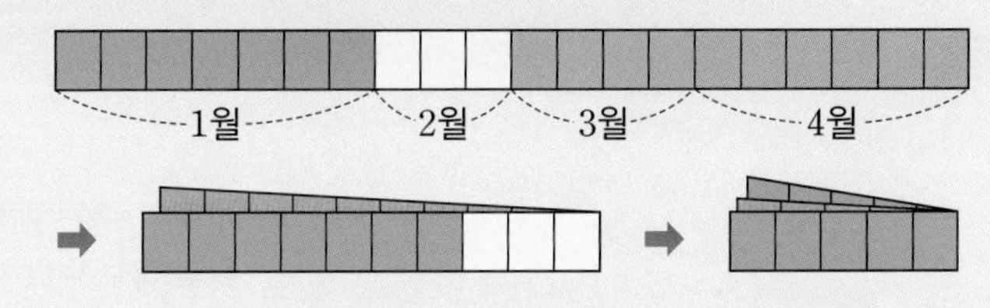

(윤진이가 읽은 책의 수의 평균)$=(7+3+4+6)\div4$

$=20\div4=5$(권)

(평균)=(자료의 값을 모두 더한 수)÷(자료의 수)

▶ 윤진이가 읽은 책의 수를 종이띠에 나타내어 겹치지 않게 이은 다음 4등분이 되도록 접으면 각각 5칸씩이므로 평균은 5권입니다.

03 세희네 모둠이 콩주머니를 바구니에 넣은 기록을 나타낸 표입니다. 세희네 모둠이 콩주머니를 바구니에 넣은 기록의 평균은 몇 개인가요?

바구니에 넣은 콩주머니 수

이름	세희	연서	자수	시연
넣은 콩주머니 수(개)	9	7	10	6

(평균)=(□+□+□+□)÷4

=□÷4=□(개)

04 정훈이가 투호에서 넣은 화살 수의 기록을 나타낸 표입니다. 정훈이의 투호 기록의 평균은 몇 개인가요?

정훈이가 넣은 화살 수

회	1회	2회	3회	4회
넣은 화살 수(개)	5	6	5	4

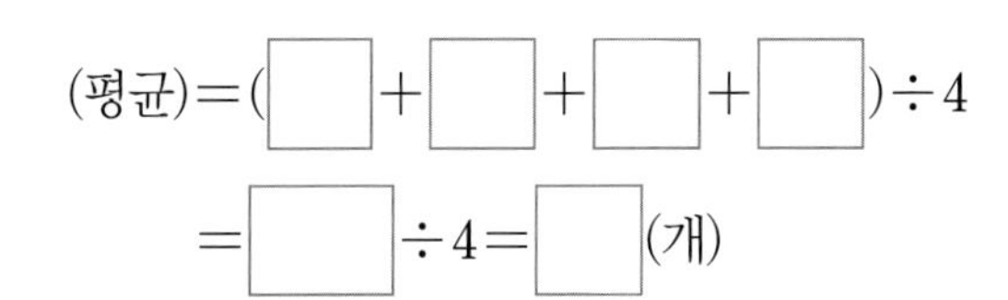
(평균)=(□+□+□+□)÷4

=□÷4=□(개)

개념 3 평균을 구해 볼까요(2)

예 연아네 모둠의 제기차기 기록의 평균 알아보기

연아네 모둠의 제기차기 기록

이름	연아	슬기	준서	민서
기록(개)	3	4	2	3

(1) 평균을 예상하고, 예상한 평균에 맞춰 자료의 값 고르게 하기

평균을 3개로 예상한 후 예상한 평균에 맞춰 ○를 옮겨 기록을 고르게 하였더니 ○가 모두 3개입니다.

	○ →	↓	
○	○	○	○
○	○	○	○
○	○	○	○
연아	슬기	준서	민서

평균을 3개로 예상한 후 3, 3, (4, 2)로 수를 옮기고 짝지어 자료의 값을 고르게 하여 구한 기록의 평균은 3개입니다.

(2) 자료의 값의 합을 자료의 수로 나누기

(기록의 평균)=(기록의 합)÷(모둠원 수)

=(3+4+2+3)÷4=12÷4=3(개)

▶ 평균을 예상한 후 수를 옮기고 짝지어 평균 구하기

예 7 8 9 10 11

평균을 9로 예상한 후 7과 11, 8과 10을 짝지어 고르게 합니다.

9, (7, 11), (8, 10)

➡ 9, (9, 9), (9, 9)

▶ 자료의 수는 사람 수이고, 자료의 값을 모두 더한 수는 모둠원의 기록을 모두 더한 수입니다.

05 소민이가 4일 동안 모은 붙임 딱지 수만큼 ○를 그려 나타내었습니다. ○를 옮겨 고르게 하고, 붙임 딱지 수의 평균을 구해 보세요.

붙임 딱지 수

요일	월	화	수	목
붙임 딱지 수(장)	4	7	3	6

월	○	○	○	○			
화	○	○	○	○	○	○	○
수	○	○	○				
목	○	○	○	○	○	○	

붙임 딱지 수의 평균은 □장입니다.

06 정범이네 모둠의 줄넘기 2단 뛰기 기록을 나타낸 표입니다. 자료의 값을 모두 더한 다음 자료의 수로 나누어 줄넘기 2단 뛰기 기록의 평균을 구해 보세요.

정범이네 모둠의 줄넘기 2단 뛰기 기록

이름	정범	지현	정연	민서	영준
기록(회)	2	9	7	6	6

(평균)

=(□+□+□+□+□)÷5

=□÷□=□(회)

개념 4 평균을 어떻게 이용할까요

(1) 평균으로 여러 집단의 자료 비교하기

모둠별 인원과 읽은 책 수

모둠	1모둠	2모둠	3모둠	4모둠	5모둠	6모둠
모둠원 수(명)	4	4	5	5	6	6
읽은 책 수(권)	20	24	30	35	36	24

모둠별 인원이 다른 경우 어느 모둠이 책을 가장 많이 읽었는지 알아보기 위해서는 읽은 책 수의 합을 비교하기보다는 평균을 구해 비교하는 것이 적절합니다.

모둠별 읽은 책 수의 평균

모둠	1모둠	2모둠	3모둠	4모둠	5모둠	6모둠
읽은 책 수의 평균(권)	5	6	6	7	6	4

▸ 읽은 책의 양으로 비교했을 때에는 5모둠이 책을 가장 많이 읽은 모둠으로 보이지만 평균을 구해 비교했을 때에는 4모둠의 학생들이 읽은 책의 수의 평균이 가장 높다는 것을 알 수 있습니다.

(2) 평균을 이용하여 모르는 값 구하기

준서네 모둠이 읽은 책 수의 평균이 7권일 때 수빈이가 읽은 책의 수 구하기

준서네 모둠이 읽은 책 수

이름	준서	예은	수희	수빈	정아	상혁
읽은 책의 수(권)	3	5	7	?	9	6

① (준서네 모둠이 읽은 책 수의 합)
$=$(준서네 모둠이 읽은 책 수의 평균)$\times$(모둠원 수)
$=7\times6=42$(권)

② (수빈이가 읽은 책 수)
$=$(준서네 모둠이 읽은 책 수의 합)$-$(나머지 모둠원이 읽은 책 수의 합)
$=42-(3+5+7+9+6)$
$=42-30=12$(권)

▸ (자료의 값을 모두 더한 수)
$=$(평균)$\times$(자료의 수)

07 지우가 5일 동안 푼 수학 문제집의 쪽수를 나타낸 표입니다. 5일 동안 푼 수학 문제집 쪽수의 평균이 6쪽일 때 □ 안에 알맞은 수를 써넣으세요.

5일 동안 푼 수학 문제집 쪽수

요일	월	화	수	목	금
쪽수(쪽)	7	5	8	6	

(1) 5일 동안 푼 수학 문제집의 쪽수는 모두
$5\times$□$=$□(쪽)입니다.

(2) (금요일에 푼 수학 문제집 쪽수)

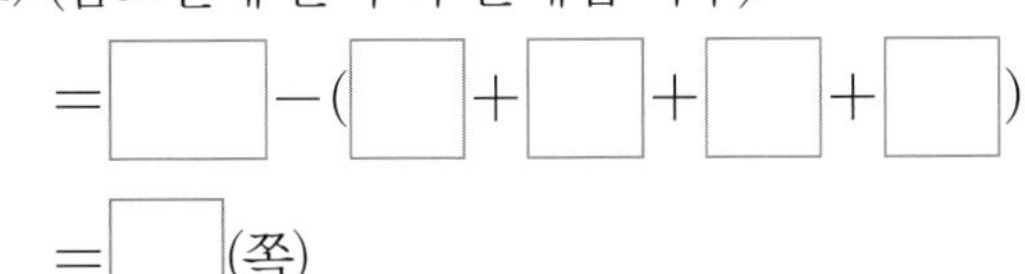

$=$□(쪽)

[01~02] 연아네 모둠이 투호에서 넣은 화살 수를 나타낸 표입니다. 물음에 답하세요.

연아네 모둠이 넣은 화살 수

이름	연아	희지	주안	수안
넣은 화살 수(개)	3	7	5	1

01 투호에서 넣은 화살 수만큼 ○를 그려 나타냈습니다. ○를 옮겨 고르게 하고 넣은 화살 수의 평균을 구해 보세요.

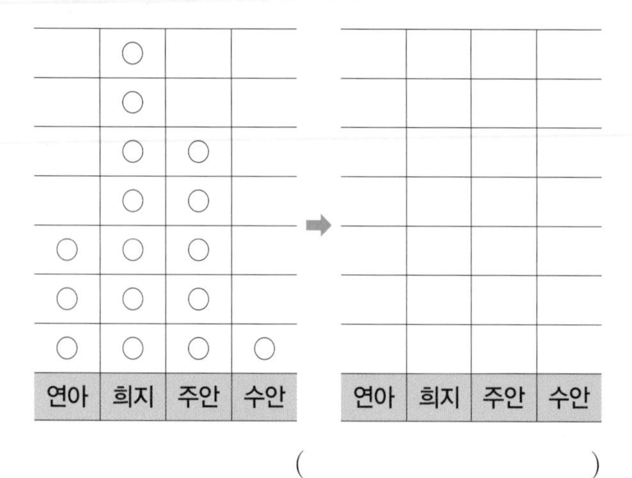

( )

02 넣은 화살 수의 평균을 구하려고 합니다. □ 안에 알맞은 수를 써넣으세요.

$$(\text{평균})=(3+\square+\square+\square)\div\square$$
$$=\square\div\square=\square(\text{개})$$

03 새별이네 모둠이 가지고 있는 연필 수의 평균을 바르게 설명한 친구의 이름을 써 보세요.

새별이네 모둠의 연필 수

이름	새별	나연	준호	성민	기연
연필 수(자루)	9	4	5	4	8

새별	준호가 가진 연필의 수가 중간쯤 되니까 평균은 5자루야.
성민	평균을 6자루로 예상한 후 고르게 하면 6, 6, 6, 6, 6이 되니까 평균은 6자루야.

( )

04 현지가 5일 동안 독서한 시간을 나타낸 표입니다. 독서 시간의 평균을 두 가지 방법으로 구해 보세요.

현지가 5일 동안 독서한 시간

요일	월	화	수	목	금
독서 시간(분)	35	60	47	59	34

(1) 각 자료의 값을 고르게 하여 평균 구하기

예상한 평균 ( )분

(2) 자료의 값을 모두 더하여 자료의 수로 나누어 평균 구하기

05 선주가 5일 동안 휴대 전화를 사용한 시간을 나타낸 표입니다. 5일 동안 휴대 전화를 사용한 시간의 평균을 구해 보세요.

선주가 5일 동안 휴대 전화를 사용한 시간

요일	월	화	수	목	금
사용 시간 (분)	50	30	40	55	35

(　　　　　　　　　)

[06~08] 어느 제과점에서 4개월 동안 판매한 빵의 수를 나타낸 표입니다. 물음에 답하세요.

판매한 빵의 수

월	3월	4월	5월	6월
크림빵의 수(개)	91	82	75	88
소시지빵의 수(개)	78	84	89	93

06 4개월 동안 판매한 크림빵 수의 평균은 몇 개인가요?

(　　　　　　　　　)

07 4개월 동안 판매한 소시지빵 수의 평균은 몇 개인가요?

(　　　　　　　　　)

08 크림빵과 소시지빵 중 4개월 동안 판매한 빵 수의 평균이 더 많은 것을 구해 보세요.

(　　　　　　　　　)

[09~10] 지혜가 퀴즈 대회에서 얻은 점수를 나타낸 표입니다. 물음에 답하세요.

지혜가 퀴즈 대회에서 얻은 점수

회	1회	2회	3회	4회
점수(점)	88	96	76	92

09 지혜가 4회까지의 퀴즈 대회 동안 얻은 점수의 평균을 구해 보세요.

(　　　　　　　　　)

10 5회까지의 퀴즈 대회에서 얻은 점수의 평균이 4회까지의 퀴즈 대회에서 얻은 점수의 평균보다 높으려면 5회의 퀴즈 대회에서는 얻어야 하는 점수를 초과를 이용하여 구해 보세요.

(　　　　　　　　　)

11 중요 어린이 수영장의 요일별 이용객 수를 나타낸 표입니다. 이용객 수가 평균보다 많은 요일을 찾아 안전요원을 더 배치하고자 합니다. 안전요원의 수를 늘려야 하는 요일을 모두 써 보세요.

요일별 이용객 수

요일	월	화	수	목	금
이용객 수(명)	99	132	157	140	162

(　　　　　　　　　)

12 수현이와 친구들의 연필의 길이를 재어 나타낸 표입니다. 평균에 가장 가까운 길이의 연필을 가진 친구는 누구인가요?

연필의 길이

이름	수현	석진	우현	민지	은주
길이(cm)	13	10	9	14	9

(　　　　　　　　　)

[13~15] 주미네 반에서는 게시판을 꾸미기 위해 색종이로 종이별을 만들기로 하였습니다. 물음에 답하세요.

주미네 반 모둠별 학생 수

모둠	1모둠	2모둠	3모둠	4모둠	5모둠
학생 수(명)	3	5	3	4	5

13 게시판을 꾸미는 데 필요한 종이별의 개수는 모두 180개입니다. 한 모둠당 종이별을 평균 몇 개씩 만들어야 하는지 구해 보세요.

( )

14 한 모둠당 학생 수는 평균 몇 명인지 구해 보세요.

( )

15 게시판을 꾸미는 데 필요한 종이별을 만들기 위해 한 학생당 만들어야 하는 종이별은 평균 몇 개인지 구해 보세요.

( )

16 어느 장난감 공장에서 장난감을 하루에 평균 425개씩 생산한다고 합니다. 이 장난감 공장에서 30일 동안 생산한 장난감은 모두 몇 개인지 구해 보세요.

( )

17 수호네 반 교실의 온도를 나타낸 표입니다. 5일 동안 교실의 평균 온도보다 낮은 요일을 모두 써 보세요.

수호네 반 교실의 온도(매일 오전 11시 조사)

요일	월	화	수	목	금
온도(°C)	22	23	26	25	24

( )

18 한서네 모둠과 민주네 모둠 중 줄넘기 기록의 평균이 더 높은 모둠은 누구네 모둠인지 써 보세요.

줄넘기 기록

	한서네 모둠	민주네 모둠
학생 수(명)	4	5
줄넘기 기록(번)	224	270

( )

[19~20] 두 학급이 발야구 경기를 5회 초까지 했을 때 얻은 점수를 나타낸 표입니다. 물음에 답하세요.

하나반과 두레반이 경기별로 얻은 점수

경기	1회	2회	3회	4회	5회
하나반의 점수(점)	6	6	8	4	1
두레반의 점수(점)	7	5	2	6	

19 중요 하나반과 두레반이 각각 한 회당 얻은 점수의 평균을 구해 보세요.

하나반 ( ), 두레반 ( )

20 어려운 문제 두레반이 5회 말에 10점을 얻었을 때, 5회까지의 경기에서 어느 반의 평균이 몇 점 더 높은지 구해 보세요.

( ), ( )

교과서 속 **응용 문제**

평균을 이용해 모르는 값 구하기

예 정훈이는 리코더 연습을 5일 동안 하루에 평균 30분씩 했습니다. 화요일에는 몇 분 동안 리코더 연습을 했는지 구해 보세요.

정훈이의 리코더 연습 시간

요일	월	화	수	목	금
시간(분)	25		20	40	35

➡ 정훈이가 5일 동안 리코더 연습을 한 전체 시간은 $30\times5=150$(분)입니다.
따라서 정훈이가 화요일에 리코더 연습을 한 시간은 $150-(25+20+40+35)=30$(분)입니다.

21 어느 전자제품 대리점에서 판매한 냉장고 수를 나타낸 표입니다. 월별 판매한 냉장고 수의 평균이 46대일 때, 4월에 판매한 냉장고 수를 구해 보세요.

월별 판매한 냉장고 수

월	1월	2월	3월	4월	5월
냉장고 수(대)	29	45	32		74

( )

22 어느 학교의 5학년 학급별 학생 수를 나타낸 표입니다. 학급별 학생 수의 평균이 22명일 때 예반의 학생 수는 몇 명인지 구해 보세요.

5학년 학급별 학생 수

학급(반)	인	의	예	지
학생 수(명)	19	21		23

( )

[23~25] 연우네 모둠의 운동 종목별 기록을 나타낸 표입니다. 물음에 답하세요.

연우네 모둠의 운동 종목별 기록

운동 종목 / 이름	셔틀런(회)	50 m 달리기(초)	윗몸 말아 올리기(회)
연우	88	12	44
시언	62		23
성곤	124	7	38
명희	82	13	51

23 셔틀런 기록의 평균을 구해 보세요.

( )

24 50 m 달리기 기록의 평균이 11초일 때, 시언이의 기록을 구해 보세요.

( )

25 전학생 한 명이 연우네 모둠이 되었습니다. 전학생의 기록을 포함한 연우네 모둠의 윗몸 말아 올리기 기록의 평균은 처음 평균보다 1회 더 많습니다. 이 전학생의 윗몸 말아 올리기 기록은 몇 회인가요?

( )

교과서 개념 다지기

개념 5 일이 일어날 가능성을 말로 표현해 볼까요

(1) 가능성 이해하기

1월 1일 다음 날이 1월 2일일 가능성은 확실합니다. 이처럼 가능성은 어떠한 상황에서 특정한 일이 일어나길 기대할 수 있는 정도를 말합니다.

(2) 가능성의 정도를 표현하는 말 알아보기

가능성의 정도는 불가능하다, ~아닐 것 같다, 반반이다, ~일 것 같다, 확실하다 등으로 표현할 수 있습니다.

일 \ 가능성	불가능하다	~아닐 것 같다	반반이다	~일 것 같다	확실하다
계산기에 '1 + 1 ='을 누르면 5가 나올 것입니다.	○				
주사위를 3번 굴리면 주사위 눈의 수가 모두 6이 나올 것입니다.		○			
동전을 던지면 숫자 면이 나올 것입니다.			○		
주사위를 굴리면 주사위 눈의 수가 2 이상 6 이하로 나올 것입니다.				○	
흰색 바둑돌 1개가 들어 있는 통에서 꺼낸 바둑돌은 흰색일 것입니다.					○

- 주사위 눈의 수는 1부터 6까지이므로 세 번 모두 6이 나올 가능성은 매우 낮습니다.
- 주사위 눈의 수 중 2 이상 6 이하의 수는 2, 3, 4, 5, 6이므로 가능성은 매우 높습니다.

01 일이 일어날 가능성을 알맞게 이어 보세요.

사과나무에 사과가 열릴 가능성 •	• 불가능하다
일주일에 월요일이 2번일 가능성 •	• 반반이다
동전을 던져 그림 면이 나올 가능성 •	• 확실하다

02 가능성의 정도에 알맞은 말을 보기 에서 찾아 □ 안에 알맞게 써넣으세요.

보기

불가능하다 ~아닐 것 같다
반반이다 ~일 것 같다 확실하다

(1) 올해 추석에 폭염주의보가 예보될 가능성은 '□'입니다.

(2) 10개의 제비 중 9개의 당첨 제비가 든 제비뽑기에서 당첨 제비를 뽑을 가능성은 '□'입니다.

개념 6 일이 일어날 가능성을 비교해 볼까요

(1) 일이 일어날 가능성의 위치 나타내기

- 가능성: 어떠한 상황에서 특정한 일이 일어나길 기대할 수 있는 정도
- 가능성의 정도는 불가능하다, ~아닐 것 같다, 반반이다, ~일 것 같다, 확실하다 등으로 표현할 수 있습니다.

㉠ 주사위를 굴리면 주사위 눈의 수가 7이 나올 것입니다.

㉡ 주사위를 굴리면 주사위 눈의 수가 홀수일 것입니다.

㉢ 주사위를 굴리면 주사위 눈의 수가 1 이상 6 이하로 나올 것입니다.

㉣ 내년 7월에는 10월보다 비가 자주 올 것입니다.

㉤ 오늘 우리반에 전학생이 올 것입니다.

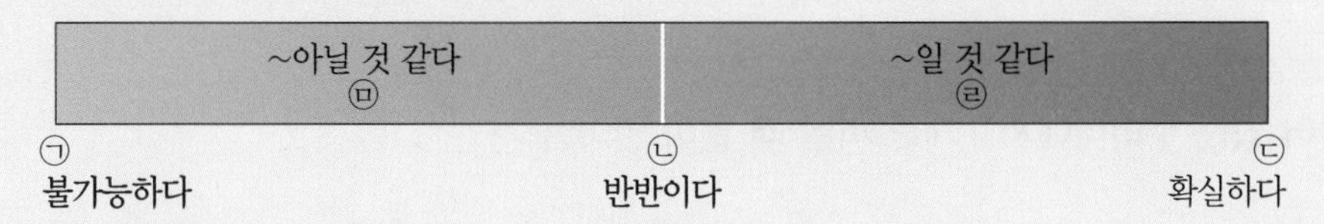

▸ '불가능하다'에 가까워질수록 일이 일어날 가능성이 낮습니다. '확실하다'에 가까워질수록 일이 일어날 가능성이 높습니다.

(2) 일이 일어날 가능성 비교하기

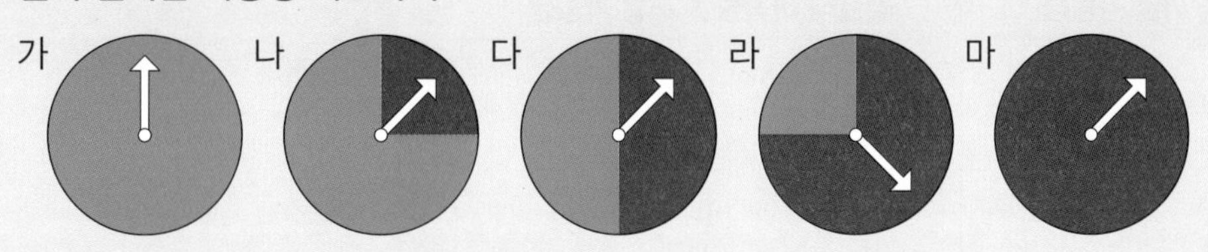

- 회전판의 빨간색 부분이 넓은 순서: 마－라－다－나－가
- 회전판의 화살이 빨간색에서 멈출 가능성이 높은 순서: 마－라－다－나－가

03 **회전판을 보고 알맞은 것을 찾아 기호를 써 보세요.**

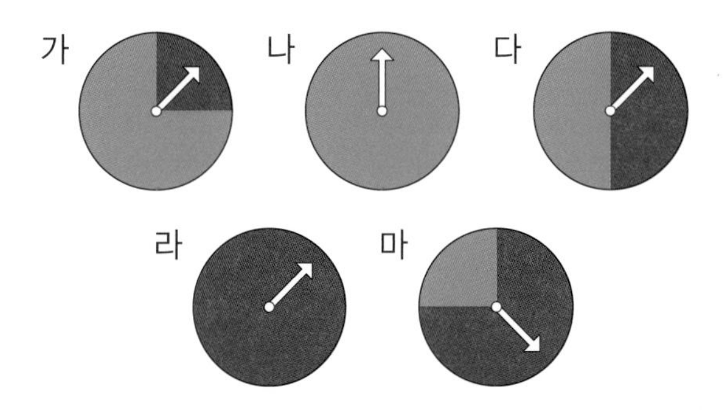

(1) 화살이 파란색에 멈출 가능성이 가장 높은 회전판

( )

(2) 화살이 파란색에 멈출 가능성과 빨간색에 멈출 가능성이 비슷한 회전판

( )

(3) 화살이 파란색에 멈출 가능성이 가장 낮은 회전판

( )

(4) 화살이 빨간색에 멈출 가능성이 가장 낮은 회전판

( )

개념 7 일이 일어날 가능성을 수로 표현해 볼까요

(1) 일이 일어날 가능성을 수로 표현하기

일이 일어날 가능성을 0, $\frac{1}{2}$, 1과 같이 수로 표현할 수 있습니다.

불가능하다 — 반반이다 — 확실하다

0 — $\frac{1}{2}$ — 1

가능성을 말로 표현		가능성을 수로 표현
불가능하다	➡	0
반반이다	➡	$\frac{1}{2}$
확실하다	➡	1

▶ '~아닐 것 같다'는 0보다 크고 $\frac{1}{2}$보다 작은 수로 표현할 수 있습니다.

▶ '~일 것 같다'는 $\frac{1}{2}$보다 크고 1보다 작은 수로 표현할 수 있습니다.

(2) 바둑돌이 다음과 같이 2개가 들어 있는 주머니에서 1개를 꺼낼 때 일이 일어날 가능성을 수로 표현하기

	흰색 바둑돌을 꺼낼 가능성	검은색 바둑돌을 꺼낼 가능성
(검은색 2개)	0	1
(검은색 1개, 흰색 1개)	$\frac{1}{2}$	$\frac{1}{2}$
(흰색 2개)	1	0

(3) 동전을 던졌을 때 일이 일어날 가능성을 수로 표현하기

동전을 던졌을 때 숫자 면이 나올 가능성은 '반반이다'이므로 수로 표현하면 $\frac{1}{2}$입니다.

▶ 동전을 한 개 던졌을 때 그림 면이 나올 가능성은 '반반이다'이므로 수로 표현하면 $\frac{1}{2}$입니다.

(4) 주사위를 1개 굴렸을 때 일이 일어날 가능성을 수로 표현하기

주사위를 굴렸을 때 눈의 수가 1 이상일 가능성은 '확실하다'이므로 수로 표현하면 1입니다.

▶ 주사위 눈의 수가 짝수일 가능성 또는 홀수일 가능성은 '반반이다'이므로 수로 표현하면 $\frac{1}{2}$입니다.

▶ 주사위 눈의 수가 7 이상일 가능성은 '불가능하다'이므로 수로 표현하면 0입니다.

04 **일이 일어날 가능성을 수로 표현하려고 합니다. □ 안에 알맞은 수를 써넣으세요.**

불가능하다 　 반반이다 　 확실하다

□ 　 □ 　 □

05 **100원짜리 동전을 한 개 던졌을 때 일이 일어날 가능성을 수로 표현하려고 합니다. 수직선에 ↓로 나타내어 보세요.**

(1) 나온 면은 숫자 면일 것입니다.

0 　 $\frac{1}{2}$ 　 1

(2) 100원짜리 동전이 사라질 것입니다.

0 　 $\frac{1}{2}$ 　 1

06 **1부터 6까지의 눈이 있는 주사위를 한 번 굴렸습니다. 일이 일어날 가능성을 수로 표현해 보세요.**

(1) 주사위 눈의 수가 8이 나올 가능성을 수로 표현하면 □입니다.

(2) 주사위 눈의 수가 1 이상 6 이하일 가능성은 □입니다.

(3) 주사위 눈의 수가 홀수일 가능성은 □입니다.

[07~08] 진우가 회전판 돌리기를 하고 있습니다. 일이 일어날 가능성을 수로 표현하려고 합니다. □ 안에 알맞은 수를 써넣으세요.

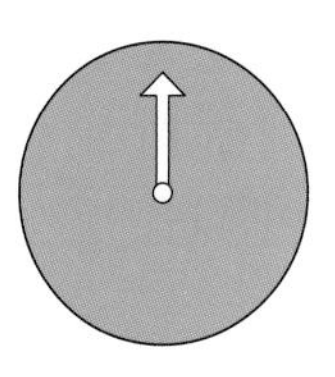

07 회전판에서 화살이 파란색에 멈출 가능성을 수로 표현하면 □입니다.

08 회전판에서 화살이 빨간색에 멈출 가능성을 수로 표현하면 □입니다.

09 **다음과 같은 주머니에서 각각 바둑돌을 1개씩 꺼낼 때 꺼낸 바둑돌이 검은색일 가능성을 수로 표현해 보세요.**

(1)

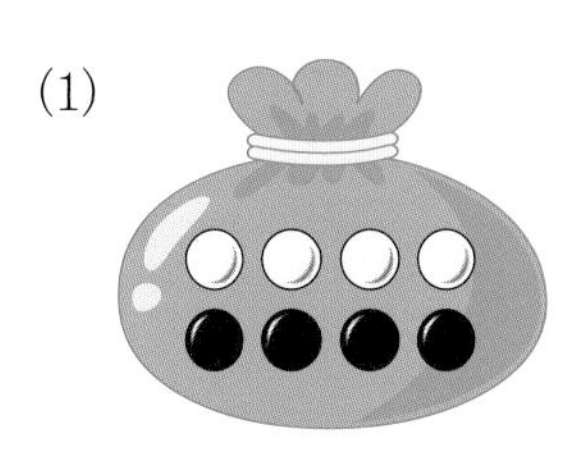

(　)

(2)

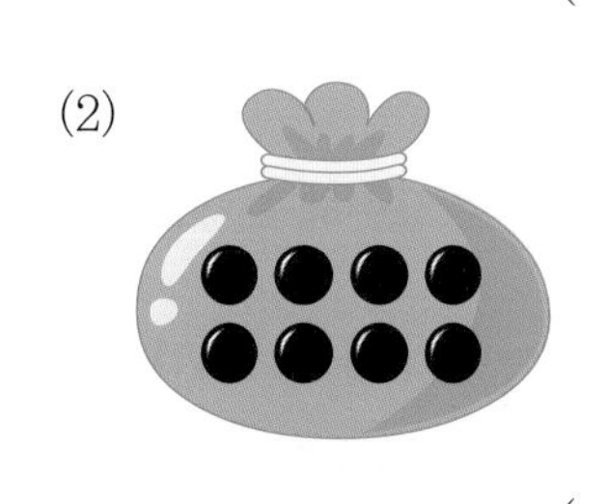

(　)

26 일이 일어날 가능성을 알맞게 이어 보세요.

배구공만 들어 있는 바구니에서 1개를 꺼낼 때 배구공이 나올 가능성 •	• 반반이다
축구공 5개와 농구공 5개가 들어 있는 바구니에서 1개를 꺼낼 때 축구공이 나올 가능성 •	• 확실하다

27 일이 일어날 가능성이 '확실하다'인 경우를 찾아 기호를 써 보세요.

㉠ 어느 해에 내 나이와 동생의 나이가 같아질 가능성
㉡ 우리집에 연예인이 놀러 올 가능성
㉢ 100원짜리 동전만 들어 있는 지갑에서 100원원짜리 동전을 1개 꺼낼 가능성

( )

28 중요 일이 일어날 가능성을 말로 표현해 보세요.

1부터 10까지 쓰여 있는 10장의 수 카드 중 하나를 뽑았을 때 짝수인 카드가 나올 가능성

( )

[29~32] 소희네 모둠 친구들이 말한 일이 일어날 가능성을 알아보려고 합니다. 물음에 답하세요.

소희: 오늘 우리 모둠에서 급식을 제일 빨리 먹을 친구는 남자일 거야.
재서: 오늘이 월요일이니까 내일은 화요일이 될 거야.
나미: 연필 8자루와 볼펜 1자루가 들어 있는 필통에서 1자루를 꺼낼 때 볼펜이 나올 거야.
지희: 어제가 내 생일이었는데 내일도 내 생일일 거야.

29 소희가 말한 일이 일어날 가능성을 말로 표현해 보세요.

( )

30 일이 일어날 가능성이 '~아닐 것 같다'인 경우를 말한 친구의 이름을 써 보세요.

( )

31 30번의 상황에서 일이 일어날 가능성이 '~일 것 같다'가 되도록 친구의 말을 바꾸어 써 보세요.

____

____

32 □ 안에 알맞은 말을 써넣으세요.

일이 일어날 가능성이 '확실하다'인 경우를 말한 친구는 □이고 일이 일어날 가능성이 '불가능하다'인 경우를 말한 친구는 □입니다.

정답과 풀이 42쪽

33 일이 일어날 가능성을 잘못 표현한 친구의 이름을 쓰고 일이 일어날 가능성을 바르게 고쳐 보세요.

동호: 소가 강아지를 낳을 가능성은 '반반이다'야.
혜수: 지구의 위성인 달이 1개일 가능성은 '확실하다'야.

( ), ( )

34 다음 수 카드 6장 중 1장을 꺼낼 때, 일이 일어날 가능성이 높은 것부터 차례로 기호를 써 보세요.

어려운 문제

2  3 6  9 12 15

㉠ 9의 약수이면서 10의 약수인 경우
㉡ 6의 배수인 경우
㉢ 짝수인 경우
㉣ 15 이하인 수

( )

35 준서, 주안, 수민, 찬빈이가 파란색과 빨간색을 사용하여 회전판을 만들었습니다. 점수를 얻을 가능성이 높은 회전판을 만든 사람부터 순서대로 이름을 써 보세요.

규칙

화살이 파란색에 멈추면 1점을 얻습니다.

( )

[36~39] 노란색과 초록색을 사용하여 회전판을 만들었습니다. 물음에 답하세요.

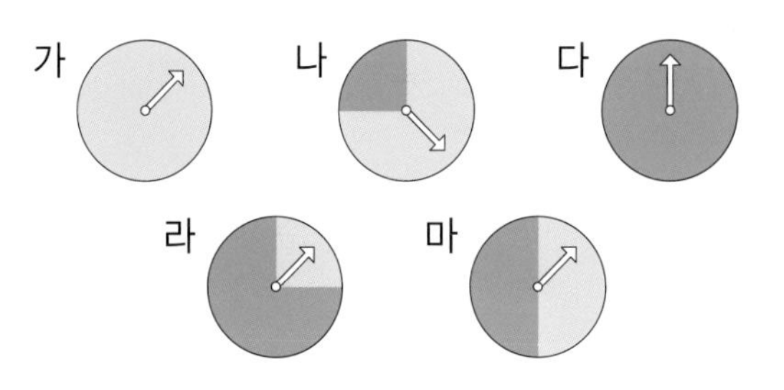

36 화살이 노란색에 멈출 가능성이 불가능한 회전판을 찾아 기호를 써 보세요.

( )

37 화살이 노란색에 멈출 가능성과 초록색에 멈출 가능성이 비슷한 회전판을 찾아 기호를 써 보세요.

( )

38 나와 라 중 화살이 초록색에 멈출 가능성이 더 높은 회전판의 기호를 써 보세요.

( )

39 화살이 초록색에 멈출 가능성이 높은 것부터 차례로 회전판의 기호를 써 보세요.

( )

40 초콜릿 5개와 쿠키 5개가 들어 있는 상자에서 1개를 꺼냈을 때 일이 일어날 가능성을 알아보세요.

(1) 사탕이 나올 가능성을 수로 표현해 보세요.

( )

(2) 쿠키가 나올 가능성을 수직선에 ↓로 나타내어 보세요.

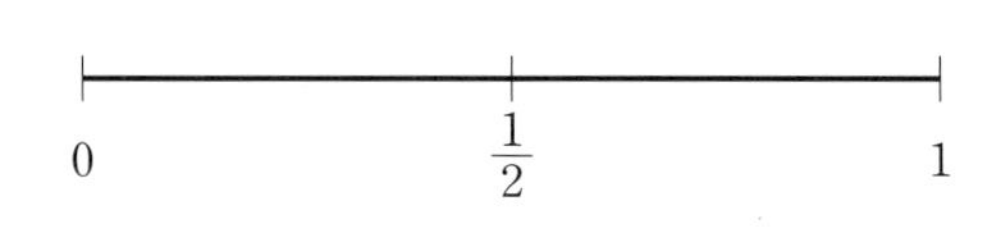

41 '서울의 8월 평균 기온은 0 ℃보다 낮을 것입니다.' 가능성을 말과 수로 표현해 보세요.

말 ______________________

수 ______________________

42 다음 카드 중에서 1장을 뽑았습니다. 물음에 답하세요.

● ★ ● ★ ● ★ ● ★

(1) 꺼낸 카드가 ★일 가능성을 말과 수로 표현해 보세요.

말 ______________________

수 ______________________

(2) 꺼낸 카드가 ●일 가능성을 수직선에 ↓로 나타내어 보세요.

0 — $\frac{1}{2}$ — 1

[43~44] 수가 쓰여진 공을 주머니에 넣고 한 개를 꺼냈습니다. 물음에 답하세요.

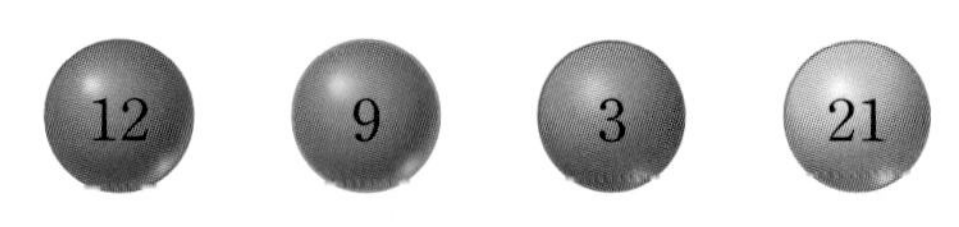

43 꺼낸 공의 수가 3 미만일 가능성을 수로 표현해 보세요.

( )

44 일이 일어날 가능성이 더 높은 것의 기호를 써 보세요.

㉠ 3으로 나누어떨어지는 숫자가 나올 가능성
㉡ 21의 약수가 나올 가능성

( )

45 중요 빨간색, 파란색, 노란색으로 이루어진 회전판과 회전판을 100회 돌려 화살이 멈춘 횟수를 나타낸 표입니다. 표에 나타난 일이 일어날 가능성과 가장 비슷한 회전판을 보기에서 찾아 기호를 써 보세요.

색깔	빨간색	파란색	노란색
횟수(회)	33	33	34

보기

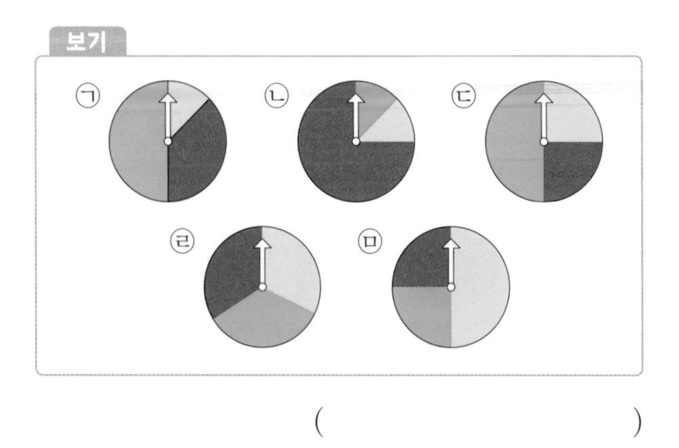

( )

교과서 속 **응용 문제**

일이 일어날 가능성 비교하기

예 일이 일어날 가능성을 보고 ㉠과 ㉡에 해당하는 친구의 이름을 각각 써 보세요.

선영: 7월에는 3월보다 비가 자주 올 거야.
윤재: 11월에는 우리 반에 전학생이 올 거야.

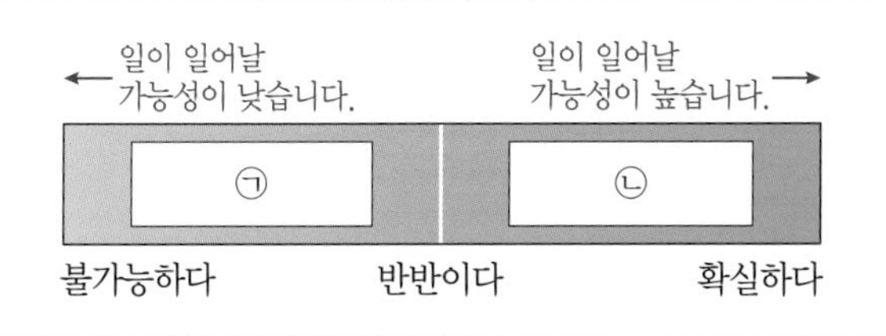

➡ • 우리나라에는 6월 말부터 7월 말까지 여러 날 계속해서 비가 내리는 장마가 있으므로 선영이가 말한 일이 일어날 가능성은 '~일 것 같다'입니다.

• 전학생이 오는 날보다 오지 않은 날이 많으므로 윤재가 말한 일이 일어날 가능성은 '~아닐 것 같다'입니다.

따라서 ㉠에는 윤재를, ㉡에는 선영이를 씁니다.

[46~49] 친구들이 말한 일이 일어날 가능성을 생각하여 물음에 답하세요.

찬영: 내일은 30 ℃가 넘는다던데 친구들이 긴팔보다 반팔을 입고 올 거야.
윤지: 올해 12세니까 내년에는 13세가 될 거야.
수민: 지금은 오전 9시니까 1시간 후에는 오후 10시가 될 거야.
선호: 상자에 든 구슬 100개 중 3개만 노란색이야. 구슬 1개를 꺼낼 때 그 구슬은 노란색일 거야.

46 일이 일어날 가능성이 '불가능하다'인 경우를 말한 친구는 누구인가요?

( )

47 수민이가 한 말을 바꿔서 일이 일어날 가능성이 '확실하다'가 되도록 하려고 합니다. 수민이가 한 말을 알맞게 바꿔 보세요.

48 선호가 말한 일이 일어날 가능성으로 알맞게 표현한 것에 ○표 하세요.

불가능하다	~아닐 것 같다	반반이다	~일 것 같다	확실하다

49 일이 일어날 가능성이 높은 친구부터 순서대로 이름을 써 보세요.

( )

50 일이 일어날 가능성이 높은 것부터 차례로 기호를 써 보세요.

㉠ 1월에 우리나라는 밤이 낮보다 길 거야.
㉡ 오늘은 토요일이니까 내일은 월요일일 거야.
㉢ 학생 수가 25명인 혜정이네 반에는 10월에 생일인 친구들이 있을 거야.

( )

6 단원

응용력 높이기

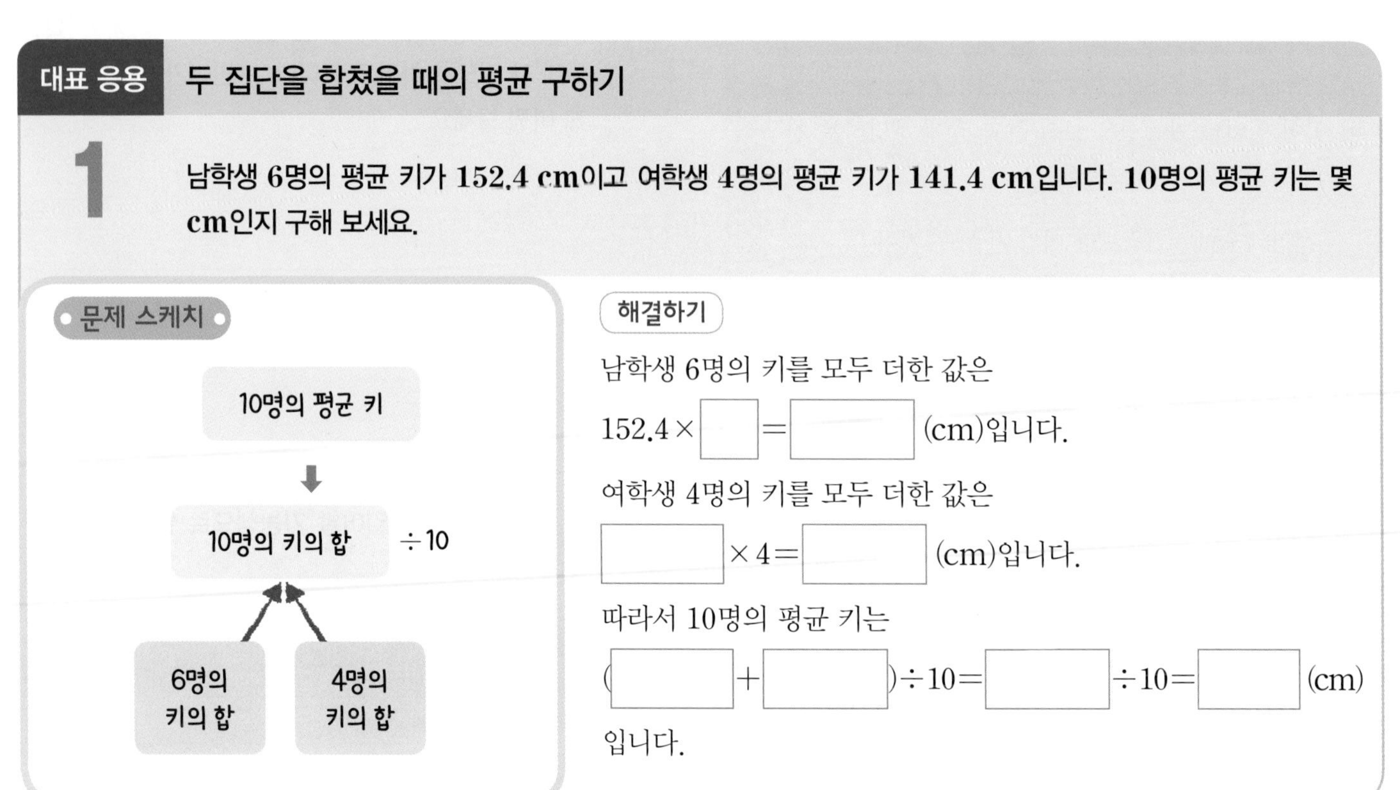

대표 응용 두 집단을 합쳤을 때의 평균 구하기

1 남학생 6명의 평균 키가 152.4 cm이고 여학생 4명의 평균 키가 141.4 cm입니다. 10명의 평균 키는 몇 cm인지 구해 보세요.

문제 스케치
10명의 평균 키
10명의 키의 합
÷10
6명의 키의 합
4명의 키의 합
해결하기
남학생 6명의 키를 모두 더한 값은
152.4 × ☐ = ☐ (cm)입니다.
여학생 4명의 키를 모두 더한 값은
☐ × 4 = ☐ (cm)입니다.
따라서 10명의 평균 키는
(☐ + ☐) ÷ 10 = ☐ ÷ 10 = ☐ (cm)
입니다.

1-1 남학생 5명의 평균 몸무게는 40.3 kg이고 여학생 5명의 평균 몸무게는 39.2 kg입니다. 10명의 평균 몸무게는 몇 kg인지 구해 보세요.

(   )

1-2 오전에 담은 귤 20상자에는 한 상자당 평균 2.75 kg의 귤이 들어 있습니다. 오후에 담은 귤 10상자에는 한 상자당 평균 3.5 kg의 귤이 들어 있습니다. 귤을 다시 모아 30상자에 모두 고르게 담으려고 합니다. 새로 담을 귤 한 상자에는 귤이 평균 몇 kg씩 들어가게 되는지 구해 보세요.

(   )

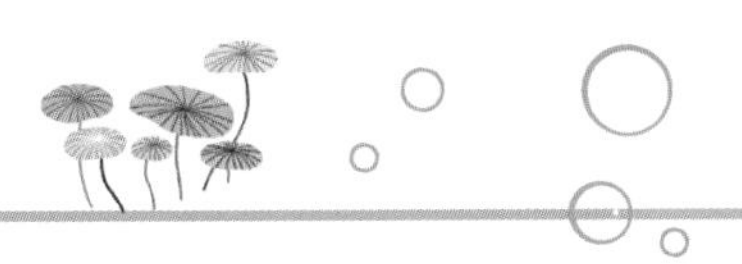

대표 응용 두 모둠의 평균이 같을 때 모르는 자료의 값 구하기

2 민서네 모둠과 연희네 모둠 학생들이 하루 동안 마신 물의 양을 나타낸 표입니다. 두 모둠이 하루 동안 마신 물의 양의 평균이 같을 때 연희가 마신 물의 양은 몇 mL인지 구해 보세요.

민서네 모둠이 하루 동안 마신 물의 양

이름	민서	정현	영준
물의 양(mL)	920	940	960

연희네 모둠이 하루 동안 마신 물의 양

이름	연희	소현	지훈	민국
물의 양(mL)		870	1020	940

문제 스케치

민서네 모둠의 평균 먼저 구하기

(연희네 모둠이 마신 전체 물의 양)
=(평균)×(연희네 모둠의 사람 수)

||

(연희)+870+1020+940 (mL)

해결하기

(민서네 모둠의 평균)=(920+940+960)÷3=☐ (mL)

(연희네 모둠이 마신 전체 물의 양)

=☐×4=☐ (mL)

➡ (연희가 마신 물의 양)

=(연희네 모둠이 마신 전체 물의 양)−(3명이 마신 물의 양)

=☐−(870+1020+940)=☐ (mL)

2-1 성준이와 하영이의 고리 던지기 기록을 나타낸 표입니다. 두 사람의 고리 던지기 기록의 평균이 같을 때 하영이의 3회 고리 던지기 기록을 구해 보세요.

성준이의 고리 던지기 기록

회	1회	2회	3회	4회
고리 수(개)	30	32	25	33

하영이의 고리 던지기 기록

회	1회	2회	3회
고리 수(개)	34	25	

(   )

2-2 민서와 은하의 타자 기록을 나타낸 표입니다. 민서는 1분에 평균 315타를 치고 은하는 1분에 평균 310타를 칩니다. 민서와 은하의 2회 타자 기록은 각각 몇 타인지 차례로 써 보세요.

민서의 타자 기록

회	1회	2회	3회	4회
타자 속도(타)	318		313	327

은하의 타자 기록

회	1회	2회	3회
타자 속도(타)	330		315

(   ), (   )

대표 응용 추가된 자료의 값 구하기

3 어느 빵집의 이번 주 5일 동안 도넛의 판매량을 나타낸 표입니다. 이 빵집에서 이번 주 7일 동안 도넛의 하루 평균 판매량을 5일 동안 평균 판매량에서 3개를 늘리려고 합니다. 토요일과 일요일에 판매해야 할 도넛은 모두 몇 개인가요?

5일 동안의 도넛의 판매량

요일	월	화	수	목	금
판매량(개)	88	92	96	80	89

문제 스케치

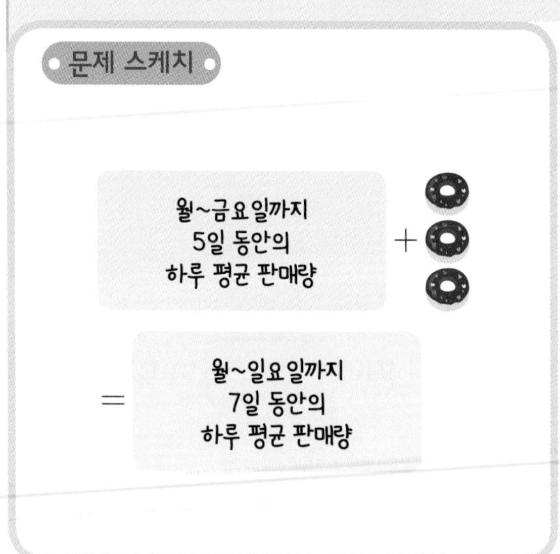

해결하기

(5일 동안의 하루 평균 판매량)=(88+92+96+80+89)÷☐

=☐÷☐=☐(개)

7일 동안 평균 판매량이 (☐+3)개가 되어야 하므로 전체 판매량은 ☐×7=☐(개)입니다.

따라서 토요일과 일요일에 판매해야 할 도넛은 모두

☐−☐=☐(개)입니다.

3-1 은아의 독서 시간의 평균을 나타낸 표입니다. 금요일의 독서 시간을 포함하면 5일 동안 독서 시간의 평균이 금요일을 제외한 4일 동안 독서 시간의 평균보다 1분이 늘어납니다. 금요일의 독서 시간은 몇 분인가요?

은아의 독서 시간

요일	월	화	수	목	금
독서 시간(분)	50	40	45	45	

(　　　　　　　)

3-2 영수와 보라의 수학 단원평가 점수를 나타낸 표입니다. 4개 단원의 보라의 평균 점수가 영수의 평균 점수보다 4점 높다면 보라의 4단원 수학 단원평가 점수는 몇 점인가요?

영수와 보라의 수학 단원평가 점수

단원	1단원	2단원	3단원	4단원
영수의 점수(점)	92	83	88	97
보라의 점수(점)	96	91	94	

(　　　　　　　)

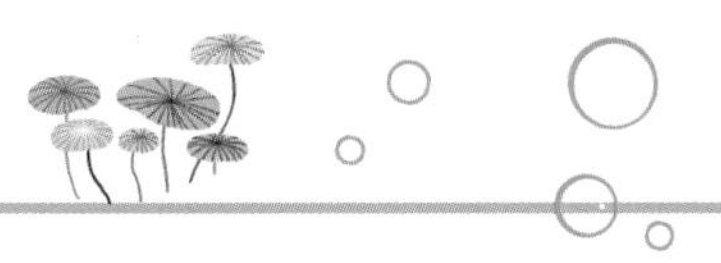

대표 응용 가능성이 같도록 회전판 색칠하기

주머니에 당첨 제비 3개와 당첨이 아닌 제비 3개가 들어 있습니다. 이 주머니에서 제비 1개를 뽑을 때 뽑은 제비가 당첨 제비일 가능성과 화살이 노란색에 멈출 가능성이 같도록 회전판을 색칠하려면 몇 칸을 노란색으로 색칠해야 하는지 구해 보세요.

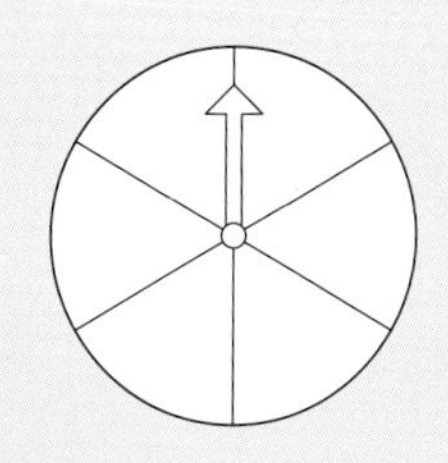

문제 스케치

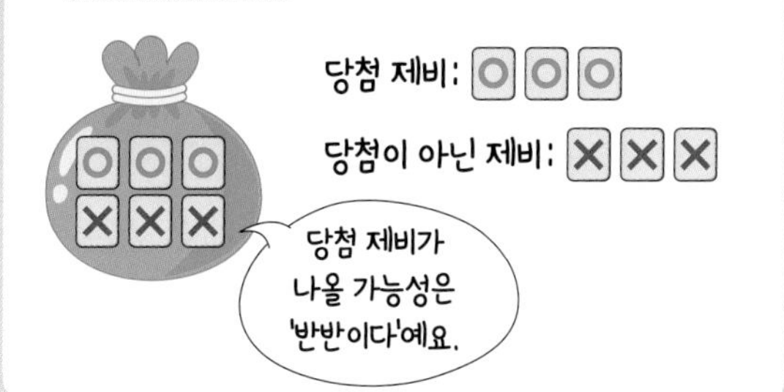
당첨 제비:
당첨이 아닌 제비:
당첨 제비가
나올 가능성은
'반반이다'예요.

해결하기

제비 6개 중 당첨 제비는 3개이므로 뽑은 제비가 당첨 제비일 가능성은 '□'이고 수로 표현하면 □입니다.

따라서 회전판의 6칸 중 □칸을 노란색으로 색칠하면 됩니다.

4-1 구슬 10개가 들어 있는 주머니에서 구슬을 꺼낼 때 꺼낸 구슬의 개수가 짝수일 가능성과 화살이 빨간색에 멈출 가능성이 같도록 회전판을 색칠해 보세요.

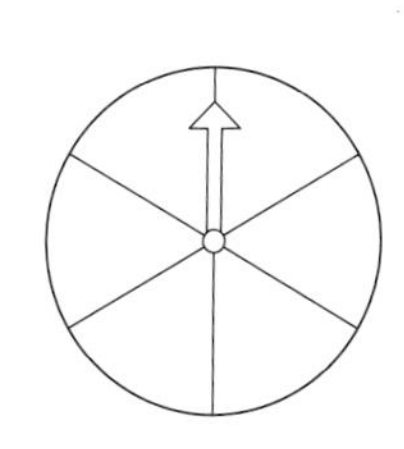

4-2 조건에 알맞은 회전판이 되도록 세 가지 색을 색칠해 보세요.

- 화살이 파란색에서 멈출 가능성이 가장 높습니다.
- 화살이 빨간색에서 멈출 가능성과 노란색에서 멈출 가능성이 비슷합니다.

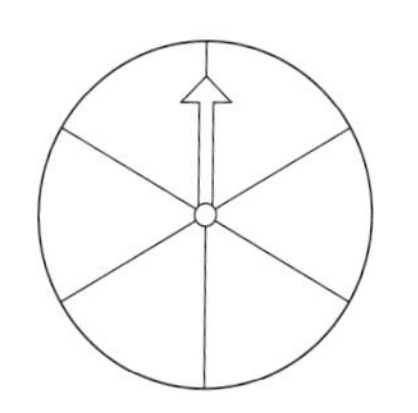

[01~02] 수연이네 모둠과 지선이네 모둠의 훌라후프 기록을 나타낸 표입니다. 물음에 답하세요.

수연이네 모둠의 훌라후프 기록

이름	수연	지훈	용혁	민기	서린	동민
횟수(번)	47	60	52	40	30	71

지선이네 모둠의 훌라후프 기록

이름	지선	태희	상혁	재석	석훈
횟수(번)	62	58	79	51	45

01 수연이네 모둠과 지선이네 모둠의 훌라후프 기록의 평균을 각각 구해 보세요.

수연이네 모둠 (　　　　　　　　　　)
지선이네 모둠 (　　　　　　　　　　)

02 훌라후프 기록의 평균이 더 높은 모둠을 써 보세요.

(　　　　　　　　　　)

03 중요 쌀가게에서 지난 4주 동안 쌀을 하루에 평균 50포대씩 팔았다고 할 때, 지난 4주 동안 판매한 쌀은 모두 몇 포대인가요?

(　　　　　　　　　　)

[04~06] 다독이는 전체 쪽수가 658쪽인 장편 동화책을 월요일부터 읽기 시작하여 5일째인 금요일까지 읽은 평균 쪽수가 90쪽이 되었습니다. 물음에 답하세요.

04 다독이가 5일 동안 읽은 동화책은 모두 몇 쪽인가요?

(　　　　　　　　　　)

05 다독이가 5일 동안 읽고 남은 쪽수를 토요일과 일요일에 모두 읽으려면 2일 동안 평균 몇 쪽을 읽어야 하나요?

(　　　　　　　　　　)

06 다독이가 처음부터 다시 일주일 동안 매일 같은 쪽수로 책을 읽으려면 하루 평균 몇 쪽을 읽어야 하나요?

(　　　　　　　　　　)

[07~08] 보검이네 반 학생 25명의 몸무게의 평균을 나타낸 표입니다. 물음에 답하세요.

보검이네 반 학생의 몸무게의 평균

	남학생	여학생	전체
학생 수(명)	12	13	25
몸무게의 평균(kg)	45		42.4

07 여학생 전체의 몸무게는 몇 kg인가요?

(　　　　　　　　　　)

08 여학생의 평균 몸무게는 몇 kg인가요?

(　　　　　　　　　　)

[09~11] 승민이가 저축한 금액을 나타낸 표입니다. 대훈이가 5회 동안 저축한 금액의 평균은 1800원이고 승민이가 저축한 금액의 합계는 대훈이가 저축한 금액의 합계보다 1000원 더 많습니다. 물음에 답하세요.

승민이가 저축한 금액

회	1회	2회	3회	4회	5회
저축액(원)	2150		1930	2130	1890

09 승민이가 저축한 금액의 합계는 얼마인가요?

( )

10 승민이가 2회에 저축한 금액은 얼마인가요?

( )

11 승민이는 대훈이보다 적어도 한 회당 평균 얼마를 더 저축한 것인가요?

( )

12 중요 정혁이의 100 m 달리기 기록을 나타낸 표입니다. 정혁이의 100 m 달리기 기록의 평균이 13초일 때 정혁이의 3회의 기록은 몇 초인지 구해 보세요.

정혁이의 100 m 달리기 기록

회	1회	2회	3회	4회	5회
기록(초)	15	12		11	14

( )

[13~14] 새로 개업한 가게에 5일 동안 방문한 손님 수를 나타낸 표입니다. 물음에 답하세요.

요일별 방문한 손님 수

요일	월	화	수	목	금
손님 수(명)	92	102	98	124	79

13 5일 동안 가게를 방문한 손님 수의 평균은 몇 명인가요?

( )

14 일주일 동안의 방문한 손님 수의 평균이 월요일부터 금요일까지 5일 동안 방문한 손님 수의 평균보다 1명이 더 많으려면 토요일과 일요일에 몇 명의 손님이 더 방문해야 하나요?

( )

어려운 문제

어느 자동차 대리점의 월별 자동차 판매량을 나타낸 표입니다. 6월부터 12월까지 판매량의 평균을 6월부터 11월까지 판매량의 평균보다 5대 올리려고 합니다. 12월에는 몇 대를 판매해야 하나요?

월별 자동차 판매량

월	6월	7월	8월	9월	10월	11월
판매량(대)	78	67	59	75	84	81

( )

16 주머니에 흰색 바둑돌 2개와 검은색 바둑돌 2개가 들어 있습니다. 주머니에서 바둑돌 1개를 꺼낼 때, 꺼낸 바둑돌이 검은색일 가능성을 수직선에 ↓로 나타내어 보세요.

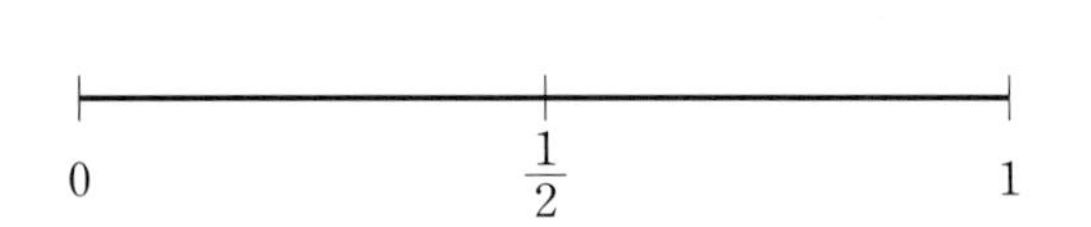

17 지욱이가 회전판을 돌렸을 때 일이 일어날 가능성이 높은 것부터 차례로 기호를 써 보세요.

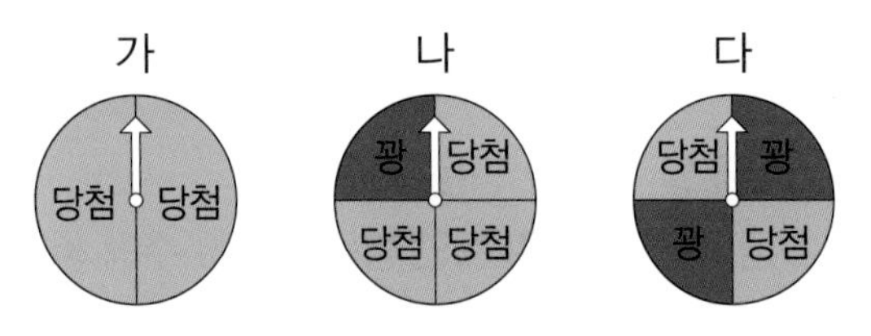

㉠ 가 회전판에서 화살이 당첨에 멈출 가능성
㉡ 나 회전판에서 화살이 꽝에 멈출 가능성
㉢ 나 회전판에서 화살이 당첨에 멈출 가능성
㉣ 다 회전판에서 화살이 꽝에 멈출 가능성

( )

18 화살이 빨간색에 멈출 가능성이 높은 것부터 차례로 기호를 써 보세요.

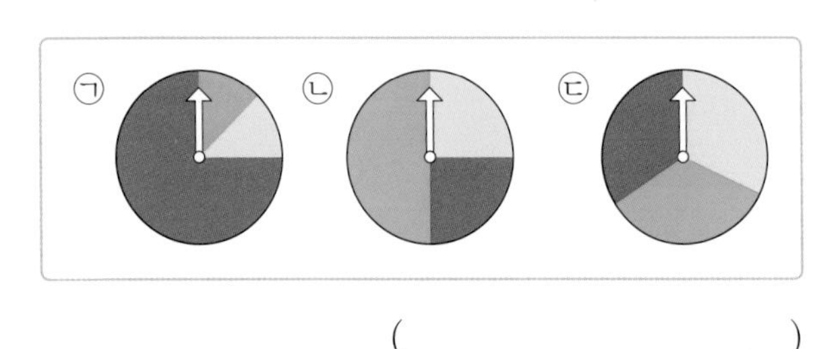

( )

서술형 문제

19 친구 3명의 몸무게의 평균은 38.72 kg입니다. 윤호를 포함한 4명의 몸무게의 평균이 37.57kg일 때 윤호의 몸무게는 몇 kg인지 풀이 과정을 쓰고 답을 구해 보세요.

풀이

답

20 민영이와 석진이의 타자 속도를 나타낸 표입니다. 두 사람의 타자 속도의 평균이 같을 때 석진이의 2회 타자 속도는 몇 타인지 풀이 과정을 쓰고 답을 구해 보세요.

민영이의 타자 속도

회	타자 속도(타)
1회	237
2회	231
3회	240
4회	252

석진이의 타자 속도

회	타자 속도(타)
1회	244
2회	
3회	239
4회	246
5회	237

풀이

답

[01~03] 현우네 학교 5학년과 6학년의 반별 학생 수를 나타낸 표입니다. 물음에 답하세요.

5학년의 반별 학생 수

5학년	1반	2반	3반	4반
학생 수(명)	24	28	25	27

6학년의 반별 학생 수

6학년	1반	2반	3반	4반	5반
학생 수(명)	26	27	24	23	25

01 5학년 학생 수는 평균 몇 명인가요?

( )

02 6학년 학생 수는 평균 몇 명인가요?

( )

03 5학년과 6학년 학생 수의 평균이 더 많은 학년을 구해 보세요.

( )

04 중요 보경이네 반 남학생과 여학생의 평균 몸무게를 나타낸 표입니다. 보경이네 반 학생들의 몸무게의 평균은 몇 kg인가요?

보경이네 반 학생들의 평균 몸무게

남학생	16명	39.75 kg
여학생	14명	36 kg

( )

05 어려운 문제 정훈이는 3일 동안 수영 연습을 평균 50분씩 하려고 합니다. 수영 연습을 한 시간을 나타낸 표를 보고, 내일은 오후 몇 시 몇 분까지 수영 연습을 해야 하는지 구해 보세요.

수영 연습 시간

	시작한 시각	끝낸 시각
어제	오후 4시 15분	오후 4시 55분
오늘	오후 4시 25분	오후 5시 20분
내일	오후 4시 30분	

( )

[06~09] 장난감 상자의 무게를 나타낸 표입니다. 다섯 상자의 평균 무게는 12 kg이고 노랑 상자의 무게가 파랑 상자의 무게보다 2 kg 더 무겁습니다. 물음에 답하세요.

장난감 상자의 무게

상자	빨강	주황	노랑	초록	파랑
무게(kg)	14	11		13	

06 다섯 상자의 무게의 합은 몇 kg인가요?

( )

07 노랑 상자와 파랑 상자 무게의 합은 몇 kg인가요?

( )

08 파랑 상자의 무게는 몇 kg인가요?

( )

09 노랑 상자의 무게는 몇 kg인가요?

( )

10 나연이네 모둠의 1차 시험과 2차 시험의 국어 점수를 나타낸 표입니다. 2차 시험의 국어 점수의 평균을 1차 시험의 국어 점수의 평균보다 2점 높이려면 나연이는 2차 시험의 국어 점수에서 몇 점을 받아야 하나요?

1차 시험의 국어 점수

이름	나연	성민	소담	여진
점수(점)	84	72	92	88

2차 시험의 국어 점수

이름	나연	성민	소담	여진
점수(점)		80	88	92

(　　　　　　　　)

11 우리 반은 매달 회장을 선출합니다. 이번 달에 선출된 우리 반 회장의 생일을 알아본 결과 태어난 달이 짝수일 가능성을 수로 표현해 보세요.

(　　　　　　　　)

12 흰색 바둑돌이 7개 들어 있는 주머니에서 바둑돌 2개를 연속해서 꺼낼 때 모두 흰색일 가능성을 수로 표현해 보세요.

(　　　　　　　　)

13 주머니 안에 크기가 같은 초록색 구슬 6개, 노란색 구슬 4개, 보라색 구슬 2개가 들어 있습니다. 먼저 수현이가 초록색 구슬 3개를 꺼냈고, 두 번째로 석진이가 보라색 구슬을 1개 꺼냈습니다. 세 번째로 남준이가 구슬 한 개를 꺼내려고 할 때, 어떤 색 구슬을 꺼낼 가능성이 가장 높은지 구해 보세요. (단, 꺼낸 구슬은 다시 넣지 않습니다.)

(　　　　　　　　)

14 중요 주어진 수 카드 중에서 1장을 뽑았을 때 뽑은 카드의 수가 짝수일 가능성을 말과 수로 표현해 보세요.

1　3　5　7　9

말 ____________________

수 ____________________

15 준기네 모둠과 연수네 모둠이 발야구를 하려고 합니다. 동전을 던져 그림 면이 나오면 준기네 모둠이, 숫자 면이 나오면 연수네 모둠이 먼저 공격하기로 했습니다. 연수네 모둠이 먼저 공격할 가능성을 수로 표현해 보세요.

(　　　　　　　　)

16 일이 일어날 가능성을 각각 수로 표현했을 때 ㉠+㉡은 얼마인지 구해 보세요.

㉠ 1부터 10까지의 수가 적힌 10장의 수 카드 중에서 1장을 꺼낼 때 2의 배수가 나올 가능성
㉡ 주사위를 한 번 던졌을 때 눈의 수가 6 초과인 수가 나올 가능성

( )

17 일이 일어날 가능성이 낮은 것부터 차례로 기호를 써 보세요.

㉠ 주사위를 한 번 굴렸을 때 나온 눈의 수는 홀수일 것입니다.
㉡ 해가 동쪽에서 뜰 것입니다.
㉢ 흰색 공만 들어 있는 주머니에서 꺼낸 공은 검은색일 것입니다.

( )

18 주사위를 한 번 굴릴 때, 일이 일어날 가능성이 높은 것부터 차례로 기호를 써 보세요.

㉠ 주사위 눈의 수가 10의 배수로 나올 가능성
㉡ 주사위 눈의 수가 10의 약수로 나올 가능성
㉢ 주사위 눈의 수가 7의 약수로 나올 가능성
㉣ 주사위 눈의 수가 8보다 작은 수로 나올 가능성
㉤ 주사위 눈의 수가 1 초과 6 이하로 나올 가능성

( )

서술형 문제

19 지혜네 모둠 9명의 과학 점수의 평균은 79.5점이고 이 중에서 남학생 5명의 과학 점수의 평균은 80.7점입니다. 여학생 4명의 과학 점수의 평균은 몇 점인지 풀이 과정을 쓰고 답을 구해 보세요.

풀이

답

20 아버지께서 다니시는 운동 모임의 회원이 60명이고 평균 나이가 38세입니다. 신입 회원 5명이 들어와서 평균 나이가 40세가 되었습니다. 신입 회원 5명의 평균 나이는 몇 세인지 풀이 과정을 쓰고 답을 구해 보세요.

풀이

답

MEMO

BOOK 1
본책

BOOK 1 본책으로 교과서 속 **학습 개념과**

기본+응용 문제를 확실히 공부했나요?

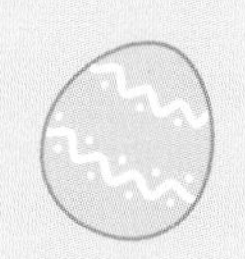

BOOK 2
복습책

BOOK 2 복습책으로 BOOK 1에서 배운
기본 문제와 응용 문제를 복습해 보세요.

초|등|부|터
EBS

교과서 기본과 응용 문제를
한 번에 잡는 **교과서 기본+응용**

만점왕 수학 플러스

BOOK 2
복습책

5-2

EBS

초등부터 EBS

교과서 기본과 응용 문제를
한 번에 잡는 **교과서 기본+응용**

BOOK 2
복습책

5-2

01 같은 것끼리 이어 보세요.

9보다 큰 수	9 이상인 수
9와 같거나 작은 수	9 미만인 수
9보다 작은 수	9 이하인 수
9와 같거나 큰 수	9 초과인 수

[02~03] 수훈이네 모둠 학생들의 몸무게를 조사하여 나타낸 표입니다. 물음에 답하세요.

수훈이네 모둠 학생들의 몸무게

이름	몸무게(kg)	이름	몸무게(kg)
수훈	43.5	재현	52.1
예린	38.7	상희	40.0
민우	45.0	윤정	34.9

02 몸무게가 45 kg 이상인 학생을 모두 찾아 이름을 써 보세요.

( )

03 몸무게가 40 kg 미만인 학생을 모두 찾아 이름을 써 보세요.

( )

04 수직선에 나타낸 수의 범위를 쓰려고 합니다. □ 안에 알맞은 말을 써넣으세요.

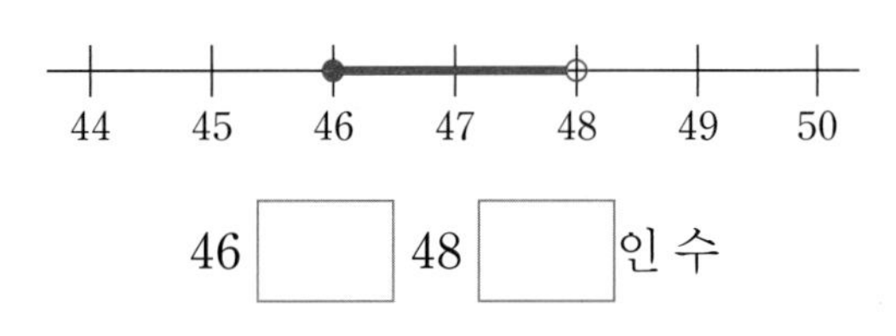

46 □ 48 □ 인 수

05 72 초과인 수에 ○표, 72 미만인 수에 △표 하세요.

69 70 71 72 73 74 75

06 올림하여 주어진 자리까지 나타내어 보세요.

수	십의 자리	백의 자리
3581		

07 수를 버림하여 소수 첫째 자리까지 나타내어 보세요.

4.586

( )

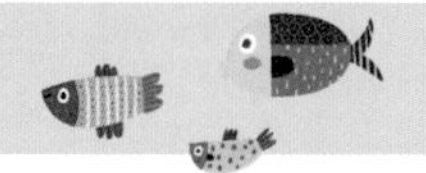

08 32759를 반올림하여 주어진 자리까지 나타내어 보세요.

백의 자리	만의 자리

09 반올림하여 백의 자리까지 나타낸 수가 다른 하나를 찾아 ○표 하세요.

4526　　4459　　4553　　4470

10 영은이네 모둠 학생들의 키를 조사하여 나타낸 표입니다. 각 학생들의 키를 반올림하여 일의 자리까지 나타내어 보세요.

영은이네 모둠 학생들의 키

이름	키(cm)	반올림한 키(cm)
영은	155.8	
정화	161.1	
경진	146.7	
소현	159.3	

11 오늘 야구장에 입장한 전체 관람객의 수를 반올림하여 백의 자리까지 나타내어 보세요.

오늘 최종 입장한 관람객은 7246명입니다.

(　　　　　　　　)

12 길이가 735 cm인 색 테이프를 사려고 합니다. 문구점에서는 100 cm 단위로만 색 테이프를 판다면 색 테이프를 최소 몇 cm 사야 하는지 구해 보세요.

(　　　　　　　　)

13 현선이는 동전으로만 저금통에 16850원을 모았습니다. 이 돈을 모두 1000원짜리 지폐로 바꾼다면 1000원짜리 지폐를 최대 몇 장까지 바꿀 수 있는지 구해 보세요.

(　　　　　　　　)

1 단원

유형 1 어림하기의 활용

01 휴게소에서 호두과자 365개를 한 봉지에 10개씩 포장하여 팔려고 합니다. 한 봉지의 가격이 4000원일 때 호두과자를 팔아서 받을 수 있는 돈은 최대 얼마인지 구해 보세요.

(　　　　　　　)

비법
한 봉지에 10개씩 포장하고 남는 호두과자는 팔 수 없으므로 버림을 이용합니다.

02 마카롱을 153개 만들었습니다. 이 마카롱을 한 팩에 10개씩 담아 20000원에 판다면 마카롱을 팔아서 받을 수 있는 돈은 최대 얼마인지 구해 보세요.

(　　　　　　　)

03 공장에서 생산한 사탕 4167개를 한 상자에 100개씩 담아서 5000원에 팔려고 합니다. 사탕을 팔아서 받을 수 있는 돈은 최대 얼마인지 구해 보세요.

(　　　　　　　)

유형 2 수의 범위 조건에 맞는 수 구하기

04 자연수 부분이 5이고 소수 첫째 자리 숫자가 4 이상 7 이하인 소수 한 자리 수는 모두 몇 개인가요?

(　　　　　　　)

비법
조건을 만족하는 소수 한 자리 수는 5.□ 형태이고 □ 안에 알맞은 숫자는 4와 같거나 크고 7과 같거나 작은 수입니다.

05 자연수 부분이 3이고 소수 첫째 자리 숫자가 2 초과 7 미만인 소수 한 자리 수는 모두 몇 개인가요?

(　　　　　　　)

06 자연수 부분이 3 초과 6 이하이고, 소수 첫째 자리 수가 5 이상 7 미만인 소수 한 자리 수는 모두 몇 개인가요?

(　　　　　　　)

유형 3 반올림하기 전의 수의 범위 구하기

07 자물쇠의 비밀번호는 4□□3입니다. 이 비밀번호를 반올림하여 백의 자리까지 나타내면 4300입니다. 비밀번호가 될 수 있는 수 중 가장 큰 수를 구해 보세요.

( )

비법
- 십의 자리 숫자가 0, 1, 2, 3, 4이면 버림하여 백의 자리까지 구합니다.
- 십의 자리 숫자가 5, 6, 7, 8, 9이면 올림하여 백의 자리까지 구합니다.

08 자물쇠의 비밀번호는 6□□7입니다. 이 비밀번호를 반올림하여 백의 자리까지 나타내면 6500입니다. 비밀번호가 될 수 있는 수 중 가장 작은 수를 구해 보세요.

( )

09 자물쇠의 비밀번호는 45□2□입니다. 이 비밀번호를 반올림하여 천의 자리까지 나타내면 45000입니다. 비밀번호가 될 수 있는 수 중 가장 큰 수를 구해 보세요.

( )

유형 4 둘레의 길이를 어림하여 나타내기

10 미술 시간에 철사를 겹치지 않게 모두 사용하여 한 변의 길이가 68 cm인 정삼각형을 1개 만들었습니다. 사용한 철사의 길이는 몇 cm인지 반올림하여 십의 자리까지 나타내어 보세요.

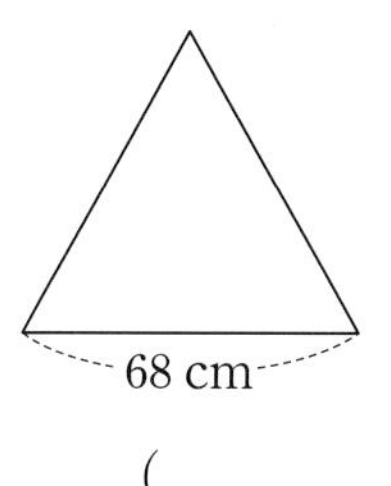

( )

비법
(정삼각형의 둘레)=(한 변의 길이)×3으로 구하여 일의 자리에서 반올림하여 나타냅니다.

11 한 변의 길이가 1.7 m인 정사각형 모양의 텃밭이 있습니다. 이 텃밭의 네 변의 길이의 합은 몇 m인지 반올림하여 일의 자리까지 나타내어 보세요.

( )

12 직사각형 모양인 꽃밭의 둘레는 몇 m인지 반올림하여 일의 자리까지 나타내어 보세요.

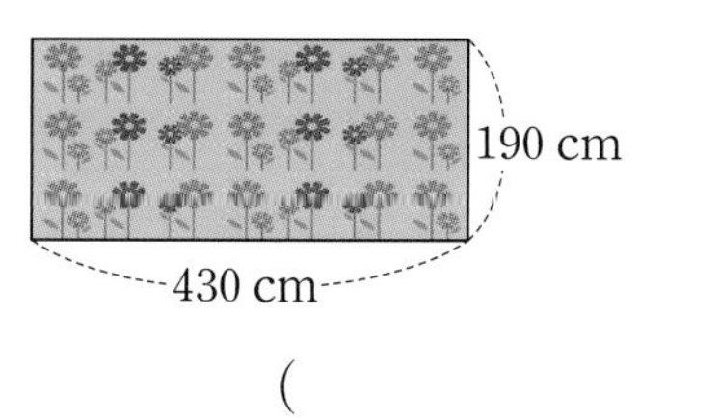

( )

01 다음 수의 범위에 속하는 자연수 중 짝수는 모두 몇 개인지 풀이 과정을 쓰고 답을 구해 보세요.

34 초과 42 이하인 자연수

풀이

답

02 두 수직선의 범위에 공통으로 속하는 자연수는 모두 몇 개인지 풀이 과정을 쓰고 답을 구해 보세요.

(수직선: 16 이상 28 미만 / 18 초과 32 이하)

풀이

답

03 버림하여 백의 자리까지 나타내면 8700이 되는 자연수 중에서 가장 큰 수와 가장 작은 수의 차는 얼마인지 풀이 과정을 쓰고 답을 구해 보세요.

풀이

답

04 영아네 반 학생 수는 22명 이상 30명 미만입니다. 한 모둠에 6명씩 앉았더니 3명이 남았다면 영아네 반 학생 수는 몇 명인지 풀이 과정을 쓰고 답을 구해 보세요.

풀이

답

05 상자 한 개를 포장하는 데 리본 1 m가 필요합니다. 리본 673 cm로는 최대 몇 개의 상자를 포장할 수 있는지 풀이 과정을 쓰고 답을 구해 보세요.

풀이

답

06 학생 한 명에게 사탕을 2개씩 나누어 주려고 합니다. 반 학생들이 26명일 때, 사탕을 최소 몇 봉지 사야 하는지 풀이 과정을 쓰고 답을 구해 보세요. (단, 사탕 1봉지에는 사탕이 10개씩 들어 있습니다.)

풀이

답

07 다음은 여러 가지 간식의 가격표입니다. 선우는 도넛 2개와 바나나 우유 1개를 사고 1000원짜리 지폐만 사용하여 계산을 하려고 합니다. 최소 얼마를 내야 하는지 풀이 과정을 쓰고 답을 구해 보세요.

간식의 가격표

도넛	조각 케이크	바나나 우유	딸기 우유
650원	1400원	750원	800원

풀이

답

08 선영이네 학교 5학년 학생들을 모두 태우려면 30인승 버스가 적어도 6대 필요합니다. 선영이네 학교 5학년 학생은 몇 명 이상 몇 명 이하인지 풀이 과정을 쓰고 답을 구해 보세요.

풀이

답

09 다음 조건을 모두 만족하는 네 자리 수를 구하려고 합니다. 풀이 과정을 쓰고 답을 구해 보세요.

- 천의 자리 숫자는 4 초과 6 미만입니다.
- 백의 자리 숫자는 5 이상 7 미만입니다.
- 십의 자리 숫자는 가장 큰 수입니다.
- 각 자리의 숫자는 모두 다르고 합은 28입니다.

풀이

답

10 학교 운동회에서 나누어 줄 종합장 182권이 필요합니다. 문구점에서는 10권씩 묶음으로만 판매하며 1묶음에 3000원이고, 대형 마트에서는 100권씩 상자로만 판매하며 1상자에 25000원입니다. 어디에서 사는 것이 더 저렴한지 풀이 과정을 쓰고 답을 구해 보세요.

풀이

답

1 단원

01 수직선에 나타내어 보세요.

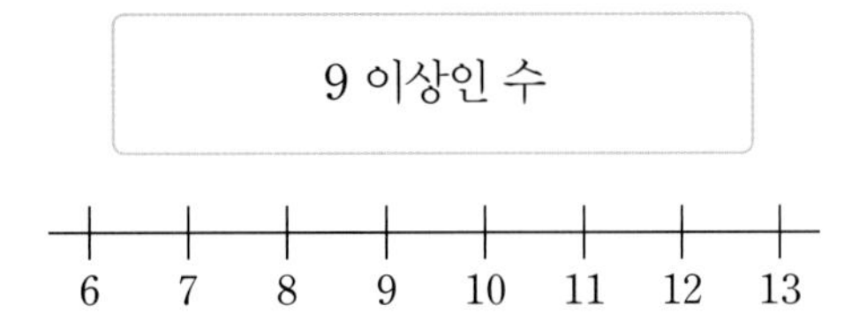

02 우리나라에서 투표할 수 있는 나이는 만 18세 이상입니다. 유미네 가족 중에서 투표할 수 있는 사람은 모두 몇 명인가요?

유미네 가족의 만 나이

가족	오빠	어머니	아버지	유미	언니	할머니
만 나이(세)	17	42	46	12	18	73

( )

03 36 초과인 수로만 이루어진 것이 아닌 것은 어느 것인가요? ( )

① 36.8, 39, 46 ② 37, 39.2, 52
③ 36, 36.5, 49 ④ 38, 49, 86
⑤ 36.1, 42.5, 67.5

04 성현이네 모둠 학생들이 놀이 기구를 타려고 줄 서 있습니다. 이 놀이 기구는 키가 120 cm 미만인 사람은 탈 수 없습니다. 이 놀이 기구를 탈 수 없는 학생은 모두 몇 명인가요?

성현이네 모둠 학생들의 키

이름	성현	민우	시윤	유준
키(cm)	119.2	120.0	124.8	118.9

( )

[05~07] 현수네 모둠 남학생들의 제자리멀리뛰기 기록과 등급 기준을 나타낸 표입니다. 표를 보고 물음에 답하세요.

제자리멀리뛰기 기록

이름	기록(cm)	이름	기록(cm)
현수	159	성진	124
지호	168	지안	140
수호	141	민수	158

등급별 제자리멀리뛰기 기록

등급	기록(cm)
1등급	180 이상
2등급	159 이상 180 미만
3등급	141 이상 159 미만
4등급	111 이상 141 미만
5등급	105 이상 111 미만

05 3등급을 받은 학생의 이름을 모두 써 보세요.

( )

06 4등급을 받은 학생들에게 공책을 3권씩 주기로 했다면 공책은 최소 몇 권이 필요한지 구해 보세요.

( )

07 지호가 1등급이 되려면 최소 몇 cm를 더 멀리 뛰어야 하는지 구해 보세요.

( )

08 수의 범위에 모두 포함되는 자연수는 모두 몇 개인지 구해 보세요.

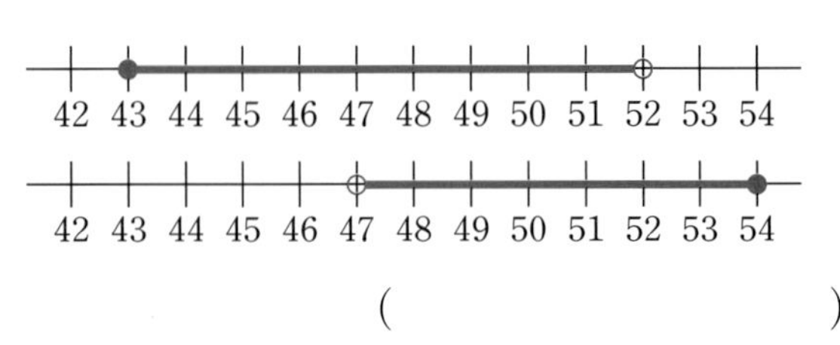

( )

09 은주네 반 학생들의 몸무게를 조사하여 나타낸 표입니다. 몸무게가 수직선에 나타낸 수의 범위에 속하는 학생의 이름을 모두 써 보세요.

은주네 반 학생들의 몸무게

이름	은주	영은	경민	성아	규리
몸무게(kg)	47.5	52.0	51.9	47.0	52.2

45 46 47 48 49 50 51 52 53

( )

진수네 가족은 12세인 진수, 8세인 동생, 45세인 아버지, 43세인 어머니로 모두 4명입니다. 진수네 가족이 모두 식물원에 입장하려면 입장료로 얼마를 내야 하는지 풀이 과정을 쓰고 답을 구해 보세요.

식물원 입장료

구분	어린이	청소년	어른
요금(원)	800	1500	3000

어린이: 8세 이상 13세 이하
청소년: 13세 초과 20세 미만
어른: 20세 이상 65세 미만
※ 8세 미만과 65세 이상은 무료

풀이

답

11 두 수를 각각 올림하여 백의 자리까지 나타낸 수의 차를 구해 보세요.

1543 5260

( )

12 두 사람의 대화를 보고 연희가 처음에 생각한 자연수는 무엇인지 구해 보세요.

• 기준: 네가 생각한 자연수에 8을 곱해서 나온 수를 버림하여 십의 자리까지 나타내면 얼마야?
• 연희: 60이야.

( )

13 올림하여 백의 자리까지 나타낸 수와 반올림하여 백의 자리까지 나타낸 수가 같은 수를 모두 써 보세요.

7590 7747 7652 7614

( )

14 어떤 수를 반올림하여 백의 자리까지 나타내었더니 4600이 되었습니다. 어떤 수가 될 수 없는 수를 모두 찾아 기호를 써 보세요.

㉠ 4615	㉡ 4649	㉢ 4650
㉣ 4550	㉤ 4543	㉥ 4582

( )

15 수 카드 4장을 한 번씩만 사용하여 가장 작은 네 자리 수를 만들어서 올림하여 백의 자리까지 나타내어 보세요.

7 6 0 5

( )

16 주어진 수를 어림하여 천의 자리까지 나타냈을 때 값이 다른 하나를 찾아 기호를 써 보세요.

수	올림	버림	반올림
5716	㉠	㉡	㉢

( )

17 학생 63명이 모두 보트를 타려고 합니다. 보트 한 척에 학생이 최대 10명까지 탈 수 있다면 보트는 최소 몇 척이 있어야 하나요?

( )

18 감 625개를 한 봉지에 10개씩 넣어서 팔려고 합니다. 봉지에 넣어 팔 수 있는 감은 최대 몇 개인가요?

( )

19 정은이는 노란색 구슬 48개와 파란색 구슬 27개를 가지고 있습니다. 정은이가 벼룩시장에서 이 구슬을 한 봉지에 10개씩 담아 팔려고 합니다. 한 봉지에 500원이라면 구슬을 팔아서 받을 수 있는 돈은 최대 얼마인지 구해 보세요.

( )

20 서술형 현신이가 10 kg짜리 수박 3통을 사려고 합니다. 현신이가 10000원짜리 지폐만 사용하려면 내야 하는 돈은 최소 얼마인지 풀이 과정을 쓰고 답을 구해 보세요.

무게별 수박 1통의 가격

무게(kg)	수박 가격(원)
5 초과 8 이하	13000
8 초과 12 이하	15000
12 초과 15 이하	17000

풀이

답

정답과 풀이 52쪽

01 그림을 보고 □ 안에 알맞은 수를 써넣으세요.

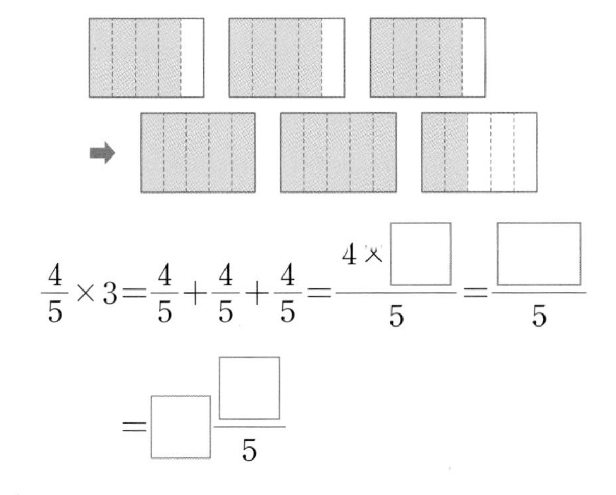

$$\frac{4}{5}\times 3=\frac{4}{5}+\frac{4}{5}+\frac{4}{5}=\frac{4\times\square}{5}=\frac{\square}{5}$$

$$=\square\frac{\square}{5}$$

02 빈 곳에 알맞은 수를 써넣으세요.

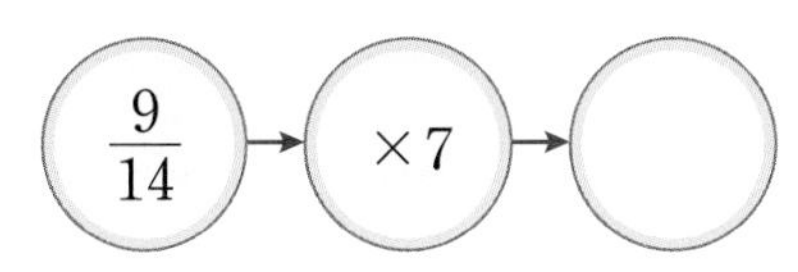

03 □ 안에 알맞은 수를 써넣으세요.

$$1\frac{4}{9}\times 12=(1\times 12)+\left(\frac{\square}{\square}\times 12\right)$$

$$=12+\frac{\square}{3}=12+\square\frac{\square}{3}$$

$$=\square\frac{\square}{3}$$

04 $\frac{17}{20}$이 15개인 수를 구해 보세요.

(　　　　　　　　)

05 그림을 보고 □ 안에 알맞은 수를 써넣으세요.

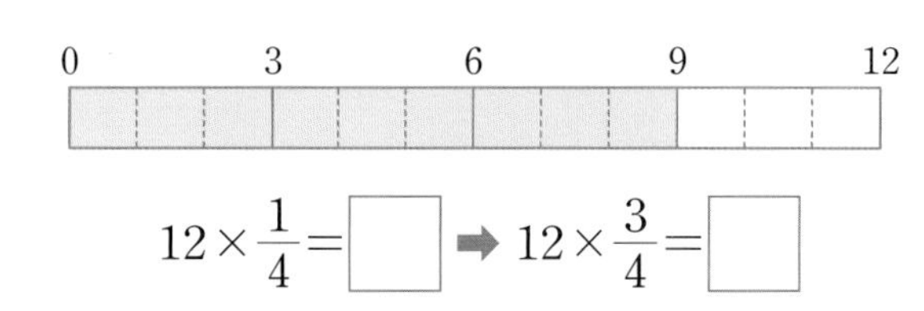

$$12\times\frac{1}{4}=\square \Rightarrow 12\times\frac{3}{4}=\square$$

06 $6\times\frac{9}{14}$를 두 가지 방법으로 계산한 것입니다. □ 안에 알맞은 수를 써넣으세요.

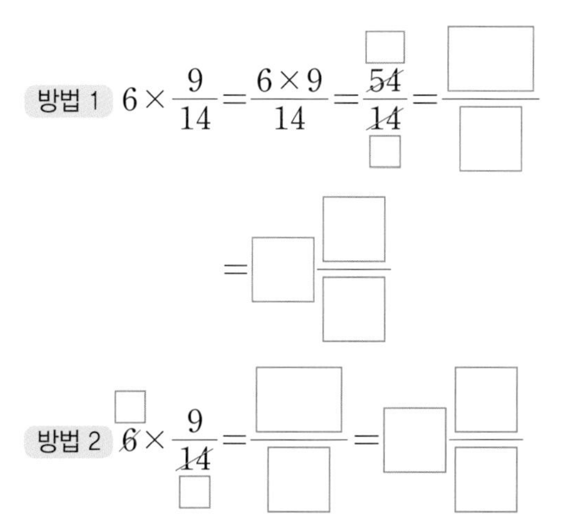

방법 1 $6\times\frac{9}{14}=\frac{6\times 9}{14}=\frac{\overset{\square}{\cancel{54}}}{\underset{\square}{\cancel{14}}}=\frac{\square}{\square}=\square\frac{\square}{\square}$

방법 2 $\overset{\square}{\cancel{6}}\times\frac{9}{\underset{\square}{\cancel{14}}}=\frac{\square}{\square}=\square\frac{\square}{\square}$

07 그림을 보고 □ 안에 알맞은 수를 써넣으세요.

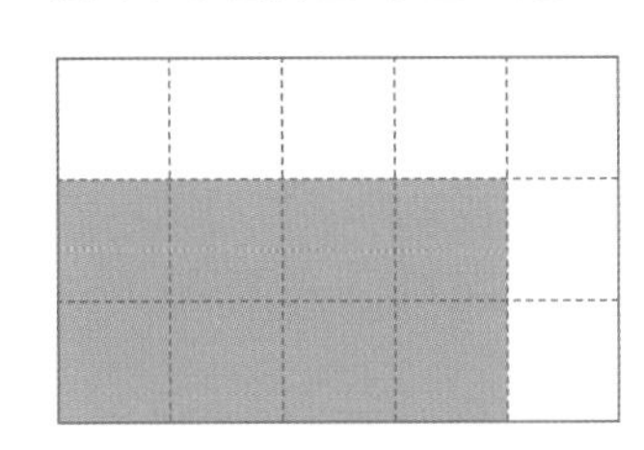

$\frac{4}{5}\times\frac{\square}{\square}=\frac{4\times\square}{5\times\square}=\frac{\square}{\square}$

08 곱이 작은 것부터 차례로 기호를 써 보세요.

㉠ $\frac{1}{5}\times\frac{1}{2}$ ㉡ $\frac{1}{3}\times\frac{1}{7}$
㉢ $\frac{1}{6}\times\frac{1}{3}$ ㉣ $\frac{1}{4}\times\frac{1}{4}$

(   )

09 관계있는 것끼리 이어 보세요.

$\frac{3}{4}\times\frac{4}{5}$ •	• $\frac{2}{15}$
$\frac{1}{6}\times\frac{4}{5}$ •	• $\frac{1}{5}$
$\frac{4}{9}\times\frac{9}{20}$ •	• $\frac{3}{5}$

10 세 수의 곱을 구해 보세요.

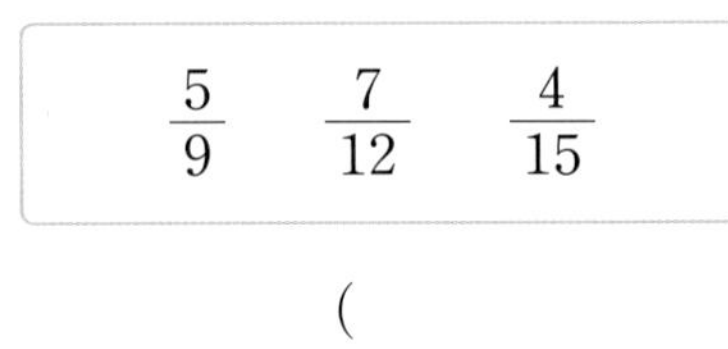

$\frac{5}{9}$ $\frac{7}{12}$ $\frac{4}{15}$

(   )

11 □ 안에 알맞은 수를 써넣으세요.

$3\frac{1}{3}\times1\frac{4}{15}=\frac{\overset{\square}{\cancel{10}}}{3}\times\frac{\square}{\underset{\square}{\cancel{15}}}=\frac{\square}{\square}$

$=\square\frac{\square}{\square}$

12 색칠된 부분의 넓이를 구하는 식으로 알맞은 것은 어느 것인가요? (   )

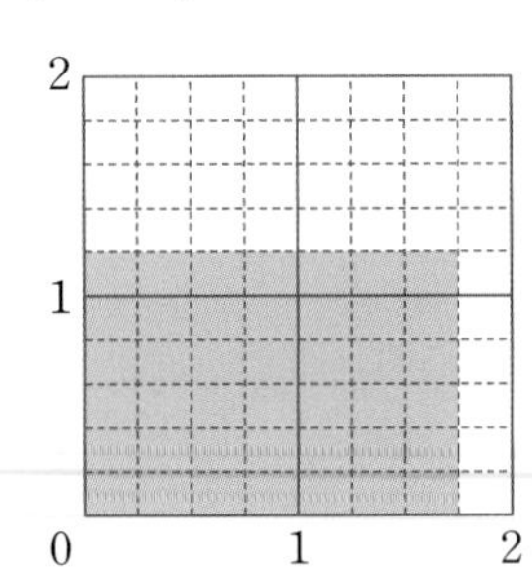

① $1\frac{2}{3}\times6=10$ ② $\frac{2}{3}\times6=4$
③ $1\frac{1}{4}\times1\frac{3}{5}=2$ ④ $1\frac{3}{4}\times1\frac{1}{5}=1\frac{3}{20}$
⑤ $1\frac{3}{4}\times1\frac{1}{5}=2\frac{1}{10}$

13 계산해 보세요.

(1) $4\frac{5}{7}\times1\frac{4}{11}$

(2) $\frac{6}{7}\times2\frac{5}{8}$

정답과 풀이 52쪽

유형 1 일정 시간에 이동한 거리 구하기

01 민준이는 자전거로 1시간에 $8\frac{1}{4}$ km를 달립니다. 같은 빠르기로 2시간 20분 동안 몇 km를 달릴 수 있는지 구해 보세요.

( )

비법

1시간=60분이므로 ■분=$\frac{■}{60}$시간입니다.

02 1시간에 $80\frac{2}{3}$ km를 가는 기차가 있습니다. 이 기차가 같은 빠르기로 2시간 15분 동안 달렸을 때 달린 거리는 몇 km인지 구해 보세요.

( )

03 지민이네 가족은 할머니 댁에 가기 위해 1시간에 $70\frac{2}{5}$ km를 가는 자동차를 타고 같은 빠르기로 3시간 45분 동안 이동했습니다. 지민이네 가족이 자동차를 타고 이동한 거리는 몇 km인지 구해 보세요.

( )

유형 2 바르게 계산한 값 구하기

04 어떤 수에 $\frac{5}{8}$를 곱해야 하는데 잘못하여 더했더니 $\frac{3}{4}$이 되었습니다. 바르게 계산하면 얼마인지 구해 보세요.

( )

비법

어떤 수를 □라 하여 $□+\frac{5}{8}=\frac{3}{4}$에서 □를 먼저 구합니다.

05 어떤 수에 $\frac{4}{9}$를 곱해야 하는데 잘못하여 더했더니 $2\frac{5}{12}$가 되었습니다. 바르게 계산하면 얼마인지 구해 보세요.

( )

06 어떤 수에 $1\frac{1}{4}$을 곱해야 하는데 잘못하여 뺐더니 $1\frac{7}{8}$이 되었습니다. 바르게 계산하면 얼마인지 구해 보세요.

( )

유형 3 전체의 몇 분의 몇 알아보기

07 유정이는 가지고 있던 15000원 중 필통을 사는 데 전체의 $\frac{3}{10}$을 쓰고, 볼펜을 사는 데 남은 돈의 $\frac{4}{15}$를 썼습니다. 볼펜을 사는 데 쓴 돈은 얼마인지 구해 보세요.

(　　　　　　　　)

비법

■의 $\frac{1}{▲}$은 ■$\times\frac{1}{▲}$입니다.

08 오늘 미술관에 입장한 사람은 960명입니다. 그중 $\frac{5}{12}$는 남자였고, 여자의 $\frac{2}{7}$는 어린이였습니다. 오늘 미술관에 입장한 여자 어린이는 몇 명인지 구해 보세요.

(　　　　　　　　)

09 유준이는 오늘 전체가 240쪽인 동화책 한 권을 사서 오전에는 전체의 $\frac{3}{8}$을 읽고 오후에는 나머지의 $\frac{2}{5}$를 읽었습니다. 유준이가 이 동화책을 다 읽으려면 몇 쪽을 더 읽어야 하는지 구해 보세요.

(　　　　　　　　)

유형 4 수직선에 나타낸 수의 곱 구하기

10 수직선에서 ㉠과 ㉡이 나타내는 수의 곱을 구해 보세요.

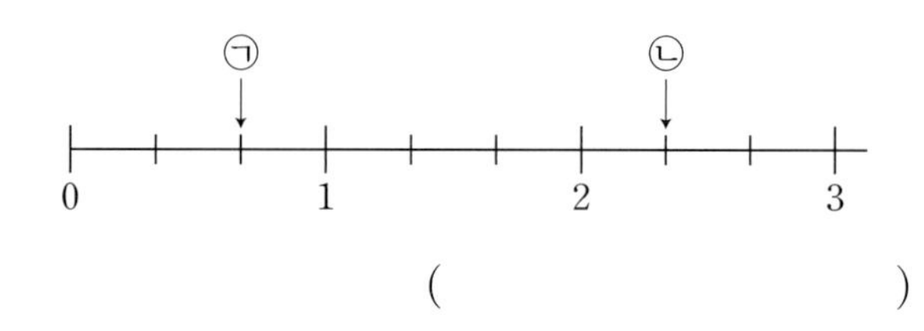

(　　　　　　　　)

비법

1을 3등분 하였으므로 작은 눈금 한 칸의 크기는 $\frac{1}{3}$입니다.

11 수직선에서 ㉠과 ㉡이 나타내는 수의 곱을 구해 보세요.

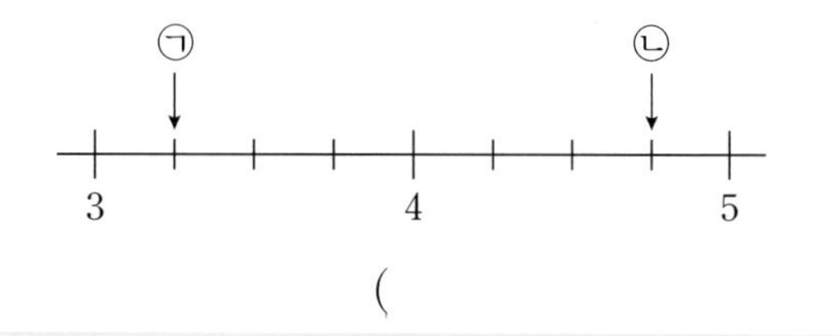

(　　　　　　　　)

12 수직선에서 ㉠, ㉡, ㉢이 나타내는 세 수의 곱을 구해 보세요.

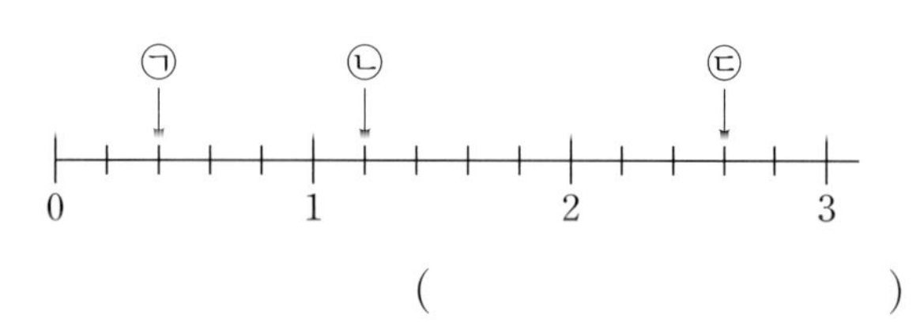

(　　　　　　　　)

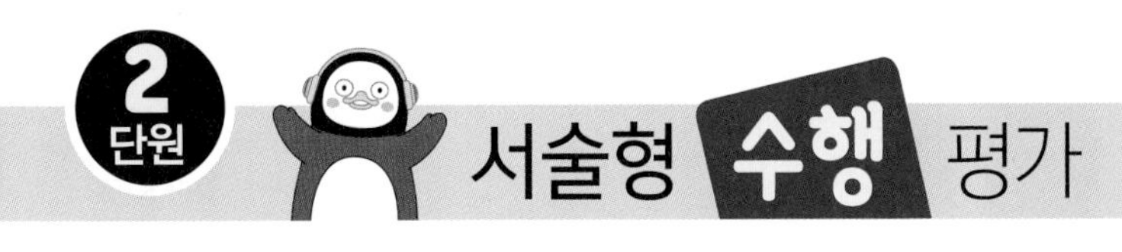

정답과 풀이 54쪽

01 주원이는 매일 우유를 $\frac{2}{9}$ L씩 마십니다. 주원이가 일주일 동안 마신 우유는 몇 L인지 풀이 과정을 쓰고 답을 구해 보세요.

풀이

답

02 주머니 1개를 만드는 데 $48\frac{3}{4}$ cm^2의 옷감이 필요합니다. 주머니 14개를 만드는 데 필요한 옷감은 몇 cm^2인지 풀이 과정을 쓰고 답을 구해 보세요.

풀이

답

03 무게가 0.75 kg인 빈 바구니에 $7\frac{3}{4}$ kg짜리 수박 3통을 담아 저울에 재어 보았습니다. 수박 3통이 담긴 바구니의 무게는 몇 kg인지 풀이 과정을 쓰고 답을 구해 보세요.

풀이

답

04 길이가 27 m인 휴지의 $\frac{4}{9}$만큼 사용하였습니다. 사용하고 남은 휴지의 길이는 몇 m인지 풀이 과정을 쓰고 답을 구해 보세요.

풀이

답

05 진호의 나이는 12세이고 삼촌의 나이는 진호의 나이의 $2\frac{5}{6}$배입니다. 삼촌의 나이는 몇 세인지 풀이 과정을 쓰고 답을 구해 보세요.

풀이

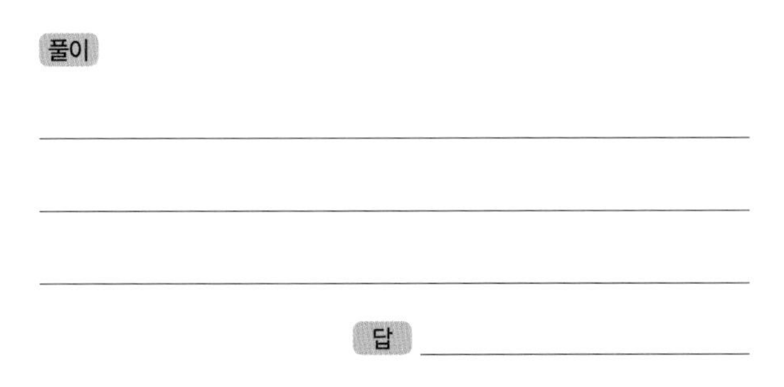

답

06 중력은 물체를 끌어당기는 힘입니다. 달의 중력은 지구의 중력의 $\frac{1}{6}$이므로 무게도 $\frac{1}{6}$이 됩니다. 몸무게가 $38\frac{2}{3}$ kg인 민우가 달에 가면 몇 kg인지 풀이 과정을 쓰고 답을 구해 보세요.

풀이

답

정답과 풀이 54쪽

07 하루에 $1\frac{1}{3}$분씩 늦어지는 시계가 있습니다. 이 시계를 오늘 정오에 정확히 맞추어 놓았습니다. 12일 후 정오에 이 시계는 오전 몇 시 몇 분을 가리키는지 풀이 과정을 쓰고 답을 구해 보세요.

풀이

답

08 형수네 반 학급 문고는 180권이고 그중 $\frac{5}{12}$가 동화책입니다. 형수가 학급 문고에 있는 동화책의 $\frac{2}{5}$만큼을 읽었다면 형수가 읽은 동화책은 모두 몇 권인지 풀이 과정을 쓰고 답을 구해 보세요.

풀이

답

09 가로가 $4\frac{1}{8}$ cm, 세로가 $3\frac{2}{9}$ cm인 타일을 그림과 같이 6장을 겹치지 않게 붙여서 직사각형을 만들었습니다. 가장 큰 직사각형의 넓이는 몇 cm^2인지 풀이 과정을 쓰고 답을 구해 보세요.

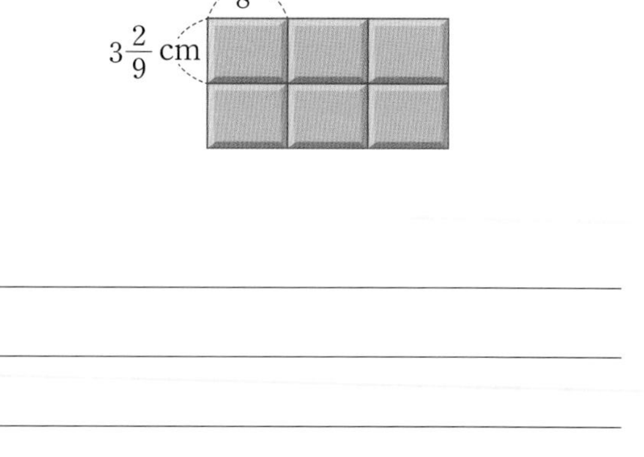

풀이

답

10 수도꼭지 ㉮, ㉯가 있습니다. 1분 동안 ㉮에서는 $3\frac{5}{6}$ L씩, ㉯에서는 $4\frac{1}{2}$ L씩 물이 일정하게 나옵니다. 두 수도꼭지를 동시에 틀었을 때 15분 동안 받을 수 있는 물의 양은 몇 L인지 풀이 과정을 쓰고 답을 구해 보세요.

풀이

답

정답과 풀이 55쪽

01 계산해 보세요.

(1) $\frac{5}{7}\times 8$

(2) $\frac{7}{11}\times 3$

02 한 팩에 $\frac{4}{5}$ kg인 딸기가 4팩 있습니다. 딸기는 모두 몇 kg인가요?

( )

03 보기 와 같이 계산해 보세요.

보기

$$3\frac{1}{4}\times 5=(3\times 5)+\left(\frac{1}{4}\times 5\right)=15+\frac{5}{4}$$
$$=15+1\frac{1}{4}=16\frac{1}{4}$$

$2\frac{2}{3}\times 4$ ______

04 도형의 둘레가 더 긴 것에 ○표 하세요.

한 변의 길이가 $5\frac{4}{9}$ cm인 정삼각형	한 변의 길이가 $3\frac{5}{12}$ cm인 정사각형
( )	( )

05 준영이는 둘레가 $2\frac{3}{4}$ km인 호수를 매일 한 바퀴씩 걷습니다. 준영이가 7일 동안 호수를 걸은 거리는 몇 km인가요?

( )

06 계산해 보세요.

24의 $\frac{3}{10}$

( )

07 주어진 수 카드를 모두 한 번씩 사용하여 곱이 가장 큰 (자연수)×(진분수)를 구하려고 합니다. □ 안에 알맞은 수를 써넣고 곱을 구해 보세요.

5 6 8

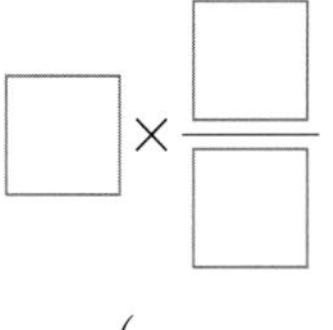

( )

08 어른의 박물관 입장료는 2000원입니다. 어린이의 입장료가 어른 입장료의 $\frac{3}{8}$이라고 할 때 어린이의 박물관 입장료는 얼마인가요?

(　　　　　　　　　)

09 $6\times1\frac{5}{8}$를 잘못 계산한 것입니다. 잘못된 부분을 찾아 바르게 계산해 보세요.

$$\overset{3}{\cancel{6}}\times1\frac{5}{\underset{4}{\cancel{8}}}=3\times1\frac{5}{4}=3\times\frac{9}{4}=\frac{27}{4}=6\frac{3}{4}$$

바른 계산

$6\times1\frac{5}{8}$ ______________________

10 18과 각각의 분수의 곱을 빈 곳에 써넣으세요.

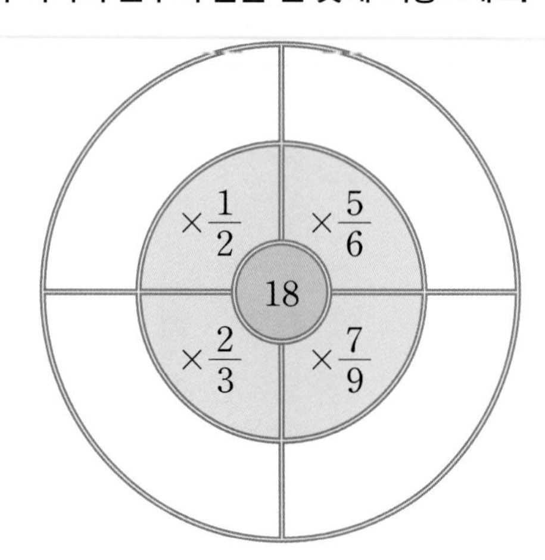

11 자전거는 1시간 동안 20 km를 갈 수 있고 자동차는 자전거의 $3\frac{4}{5}$배 빠르기로 갈 수 있다고 합니다. 이 자동차가 1시간 동안 갈 수 있는 거리는 몇 km인가요?

(　　　　　　　　　)

12 ○ 안에 >, =, <를 알맞게 써넣으세요.

(1) $\frac{1}{8}$ ○ $\frac{1}{8}\times\frac{1}{2}$

(2) $\frac{11}{12}\times\frac{1}{7}$ ○ $\frac{11}{12}\times\frac{1}{5}$

13 빈칸에 알맞은 수를 써넣으세요.

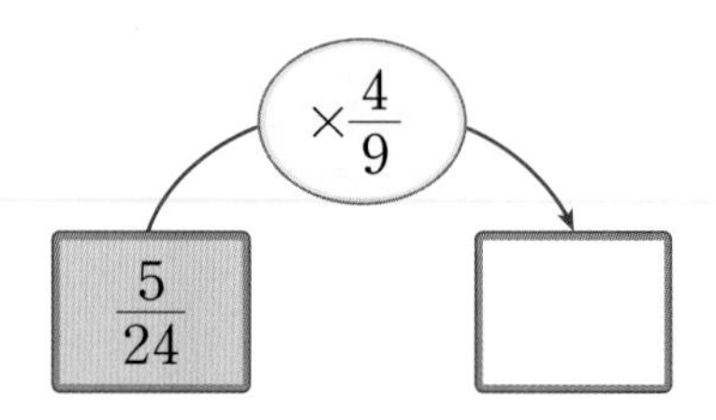

14 수 카드 2장을 한 번씩만 사용하여 단위분수끼리의 곱셈을 만들려고 합니다. 계산 결과가 가장 작은 곱셈식을 구해 보세요.

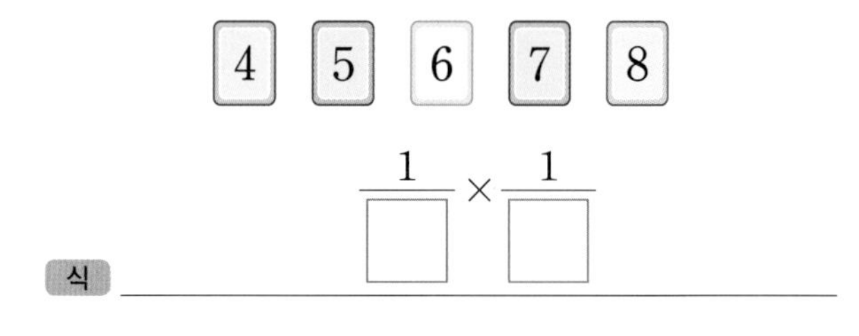

식 ______________________

15 □ 안에 들어갈 수 있는 가장 작은 자연수를 구해 보세요.

$$\frac{1}{6}\times\frac{1}{\square}<\frac{1}{30}$$

(　　　　　　　　　)

16 계산 결과를 찾아 이어 보세요.

$1\frac{1}{5}\times2\frac{1}{6}$ •	• 4
$1\frac{1}{2}\times1\frac{4}{9}$ •	• $2\frac{3}{5}$
$2\frac{2}{7}\times1\frac{3}{4}$ •	• $2\frac{1}{6}$

17 학교에서 병원까지의 거리는 2 km이고 학교에서 박물관까지의 거리는 학교에서 병원까지의 거리의 $2\frac{3}{8}$배입니다. 학교에서 박물관까지의 거리는 몇 km인가요?

( )

18 서술형 형은 피아노 연습을 48분 동안 했고 동생은 형이 한 시간의 $\frac{7}{8}$만큼 피아노 연습을 했습니다. 동생이 피아노 연습을 한 시간은 몇 시간인지 풀이 과정을 쓰고 답을 구해 보세요.

풀이

답

19 고양이의 무게는 $5\frac{1}{3}$ kg이고 강아지의 무게는 고양이의 무게의 $1\frac{4}{5}$배입니다. 강아지의 무게는 몇 kg인가요?

( )

20 서술형 주영이는 어제 동화책 한 권의 $\frac{2}{5}$를 읽었습니다. 오늘은 어제 읽고 난 나머지의 $\frac{5}{8}$를 읽었습니다. 동화책이 160쪽일 때, 주영이가 오늘 읽은 동화책은 몇 쪽인지 풀이 과정을 쓰고 답을 구해 보세요.

풀이

답

2 단원

01 □ 안에 알맞은 말을 써넣으세요.

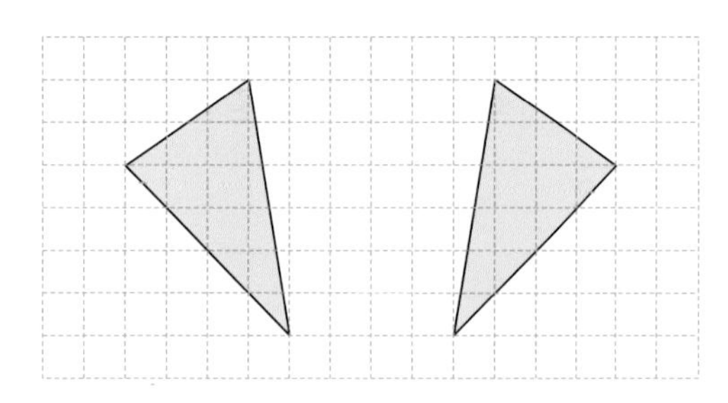

모양과 크기가 같아서 포개었을 때 완전히 겹치는 두 도형을 서로 □이라고 합니다.

02 서로 합동인 두 도형을 찾아 기호를 써 보세요.

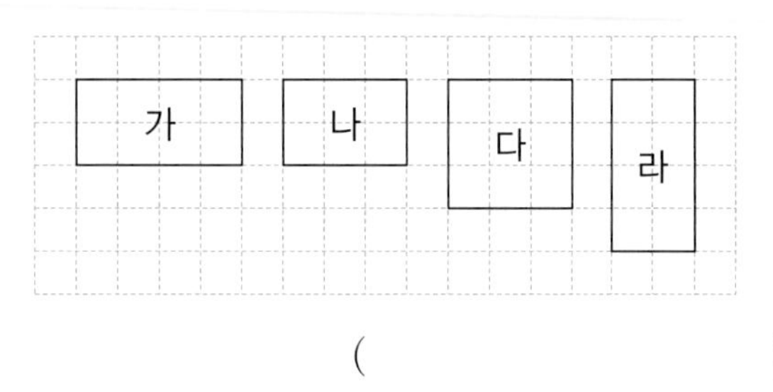

(　　　　　　　　)

03 주어진 도형과 서로 합동인 도형을 그려 보세요.

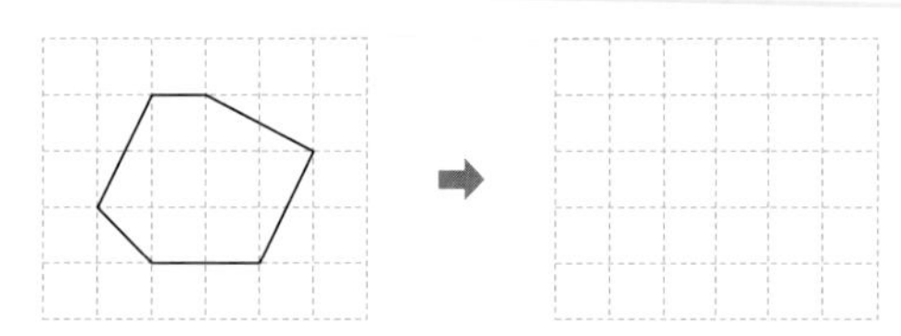

04 두 도형은 서로 합동입니다. 대응점, 대응변, 대응각이 각각 몇 쌍씩 있는지 □ 안에 알맞은 수를 써넣으세요.

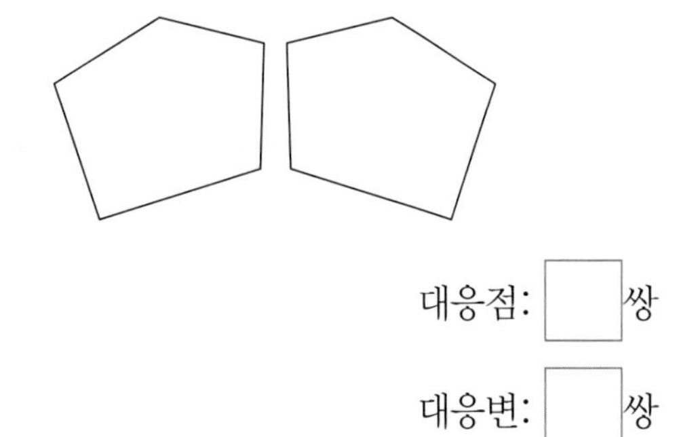

대응점: □쌍

대응변: □쌍

대응각: □쌍

05 두 사각형은 서로 합동입니다. 각 ㅁㅂㅅ은 몇 도인가요?

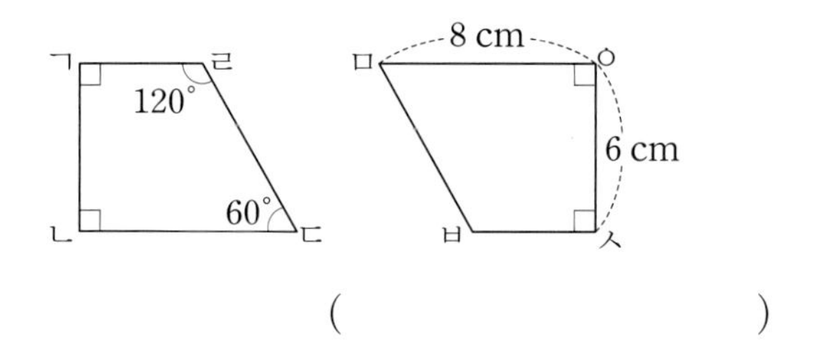

(　　　　　　　　)

06 선대칭도형의 대칭축이 될 수 있는 것을 모두 찾아 기호를 써 보세요.

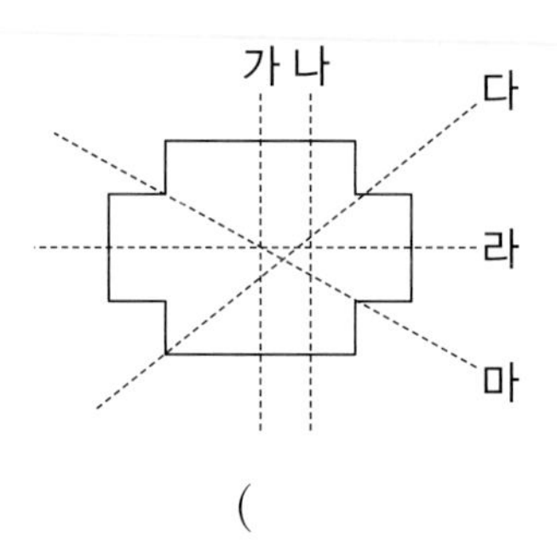

(　　　　　　　　)

07 직선 ㅅㅇ을 대칭축으로 하는 선대칭도형입니다. 잘못 말한 것을 찾아 기호를 써 보세요.

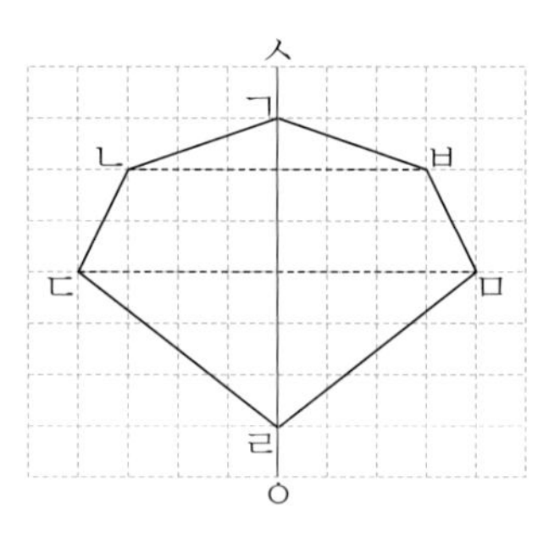

㉠ 점 ㄷ의 대응점은 점 ㅁ입니다.
㉡ 변 ㄷㄹ의 대응변은 변 ㅁㄹ입니다.
㉢ 점 ㄴ에서 대칭축까지의 거리와 점 ㅁ에서 대칭축까지의 거리는 같습니다.

(　　　　　　　　)

08 직선 ㄱㄴ을 대칭축으로 하는 선대칭도형입니다. □ 안에 알맞은 수를 써넣으세요.

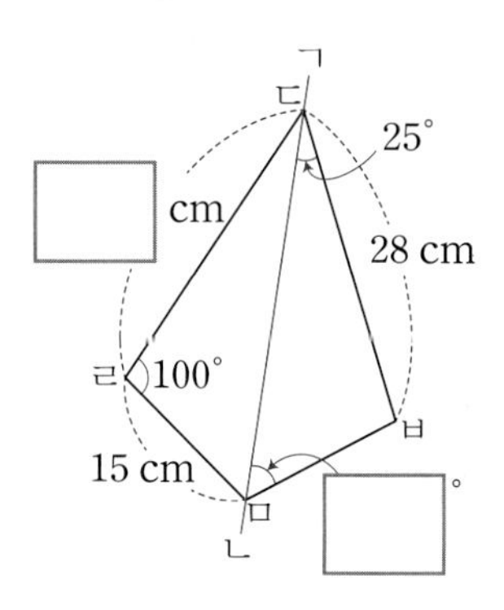

09 직선 ㅁㅂ을 대칭축으로 하는 선대칭도형입니다. 변 ㄴㄷ은 몇 cm인가요?

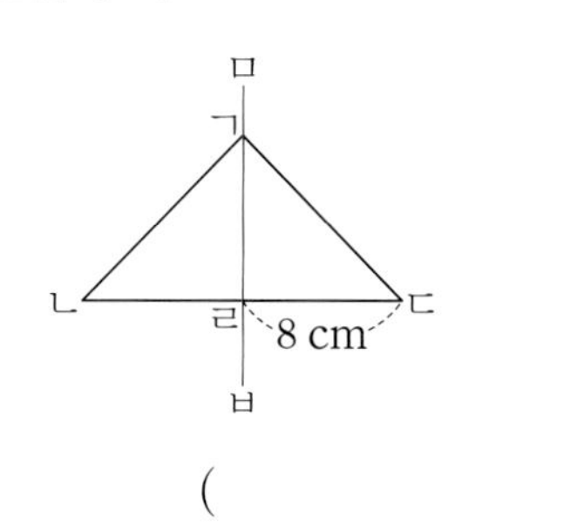

( )

10 다음은 선대칭도형입니다. 대칭축을 그려 보세요.

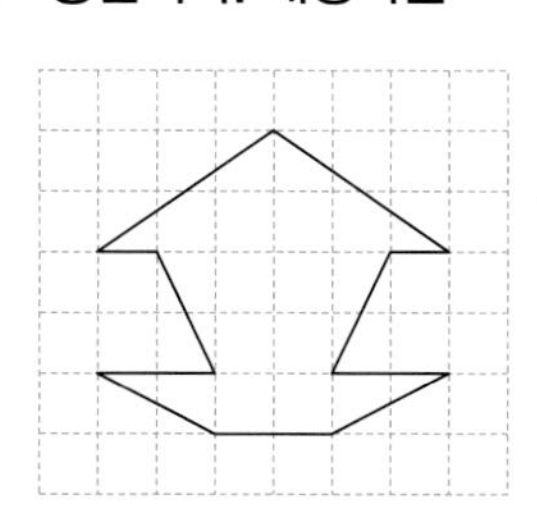

11 점 ㅇ을 대칭의 중심으로 하는 점대칭도형입니다. □ 안에 알맞은 수를 써넣으세요.

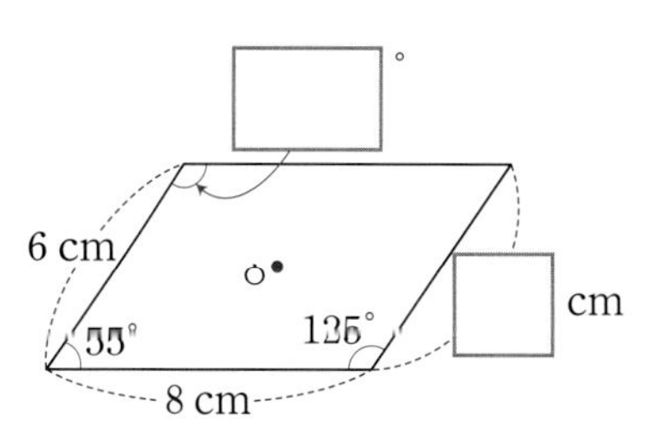

12 점 ㅇ을 대칭의 중심으로 하는 점대칭도형입니다. 선분 ㄱㄹ은 몇 cm인지 구해 보세요.

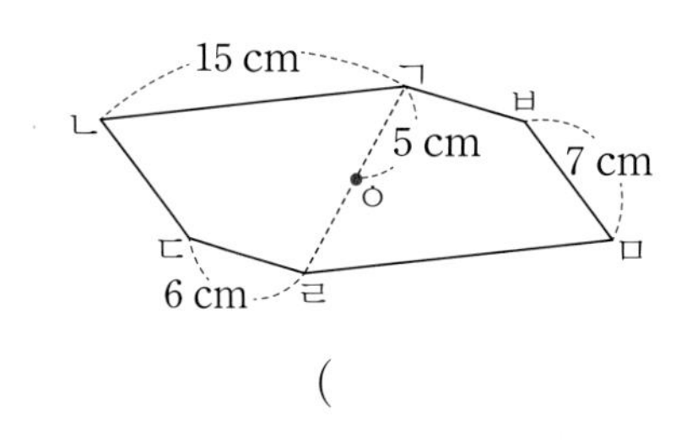

( )

13 점 ㅇ을 대칭의 중심으로 하는 점대칭도형을 완성해 보세요.

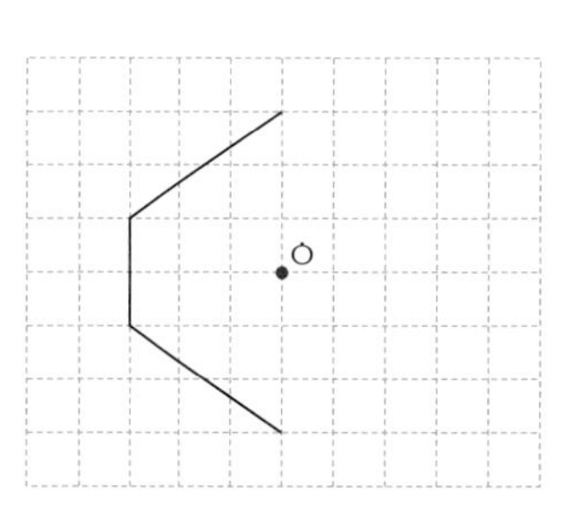

유형 1 합동의 성질 이용하기

01 삼각형 ㄱㄴㄹ과 삼각형 ㄹㄷㄱ은 서로 합동입니다. 각 ㄷㄱㄹ은 몇 도인지 구해 보세요.

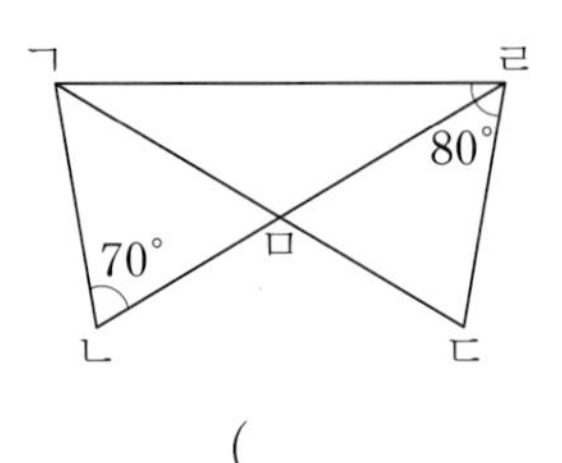

( )

비법
합동인 삼각형에서 대응각의 크기는 같으므로 각 ㄱㄷㄹ의 크기를 먼저 구합니다.

02 삼각형 ㄱㄴㄷ과 삼각형 ㄹㄷㄴ은 서로 합동입니다. 각 ㄹㅁㄷ은 몇 도인지 구해 보세요.

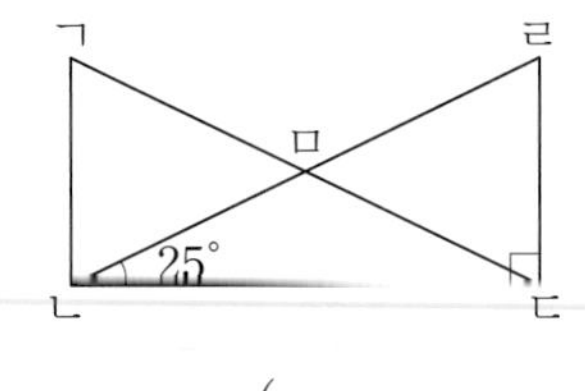

( )

03 삼각형 ㄱㄷㄹ과 삼각형 ㅁㄷㄴ은 서로 합동입니다. 삼각형 ㄱㄷㄹ의 넓이가 30 cm²일 때 삼각형 ㄱㄷㄹ의 둘레는 몇 cm인지 구해 보세요.

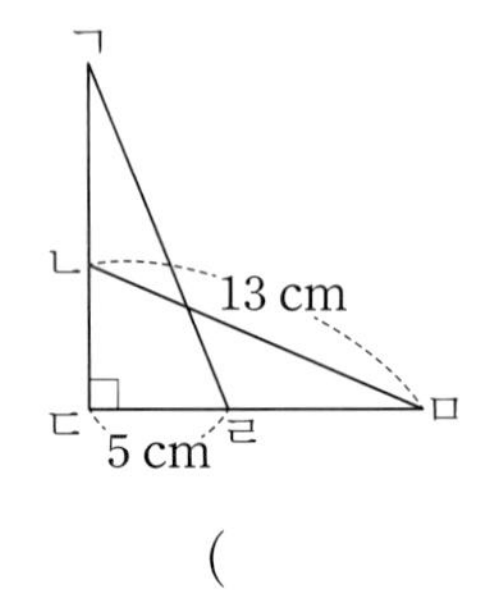

( )

유형 2 선대칭도형이면서 점대칭도형인 도형

04 선대칭도형이면서 점대칭도형인 알파벳은 모두 몇 개인가요?

A E G H
J S X Z

( )

비법
선대칭도형: 한 직선을 따라 접어서 완전히 겹치는 도형
점대칭도형: 한 도형을 어떤 점을 중심으로 180° 돌렸을 때 처음 도형과 완전히 겹치는 도형

05 선대칭도형이지만 점대칭도형이 아닌 알파벳을 찾아 써 보세요.

A O S H X

( )

06 다음 알파벳 중 선대칭도형도 점대칭도형도 아닌 것은 모두 몇 개인지 구해 보세요.

A F H I M
N O Q Z

( )

유형 3 완성한 선대칭도형의 넓이 구하기

07 오른쪽은 직선 ㄱㄴ을 대칭축으로 하는 선대칭도형의 일부분입니다. 완성한 선대칭도형의 넓이는 몇 cm^2인가요?

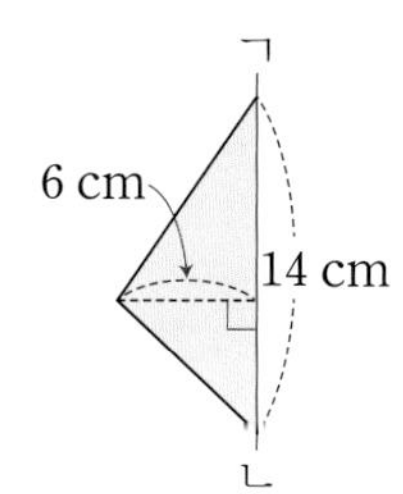

(　　　　　　　　)

비법
선대칭도형의 대응점끼리 이은 선분은 대칭축과 수직으로 만납니다. 또 대칭축은 대응점끼리 이은 선분을 둘로 똑같이 나눕니다.

08 오른쪽은 직선 ㄱㄴ을 대칭축으로 하는 선대칭도형의 일부분입니다. 완성한 선대칭도형의 넓이는 몇 cm^2인가요?

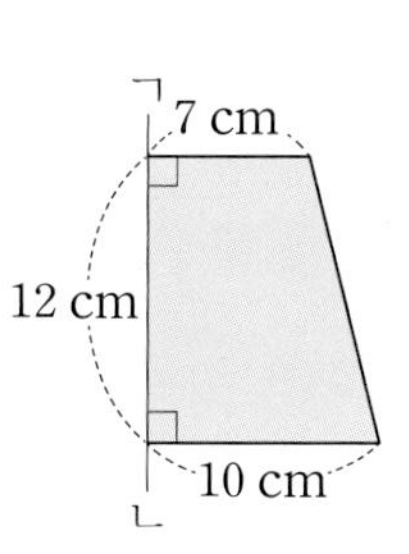

(　　　　　　　　)

09 오른쪽은 직선 ㄱㄴ을 대칭축으로 하는 선대칭도형의 일부분입니다. 완성한 선대칭도형의 넓이는 몇 cm^2인가요?

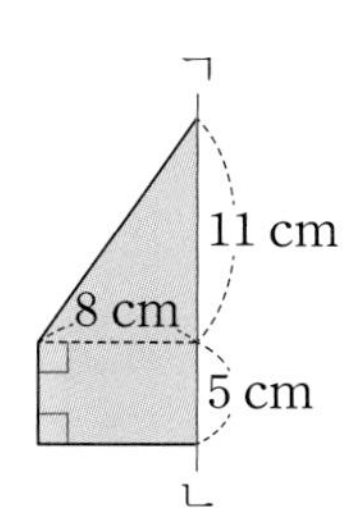

(　　　　　　　　)

유형 4 완성한 점대칭도형의 넓이 구하기

10 오른쪽은 점 ㅇ을 대칭의 중심으로 하는 점대칭도형의 일부분입니다. 완성한 점대칭도형의 넓이는 몇 cm^2인가요?

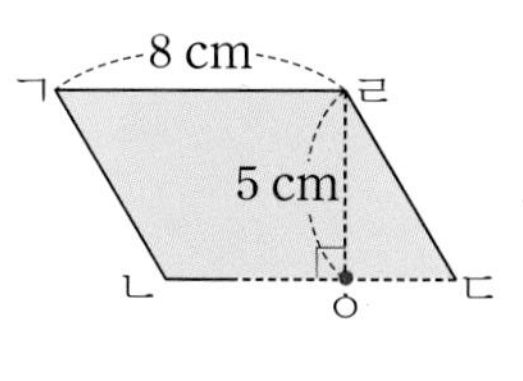

(　　　　　　　　)

비법
완성한 점대칭도형의 넓이는 평행사변형의 넓이의 2배와 같습니다.

11 오른쪽은 점 ㅇ을 대칭의 중심으로 하는 점대칭도형의 일부분입니다. 완성한 점대칭도형의 넓이는 몇 cm^2인가요?

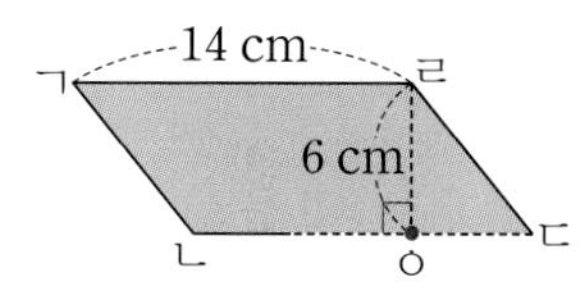

(　　　　　　　　)

12 오른쪽은 점 ㅋ을 대칭의 중심으로 하는 점대칭도형의 일부분입니다. 사각형 ㄱㄴㄷㅈ이 정사각형일 때 완성한 점대칭도형의 넓이는 몇 cm^2인가요?

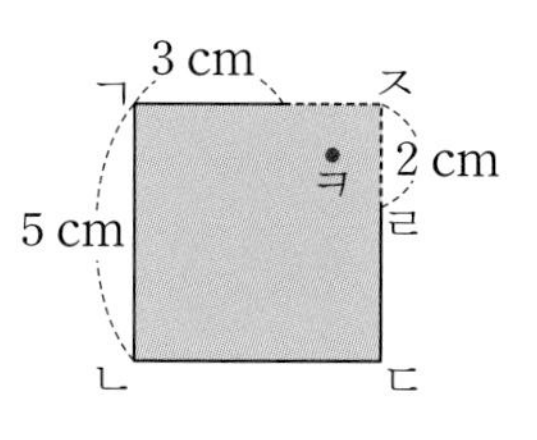

(　　　　　　　　)

3 단원

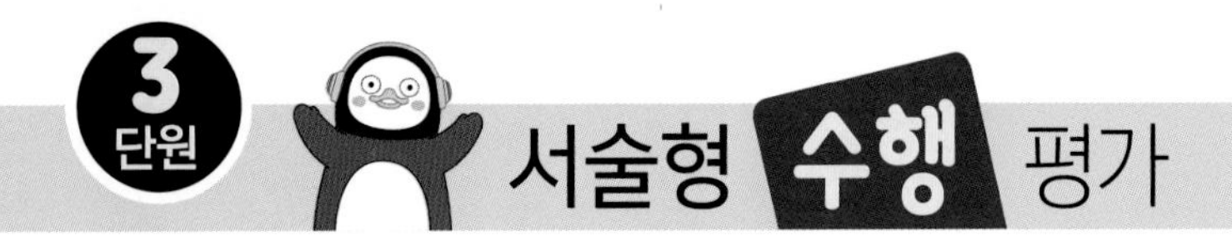

01 삼각형 ㄱㄴㄷ과 삼각형 ㄷㄹㅁ은 서로 합동입니다. 각 ㅁㄷㄹ은 몇 도인지 풀이 과정을 쓰고 답을 구해 보세요.

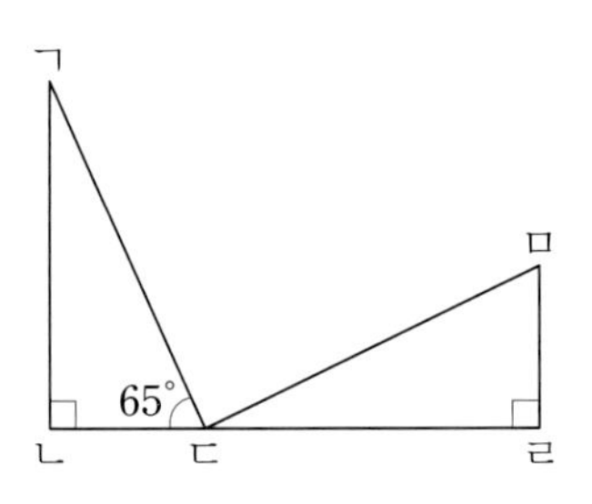

풀이

답

03 선분 ㄱㄷ을 대칭축으로 하는 선대칭도형입니다. 삼각형 ㄱㄴㄷ이 이등변삼각형일 때 각 ㄹㄱㄴ은 몇 도인지 풀이 과정을 쓰고 답을 구해 보세요.

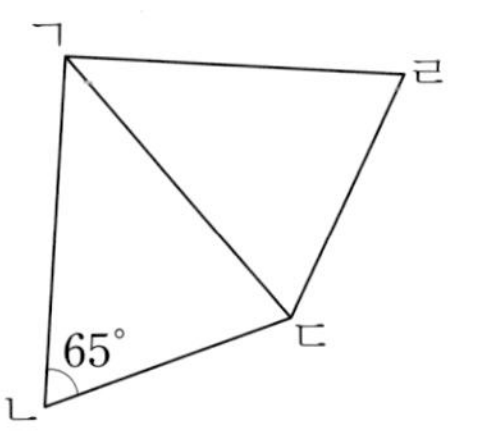

풀이

답

02 두 사각형은 서로 합동입니다. 사각형 ㄱㄴㄷㄹ의 둘레는 몇 cm인지 풀이 과정을 쓰고 답을 구해 보세요.

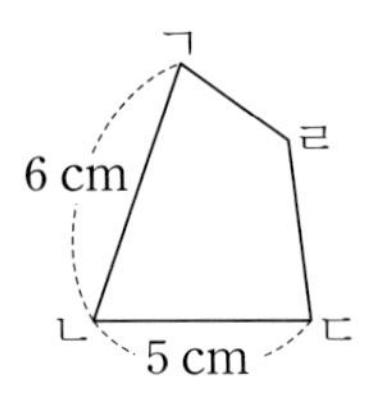

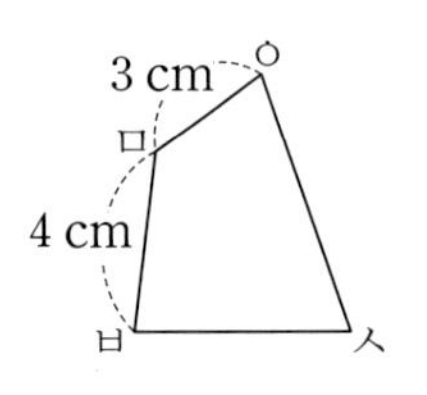

풀이

답

04 오른쪽은 점 ㅇ을 대칭의 중심으로 하는 점대칭도형입니다. 두 대각선의 길이의 합이 28 cm일 때 선분 ㄴㅇ은 몇 cm인지 풀이 과정을 쓰고 답을 구해 보세요.

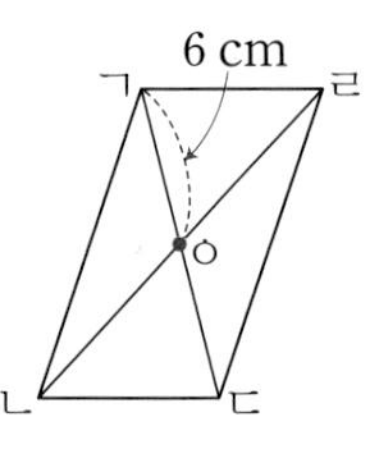

풀이

답

05

그림과 같이 삼각형 모양의 종이를 접었을 때 각 ㄹㅁㅂ은 몇 도인지 풀이 과정을 쓰고 답을 구해 보세요.

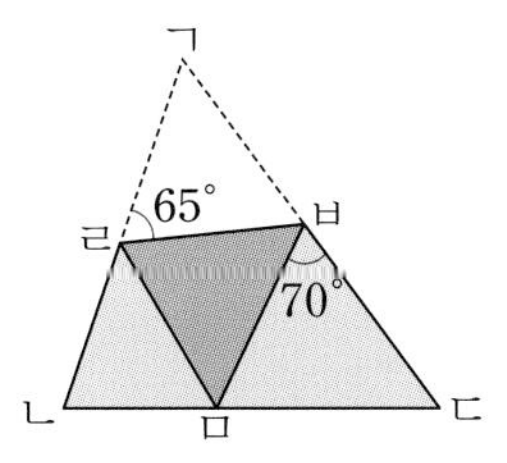

풀이

답

06

점 ㅇ을 대칭의 중심으로 하는 점대칭도형을 완성했을 때 완성한 점대칭도형의 넓이는 몇 cm^2인지 풀이 과정을 쓰고 답을 구해 보세요.

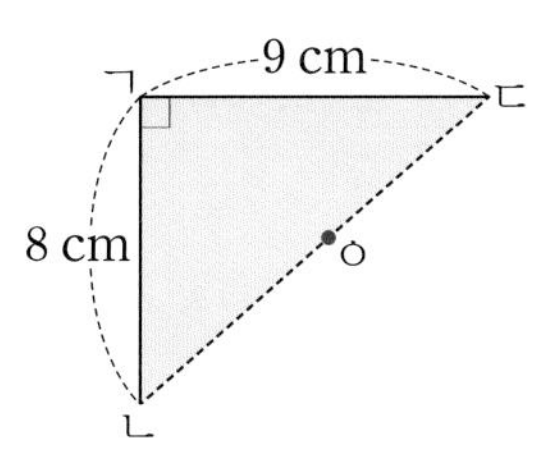

풀이

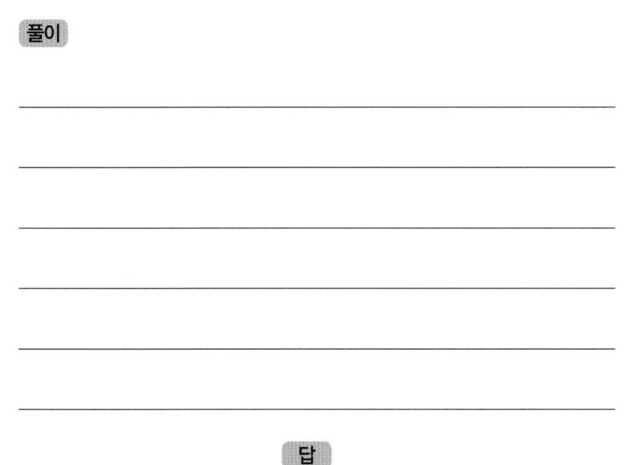

답

07

사각형 ㄱㄴㄷㄹ은 점 ㅇ을 대칭의 중심으로 하는 점대칭도형입니다. 사각형 ㄱㄴㄷㄹ의 둘레가 52 cm일 때 삼각형 ㄱㄴㄹ의 둘레는 몇 cm인지 풀이 과정을 쓰고 답을 구해 보세요.

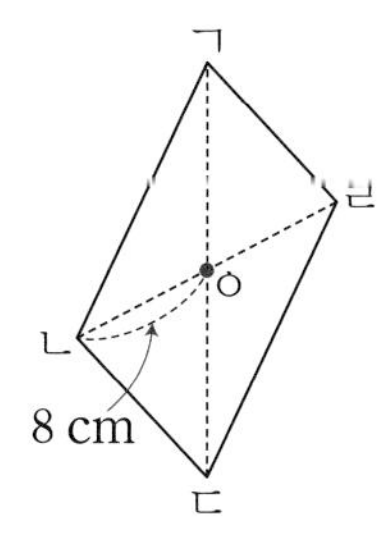

풀이

답

08

점 ㅇ을 대칭의 중심으로 하는 점대칭도형을 완성했을 때 완성한 점대칭도형의 둘레는 몇 cm인지 풀이 과정을 쓰고 답을 구해 보세요.

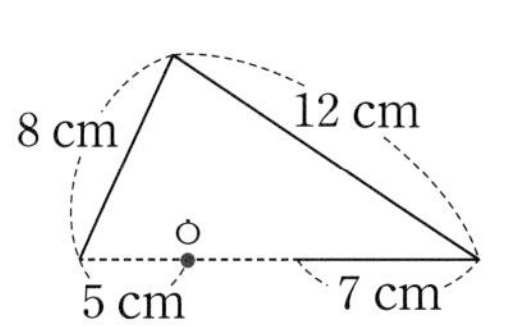

풀이

답

3 단원

단원 평가

01 나머지 셋과 서로 합동이 아닌 도형을 찾아 기호를 써 보세요.

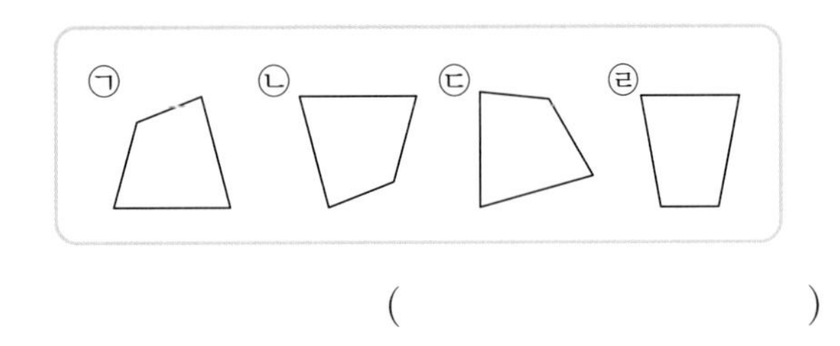

( )

02 직선을 따라 잘랐을 때 잘린 두 도형이 서로 합동이 되는 직선을 찾아 기호를 써 보세요.

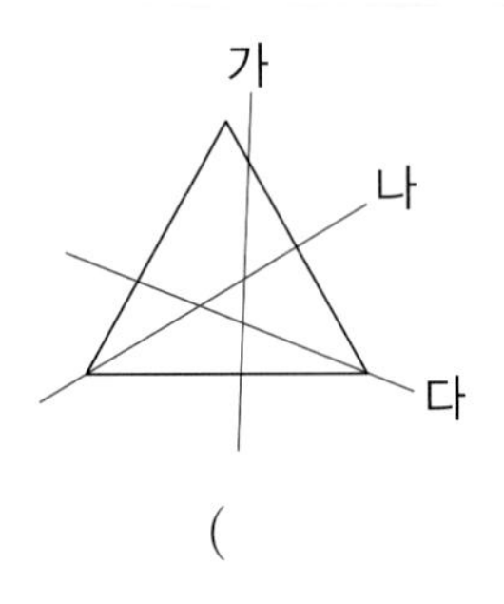

( )

03 왼쪽 도형과 서로 합동인 도형을 그려 보세요.

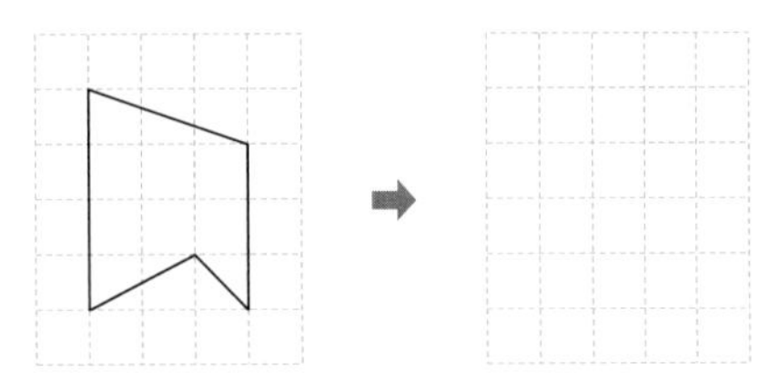

04 두 사각형은 서로 합동입니다. 각 ㅁㅇㅅ은 몇 도인가요?

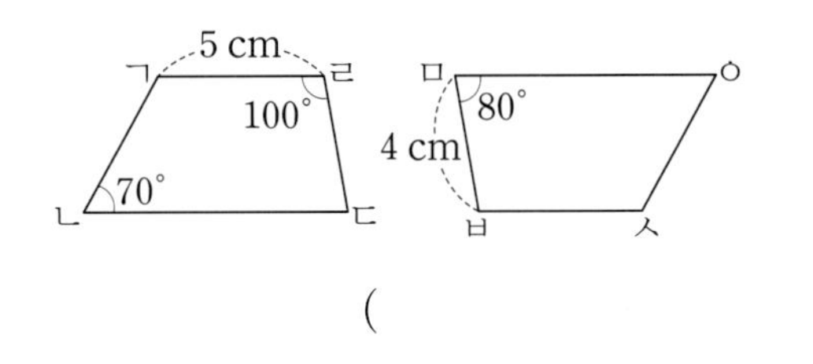

( )

05 사각형 ㄱㄴㄹㅅ과 사각형 ㅇㄷㅁㅂ은 서로 합동인 정사각형입니다. 선분 ㄹㅁ은 몇 cm인가요?

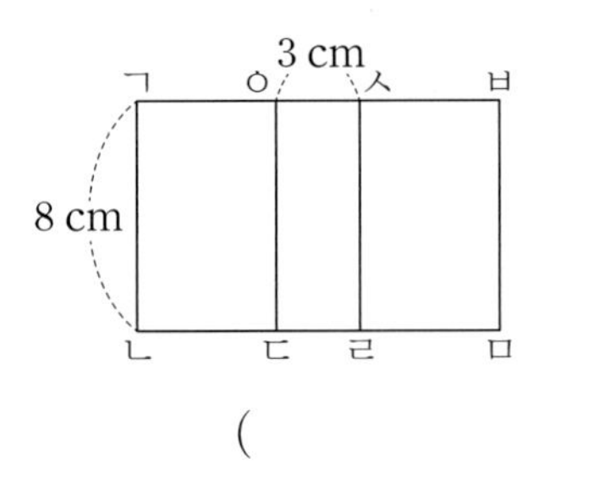

( )

06 두 삼각형은 서로 합동입니다. 삼각형 ㄱㄴㄷ의 둘레는 몇 cm인지 구해 보세요.

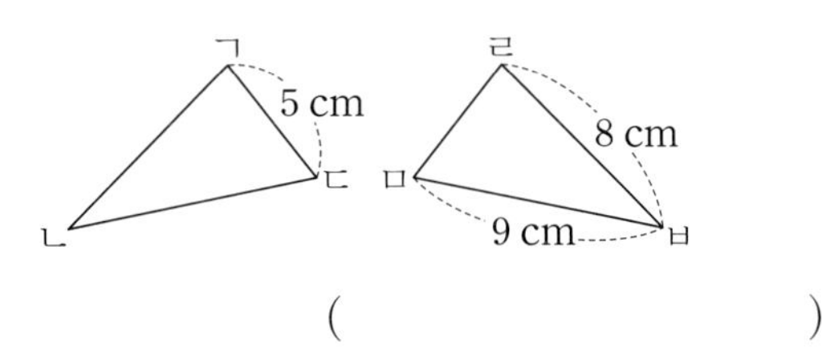

( )

07 서술형

사각형 ㄱㄴㄷㅅ과 사각형 ㅁㄹㄷㅂ이 서로 합동입니다. 변 ㅅㄷ은 몇 cm인지 풀이 과정을 쓰고 답을 구해 보세요.

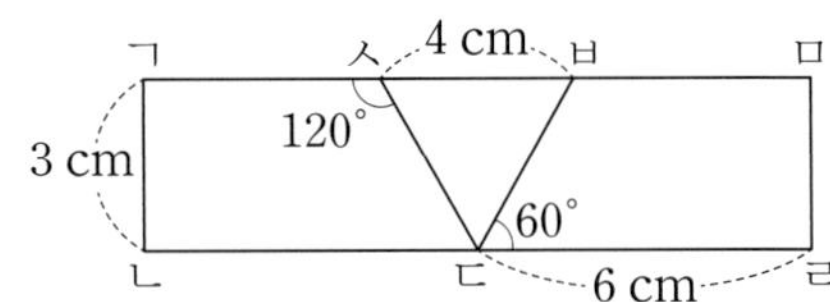

풀이

답

08 선대칭도형이 아닌 것은 어느 것인가요? (　　　)

① 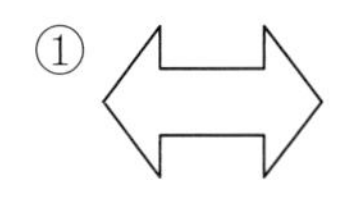
② 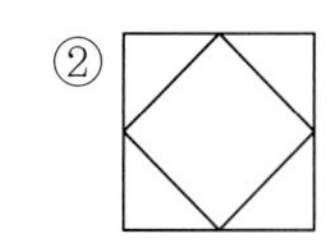
③ 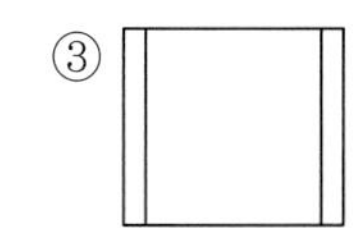
④ 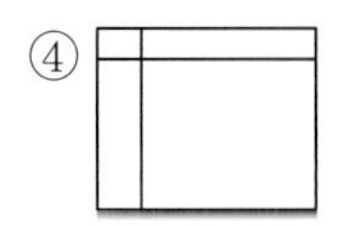
⑤ 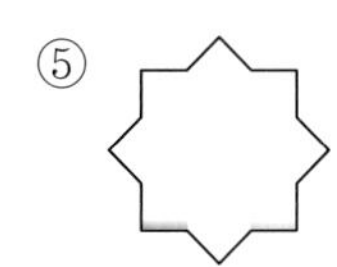

09 직선 나를 대칭축으로 할 때 변 ㄷㄹ의 대응변을 써 보세요.

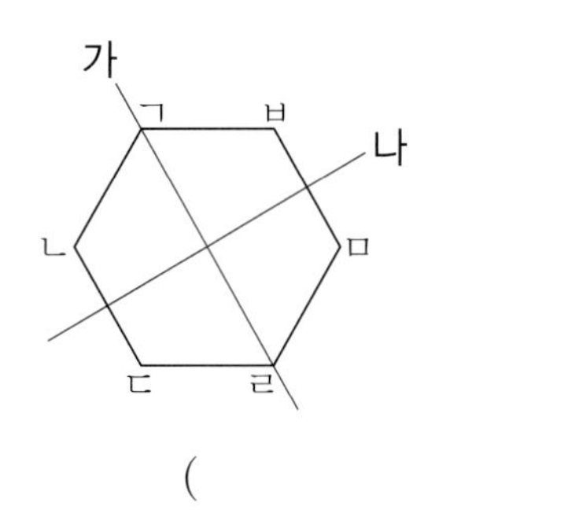

(　　　　　　　　　　)

10 대칭축에 의하여 선대칭도형이 되도록 완성하면 어떤 단어가 되는지 써 보세요.

(　　　　　　　　　　)

11 오른쪽은 선분 ㄱㄹ을 대칭축으로 하는 선대칭도형입니다. 삼각형 ㄱㄴㄷ의 둘레가 24 cm일 때 변 ㄱㄷ은 몇 cm인지 구해 보세요.

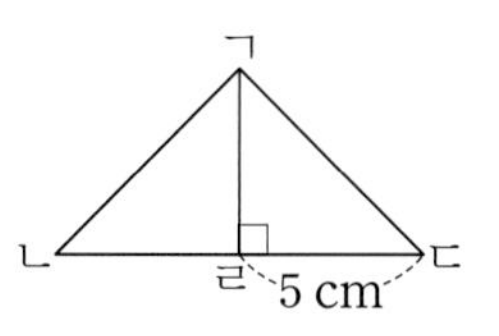

(　　　　　　　　　　)

12 직선 ㄱㄴ을 대칭축으로 하는 선대칭도형을 완성해 보세요.

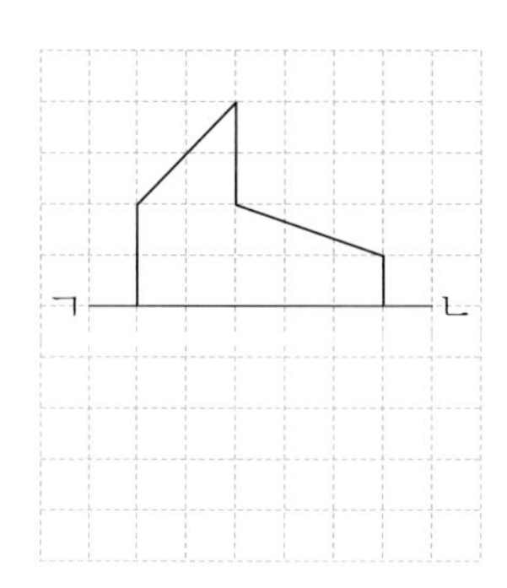

13 직선 ㄱㄴ을 대칭축으로 선대칭도형을 완성하였습니다. 완성한 선대칭도형의 둘레는 몇 cm인지 구해 보세요.

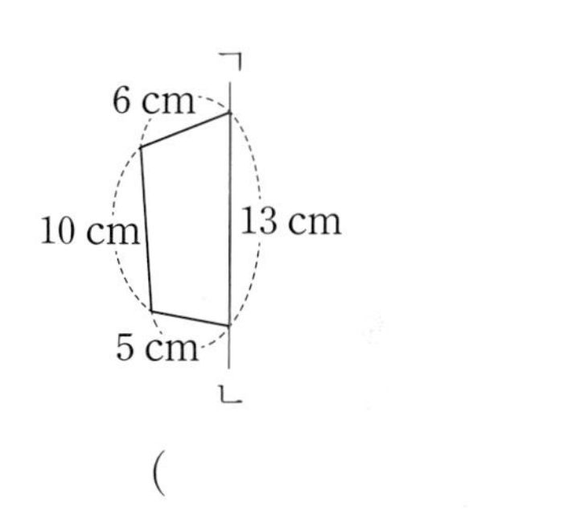

(　　　　　　　　　　)

14 점대칭도형을 모두 찾아 ○표 하세요.

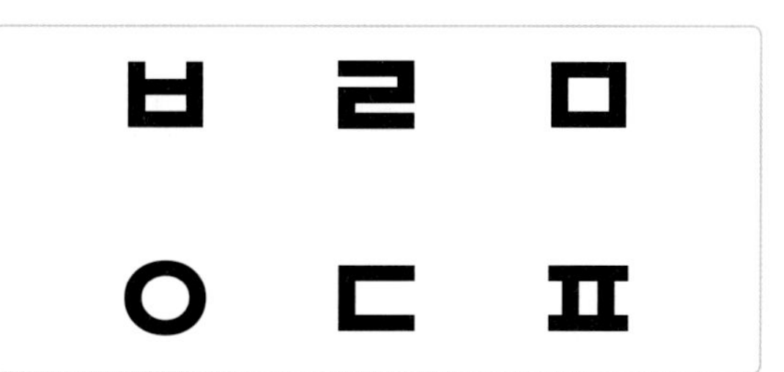

3 단원

15 다음 도형은 점대칭도형입니다. 대칭의 중심을 찾아 표시해 보세요.

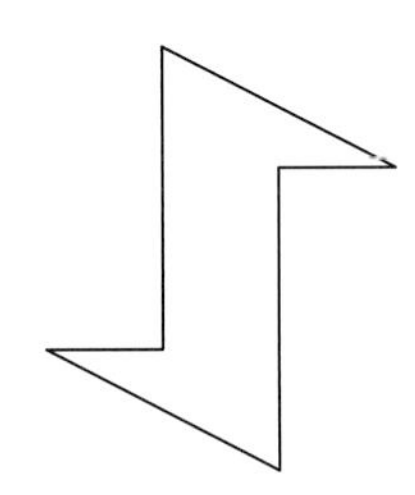

16 점 ㅇ을 대칭의 중심으로 하는 점대칭도형을 완성해 보세요.

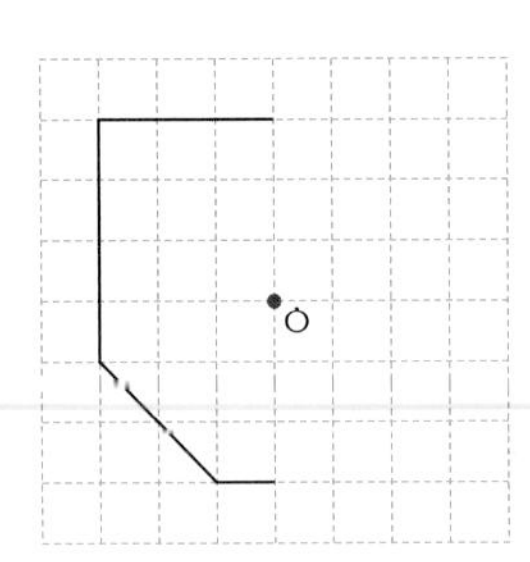

17 점대칭도형에 대한 설명으로 잘못된 것을 찾아 기호를 써 보세요.

> ㉠ 각각의 대응변의 길이는 서로 같습니다.
> ㉡ 대칭의 중심은 항상 1개입니다.
> ㉢ 각각의 대응점에서 대칭의 중심까지의 거리는 서로 다릅니다.

(　　　　　　　　)

18 오른쪽은 점 ㅇ을 대칭의 중심으로 하는 점대칭도형입니다. 선분 ㄴㅇ은 몇 cm인가요?

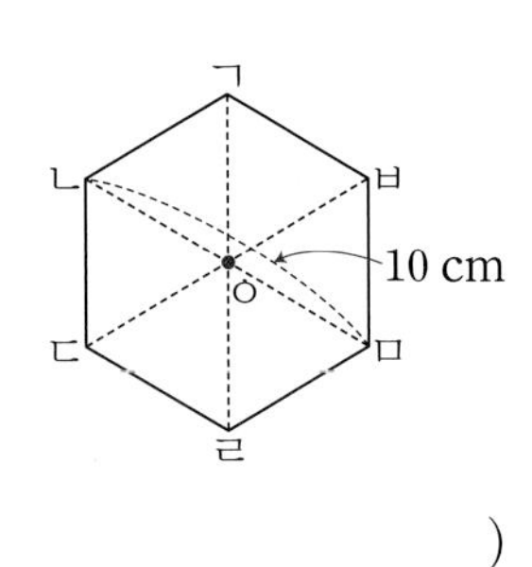

(　　　　　　　　)

19 점 ㅇ을 대칭의 중심으로 하는 점대칭도형입니다. 각 ㄱㄴㄷ은 몇 도인지 구해 보세요.

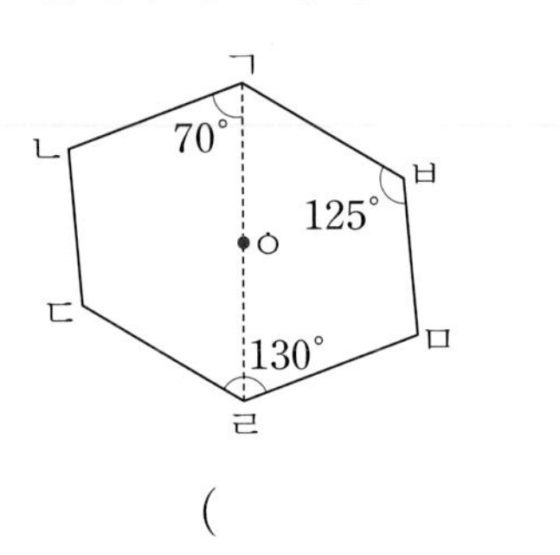

(　　　　　　　　)

20 서술형

점 ㅇ을 대칭의 중심으로 하는 점대칭도형입니다. 선분 ㄱㄹ은 몇 cm인지 풀이 과정을 쓰고 답을 구해 보세요.

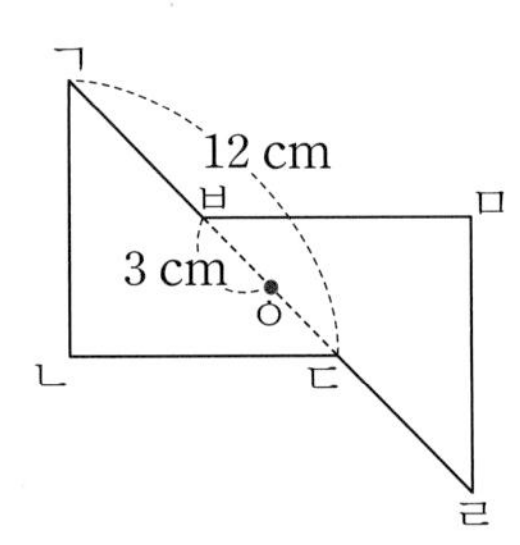

풀이

답

정답과 풀이 60쪽

01 진우네 모둠 5명이 체육 수업 후 각자 0.5 L씩 생수를 마셨습니다. 진우네 모둠 전체가 마신 물은 모두 몇 L인가요?

( )

02 준서네 집에서 기차역까지의 거리는 1.5 km이고, 기차역에서 학교까지의 거리는 준서네 집에서 기차역까지 거리의 0.32배입니다. 기차역에서 학교까지의 거리는 몇 km인가요?

( )

03 소미네 어머니는 1시간에 4.8 km를 걸어갈 수 있습니다. 같은 빠르기로 5시간 동안 걸으면 몇 km를 갈 수 있나요?

( )

04 리본을 10명이 똑같이 모두 나누어 가졌더니 한 명이 7.7 cm씩 가지게 되었습니다. 처음 리본의 길이는 몇 cm인가요?

( )

05 어림하여 곱이 가장 큰 것은 어느 것인가요? ( )

① 10×0.8　② 19×0.5
③ 10×1.1　④ 20×0.5
⑤ 10×1.08

06 태극기는 호수별 표준 규격이 있습니다. 건물 게양대용 태극기 1호의 규격은 가로가 4.5 m, 세로가 3 m입니다. 이 태극기의 넓이는 몇 m^2인지 구해 보세요.

( )

07 □ 안에 알맞은 수를 써넣으세요.

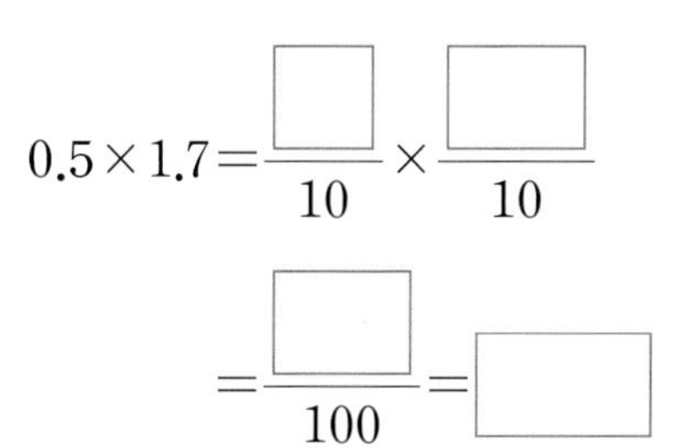

$$0.5\times1.7=\frac{\square}{10}\times\frac{\square}{10}=\frac{\square}{100}=\square$$

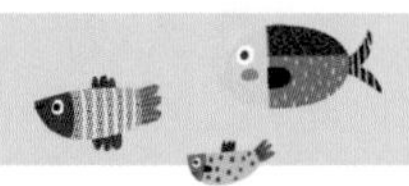

정답과 풀이 60쪽

08 자연수의 곱셈을 이용하여 계산해 보세요.

$$\begin{array}{r} 56 \\ \times\ 23 \\ \hline 1288 \end{array} \Rightarrow \begin{array}{r} 5.6 \\ \times\ 2.3 \\ \hline \end{array}$$

09 밑변의 길이가 2.8 m이고 높이가 0.7 m인 평행사변형의 넓이는 몇 m^2인가요?

( )

10 밑변의 길이가 7.5 m이고 높이가 9.6 m인 삼각형 모양의 밭이 있습니다. 이 밭의 넓이는 몇 m^2인가요?

( )

11 일상 생활에서 소리는 1초에 340 m를 이동합니다. 10초 동안 소리가 이동한 거리는 몇 km인지 구해 보세요.

( )

12 계산 결과를 비교하여 ○ 안에 >, =, <를 알맞게 써넣으세요.

(1) 0.85×100 ○ 0.85×10

(2) 7.2×100 ○ 0.72×1000

13 ㉠에 알맞은 수는 어느 것인가요? ( )

$78.241 \times ㉠ = 7824.1$

① 10 ② 100
③ 0.1 ④ 0.01
⑤ 0.001

응용 문제 복습

정답과 풀이 61쪽

유형 1 곱의 소수점 위치로 문제 해결하기

01 120에 ㉠을 곱했더니 0.12가 되었습니다. ㉠의 값을 구해 보세요.

( )

비법
곱하는 소수의 소수점 아래 자리 수가 하나씩 늘어날 때마다 곱의 소수점이 왼쪽으로 한 자리씩 옮겨집니다.

02 13×5.3은 0.13×0.53의 ㉠배입니다. ㉠은 얼마인가요?

( )

03 ㉠과 ㉡의 곱은 얼마인지 구해 보세요.

㉠$\times2.7=270$	$1.63\times$㉡$=0.163$

( )

유형 2 색칠한 부분의 넓이 구하기

04 색칠한 부분의 넓이는 몇 cm^2인가요?

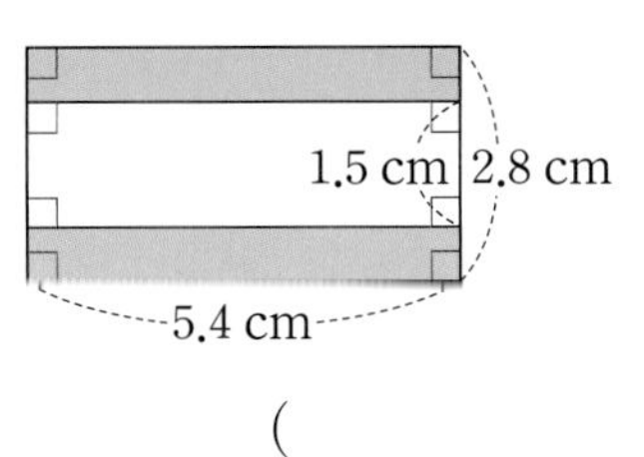

( )

비법
색칠한 부분의 넓이를 바로 구할 수 없을 때는 큰 도형의 넓이에서 작은 도형의 넓이를 빼어 구할 수 있습니다.

05 색칠한 부분의 넓이는 몇 cm^2인가요?

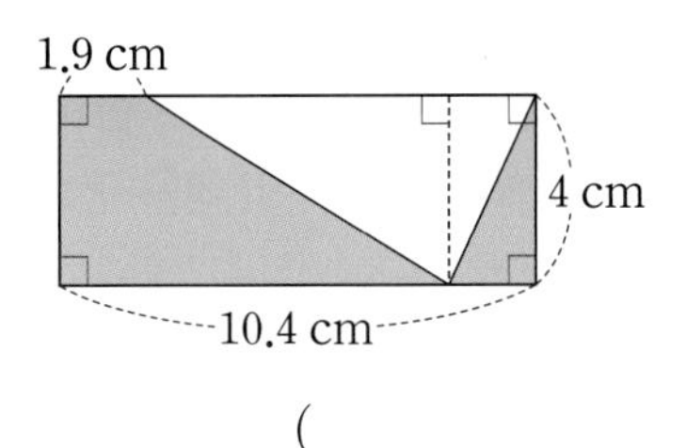

( )

06 사각형 ㄱㄴㄷㄹ은 사다리꼴이고, 사각형 ㅁㅂㅅㅇ은 마름모입니다. 색칠한 부분의 넓이는 몇 cm^2인가요?

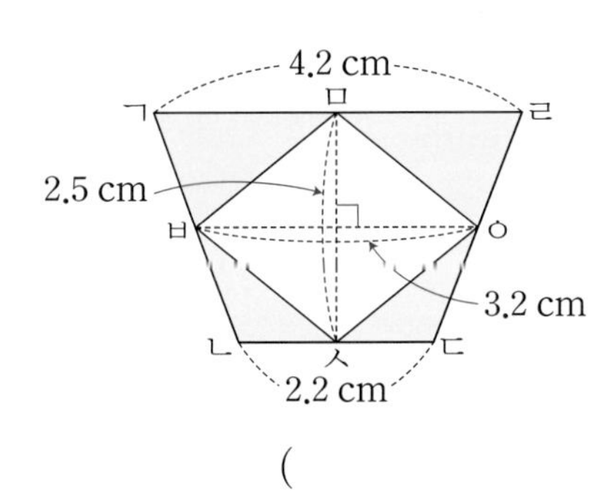

( )

정답과 풀이 61쪽

유형 3 수 카드를 사용하여 곱셈식 만들기

07 4장의 수 카드를 모두 한 번씩 사용하여 곱이 가장 작은 (소수 한 자리 수)×(소수 한 자리 수)의 곱셈식을 만들려고 합니다. 이때의 곱을 구해 보세요.

2 5 6 9

( )

비법

곱이 가장 작은 (소수 한 자리 수)×(소수 한 자리 수)의 식을 만들려면 자연수 부분에 가장 작은 수와 둘째로 작은 수를 놓아야 합니다.

08 4장의 수 카드를 모두 한 번씩 사용하여 곱이 가장 작은 (소수 한 자리 수)×(소수 한 자리 수)의 곱셈식을 만들려고 합니다. 이때의 곱을 구해 보세요.

0 4 7 8

( )

09 4장의 수 카드를 모두 한 번씩 사용하여 곱이 가장 큰 (소수 한 자리 수)×(소수 한 자리 수)의 곱셈식을 만들려고 합니다. 이때의 곱을 구해 보세요.

3 6 7 9

( )

유형 4 튀어 오른 공의 높이 구하기

10 떨어진 높이의 0.75만큼 튀어 오르는 공이 있습니다. 이 공을 6 m 높이에서 떨어뜨렸을 때 두 번째로 튀어 오른 공의 높이는 몇 m인가요?

( )

비법

(튀어 오른 공의 높이)=(떨어진 높이)$\times 0.75$

11 떨어진 높이의 0.4만큼 튀어 오르는 공이 있습니다. 이 공을 5 m 높이에서 떨어뜨렸을 때 세 번째로 튀어 오른 공의 높이는 몇 m인가요?

( )

12 떨어진 높이의 0.6만큼 튀어 오르는 공이 있습니다. 이 공을 10 m 높이에서 떨어뜨렸을 때 두 번째로 튀어 오른 공의 높이와 세 번째로 튀어 오른 공의 높이의 차는 몇 m인가요?

( )

정답과 풀이 62쪽

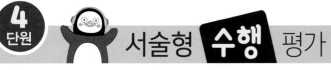

01 지현이는 선물을 포장하는 데 1 m의 무게가 0.07 kg인 빨간색 리본 0.7 m와 1 m의 무게가 0.14 kg인 노란색 리본 0.4 m를 사용했습니다. 지현이가 사용한 리본의 무게는 모두 몇 kg인지 풀이 과정을 쓰고 답을 구해 보세요.

풀이

답

02 어느 고속 열차는 1시간에 300 km를 갈 수 있습니다. 같은 빠르기로 3시간 15분 동안 갈 수 있는 거리는 몇 km인지 풀이 과정을 쓰고 답을 구해 보세요.

풀이

답

03 영호는 책을 1시간 동안 72쪽씩 읽을 수 있습니다. 같은 빠르기로 5분을 측정할 수 있는 모래시계를 15번 사용하여 쉬지 않고 책을 읽으면 모두 몇 쪽을 읽을 수 있을지 풀이 과정을 쓰고 답을 구해 보세요.

풀이

답

04 □ 안에 들어갈 수 있는 자연수 중 가장 작은 수와 가장 큰 수의 합은 얼마인지 풀이 과정을 쓰고 답을 구해 보세요.

$$0.8 \times 52 < \square < 43 \times 1.2$$

풀이

답

05 1시간에 2.3 cm씩 타는 양초가 있습니다. 이 양초에 불을 붙이고 2시간 후에 촛불을 껐을 때 양초의 길이는 8.35 cm가 되었습니다. 처음 양초의 길이는 몇 cm인지 풀이 과정을 쓰고 답을 구해 보세요.

풀이

답

06 태양계의 행성 중 하나인 금성에서의 무게는 지구에서 측정한 무게의 약 0.9배입니다. 윤호의 몸무게가 40.3 kg이고 예슬이의 몸무게는 39.2 kg입니다. 금성에서 측정했을 때의 윤호와 예슬이의 몸무게의 합은 몇 kg인지 풀이 과정을 쓰고 답을 구해 보세요.

풀이

답

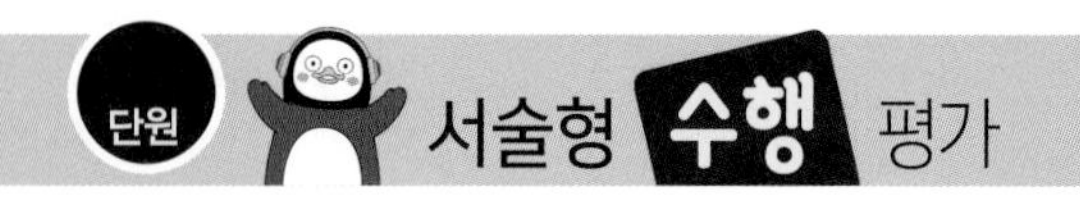

정답과 풀이 62쪽

07 준서와 민서는 각각 길이가 0.65 m인 끈을 가지고 있습니다. 준서는 끈 전체의 0.7을 사용했고, 민서는 끈 전체의 0.8을 사용했습니다. 준서와 민서가 사용한 끈은 모두 몇 m인지 풀이 과정을 쓰고 답을 구해 보세요.

풀이

답

08 21.7에 ㉠을 곱했더니 0.217이 되었습니다. 843.6에 ㉠을 곱하면 얼마인지 풀이 과정을 쓰고 답을 구해 보세요.

풀이

답

09 4장의 수 카드를 모두 한 번씩 사용하여 곱이 가장 작은 □.□×□.□의 곱셈식을 만들려고 합니다. 이때의 곱은 얼마인지 풀이 과정을 쓰고 답을 구해 보세요.

0 3 5 8

풀이

답

10 떨어진 높이의 0.75만큼 튀어 오르는 공이 있습니다. 이 공을 20 m 높이에서 떨어뜨렸을 때 튀어 오른 공의 높이가 처음으로 10 m 보다 낮아질 때는 몇 번째인지 풀이 과정을 쓰고 답을 구해 보세요.

풀이

답

단원 평가

정답과 풀이 63쪽

01 곱의 소수 첫째 자리 숫자가 8인 것의 기호를 써 보세요.

㉠ 1.28×3　　㉡ 2.89×3

(　　　　　　　　)

02 삶은 달걀 1개에는 단백질이 약 6.26 g 들어 있습니다. 삶은 달걀 3개에 들어 있는 단백질은 약 몇 g인지 구해 보세요.

약 (　　　　　　　　)

03 한 변의 길이가 2.58 cm인 정사각형의 둘레와 정오각형의 한 변의 길이가 같습니다. 이 정오각형의 둘레는 몇 cm인가요?

(　　　　　　　　)

04 곱이 같은 것끼리 이어 보세요.

3.5×0.2 •	• 0.8×9
8×0.12 •	• 0.5×1.4
1.8×4 •	• 3×0.32

05 가장 큰 수와 두 번째로 작은 수의 곱을 구해 보세요.

	1.52	
0.26	2.31	1.04
	3.55	

(　　　　　　　　)

06 계산 결과를 비교하여 ○ 안에 >, =, <를 알맞게 써넣으세요.

17.2×0.8 ○ 0.25×54.2

07 계산 결과가 작은 것부터 차례로 빈칸에 1, 2, 3을 써넣으세요.

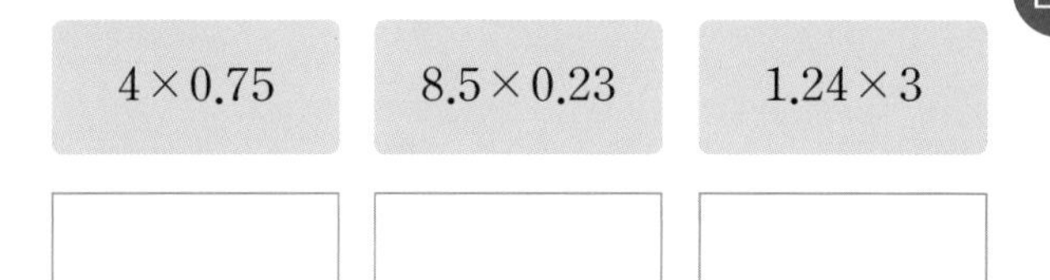

4×0.75	8.5×0.23	1.24×3

08 은진이네 가족은 3.7 kg인 고구마 한 상자를 사서 전체의 0.7만큼 먹었습니다. 은진이네 가족이 먹은 고구마는 몇 kg인가요?

(　　　　　　　　)

09 도형이가 가지고 있는 철사의 길이는 0.72 m이고, 경준이가 가지고 있는 철사의 길이는 도형이가 가지고 있는 철사의 길이의 0.3배입니다. 경준이가 가지고 있는 철사의 길이는 몇 m인지 구해 보세요.

(　　　　　　　　)

10 치타가 1시간에 달린 거리는 타조가 1시간에 달린 거리의 1.5배입니다. 타조가 1시간에 달린 거리가 80.2 km라면 치타가 1시간에 달린 거리는 몇 km인지 구해 보세요.

(　　　　　　　　)

11 □ 안에 들어갈 수 있는 자연수는 모두 몇 개인가요?

$5 \times 0.98 < \square < 7 \times 1.6$

(　　　　　　　　)

12 4장의 수 카드 2, 3, 5, 7을 모두 한 번씩 사용하여 가장 큰 소수 한 자리 수와 가장 작은 소수 한 자리 수를 만들어 두 수의 곱을 구해 보세요.

(　　　　　　　　)

13 가로가 5.8 m이고, 세로는 가로의 반인 직사각형 모양의 텃밭이 있습니다. 이 텃밭의 넓이는 몇 m^2인가요?

(　　　　　　　　)

14 서술형 떨어진 높이의 0.65배만큼 튀어 오르는 공이 있습니다. 이 공을 16 m 높이에서 떨어뜨렸을 때 두 번째로 튀어 오른 공의 높이는 몇 m인지 풀이 과정을 쓰고 답을 구해 보세요.

풀이

답

15 서술형 4장의 수 카드를 모두 한 번씩 사용하여 □.□×□.□의 곱을 구하려고 합니다. 가장 큰 곱이 ㉠이고 가장 작은 곱이 ㉡일 때 ㉠+㉡의 값은 얼마인지 풀이 과정을 쓰고 답을 구해 보세요.

1 3 6 9

풀이

답 ______

16 배구 네트는 성별에 따라 높이 차이가 있습니다. 여자부는 2.24 m이고 남자부는 243 cm입니다. 여자부와 남자부 중에서 네트가 더 높은 팀을 써 보세요.

(　　　　　　)

17 곱이 큰 것부터 차례로 기호를 써 보세요.

㉠ 7.13×100	㉡ 71.3×100
㉢ 0.713×0.1	㉣ 713×0.001

(　　　　　　)

18 어떤 수에 0.25를 곱해야 할 것을 잘못하여 2.5를 곱했더니 3.75가 되었습니다. 바르게 계산한 값을 구해 보세요.

(　　　　　　)

19 0.025에 ㉠을 곱했더니 25가 되었습니다. 2.07에 ㉠을 곱하면 얼마인가요?

(　　　　　　)

20 ★은 ♥의 몇 배인가요?

72.9×★=729
35.8×♥=0.358

(　　　　　　)

01 오른쪽 직육면체를 보고 □ 안에 알맞은 말을 써넣으세요.

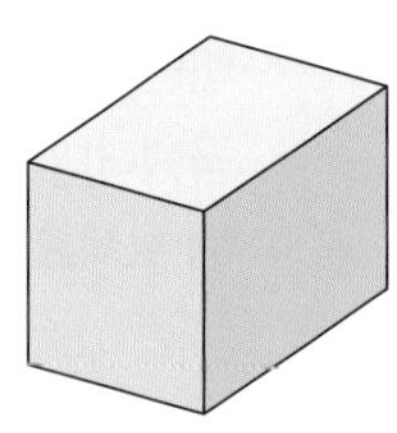

면과 면이 만나는 선분은 □, 선분으로 둘러싸인 부분을 □이라고 합니다. 또, 모서리와 모서리가 만나는 점을 □이라고 합니다.

02 오른쪽 직육면체를 보고 □ 안에 알맞은 수를 써넣으세요.

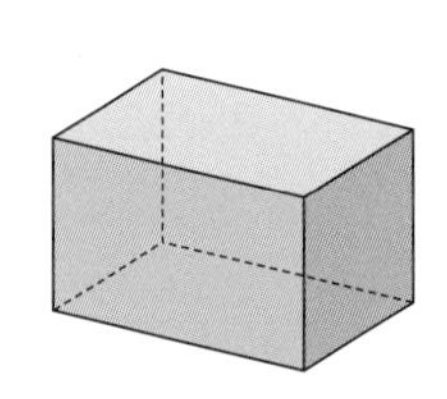

면의 수(개)	모서리의 수(개)	꼭짓점의 수(개)
■	●	▲

■+●−▲=□

03 정육면체에서 색칠한 면의 넓이는 몇 cm^2인지 구해 보세요.

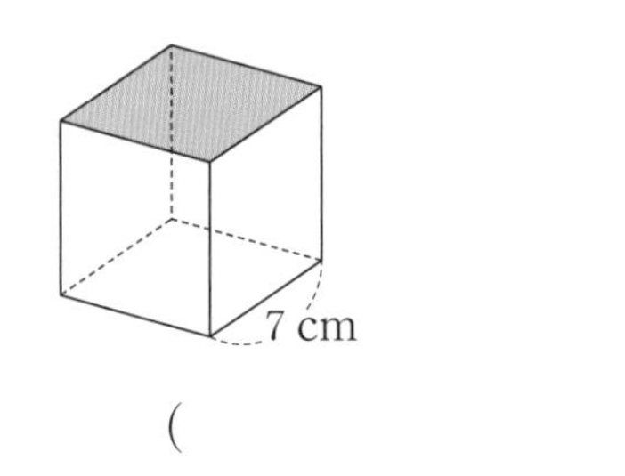

(　　　　　　　)

04 정육면체에 대해 바르게 설명한 것을 모두 고르세요.

(　　　　)

① 꼭짓점은 모두 6개입니다.
② 모서리는 모두 8개입니다.
③ 면은 모두 3개입니다.
④ 직육면체라고 할 수 있습니다.
⑤ 모서리의 길이가 모두 같습니다.

05 직육면체를 보고 □ 안에 알맞은 말을 써넣으세요.

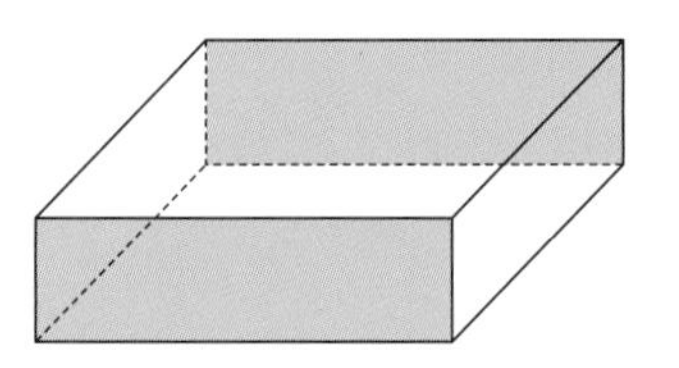

직육면체에서 색칠한 두 면처럼 계속 늘여도 만나지 않는 두 면을 서로 □하다고 합니다. 이 두 면을 직육면체의 □이라고 합니다.

06 □ 안에 알맞은 수를 써넣으세요.

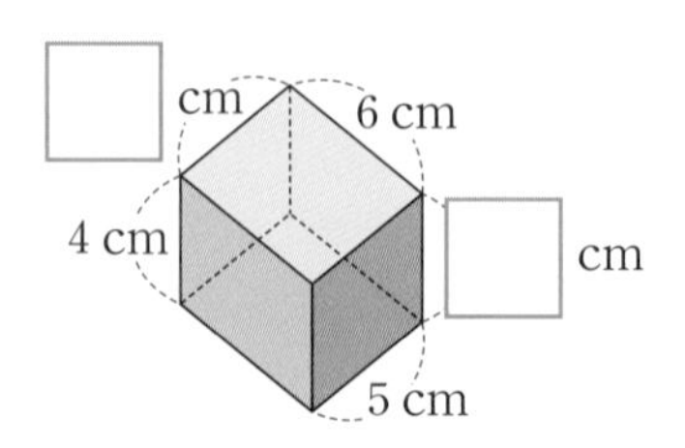

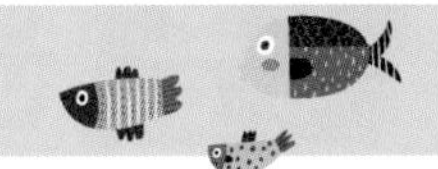

07 직육면체에 대한 설명으로 □ 안에 알맞은 숫자를 이어 보세요.

직육면체에서 한 면과 수직인 면은 □개입니다.	• •	2
한 꼭짓점에서 만나는 모서리는 모두 □개입니다.	• •	3
직육면체에서 서로 평행한 □개의 면을 밑면이라고 합니다.	• •	4

08 직육면체에서 색칠한 면과 평행한 면의 둘레는 몇 cm인가요?

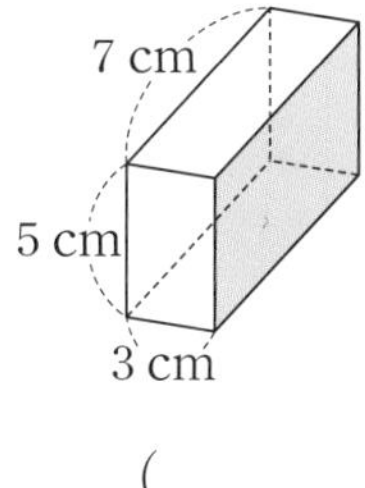

(　　　　　　　　)

09 오른쪽 정육면체의 모든 모서리의 길이의 합이 60 cm일 때 정육면체 한 모서리의 길이는 몇 cm인지 구해 보세요.

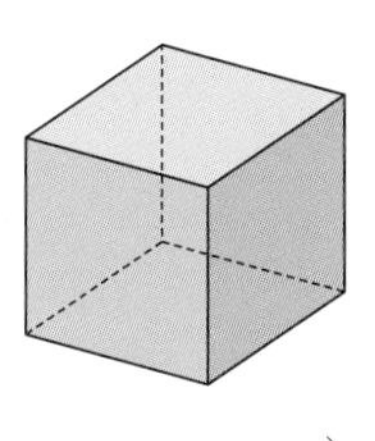

(　　　　　　　　)

10 오른쪽 직육면체에서 색칠한 면과 수직이면서 보이지 않는 모든 면의 넓이의 합은 몇 cm^2인지 구해 보세요.

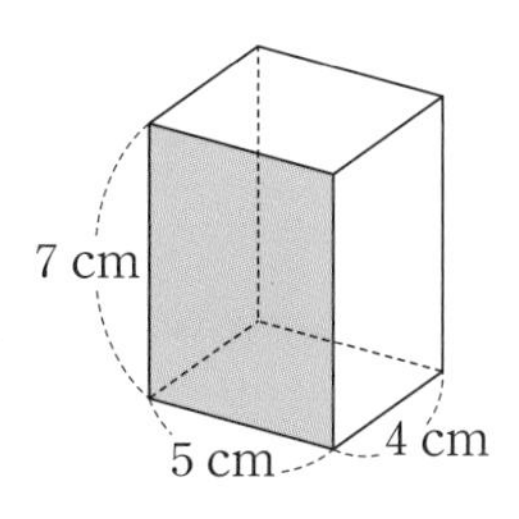

(　　　　　　　　)

11 정육면체의 전개도를 보고 □ 안에 알맞은 기호를 써넣으세요.

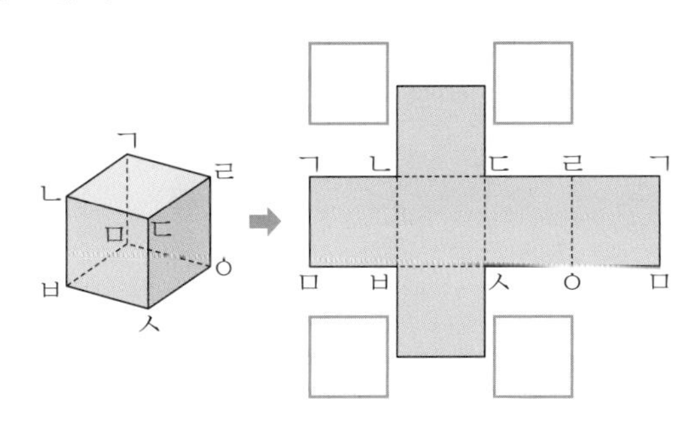

12 전개도를 접어서 직육면체를 만들었을 때 면 바와 만나지 않는 면을 찾아 써 보세요.

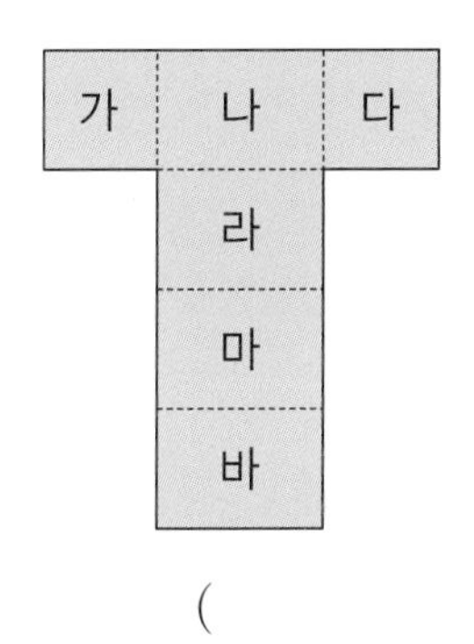

(　　　　　　　　)

13 직육면체를 보고 전개도의 □ 안에 알맞은 수를 써넣으세요.

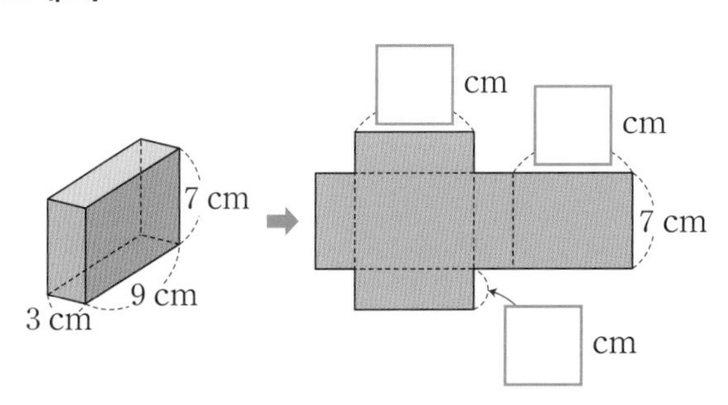

유형 1 모든 모서리의 길이의 합 이용하기

01 직육면체의 모든 모서리의 길이의 합은 164 cm입니다. ㉠에 알맞은 수를 구해 보세요.

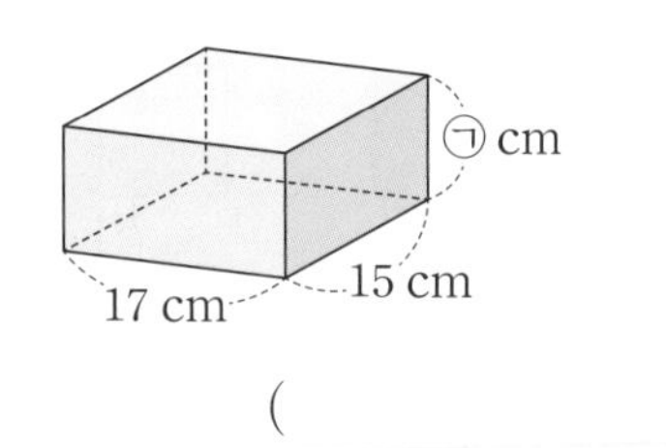

(　　　　　　　　　　)

비법
직육면체에는 길이가 같은 모서리가 4개씩 3종류 있습니다.
(직육면체의 모든 모서리의 길이의 합)$=(17+15+㉠)\times 4$ (cm)

02 오른쪽 직육면체의 모든 모서리의 길이의 합은 84 cm이고, ㉡은 ㉠의 2배입니다. ㉡에 알맞은 수를 구해 보세요.

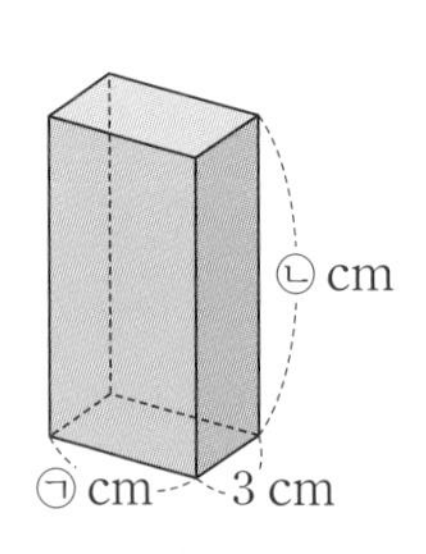

(　　　　　　　　　　)

03 오른쪽 직육면체를 잘라서 만들 수 있는 가장 큰 정육면체의 모든 모서리의 길이의 합은 몇 cm인지 구해 보세요.

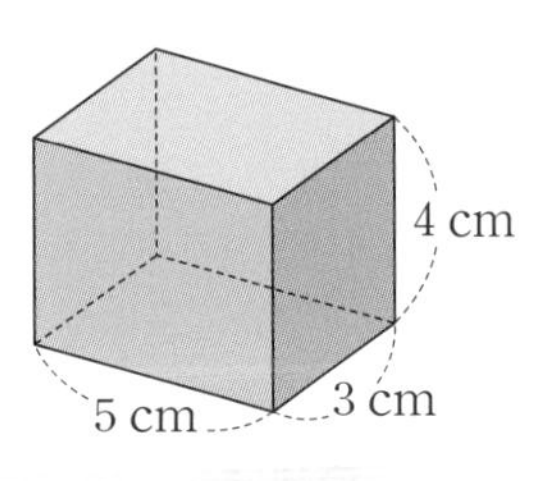

(　　　　　　　　　　)

유형 2 주사위 눈의 수 구하기

04 주사위의 마주 보는 면의 눈의 수의 합은 7입니다. 보이지 않는 면의 눈의 수의 합을 구해 보세요.

(　　　　　　　　　　)

비법
보이지 않는 세 면의 눈의 수는 1부터 6까지의 수 중 보이는 면에 있는 눈의 수를 제외한 것입니다.

05 주사위의 전개도를 접었을 때 서로 마주 보는 면에 있는 눈의 수의 합은 7입니다. 눈의 수가 6인 면과 수직인 모든 면의 주사위 눈의 수의 합을 구해 보세요.

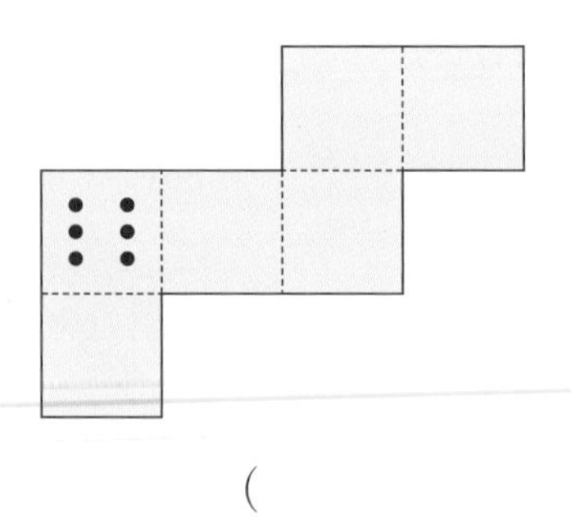

(　　　　　　　　　　)

06 주사위의 마주 보는 면에 있는 눈의 수를 합하면 7입니다. 철수와 영희가 그림과 같이 서로 마주 보는 모서리의 위치에 앉아 주사위를 보았을 때 각각 보이는 면의 눈의 수의 합이 더 큰 사람의 이름을 써 보세요.

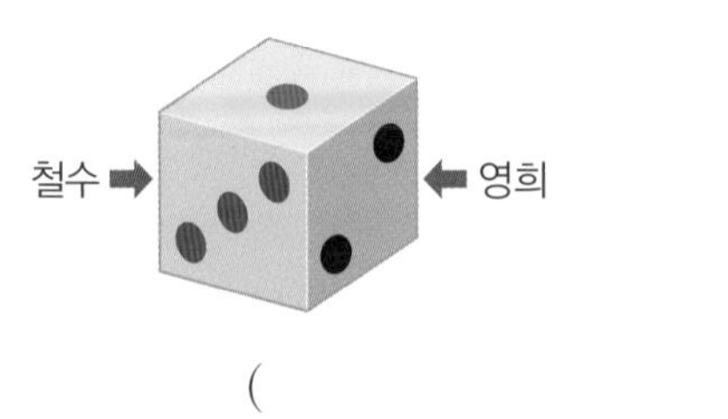

(　　　　　　　　　　)

유형 3 붙인 색 테이프의 길이 구하기

07 직육면체 모양의 상자에 오른쪽과 같이 색 테이프를 붙였습니다. 붙인 색 테이프의 전체 길이는 몇 cm인지 구해 보세요.

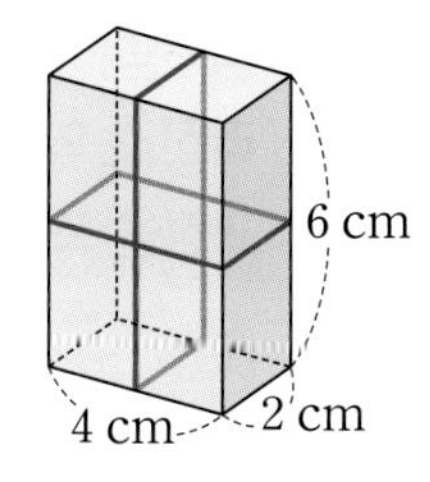

( )

비법

(면을 가로지르는 색 테이프의 길이)=(평행한 모서리의 길이)

08 그림과 같이 직육면체 모양의 상자에 색 테이프를 붙였습니다. 붙인 색 테이프의 전체 길이는 몇 cm인지 구해 보세요.

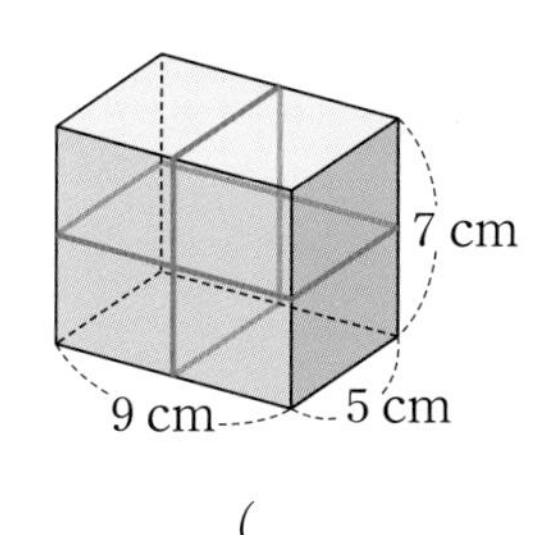

( )

09 그림과 같이 직육면체 모양의 상자에 색 테이프를 붙였습니다. 붙인 빨간색 테이프의 길이와 노란색 테이프의 길이의 차는 몇 cm인지 구해 보세요.

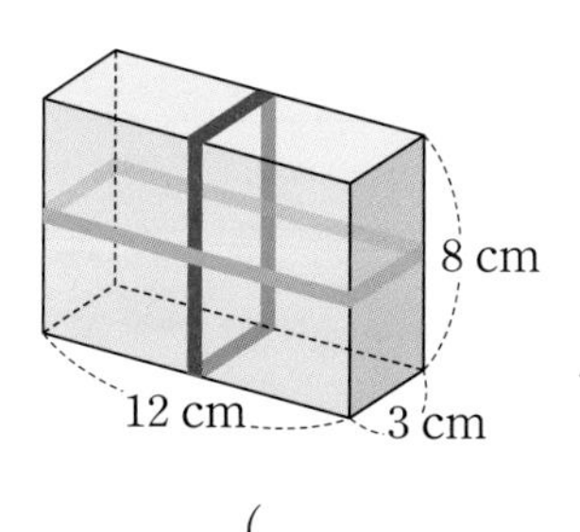

( )

유형 4 전개도에서 둘레(넓이) 구하기

10 직육면체의 전개도에서 사각형 ㄱㄴㄷㄹ의 둘레는 몇 cm인가요?

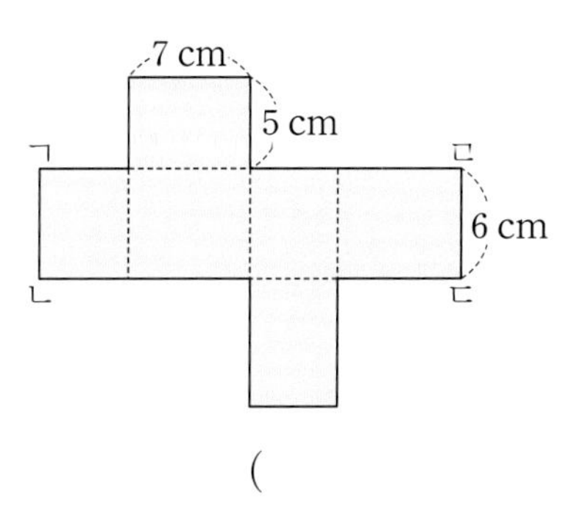

( )

비법

전개도를 접었을 때 만나는 모서리의 길이가 같습니다.

11 직육면체의 전개도에서 색칠한 부분의 넓이는 몇 cm^2인가요?

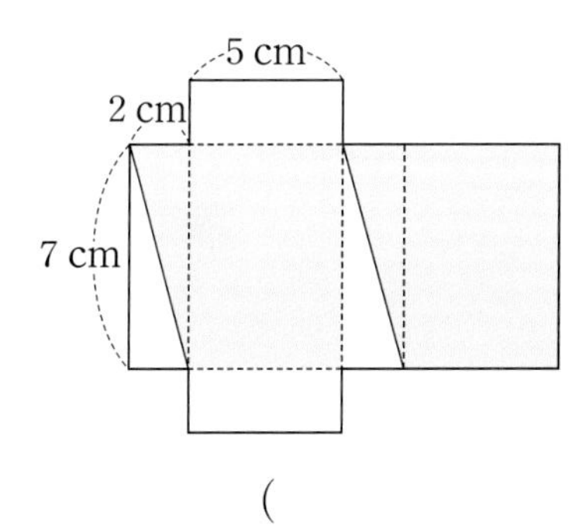

( )

12 오른쪽 직육면체의 전개도에서 면 ㉮의 넓이는 면 ㉯의 넓이의 3배이고 면 ㉯의 넓이는 4 cm^2인 정사각형입니다. 전개도를 접었을 때 면 ㉯와 수직인 면의 넓이의 합은 몇 cm^2인지 구해 보세요.

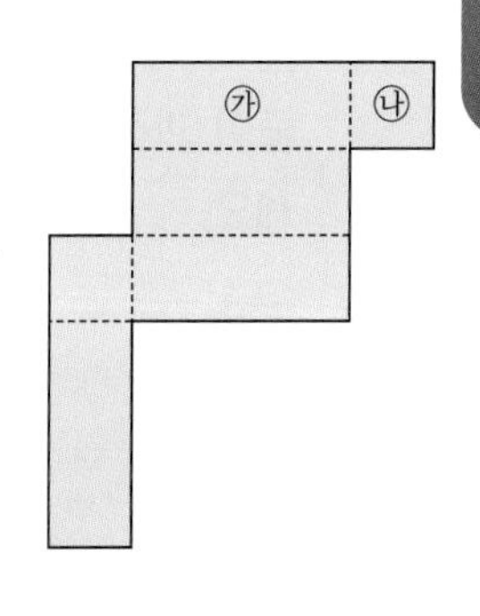

( )

5 단원

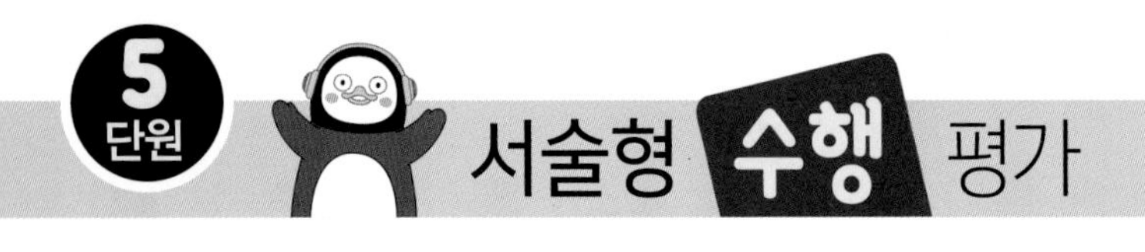

01 오른쪽 도형이 직육면체인지 아닌지 알아보고 직육면체가 아니라면 그 이유를 써 보세요.

이유

02 모든 모서리의 길이의 합이 144 cm인 정육면체가 있습니다. 이 정육면체의 한 면의 넓이는 몇 cm^2인지 풀이 과정을 쓰고 답을 구해 보세요.

풀이

답

03 오른쪽 직육면체의 모든 모서리의 길이의 합은 64 cm입니다. □ 안에 알맞은 수는 얼마인지 풀이 과정을 쓰고 답을 구해 보세요.

□ cm
5 cm
4 cm

풀이

답

04 오른쪽 주사위의 마주 보는 면에 있는 눈의 수를 합하면 7입니다. 면 ㉠의 눈의 수와 면 ㉠과 평행한 면에 그려진 눈의 수의 곱은 얼마인지 풀이 과정을 쓰고 답을 구해 보세요.

㉠

풀이

답

05 오른쪽 정육면체의 한 면의 넓이는 81 cm^2입니다. 보이지 않는 모서리의 길이의 합은 몇 cm인지 풀이 과정을 쓰고 답을 구해 보세요.

풀이

답

06 오른쪽 정육면체에서 보이는 모서리의 길이의 합과 보이지 않는 모서리의 길이의 합의 차는 몇 cm인지 풀이 과정을 쓰고 답을 구해 보세요.

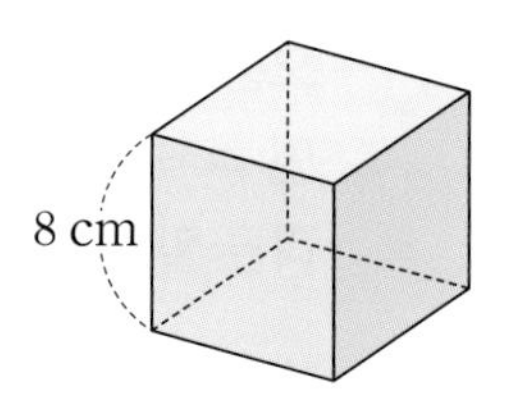

풀이

답

07 오른쪽 정육면체에서 보이지 않는 모서리의 길이의 합은 30 cm입니다. 보이는 모든 모서리의 길이의 합은 몇 cm인지 풀이 과정을 쓰고 답을 구해 보세요.

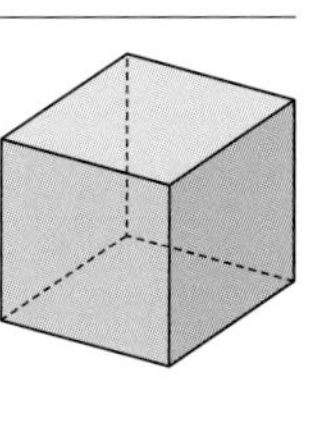

풀이

답

08 직육면체 가의 모든 모서리의 길이의 합과 정육면체 나의 모든 모서리의 길이의 합을 구하여 그 차를 구하려고 합니다. 풀이 과정을 쓰고 답을 구해 보세요.

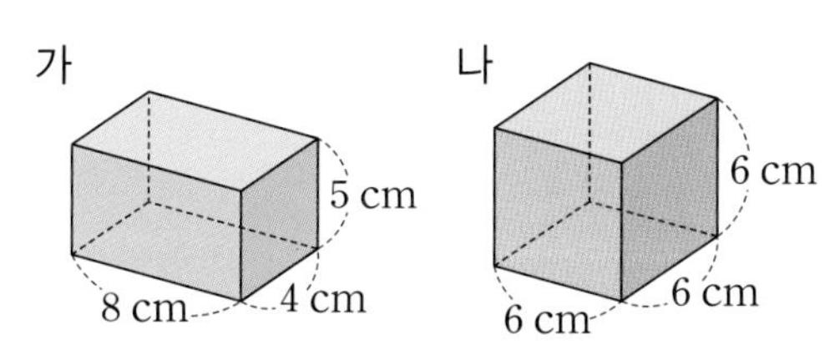

풀이

답

09 직육면체의 전개도에서 사각형 ㅎㄷㅁㅌ의 둘레와 넓이를 각각 구하려고 합니다. 풀이 과정을 쓰고 답을 구해 보세요.

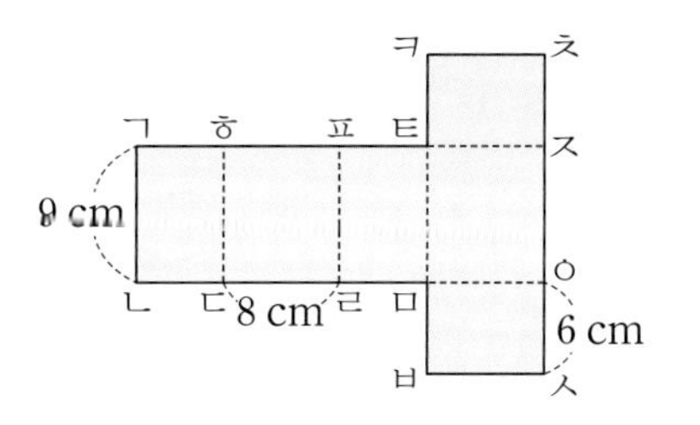

풀이

답 둘레: ____________, 넓이: ____________

10 직육면체의 모든 모서리의 길이의 합이 72 cm일 때 직육면체의 전개도의 둘레는 몇 cm인지 풀이 과정을 쓰고 답을 구해 보세요.

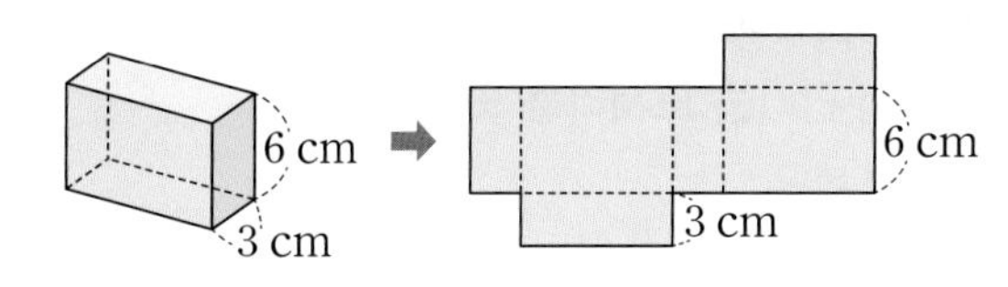

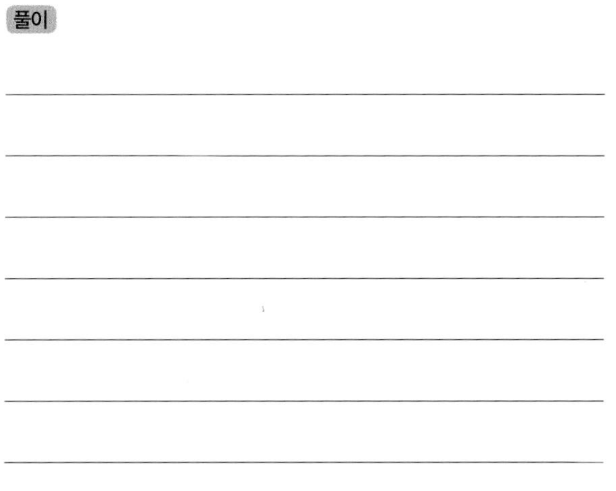

풀이

답

5 단원

01 직육면체를 모두 찾아 기호를 써 보세요.

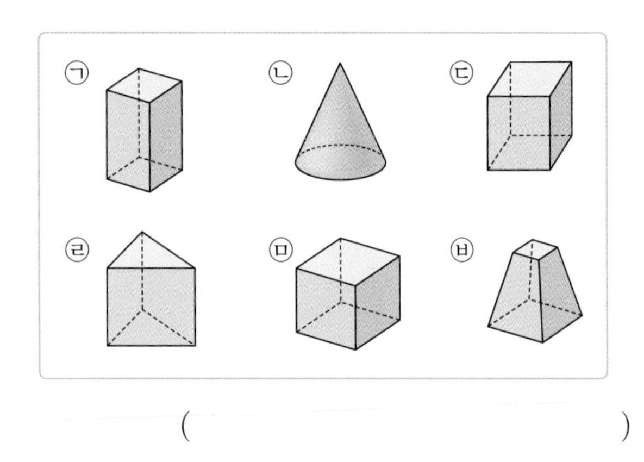

( )

02 오른쪽 직육면체에서 면 ㄱㄴㅂㅁ과 모양과 크기가 같은 면을 찾아 써 보세요.

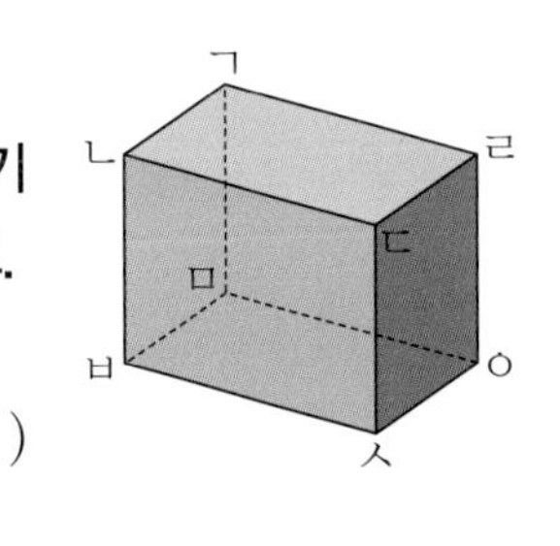

( )

03 오른쪽 정육면체의 꼭짓점 ㄴ에서 만나는 모서리를 모두 찾아 써 보세요.

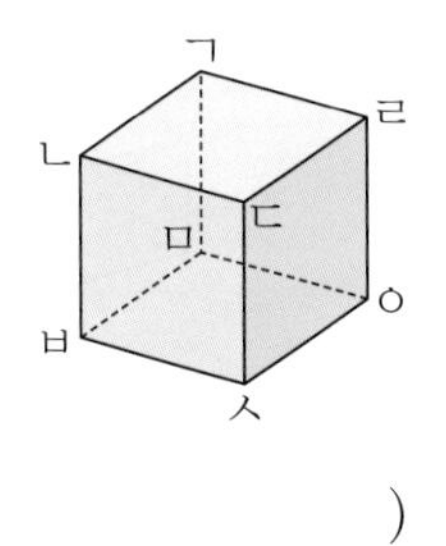

( )

04 □ 안에 알맞은 수를 써넣으세요.

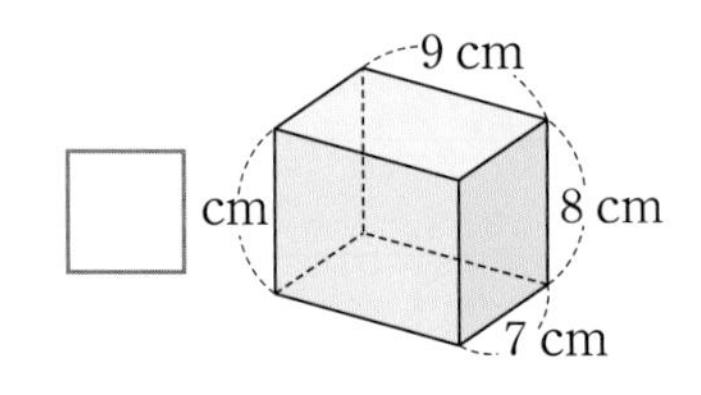

05 오른쪽 직육면체에서 면 ㅁㅂㅅㅇ을 밑면이라고 할 때, 다른 밑면을 찾아 써 보세요.

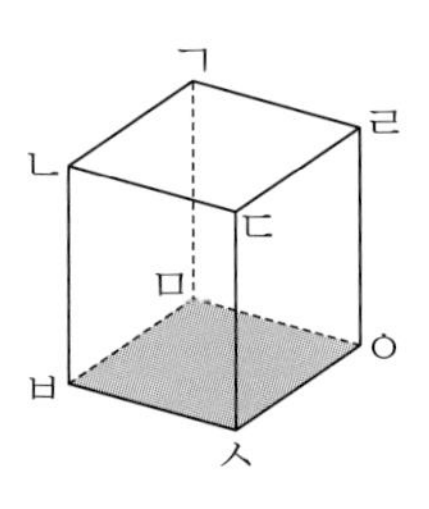

( )

06 오른쪽 직육면체에서 보이지 않는 모서리의 길이의 합은 몇 cm인가요?

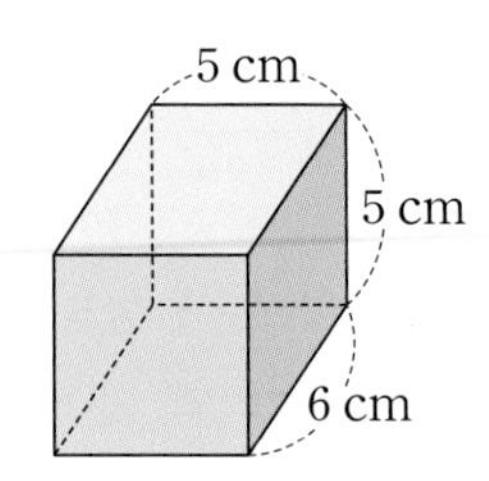

( )

07 직육면체에서 색칠한 면의 둘레는 몇 cm인지 구해 보세요.

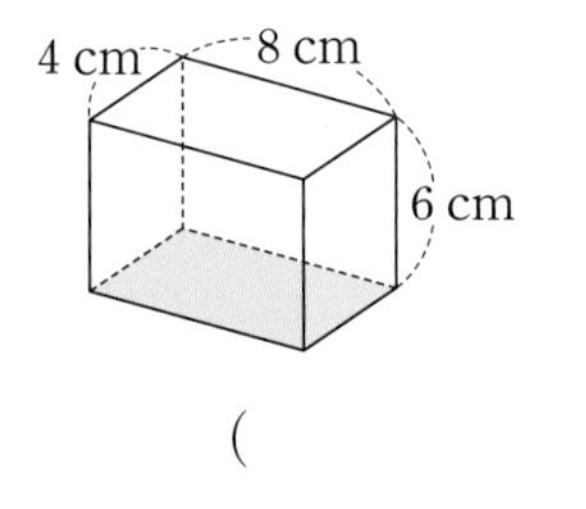

( )

08 정육면체와 직육면체에 대한 공통점을 설명한 내용 중 틀린 것은 어느 것인가요? ( )

① 한 면과 수직인 면은 4개입니다.
② 서로 평행한 면은 모두 3쌍입니다.
③ 꼭짓점의 수가 8개입니다.
④ 밑면과 수직인 면을 옆면이라고 합니다.
⑤ 모든 모서리의 길이가 같습니다.

09 직육면체의 모든 모서리의 길이의 합은 60 cm입니다. □ 안에 알맞은 수를 구해 보세요.

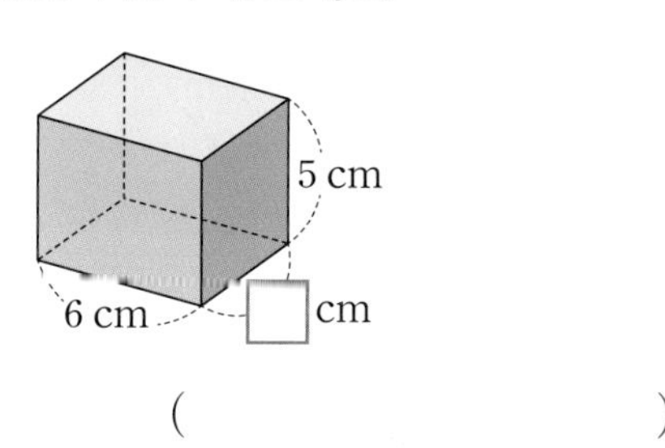

(　　　　　　　　)

10 직육면체의 모서리를 잘라서 직육면체의 전개도를 그린 것입니다. □ 안에 알맞은 기호를 써넣으세요.

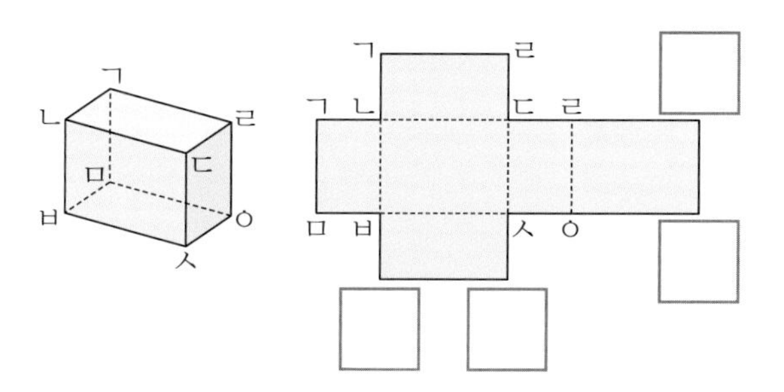

[11~12] 직육면체의 전개도를 보고 물음에 답하세요.

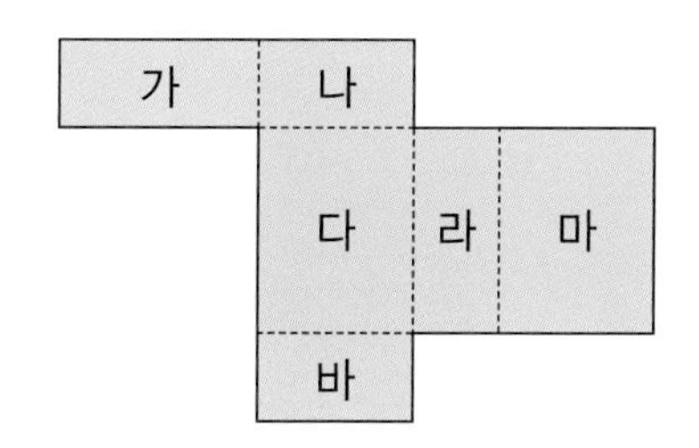

11 전개도를 접었을 때 서로 평행한 면끼리 이어 보세요.

가 •	• 라
나 •	• 마
다 •	• 바

12 전개도를 접었을 때 면 가의 모서리와 만나지 않는 모서리를 갖는 면을 찾아 써 보세요.

(　　　　　　　　)

[13~14] 직육면체의 전개도를 보고 물음에 답하세요.

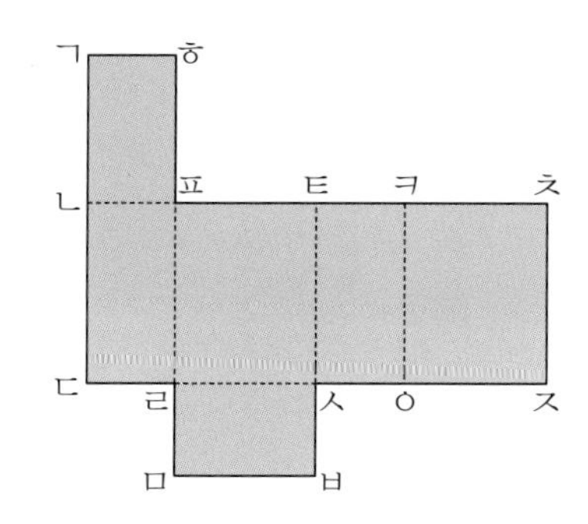

13 전개도를 접었을 때 면 ㄴㄷㄹㅍ과 평행한 면을 찾아 써 보세요.

(　　　　　　　　)

14 전개도를 접었을 때 선분 ㄱㅎ과 겹치는 선분을 찾아 써 보세요.

(　　　　　　　　)

15 정육면체의 전개도가 아닌 것을 찾아 기호를 써 보세요.

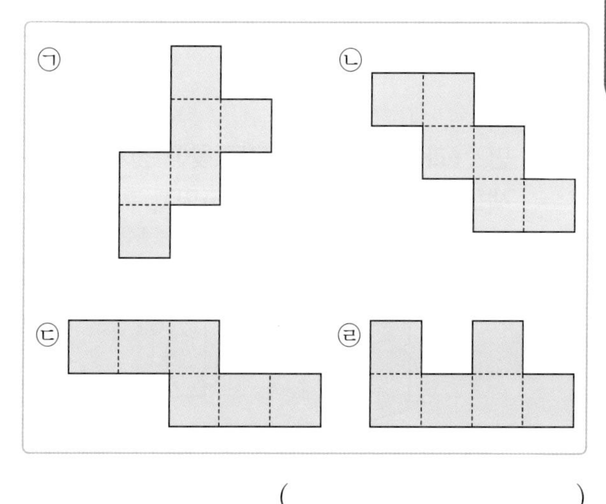

(　　　　　　　　)

16 정육면체의 전개도를 접었더니 그림과 같이 '가' 글자가 적힌 면이 보입니다. 바닥에 숨겨진 글자는 무엇인지 찾아 써 보세요.

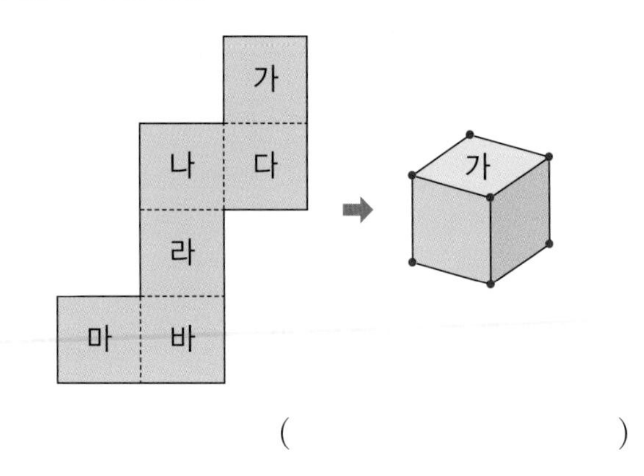

( )

17 전개도를 접어서 직육면체를 만들었을 때 면 ㉠과 수직인 면의 넓이의 합은 몇 cm^2인지 구해 보세요.

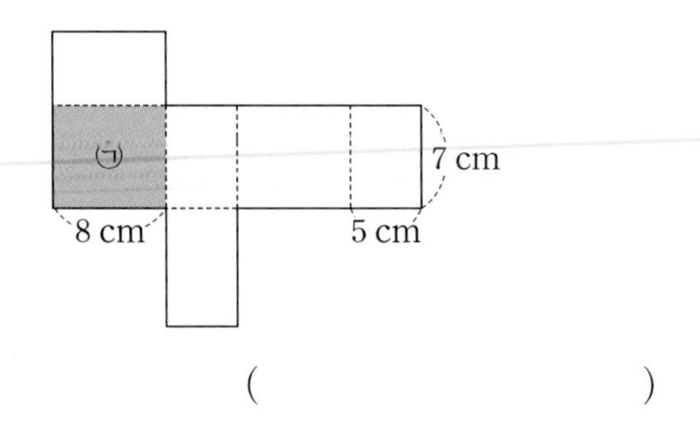

( )

18 면 ㉠과 수직인 면을 모두 찾아 전개도에 색칠하고, 색칠한 부분의 둘레는 몇 cm인지 구해 보세요.

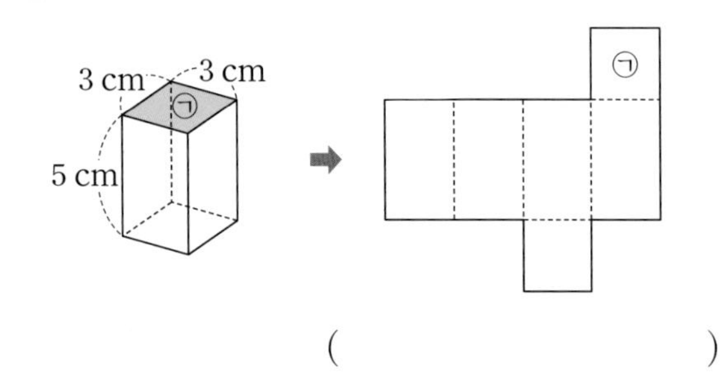

( )

19 직육면체에서 가장 좁은 면의 넓이는 몇 cm^2인지 풀이 과정을 쓰고 답을 구해 보세요.

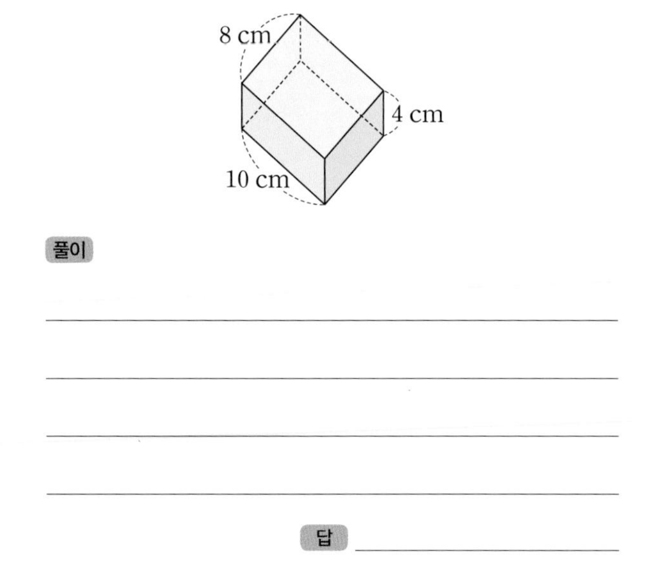

풀이

답

20 전개도를 접어서 만든 직육면체의 모든 모서리의 길이의 합은 몇 cm인지 풀이 과정을 쓰고 답을 구해 보세요.

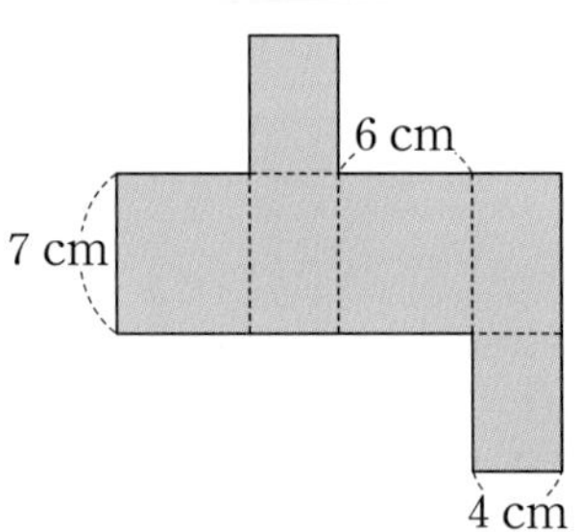

풀이

답

정답과 풀이 68쪽

01 성준이는 5일 동안 줄넘기를 255번 했습니다. 성준이의 줄넘기 기록은 하루 평균 몇 번인가요?

( )

02 평균을 예상하고 자료의 값을 고르게 하여 평균을 구하려고 합니다. □ 안에 알맞은 수를 써넣으세요.

30　39　30　21

(30, □), (□, 21)로 수를 옮기고 짝지어 자료의 값을 고르게 하여 구한 평균은 □입니다.

03 기쁨이네 반려견 네 마리의 몸무게를 나타낸 표입니다. 반려견 네 마리의 몸무게의 평균을 구해 보세요.

기쁨이네 반려견의 몸무게

반려견	코코	보리	미미	콩이
몸무게(kg)	6	5	9	4

( )

04 윤지네 모둠 4명이 한 달 동안 모은 칭찬 붙임 딱지 수를 나타낸 표입니다. 칭찬 붙임 딱지 수의 평균은 몇 장인가요?

윤지네 모둠의 칭찬 붙임 딱지 수

이름	윤지	다원	준하	민기
칭찬 붙임 딱지 수(장)	26	15	21	18

( )

05 진우는 일주일 동안 224쪽의 동화책을 다 읽었고, 민우는 5일 동안 165쪽의 동화책을 다 읽었습니다. 하루 평균 읽은 책의 쪽수가 더 많은 사람은 누구인가요?

( )

06 승훈이의 공 던지기 기록을 나타낸 표입니다. 평균보다 멀리 던진 기록들의 합은 몇 m인지 구해 보세요.

공 던지기 기록

회	1회	2회	3회	4회	5회
기록(m)	22	23	25	19	21

( )

07 어느 문화 센터의 줄넘기반 회원 12명의 평균 나이는 10세입니다. 배드민턴반 회원 8명의 평균 나이는 15세일 때, 두 반의 회원 전체의 평균 나이를 구해 보세요.

( )

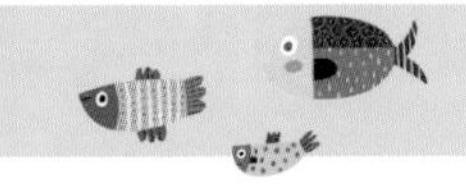

정답과 풀이 68쪽

[08~09] 정훈이네 모둠과 지수네 모둠의 줄넘기 기록을 나타낸 표입니다. 물음에 답하세요.

정훈이네 모둠의 줄넘기 기록

이름	정훈	경준	도형	동주	윤결	정준
횟수(번)	42	71	53	39	40	49

지수네 모둠의 줄넘기 기록

이름	지수	은정	연우	민아	소연
횟수(번)	51	60	43	45	

08 정훈이네 모둠의 줄넘기 기록의 평균을 구해 보세요.

( )

09 정훈이네 모둠과 지수네 모둠의 줄넘기 기록의 평균이 같습니다. 소연이의 줄넘기 기록을 구해 보세요.

( )

10 동현이가 종이공작 교실에서 5일 동안 접은 종이학의 수를 나타낸 표입니다. 5일 동안 접은 종이학의 수의 평균이 43개일 때 화요일에 접은 종이학은 몇 개인가요?

5일 동안 접은 종이학의 수

요일	월	화	수	목	금
종이학의 수(개)	43		44	46	43

( )

11 회전판 돌리기를 했을 때 화살이 노란색에 멈출 가능성을 말로 표현해 보세요.

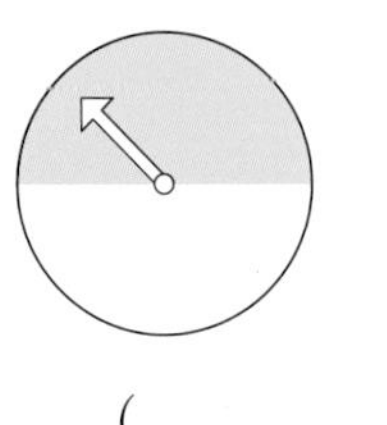

( )

12 1부터 6까지의 눈이 그려진 주사위를 한 번 굴렸습니다. 주사위 눈의 수가 홀수일 가능성을 수로 표현해 보세요.

( )

13 회전판 돌리기를 했을 때 화살이 파란색에 멈출 가능성이 높은 것부터 차례로 기호를 써 보세요.

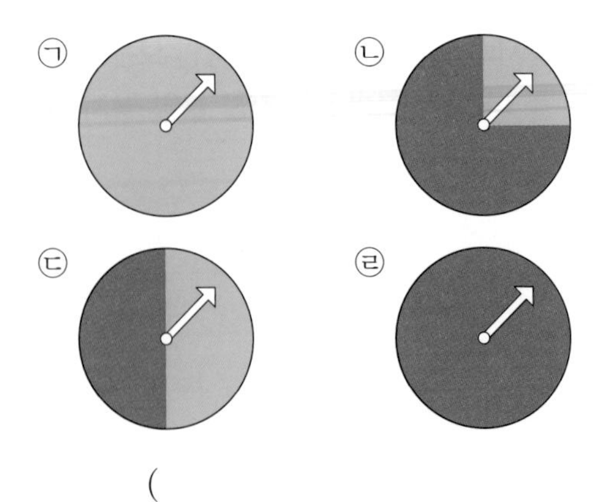

( )

정답과 풀이 69쪽

유형 1 평균 비교하기

01 1모둠과 2모둠의 과학 점수입니다. 어느 모둠의 과학 점수의 평균이 더 높은가요?

과학 점수

1모둠	90점, 78점, 85점, 81점, 76점
2모둠	84점, 75점, 80점, 93점, 83점

( )

비법
각 모둠의 평균을 구해 비교합니다.
(평균)=(자료의 값을 모두 더한 값)÷(자료의 수)

02 영수네 모둠과 민수네 모둠의 100 m 달리기 기록입니다. 어느 모둠의 100 m 달리기 기록의 평균이 더 빠른지 비교해 보세요.

100 m 달리기 기록

영수네 모둠	20초, 19초, 17초, 20초
민수네 모둠	22초, 18초, 16초, 24초

( ) 모둠이 ( )초 더 빠릅니다.

03 1반과 2반이 이용하는 텃밭의 넓이를 나타낸 표입니다. 어느 반이 한 학생당 텃밭을 얼마나 더 넓게 이용할 수 있을지 비교해 보세요.

이용하는 텃밭의 넓이

반	학생 수	텃밭의 넓이
1반	22명	$682\ m^2$
2반	19명	$646\ m^2$

( )반이 ( ) m^2 더 넓게 이용할 수 있습니다.

유형 2 평균 올리기

04 서영이네 모둠의 키를 나타낸 표입니다. 이 모둠에 재민이 한 명이 더 들어와서 키의 평균이 1.5 cm 늘어났습니다. 재민이의 키는 몇 cm인가요?

서영이네 모둠의 키

이름	서영	진주	승원	민호
키(cm)	152	147	158	143

( )

비법
키의 평균이 1.5 cm 늘어났으므로 재민이의 키는 재민이가 들어오기 전 친구들의 평균 키에 $1.5\times5=7.5$ (cm)를 더한 것과 같습니다.

05 지구환경 지킴이 실천 동아리에 새로운 회원 한 명이 더 들어와서 회원 나이의 평균이 1세 줄어들었습니다. 새로운 회원의 나이는 몇 세인가요?

지구환경 지킴이 실천 동아리 회원의 나이

이름	민호	재석	수민	지은	고은
나이(세)	18	22	25	19	21

( )

06 1월부터 4월까지 저축액의 평균이 1800원일 때 1월부터 5월까지 저축액의 평균이 1900원이 되려면 5월에는 최소 얼마를 저축해야 하나요?

( )

유형 3 평균을 이용해 두 자료의 값 구하기

07 도형이네 모둠의 몸무게를 나타낸 표입니다. 다섯 명의 몸무게의 평균이 45 kg일 때, 경준이와 정훈이의 몸무게는 각각 몇 kg인가요?

도형이네 모둠의 몸무게

이름	도형	경준	정훈	동주	윤결
몸무게 (kg)	46	5☆	★8	35	43

경준 (　　　　　　), 정훈 (　　　　　　)

비법
(자료의 값의 합)=(평균)×(자료의 수)

08 성훈이의 수학 단원평가 점수를 나타낸 표입니다. 단원평가 점수의 평균이 92점일 때 2회와 4회의 점수를 각각 구해 보세요.

성훈이의 수학 단원평가 점수 기록

회	1회	2회	3회	4회	5회
점수(점)	95	9☆	90	★7	96

2회 (　　　　　　), 4회 (　　　　　　)

09 정훈이네 반려견의 요일별 산책 시간을 나타낸 표입니다. 평균 산책 시간이 50분일 때 월요일과 수요일의 산책 시간을 각각 구해 보세요.

정훈이네 반려견의 요일별 산책 시간

요일	월	화	수	목	금
시간(분)	5☆	45	★8	55	40

월요일 (　　　　　　), 수요일 (　　　　　　)

유형 4 일이 일어날 가능성을 비교하기

10 일이 일어날 가능성이 더 높은 것의 기호를 써 보세요.

㉠ 1부터 12까지 적힌 12장의 수 카드 중에서 1장을 꺼낼 때 12의 약수가 나올 가능성
㉡ 빨간색 구슬만 3개 들어 있는 주머니에서 구슬 1개를 꺼낼 때 꺼낸 구슬이 파란색일 가능성

(　　　　　　)

비법
가능성을 수나 말로 표현해 비교합니다.

11 일이 일어날 가능성이 더 높은 것의 기호를 써 보세요.

㉠ 사과가 10개 들어 있는 바구니에서 1개를 꺼낼 때 복숭아가 나올 가능성
㉡ 1부터 20까지의 수가 적혀 있는 수 카드에서 1장을 꺼낼 때 11 이상인 수가 나올 가능성

(　　　　　　)

12 주머니에서 구슬을 한 개 꺼낼 때 노란색 구슬이 나올 가능성이 높은 것부터 순서대로 기호를 써 보세요.

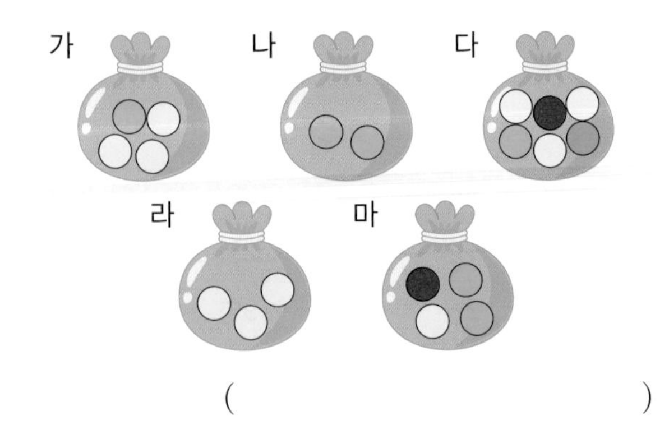

(　　　　　　)

정답과 풀이 70쪽

01 태영이네 집에서 5개월 동안 모은 빈 병의 수를 나타낸 표입니다. 5개월 동안 모은 빈 병 수의 평균은 몇 개인지 풀이 과정을 쓰고 답을 구해 보세요.

5개월 동안 모은 빈 병의 수

월	5월	6월	7월	8월	9월
빈 병의 수(개)	50	32	48	33	52

풀이

답

02 국어와 수학 점수의 평균은 88점이고 과학과 사회 점수의 평균은 90점일 때 네 과목의 평균은 몇 점인지 풀이 과정을 쓰고 답을 구해 보세요.

풀이

답

03 월별 최고 기온을 나타낸 표입니다. 4개월 동안 최고 기온의 평균은 27.7 ℃입니다. 8월의 최고 기온은 몇 ℃인지 풀이 과정을 쓰고 답을 구해 보세요.

월별 최고 기온

월	6월	7월	8월	9월
온도(℃)	26.9	28.8		25.6

풀이

답

04 여정이네 모둠과 재석이네 모둠의 단체 줄넘기 기록입니다. 어느 모둠이 단체 줄넘기 기록의 평균이 몇 번 더 많은지 풀이 과정을 쓰고 답을 구해 보세요.

단체 줄넘기 기록

여정이네 모둠	19번, 16번, 21번, 20번, 23번, 15번
재석이네 모둠	18번, 20번, 14번, 15번, 21번, 26번

풀이

답 ,

05 1부터 5까지 적힌 파란 공이 5개 들어 있는 주머니에서 공 1개를 꺼낼 때 1 이상 5 이하인 수가 적힌 파란 공이 나올 가능성을 수로 표현하면 얼마인지 풀이 과정을 쓰고 답을 구해 보세요.

풀이

답

06 1부터 8까지의 눈이 그려진 정팔면체 주사위를 굴려서 8의 약수가 나올 가능성을 수로 표현하면 얼마인지 풀이 과정을 쓰고 답을 구해 보세요.

풀이

답

07 윤주네 학교와 예나네 학교의 강당 넓이와 학생 수는 다음과 같습니다. 어느 학교가 한 학생당 강당을 평균 몇 m^2 더 넓게 이용할 수 있는지 풀이 과정을 쓰고 답을 구해 보세요.

윤주네 학교	예나네 학교
• 강당 넓이 : $660\ m^2$	• 강당 넓이 : $1350\ m^2$
• 학생 수: 330명	• 학생 수: 450명

풀이

답 ________, ________

08 민수네 모둠은 남학생이 3명, 여학생이 2명입니다. 남학생 키의 평균은 150 cm, 여학생 키의 평균은 140 cm일 때, 민수네 모둠의 키의 평균은 몇 cm인지 풀이 과정을 쓰고 답을 구해 보세요.

풀이

답 ________

09 세훈이네 과수원에는 감나무가 12그루 있습니다. 감나무 한 그루에서 감을 평균 75 kg 땄습니다. 감을 한 상자에 15 kg씩 담아서 25000원에 팔았다면 판매액은 모두 얼마인지 풀이 과정을 쓰고 답을 구해 보세요.

풀이

답 ________

10 민호가 요일별로 읽은 역사책 쪽수를 나타낸 표입니다. 민호는 토요일에 책을 많이 읽어서 월요일부터 금요일까지 읽은 역사책 쪽수의 평균보다 전체 평균을 1쪽이라도 늘리려고 합니다. 토요일에 민호가 읽어야 하는 쪽수는 최소 몇 쪽인지 풀이 과정을 쓰고 답을 구해 보세요.

요일별 읽은 역사책 쪽수

요일	월	화	수	목	금	토
쪽수(쪽)	13	16	24	21	11	

풀이

답 ________

정답과 풀이 71쪽

[01~02] 연우네 모둠이 수확한 사과의 수를 나타낸 표입니다. 물음에 답하세요.

연우네 모둠이 수확한 사과의 수

이름	연우	보화	시언	윤호
사과의 수(개)	7	3	4	2

01 수확한 사과의 수만큼 ○를 그려 나타냈습니다. 수확한 사과의 수를 고르게 해 보세요.

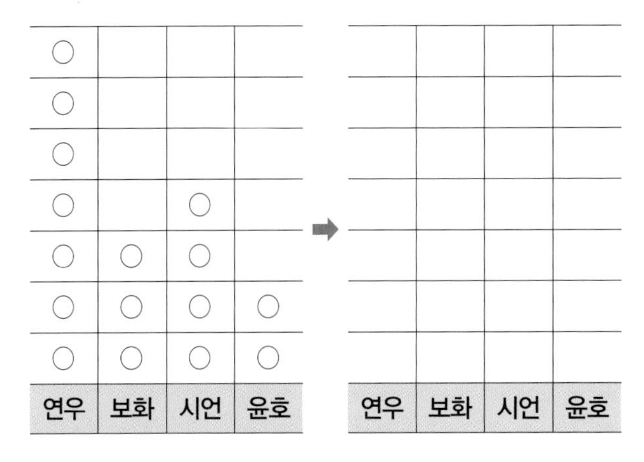

02 수확한 사과의 수의 평균을 구하는 식입니다. □ 안에 알맞은 수를 써넣으세요.

$(7+\square+\square+\square)\div\square$
$=\square\div\square=\square$(개)

03 □ 안에 알맞은 수를 써넣으세요.

민경이의 2단 줄넘기 기록

회	1회	2회	3회	4회
기록(회)	12	10	6	8

(12, 6), (10, 8)로 수를 옮기고 짝지어 구한 민경이의 2단 줄넘기 기록의 평균은 □회입니다.

04 소희는 5일 동안 책을 630쪽 읽었고, 하늘이는 일주일 동안 책을 840쪽 읽었습니다. 하루 평균 책을 더 많이 읽은 사람은 누구인가요?

( )

05 은율이의 세 번의 수학 단원평가 점수의 평균은 88점이었습니다. 4번째 단원평가를 보았더니 네 번의 수학 단원평가 점수의 평균이 90점이 되었습니다. 4번째 수학 단원평가 점수는 몇 점인지 구해 보세요.

( )

06 지혜네 반 남학생 10명의 평균 몸무게는 49 kg이고, 여학생 8명의 평균 몸무게는 40 kg입니다. 지혜네 반 학생 전체의 평균 몸무게는 몇 kg인지 구해 보세요.

( )

07 학급별 평균 도서 대출 수가 24권일 때 믿음반의 도서 대출 수는 몇 권인가요?

학급별 도서 대출 수

학급(반)	지혜	사랑	예의	믿음
대출 수(권)	25	22	20	

( )

08 농구 동아리 학생 13명의 나이의 합은 168세입니다. 12세인 학생 한 명이 전학을 갔다면 남은 12명의 동아리 학생의 평균 나이는 몇 세인가요?

( )

서술형

지혜네 모둠 9명의 과학 점수의 평균은 79.5점이고 이 중에서 남학생 5명의 과학 점수의 평균은 80.7점입니다. 여학생 4명의 과학 점수의 평균은 몇 점인지 풀이 과정을 쓰고 답을 구해 보세요.

풀이

답

10 어느 꽈배기 가게에서는 일주일 평균 90개 이상을 팔아야 이익이 생긴다고 합니다. 금요일에 최소한 몇 개를 팔아야 이익이 생기는지 구해 보세요.

일주일 동안 판매한 꽈배기 수

요일	월	화	수	목	금	토	일
꽈배기 수(개)	94	75	88	91		89	85

( )

서술형

어느 공장의 요일별 TV 생산량을 나타낸 표입니다. 월요일부터 토요일까지 TV 생산량의 평균을 월요일부터 금요일까지 TV 생산량의 평균보다 3대 더 높이려고 합니다. 토요일의 TV 생산량은 몇 대이어야 하는지 풀이 과정을 쓰고 답을 구해 보세요.

요일별 TV 생산량

요일	월	화	수	목	금
생산량(대)	46	51	62	58	43

풀이

답

12 매시 정각에 종소리가 울리는 시계가 있습니다. 하루 중 짝수인 시각에 종소리가 울릴 가능성을 말과 수로 표현해 보세요.

말 ________, 수 ________

13 거짓말 탐지기에 손을 올리고 진실을 말하면 노래가 나오고 거짓말을 하면 진동이 울립니다. 거짓말 탐지기에 손을 올리고 말을 했을 때 노래가 나오거나 진동이 울릴 가능성을 수로 표현해 보세요.

( )

14 일이 일어날 가능성을 잘못 나타낸 것을 찾아 기호를 써 보세요.

일	가능성
㉠ 4와 1을 곱하면 5가 될 것입니다.	불가능하다
㉡ 주사위 3개를 동시에 던지면 주사위 3개 모두 눈의 수가 1이 나올 것입니다.	~아닐 것 같다
㉢ 내년에는 12월이 7월보다 늦게 올 것입니다.	~일 것 같다

( )

15 일이 일어날 가능성이 '확실하다'인 경우를 찾아 기호를 써 보세요.

㉠ 오후 3시에서 1시간 후가 6시가 될 가능성
㉡ 해가 서쪽으로 질 가능성
㉢ 계산기에 '2 × 4 ='을 눌렀을 때 10이 나올 가능성
㉣ 주사위를 굴려서 홀수가 나올 가능성

( )

16 만 원짜리 지폐 4장이 들어 있는 지갑에서 지폐 1장을 꺼냈습니다. 꺼낸 지폐가 천 원짜리일 가능성을 수로 표현해 보세요.

( )

17 주사위를 한 번 던질 때 일어날 가능성이 높은 것부터 차례로 기호를 써 보세요.

㉠ 주사위 눈의 수가 6의 배수일 가능성
㉡ 주사위 눈의 수가 6의 약수일 가능성
㉢ 주사위 눈의 수가 1 이상일 가능성

( )

18 1에서 6까지의 눈이 그려진 주사위를 한 번 굴릴 때 주사위 눈의 수가 4의 약수일 가능성을 수로 표현해 보세요.

( )

[19~20] 구슬 10개가 들어 있는 주머니에서 구슬을 꺼내려고 합니다. 물음에 답하세요.

19 꺼낸 구슬의 개수가 짝수일 가능성을 말과 수로 표현해 보세요.

말 ________, 수 ________

20 꺼낸 구슬의 개수가 짝수일 가능성과 화살이 빨간색에 멈출 가능성이 같도록 회전판을 색칠해 보세요.

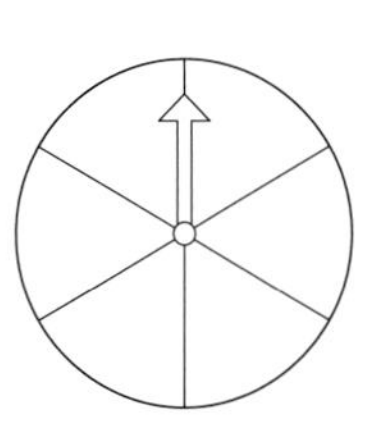

6 단원

MEMO

EBS

만점왕
수학 플러스
5-2

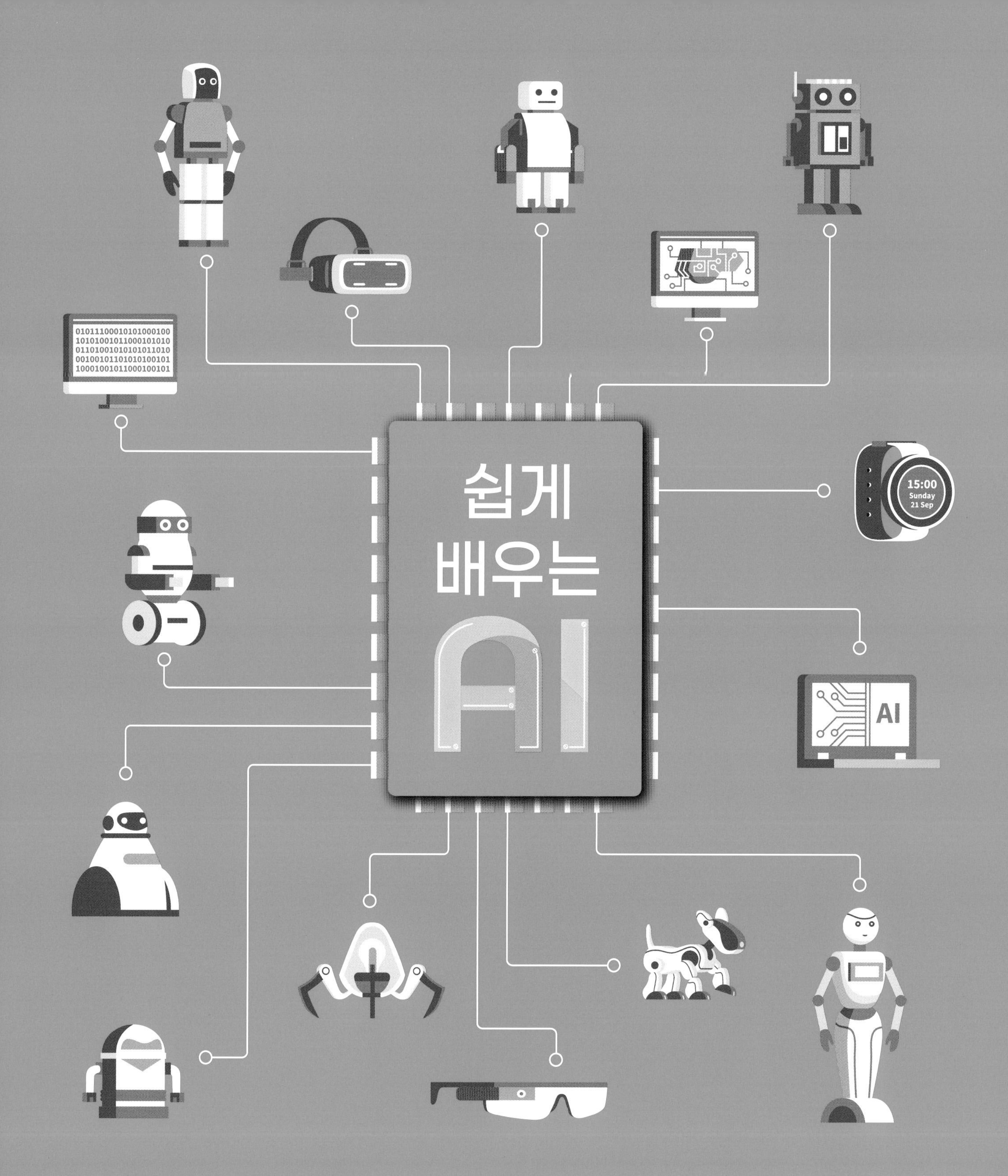
쉽게
배우는
AI
15:00
Sunday
21 Sep
AI

BOOK 3
풀이책

BOOK 3 풀이책으로 채점해 보고,

틀린 문제의 해설도 확인해 보세요.

초|등|부|터

교과서 기본과 응용 문제를
한 번에 잡는 **교과서 기본+응용**

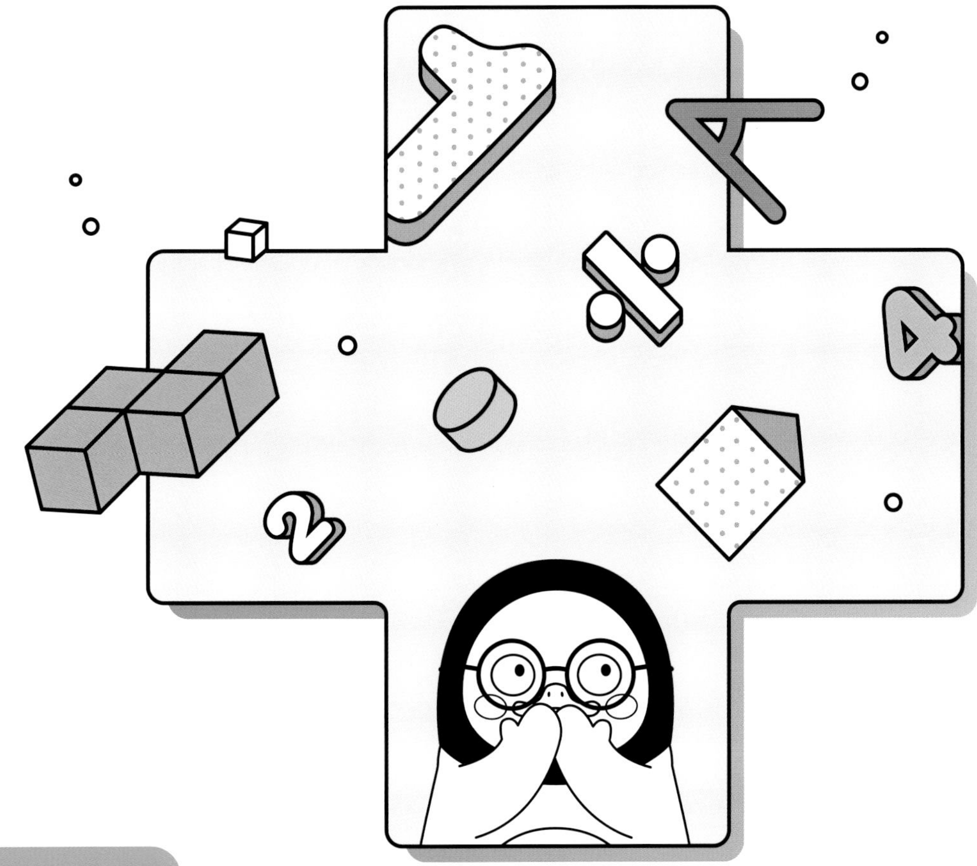

BOOK 3

풀이책

5-2

초|등|부|터
EBS

교과서 기본과 응용 문제를
한 번에 잡는 **교과서 기본+응용**

BOOK 3
풀이책

5-2

1 단원 수의 범위와 어림하기

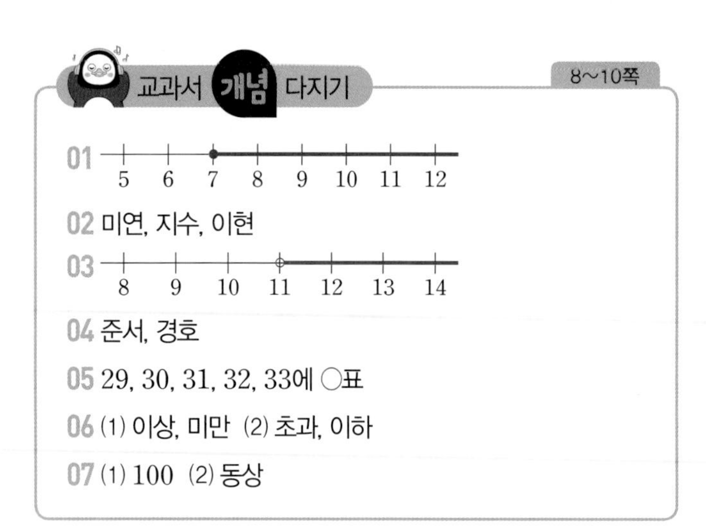

교과서 개념 다지기 8~10쪽

01 5 6 7 8 9 10 11 12

02 미연, 지수, 이현

03 8 9 10 11 12 13 14

04 준서, 경호

05 29, 30, 31, 32, 33에 ○표

06 (1) 이상, 미만 (2) 초과, 이하

07 (1) 100 (2) 동상

교과서 넘어 보기 11~14쪽

01 140.0 cm, 142.9 cm　02 형, 어머니

03 37, 38, 39에 ○표, 33, 34, 35, 36, 37에 △표

04 12 13 14 15 16 17 18

05 준호, 동생　06 종현, 경선, 수훈

07 5일　08 230 mm, 235 mm

09 9.51초, 9.68초

10 20, 21, 22에 ○표, 16, 17에 △표

11 52 53 54 55 56 57 58

12 3개

13 연주 / ㉠ 47 초과인 수는 47보다 큰 수이므로 47은 포함되지 않아.

14 명수, 윤호　15 ㉢, ㉥

16 69, 70, 71에 ○표

17 24 25 26 27 28 29

18 ㉠, ㉢　19 이상, 이하

20 서연, 희수　21 형욱, 가은

22 9 10 11 12 13 14 15 16 17 18 19 20 21 22

교과서 속 응용 문제

23 23개　24 10개

25 9개　26 25명 이상 30명 이하

27 161명 이상 192명 이하　28 81명 초과 109명 미만

01 140 이상인 수는 140과 같거나 큰 수입니다. 따라서 키가 140 cm 이상인 학생의 키는 140.0 cm, 142.9 cm입니다.

02 5 이하인 수는 5와 같거나 작은 수입니다. 따라서 무게가 5 kg 이하인 여행 가방을 들고 온 사람은 형, 어머니입니다.

03 37 이상인 수는 37과 같거나 큰 수이므로 37, 38, 39이고, 37 이하인 수는 37과 같거나 작은 수이므로 33, 34, 35, 36, 37입니다.

04 16 이하인 수는 16과 같거나 작은 수이므로 16을 ●을 이용하여 나타내고 왼쪽으로 선을 긋습니다.

05 12 이하인 수는 12와 같거나 작은 수입니다. 만 나이가 12세와 같거나 적은 사람은 준호, 동생입니다.

06 13 이상인 수는 13과 같거나 큰 수입니다. 붙임 딱지를 13장 이상 모은 학생은 종현, 경선, 수훈입니다.

07 25 이상인 수는 25와 같거나 큰 수입니다. 밤 최저 기온이 25 ℃와 같거나 높은 날은 10일, 11일, 13일, 15일, 16일로 모두 5일입니다.

08 220 초과인 수는 220보다 큰 수이므로 발길이가 220 mm 초과인 학생의 발길이는 230 mm, 235 mm입니다.

09 50 m 달리기 기록이 10초보다 짧은 학생의 기록은 9.51초, 9.68초입니다.

10 19 초과인 수는 19보다 큰 수이므로 20, 21, 22이고 18 미만인 수는 18보다 작은 수이므로 16, 17입니다.

11 55 초과인 수는 55보다 큰 수이므로 55에 ○을 이용하여 나타내고 오른쪽으로 선을 긋습니다.

12 20 초과인 수는 20보다 큰 수이므로 32, 21, 58로 모두 3개입니다.

14 145 초과인 수는 145보다 큰 수이므로 제자리멀리뛰기의 기록이 145 cm 초과인 학생은 명수, 윤호입니다.

15 무게가 32 t보다 무거운 화물차는 ㉢, ㉥입니다.

16 69 이상 73 미만인 수는 69와 같거나 큰 수이고 73보다 작은 수입니다. 두 가지 범위를 모두 만족하는 수를 찾으면 69, 70, 71입니다.

17 25 초과인 수는 ○을 이용하여 나타내고, 28 이하인 수는 ●을 이용하여 나타냅니다.

18 ㉠은 58과 같거나 크고, 61보다 작은 수의 범위이므로 58이 포함됩니다.
㉡은 58보다 크고, 61과 같거나 작은 수의 범위이므로 58이 포함되지 않습니다.
㉢은 57보다 크고, 61보다 작은 수의 범위이므로 58이 포함됩니다.
㉣은 53과 같거나 크고, 58보다 작은 수의 범위이므로 58이 포함되지 않습니다.

19 25와 같거나 큰 수이고 31과 같거나 작은 수의 범위이므로 25 이상 31 이하인 자연수입니다.

20 놀이기구를 탈 수 있는 어린이의 키는 95 cm와 같거나 크고, 120 cm보다 작아야 합니다. 따라서 이 놀이기구를 탈 수 있는 어린이는 서연, 희수입니다.

21 3등급은 윗몸 말아 올리기 기록이 22회 이상 39회 이하입니다. 따라서 기록이 27회인 형욱, 39회인 가은이가 3등급에 속합니다.

22 민혁이의 윗몸 말아 올리기 기록은 14회이므로 4등급에 속합니다. 4등급에 속한 학생의 윗몸 말아 올리기 기록은 10회 이상 21회 이하이므로 10과 21은 ●을 이용하여 나타냅니다.

23 1부터 80까지의 자연수는 80개이고, 1부터 80까지의 자연수 중 58 이상인 수는 58과 같거나 큰 수입니다.
따라서 1부터 80까지의 자연수 중 58 이상인 수는 58, 59, 60, ..., 79, 80으로 모두 $80-57=23$(개)입니다.

24 15부터 38까지의 자연수 중에서 24 이하인 수는 15 이상 24 이하인 수와 같습니다. 따라서 15, 16, 17, 18, ..., 23, 24로 모두 $24-14=10$(개)입니다.

25 16 초과 35 미만인 자연수는 17, 18, 19, 20, ..., 33, 34입니다. 이 중에서 홀수는 17, 19, 21, 23, 25, 27, 29, 31, 33으로 모두 9개입니다.

26 6명씩 앉을 수 있는 의자가 5개 필요하다면 시현이네 반 학생은 최소 6명씩 4개의 의자에 앉고 한 의자에 한 명이 앉을 경우 25명이고, 최대 6명씩 5개 의자에 모두 앉을 경우 30명입니다.
따라서 시현이네 반 학생은 25명 이상 30명 이하입니다.

27 32개씩 들어 있는 귤이 6상자 필요하다면 유민이네 학교 5학년 학생은 최소 32개씩 5상자와 귤 1개가 필요할 경우 161명이고, 최대 32개씩 6상자가 모두 필요할 경우 192명입니다.
따라서 유민이네 학교 5학년 학생은 161명 이상 192명 이하입니다.

28 정원이 27명인 버스가 4대 필요하다면 우진이네 학교 5학년 학생은 최소 27명씩 3대와 1명이 탈 경우 82명이고, 최대 27명씩 4대에 모두 탈 경우 108명입니다.
따라서 우진이네 학교 5학년 학생은 81명 초과 109명 미만입니다.

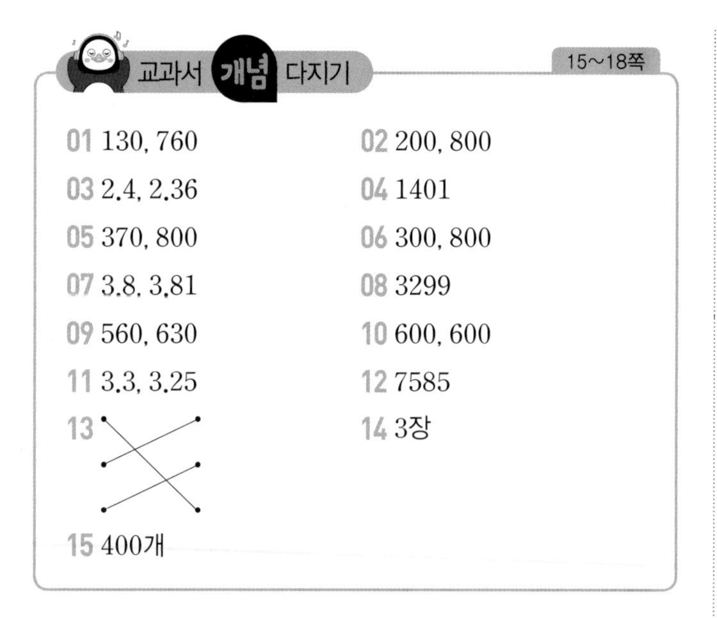
교과서 개념 다지기 15~18쪽

01 130, 760
02 200, 800
03 2.4, 2.36
04 1401
05 370, 800
06 300, 800
07 3.8, 3.81
08 3299
09 560, 630
10 600, 600
11 3.3, 3.25
12 7585
13
14 3장
15 400개

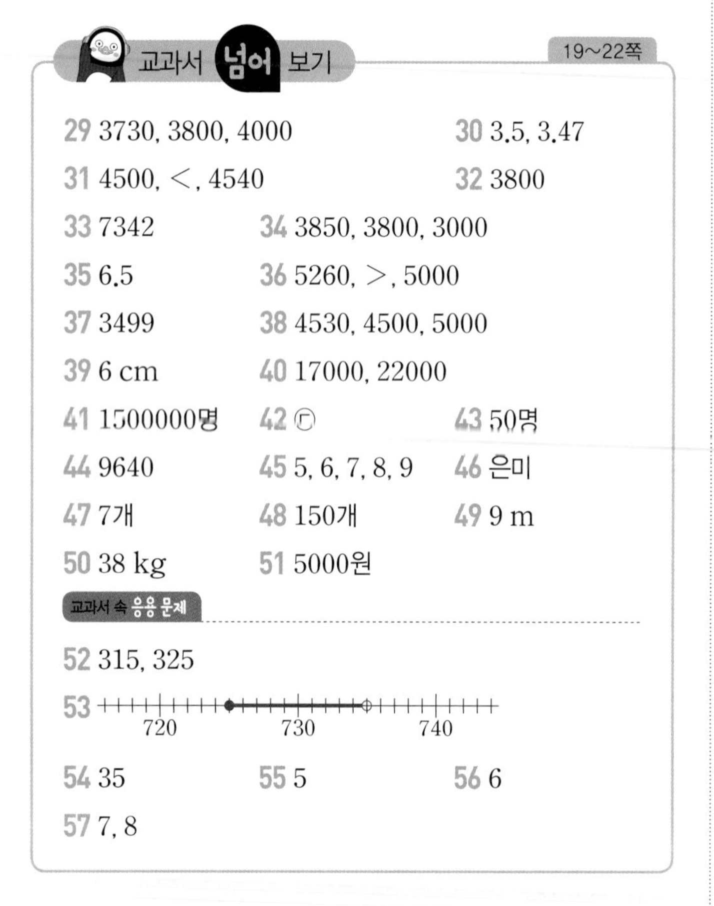
교과서 넘어 보기 19~22쪽

29 3730, 3800, 4000
30 3.5, 3.47
31 4500, <, 4540
32 3800
33 7342
34 3850, 3800, 3000
35 6.5
36 5260, >, 5000
37 3499
38 4530, 4500, 5000
39 6 cm
40 17000, 22000
41 1500000명
42 ㉢
43 50명
44 9640
45 5, 6, 7, 8, 9
46 은미
47 7개
48 150개
49 9 m
50 38 kg
51 5000원

교과서 속 응용 문제

52 315, 325
53

54 35
55 5
56 6
57 7, 8

29 • 3726을 올림하여 십의 자리까지 나타내기 위하여 십의 자리 아래 수인 6을 10으로 보고 올림하면 3730이 됩니다.
• 3726을 올림하여 백의 자리까지 나타내기 위하여 백의 자리 아래 수인 26을 100으로 보고 올림하면 3800이 됩니다.
• 3726을 올림하여 천의 자리까지 나타내기 위하여 천의 자리 아래 수인 726을 1000으로 보고 올림하면 4000이 됩니다.

30 • 3.463을 올림하여 소수 첫째 자리까지 나타내기 위하여 소수 첫째 자리 아래 수인 0.063을 0.1로 보고 올림하면 3.5가 됩니다.
• 3.463을 올림하여 소수 둘째 자리까지 나타내기 위하여 소수 둘째 자리 아래 수인 0.003을 0.01로 보고 올림하면 3.47이 됩니다.

31 4439를 올림하여 백의 자리까지 나타내기 위하여 백의 자리 아래 수인 39를 100으로 보고 올림하면 4500이 되고, 4532를 올림하여 십의 자리까지 나타내기 위하여 십의 자리 아래 수인 2를 10으로 보고 올림하면 4540이 됩니다. 따라서 왼쪽 수보다 오른쪽 수가 더 큽니다.

32 5623의 백의 자리 아래 수인 23을 100으로 보고 올림하면 5700이 됩니다. 또 1855의 백의 자리 아래 수인 55를 100으로 보고 올림하면 1900이 됩니다. 따라서 두 수의 차는 5700－1900＝3800입니다.

33 자물쇠의 비밀번호는 □□□2입니다. 올림하여 십의 자리까지 나타내면 7350이 될 수 있는 수는 7340 초과 7350 이하인 수이므로 자물쇠의 비밀번호는 7342입니다.

34 • 3851을 버림하여 십의 자리까지 나타내기 위하여 십의 자리 아래 수인 1을 0으로 보고 버림하면 3850이 됩니다.
• 3851을 버림하여 백의 자리까지 나타내기 위하여 백의 자리 아래 수인 51을 0으로 보고 버림하면 3800이 됩니다.
• 3851을 버림하여 천의 자리까지 나타내기 위하여 천의 자리 아래 수인 851을 0으로 보고 버림하면 3000이 됩니다.

35 6.594를 버림하여 소수 첫째 자리까지 나타내기 위하

여 소수 첫째 자리 아래 수인 0.094를 0으로 보고 버림하면 6.5가 됩니다.

36 5268을 버림하여 십의 자리까지 나타내기 위하여 십의 자리 아래 수인 8을 0으로 보고 버림하면 5260이 되고, 5736을 버림하여 천의 자리까지 나타내기 위하여 천의 자리 아래 수인 736을 0으로 보고 버림하면 5000이 됩니다. 따라서 왼쪽 수가 오른쪽 수보다 더 큽니다.

37 버림하여 백의 자리까지 나타내면 3400이 되는 자연수는 34□□입니다. □□에는 00부터 99까지 들어갈 수 있으므로 이 중에서 가장 큰 자연수는 3499입니다.

38 4529를 반올림하여 십의 자리까지 나타내면 일의 자리 숫자가 9이므로 올림하여 4530, 반올림하여 백의 자리까지 나타내면 십의 자리 숫자가 2이므로 버림하여 4500, 반올림하여 천의 자리까지 나타내면 백의 자리 숫자가 5이므로 올림하여 5000이 됩니다.

39 크레파스의 실제 길이는 5.6 cm입니다. 5.6을 반올림하여 일의 자리까지 나타내면 소수 첫째 자리 숫자가 6이므로 크레파스의 길이는 올림하여 6 cm가 됩니다.

40 관람객의 수를 반올림하여 천의 자리까지 나타내려면 백의 자리 숫자를 보고 0, 1, 2, 3, 4이면 버림하고, 5, 6, 7, 8, 9이면 올림하여 나타냅니다.

41 1532457명을 반올림하여 십만의 자리까지 나타내면 만의 자리 숫자가 3이므로 버림하여 1500000명이 됩니다.

42 ㉠ 1551을 반올림하여 백의 자리까지 나타내면 십의 자리 숫자가 5이므로 올림하여 1600입니다.
㉡ 1612를 반올림하여 백의 자리까지 나타내면 십의 자리 숫자가 1이므로 버림하여 1600입니다.
㉢ 1650을 반올림하여 백의 자리까지 나타내면 십의 자리 숫자가 5이므로 올림하여 1700입니다.
따라서 주어진 수를 반올림하여 백의 자리까지 나타낸 수가 다른 하나는 ㉢입니다.

43 반올림하여 십의 자리까지 나타내면 654 → 650이고 반올림하여 백의 자리까지 나타내면 654 → 700입니다.
➡ $700-650=50$(명)

44 [3], [4], [6], [9]의 수 카드 4장으로 만들 수 있는 가장 큰 네 자리 수는 9643입니다. 9643을 반올림하여 십의 자리까지 나타내면 일의 자리 숫자가 3이므로 버림하여 9640이 됩니다.

45 357□에서 십의 자리 숫자가 7인데 반올림하여 나타낸 수는 3580으로 십의 자리 숫자가 8이므로 일의 자리에서 올림한 것을 알 수 있습니다. 즉, 일의 자리에서 반올림하였는데 올림한 것과 결과가 같으려면 일의 자리 숫자가 5, 6, 7, 8, 9 중 하나여야 합니다.

46 지영: 257을 버림하여 십의 자리까지 나타내면 250이므로 귤은 최대 250개를 팔 수 있습니다.
➡ 버림
은미: 3650을 올림하여 천의 자리까지 나타내면 4000이므로 지폐로 최소 4000원을 내야 합니다.
➡ 올림

47 사과를 남김없이 모두 담아야 하므로 682를 올림하여 백의 자리까지 나타내면 700입니다. 따라서 상자는 최소 $700 \div 100=7$(개)가 필요합니다.

48 한 봉지에 10개씩 담고 남는 초콜릿은 팔 수 없으므로 버림하여 십의 자리까지 나타내야 합니다. 153을 버림하여 십의 자리까지 나타내면 150이므로 봉지에 담아서 팔 수 있는 초콜릿은 최대 150개입니다.

49 1 m=100 cm이고 노끈이 모자라지 않아야 하므로 올림하여 백의 자리까지 나타내야 합니다. 862를 올림하여 백의 자리까지 나타내면 900이므로 최소 900 cm=9 m를 사야 합니다.

50 37.78 kg을 반올림하여 일의 자리까지 나타내면 소수 첫째 자리 숫자가 7이므로 올림하여 38 kg이 됩니다.

51 버스 요금을 살펴보면 민찬이는 450원, 누나는 900원,

어머니와 아버지는 1350원이므로 모두

$450+900+1350+1350=4050$(원)을 내야 합니다.

버스 요금 4050원을 1000원짜리 지폐로만 내야 하므로 4050을 올림하여 천의 자리까지 나타내면 5000입니다. 따라서 최소 5000원을 내야 합니다.

52 320보다는 작으면서 일의 자리 숫자가 5, 6, 7, 8, 9 중에서 하나여야 하므로 315 이상이어야 합니다. 또, 320보다는 크면서 일의 자리 숫자가 0, 1, 2, 3, 4 중 하나여야 하므로 325 미만이어야 합니다.

53 730보다는 작으면서 일의 자리 숫자가 5, 6, 7, 8, 9 중에서 하나여야 하므로 어떤 수는 725 이상이어야 합니다. 또, 730보다는 크면서 일의 자리 숫자가 0, 1, 2, 3, 4 중 하나여야 하므로 735 미만이어야 합니다.

54 45□를 반올림하여 십의 자리까지 나타내었을 때 460이 되었으므로 □ 안에 들어갈 수 있는 숫자는 5, 6, 7, 8, 9입니다.

따라서 $5+6+7+8+9=35$입니다.

55 버림하여 십의 자리까지 나타내어 30이 되는 자연수는 30부터 39까지의 수이고, 이 중에서 7의 배수는 35입니다. 따라서 수현이가 처음에 생각한 자연수는 $35\div7=5$입니다.

56 올림하여 십의 자리까지 나타내어 50이 되는 자연수는 41부터 50까지의 수이고, 이 중에서 8의 배수는 48입니다. 따라서 어떤 자연수에 8을 곱한 수가 48이므로 어떤 자연수는 $48\div8=6$입니다.

57 반올림하여 십의 자리까지 나타내어 30이 되는 수는 25부터 34까지의 수이고, 이 중에서 4의 배수는 28, 32입니다.

따라서 어떤 자연수가 될 수 있는 수는 $28\div4=7$과 $32\div4=8$입니다.

23~27쪽

대표 응용 1 25, 26, 27, 28, 29, 30, 31 / 29, 30, 31, 32, 33, 34, 35 / 29, 30, 31

1-1 49, 50, 51, 52 **1-2** 34

대표 응용 2 350, 3000, 500, 3500, 1000, 4000 / 3000, 3500, 4000, 10500

2-1 17000원

대표 응용 3 올림, 십, 올림, 30 / 3, 3, 2700

3-1 14000원 **3-2** 4000원

대표 응용 4 버림, 십, 버림, 310 / 310, 31, 31, 46500

4-1 130000원 **4-2** 440000원

대표 응용 5 17, 17, 68000 / 2, 2, 72000, 문구점에 ○표

5-1 도매점 **5-2** 나 가게, 100원

1-1 46 이상 53 미만인 자연수는 46, 47, 48, 49, 50, 51, 52입니다. 48 초과 56 이하인 자연수는 49, 50, 51, 52, 53, 54, 55, 56입니다. 따라서 두 수직선에 나타낸 수의 범위에 모두 포함되는 자연수는 49, 50, 51, 52입니다.

1-2 두 수직선에 나타낸 수의 범위에 모두 포함되는 자연수가 6개이므로 39, 38, 37, 36, 35, 34입니다. 이 수는 ㉠ 이상 39 이하인 자연수이므로 ㉠에 알맞은 수는 34입니다.

2-1 할아버지와 할머니는 65세 이상이므로 어른 입장료의 절반인 2000원씩입니다.

아버지와 어머니는 어른 요금으로 4000원씩입니다.

형은 청소년 요금으로 3000원입니다.

재헌이는 어린이 요금으로 2000원입니다.

따라서 재헌이네 가족이 내야 하는 입장료는 모두 $2000\times2+4000\times2+3000+2000=17000$(원)입니다.

3-1 하민이네 반 친구들 22명에게 3자루씩 주어야 하므로 필요한 연필은 $22\times3=66$(자루)입니다.

연필을 모자라지 않게 사야 하므로 올림하여 십의 자리

까지 나타내야 합니다. 66자루를 올림하여 십의 자리까지 나타내면 70자루입니다. 연필을 최소 10자루씩 7묶음을 사야 하므로 연필을 사는 데 최소 $2000 \times 7 = 14000$(원)이 필요합니다.

3-2 끈은 426 cm=4.26 m가 필요합니다.
끈을 모자라지 않게 사야 하므로 올림하여 일의 자리까지 나타내야 합니다. 4.26 m를 올림하여 일의 자리까지 나타내면 5 m입니다.
따라서 끈을 사는 데 최소 $800 \times 5 = 4000$(원)이 필요합니다.

4-1 한 상자에 10 kg씩 담고 남는 감자는 팔 수 없으므로 버림하여 십의 자리까지 나타내야 합니다.
132 kg을 버림하여 십의 자리까지 나타내면 130 kg입니다.
최대로 팔 수 있는 감자는 $130 \div 10 = 13$(상자)입니다.
따라서 감자를 팔아서 받을 수 있는 돈은 최대 $10000 \times 13 = 130000$(원)입니다.

4-2 한 상자에 100장씩 담고 남는 김은 팔 수 없으므로 버림하여 백의 자리까지 나타내야 합니다. 2017장을 버림하여 백의 자리까지 나타내면 2000장입니다. 최대로 팔 수 있는 김은 $2000 \div 100 = 20$(상자)입니다.
따라서 김을 팔아서 받을 수 있는 돈은 최대 $22000 \times 20 = 440000$(원)입니다.

5-1 마트: 요구르트를 10개씩 사야 하므로 278을 올림하여 십의 자리까지 나타내면 280으로 최소 28묶음을 사야 합니다.
➡ $5000 \times 28 = 140000$(원)이 필요합니다.
도매점: 요구르트를 100개씩 사야 하므로 278을 올림하여 백의 자리까지 나타내면 300으로 최소 3묶음을 사야 합니다.
➡ $45000 \times 3 = 135000$(원)이 필요합니다.
따라서 도매점에서 사는 것이 더 저렴합니다.

5-2 가 가게: 구슬을 10개씩 사야 하므로 577을 올림하여 십의 자리까지 나타내면 580으로 최소 58봉지를 사야 합니다.
➡ $250 \times 58 = 14500$(원)이 필요합니다.
나 가게: 구슬을 100개씩 사야 하므로 577을 올림하여 백의 자리까지 나타내면 600으로 최소 6봉지를 사야 합니다.
➡ $2400 \times 6 = 14400$(원)이 필요합니다.
따라서 나 가게가 $14500 - 14400 = 100$(원) 더 저렴합니다.

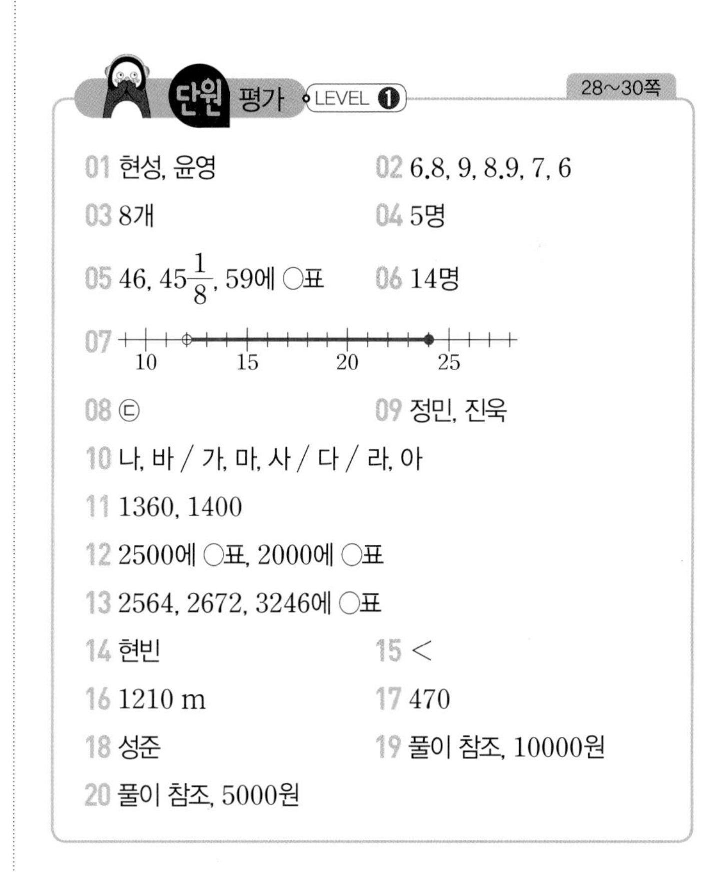

단원 평가 LEVEL ❶ 28~30쪽

01 현성, 윤영
02 6.8, 9, 8.9, 7, 6
03 8개
04 5명
05 46, $45\frac{1}{8}$, 59에 ○표
06 14명
07

08 ㉢
09 정민, 진욱
10 나, 바 / 가, 마, 사 / 다 / 라, 아
11 1360, 1400
12 2500에 ○표, 2000에 ○표
13 2564, 2672, 3246에 ○표
14 현빈
15 <
16 1210 m
17 470
18 성준
19 풀이 참조, 10000원
20 풀이 참조, 5000원

01 30장 이상은 30장과 같거나 많으므로 30장 이상 모은 학생은 현성(45장), 윤영(30장)입니다.

02 6 이상인 수는 6과 같거나 큰 수이므로 6.8, 9, 8.9, 7, 6입니다.

03 7 이하인 수는 7과 같거나 작은 수이므로 6.8, $4\frac{1}{4}$, 5, $5\frac{1}{2}$, 7, 3.7, 4.1, 6으로 모두 8개입니다.

04 65세 이상은 65세와 같거나 많은 나이이므로 65세 이상 승객의 나이는 67세, 65세, 77세, 67세, 85세로 모두 5명입니다.

05 45 초과인 수는 45보다 큰 수이므로 46, $45\frac{1}{8}$, 59입니다.

06 15명 미만은 15명보다 적어야 하므로 엘리베이터에 탈 수 있는 최대 인원은 14명입니다.

07 12 초과인 수는 ○을 이용하여 나타내고, 24 이하인 수는 ●을 이용하여 나타냅니다.

08 38 이상 43 미만인 수는 38과 같거나 크면서 43보다 작은 수입니다.
㉠: 43은 43 미만인 수가 아닙니다.
㉡: 44는 43 미만인 수가 아닙니다.
따라서 38 이상 43 미만인 수로만 이루어져 있는 수는 ㉢입니다.

09 몸무게가 49 kg보다 무겁고 52 kg과 같거나 가벼운 사람은 정민(52.0 kg), 진욱(50.8 kg)입니다.

10
- 초미세 먼지 농도가 15마이크로그램과 같거나 낮은 도시는 나, 바입니다.
- 초미세 먼지 농도가 15마이크로그램보다 높고 35마이크로그램과 같거나 낮은 도시는 가, 마, 사입니다.
- 초미세 먼지 농도가 35마이크로그램보다 높고 75마이크로그램과 같거나 낮은 도시는 다입니다.
- 초미세 먼지 농도가 75마이크로그램보다 높은 도시는 라, 아입니다.

11 1357을 올림하여 십의 자리까지 나타내기 위하여 십의 자리 아래 수인 7을 10으로 보고 올림하면 1360입니다.
1357을 올림하여 백의 자리까지 나타내기 위하여 백의 자리 아래 수인 57을 100으로 보고 올림하면 1400입니다.

12 2543을 버림하여 백의 자리까지 나타내기 위하여 백의 자리 아래 수인 43을 0으로 보고 버림하면 2500입니다.
2543을 버림하여 천의 자리까지 나타내기 위하여 천의 자리 아래 수인 543을 0으로 보고 버림하면 2000입니다.

13 반올림하여 천의 자리까지 나타내어 봅니다.
$2\underline{5}64 \rightarrow 3000$, $2\underline{6}72 \rightarrow 3000$, $3\underline{5}12 \rightarrow 4000$,
$2\underline{4}17 \rightarrow 2000$, $2\underline{4}99 \rightarrow 2000$, $3\underline{2}46 \rightarrow 3000$

14 현빈: 7534를 반올림하여 천의 자리까지 나타내면 백의 자리 숫자가 5이므로 올림하여 8000입니다.

15 46.253을 올림하여 소수 첫째 자리까지 나타내면 소수 첫째 자리 아래 수인 0.053을 0.1로 보고 올림하여 46.3이 됩니다.
46.315를 반올림하여 소수 둘째 자리까지 나타내면 소수 셋째 자리 숫자가 5이므로 올림하여 46.32가 됩니다.
➡ $46.3<46.32$

16 집에서 학교를 거쳐 서점까지 가는 거리는 $657+549=1206$ (m)입니다. 1206 m를 반올림하여 십의 자리까지 나타내면 일의 자리 숫자가 6이므로 올림하여 1210 m가 됩니다.

17 7534를 반올림하여 천의 자리까지 나타내면 백의 자리 숫자가 5이므로 올림하여 8000입니다.
7534를 버림하여 십의 자리까지 나타내면 십의 자리 아래인 4를 0으로 보고 버림하여 7530이 됩니다.
➡ $8000-7530=470$

18 은행에서 돈을 지폐로 바꿀 때 최대로 바꿀 수 있는 돈의 액수는 버림하여 구할 수 있습니다.

19 예 한 봉지에 10개씩 담고 남는 쿠키는 팔 수 없습니다. 57개를 버림하여 십의 자리까지 나타내면 50개까지 팔 수 있으므로 5봉지를 팔 수 있습니다. … [60 %]
따라서 쿠키를 팔고 받을 수 있는 돈은 최대 $2000\times5=10000$(원)입니다. … [40 %]

20 ⓔ 1시간 50분=1시간+10분+10분+10분+10분+10분입니다. … 60 %

처음 1시간 동안의 주차 요금은 3000원이고 그 이후에는 10분마다 400원씩 추가됩니다.

따라서

(주차 요금)=3000+400+400+400+400+400=5000(원)입니다. … 40 %

단원 평가 LEVEL ❷

31~33쪽

01 5일　　02 6.7, 7, $5\frac{1}{3}$, 5.5에 ○표

03 

04 14	05 ⑤
06 창의력 과학, 시화	07 8개
08 ②, ④	09 도서관, 박물관
10 16문제 이상	11 ③
12 48999	13 영훈
14 5개	15 1400
16 1550, 1649	17 버림, 올림
18 17대	19 풀이 참조, 1800원
20 풀이 참조, 50000원	

01 5000 이상인 수는 5000과 같거나 큰 수입니다. 걸음 수가 5000보 이상인 날은 월요일(6552보), 수요일(5000보), 목요일(8818보), 금요일(10015보), 토요일(5056보)로 모두 5일입니다.

02 7 이하인 수는 7과 같거나 작은 수이므로 6.7, 7, $5\frac{1}{3}$, 5.5입니다.

03 65 이상인 수는 65가 포함되므로 65에 ●을 이용해서 나타내고, 오른쪽으로 선을 긋습니다.

04 □ 초과인 자연수는 □보다 큰 수이므로 이 중에서 가장 작은 자연수는 □+1입니다.

➡ □+1=15, □=14입니다.

05 11부터 45까지의 수가 있으므로 11 이상 45 이하인 수의 범위입니다. 초과와 미만으로 나타내면 10 초과인 수 또는 46 미만인 수로 나타낼 수 있습니다.

06 12 미만인 수는 12보다 작은 수이므로 개설되지 못하는 부서는 창의력 과학(11명)과 시화(10명)입니다.

07 37 초과 45 이하인 자연수는 38, 39, 40, 41, 42, 43, 44, 45이므로 모두 8개입니다.

08 26부터 32까지의 자연수를 포함하는 범위는 ② 26 이상 33 이하인 수, ④ 25 초과 32 이하인 수입니다.

09 온도가 26 ℃와 같거나 높고, 28 ℃와 같거나 낮은 곳은 도서관과 박물관입니다.

10 예선을 통과한 사람 중 가장 낮은 점수가 16점(준호)이므로 예선을 통과하려면 16문제 이상을 맞혀야 합니다.

11 ③ 2984를 올림하여 백의 자리까지 나타내면 백의 자리 아래 수인 84를 100으로 보고 올림해야 하므로 3000입니다.

12 버림하여 천의 자리까지 나타내는 것은 천의 자리 아래 수를 모두 0으로 보는 것입니다. 따라서 버림하여 천의 자리까지 나타내어 48000이 되는 수 중에서 가장 큰 수는 48999입니다.

13 재현이네 반 학생들의 발길이를 반올림하여 십의 자리까지 나타내면 재현: 215 → 220, 영훈: 229 → 230, 은우: 222 → 220, 은채: 220 → 220, 서준: 217 → 220, 하은: 224 → 220입니다.

따라서 신발 사이즈가 다른 한 명은 영훈입니다.

14 주어진 수의 백의 자리 숫자가 6인데 반올림하여 백의 자리까지 나타낸 수가 4600이므로 십의 자리에서 버림한 것을 알 수 있습니다. 즉, 십의 자리에서 반올림했는데 버림한 것과 결과가 같으려면 십의 자리 숫자가 0, 1, 2, 3, 4 중의 하나여야 합니다. 따라서 □ 안에 들어갈 수 있는 숫자는 0, 1, 2, 3, 4로 모두 5개입니다.

15 $1<3<5<8$이므로 만들 수 있는 가장 작은 네 자리 수는 1358입니다. 1358을 반올림하여 백의 자리까지 나타낼 때 십의 자리 숫자가 5이므로 올림하여 나타내면 1400입니다.

16 반올림하여 백의 자리까지 나타내어 1600이 되는 수는 십의 자리에서 올림하거나 버림하여 만들 수 있습니다.
십의 자리에서 올림하여 만들었다면 1600보다 작아야 하므로 1550 이상이어야 합니다.
십의 자리에서 버림하여 만들었다면 1600보다 커야 하므로 1650 미만이어야 합니다.
따라서 1550 이상 1650 미만인 자연수 중 가장 작은 수는 1550이고 가장 큰 수는 1649입니다.

17 • 사탕을 한 사람에게 10개씩 나누어 주고 남은 낱개의 사탕은 나누어 줄 수 없으므로 버림하여 구합니다.
• 야구공을 한 상자에 100개씩 남김없이 담을 때 100개가 안 되는 야구공도 상자에 담아야 하므로 올림하여 구합니다.

18 10명씩 보트에 타고 남는 학생도 타야 하므로 168명을 올림하여 십의 자리까지 나타내면 170명입니다. 따라서 보트가 최소 $170 \div 10 = 17$(대) 필요합니다.

19 예 우편 요금이 재석이는 350원, 영민이와 준성이는 각각 450원, 지수는 550원입니다. … 60 %
따라서 편지를 보내는 데 필요한 돈은 모두
$350+450\times2+550=350+900+550$
$=1800$(원)입니다. … 40 %

20 예 100원짜리 동전 24개는 2400원이고 1000원짜리 지폐 57장은 57000원이므로 상민이가 모은 돈은 모두 $2400+57000=59400$(원)입니다. … 60 %
상민이가 모은 돈을 버림하여 만의 자리까지 나타내면 50000원이므로 10000원짜리 지폐로 바꿀 수 있는 돈은 최대 50000원입니다. … 40 %

2 단원 분수의 곱셈

교과서 개념 다지기 (36~37쪽)

01 $\frac{3}{4}, \frac{3}{4}, 3, 9, 2\frac{1}{4}$

02 (1) $15, 45, 6\frac{3}{7}$ (2) $\frac{1}{7}, \frac{1}{7}, 3, 3, 6, 3, 6\frac{3}{7}$

03 (1) $5, 45, 15, 7\frac{1}{2}$ (2) $3, 2, \frac{15}{2}, 7\frac{1}{2}$
(3) $3, 2, \frac{15}{2}, 7\frac{1}{2}$

04 (1) $7, 3, 7, 21, 4\frac{1}{5}$ (2) $2, 3, 1, 1, 4\frac{1}{5}$

교과서 넘어 보기 (38~40쪽)

01 방법 1 $21, \frac{21}{4}, 5\frac{1}{4}$ 방법 2 $3, \frac{21}{4}, 5\frac{1}{4}$ 방법 3 $3, \frac{21}{4}, 5\frac{1}{4}$

02 $\frac{2}{5}, \frac{2}{5}, \frac{2}{5}, \frac{2}{5}, 1\frac{3}{5}$

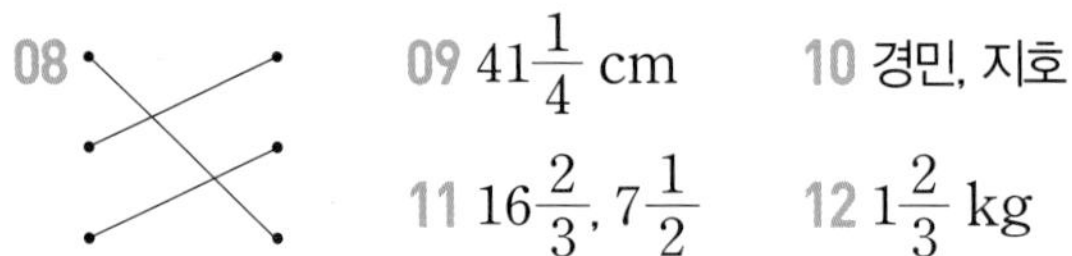

03 (1) $1\frac{1}{2}$ (2) $1\frac{2}{3}$ **04** $5\frac{3}{5}$ km

05 (1) $9, 3, 27, 6\frac{3}{4}$ (2) $3, \frac{3}{4}, 6\frac{3}{4}$

06 ㉢, $1\frac{5}{12}\times4=\frac{17}{\cancel{12}_3}\times\cancel{4}^1=\frac{17}{3}=5\frac{2}{3}$

07 (1) $6\frac{3}{7}$ (2) $38\frac{1}{3}$

08 (선 잇기)　**09** $41\frac{1}{4}$ cm　**10** 경민, 지호

11 $16\frac{2}{3}, 7\frac{1}{2}$　**12** $1\frac{2}{3}$ kg

13 36쪽　**14** (1) $24\frac{2}{3}$ (2) $57\frac{3}{4}$

15 $8\times1\frac{1}{5}, 8\times\frac{9}{4}$에 ○표
$8\times\frac{11}{12}, 8\times\frac{5}{6}$에 △표

16 $8\times1\frac{1}{12}=\cancel{8}^2\times\frac{13}{\cancel{12}_3}=\frac{26}{3}=8\frac{2}{3}$

17 $4\frac{7}{10}$ / $70\frac{1}{2}$

18 1800원

교과서 속 응용 문제

19 400, 50 **20** 민호 **21** 1시간 6분

03 (1) $\frac{3}{\underset{2}{\cancel{8}}}\times\overset{1}{\cancel{4}}=\frac{3}{2}=1\frac{1}{2}$ (2) $\frac{5}{\underset{3}{\cancel{18}}}\times\overset{1}{\cancel{6}}=\frac{5}{3}=1\frac{2}{3}$

04 $\frac{4}{5}\times 7=\frac{28}{5}=5\frac{3}{5}$ (km)

05 (1) 대분수를 가분수로 바꾸어 계산한 것입니다.

(2) 대분수를 자연수 부분과 진분수 부분으로 나누어 계산한 것입니다.

06 ㉢ 대분수를 가분수로 바꾼 후 분자와 자연수를 곱해야 하고 약분이 되면 분모와 자연수를 약분합니다.

07 (1) $2\frac{1}{7}\times 3=\frac{15}{7}\times 3=\frac{15\times 3}{7}=\frac{45}{7}=6\frac{3}{7}$

(2) $3\frac{5}{6}\times 10=(3\times 10)+\left(\frac{5}{\underset{3}{\cancel{6}}}\times\overset{5}{\cancel{10}}\right)=30+\frac{25}{3}$

$=30+8\frac{1}{3}=38\frac{1}{3}$

08 $\frac{5}{8}\times 3$에서는 분자와 자연수를 곱하기 때문에 $\frac{3}{8}\times 5$와 계산 결과가 같습니다. $1\frac{1}{5}$을 가분수로 바꾸면 $\frac{6}{5}$이므로 $1\frac{1}{5}\times 4=\frac{6}{5}\times 4$입니다. $1\frac{4}{9}\times 6$은 대분수를 가분수로 바꾸어 $\frac{13}{9}\times 6$으로 계산할 수 있으며 이 식을 약분하면 $\frac{13}{\underset{3}{\cancel{9}}}\times\overset{2}{\cancel{6}}=\frac{13}{3}\times 2$가 되므로 $\frac{13}{3}\times 2$와 계산 결과가 같습니다.

09 (색종이의 둘레)=(한 변의 길이)×3

$=13\frac{3}{4}\times 3=(13\times 3)+\left(\frac{3}{4}\times 3\right)$

$=39+\frac{9}{4}=39+2\frac{1}{4}=41\frac{1}{4}$ (cm)

10 어떤 수에 진분수를 곱하면 곱한 결과는 어떤 수보다 작습니다. 어떤 수에 1을 곱하면 곱한 결과는 그대로 어떤 수가 나옵니다. 어떤 수에 가분수를 곱하면 곱한 결과는 어떤 수보다 큽니다.

11 $\overset{10}{\cancel{20}}\times\frac{5}{\underset{3}{\cancel{6}}}=\frac{50}{3}=16\frac{2}{3}$

$\overset{5}{\cancel{20}}\times\frac{3}{\underset{2}{\cancel{8}}}=\frac{15}{2}=7\frac{1}{2}$

12 사용한 밀가루의 양은 $\overset{1}{\cancel{2}}\times\frac{5}{\underset{3}{\cancel{6}}}=\frac{5}{3}=1\frac{2}{3}$ (kg)입니다.

13 수빈이가 읽은 동화책은 $\overset{12}{\cancel{96}}\times\frac{5}{\underset{1}{\cancel{8}}}=60$(쪽)입니다.

따라서 읽고 남은 동화책은 $96-60=36$(쪽)입니다.

14 (1) $10\times 2\frac{7}{15}=\overset{2}{\cancel{10}}\times\frac{37}{\underset{3}{\cancel{15}}}=\frac{74}{3}=24\frac{2}{3}$

(2) $18\times 3\frac{5}{24}=\overset{3}{\cancel{18}}\times\frac{77}{\underset{4}{\cancel{24}}}=\frac{231}{4}=57\frac{3}{4}$

15 8에 진분수를 곱하면 곱한 결과는 8보다 작습니다.

8에 1을 곱하면 곱한 결과는 그대로 8입니다.

8에 대분수나 가분수를 곱하면 곱한 결과는 8보다 큽니다.

16 대분수를 가분수로 바꾸지 않고 약분했습니다.

17 $4\frac{2}{5}=4\frac{4}{10}$, $\frac{18}{5}=3\frac{3}{5}$, $\frac{21}{5}=4\frac{1}{5}=4\frac{2}{10}$이므로 가장 큰 수는 $4\frac{7}{10}$입니다.

➡ $15\times 4\frac{7}{10}=\overset{3}{\cancel{15}}\times\frac{47}{\underset{2}{\cancel{10}}}=\frac{141}{2}=70\frac{1}{2}$

18 주말 주차비는 1시간 동안

$1500\times 1\frac{1}{5}=\overset{300}{\cancel{1500}}\times\frac{6}{\underset{1}{\cancel{5}}}=1800$(원)입니다.

19 1 km는 1000 m이므로 1 km의 $\frac{2}{5}$는

$\overset{200}{\cancel{1000}}\times\frac{2}{\underset{1}{\cancel{5}}}=400$ (m)입니다.

1 m는 100 cm이므로 1 m의 $\frac{1}{2}$은

$\overset{50}{\cancel{100}} \times \frac{1}{\underset{1}{\cancel{2}}} = 50$ (cm)입니다.

20 진영: 1시간은 60분이므로 1시간의 $\frac{1}{4}$은

$\overset{15}{\cancel{60}} \times \frac{1}{\underset{1}{\cancel{4}}} = 15$(분)입니다.

민호: 1 km는 1000 m이므로 1 km의 $\frac{1}{5}$은

$\overset{200}{\cancel{1000}} \times \frac{1}{\underset{1}{\cancel{5}}} = 200$ (m)입니다.

유정: 1 L는 1000 mL이므로 1 L의 $\frac{1}{2}$은

$\overset{500}{\cancel{1000}} \times \frac{1}{\underset{1}{\cancel{2}}} = 500$ (mL)입니다.

21 1시간은 60분이므로 선재가 인터넷을 한 시간은

$\overset{10}{\cancel{60}} \times \frac{5}{\underset{1}{\cancel{6}}} = 50$(분)이고, 하영이가 인터넷을 한 시간은

$\overset{4}{\cancel{60}} \times \frac{4}{\underset{1}{\cancel{15}}} = 16$(분)입니다.

따라서 선재와 하영이가 인터넷을 한 시간은 모두

50분+16분=66분=1시간 6분입니다.

교과서 개념 다지기 (41~42쪽)

01 (1) (위에서부터) 1, 4, $\frac{1}{20}$ (2) 7, 5, $\frac{6}{35}$

02 (위에서부터) 2, 4, 5, 7, $\frac{8}{105}$

03 8, 9 / (위에서부터) 8, 9 / 5, 7 / $\frac{72}{35}$, $2\frac{2}{35}$

04 2, 14 / (위에서부터) 2, 14 / 3, 5 / $\frac{28}{15}$, $1\frac{13}{15}$

교과서 넘어 보기 (43~46쪽)

22 3, $\frac{1}{15}$ **23** ㉡

24 2, 3(또는 3, 2) / 7, 8(또는 8, 7)

25 1, 2, 3

26 방법 1 5, 18 / 5 방법 2 1, 2 / 5 방법 3 1, 2 / 5

27 $\frac{6}{35}$ **28** $\frac{16}{25}$ m^2 **29** $\frac{4}{45}$ m

30 (1) $\frac{1}{4}$ L (2) $\frac{7}{8}$ L **31** $\frac{1}{4}$

32 $\frac{2}{15}$

33 (1) 11, 5, $\frac{55}{12}$, $4\frac{7}{12}$ (2) 5, 5, $\frac{35}{8}$, $4\frac{3}{8}$

34 $2\frac{13}{21}$ **35** < **36** ㉠

37 ㉢ **38** $9\frac{7}{8}$, $33\frac{6}{7}$ **39** 가

40 4

교과서 속 응용 문제

41 $\frac{5}{24}$ **42** $\frac{1}{4}$ **43** $\frac{1}{3}$

44 3개 **45** 3, 4, 5, 6, 7 **46** 6, 7, 8

23 ㉠ $\frac{1}{7} \times \frac{1}{5} = \frac{1}{7 \times 5} = \frac{1}{35}$

㉡ $\frac{1}{6} \times \frac{1}{4} = \frac{1}{6 \times 4} = \frac{1}{24}$

㉢ $\frac{1}{8} \times \frac{1}{9} = \frac{1}{8 \times 9} = \frac{1}{72}$

단위분수에서는 분모가 작을수록 큰 수이므로 곱이 가장 큰 것은 ㉡입니다.

24 $\frac{1}{\square} \times \frac{1}{\square}$에서 분모의 곱이 작을수록 계산 결과가 커지고, 분모의 곱이 클수록 계산 결과가 작아집니다.

25 $\frac{1}{7} \times \frac{1}{\square} > \frac{1}{28}$이 되기 위해서는 $7 \times \square < 28$이 되어야 합니다. 따라서 □ 안에 들어갈 수 있는 자연수는 1, 2, 3입니다.

26 방법 1 분모는 분모끼리 곱하고 분자는 분자끼리 곱한 후, 분자와 분모를 약분하여 계산하는 방법입니다.

방법 2 분모는 분모끼리 곱하고 분자는 분자끼리 곱하는 과정에서 분자와 분모를 약분하여 계산하는 방법입니다.

방법 3 (진분수)×(진분수)의 식에서 분자와 분모를 약분하여 계산하는 방법입니다.

27 형수가 읽은 위인전의 양은 전체 학급 문고의 $\frac{2}{5}\times\frac{3}{7}=\frac{2\times3}{5\times7}=\frac{6}{35}$입니다.

28 정사각형의 네 변의 길이는 모두 같으므로 넓이는 $\frac{4}{5}\times\frac{4}{5}=\frac{16}{25}$ (m^2)입니다.

29 $\frac{2}{5}\times\frac{2}{9}=\frac{4}{45}$ (m)

30 (1) $\frac{\overset{1}{\cancel{5}}}{\underset{4}{\cancel{8}}}\times\frac{\overset{1}{\cancel{2}}}{\underset{1}{\cancel{5}}}=\frac{1}{4}$ (L)

(2) $\frac{5}{8}+\frac{1}{4}=\frac{5}{8}+\frac{2}{8}=\frac{7}{8}$ (L)

31 $\frac{\overset{1}{\cancel{4}}}{\underset{1}{\cancel{5}}}\times\frac{\overset{1}{\cancel{3}}}{\underset{2}{\cancel{8}}}\times\frac{\overset{1}{\cancel{5}}}{\underset{2}{\cancel{6}}}=\frac{1}{2\times2}=\frac{1}{4}$

32 안경을 쓴 남학생은 5학년 전체의 $\frac{1}{2}\times\frac{3}{5}=\frac{3}{10}$입니다. 뿔테 안경을 쓴 남학생은 5학년 전체의 $\frac{\overset{1}{\cancel{3}}}{\underset{5}{\cancel{10}}}\times\frac{\overset{2}{\cancel{4}}}{\underset{3}{\cancel{9}}}=\frac{2}{5\times3}=\frac{2}{15}$입니다.

34 $1\frac{5}{6}\times1\frac{3}{7}=\frac{11}{\underset{3}{\cancel{6}}}\times\frac{\overset{5}{\cancel{10}}}{7}=\frac{55}{21}=2\frac{13}{21}$

35 $1\frac{3}{7}\times1\frac{1}{5}=\frac{\overset{2}{\cancel{10}}}{7}\times\frac{6}{\underset{1}{\cancel{5}}}=\frac{12}{7}=1\frac{5}{7}$

$1\frac{6}{7}\times1\frac{1}{6}=\frac{13}{\underset{1}{\cancel{7}}}\times\frac{\overset{1}{\cancel{7}}}{6}=\frac{13}{6}=2\frac{1}{6}$ ➡ $1\frac{5}{7}<2\frac{1}{6}$

36 어떤 수에 1보다 작은 수를 곱하면 원래의 수보다 작아집니다. 따라서 $2\frac{2}{5}$에 $\frac{3}{4}$을 곱하면 곱이 $2\frac{2}{5}$보다 작아집니다.

37 ㉠ $3\frac{2}{5}\times1\frac{2}{7}=\frac{17}{5}\times\frac{9}{7}=\frac{153}{35}=4\frac{13}{35}$

㉡ $2\frac{5}{8}\times2\frac{1}{7}=\frac{\overset{3}{\cancel{21}}}{8}\times\frac{15}{\underset{1}{\cancel{7}}}=\frac{45}{8}=5\frac{5}{8}$

㉢ $1\frac{7}{10}\times3\frac{5}{9}=\frac{17}{\underset{5}{\cancel{10}}}\times\frac{\overset{16}{\cancel{32}}}{9}=\frac{272}{45}=6\frac{2}{45}$

➡ $4\frac{13}{35}<5\frac{5}{8}<6\frac{2}{45}$

38 곱이 가장 크려면 수 카드로 가장 큰 대분수를 만들어야 합니다. ➡ 가장 큰 대분수: $9\frac{7}{8}$

➡ $9\frac{7}{8}\times3\frac{3}{7}=\frac{79}{\underset{1}{\cancel{8}}}\times\frac{\overset{3}{\cancel{24}}}{7}=\frac{237}{7}=33\frac{6}{7}$

39 가: $4\frac{1}{2}\times4\frac{1}{2}=\frac{9}{2}\times\frac{9}{2}=\frac{81}{4}=20\frac{1}{4}$ (cm^2)

나: $4\frac{1}{4}\times4\frac{2}{3}=\frac{17}{\underset{2}{\cancel{4}}}\times\frac{\overset{7}{\cancel{14}}}{3}=\frac{119}{6}=19\frac{5}{6}$ (cm^2)

$20\frac{1}{4}>19\frac{5}{6}$이므로 가가 더 넓습니다.

40 어떤 수는 7의 $\frac{2}{5}$배이므로

(어떤 수)$=7\times\frac{2}{5}=\frac{7\times2}{5}=\frac{14}{5}=2\frac{4}{5}$입니다.

따라서 어떤 수의 $1\frac{3}{7}$배는

$2\frac{4}{5}\times1\frac{3}{7}=\frac{\overset{2}{\cancel{14}}}{\underset{1}{\cancel{5}}}\times\frac{\overset{2}{\cancel{10}}}{\underset{1}{\cancel{7}}}=4$입니다.

41 제주도를 희망하지 않은 학생은 전체의 $1-\frac{2}{3}=\frac{3}{3}-\frac{2}{3}=\frac{1}{3}$입니다.

➡ 강원도를 희망한 학생: 전체의 $\frac{1}{3}\times\frac{5}{8}=\frac{5}{24}$

42 축구를 하지 않은 학생: 전체의 $1-\frac{3}{5}=\frac{5}{5}-\frac{3}{5}=\frac{2}{5}$

➡ 피구를 한 학생: 전체의 $\frac{\overset{1}{\cancel{2}}}{\underset{1}{\cancel{5}}}\times\frac{\overset{1}{\cancel{5}}}{\underset{4}{\cancel{8}}}=\frac{1}{4}$

43 희진이가 가져가고 남은 흙의 양

: 전체의 $1-\frac{1}{4}=\frac{4}{4}-\frac{1}{4}=\frac{3}{4}$

➡ 수연이가 가져가고 남은 흙의 양

: 전체의 $\frac{3}{4}\times\left(1-\frac{5}{9}\right)=\frac{\overset{1}{\cancel{3}}}{\underset{1}{\cancel{4}}}\times\frac{\overset{1}{\cancel{4}}}{\underset{3}{\cancel{9}}}=\frac{1}{3}$

44 $3\frac{8}{9}\times1\frac{1}{14}=\frac{\overset{5}{\cancel{35}}}{\underset{3}{\cancel{9}}}\times\frac{\overset{5}{\cancel{15}}}{\underset{2}{\cancel{14}}}=\frac{25}{6}=4\frac{1}{6}$이므로

$4\frac{1}{6}>\square\frac{5}{6}$입니다. 따라서 □ 안에 들어갈 수 있는 자연수는 1, 2, 3으로 모두 3개입니다.

45 $1\frac{1}{3}\times1\frac{5}{7}=\frac{4}{\underset{1}{\cancel{3}}}\times\frac{\overset{4}{\cancel{12}}}{7}=\frac{16}{7}=2\frac{2}{7}$

$6\frac{2}{3}\times1\frac{1}{8}=\frac{\overset{5}{\cancel{20}}}{\underset{1}{\cancel{3}}}\times\frac{\overset{3}{\cancel{9}}}{\underset{2}{\cancel{8}}}=\frac{15}{2}=7\frac{1}{2}$

➡ $2\frac{2}{7}<\square<7\frac{1}{2}$이므로 □ 안에 들어갈 수 있는 자연수는 3, 4, 5, 6, 7입니다.

46 $2\frac{5}{6}\times1\frac{7}{8}=\frac{17}{\underset{2}{\cancel{6}}}\times\frac{\overset{5}{\cancel{15}}}{8}=\frac{85}{16}=5\frac{5}{16}$

$2\frac{4}{7}\times3\frac{1}{3}=\frac{\overset{6}{\cancel{18}}}{7}\times\frac{10}{\underset{1}{\cancel{3}}}=\frac{60}{7}=8\frac{4}{7}$

➡ $5\frac{5}{16}<\square<8\frac{4}{7}$이므로 □ 안에 들어갈 수 있는 자연수는 6, 7, 8입니다.

응용력 높이기

47~51쪽

대표 응용 1 $\frac{2}{3}$, $\frac{2}{3}$, $\frac{2}{3}$, $66\frac{2}{3}$

1-1 50 cm　　**1-2** $43\frac{1}{5}$ cm

대표 응용 2 1, 3 / (위에서부터) 1, 3, $\frac{11}{30}$ / (위에서부터) 1, 3, $\frac{21}{60}$ / $\frac{11}{30}$, $\frac{21}{60}$, $\frac{77}{600}$

2-1 $2\frac{1}{7}$　　**2-2** 108

대표 응용 3 2, 2, 18, 17, 2, $\frac{51}{10}$, $5\frac{1}{10}$

3-1 $6\frac{1}{4}$ cm^2　　**3-2** $4\frac{5}{7}$ cm^2

대표 응용 4 $19\frac{1}{3}$, $3\frac{1}{3}$, $19\frac{1}{3}$, $3\frac{1}{3}$, 16

4-1 $18\frac{1}{3}$ cm　　**4-2** $74\frac{1}{3}$ cm

대표 응용 5 20, 1, 1, 15, 7, 5

5-1 $5\frac{5}{14}$ km　　**5-2** $25\frac{5}{16}$ km

1-1 공이 땅에 한 번 닿았다가 튀어 올랐을 때의 높이는 $\left(128\times\frac{5}{8}\right)$ cm입니다.

따라서 공이 땅에 두 번 닿았다가 튀어 올랐을 때의 높이는 $\overset{\overset{2}{\cancel{16}}}{\cancel{128}}\times\frac{5}{\underset{1}{\cancel{8}}}\times\frac{5}{\underset{1}{\cancel{8}}}=2\times5\times5=50$ (cm)입니다.

1-2 첫 번째로 튀어 오른 공의 높이: $\left(200\times\frac{3}{5}\right)$ cm

두 번째로 튀어 오른 공의 높이: $\left(200\times\frac{3}{5}\times\frac{3}{5}\right)$ cm

세 번째로 튀어 오른 공의 높이:

$\overset{\overset{8}{\cancel{40}}}{\cancel{200}}\times\frac{3}{\underset{1}{\cancel{5}}}\times\frac{3}{\underset{1}{\cancel{5}}}\times\frac{3}{5}=\frac{216}{5}=43\frac{1}{5}$ (cm)

2-1 ■번째 분수에서 분자는 ■의 2배이고, 분모는 ■보다 4 큰 규칙입니다.

10번째 분수는 $\frac{10\times2}{10+4}=\frac{20}{14}$이고,

12번째 분수는 $\frac{12\times2}{12+4}=\frac{24}{16}$ 입니다.

➡ $\frac{\overset{5}{\cancel{20}}}{\underset{7}{\cancel{14}}}\times\frac{\overset{3}{\cancel{\overset{6}{\cancel{24}}}}}{\underset{1}{\cancel{\underset{4}{\cancel{16}}}}}=\frac{15}{7}=2\frac{1}{7}$

2-2 ■번째 분수는 ■$\frac{■}{■+1}$ 인 규칙입니다. 9번째 분수는 $9\frac{9}{10}$ 이고, 10번째 분수는 $10\frac{10}{11}$ 입니다.

➡ $9\frac{9}{10}\times10\frac{10}{11}=\frac{\overset{9}{\cancel{99}}}{\underset{1}{\cancel{10}}}\times\frac{\overset{12}{\cancel{120}}}{\underset{1}{\cancel{11}}}=108$

3-1 색칠한 삼각형의 높이는

$4\frac{2}{7}\times\frac{1}{2}=\frac{\overset{15}{\cancel{30}}}{7}\times\frac{1}{\underset{1}{\cancel{2}}}=\frac{15}{7}=2\frac{1}{7}$ (cm)입니다.

따라서 색칠한 부분의 넓이는

$5\frac{5}{6}\times2\frac{1}{7}\times\frac{1}{2}=\frac{\overset{5}{\cancel{35}}}{\underset{2}{\cancel{6}}}\times\frac{\overset{5}{\cancel{15}}}{\underset{1}{\cancel{7}}}\times\frac{1}{2}$

$=\frac{25}{4}=6\frac{1}{4}$ (cm^2)입니다.

다른 풀이 색칠한 부분의 넓이는 직사각형의 넓이의 $\frac{1}{4}$ 과 같습니다.

➡ (색칠한 부분의 넓이)$=5\frac{5}{6}\times4\frac{2}{7}\times\frac{1}{4}$

$=\frac{\overset{5}{\cancel{35}}}{\underset{1}{\cancel{6}}}\times\frac{\overset{5}{\cancel{30}}}{\underset{1}{\cancel{7}}}\times\frac{1}{4}$

$=\frac{25}{4}=6\frac{1}{4}$ (cm^2)

3-2 색칠한 삼각형의 밑변의 길이는

$6\frac{7}{10}-3\frac{2}{5}=6\frac{7}{10}-3\frac{4}{10}=3\frac{3}{10}$ (cm)입니다.

따라서 색칠한 부분의 넓이는

$3\frac{3}{10}\times2\frac{6}{7}\times\frac{1}{2}=\frac{33}{\underset{1}{\cancel{10}}}\times\frac{\overset{1}{\cancel{\overset{2}{\cancel{20}}}}}{7}\times\frac{1}{\underset{1}{\cancel{2}}}=\frac{33}{7}=4\frac{5}{7}$ (cm^2) 입니다.

4-1 (색 테이프 5장의 길이의 합)

$=4\frac{11}{15}\times5=\frac{71}{\underset{3}{\cancel{15}}}\times\overset{1}{\cancel{5}}=\frac{71}{3}=23\frac{2}{3}$ (cm)

(겹쳐진 부분의 길이의 합)

$=1\frac{1}{3}\times4=\frac{4}{3}\times4=\frac{16}{3}=5\frac{1}{3}$ (cm)

➡ (이어 붙인 색 테이프의 전체 길이)

=(색 테이프 5장의 길이의 합)

−(겹쳐진 부분의 길이의 합)

$=23\frac{2}{3}-5\frac{1}{3}=18\frac{1}{3}$ (cm)

4-2 (색 테이프 10장의 길이의 합)

$=8\frac{3}{10}\times10=\frac{83}{\underset{1}{\cancel{10}}}\times\overset{1}{\cancel{10}}=83$ (cm)

(겹쳐진 부분의 길이의 합)

$=\frac{26}{\underset{3}{\cancel{27}}}\times\overset{1}{\cancel{9}}=\frac{26}{3}=8\frac{2}{3}$ (cm)

➡ (이어 붙인 색 테이프의 전체 길이)

=(색 테이프 10장의 길이의 합)

−(겹쳐진 부분의 길이의 합)

$=83-8\frac{2}{3}=82\frac{3}{3}-8\frac{2}{3}=74\frac{1}{3}$ (cm)

5-1 1시간 15분$=1\frac{15}{60}$시간$=1\frac{1}{4}$시간입니다.

따라서 예나가 1시간 15분 동안 걸은 거리는

$4\frac{2}{7}\times1\frac{1}{4}=\frac{\overset{15}{\cancel{30}}}{7}\times\frac{5}{\underset{2}{\cancel{4}}}=\frac{75}{14}=5\frac{5}{14}$ (km)입니다.

5-2 1분 동안 달린 두 자동차 사이의 거리는

$2\frac{1}{4}+1\frac{4}{5}=2\frac{5}{20}+1\frac{16}{20}=3\frac{21}{20}=4\frac{1}{20}$ (km) 입니다.

6분 15초$=6\frac{15}{60}$분$=6\frac{1}{4}$분입니다.

➡ (6분 15초 동안 달린 두 자동차 사이의 거리)

$=4\frac{1}{20}\times6\frac{1}{4}=\frac{81}{\underset{4}{\cancel{20}}}\times\frac{\overset{5}{\cancel{25}}}{4}=\frac{405}{16}=25\frac{5}{16}$ (km)

52~54쪽

01 (위에서부터) 3, 2 / $\frac{15}{2}$, $7\frac{1}{2}$

02 ㉡

03 (1) 10, 2, 20, $6\frac{2}{3}$ (2) 2, $\frac{2}{3}$, $6\frac{2}{3}$

04 ㉡, $3\frac{1}{4}\times3=\frac{13}{4}\times3=\frac{13\times3}{4}=\frac{39}{4}=9\frac{3}{4}$

05 $14\frac{2}{3}$ cm

06 $\frac{3}{6\times8}$에 ○표 / $6\times\frac{3}{8}=\frac{6\times3}{8}=\frac{\overset{9}{\cancel{18}}}{\underset{4}{\cancel{8}}}=\frac{9}{4}=2\frac{1}{4}$

07 16, $6\frac{2}{3}$ 08 12명 09 13

10 18000원 11 (1) 7, 12 / 7 (2) 1, 2 / 7

12 $\frac{1}{18}$ 13 $\frac{6}{11}$ m^2 14 $\frac{3}{16}$

15 $\frac{5}{24}$ 16 $4\frac{2}{7}$ 17 ③

18 31 cm 19 풀이 참조, 4개 20 풀이 참조, 가 밭

02 ㉠ $\frac{3}{\underset{2}{\cancel{12}}}\times\overset{1}{\cancel{6}}=\frac{3}{2}=1\frac{1}{2}$, ㉡ $\frac{5}{\underset{1}{\cancel{14}}}\times\overset{3}{\cancel{42}}=15$,

㉢ $\frac{5}{\underset{2}{\cancel{16}}}\times\overset{5}{\cancel{40}}=\frac{25}{2}=12\frac{1}{2}$

➡ 계산 결과가 자연수인 것은 ㉡입니다.

03 (1) 대분수를 가분수로 바꾸어 계산한 것입니다.

(2) 대분수를 자연수 부분과 진분수 부분으로 나누어 계산한 것입니다.

04 (분수)×(자연수)에서는 분수의 분자와 자연수를 곱하여 계산합니다.

05 (정육각형의 둘레)

$=2\frac{4}{9}\times6=\frac{22}{\underset{3}{\cancel{9}}}\times\overset{2}{\cancel{6}}=\frac{44}{3}=14\frac{2}{3}$ (cm)

06 자연수와 진분수의 곱셈에서는 자연수와 분자를 곱해야 합니다.

07 $\overset{4}{\cancel{36}}\times\frac{4}{\underset{1}{\cancel{9}}}=16$, $\overset{4}{\cancel{16}}\times\frac{5}{\underset{3}{\cancel{12}}}=\frac{20}{3}=6\frac{2}{3}$

08 (여학생의 수)$=\overset{4}{\cancel{28}}\times\frac{3}{\underset{1}{\cancel{7}}}=12$(명)

09 $6\times2\frac{1}{4}=\overset{3}{\cancel{6}}\times\frac{9}{\underset{2}{\cancel{4}}}=\frac{27}{2}=13\frac{1}{2}$

➡ $13\frac{1}{2}>\square$이므로 □ 안에 들어갈 수 있는 가장 큰 자연수는 13입니다.

10 $8000\times2\frac{1}{4}=\overset{2000}{\cancel{8000}}\times\frac{9}{\underset{1}{\cancel{4}}}=18000$(원)

11 (1) 분모는 분모끼리 곱하고 분자는 분자끼리 곱한 후, 분자와 분모를 약분하여 계산하는 방법입니다.

(2) 분모는 분모끼리 곱하고 분자는 분자끼리 곱하는 과정에서 분자와 분모를 약분하여 계산하는 방법입니다.

12 가장 큰 수: $\frac{1}{2}$, 가장 작은 수: $\frac{1}{9}$ ➡ $\frac{1}{2}\times\frac{1}{9}=\frac{1}{18}$

13 (그림이 그려진 부분의 넓이)$=\frac{\overset{2}{\cancel{8}}}{11}\times\frac{3}{\underset{1}{\cancel{4}}}=\frac{6}{11}$ (m^2)

14 영우가 먹고 남은 피자는 전체의 $1-\frac{1}{2}=\frac{1}{2}$이므로 동생이 먹은 피자는 전체의 $\frac{1}{2}\times\frac{3}{8}=\frac{3}{16}$입니다.

15 세 가지 색깔이 모두 겹친 곳은 전체 종이의

$\frac{\overset{1}{\cancel{3}}}{\underset{1}{\cancel{4}}}\times\frac{5}{8}\times\frac{\overset{1}{\cancel{4}}}{\underset{3}{\cancel{9}}}=\frac{5}{24}$입니다.

16 $3\frac{5}{7}\times1\frac{2}{13}=\frac{\overset{2}{\cancel{26}}}{7}\times\frac{15}{\underset{1}{\cancel{13}}}=\frac{30}{7}=4\frac{2}{7}$

17 어떤 수에 1보다 작은 수를 곱하면 계산 결과는 어떤 수보다 작아지므로 $\frac{5}{8}$에 진분수를 곱한 것을 찾습니다.

18 2시간 20분$=2\frac{20}{60}$시간$=2\frac{1}{3}$시간입니다.

2시간 20분 동안 탄 양초의 길이는

$8\frac{4}{7}\times2\frac{1}{3}=\frac{\overset{20}{\cancel{60}}}{\underset{1}{\cancel{7}}}\times\frac{\overset{1}{\cancel{7}}}{\underset{1}{\cancel{3}}}=20\ (\text{cm})$입니다.

따라서 타기 전 처음 양초의 길이는

$20+11=31\ (\text{cm})$입니다.

19 예 $\frac{5}{\underset{4}{\cancel{8}}}\times\frac{\overset{1}{\cancel{2}}}{3}=\frac{5}{12}$, $\frac{5}{12}>\frac{\square}{12}$입니다. … 40 %

따라서 □ 안에 들어갈 수 있는 자연수는 1, 2, 3, 4로 모두 4개입니다. … 60 %

20 예 가 밭의 넓이는

$5\frac{5}{6}\times1\frac{5}{7}=\frac{\overset{5}{\cancel{35}}}{\underset{1}{\cancel{6}}}\times\frac{\overset{2}{\cancel{12}}}{\underset{1}{\cancel{7}}}=10\ (\text{m}^2)$입니다.

나 밭의 넓이는

$4\frac{1}{6}\times2\frac{1}{4}=\frac{25}{\underset{2}{\cancel{6}}}\times\frac{\overset{3}{\cancel{9}}}{4}=\frac{75}{8}=9\frac{3}{8}\ (\text{m}^2)$입니다.

… 70 %

따라서 $10>9\frac{3}{8}$이므로 가 밭의 넓이가 더 넓습니다.

… 30 %

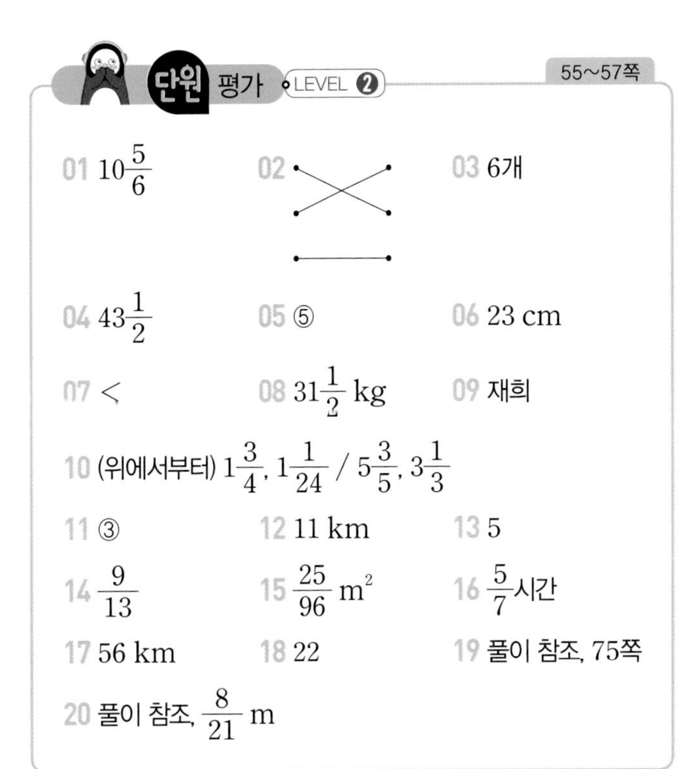

단원 평가 LEVEL 2 55~57쪽

01 $10\frac{5}{6}$ 02 (선 잇기) 03 6개

04 $43\frac{1}{2}$ 05 ⑤ 06 23 cm

07 $<$ 08 $31\frac{1}{2}$ kg 09 재희

10 (위에서부터) $1\frac{3}{4}$, $1\frac{1}{24}$ / $5\frac{3}{5}$, $3\frac{1}{3}$

11 ③ 12 11 km 13 5

14 $\frac{9}{13}$ 15 $\frac{25}{96}$ m² 16 $\frac{5}{7}$시간

17 56 km 18 22 19 풀이 참조, 75쪽

20 풀이 참조, $\frac{8}{21}$ m

01 $\frac{5}{\underset{6}{\cancel{12}}}\times\overset{13}{\cancel{26}}=\frac{65}{6}=10\frac{5}{6}$

02 $\frac{5}{\underset{1}{\cancel{9}}}\times\overset{3}{\cancel{27}}=15$, $\frac{5}{\underset{1}{\cancel{6}}}\times\overset{6}{\cancel{36}}=30$, $\frac{3}{\underset{1}{\cancel{7}}}\times\overset{6}{\cancel{42}}=18$

03 $\frac{5}{\underset{3}{\cancel{18}}}\times\overset{4}{\cancel{24}}=\frac{20}{3}=6\frac{2}{3}$이므로 $\square<6\frac{2}{3}$입니다.

따라서 □ 안에 들어갈 수 있는 자연수는 1, 2, 3, 4, 5, 6으로 모두 6개입니다.

04 $3\frac{5}{8}\times12=\frac{29}{\underset{2}{\cancel{8}}}\times\overset{3}{\cancel{12}}=\frac{87}{2}=43\frac{1}{2}$

05 $3\frac{4}{5}\times4=(\boxed{3}\times4)+\left(\boxed{\frac{4}{5}}\times4\right)=12+\boxed{\frac{16}{5}}$

$=12+\boxed{3\frac{1}{5}}=\boxed{15\frac{1}{5}}$

06 (정사각형의 둘레)=(한 변의 길이)×4

$=5\frac{3}{4}\times4=\frac{23}{\underset{1}{\cancel{4}}}\times\overset{1}{\cancel{4}}=23\ (\text{cm})$

07 $\overset{4}{\cancel{12}}\times\frac{7}{\underset{5}{\cancel{15}}}=\frac{4\times7}{5}=\frac{28}{5}=5\frac{3}{5}$

$5\times1\frac{3}{10}=\overset{1}{\cancel{5}}\times\frac{13}{\underset{2}{\cancel{10}}}=\frac{13}{2}=6\frac{1}{2}$

08 (아들의 몸무게)$=\overset{7}{\cancel{56}}\times\frac{9}{\underset{2}{\cancel{16}}}=\frac{63}{2}=31\frac{1}{2}$ (kg)

09 재희: 1시간은 60분이므로 1시간의 $\frac{1}{4}$은

$\overset{15}{\cancel{60}}\times\frac{1}{\underset{1}{\cancel{4}}}=15$(분)입니다.

10 $\overset{1}{\cancel{5}}\times\frac{7}{\underset{4}{\cancel{20}}}=\frac{7}{4}=1\frac{3}{4}$, $5\times\frac{5}{24}=\frac{25}{24}=1\frac{1}{24}$

$\overset{4}{\cancel{16}}\times\frac{7}{\underset{5}{\cancel{20}}}=\frac{28}{5}=5\frac{3}{5}$, $\overset{2}{\cancel{16}}\times\frac{5}{\underset{3}{\cancel{24}}}=\frac{10}{3}=3\frac{1}{3}$

11 자연수에 대분수를 곱하면 곱한 값은 처음 수보다 커집니다. 따라서 6에 대분수를 곱한 것을 찾습니다.

➡ ③ $6\times1\frac{9}{10}$

12 2시간 45분$=2\frac{45}{60}$ 시간$=2\frac{3}{4}$ 시간이므로

2시간 45분 동안 걸은 거리는

$4\times2\frac{3}{4}=\overset{1}{\cancel{4}}\times\frac{11}{\underset{1}{\cancel{4}}}=11$ (km)입니다.

13 단위분수는 분모가 작을수록 큽니다.

따라서 $\frac{1}{40}<\frac{1}{7}\times\frac{1}{\square}<\frac{1}{30}$을 만족시키려면

$30<7\times\square<40$이어야 하므로 □ 안에 들어갈 자연수는 5입니다.

14 $\frac{12}{13}>\frac{8}{9}>\frac{5}{6}>\frac{3}{4}$이므로 가장 큰 수는 $\frac{12}{13}$이고, 가장 작은 수는 $\frac{3}{4}$입니다.

따라서 가장 큰 수와 가장 작은 수의 곱은

$\frac{\overset{3}{\cancel{12}}}{13}\times\frac{3}{\underset{1}{\cancel{4}}}=\frac{9}{13}$입니다.

15 직사각형의 세로는 $\left(\frac{5}{8}\times\frac{2}{3}\right)$ m이므로 직사각형의 넓이는 $\frac{5}{\underset{4}{\cancel{8}}}\times\frac{5}{8}\times\frac{\overset{1}{\cancel{2}}}{3}=\frac{25}{96}$ (m^2)입니다.

16 (TV를 본 시간)$=\frac{50}{60}$시간$=\frac{5}{6}$시간

(책을 읽은 시간)$=\frac{5}{\underset{1}{\cancel{6}}}\times\frac{\overset{1}{\cancel{6}}}{7}=\frac{5}{7}$(시간)

17 $10\frac{1}{2}\times5\frac{1}{3}=\frac{\overset{7}{\cancel{21}}}{\underset{1}{\cancel{2}}}\times\frac{\overset{8}{\cancel{16}}}{\underset{1}{\cancel{3}}}=56$ (km)

18 주어진 수 카드로 각각 만들 수 있는 가장 큰 대분수는 $8\frac{4}{5}$이고 가장 작은 대분수는 $2\frac{4}{8}$입니다.

따라서 $8\frac{4}{5}\times2\frac{4}{8}=\frac{\overset{11}{\cancel{44}}}{\underset{1}{\cancel{5}}}\times\frac{\overset{\overset{2}{\cancel{4}}}{\cancel{20}}}{\underset{\underset{1}{\cancel{2}}}{\cancel{8}}}=22$입니다.

19 예 (어제 읽은 책의 쪽수)$=\overset{60}{\cancel{180}}\times\frac{1}{\underset{1}{\cancel{3}}}=60$(쪽) … 40 %

(오늘 읽은 책의 쪽수)

$=(180-60)\times\frac{3}{8}=\overset{15}{\cancel{120}}\times\frac{3}{\underset{1}{\cancel{8}}}=45$(쪽) … 40 %

(어제와 오늘 읽고 남은 책의 쪽수)

$=180-60-45=75$(쪽) … 20 %

20 예 첫 번째로 튀어 올랐을 때의 공의 높이는

$3\frac{3}{7}\times\frac{1}{3}=\frac{\overset{8}{\cancel{24}}}{7}\times\frac{1}{\underset{1}{\cancel{3}}}=\frac{8}{7}=1\frac{1}{7}$ (m)입니다. … 50 %

따라서 두 번째로 튀어 올랐을 때의 공의 높이는

$1\frac{1}{7}\times\frac{1}{3}=\frac{8}{7}\times\frac{1}{3}=\frac{8}{21}$ (m)입니다. … 50 %

3 단원 합동과 대칭

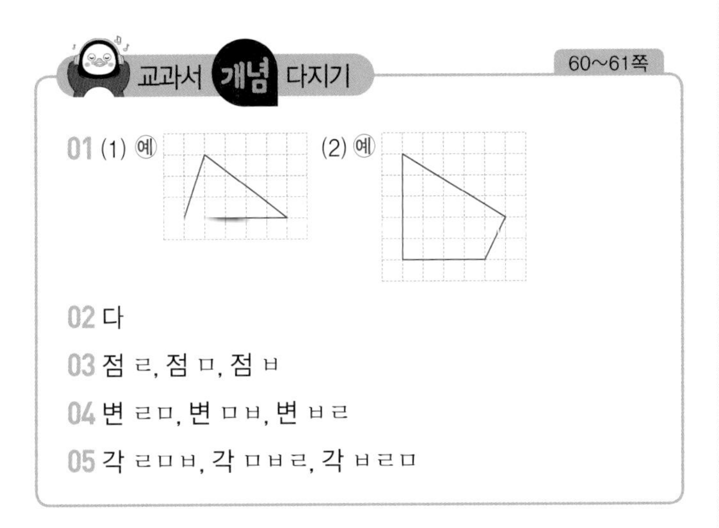

교과서 개념 다지기
60~61쪽
01 (1) 예 (2) 예
02 다
03 점 ㄹ, 점 ㅁ, 점 ㅂ
04 변 ㄹㅁ, 변 ㅁㅂ, 변 ㅂㄹ
05 각 ㄹㅁㅂ, 각 ㅁㅂㄹ, 각 ㅂㄹㅁ

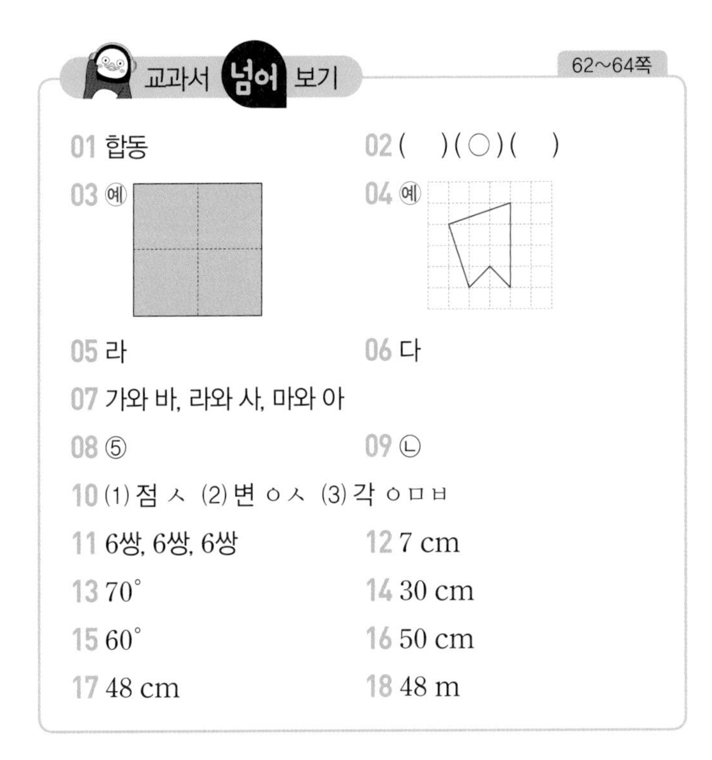

교과서 넘어 보기
62~64쪽
01 합동
02 ( )(○)( )
03 예
04 예
05 라
06 다
07 가와 바, 라와 사, 마와 아
08 ⑤
09 ㉡
10 (1) 점 ㅅ (2) 변 ㅇㅅ (3) 각 ㅇㅁㅂ
11 6쌍, 6쌍, 6쌍
12 7 cm
13 70°
14 30 cm
15 60°
16 50 cm
17 48 cm
18 48 m

02 주어진 도형과 모양과 크기가 같아서 포개었을 때 완전히 겹치는 도형은 두 번째 도형입니다.

04 주어진 도형과 모양과 크기가 똑같은 도형을 그립니다.

05 도형 나와 포개었을 때 완전히 겹치는 도형을 찾으면 라입니다.

06 모양과 크기가 같아서 포개었을 때 완전히 겹치는 타일을 찾으면 다입니다.

07 두 표지판을 포개었을 때 완전히 겹치는 것은 가와 바, 라와 사, 마와 아입니다.

08 점선을 따라 잘린 두 도형이 모양과 크기가 같아서 포개었을 때 완전히 겹치는 것은 ⑤입니다.

09 직사각형은 둘레가 같아도 가로와 세로가 다를 수 있으므로 항상 합동이 되는 것은 아닙니다.

10 서로 합동인 두 도형을 포개었을 때 완전히 겹치는 점을 대응점, 겹치는 변을 대응변, 겹치는 각을 대응각이라고 합니다.

11 두 도형은 서로 합동인 육각형입니다. 육각형의 꼭짓점, 변, 각은 각각 6개씩 있으므로 대응점, 대응변, 대응각도 각각 6쌍 있습니다.

12 대응변의 길이는 서로 같습니다.
(변 ㄱㄷ)=(변 ㄹㅁ)=7 cm

13 대응각의 크기는 서로 같습니다.
(각 ㄱㄴㄷ)=(각 ㄹㅂㅁ)=30°
삼각형의 세 각의 크기의 합은 180°이므로
(각 ㅁㄹㅂ)=180°−(각 ㄹㅁㅂ)−(각 ㄹㅂㅁ)
=180°−80°−30°=70°입니다.

14 대응변의 길이는 서로 같습니다.
(변 ㄱㄴ)=(변 ㅇㅅ)=6 cm,
(변 ㄴㄷ)=(변 ㅅㅂ)=7 cm
➡ (사각형 ㄱㄴㄷㄹ의 둘레)=9+6+7+8
=30 (cm)

15 사각형 ㄱㄴㄷㄹ과 사각형 ㅇㅅㅂㅁ은 서로 합동입니다.
(각 ㅇㅅㅂ)=(각 ㄱㄴㄷ)=90°,
(각 ㅁㅇㅅ)=(각 ㄹㄱㄴ)=110°
사각형의 네 각의 크기의 합은 360°이므로
(각 ㅂㅁㅇ)=360°−100°−90°−110°=60°입니다.

16 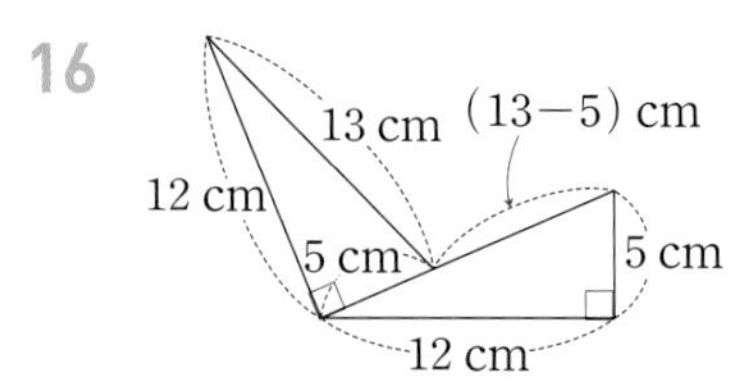

합동인 도형에서 대응변의 길이는 서로 같습니다.
따라서 도형 전체의 둘레는
12+12+5+8+13=50 (cm)입니다.

17 대응변의 길이는 서로 같습니다.
(변 ㄱㄴ)=(변 ㄹㄷ)=5 cm,
(변 ㄱㄷ)=(변 ㄹㅁ)=13 cm
➡ (사각형 ㄱㄴㅁㄷ의 둘레)
=5+18+12+13=48 (cm)

18 (변 ㄴㄷ)=(변 ㄹㄷ)=14 m,
(변 ㅁㄹ)=(변 ㄱㄴ)=5 m
➡ (오각형 ㄱㄴㄷㄹㅁ의 둘레)
=5+14+14+5+10=48 (m)

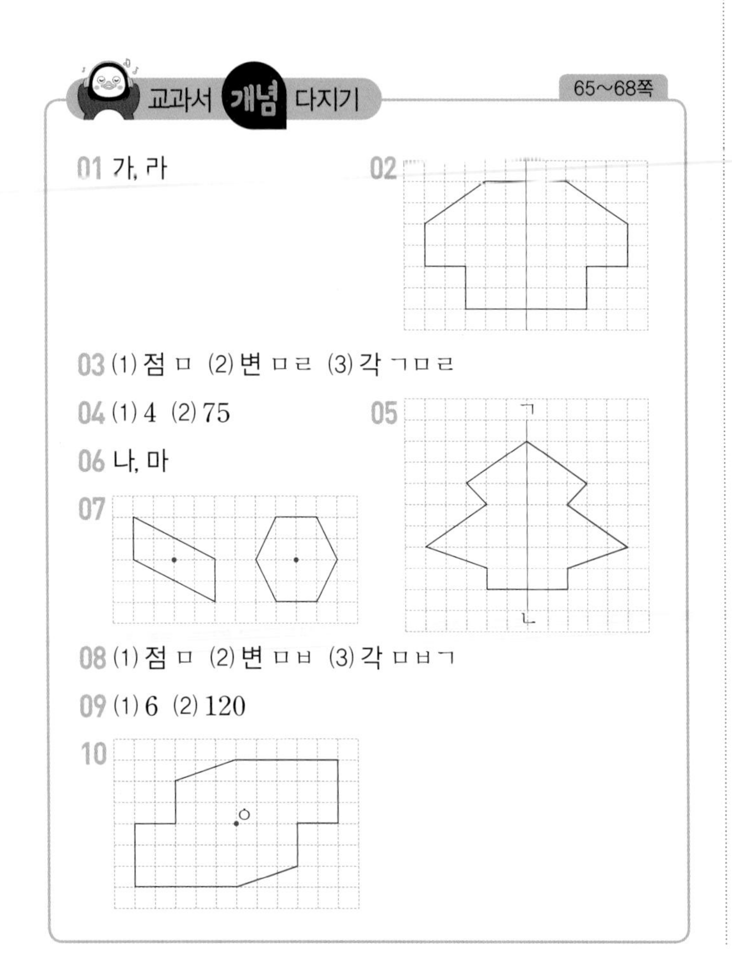
교과서 개념 다지기 65~68쪽

01 가, 라
02
03 (1) 점 ㅁ (2) 변 ㅁㄹ (3) 각 ㄱㅁㄹ
04 (1) 4 (2) 75
05
06 나, 마
07
08 (1) 점 ㅁ (2) 변 ㅁㅂ (3) 각 ㅁㅂㄱ
09 (1) 6 (2) 120
10

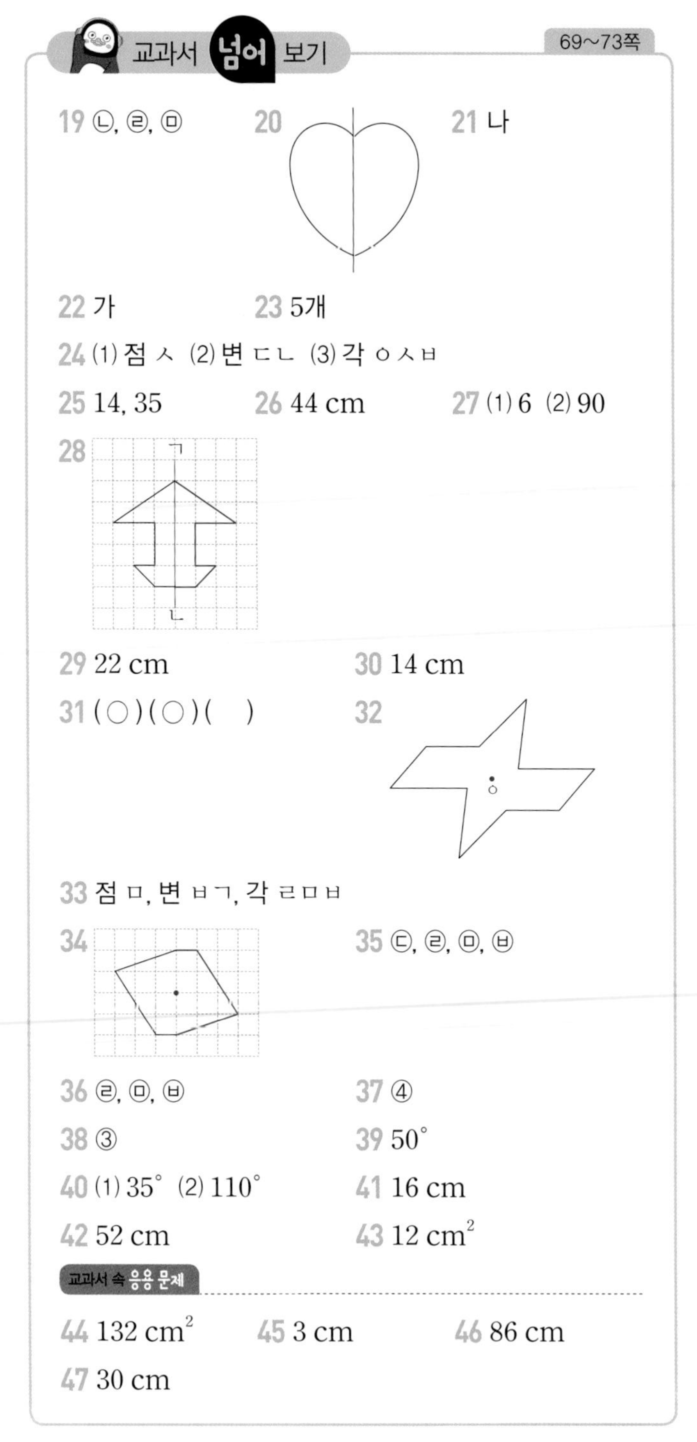
교과서 넘어 보기 69~73쪽

19 ㉡, ㉣, ㉤
20
21 나
22 가
23 5개
24 (1) 점 ㅅ (2) 변 ㄷㄴ (3) 각 ㅇㅅㅂ
25 14, 35
26 44 cm
27 (1) 6 (2) 90
28
29 22 cm
30 14 cm
31 (○) (○) (　)
32
33 점 ㅁ, 변 ㅂㄱ, 각 ㄹㅁㅂ
34
35 ㉢, ㉣, ㉤, ㉥
36 ㉣, ㉤, ㉥
37 ④
38 ③
39 50°
40 (1) 35° (2) 110°
41 16 cm
42 52 cm
43 12 cm²

교과서 속 응용 문제

44 132 cm²
45 3 cm
46 86 cm
47 30 cm

21 원은 대칭축이 무수히 많은 도형입니다.

22 가: 8개, 나: 5개, 다: 1개

23 대칭축을 여러 방향으로 생각하여 빠짐없이 찾습니다.

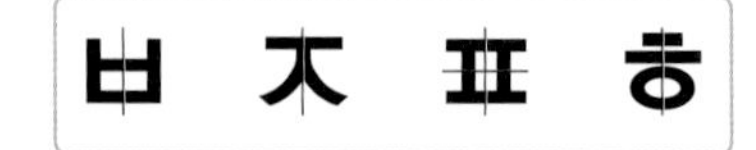

➡ 1+1+2+1=5(개)

26 선대칭도형에서 각각의 대응변의 길이가 서로 같으므로 만들어지는 선대칭도형은 3 cm인 변 2개, 5 cm인 변 2개, 7 cm인 변 4개로 이루어져 있습니다. 따라서 선대칭도형의 둘레는 $(3+5+7+7)\times 2=44$ (cm)입니다.

27 (1) (선분 ㅁㅈ)=(선분 ㄴㅈ)=6 cm
(2) 대응점끼리 이은 선분은 대칭축과 수직으로 만나므로 (각 ㄱㅂㄹ)=90°입니다.

28 대칭축을 따라 접었을 때 완전히 겹치도록 그립니다.

29 선대칭도형에서 각각의 대응변의 길이가 서로 같습니다. 대칭축을 중심으로 왼쪽에 있는 변의 길이의 합이 $5+1+3+1+1=11$ (cm)이므로 완성한 선대칭도형의 둘레는 $11\times 2=22$ (cm)입니다.

30 선대칭도형에서 각각의 대응변의 길이는 서로 같으므로 (변 ㄴㄷ)=(변 ㄴㄱ)입니다.
따라서
(변 ㄴㄷ)$=(48-20)\div 2=28\div 2=14$ (cm)
입니다.

31 한 점을 중심으로 180° 돌렸을 때 처음 도형과 완전히 겹치는 도형을 찾습니다.

32 대응점끼리 이은 선분들이 만나는 점을 찾아 표시합니다.

34 각각의 점에서 대칭의 중심을 지나는 직선을 긋고 각 점에서 대칭의 중심까지의 거리가 같도록 대응점을 찾아 표시한 후 각 대응점을 이어 점대칭도형을 완성합니다.

35 어떤 점을 중심으로 180° 돌렸을 때 처음 도형과 완전히 겹치는 도형을 찾으면 ㉢, ㉣, ㉤, ㉥입니다.

36 ㉢, ㉣, ㉤, ㉥ 중 선대칭도형을 찾으면 ㉣, ㉤, ㉥입니다.

37 각각의 대응변의 길이는 서로 같으며 대응점끼리 이은 선분은 대칭의 중심에 의해 길이가 같게 나누어집니다.

38 ③ 점대칭도형에서 대칭의 중심은 1개입니다.

39 (각 ㄱㅇㄹ)$=180^\circ-60^\circ=120^\circ$,
(각 ㄱㄴㄷ)=(각 ㅁㅂㅅ)=100°,
(각 ㄴㄱㅇ)=(각 ㅂㅁㅇ)=90°
➡ (각 ㄴㄷㄹ)$=360^\circ-100^\circ-90^\circ-120^\circ=50^\circ$

40 (1) 대응각의 크기는 서로 같습니다.
➡ (각 ㄱㅂㅁ)=(각 ㄹㄷㄴ)=35°
(2) (각 ㄷㄹㅁ)=(각 ㅂㄱㄴ)=95°
사각형의 네 각의 크기의 합은 360°이므로
(각 ㄴㅁㄹ)$=360^\circ-120^\circ-35^\circ-95^\circ$
$=110^\circ$입니다.

41 점대칭도형에서 대칭의 중심은 대응점끼리 이은 선분을 둘로 똑같이 나눕니다.
(선분 ㄱㄹ)=(선분 ㄱㅇ)$\times 2=8\times 2=16$ (cm)

42 (변 ㄴㄷ)=(변 ㅁㅂ)=9 cm
(선분 ㄱㄹ)$=10\times 2=20$ (cm)
➡ (사각형 ㄱㄴㄷㄹ의 둘레)
$=15+9+8+20=52$ (cm)

43 주어진 도형은 점대칭도형이므로
(변 ㄱㄴ)=(변 ㄷㄹ)=5 cm이고, 둘레가 16 cm이므로 (변 ㄱㄹ)+(변 ㄴㄷ)=6 cm입니다.
따라서 평행사변형인 점대칭도형의 밑변의 길이는 $6\div 2=3$ (cm)이므로 넓이는 $3\times 4=12$ (cm^2)입니다.

44 대칭축은 대응점끼리 이은 선분을 둘로 똑같이 나누므로 (선분 ㅁㄷ)=(선분 ㅁㄱ)=11 cm입니다.
사각형 ㄱㄴㄷㄹ의 넓이는 삼각형 ㄱㄴㄹ의 넓이의 2배이므로 $(12\times 11\div 2)\times 2=132$ (cm^2)입니다.

45 삼각형 ㄱㄴㄷ은 높이가 6 cm인 삼각형이므로
(변 ㄴㄷ)$=18\times 2\div 6=6$ (cm)입니다.
따라서 (선분 ㄴㄹ)=(선분 ㄷㄹ)$=6\div 2=3$ (cm)입니다.

46 (변 ㅁㅂ)=(변 ㄱㄴ)=10 cm,
(변 ㄴㄷ)=(변 ㅂㅅ)=8 cm,

(변 ㅅㅈ)=(변 ㄷㄹ)=12 cm,

(변 ㄱㅈ)=(변 ㅁㄹ)=13 cm

➡ (점대칭도형의 둘레)=(10+8+12+13)×2

=43×2=86 (cm)

47

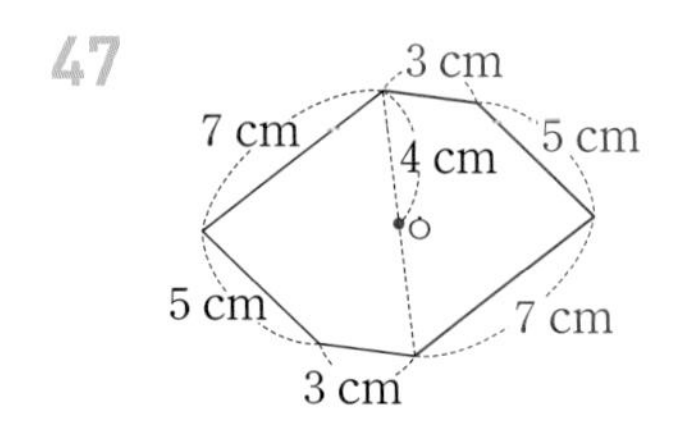

점대칭도형은 대응변의 길이가 서로 같으므로 점대칭도형을 완성했을 때의 둘레를 구하면 (7+5+3)×2=30 (cm)입니다.

74~77쪽

대표 응용 1 ㄱㄴ, 9, 9, 4, 8

1-1 15 cm **1-2** 7 cm

대표 응용 2 ㄴㅁ, 12 / ㅂㅁ, 5 / 13, 5, 18 / 18, 12, 216

2-1 288 cm^2 **2-2** 22 cm

대표 응용 3 ㅁㄹㅂ, 70 / 42, 2, 69 / 70, 69, 41

3-1 50° **3-2** 70°

대표 응용 4 12, 7, ㄴㄱ, 12, 7, 12, 6

4-1 4 cm **4-2** 8 cm

1-1 삼각형 ㅁㄴㄹ의 둘레가 44 cm이므로
삼각형 ㄱㄴㄷ의 둘레도 44 cm입니다.
변 ㅁㄴ의 대응변은 변 ㄷㄴ이므로 (변 ㄷㄴ)=11 cm 입니다.
따라서 (변 ㄱㄴ)=44−18−11=15 (cm)입니다.

1-2 삼각형 ㄱㄴㄷ의 넓이가 30 cm^2이므로
삼각형 ㄱㅁㄹ의 넓이도 30 cm^2입니다.
➡ (변 ㄱㅁ)=30×2÷5=12 (cm)입니다.
선분 ㄱㄷ의 대응변이 선분 ㄱㄹ이므로
(선분 ㄱㄷ)=5 cm입니다.
따라서 (선분 ㄷㅁ)=12−5=7 (cm)입니다.

2-1 각각의 대응변의 길이가 서로 같으므로
(변 ㄷㅁ)=(변 ㄱㅁ)=15 cm,
(변 ㄱㄴ)=(변 ㄷㅂ)=12 cm입니다.
(변 ㄴㄷ)=9+15=24 (cm)입니다.
따라서 직사각형 ㄱㄴㄷㄹ의 넓이는
24×12=288 (cm^2)입니다.

2-2 각각의 대응변의 길이가 서로 같으므로
(변 ㄱㄴ)=(변 ㄷㅂ)=4 cm이고,
삼각형 ㄱㄴㅁ의 넓이가 6 cm^2이므로
(변 ㄴㅁ)=6×2÷4=3 (cm),
(변 ㄱㅁ)=(변 ㄷㅁ)=8−3=5 (cm)입니다.
따라서 사각형 ㄱㅁㄷㄹ의 둘레는
5+5+4+8=22 (cm)입니다.

3-1 삼각형 ㄱㄹㅂ과 삼각형 ㅁㄹㅂ은 서로 합동이므로 대응각의 크기는 서로 같습니다.
(각 ㄹㅁㅂ)=(각 ㄹㄱㅂ)=50°,
(각 ㄹㅂㅁ)=(180°−20°)÷2=80°입니다.
따라서 (각 ㅂㄹㅁ)=180°−50°−80°=50°입니다.

3-2 사각형 ㄱㄴㄷㄹ이 정사각형이므로
(각 ㄴㄱㅁ)=(각 ㄴㅂㅁ)=90°입니다.
삼각형 ㄱㄴㅁ과 삼각형 ㅂㄴㅁ은 서로 합동이므로
(각 ㅂㄴㅁ)=(각 ㄱㄴㅁ)=(90°−50°)÷2=20°입니다.
따라서 (각 ㄴㅁㅂ)=180°−20°−90°=70°입니다.

4-1 점대칭도형에서 대응변의 길이가 서로 같으므로
(변 ㄹㅁ)=(변 ㅈㄱ)=7 cm,
(변 ㅈㅅ)=(변 ㄹㄷ)=5 cm,
(변 ㄱㄴ)=(변 ㅁㅂ)=3 cm입니다.
따라서 (변 ㄴㄷ)=(변 ㅂㅅ)이므로
(변 ㄴㄷ)=(38−7−3−5−7−3−5)÷2
=8÷2=4 (cm)입니다.

4-2 점대칭도형에서 대응변의 길이가 서로 같으므로
(변 ㄴㄷ)=(변 ㅂㅅ)=3 cm,
(변 ㄷㄹ)=(변 ㅅㅈ)=10 cm,

(변 ㅂㅁ)=(변 ㄴㄱ)=8−6=2 (cm)입니다.
따라서 (변 ㄹㅁ)=(변 ㅈㄱ)이므로
(변 ㄹㅁ)=(46−3−10−2−3−10−2)÷2
=16÷2=8 (cm)입니다.

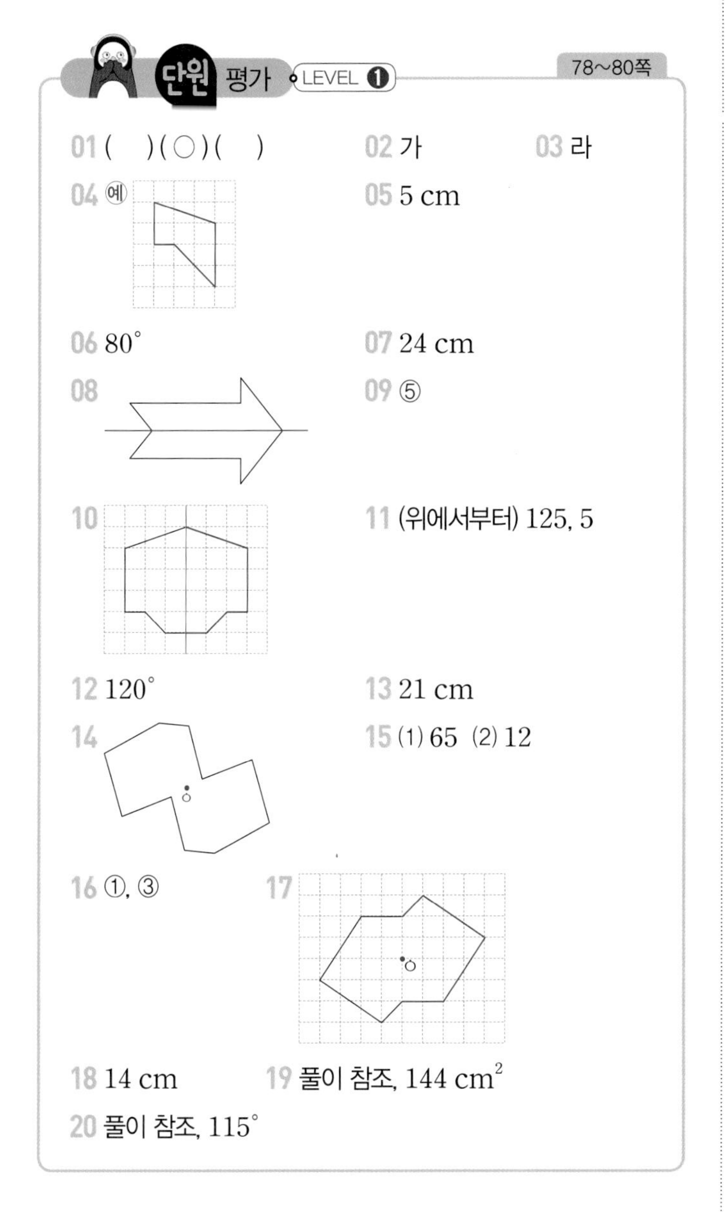

단원 평가 LEVEL ❶
78~80쪽
01 ( )(○)( )
02 가
03 라
04 예
05 5 cm
06 80°
07 24 cm
08
09 ⑤
10
11 (위에서부터) 125, 5
12 120°
13 21 cm
14
15 (1) 65 (2) 12
16 ①, ③
17
18 14 cm
19 풀이 참조, 144 cm²
20 풀이 참조, 115°

01 왼쪽 도형과 모양과 크기가 같아서 포개었을 때 완전히 겹치는 것을 찾습니다.

02 모양과 크기가 같아서 포개었을 때 완전히 겹치는 모양의 타일을 찾으면 가입니다.

03 모양과 크기가 같아서 가와 포개었을 때 완전히 겹치는 모양을 찾으면 라입니다.

04 주어진 도형의 꼭짓점과 같은 위치에 점을 찍은 후 점들을 연결하여 그립니다.

05 변 ㅇㅅ의 대응변은 변 ㄹㄷ이므로
(변 ㅇㅅ)=(변 ㄹㄷ)=5 cm입니다.

06 대응각의 크기는 서로 같으므로
(각 ㅁㅂㄹ)=(각 ㄱㄴㄷ)=35°입니다.
삼각형의 세 각의 크기의 합은 180°이므로
(각 ㄹㅁㅂ)=180°−65°−35°=80°입니다.

07 대응변의 길이가 서로 같으므로
(변 ㄱㄴ)=(변 ㅁㅇ)=7 cm입니다.
평행사변형의 마주 보는 변의 길이는 서로 같으므로 평행사변형 ㄱㄴㄷㄹ의 둘레는
5+7+5+7=24 (cm)입니다.

08 대칭축을 따라 접었을 때 완전히 겹치도록 대칭축을 그립니다.

09
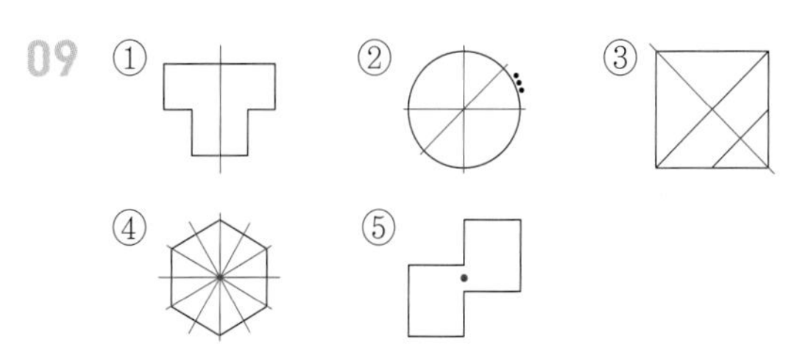

➡ ⑤는 점대칭도형입니다.

10 대응점끼리 이은 선분이 대칭축과 수직으로 만나고 각각의 대응점에서 대칭축까지의 거리가 서로 같음을 이용하여 그립니다.

11 선대칭도형은 대응변의 길이와 대응각의 크기가 각각 서로 같습니다.

12 선대칭도형에서 대응각의 크기가 서로 같으므로
(각 ㄱㄹㄴ)=(각 ㄷㄹㄴ)=35°입니다.
따라서 (각 ㄴㄱㄹ)=180°−25°−35°=120°입니다.

13 선대칭도형은 대응각의 크기가 서로 같으므로
(각 ㄱㄷㄹ)=(각 ㄱㄴㄹ)=60°입니다.
삼각형의 세 각의 크기의 합은 180°이므로
(각 ㄴㄱㄷ)=180°−(60°+60°)=60°입니다.

따라서 삼각형 ㄱㄴㄷ은 정삼각형이므로 둘레는
$7 \times 3 = 21$ (cm)입니다.

14 대응점끼리 이은 선분들이 만나는 점을 찾아 표시합니다.

15 점대칭도형에서 대응변의 길이와 대응각의 크기가 각각 서로 같습니다.
(1) (각 ㄱㄴㄷ)=(각 ㄹㅁㅂ)$=65°$
(2) (변 ㅂㅁ)=(변 ㄷㄴ)$=12$ cm

16 ① 대칭의 중심은 점 ㅇ입니다.
③ 대응변의 길이가 서로 같으므로
(변 ㄷㄹ)=(변 ㅅㅈ)$=5$ cm입니다.

17 각 점에서 대칭의 중심까지의 길이가 같도록 대응점을 찾아 표시한 후 각 대응점을 이어 점대칭도형을 완성합니다.

18 점대칭도형에서 대응변의 길이가 서로 같으므로
(변 ㄴㅇ)=(변 ㄹㅇ)$=7$ cm입니다.
따라서 (선분 ㄴㄹ)$=7 \times 2 = 14$ (cm)입니다.

19 예 선대칭도형에서 대응점끼리 이은 선분은 대칭축과 수직으로 만나므로 선대칭도형은 밑변의 길이가 18 cm, 높이가 8 cm인 삼각형 두 개로 이루어져 있습니다. … 60 %
따라서 사각형 ㄱㄴㄷㄹ의 넓이는
$(18 \times 8 \div 2) \times 2 = 144$ (cm^2)입니다. … 40 %

20 예 대응각의 크기는 서로 같으므로
(각 ㄱㄴㅁ)=(각 ㄹㅁㄴ)$=55°$,
(각 ㅂㅁㄴ)=(각 ㄷㄴㅁ)$=65°$입니다. … 50 %
사각형의 네 각의 크기의 합은 $360°$이므로
(각 ㄱㅂㅁ)$=360° - (125° + 55° + 65°) = 115°$입니다. … 50 %

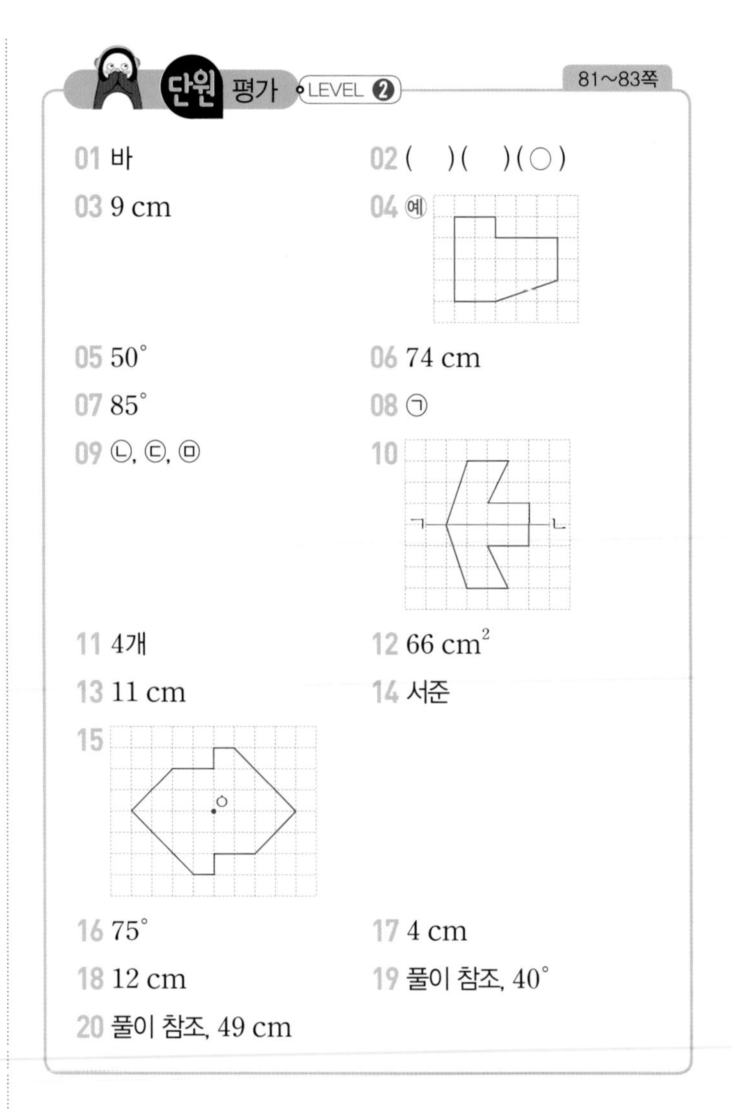
단원 평가 LEVEL 2 — 81~83쪽

01 바
02 ( )( )(○)
03 9 cm
04 예
05 $50°$
06 74 cm
07 $85°$
08 ㉠
09 ㉡, ㉢, ㉤
10
11 4개
12 66 cm^2
13 11 cm
14 서준
15
16 $75°$
17 4 cm
18 12 cm
19 풀이 참조, $40°$
20 풀이 참조, 49 cm

01 모양과 크기가 같아서 포개었을 때 완전히 겹치는 두 도형을 서로 합동이라고 합니다. 도형 가와 모양과 크기가 똑같은 도형은 도형 바입니다.

02 왼쪽 도형과 모양과 크기가 같아서 포개었을 때 완전히 겹치는 것을 찾습니다.

03 대응변의 길이는 서로 같으므로
(변 ㄱㄴ)=(변 ㅁㄹ)$=9$ cm입니다.

04 주어진 도형의 꼭짓점과 같은 위치에 점을 찍은 후 점들을 연결하여 그립니다.

05 삼각형 ㄱㄴㄷ은 이등변삼각형이므로
(각 ㄱㄷㄴ)=(각 ㄱㄴㄷ)$=65°$입니다.
(각 ㄴㄱㄷ)$=180° - 65° - 65° = 50°$입니다.
따라서 (각 ㅁㅂㄹ)=(각 ㄴㄱㄷ)$=50°$입니다.

06 대응변의 길이는 서로 같으므로
(변 ㄱㅁ)=(변 ㄹㄷ)=17 cm,
(변 ㅁㄹ)=(변 ㄴㄱ)=7 cm입니다.
따라서 사각형 ㄱㄴㄷㄹ의 둘레는
$7+26+17+7+17=74$ (cm)입니다.

07 (각 ㄴㄷㄱ)=(각 ㄹㄱㄷ)=40°입니다.
삼각형의 세 각의 크기의 합은 180°이므로
(각 ㄴㄱㄷ)=180°−55°−40°=85°입니다.

08 ㉠ 선대칭도형에서 대칭축은 여러 개가 있을 수 있습니다.

09 ㉠ ㉣ ㉥

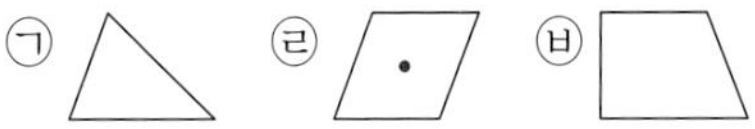

10 대칭축을 따라 접었을 때 완전히 겹치도록 그립니다.

11

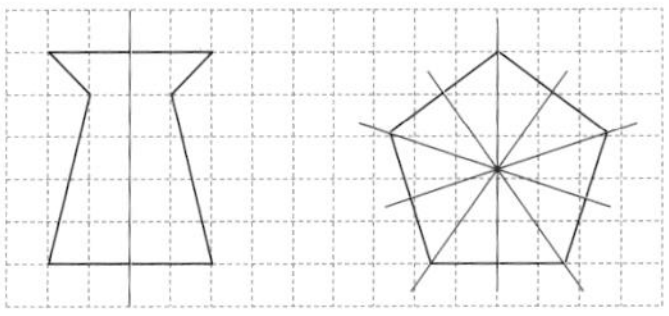

왼쪽 선대칭도형의 대칭축은 1개이고 오른쪽 선대칭도형의 대칭축은 5개입니다.
따라서 $5-1=4$(개)입니다.

12 선대칭도형의 일부분의 넓이는
$6\times11\div2=33$ (cm^2)입니다.
선대칭도형은 직선 가를 중심으로 하여 왼쪽과 오른쪽의 도형이 합동이므로 완성한 선대칭도형의 넓이는
$33\times2=66$ (cm^2)입니다.

13 (선분 ㄴㄹ)=(선분 ㄷㄹ)이므로
(변 ㄴㄷ)=$7\times2=14$ (cm)입니다.
(변 ㄱㄴ)+(변 ㄱㄷ)=$36-14=22$ (cm)입니다.
(변 ㄱㄴ)=(변 ㄱㄷ)=$22\div2=11$ (cm)입니다.

14 태은이의 카드 중 점대칭도형은 **X**와 **O**이고, 서준이의 카드 중 점대칭도형은 **S**, **H**, **N**, **Z**이므로 점대칭도형인 카드만 가지고 있는 학생은 서준입니다.

15 각 점에서 대칭의 중심까지의 길이가 같도록 대응점을 찾아 표시한 후 각 대응점을 이어 점대칭도형을 완성합니다.

16 대응각의 크기는 서로 같습니다.
(각 ㅁㄹㄱ)=(각 ㄴㄱㄹ)=55°,
(각 ㅁㅂㄱ)=(각 ㄴㄷㄹ)=120°,
(각 ㄹㅁㅂ)=(각 ㄱㄴㄷ)=55°×2=110°
사각형의 네 각의 크기의 합은 360°이므로
(각 ㄹㄱㅂ)=360°−55°−110°−120°=75°
입니다.

17 변 ㄱㅂ의 대응변은 변 ㄹㄷ이므로 9 cm입니다.
변 ㄹㅁ의 대응변은 변 ㄱㄴ이므로 5 cm입니다.
따라서 변 ㄱㅂ과 변 ㄹㅁ의 길이의 차는
$9-5=4$ (cm)입니다.

18 대응점에서 대칭의 중심까지의 거리는 각각 같습니다.
(선분 ㄱㅇ)=(선분 ㄹㅇ)=6 cm이므로
(선분 ㄱㄹ)=$6\times2=12$ (cm)입니다.

19 예 삼각형 ㄱㄴㄹ과 삼각형 ㅁㄴㄹ은 서로 합동이므로
(각 ㄱㄹㄴ)=(각 ㅁㄹㄴ)=25°입니다. … 50 %
따라서 (각 ㄷㄹㅂ)=90°−(25°+25°)=40°입니다.
… 50 %

20 예 대응변의 길이는 서로 같으므로
(변 ㄱㅁ)=(변 ㄷㅁ)=9 cm,
(변 ㄹㅁ)=(변 ㄴㅁ)=7 cm,
(변 ㄱㄴ)=(변 ㄷㄴ)=(변 ㄷㄹ)=11 cm입니다.
… 70 %
따라서 도형 ㄱㄴㄷㄹㅁ의 둘레는
$9+7+(11\times3)=49$ (cm)입니다. … 30 %

4 단원 소수의 곱셈

86~89쪽

01 (1) 2.4 (2) 2.4 (3) 3, 2.4

02 (1) 7, 7, 28, 2.8 (2) 4, 4, 36, 3.6

03 17, 17, 17, 3, 51, 51, 5.1

04 (1) 13, 13, 78, 7.8 (2) 19, 19, 57, 5.7

05 0.7, 7, 14, 1.4 　06 3, 45, 4.5

07 13.5

08 (1) 25, 25, 50, 5 (2) ① 50, 5 ② 5

09 (1) 27, 27, 81, 8.1 (2) 214, 642, 6.42

10 (1) 12.9 (2) 525, 5.25

90~93쪽

01 (1) 0.5, 0.5, 1.5 (2) 3, 1.5 　02

03 (1) 4.8 (2) 2.94 (3) 2.1 (4) 3.35

04 3.6 m

05 서준 / 예 87과 9의 곱은 약 800이니까 0.87과 9의 곱은 8 정도가 돼.

06 > 　07 3.2 km 　08

```
  1.8 4
×     9
-------
 1 6.5 6
```

09 (1) 예 $3.7\times4=\frac{37}{10}\times4=\frac{37\times4}{10}=\frac{148}{10}=14.8$

(2) 예 3.7은 0.1이 37개이므로 3.7×4는 0.1이 148개입니다. 따라서 3.7×4=14.8입니다.

10 20.64 　11 21.5 cm 　12 127.2 km

13 17.4 km 　14 바트 　15 63, 756, 7.56

16 ( )(○)( ) 　17 6.35, 88.2 　18 ㉠

19 예준 　20 ㉠

21 41.86 kg, 17.48 kg 　22 65.94마이크로그램

23 270.5킬로칼로리 　24 96

교과서 속 응용 문제

25 14병 　26 3장 　27 3포

01 (1) 수직선에서 0.5씩 세 번 오른쪽으로 이동한 것은 0.5를 세 번 더한 것을 나타냅니다.

(2) 0.5를 세 번 더한 것은 0.5 곱하기 3과 같습니다.

02 0.3+0.3+0.3+0.3은 0.3×4와 같습니다. 0.3을 분수로 나타내면 $\frac{3}{10}$이므로 0.3+0.3+0.3+0.3은 $\frac{3}{10}\times4$와 같습니다.

0.6+0.6+0.6은 0.6×3과 같습니다.

03 자연수의 곱셈을 한 후 곱해지는 수가 $\frac{1}{10}$배, $\frac{1}{100}$배가 된 것을 생각하여 계산 결과도 $\frac{1}{10}$배, $\frac{1}{100}$배가 되도록 소수점을 찍습니다.

04 (사용한 포장끈의 길이)=(포장끈 한 도막의 길이)×4
=0.9×4=3.6 (m)입니다.

05 서준이가 잘못 말했습니다. 87과 9의 곱이 약 800이므로 87의 $\frac{1}{100}$배인 0.87과 9의 곱은 800의 $\frac{1}{100}$배 정도이므로 80 정도가 아니라 8 정도가 됩니다.

06 0.35×7=2.45, 0.76×3=2.28
➡ 2.45>2.28

07 달리기를 한 요일은 월요일, 수요일, 금요일, 일요일로 0.8 km씩 4일 동안 달리기를 했습니다. 따라서 가은이가 일주일 동안 달린 거리는 0.8×4=3.2 (km)입니다.

08 곱해지는 수가 184의 $\frac{1}{100}$배이므로 계산 결과도 1656의 $\frac{1}{100}$배가 되도록 소수점을 찍습니다.

10 5.16×4=20.64

11 (정오각형의 둘레)=(한 변의 길이)×5
=4.3×5=21.5 (cm)

12 1시간 20분=80분이므로 10분 동안 달린 거리의 8배입니다.

➡ (자동차가 1시간 20분 동안 달린 거리)
$=15.9\times8=127.2$ (km)

13 선호가 자전거를 타고 집에서 도서관까지 다녀온 거리는 왕복으로 계산해야 합니다.
(선호가 자전거를 탄 거리)$=(2.9\times3)\times2$
$=17.4$ (km)

14 우리나라 돈으로 5000원은 필리핀 돈으로 42.72×5이므로 200페소로 어림할 수 있습니다.
우리나라 돈으로 5000원은 태국 돈으로 26.09×5이므로 130바트로 어림할 수 있습니다.

15 $12\times0.63=12\times\frac{63}{100}=\frac{756}{100}=7.56$입니다.

16 7의 0.69는 7의 0.7배인 4.9보다 작습니다. 6의 0.93은 6의 0.9배인 5.4보다 큽니다. 5의 0.89는 5의 0.9배인 4.5보다 작습니다. 따라서 계산 결과가 5보다 큰 것은 6의 0.93입니다.

17 • $5\times127=635\rightarrow5\times1.27=6.35$ (127의 $\frac{1}{100}$배 → 635의 $\frac{1}{100}$배)

• $63\times14=882\rightarrow63\times1.4=88.2$ (14의 $\frac{1}{10}$배 → 882의 $\frac{1}{10}$배)

18 ㉠ $13\times0.59=7.67$, ㉡ $37\times0.19=7.03$
➡ $7.67>7.03$

19 바르게 설명한 친구는 예준이입니다.
$14\times6.08=14\times\frac{608}{100}=\frac{14\times608}{100}$이므로
14×608의 $\frac{1}{100}$배입니다.

20 ㉠ $19\times0.05=0.95$, ㉡ $24\times0.06=1.44$,
㉢ $41\times0.03=1.23$
따라서 곱이 1보다 작은 것은 ㉠입니다.

21 금성에서 준우의 몸무게는
약 $46\times0.91=41.86$ (kg)입니다.
수성에서 준우의 몸무게는
약 $46\times0.38=17.48$ (kg)입니다.

22 대전 지역의 미세먼지 수치가 42마이크로그램이고 서울 지역의 미세먼지 수치는 대전 지역의 1.57배이므로 $42\times1.57=65.94$(마이크로그램)입니다.

23 (훌라후프를 하며 소모한 열량)$=1.95\times40$
$=78$(킬로칼로리)
(줄넘기를 하며 소모한 열량)$=3.5\times55$
$=192.5$(킬로칼로리)
➡ (혜나가 훌라후프와 줄넘기로 소모한 전체 열량)
$=78+192.5=270.5$(킬로칼로리)

24 $53\times1.82=96.46$이므로 $\square<96.46$입니다. 따라서 $\square$ 안에 들어갈 수 있는 가장 큰 자연수는 96입니다.

25 식혜는 $0.6\times22=13.2$ (L)가 필요합니다. 따라서 1 L짜리 식혜를 적어도 14병 사야 합니다.

26 $9.7\times300=2910$(원)이므로 1000원짜리 지폐가 적어도 3장 필요합니다.

27 2주는 14일이므로 사료는 $0.4\times14=5.6$ (kg)이 필요합니다. 따라서 2 kg짜리 사료를 적어도 3포 사야 합니다.

94~96쪽

01 24, 0.24, 0.24
02 $\frac{1}{100}$, 0.54
03 (1) 18, 21, 378, 3.78 (2) 23, $\frac{415}{100}$, $\frac{9545}{1000}$, 9.545
04 (1) 4.48 (2) 29.25
05 (1) 1539, 15.39 (2) 4267, 4.267
06 930, 9.3
07 26.7, 267, 2670
08 342, 34.2, 3.42

97~100쪽

28 $\frac{9}{10}\times\frac{23}{100}=\frac{207}{1000}=0.207$

29 0.608　　30 $0.474\ m^2$　　31 0.0594

32 예 / $0.6\times0.6=0.36$

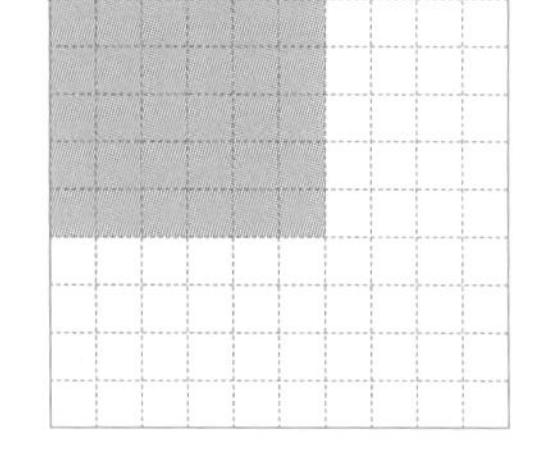

33 (1) 예 42 × 28 = 1176
$\frac{1}{10}$배 $\frac{1}{10}$배 $\frac{1}{100}$배
4.2 × 2.8 = 11.76

(2) 예 $4.2\times2.8=\frac{42}{10}\times\frac{28}{10}=\frac{1176}{100}=11.76$

34 ㉢, ㉠, ㉡　　35 ㉡, ㉢

36 (위에서부터) 4.313, 1.589　　37 7

38 28　　39 31.28　　40 지호

41 ㉡　　42 (1) 0.1 (2) 0.629

43 ㉢　　44 할머니 댁

45 15688원, 156876원　　46 9470

47 3.175　　48

49 (1) 4.5 (2) 3.07

교과서 속 응용 문제

50 7.5, 0.6 / 0.75, 6　　51 1.179　　52 63

53 1000 m　　54 147565원　　55 초콜릿 100개

29 $0.64\times0.95=0.608$

30 (평행사변형의 넓이)=(밑변의 길이)×(높이)
$=0.79\times0.6=0.474\ (m^2)$

31 가장 큰 수는 0.6이고 가장 작은 수는 0.099입니다.
➡ $0.6\times0.099=0.0594$

32 한 변의 길이가 0.6 m인 정사각형을 그립니다.

34 ㉠ $0.64\times0.45=0.288$, ㉡ $0.12\times0.91=0.1092$, ㉢ $25.04\times0.5=12.52$
따라서 곱의 소수점 아래 자리 수가 적은 것부터 차례로 기호를 쓰면 ㉢, ㉠, ㉡입니다.

35 어떤 수에 1보다 작은 수를 곱하면 처음 수보다 작아집니다. 어떤 수에 1보다 큰 수를 곱하면 처음 수보다 커집니다. 따라서 4.3보다 큰 수는 4.3에 1보다 큰 수를 곱한 ㉡, ㉢입니다.

36 $2.27\times1.9=4.313$, $2.27\times0.7=1.589$

37 $5.8\times1.3=7.54$이므로 $\square<7.54$입니다. 따라서 □ 안에 들어갈 수 있는 가장 큰 자연수는 7입니다.

38 $12.1\times2.3=27.83$이므로 $27.83<\square$입니다. 따라서 □ 안에 들어갈 수 있는 가장 작은 자연수는 28입니다.

39 $10.2☆3.4=10.2\times3.4-3.4$
$=34.68-3.4=31.28$

40 (지호가 사용한 우유의 양)$=1.6\times0.35=0.56$ (L)
(세미가 사용한 우유의 양)$=2.4\times0.22=0.528$ (L)
따라서 우유를 더 많이 사용한 사람은 지호입니다.

41 ㉠ $134\times0.1=13.4$, ㉡ $13.4\times0.1=1.34$,
㉢ $1.34\times10=13.4$, ㉣ $0.0134\times1000=13.4$
따라서 계산 결과가 다른 하나는 ㉡입니다.

42 (1) 5.131은 51.31의 소수점이 왼쪽으로 한 자리 옮겨졌으므로 0.1을 곱했다는 것을 알 수 있습니다.
(2) 100을 곱하여 소수점이 오른쪽으로 두 자리 옮겨져서 62.9가 된 것이므로 100이 곱해지기 전의 수는 $62.9\times0.01=0.629$라는 것을 알 수 있습니다.

43 ㉠과 ㉡은 소수점이 오른쪽으로 두 자리 옮겨간 것이므로 □ 안에 알맞은 수는 100입니다.
㉢은 소수점이 오른쪽으로 세 자리 옮겨간 것이므로 □ 안에 알맞은 수는 1000입니다.

44 1 km=1000 m이므로 12.04 km=12040 m입니다.
12040 m>9280.8 m이므로 유주네 집에서 할머니 댁까지의 거리가 더 가깝습니다.

45 • $1568.76 \times 10 = 15687.6$이므로 올림하여 일의 자리까지 나타내면 15688원입니다.
• $1568.76 \times 100 = 156876$(원)입니다.

46 어떤 수에 0.01을 곱해서 소수점이 왼쪽으로 두 자리 옮겨진 것이 0.947이므로 어떤 수는 94.7입니다. 따라서 바르게 계산하면 $94.7 \times 100 = 9470$입니다.

47 곱하는 두 수의 소수점 아래 자리 수를 더한 것과 결괏값의 소수점 아래 자리 수가 같습니다. 1.27과 2.5의 소수점 아래 자리 수의 합은 3이므로 소수점 아래 세 자리 수가 되도록 소수점을 찍어야 합니다.

48 $237 \times 13 = 3081$이므로 소수점 아래 자리 수를 비교합니다.
$2.37 \times 1.3 = 3.081$(소수 세 자리 수),
$2.37 \times 0.13 = 0.3081$(소수 네 자리 수),
$0.237 \times 1.3 = 0.3081$(소수 네 자리 수),
$23.7 \times 0.13 = 3.081$(소수 세 자리 수)

49 (1) 3.07은 307의 0.01배이고 13.815는 13815의 0.001배이므로 □ 안에 알맞은 수는 45의 0.1배인 4.5입니다.
(2) 0.45는 45의 0.01배이고 1.3815는 13815의 0.0001배이므로 □ 안에 알맞은 수는 307의 0.01배인 3.07입니다.

50 $0.75 \times 0.6 = 0.45$이어야 하는데 잘못 눌러서 4.5가 나왔으므로 7.5와 0.6을 눌렀거나 0.75와 6을 누른 것입니다.

51 $9 \times 131 = 1179$이므로 0.9×1.31은 0.9와 1.31의 소수점 아래 자리 수를 더한 것만큼 소수점을 왼쪽으로 세 자리 옮기면 1.179입니다.

52 $75 \times 84 = 6300$이므로 7.5×8.4는 7.5와 8.4의 소수점 아래 자리 수를 더한 것만큼 소수점을 왼쪽으로 두 자리 옮기면 63입니다.

53 예은이가 달린 거리는 $1.5 \times 3 = 4.5$ (km)이므로 m 단위로 바꾸면 $4.5 \times 1000 = 4500$ (m)입니다. 정환이가 달린 거리는 $500 \times 7 = 3500$ (m)입니다.
따라서 예은이와 정환이가 일주일 동안 달린 거리의 차는 $4500 - 3500 = 1000$ (m)입니다.

54 미국 돈 1달러는 1341.5원이므로 100달러짜리 지폐 1장은 $1341.5 \times 100 = 134150$(원)이고 10달러짜리 지폐 1장은 $1341.5 \times 10 = 13415$(원)입니다.
따라서 소은이가 가진 미국 돈은 우리나라 돈으로 $134150 + 13415 = 147565$(원)입니다.

55 빵 10개의 무게는 $0.092 \times 10 = 0.92$ (kg)입니다.
1 kg은 1000 g이므로 0.92 kg은
$0.92 \times 1000 = 920$ (g)입니다. 초콜릿 100개의 무게는 $9.5 \times 100 = 950$ (g)입니다. 따라서 $920 < 950$이므로 초콜릿 100개가 더 무겁습니다.

응용력 높이기

101~105쪽

대표 응용 1 10.8, 10.2 / 10.8, 10.2, 110.16
1-1 $0.7296\ m^2$ **1-2** $162.24\ cm^2$
대표 응용 2 66, 70.2, 66, 70.2 / 67, 68, 69, 70
2-1 18, 38 **2-2** 58
대표 응용 3 0.1, 0.37, 4.07, 4.07
3-1 32.64 m **3-2** 21.75 cm
대표 응용 4 30, 1, 3.5, 3.5, 335.3
4-1 9.425 L **4-2** 25.311 L
대표 응용 5 1, 2, 1.4, 4.06, 1.9, 4.56, 4.06
5-1 9.25 **5-2** 0.054

1-1 (새로운 평행사변형의 밑변의 길이)
$= 0.95 \times 0.8 = 0.76$ (m),
(새로운 평행사변형의 높이)$= 0.8 \times 1.2 = 0.96$ (m)
➡ (새로운 평행사변형의 넓이)
=(밑변의 길이)×(높이)
$= 0.76 \times 0.96 = 0.7296\ (m^2)$

1-2 (직사각형의 가로)$= 6.5 \times 2.4 = 15.6$ (cm)
(직사각형의 세로)$= 6.5 \times 1.6 = 10.4$ (cm)

➡ (직사각형의 넓이)$=15.6\times10.4$
$=162.24\ (\text{cm}^2)$

2-1 $30\times0.57=17.1$이고 $0.096\times400=38.4$입니다. 따라서 $17.1<\square<38.4$이므로 □ 안에 들어갈 수 있는 가장 작은 자연수는 18이고 가장 큰 자연수는 38입니다.

2-2 $3.38\times5.5=18.59$, $20.6\times1.9=39.14$입니다. $18.59<\square<39.14$이므로 □ 안에 들어갈 수 있는 가장 작은 자연수는 19이고 가장 큰 자연수는 39입니다. 따라서 두 수의 합은 $19+39=58$입니다.

3-1 현재 길이의 0.7배만큼 더 연장하는 것이므로 공사 후 산책로의 길이는 $19.2\times1.7=32.64$ (m)가 됩니다.

3-2 8.7 cm의 1.5배만큼 더 늘어난 고무줄의 길이는 $8.7+8.7\times1.5=8.7+13.05=21.75$ (cm)입니다.
다른 풀이 8.7 cm의 1.5배만큼 더 늘이면 8.7 cm의 $(1+1.5)$배와 같으므로 늘어난 고무줄의 길이는 $8.7\times2.5=21.75$ (cm)입니다.

4-1 (수도꼭지 5개로 1분 동안 받은 물의 양)
$=0.58\times5=2.9$ (L)
3분 15초$=3\frac{15}{60}$분$=3\frac{1}{4}$분$=3\frac{25}{100}$분$=3.25$분
➡ (수도꼭지 5개로 3분 15초 동안 받은 물의 양)
$=2.9\times3.25=9.425$ (L)

4-2 2시간 45분$=2\frac{45}{60}$시간$=2\frac{3}{4}$시간$=2\frac{75}{100}$시간
$=2.75$시간
자동차가 2시간 45분 동안 달린 거리는
$70.8\times2.75=194.7$ (km)입니다.
따라서 194.7 km를 달리는 데 필요한 휘발유는
$194.7\times0.13=25.311$ (L)입니다.

5-1 $2<3<5<7$이므로 곱이 가장 작게 되는 곱셈식을 만들려면 자연수 부분에 각각 가장 작은 수와 둘째로 작은 수인 2, 3을 놓아야 합니다. 따라서 만들 수 있는 곱셈식은 $2.5\times3.7=9.25$, $2.7\times3.5=9.45$이므로 가장 작은 곱은 9.25입니다.

5-2 $1<3<5<6$이므로 곱이 가장 작게 되는 곱셈식을 만들려면 1과 3을 각각 소수 첫째 자리에 놓아야 합니다. 따라서 만들 수 있는 곱셈식은 $0.15\times0.36=0.054$, $0.16\times0.35=0.056$이므로 가장 작은 곱은 0.054입니다.

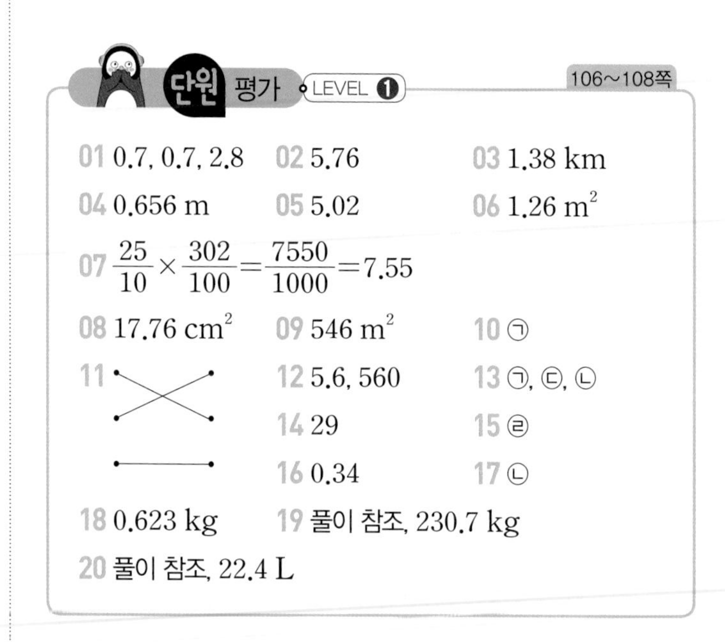
단원 평가 LEVEL ❶ 106~108쪽

01 0.7, 0.7, 2.8　02 5.76　03 1.38 km
04 0.656 m　05 5.02　06 1.26 m²
07 $\frac{25}{10}\times\frac{302}{100}=\frac{7550}{1000}=7.55$
08 17.76 cm²　09 546 m²　10 ㉠
11 (풀이 그림)　12 5.6, 560　13 ㉠, ㉢, ㉡
14 29　15 ㉣
16 0.34　17 ㉡
18 0.623 kg　19 풀이 참조, 230.7 kg
20 풀이 참조, 22.4 L

01 $0.7\times4=0.7+0.7+0.7+0.7=2.8$

02 $0.72\times8=5.76$

03 (우체국에서 서점까지의 거리)
$=3\times0.46=1.38$ (km)

04 (보화가 가지고 있는 철사의 길이)
$=0.82\times0.8=0.656$ (m)

05 $5.3\times1.4=7.42$, $13.7\times0.3=4.11$, $120\times0.02=2.4$
가장 큰 곱은 7.42이고, 가장 작은 곱은 2.4이므로 두 수의 차는 $7.42-2.4=5.02$입니다.

06 (직사각형의 넓이)$=$(가로)$\times$(세로)
$=1.8\times0.7=1.26\ (\text{m}^2)$

08 색칠한 부분의 넓이는 밑변의 길이가

6.4−1.6=4.8 (cm)이고, 높이가 3.7 cm인 평행사변형의 넓이와 같습니다.

➡ (색칠한 부분의 넓이)$=4.8\times3.7=17.76$ (cm^2)

09 새로운 수영장의 가로는 $7.8\times2.5=19.5$ (m), 세로는 $11.2\times2.5=28$ (m)입니다.
새로운 수영장의 넓이는 $19.5\times28=546$ (m^2)입니다.

10 ㉠ $5.1\times2.09=10.659$, ㉡ $24\times0.45=10.8$, ㉢ $11.4\times0.95=10.83$
따라서 계산 결과가 가장 작은 것은 ㉠입니다.

11 $7\times9=63$입니다.
$0.7\times0.9=0.63$, $70\times0.09=6.3$, $0.07\times0.9=0.063$, $0.7\times9=6.3$, $7\times0.09=0.63$, $0.7\times0.09=0.063$

12 7×0.8은 5.6입니다. 5.6에 100을 곱하면 소수점이 오른쪽으로 두 자리 옮겨지므로 560입니다.

13 ㉠ $13\times3.13=40.69$, ㉡ $0.23\times0.52=0.1196$, ㉢ $0.502\times44=22.088$
따라서 곱의 소수점 아래 자리 수가 적은 것부터 차례로 기호를 쓰면 ㉠, ㉢, ㉡입니다.

14 $10.2\times2.79=28.458$, $28.458<\square$입니다. 따라서 □ 안에 들어갈 수 있는 수 중에서 가장 작은 자연수는 29입니다.

15 ㉠, ㉡, ㉢은 소수점이 오른쪽으로 두 자리 옮겨진 것이므로 □=100입니다. ㉣은 소수점이 오른쪽으로 세 자리 옮겨진 것이므로 □=1000입니다.
따라서 □ 안에 알맞은 수가 다른 하나는 ㉣입니다.

16 2.12는 212의 0.01배인데 0.7208은 7208의 0.0001배이므로 □ 안에 알맞은 수는 34의 0.01배인 0.34입니다.

17 ㉠ 1, ㉡ 100, ㉢ 10, ㉣ 10이므로 ㉡이 가장 큽니다.

18 1 m=100 cm입니다. 10 cm는 100 cm의 0.1배이므로 6.23 kg의 0.1배는 소수점이 왼쪽으로 한 자리 이동하여 0.623 kg이 됩니다.

19 예 사과의 무게는 $4.75\times18=85.5$ (kg)입니다. … 40 %
귤의 무게는 $9.68\times15=145.2$ (kg)입니다. … 40 %
따라서 사과와 귤의 무게는 모두 $85.5+145.2=230.7$ (kg)입니다. … 20 %

20 예 자동차가 1시간 동안 달리는 데 필요한 휘발유는 $80\times0.08=6.4$ (L)입니다. … 40 %
3시간 30분$=3\frac{30}{60}$시간$=3\frac{5}{10}$시간$=3.5$시간입니다. … 20 %
따라서 3시간 30분 동안 달리는 데 필요한 휘발유는 $6.4\times3.5=22.4$ (L)입니다. … 40 %

단원 평가 LEVEL 2 — 109~111쪽

01 $\frac{53}{100}\times4=\frac{212}{100}=2.12$
02 0.21, 0.28, 0.084
03 10.8 cm
04 ㉡
05 140쪽
06 94.5 kg
07 3, 18, 54, 0.54
08 1.08 km
09 3.6 kg
10 34.02
11 7개
12 25.704 L
13 예솔, 1.98 m
14 5.225 m
15 9
16 ㉣
17 ①
18 204 g
19 풀이 참조, 9.9 L
20 풀이 참조, 44.1 m^2

02 $0.7\times0.3=0.21$, $0.7\times0.4=0.28$, $0.7\times0.12=0.084$

03 (정삼각형의 둘레)$=0.9\times3=2.7$ (cm)이므로 정사각형의 한 변의 길이는 2.7 cm입니다.
➡ (정사각형의 둘레)$=2.7\times4=10.8$ (cm)

04 $3\times0.29=0.87$, ㉠ $1.3\times0.65=0.845$,

㉡ $0.7 \times 1.3 = 0.91$이므로 계산 결과가 3×0.29보다 큰 것은 ㉡입니다.

05 1시간 45분$=1\frac{45}{60}$시간$=1\frac{3}{4}$시간$=1\frac{75}{100}$시간
$=1.75$시간
➡ $80 \times 1.75 = 140$(쪽)

06 (상자에 담은 토마토의 무게)
$=$(한 상자에 담은 토마토의 무게)$\times$(상자 수)
$=13.5 \times 7 = 94.5$ (kg)

08 $1.2 \times 0.9 = 1.08$ (km)

09 (전체 쌀가루의 양)$=4.5 \times 4 = 18$ (kg)
(사용한 쌀가루의 양)$=18 \times 0.8 = 14.4$ (kg)
➡ (사용하고 남은 쌀가루의 양)$=18-14.4$
$=3.6$ (kg)

10 ㉠.㉡$\times$㉢.㉣에서 곱이 가장 큰 곱셈식을 만들려면 ㉠과 ㉢에 가장 큰 수와 둘째로 큰 수인 5, 6을 넣습니다.
$5.3 \times 6.4 = 33.92$, $5.4 \times 6.3 = 34.02$이므로 가장 큰 곱셈식을 만들었을 때의 계산 결과는 34.02입니다.

11 $12.5 \times 3.2 = 40$, $14.3 \times 3.3 = 47.19$입니다.
$40 < \square < 47.19$이므로 □ 안에 들어갈 수 있는 자연수는 41, 42, 43, 44, 45, 46, 47로 모두 7개입니다.

12 2시간 24분$=2\frac{24}{60}$시간$=2\frac{4}{10}$시간$=2.4$시간입니다.
(2시간 24분 동안 달리는 거리)
$=71.4 \times 2.4 = 171.36$ (km)
➡ (필요한 경유의 양)$=171.36 \times 0.15 = 25.704$ (L)

13 (예솔이가 사용한 리본의 길이)$=8.5 \times 0.5 = 4.25$ (m)
(진서가 사용한 리본의 길이)$=45.4 \times 0.05$
$=2.27$ (m)
예솔이는 진서보다 $4.25-2.27=1.98$ (m) 더 많이 사용했습니다.

14 5분 30초$=5\frac{30}{60}$분$=5\frac{5}{10}$분$=5.5$분입니다.
➡ (달팽이가 5분 30초 동안 기어가는 거리)
$=0.95 \times 5.5 = 5.225$ (m)

15 $98.2 \times 0.1 = 9.82$이므로 □ 안에 들어갈 수 있는 자연수는 1, 2, 3, 4, 5, 6, 7, 8, 9이고 이 중 가장 큰 자연수는 9입니다.

16 ㉠ 0.0312의 1000배는 소수점을 오른쪽으로 세 자리 옮겨 31.2가 됩니다.
㉡ 0.312×100은 소수점을 오른쪽으로 두 자리 옮겨 31.2가 됩니다.
㉢ 312×0.1은 소수점을 왼쪽으로 한 자리 옮겨 31.2가 됩니다.
㉣ 3120×0.001은 소수점을 왼쪽으로 세 자리 옮겨 3.12가 됩니다.
따라서 계산 결과가 다른 하나는 ㉣입니다.

17 ①은 0.001이고, ②, ③, ④, ⑤는 10입니다.

18 (만들기를 하는 데 사용한 지점토의 양)
$=$(전체 지점토의 양)$\times 0.01$
$=20.4 \times 0.01$
$=0.204$ (kg)
1 kg$=$1000 g이므로 $0.204 \times 1000 = 204$ (g)입니다.

19 예 (빈 수조에 넣을 수 있는 물의 양)$=2.5 \times 27$
$=67.5$ (L)
… 40 %
(영수가 넣은 물의 양)$=1.8 \times 32 = 57.6$ (L)
… 40 %
따라서 수조를 가득 채우려면 물을
$67.5-57.6=9.9$ (L) 더 부어야 합니다. … 20 %

20 예 (벽지 한 장의 넓이)$=0.8 \times 2.25 = 1.8$ (m^2)입니다. … 50 %
따라서 (거실 벽의 넓이)$=1.8 \times 24.5 = 44.1$ (m^2)입니다. … 50 %

5 단원 직육면체

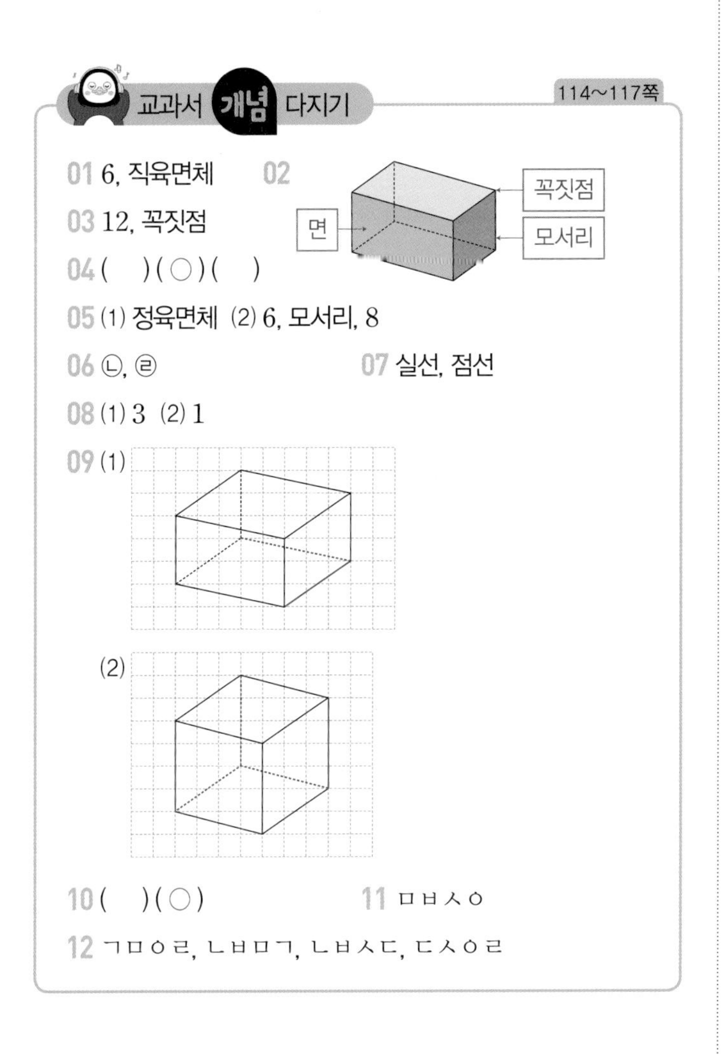

교과서 개념 다지기

114~117쪽

01 6, 직육면체
02 (면, 꼭짓점, 모서리)
03 12, 꼭짓점
04 ( )(○)( )
05 (1) 정육면체 (2) 6, 모서리, 8
06 ㉡, ㉣
07 실선, 점선
08 (1) 3 (2) 1
09 (1) (2)
10 ( )(○)
11 ㅁㅂㅅㅇ
12 ㄱㅁㅇㄹ, ㄴㅂㅁㄱ, ㄴㅂㅅㄷ, ㄷㅅㅇㄹ

교과서 넘어 보기

118~121쪽

01 직사각형
02 직사각형, 직사각형, 사다리꼴
03 ㉠, ㉣, ㉥
04 ㉠
05 6개
06 4개
07 나, 가
08 ×, ○, ×
09 7
10 3가지
11 28 cm
12 96 cm
13
14 면 ㅁㅂㅅㅇ
15 ㉡
16 68 cm
17 4개

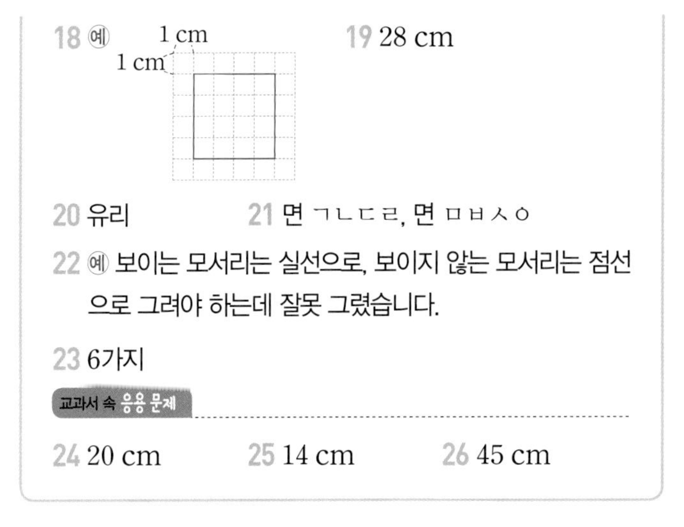

18 예 (1 cm, 1 cm)
19 28 cm
20 유리
21 면 ㄱㄴㄷㄹ, 면 ㅁㅂㅅㅇ
22 예 보이는 모서리는 실선으로, 보이지 않는 모서리는 점선으로 그려야 하는데 잘못 그렸습니다.
23 6가지

교과서 속 응용 문제

24 20 cm
25 14 cm
26 45 cm

01 직육면체는 직사각형 6개로 둘러싸인 도형이므로 색칠한 부분을 본뜬 모양은 직사각형입니다.

02 직육면체는 직사각형 6개로 둘러싸인 도형인데 주어진 도형은 직사각형 2개와 사다리꼴 4개로 이루어져 있습니다.

03 직사각형 6개로 둘러싸인 도형이 직육면체이므로 ㉠, ㉣, ㉥입니다.

04 ㉡ 선분으로 둘러싸인 부분을 면이라고 합니다.
㉢ 모서리와 모서리가 만나는 점을 꼭짓점이라고 합니다.

05 직육면체의 면의 수는 6개, 모서리의 수는 12개입니다. ➡ $12-6=6$(개)

06 직육면체에서 보이는 면의 수는 3개이고 보이지 않는 꼭짓점의 수는 1개입니다.
➡ $3+1=4$(개)

08
- 직육면체의 모든 면은 직사각형입니다.
- 정육면체는 정사각형 6개로 이루어져 있고 정사각형은 네 변의 길이가 같으므로 정육면체의 모서리의 길이는 모두 같습니다.
- 직사각형은 정사각형이라고 할 수 없으므로 직육면체는 정육면체라고 할 수 없습니다.

09 정육면체이므로 모서리의 길이는 7 cm로 모두 같습니다.

10 직육면체에는 모두 3쌍의 평행한 면이 있습니다. 따라서 필요한 색은 모두 3가지입니다.

11 정육면체는 모든 모서리의 길이가 같으므로 색칠한 면의 네 변의 길이의 합은 $7\times4=28$ (cm)입니다.

12 정육면체는 모든 모서리의 길이가 같습니다.
➡ $8\times12=96$ (cm)

13 보이는 모서리는 실선으로, 보이지 않는 모서리는 점선으로 그립니다.

14 면 ㄱㄴㄷㄹ과 평행한 면은 마주 보는 면인 면 ㅁㅂㅅㅇ입니다.

15 ㉡ 한 모서리에서 만나는 두 면은 서로 수직입니다.

16 길이가 8 cm, 7 cm, 2 cm인 모서리가 각각 4개씩 있으므로 직육면체의 모든 모서리의 길이의 합은 $(8+7+2)\times4=68$ (cm)입니다.

17 정육면체의 한 면과 수직인 면은 모두 4개입니다.

18 색칠한 면은 한 변의 길이가 4 cm인 정사각형입니다.

19 면 ㅁㅂㅅㅇ과 평행한 면은 면 ㄱㄴㄷㄹ입니다. 면 ㄱㄴㄷㄹ의 모서리의 길이의 합은 $11+11+3+3=28$ (cm)입니다.

20 효진 유리
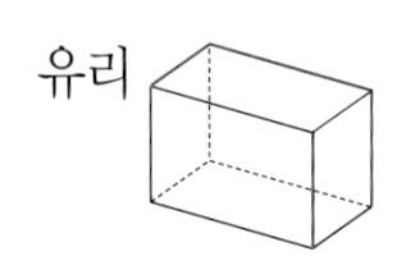
겨냥도에서 보이는 모서리는 실선으로 그려야 합니다.

21 면 ㄴㅂㅅㄷ에 수직인 면: 면 ㄱㄴㅂㅁ, 면 ㄱㄴㄷㄹ, 면 ㄷㅅㅇㄹ, 면 ㅁㅂㅅㅇ
면 ㄷㅅㅇㄹ에 수직인 면: 면 ㄱㄴㄷㄹ, 면 ㄱㅁㅇㄹ, 면 ㄴㅂㅅㄷ, 면 ㅁㅂㅅㅇ
따라서 면 ㄴㅂㅅㄷ과 면 ㄷㅅㅇㄹ에 공통으로 수직인 면은 면 ㄱㄴㄷㄹ, 면 ㅁㅂㅅㅇ입니다.

23 가장 가까운 길은 길이가 다른 3개의 모서리를 한 개씩 지나는 것입니다.

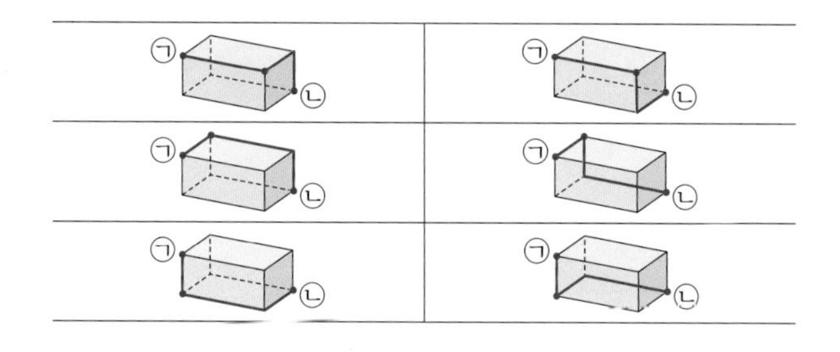

24 보이지 않는 모서리의 길이는 각각 9 cm, 7 cm, 4 cm이므로 $9+7+4=20$ (cm)입니다.

25 보이지 않는 모서리의 길이는 각각 6 cm, 5 cm, 3 cm이므로 $6+5+3=14$ (cm)입니다.

26 길이가 같은 모서리 4개 중 3개는 보이는 모서리이고 1개는 보이지 않는 모서리입니다.
따라서 보이는 모서리의 길이의 합은 보이지 않는 모서리의 길이의 합의 3배입니다.
➡ (보이는 모서리의 길이의 합)
$=15\times3=45$ (cm)

교과서 개념 다지기

123~125쪽

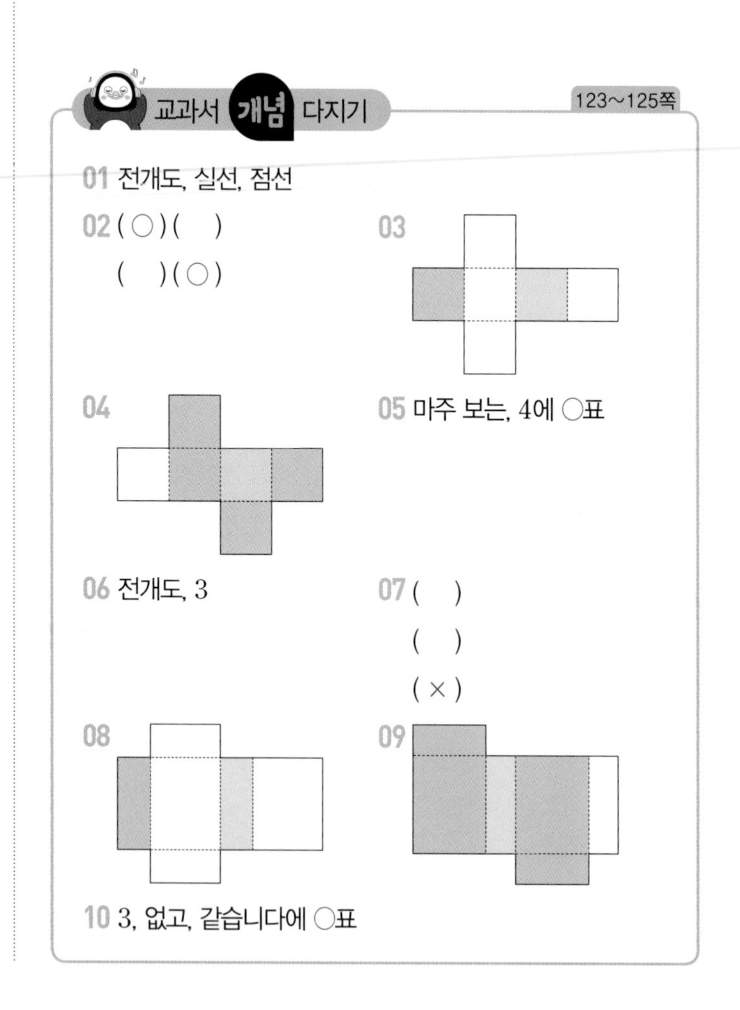

01 전개도, 실선, 점선
02 (○)( )
( )(○)
03
04
05 마주 보는, 4에 ○표
06 전개도, 3
07 ( )
( )
(×)
08
09
10 3, 없고, 같습니다에 ○표

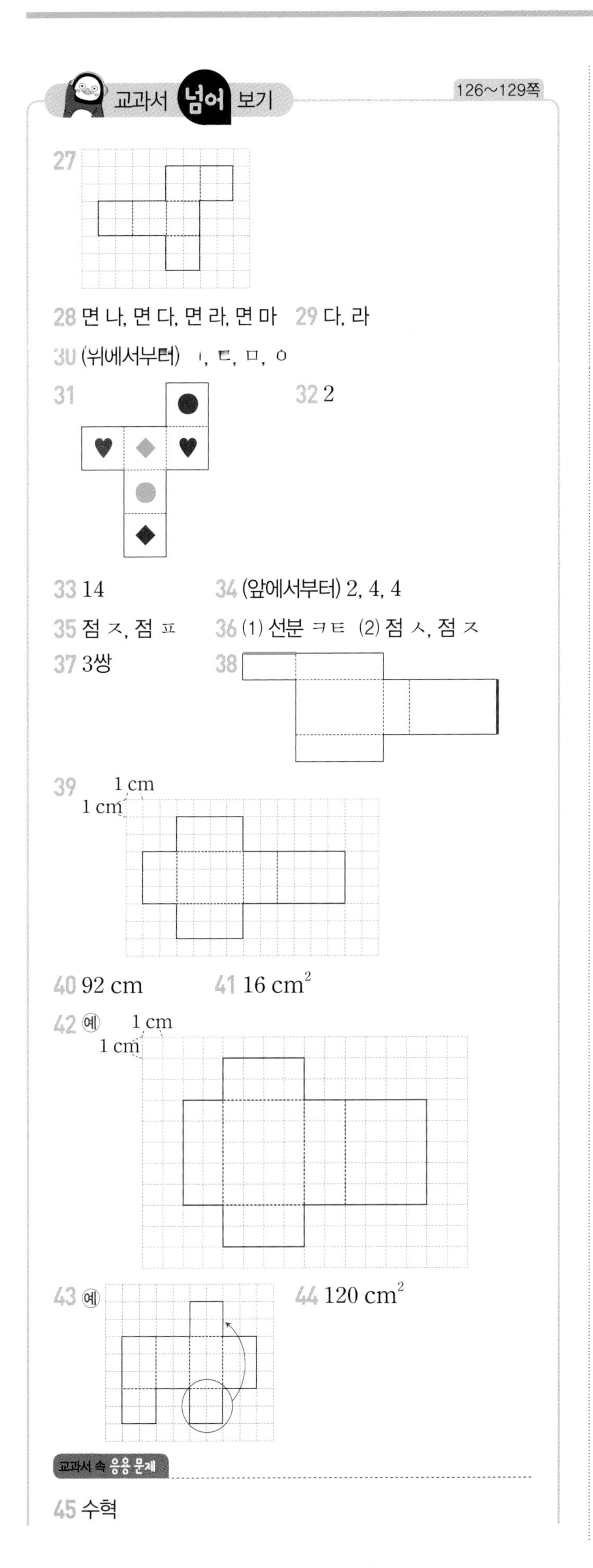
교과서 넘어 보기 126~129쪽

27

28 면 나, 면 다, 면 라, 면 마　29 다, 라

30 (위에서부터) [illegible], [illegible], ㅁ, ㅇ

31　　32 2

33 14　　34 (앞에서부터) 2, 4, 4

35 점 ㅈ, 점 ㅍ　　36 (1) 선분 ㅋㅌ (2) 점 ㅅ, 점 ㅈ

37 3쌍　　38

39 1 cm 1 cm

40 92 cm　　41 16 cm^2

42 예 1 cm 1 cm

43 예　　44 120 cm^2

교과서 속 응용 문제

45 수혁

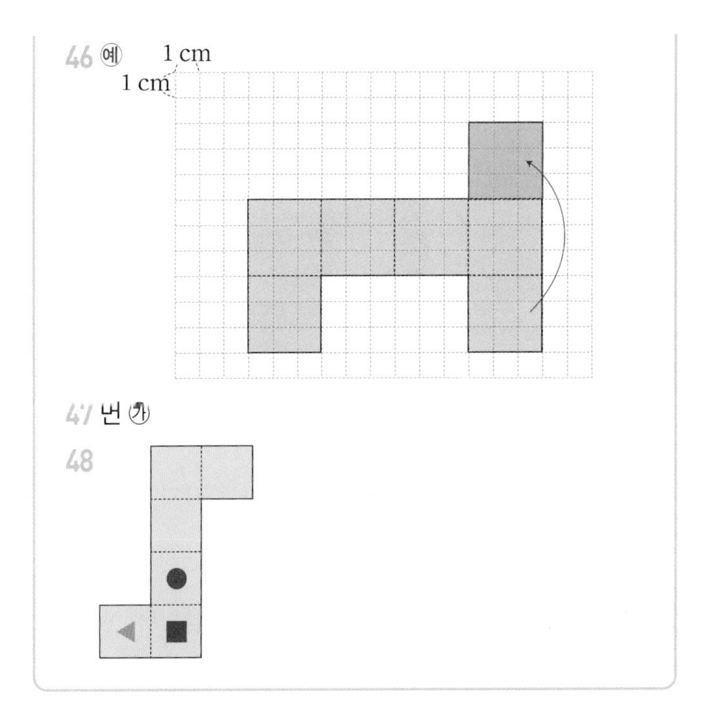
46 예 1 cm 1 cm

47 번 ㉮

48

27 정육면체의 전개도에서 접는 부분은 모두 5군데입니다. 접는 부분은 점선으로 그려 전개도를 완성합니다.

28 면 바와 마주 보는 면인 면 가를 제외한 4개의 면은 면 바와 수직으로 만납니다.

29 가, 나는 전개도를 접었을 때 겹치는 면이 있으므로 전개도가 될 수 없습니다. 가, 나가 전개도가 되려면 겹치는 한 면이 겹치지 않는 곳으로 이동해야 합니다.

30 전개도를 접었을 때 만나는 꼭짓점을 씁니다.

32 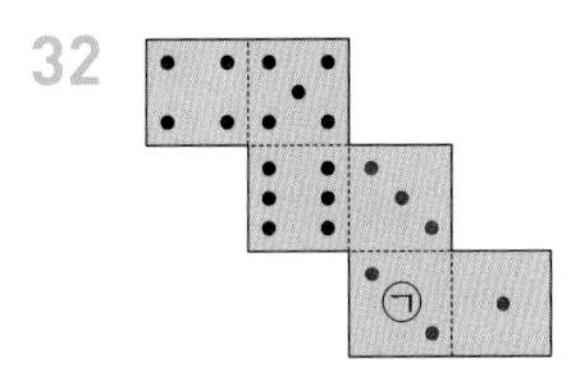

전개도를 접었을 때 만나는 면을 제외하면 마주 보는 면을 찾을 수 있습니다.

33 주사위의 전개도를 완성하면 오른쪽 그림과 같습니다. 6의 눈과 수직인 면의 눈의 수는 마주 보는 면의 눈의 수인 1을 제외한 나머지 면의 눈의 수로 5, 2, 4, 3입니다. 따라서 주사위의 6의 눈과 수직인 면의 눈의 수의 합은 $5+2+4+3=14$입니다.

34 전개도를 접었을 때 만나는 모서리의 길이는 같습니다.

35 선분 ㄱㅎ과 선분 ㅍㅎ이 만나므로 점 ㄱ은 점 ㅍ과 만나고, 선분 ㄱㄴ과 선분 ㅈㅇ이 만나므로 점 ㄱ은 점 ㅈ과 만납니다.

36 (1) 전개도를 접었을 때 선분 ㄱㅎ은 선분 ㅋㅌ을 만나 한 모서리가 됩니다.
(2) 선분 ㄴㄷ과 선분 ㅊㅈ이 만나므로 점 ㄷ은 점 ㅈ과 만나고, 선분 ㄷㄹ과 선분 ㅅㅂ이 만나므로 점 ㄷ은 점 ㅅ과 만납니다.

37 직육면체는 마주 보는 면끼리 모양과 크기가 같고, 마주 보는 면이 모두 3쌍 있습니다.

38 전개도를 접었을 때의 모양을 생각해 봅니다. 이때 만나는 점을 먼저 알아보면 만나는 선분을 쉽게 알 수 있습니다.

39 전개도를 접었을 때 마주 보는 면이 3쌍이고 마주 보는 면의 모양과 크기가 일치해야 합니다.

40 전개도를 접으면 오른쪽 그림과 같은 직육면체가 됩니다.

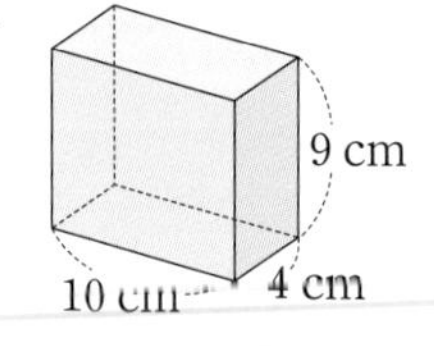

(직육면체의 모서리의 길이의 합)
$=(10+4+9)\times 4$
$=23\times 4=92$ (cm)

41 면 가의 가로는 8 cm, 세로는 2 cm이므로 넓이는 $8\times 2=16$ (cm^2)입니다.

42 전개도를 접었을 때 마주 보는 면이 3쌍이고 마주 보는 면의 모양과 크기가 일치하도록 그립니다. 이때 잘린 모서리는 실선으로, 잘리지 않은 모서리는 점선으로 그립니다.

44

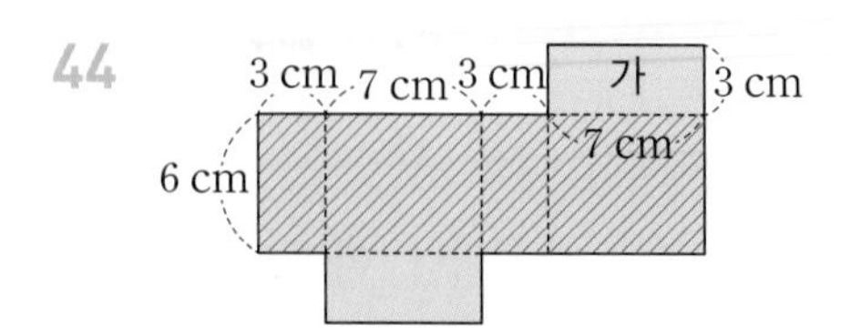

면 가와 수직인 면은 가로가 $3+7+3+7=20$ (cm)이고, 세로가 6 cm인 직사각형과 같습니다.
(면 가와 수직인 면의 넓이의 합)$=20\times 6=120$ (cm^2)

45 접었을 때 만나는 모서리의 길이가 같아야 합니다.

46 정육면체의 전개도가 되려면 접었을 때 겹치는 한 면을 겹치지 않는 곳으로 이동해야 합니다.

47 색이 칠해진 면 3개가 한 꼭짓점에서 만나게 되는 경우는 면 ㉮ 또는 면 ㉰에 색칠되었을 때입니다. 그중 노란색, 파란색, 빨간색이 순서대로 시계 반대 방향으로 보이려면 면 ㉮에 노란색을 칠해야 합니다.

48 전개도를 접었을 때 무늬가 있는 세 면이 한 꼭짓점에서 만나도록 나머지 면을 찾아 무늬를 그려 넣습니다.

응용력 높이기

130~133쪽

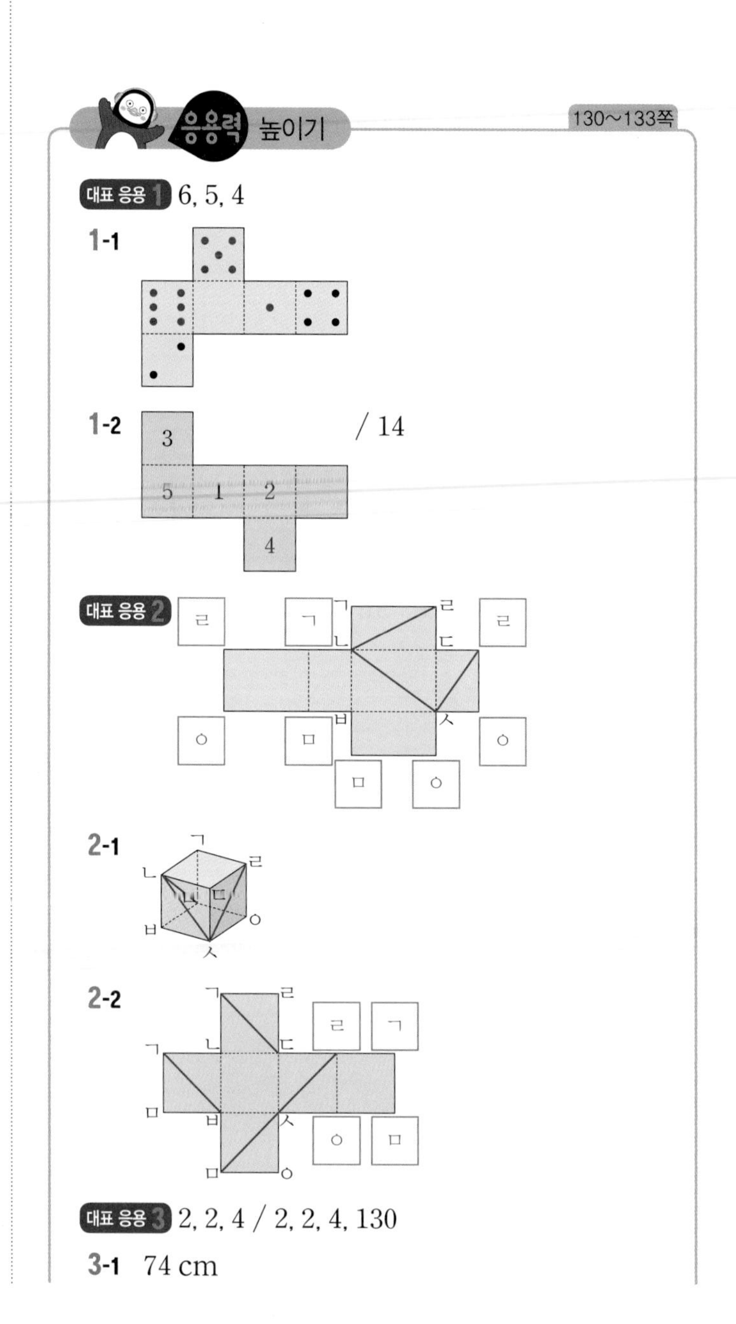

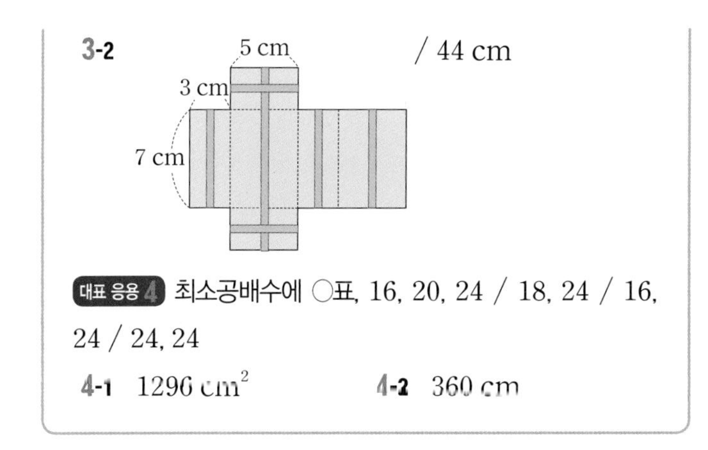

대표 응용 4 최소공배수에 ○표, 16, 20, 24 / 18, 24 / 16, 24 / 24, 24

4-1 1296 cm² 4-2 360 cm

1-1 먼저 눈의 수가 4인 면과 수직인 면을 찾아 표시한 후, 서로 마주 보는 면을 확인하고 눈의 수의 합이 7이 되도록 그려 넣습니다.

1-2 1과 평행한 면인 6의 위치를 생각해서 전개도에서 5가 어느 면인지 먼저 찾습니다. 그 뒤 3, 5와 각각 평행한 면을 찾아 합해서 7이 되는 수를 구하면 각각 4, 2입니다. 즉 1의 눈이 그려진 면과 수직인 면에 있는 눈의 수는 각각 3, 5, 2, 4입니다.
따라서 이 수들의 합은 $3+5+2+4=14$입니다.

2-1 전개도에 그은 선은 선분 ㄹㅅ, 선분 ㅅㄴ, 선분 ㄴㅁ이므로 이 선분을 정육면체 위에 그어 봅니다.

2-2 정육면체를 잘라서 펼쳤을 때의 모양을 생각하며 전개도의 각 점에 알맞은 기호를 써넣습니다.

3-1 색 테이프의 길이가 5 cm인 부분이 2군데, 4 cm인 부분이 2군데, 14 cm인 부분이 4군데 있습니다.
따라서 색 테이프의 전체 길이는
$5\times2+4\times2+14\times4=10+8+56=74$ (cm)입니다.

3-2 색 테이프의 길이가 3 cm인 부분이 2군데, 5 cm인 부분이 2군데, 7 cm인 부분이 4군데 있습니다.
따라서 색 테이프의 전체 길이는
$3\times2+5\times2+7\times4=6+10+28=44$ (cm)입니다.

4-1 9, 4, 6의 최소공배수는 36이므로 가장 작은 정육면체의 한 모서리의 길이는 36 cm입니다.
따라서 만든 정육면체의 한 면의 넓이는
$36\times36=1296$ (cm²)입니다.

4-2 5, 3, 10의 최소공배수는 30이므로 가장 작은 정육면체의 한 모서리의 길이는 30 cm입니다.
정육면체에는 12개의 모서리가 있습니다.
따라서 만든 정육면체의 모서리의 길이의 합은
$30\times12=360$ (cm)입니다.

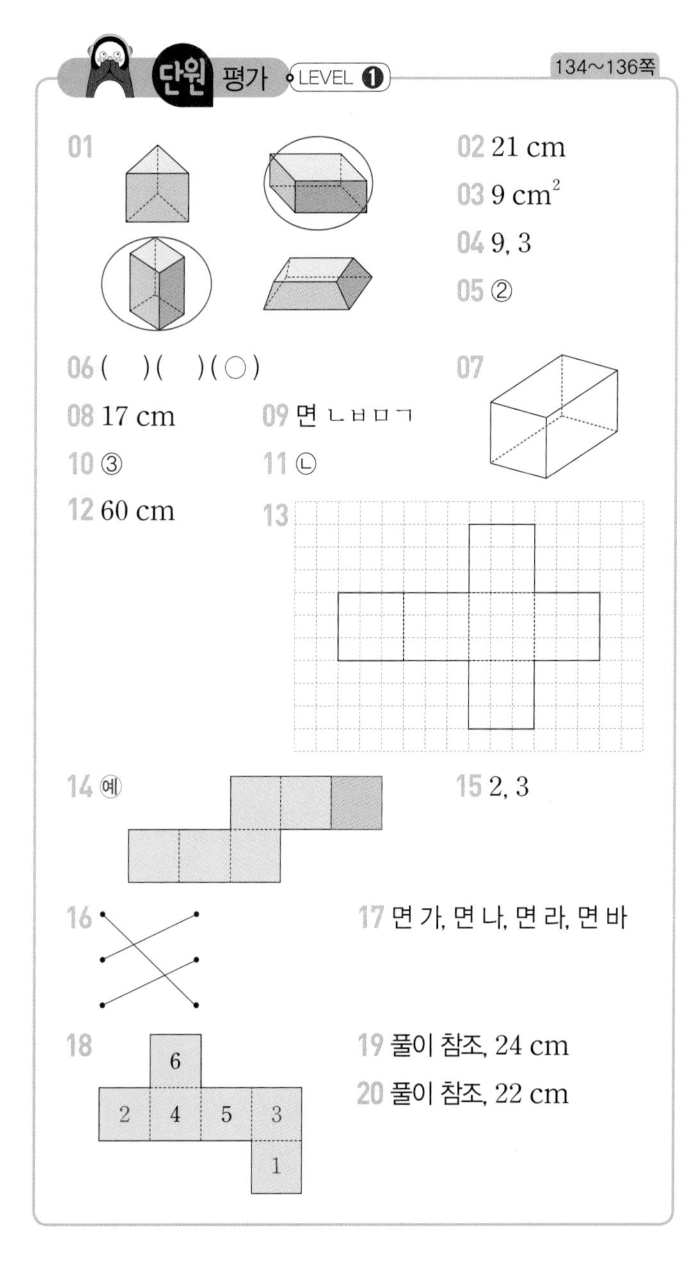

단원 평가 LEVEL 1
134~136쪽
01
02 21 cm
03 9 cm²
04 9, 3
05 ②
06 ( )( )(○)
07
08 17 cm
09 면 ㄴㅂㅁㄱ
10 ③
11 ㉡
12 60 cm
13
14 예
15 2, 3
16
17 면 가, 면 나, 면 라, 면 바
18
6
2 4 5 3
1
19 풀이 참조, 24 cm
20 풀이 참조, 22 cm

02 선분 ㄷㅅ과 평행한 모서리는 선분 ㄹㅇ, 선분 ㄱㅁ, 선분 ㄴㅂ이고 길이가 모두 같습니다.
따라서 선분 ㄷㅅ과 평행한 모서리의 길이의 합은
$7 \times 3 = 21$ (cm)입니다.

03 정육면체는 모든 모서리의 길이가 같으므로
(한 면의 넓이)$=3 \times 3=9$ (cm^2)입니다.

04 직육면체의 모서리 12개 중 보이는 모서리는 9개이고, 보이지 않는 모서리는 3개입니다.

05 ① 직육면체의 모서리는 12개입니다.
③ 정육면체는 정사각형 6개로 이루어져 있으므로 모서리의 길이는 모두 같습니다.
④ 정육면체와 직육면체의 면은 각각 6개로 같습니다.
⑤ 정육면체의 두 밑면은 서로 평행합니다.

06 보이는 모서리는 실선으로, 보이지 않는 모서리는 점선으로 그려야 합니다.

07 보이는 부분은 실선으로, 보이지 않는 부분은 점선으로 그려야 하는데 실선으로 그려야 할 부분은 점선으로, 점선으로 그려야 할 부분은 실선으로 그렸습니다.

08 보이지 않는 모서리의 길이는 각각 10 cm, 2 cm, 5 cm이므로 보이지 않는 모서리의 길이의 합은
$10+2+5=17$ (cm)입니다.

09 면 ㄷㅅㅇㄹ과 평행한 면은 마주 보는 면으로 면 ㄴㅂㅁㄱ입니다.

10 ③ 면 ㄴㅂㅅㄷ은 면 ㄱㅁㅇㄹ과 서로 평행합니다.

11 ㉡ 면 ㄴㅂㅅㄷ과 면 ㄱㅁㅇㄹ은 서로 평행합니다.
㉠, ㉢의 두 면은 서로 수직입니다.

12 색 테이프의 길이가 6 cm인 부분이 2군데, 4 cm인 부분이 2군데, 10 cm인 부분이 4군데입니다.
➡ (색 테이프의 전체 길이)$=6 \times 2+4 \times 2+10 \times 4$
$=12+8+40$
$=60$ (cm)

13 정육면체를 접었을 때 겹치는 부분이 없도록 빠진 부분을 그려 넣어 전개도를 완성합니다.

17 면 다와 수직인 면은 면 다와 평행한 면인 면 마를 제외한 나머지 면 4개입니다.

18 정육면체에서 평행한 두 면은 서로 마주 보는 면입니다.

19 예 면 ㄱㄴㅂㅁ과 평행한 면은 면 ㄹㄷㅅㅇ입니다. … 50 %
따라서 면 ㄹㄷㅅㅇ의 모서리의 길이는 5 cm, 7 cm, 5 cm, 7 cm이므로 합은
$5+7+5+7=24$ (cm)입니다. … 50 %

20

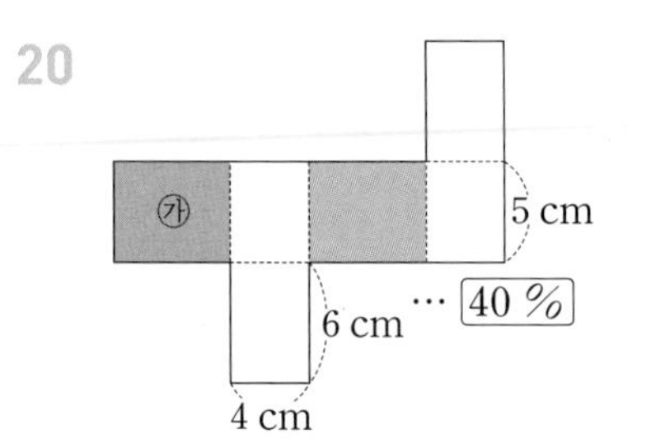

예 면 ㉮와 평행한 면은 가로가 6 cm, 세로가 5 cm인 직사각형입니다. … 30 %
따라서 면 ㉮와 평행한 면의 네 변의 길이의 합은
$6+5+6+5=22$ (cm)입니다. … 30 %

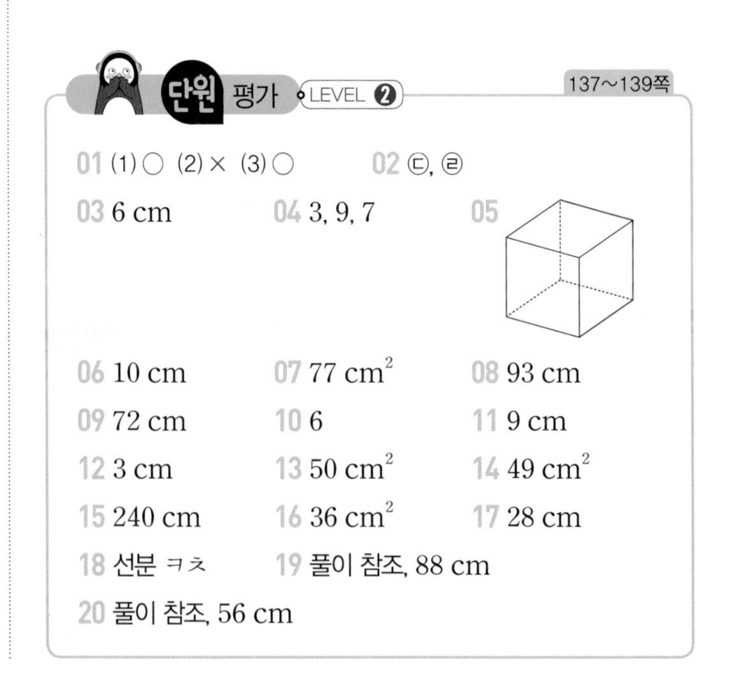
단원 평가 LEVEL ❷ 137~139쪽

01 (1) ○ (2) × (3) ○
02 ㉢, ㉣
03 6 cm
04 3, 9, 7
05
06 10 cm
07 77 cm^2
08 93 cm
09 72 cm
10 6
11 9 cm
12 3 cm
13 50 cm^2
14 49 cm^2
15 240 cm
16 36 cm^2
17 28 cm
18 선분 ㅋㅊ
19 풀이 참조, 88 cm
20 풀이 참조, 56 cm

01 (2) 직육면체는 마주 보는 면이 서로 평행하고 합동인 직사각형입니다.

02 ㉢ 직육면체의 면의 모양은 직사각형이고 정육면체의 면의 모양은 정사각형입니다.
㉣ 직육면체는 직사각형으로 이루어져 있으므로 모서리의 길이가 다른 경우가 있지만 정육면체는 정사각형으로 이루어져 있어서 모서리의 길이는 항상 같습니다.

03 정육면체의 모서리는 12개이고 모든 모서리의 길이가 같습니다.
(정육면체의 한 모서리의 길이)$=72\div12=6$ (cm)

04 보이는 면은 3개, 보이는 모서리는 9개, 보이는 꼭짓점은 7개입니다.

05 보이는 부분은 실선으로, 보이지 않는 부분은 점선으로 그립니다.

06 보이지 않는 모서리에는 2 cm, 3 cm, 5 cm인 모서리가 1개씩 있습니다.
➡ $2+3+5=10$ (cm)

07 모서리의 길이가 가장 긴 것과 두 번째로 긴 것을 포함하는 면의 넓이를 구하면 $11\times7=77$ (cm^2)입니다.

08 겨냥도에서 보이는 모서리는 실선으로 된 부분이므로 보이는 모서리의 길이의 합은
$(8+8+15)\times3=93$ (cm)입니다.

09 정육면체의 모든 면은 정사각형입니다. 정육면체의 한 모서리의 길이를 □cm라 하면 □×□=36이므로 □=6입니다.
정육면체의 모든 모서리의 길이는 같으므로 모서리의 길이의 합은 $6\times12=72$ (cm)입니다.

10 직육면체에는 길이가 같은 모서리가 4개씩 3종류 있습니다. 길이가 4 cm, 5 cm, □cm인 모서리가 각각 4개씩 있으므로 (4+5+□)×4=60,
4+5+□=15, □=6입니다.

11 (직육면체의 모든 모서리의 길이의 합)
$=(12+6+9)\times4=27\times4=108$ (cm)
정육면체는 12개의 모서리의 길이가 모두 같으므로 한 모서리의 길이는 $108\div12=9$ (cm)입니다.

12 직육면체에는 길이가 같은 모서리가 4개씩 있으므로 (5+□+4)×4=48입니다.
5+□+4=12이므로 □=3입니다.
따라서 5 cm, 3 cm, 4 cm 중 가장 짧은 모서리의 길이는 3 cm입니다.

13 길이가 다른 나머지 한 모서리의 길이를 □cm라 하면
(7+5+□)×4=88, 7+5+□=22,
12+□=22, □=22−12=10입니다.
따라서 면 ㉮의 넓이는 $5\times10=50$ (cm^2)입니다.

14 직육면체의 모든 모서리의 길이의 합은
$9\times4+5\times4+7\times4=36+20+28$
$=84$ (cm)입니다.
정육면체는 12개의 모서리의 길이가 같으므로 정육면체의 한 모서리의 길이는 $84\div12=7$ (cm)입니다.
➡ (한 면의 넓이)$=7\times7=49$ (cm^2)

15 직육면체를 쌓아서 만들 수 있는 가장 작은 정육면체의 한 모서리의 길이는 5, 2, 4의 최소공배수인 20 cm입니다.
따라서 모든 모서리의 길이의 합은
$20\times12=240$ (cm)입니다.

16 평행한 면은 서로 합동이므로 면 가의 넓이는
$4\times9=36$ (cm^2)입니다.

17 색칠한 면은 직사각형이고 직사각형의 길이가 다른 한 변의 길이를 □cm라 할 때,
(색칠한 면의 넓이)=9×□=45, □=5입니다.
색칠한 면과 평행한 면은 서로 합동이므로 둘레는
$(9+5)\times2=28$ (cm)입니다.

18 점 ㄱ은 점 ㅋ과 만나고 점 ㄴ은 점 ㅊ과 만나므로 선분 ㄱㄴ과 겹치는 선분은 선분 ㅋㅊ입니다.

19 예 모든 모서리의 길이의 합은 보이지 않는 모서리의 길이의 합의 4배입니다. 보이지 않는 모서리의 길이의 합은 $92 \div 4 = 23$ (cm)이므로 나머지 한 모서리의 길이는 $23 - 3 - 8 = 12$ (cm)입니다. … 50 %
따라서 직육면체의 전개도의 둘레는
$12 \times 4 + 3 \times 8 + 8 \times 2 = 48 + 24 + 16 = 88$ (cm)
입니다. … 50 %

20

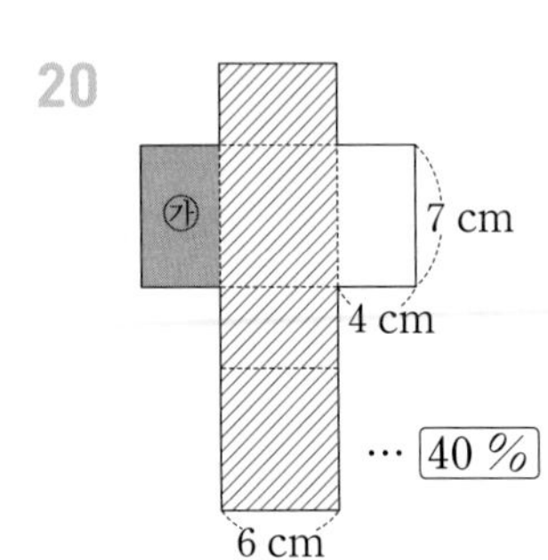

예 면 ㉮와 수직인 면은 빗금으로 나타낸 부분이므로 가로가 6 cm이고, 세로가
$4 + 7 + 4 + 7 = 22$ (cm)인 직사각형입니다. … 30 %
따라서
(빗금으로 나타낸 부분의 둘레)
$= 6 + 22 + 6 + 22 = 56$ (cm)입니다. … 30 %

6 단원 평균과 가능성

교과서 개념 다지기 142~145쪽

01 20에 ○표
02 (1) 32, 38, 35, 40, 35, 180 (2) 5 (3) 180, 5, 36
03 9, 7, 10, 6, 32, 8
04 5, 6, 5, 4, 20, 5
05

월	○	○	○	○	○		
화	○	○	○	○	○	○	○
수	○	○	○	○	○		
목	○	○	○	○	○	○	

/ 5

06 2, 9, 7, 6, 6 / 30, 5, 6
07 (1) 6, 30 (2) 30, 7, 5, 8, 6, 4

교과서 넘어 보기 146~149쪽

01 풀이 참조, 4개
02 7, 5, 1, 4, 16, 4, 4
03 성민
04 (1) 예 47 / 예 평균을 47분으로 예상한 후 (35, 59), 47, (60, 34)로 수를 옮기고 짝지어 자료의 값을 고르게 하여 구한 현지의 독서 시간의 평균은 47분입니다.
(2) 예 (현지의 독서 시간의 평균)
$= (35 + 60 + 47 + 59 + 34) \div 5$
$= 235 \div 5 = 47$(분)
05 42분
06 84개
07 86개
08 소시지빵
09 88점
10 88점 초과
11 수요일, 목요일, 금요일
12 석진
13 36개
14 4명
15 9개
16 12750개
17 월요일, 화요일
18 한서네 모둠
19 5점, 5점
20 두레반, 1점

교과서 속 응용 문제

21 50대
22 25명
23 89회
24 12초
25 44회

01

○	○	○	○
○	○	○	○
○	○	○	○
○	○	○	○
연아	**희지**	**주안**	**수안**

○를 옮겨 화살 수를 고르게 만들면 ○가 각각 4개입니다. 따라서 넣은 화살 수의 평균은 4개입니다.

02 (평균)=(넣은 화살 수의 합)÷(모둠원의 수)

03 중간쯤 되는 값이 언제나 평균이 되는 것은 아닙니다. 가지고 있는 연필의 수가 고르게 되도록 맞춰 평균을 구하면 6자루가 되므로 바르게 설명한 사람은 성민이입니다.

05 (5일 동안의 휴대 전화 사용 시간)
$=50+30+40+55+35=210$(분)
(평균)$=210\div5=42$(분)

06 (판매한 크림빵 수의 평균)
$=(91+82+75+88)\div4=336\div4=84$(개)

07 (판매한 소시지빵 수의 평균)
$=(78+84+89+93)\div4=344\div4=86$(개)

08 84개$<$86개이므로 4개월 동안 판매한 빵 수의 평균이 더 많은 것은 소시지빵입니다.

09 (4회까지의 퀴즈 대회에서 얻은 점수의 평균)
$=(88+96+76+92)\div4=352\div4=88$(점)

10 지혜가 5회까지의 퀴즈 대회 동안 얻은 점수의 평균이 4회까지의 퀴즈 대회 동안 얻은 점수의 평균보다 높으려면 5회에서는 4회까지의 퀴즈 대회 동안 얻은 점수의 평균인 88점보다 높은 점수를 얻어야 합니다. 5회에서 88점을 얻는다면 평균이 88점과 같아지므로 88점보다는 높은 점수를 얻어야 합니다. 따라서 88점 초과인 점수를 얻어야 합니다.

11 요일별 이용객 수의 평균은 요일별 이용객 수를 모두 더한 값을 5로 나눈 것입니다.
(평균)$=(99+132+157+140+162)\div5$
$=690\div5=138$(명)
이용객 수가 138명보다 많은 요일은 수요일, 목요일, 금요일이므로 이때 안전요원의 수를 늘려야 합니다.

12 연필 길이의 평균은
$(13+10+9+14+9)\div5=55\div5=11$ (cm)입니다. 자료의 값 중 11 cm에 가장 가까운 값은 10 cm이므로 석진이의 연필의 길이가 평균에 가장 가깝습니다.

13 종이별 180개를 5모둠이 만들어야 하므로 한 모둠당 종이별을 평균 $180\div5=36$(개)씩 만들어야 합니다.

14 전체 학생 수는 $3+5+3+4+5=20$(명)이므로
한 모둠당 평균 $20\div5=4$(명)입니다.

15 한 모둠이 종이별을 평균 36개씩 만들어야 하고, 한 모둠당 평균 학생 수는 4명이므로 한 학생당 만들어야 하는 종이별은 평균 $36\div4=9$(개)입니다.

16 하루에 평균 425개를 생산하므로 30일 동안 생산한 장난감은 모두 $425\times30=12750$(개)입니다.

17 5일 동안 교실 온도의 평균은
$(22+23+26+25+24)\div5=24$ (℃)입니다.
교실 온도가 24 ℃보다 낮은 요일은 월요일(22 ℃), 화요일(23 ℃)입니다.

18 (한서네 모둠의 줄넘기 기록의 평균)
$=224\div4=56$(번)
(민주네 모둠의 줄넘기 기록의 평균)
$=270\div5=54$(번)
따라서 줄넘기 기록의 평균이 더 높은 모둠은 한서네 모둠입니다.

19 (하나반의 평균)$=(6+6+8+4+1)\div5$
$=25\div5=5$(점)

(두레반의 평균)$=(7+5+2+6)\div4$

$=20\div4=5$(점)

20 두레반이 한 회당 얻은 점수의 평균은 $(7+5+2+6+10)\div5=30\div5=6$(점)입니다. 따라서 두레반의 평균이 $6-5=1$(점) 더 높습니다.

21 (판매한 전체 냉장고 수)$=46\times5=230$(대)

(4월에 판매한 냉장고 수)

$=230-(29+45+32+74)$

$=230-180=50$(대)

22 (5학년 전체 학생 수)$=22\times4=88$(명)

(예반의 학생 수)$=88-(19+21+23)=25$(명)

23 $(88+62+124+82)\div4=356\div4=89$(회)

24 (50 m 달리기 기록의 합)$=11\times4=44$(초)

(시언이의 50 m 달리기 기록)$=44-(12+7+13)$

$=44-32=12$(초)

25 (전학생이 오기 전 윗몸 말아 올리기 기록의 평균)

$=(44+23+38+51)\div4=156\div4=39$(회)

전학생을 포함한 평균은 39회보다 1회 더 많으므로 40회입니다.

(전학생을 포함한 윗몸 말아 올리기 기록의 합)

$=40\times5=200$(회)

➡ (전학생의 윗몸 말아 올리기 기록)

$=200-(44+23+38+51)$

$=200-156=44$(회)

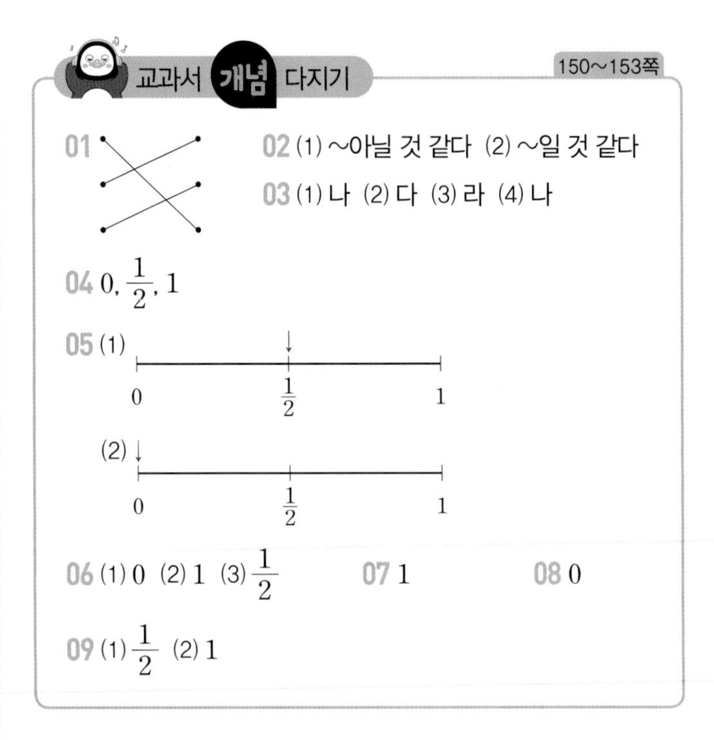

교과서 개념 다지기 150~153쪽

01

02 (1) ~아닐 것 같다 (2) ~일 것 같다

03 (1) 나 (2) 다 (3) 라 (4) 나

04 0, $\frac{1}{2}$, 1

05 (1) 0, $\frac{1}{2}$, 1

(2) 0, $\frac{1}{2}$, 1

06 (1) 0 (2) 1 (3) $\frac{1}{2}$ 07 1 08 0

09 (1) $\frac{1}{2}$ (2) 1

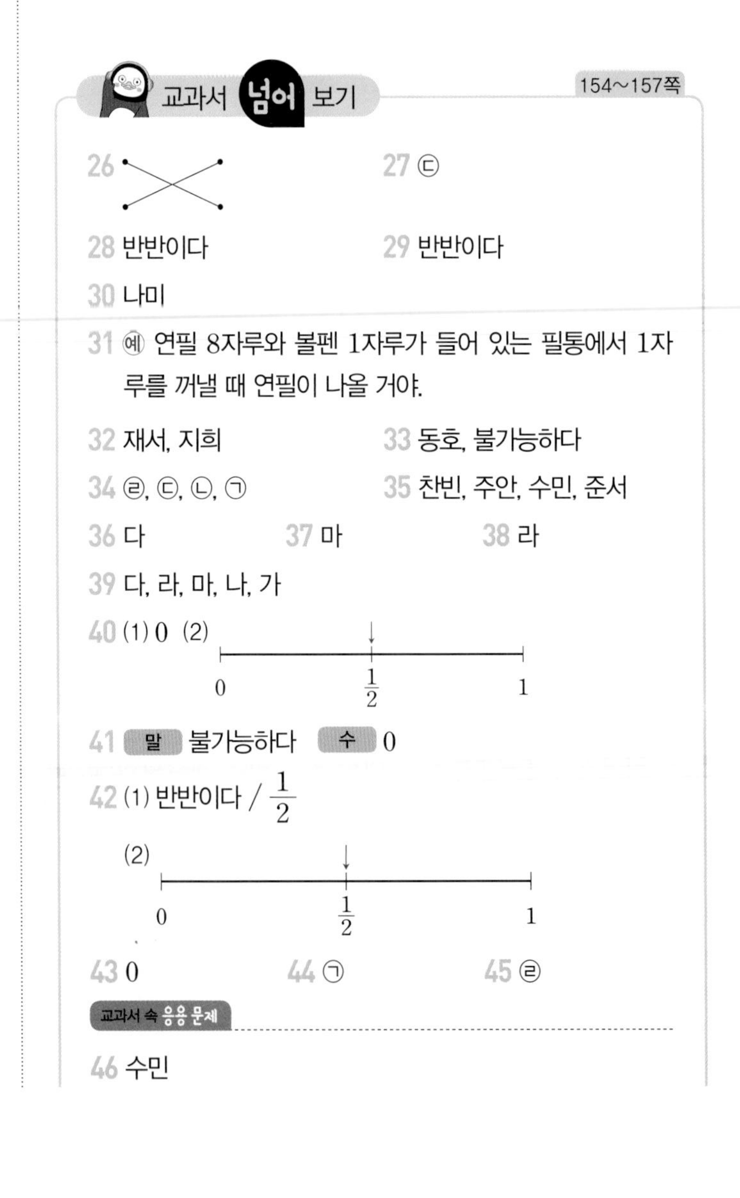

교과서 넘어 보기 154~157쪽

26

27 ㉢

28 반반이다

29 반반이다

30 나미

31 예 연필 8자루와 볼펜 1자루가 들어 있는 필통에서 1자루를 꺼낼 때 연필이 나올 거야.

32 재서, 지희

33 동호, 불가능하다

34 ㉣, ㉢, ㉡, ㉠

35 찬빈, 주안, 수민, 준서

36 다 37 마 38 라

39 다, 라, 마, 나, 가

40 (1) 0 (2) 0, $\frac{1}{2}$, 1

41 말 불가능하다 수 0

42 (1) 반반이다 / $\frac{1}{2}$

(2) 0, $\frac{1}{2}$, 1

43 0 44 ㉠ 45 ㉣

교과서 속 응용 문제

46 수민

47 예 지금은 오전 9시니까 1시간 후에는 오전 10시가 될 거야.

48 ~아닐 것 같다에 ○표 49 윤지, 찬영, 선호, 수민

50 ㉠, ㉢, ㉡

26 배구공만 들어 있는 바구니에서 1개를 꺼내면 언제나 배구공만 나오므로 일이 일어날 가능성은 '확실하다'입니다. 축구공과 농구공이 반반씩 들어 있으므로 축구공이 나올 가능성은 '반반이다'입니다.

27 ㉢ 지갑에 100원짜리 동전만 들어 있으므로 동전을 꺼낼 때 항상 100원짜리만 나올 것이므로 일이 일어날 가능성은 '확실하다'입니다.

28 1부터 10까지 10장의 수 카드 중 짝수인 카드는 2, 4, 6, 8, 10으로 모두 5개이므로 짝수인 카드가 나올 가능성은 '반반이다'입니다.

29 급식을 제일 빨리 먹을 친구는 남자이거나 여자이므로 남자일 가능성은 '반반이다'입니다.

30 필통에 든 필기구 9자루 중에 1자루만 볼펜이므로 1자루를 꺼낼 때 볼펜이 나올 가능성은 '~아닐 것 같다'입니다. ➡ 나미

31 일이 일어날 가능성이 높은 상황으로 바꿉니다.

32 재서: 월요일 다음날은 언제나 화요일이므로 일이 일어날 가능성은 '확실하다'입니다.

지희: 생일은 일년에 한 번뿐이므로 내일 또 생일일 가능성은 '불가능하다'입니다.

33 소는 강아지를 낳을 수 없으므로 소가 강아지를 낳을 가능성은 '불가능하다'입니다.

34 ㉠ 9의 약수는 1, 3, 9이고 10의 약수는 1, 2, 5, 10이므로 9의 약수이고 10의 약수인 수는 1입니다. 수 카드에는 1이 없으므로 일이 일어날 가능성은 '불가능하다'입니다.

㉡ 수 카드 중 6의 배수는 6, 12이므로 6의 배수가 나올 가능성은 '~아닐 것 같다'에 가깝습니다.

㉢ 수 카드 중 짝수는 2, 6, 12이므로 일이 일어날 가능성은 '반반이다'입니다.

㉣ 15 이하인 수는 모든 수 카드에 해당되므로 '확실하다'입니다.

따라서 일이 일어날 가능성이 높은 것부터 차례로 기호를 쓰면 ㉣, ㉢, ㉡, ㉠입니다.

35 화살이 파란색에 멈춰야 점수를 얻으므로 파란색인 부분이 넓은 회전판을 반는 친구가 점수를 얻을 가능성이 높습니다.

36 다 회전판은 초록색만 있으므로 노란색에 멈출 가능성이 불가능합니다.

37 노란색과 초록색이 반반 색칠된 회전판을 찾습니다.

38 초록색 부분이 더 넓은 회전판은 라입니다. 따라서 화살이 초록색에 멈출 가능성이 더 높은 회전판은 라입니다.

39 초록색 부분이 넓은 회전판부터 차례로 쓰면 다, 라, 마, 나, 가입니다.

40 (1) 상자에는 사탕이 들어 있지 않으므로 1개를 꺼냈을 때 사탕이 나올 가능성은 '불가능하다'이고 수로 표현하면 0입니다.

(2) 상자에 초콜릿과 쿠키가 반반씩 들어 있으므로 1개를 꺼냈을 때 쿠키가 나올 가능성은 '반반이다'이고 수로 표현하면 $\frac{1}{2}$입니다.

41 서울의 8월은 여름이므로 평균 기온은 0 ℃보다 낮을 가능성은 '불가능하다'이고 수로 표현하면 0입니다.

42 ● 와 ★ 는 8장 중 각각 4장이므로 꺼낼 가능성은 '반반이다'이고 수로 표현하면 $\frac{1}{2}$입니다.

43 공에 쓰여진 수는 3 이상이므로 3 미만인 수가 나올 가능성은 '불가능하다'이고 수로 표현하면 0입니다.

44 ㉠ 3, 9, 12, 21이 모두 3으로 나누어떨어지므로 3으

로 나누어떨어지는 수가 나올 가능성은 '확실하다'이고 수로 표현하면 1입니다. ㉡ 21의 약수는 1, 3, 7, 21이므로 21의 약수가 나올 가능성은 '반반이다'이고 수로 표현하면 $\frac{1}{2}$입니다. 따라서 가능성이 더 높은 것은 ㉠입니다.

45 세 가지 색에서 화살이 멈춘 횟수가 비슷하므로 세 가지 색이 가장 비슷하게 나누어진 ㉣이 적절합니다.

46 오전 9시에서 1시간 후는 오전 10시이므로 오후 10시가 되는 것은 불가능합니다. 따라서 일이 일어날 가능성이 '불가능하다'인 경우를 말한 친구는 수민입니다.

48 상자에 든 구슬 100개 중 3개만 노란색이므로 97개는 노란색 구슬이 아닙니다. 따라서 구슬 1개를 꺼낼 때 노란색일 가능성은 '~아닐 것 같다'입니다.

49 친구들이 말한 일이 일어날 가능성을 말로 표현하면 다음과 같습니다.
찬영: ~일 것 같다, 윤지: 확실하다
수민: 불가능하다, 선호: ~아닐 것 같다
따라서 일이 일어날 가능성이 높은 친구부터 순서대로 이름을 쓰면 윤지, 찬영, 선호, 수민입니다.

50 ㉠ 1월에 우리나라는 밤이 낮보다 길므로 가능성은 '확실하다'입니다.
㉡ 오늘이 토요일이면 내일은 일요일이므로 가능성은 '불가능하다'입니다.
㉢ 혜정이네 반 학생 수는 25명이고 1년은 12달이므로 학생 수가 달 수보다 2배 이상 큽니다. 따라서 10월에 생일인 친구들이 있을 가능성은 '~일 것 같다'입니다.
따라서 일이 일어날 가능성이 높은 것부터 차례로 기호를 쓰면 ㉠, ㉢, ㉡입니다.

158~161쪽

대표 응용 1 6, 914.4, 141.4, 565.6 / 914.4, 565.6, 1480, 148

1-1 39.75 kg **1-2** 3 kg

대표 응용 2 940, 940, 3760, 3760, 930

2-1 31개 **2-2** 302타, 285타

대표 응용 3 5, 445, 5, 89 / 89, 92, 644 / 644, 445, 199

3-1 50분 **3-2** 95점

대표 응용 4 반반이다, $\frac{1}{2}$, 3

4-1 예 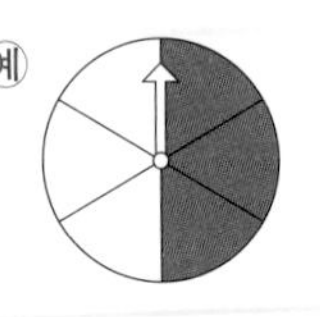

4-2 예 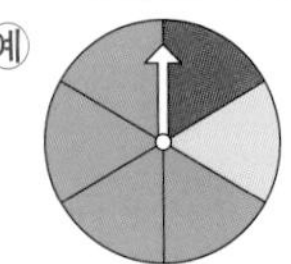

1-1 (남학생 5명의 몸무게의 합)$=40.3\times5=201.5$ (kg),
(여학생 5명의 몸무게의 합)$=39.2\times5=196$ (kg)
➡ (10명의 평균 몸무게)$=(201.5+196)\div10$
$=397.5\div10$
$=39.75$ (kg)

1-2 오전에 담은 귤의 전체 무게와 오후에 담은 귤의 전체 무게를 더하면 전체 귤의 무게를 알 수 있습니다.
(오전에 담은 귤 전체의 무게)$=20\times2.75=55$ (kg),
(오후에 담은 귤 전체의 무게)$=10\times3.5=35$ (kg)
➡ (새로 담을 한 상자당 귤의 평균 무게)
$=(55+35)\div30=90\div30=3$ (kg)

2-1 (성준이의 고리 던지기 기록의 평균)
$=(30+32+25+33)\div4=120\div4=30$(개)
(하영이의 고리 던지기 기록의 합)$=30\times3=90$(개)
(하영이의 고리 던지기 3회 기록)
$=90-(34+25)=90-59=31$(개)

2-2 (민서의 4회 타자 기록의 합)$=315\times4=1260$(타)
(민서의 2회 타자 기록)
$=1260-(318+313+327)$
$=1260-958=302$(타)
(은하의 3회 타자 기록의 합)$=310\times3=930$(타)

(은하의 2회 타자 기록) $=930-(330+315)$

$=930-645=285$(타)

3-1 금요일을 제외한 4일 동안의 독서 시간 평균은 $(50+40+45+45)\div4=180\div4=45$(분)입니다. 금요일이 포함된 5일 동안의 독서 시간 평균은 46분이 되어야 하므로 5일 동안의 독서 시간의 합은 $46\times5=230$(분)이 되어야 합니다.
따라서 금요일의 독서 시간은 $230-180=50$(분)입니다.

3-2 (영수의 평균 점수) $=(92+83+88+97)\div4$

$=360\div4=90$(점)

보라의 평균 점수는 94점이므로
보라의 수학 단원평가 점수의 합은
$94\times4=376$(점)입니다.

➡ (보라의 4단원 수학 단원평가 점수)

$=376-(96+91+94)=376-281=95$(점)

4-1 꺼낸 구슬의 개수가 짝수일 가능성이 '반반이다'이므로 화살이 빨간색에 멈출 가능성이 같으려면 회전판의 6칸 중 3칸을 빨간색으로 색칠하면 됩니다.

4-2 가능성이 가장 높은 파란색을 가장 넓은 면에 색칠합니다. 빨간색과 노란색은 가능성이 비슷하기 때문에 비슷한 넓이인 두 곳에 각각 색칠합니다.

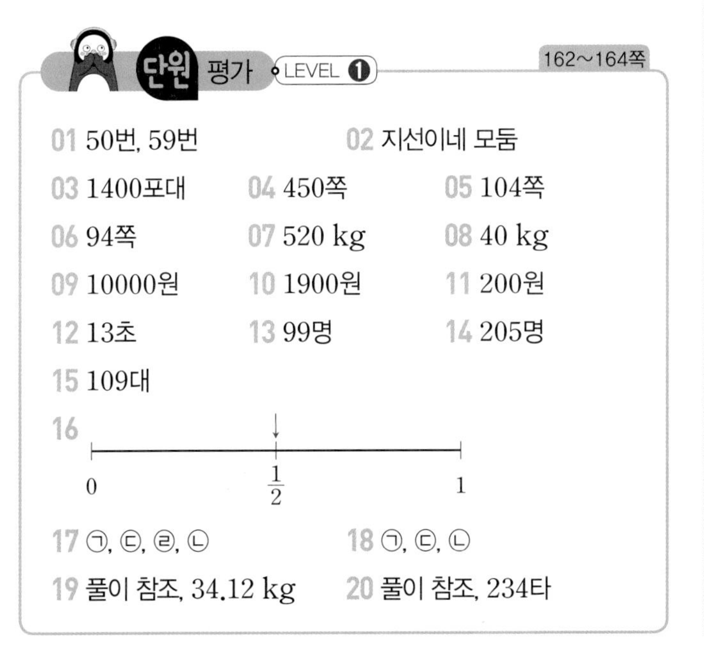

단원 평가 LEVEL ❶ 162~164쪽

01 50번, 59번 02 지선이네 모둠
03 1400포대 04 450쪽 05 104쪽
06 94쪽 07 520 kg 08 40 kg
09 10000원 10 1900원 11 200원
12 13초 13 99명 14 205명
15 109대
16 (0, $\frac{1}{2}$, 1 수직선에서 $\frac{1}{2}$에 화살표)
17 ㉠, ㉢, ㉣, ㉡ 18 ㉠, ㉢, ㉡
19 풀이 참조, 34.12 kg 20 풀이 참조, 234타

01 (수연이네 모둠의 훌라후프 기록의 평균)

$=(47+60+52+40+30+71)\div6$

$=300\div6=50$(번)

(지선이네 모둠의 훌라후프 기록의 평균)

$=(62+58+79+51+45)\div5$

$=295\div5=59$(번)

02 수연이네 모둠의 훌라후프 기록의 평균은 50번이고 지선이네 모둠의 훌라후프 기록의 평균은 59번이므로 평균이 더 높은 모둠은 지선이네 모둠입니다.

03 4주는 $4\times7=28$(일)입니다. 따라서 지난 4주 동안 판매한 쌀은 모두 $50\times28=1400$(포대)입니다.

04 5일 동안 읽은 동화책이 90쪽이므로 $90\times5=450$(쪽)입니다.

05 토요일과 일요일 동안 읽어야 할 남은 동화책의 쪽수는 $658-450=208$(쪽)입니다.
따라서 2일 동안 평균 $208\div2=104$(쪽)을 읽어야 합니다.

06 일주일은 7일이므로 평균 $658\div7=94$(쪽)씩 읽어야 합니다.

07 (전체 학생의 몸무게의 합) $=42.4\times25=1060$ (kg)
(남학생의 몸무게의 합) $=45\times12=540$ (kg)
➡ (여학생의 몸무게의 합) $=1060-540=520$ (kg)

08 (여학생의 평균 몸무게) $=520\div13=40$ (kg)

09 대훈이가 저축한 금액의 총액은 $1800\times5=9000$(원)입니다. 승민이가 저축한 금액의 총액은 대훈이보다 1000원 더 많으므로 10000원입니다.

10 $10000-(2150+1930+2130+1890)$

$=10000-8100=1900$(원)

11 승민이가 저축한 금액의 합계는 대훈이가 저축한 금액의 합계보다 1000원 더 많으므로 한 회당 평균 $1000\div5=200$(원)을 더 저축한 것입니다.

12 정혁이의 달리기 기록의 총합은 $13 \times 5 = 65$(초)입니다. 따라서 3회의 기록은
$65-(15+12+11+14)=13$(초)입니다.

13 $(92+102+98+124+79) \div 5 = 495 \div 5$
$= 99$(명)

14 5일 동안의 방문한 손님 수의 평균은 99명이므로 일주일 동안 방문한 손님 수의 평균은 100명이 되어야 합니다. 일주일 동안 방문한 손님 수가 $100 \times 7 = 700$(명)이 되어야 하므로 토요일과 일요일에는
$700-495=205$(명)이 더 방문해야 합니다.

15 (6월부터 11월까지의 판매량의 평균)
$=(78+67+59+75+84+81) \div 6$
$=444 \div 6 = 74$(대)
(6월부터 12월까지의 평균을 6월부터 11월까지의 평균보다 5대 올리기 위해 필요한 판매량)
$=5 \times 7 = 35$(대)
따라서 12월에는 $74+35=109$(대)를 판매해야 합니다.

16 검은색 바둑돌과 흰색 바둑돌의 개수가 같으므로 꺼낸 바둑돌이 검은색일 가능성은 '반반이다'이고 수로 표현하면 $\frac{1}{2}$입니다.

17 일이 일어날 가능성을 말로 표현하면 다음과 같습니다.
㉠ 확실하다, ㉡ ~아닐 것 같다, ㉢ ~일 것 같다, ㉣ 반반이다
따라서 일이 일어날 가능성이 높은 것부터 차례로 기호를 쓰면 ㉠, ㉢, ㉣, ㉡입니다.

18 빨간색 부분이 넓은 회전판일수록 화살이 빨간색에 멈출 가능성이 높습니다.

19 예 친구 3명의 몸무게의 합은
$38.72 \times 3 = 116.16$ (kg)입니다. … 40 %
윤호를 포함한 4명의 몸무게의 합은
$37.57 \times 4 = 150.28$ (kg)입니다. … 40 %
따라서 윤호의 몸무게는
$150.28-116.16=34.12$ (kg)입니다. … 20 %

20 예 (민영이의 타자 속도의 평균)
$=(237+231+240+252) \div 4$
$=960 \div 4 = 240$(타) … 30 %
두 사람의 타자 속도의 평균이 같으므로 석진이의 타자 속도의 총합은 $240 \times 5 = 1200$(타)입니다. … 30 %
따라서 석진이의 2회 타자 속도는
$1200-(244+239+246+237)$
$=1200-966=234$(타)입니다. … 40 %

단원 평가 LEVEL 2 — 165~167쪽

01 26명	02 25명	03 5학년
04 38 kg	05 오후 5시 25분	06 60 kg
07 22 kg	08 10 kg	09 12 kg
10 84점	11 $\frac{1}{2}$	12 1
13 노란색 구슬	14 불가능하다 / 0	
15 $\frac{1}{2}$	16 $\frac{1}{2}$	17 ㉢, ㉠, ㉡
18 ㉣, ㉤, ㉡, ㉢, ㉠	19 풀이 참조, 78점	
20 풀이 참조, 64세		

01 $(24+28+25+27) \div 4 = 104 \div 4 = 26$(명)

02 $(26+27+24+23+25) \div 5 = 125 \div 5 = 25$(명)

04 (남학생의 몸무게의 합)$=39.75 \times 16 = 636$ (kg)
(여학생의 몸무게의 합)$=36 \times 14 = 504$ (kg)
(보경이네 반 학생들의 몸무게의 합)
$=636+504=1140$ (kg)
(보경이네 반의 학생 수)$=16+14=30$(명)
➡ (보경이네 반 학생들의 몸무게의 평균)
$=1140 \div 30 = 38$ (kg)

05 3일 동안 전체 수영 연습 시간은 $50 \times 3 = 150$(분)입니다.
어제와 오늘 연습한 시간은 $40+55=95$(분)이므로

내일 연습해야 하는 시간은 $150-95=55$(분)입니다. 따라서 오후 4시 30분부터 55분간 연습하려면 오후 5시 25분까지 연습해야 합니다.

06 $12\times5=60$ (kg)

07 $60-(14+11+13)=22$ (kg)

08 파랑 상자의 무게를 □ kg이라고 하면 노랑 상자의 무게는 (□+2) kg입니다.
□+(□+2)=22, □+□=20, □=20÷2=10

09 (노랑 상자의 무게)$=10+2=12$ (kg)

10 (1차 시험의 국어 점수의 평균)
$=(84+72+92+88)\div4$
$=336\div4=84$(점)
2차 시험의 평균이 $84+2=86$(점)이 되려면 2차 시험의 총점은 $86\times4=344$(점)이어야 합니다.
따라서 나연이는 2차 시험의 국어 점수에서
$344-(80+88+92)=344-260=84$(점)을 받아야 합니다.

11 1년 중 짝수 달은 2, 4, 6, 8, 10, 12월로 여섯 달이므로 가능성은 '반반이다'입니다. 따라서 가능성을 수로 표현하면 $\frac{1}{2}$입니다.

12 모두 흰색 바둑돌이므로 한 개의 바둑돌을 꺼내고 두 번째 바둑돌을 꺼냈을 때 흰색 바둑돌을 꺼낼 가능성은 '확실하다'입니다. 따라서 가능성을 수로 표현하면 1입니다.

13 남준이가 구슬을 꺼내기 전 주머니에는 초록색 구슬 3개, 노란색 구슬 4개, 보라색 구슬 1개가 남았으므로 노란색 구슬을 꺼낼 가능성이 가장 높습니다.

14 모든 수 카드의 수가 홀수이므로 짝수인 수를 뽑을 가능성은 '불가능하다'입니다. 따라서 가능성을 수로 표현하면 0입니다.

15 연수네 모둠이 먼저 공격하려면 숫자 면이 나와야 합니다. 숫자 면과 그림 면 중 숫자 면이 나올 가능성은 '반반이다'이므로 수로 표현하면 $\frac{1}{2}$입니다.

16 ㉠ 2의 약수는 2, 4, 6, 8, 10이므로 가능성은 '반반이다'입니다. → $\frac{1}{2}$
㉡ 주사위는 1부터 6까지 눈이 그려져 있으므로 한 번 던져서 6 초과인 수가 나올 가능성은 '불가능하다'입니다. → 0
따라서 ㉠+㉡$=\frac{1}{2}+0=\frac{1}{2}$입니다.

17 각각의 일이 일어날 가능성을 말로 표현하면
㉠ 반반이다, ㉡ 확실하다, ㉢ 불가능하다입니다.
따라서 가능성이 낮은 것부터 차례로 기호를 쓰면 ㉢, ㉠, ㉡입니다.

18 ㉠ 10의 배수: 없습니다. → 불가능하다
㉡ 10의 약수: 1, 2, 5 → 반반이다
㉢ 7의 약수: 1 → ~아닐 것 같다
㉣ 8보다 작은 수: 1, 2, 3, 4, 5, 6 → 확실하다
㉤ 1 초과 6 이하인 수: 2, 3, 4, 5, 6 → ~일 것 같다

19 예 (전체 학생의 총점)$=79.5\times9=715.5$(점) … 30 %
(남학생 5명의 총점)$=80.7\times5=403.5$(점) … 30 %
따라서 (여학생 4명의 총점)$=715.5-403.5=312$(점)이므로 여학생 4명의 과학 점수의 평균은
$312\div4=78$(점)입니다. … 40 %

20 예 기존 회원 60명의 나이를 모두 더하면
$60\times38=2280$(세)입니다. … 30 %
신입 회원 5명을 포함한 회원 전체의 나이를 모두 더하면 $40\times65=2600$(세)입니다. … 30 %
따라서 신입 회원 5명의 나이의 합은
$2600-2280=320$(세)이므로 평균 나이는
$320\div5=64$(세)입니다. … 40 %

1 단원 수의 범위와 어림하기

1 단원 기본 문제 복습 2~3쪽

01 (선 잇기)

02 재현, 민우

03 예린, 윤정

04 이상, 미만

05 73, 74, 75에 ○표, 69, 70, 71에 △표

06 3590, 3600　07 4.5　08 32800, 30000

09 4553에 ○표　10 156, 161, 147, 159

11 7200명　12 800 cm　13 16장

01 • 이상인 수: ~와 같거나 큰 수
• 이하인 수: ~와 같거나 작은 수
• 초과인 수: ~보다 큰 수
• 미만인 수: ~보다 작은 수

02 45 이상인 수는 45와 같거나 큰 수입니다. 따라서 몸무게가 45 kg 이상인 학생은 재현(52.1 kg), 민우(45.0 kg)입니다.

03 40 미만인 수는 40보다 작은 수입니다. 따라서 몸무게가 40 kg 미만인 학생은 예린(38.7 kg), 윤정(34.9 kg)입니다.

04 수직선에 나타낸 수의 범위는 46과 같거나 크고 48보다 작은 수입니다. ➡ 46 이상 48 미만인 수

05 72 초과인 수는 72보다 큰 수이므로 73, 74, 75입니다. 72 미만인 수는 72보다 작은 수이므로 69, 70, 71입니다.

06 • 3581을 올림하여 십의 자리까지 나타내기 위하여 십의 자리 아래 수인 1을 10으로 보고 올림하면 3590입니다.
• 3581을 올림하여 백의 자리까지 나타내기 위하여 백의 자리 아래 수인 81을 100으로 보고 올림하면 3600입니다.

07 4.586을 버림하여 소수 첫째 자리까지 나타내기 위하여 소수 첫째 자리 아래의 수인 0.086을 0으로 보고 버림하면 4.5입니다.

08 32759를 반올림하여 백의 자리까지 나타내면 십의 자리 숫자가 5이므로 올림하여 32800, 반올림하여 만의 자리까지 나타내면 천의 자리 숫자가 2이므로 버림하여 30000이 됩니다.

09 반올림하여 백의 자리까지 나타내려면 십의 자리 숫자가 0, 1, 2, 3, 4이면 버리고, 5, 6, 7, 8, 9이면 올려서 나타냅니다.
4526, 4459, 4470을 반올림하여 백의 자리까지 나타내면 4500이지만 4553을 반올림하여 백의 자리까지 나타내면 4600이므로 결과가 다른 하나는 4553입니다.

10 영은: 155.8 ➡ 156, 정화: 161.1 ➡ 161,
경진: 146.7 ➡ 147, 소현: 159.3 ➡ 159

11 7246을 반올림하여 백의 자리까지 나타내면 십의 자리 숫자가 4이므로 버림하여 7200입니다.

12 색 테이프를 100 cm 단위로 판매하므로 735 cm를 올림하여 백의 자리까지 나타내면 800 cm입니다. 따라서 색 테이프를 최소 800 cm 사야 합니다.

13 1000원짜리 지폐로 바꾸기 위하여 16850원을 버림하여 천의 자리까지 나타내면 16000원입니다. 따라서 1000원짜리 지폐를 최대 16장까지 바꿀 수 있습니다.

1 단원 응용 문제 복습 4~5쪽

01 144000원	02 300000원	03 205000원
04 4개	05 4개	06 6개
07 4343	08 6457	09 45429
10 200 cm	11 7 m	12 12 m

01 호두과자를 한 봉지에 10개씩 포장하여 팔려고 하므로 365를 버림하여 십의 자리까지 나타내면 360, 즉 36

봉지를 팔게 됩니다. 따라서 한 봉지의 가격이 4000원이므로 호두과자를 팔아서 받을 수 있는 돈은 최대 $4000 \times 36 = 144000$(원)입니다.

02 마카롱 153개를 10개씩 포장하여 팔려고 하므로 153을 버림하여 십의 자리까지 나타내면 150, 즉 15팩을 팔게 됩니다. 따라서 한 팩의 가격이 20000원이므로 마카롱을 팔아서 받을 수 있는 돈은 최대 $20000 \times 15 = 300000$(원)입니다.

03 사탕 4167개를 100개씩 담아서 팔려고 하므로 4167을 버림하여 백의 자리까지 나타내면 4100, 즉 41봉지를 팔게 됩니다. 따라서 한 상자의 가격이 5000원이므로 사탕을 팔아서 받을 수 있는 돈은 최대 $5000 \times 41 = 205000$(원)입니다.

04 자연수 부분이 5인 소수 한 자리 수는 5.□입니다. 소수 첫째 자리 숫자는 4 이상 7 이하인 수이므로 4, 5, 6, 7입니다. 따라서 조건을 만족하는 소수 한 자리 수는 5.4, 5.5, 5.6, 5.7로 모두 4개입니다.

05 자연수 부분이 3인 소수 한 자리 수는 3.□입니다. 소수 첫째 자리 숫자는 2 초과 7 미만인 수이므로 3, 4, 5, 6입니다. 따라서 조건을 만족하는 소수 한 자리 수는 3.3, 3.4, 3.5, 3.6으로 모두 4개입니다.

06 자연수 부분은 4, 5, 6 중 하나이어야 하고, 소수 첫째 자리 숫자는 5, 6 중 하나이어야 합니다.
따라서 조건을 만족하는 소수 한 자리 수는 4.5, 4.6, 5.5, 5.6, 6.5, 6.6으로 모두 6개입니다.

07 반올림하여 백의 자리까지 나타냈을 때 4300이 될 수 있는 수는 4250 이상 4350 미만인 수이므로 일의 자리 숫자가 3인 수 중에서 비밀번호가 될 수 있는 가장 큰 수는 4343입니다.

08 반올림하여 백의 자리까지 나타냈을 때 6500이 될 수 있는 수는 6450 이상 6550 미만인 수이므로 일의 자리 숫자가 7인 수 중에서 비밀번호가 될 수 있는 가장 작은 수는 6457입니다.

09 반올림하여 천의 자리까지 나타냈을 때 45000이 될 수 있는 수는 44500 이상 45500 미만인 수이므로 45□2□를 만족하면서 비밀번호가 될 수 있는 가장 큰 수는 45429입니다.

10 정삼각형은 세 변의 길이가 같으므로 사용한 철사의 길이는 $68 \times 3 = 204$ (cm)입니다. 따라서 204 cm를 반올림하여 십의 자리까지 나타내면 200 cm입니다.

11 (텃밭의 네 변의 길이의 합)$= 1.7 + 1.7 + 1.7 + 1.7$
$= 6.8$ (m)
6.8 m를 반올림하여 일의 자리까지 나타내면 7 m입니다.

12 꽃밭의 둘레는 $(430 + 190) \times 2 = 1240$ (cm)이고 m 단위로 나타내면 12.4 m입니다. 따라서 꽃밭의 둘레를 반올림하여 일의 자리까지 나타내면 12 m입니다.

1 단원 서술형 수행 평가 6~7쪽

01 풀이 참조, 4개　　02 풀이 참조, 9개
03 풀이 참조, 99　　04 풀이 참조, 27명
05 풀이 참조, 6개　　06 풀이 참조, 6봉지
07 풀이 참조, 3000원
08 풀이 참조, 151명 이상 180명 이하
09 풀이 참조, 5698　　10 풀이 참조, 대형 마트

01 예 34 초과 42 이하인 자연수는 34보다 크고 42와 같거나 작은 자연수입니다. … 50 %
이 범위에 속하는 자연수 중 짝수는 36, 38, 40, 42로 모두 4개입니다. … 50 %

02 예 16 이상 28 미만인 수와 18 초과 32 이하인 수가 겹치는 수의 범위는 18 초과 28 미만인 수입니다. … 50 %
18 초과 28 미만인 자연수는 19, 20, 21, 22, 23, 24, 25, 26, 27로 모두 9개입니다. … 50 %

03 예 버림하여 백의 자리까지 나타내면 8700이 되는 자연수는 8700 이상 8799 이하인 자연수입니다. … 50 %
8700 이상 8799 이하인 자연수 중에서 가장 큰 수는 8799이고 가장 작은 수는 8700이므로 $8799 - 8700 = 99$입니다. … 50 %

04 예 영아네 반 학생 수는 6의 배수보다 3 큰 수입니다. … 40 %

22명 이상 30명 미만인 수 중에서 6의 배수보다 3 큰 수는 $6 \times 4 + 3 = 27$(명)입니다. … 60 %

05 예 1 m=100 cm이고 673 cm를 버림하여 백의 자리까지 나타내면 600 cm입니다. … 50 %

따라서 최대 $600 \div 100 = 6$(개)의 상자를 포장할 수 있습니다. … 50 %

06 예 필요한 사탕은 $26 \times 2 = 52$(개)입니다. … 30 %

사탕은 한 봉지에 10개씩 들어 있으므로 52개를 올림하여 십의 자리까지 나타내면 최소 60개를 사야 합니다. … 40 %

따라서 사탕을 최소 $60 \div 10 = 6$(봉지) 사야 합니다. … 30 %

07 예 선우가 산 간식의 값은 $650 \times 2 + 750 = 2050$(원)입니다. … 40 %

따라서 2050을 올림하여 천의 자리까지 나타내면 3000이므로 선우는 최소 3000원을 내야 합니다. … 60 %

08 예 학생 수가 가장 많은 경우는 6대의 버스에 모두 30명씩 탄 경우이므로 학생 수는 $30 \times 6 = 180$(명)입니다. … 40 %

학생 수가 가장 적은 경우는 5대의 버스에 30명씩 타고 남은 1명이 1대에 타는 경우이므로 학생 수는 $30 \times 5 + 1 = 151$(명)입니다. … 50 %

따라서 선영이네 학교 5학년 학생은 151명 이상 180명 이하입니다. … 10 %

09 예 네 자리 수이므로 □□□□입니다. 천의 자리 숫자는 4 초과 6 미만이므로 5입니다. … 25 %

백의 자리 숫자는 5 이상 7 미만이고 각 자리의 숫자는 모두 다르므로 6입니다. … 25 %

십의 자리 숫자는 가장 큰 수이므로 9입니다. … 25 %

각 자리 숫자의 합은 28이므로 일의 자리 숫자는 $28 - 5 - 6 - 9 = 8$입니다.

따라서 조건을 모두 만족하는 네 자리 수는 5698입니다. … 25 %

10 예 문구점에서 10권씩 묶음으로만 판매하므로 올림하여 십의 자리까지 나타내면 190이므로 19묶음을 사야 합니다.

➡ $3000 \times 19 = 57000$(원) … 40 %

대형 마트에서 100권씩 상자로만 판매하므로 올림하여 백의 자리까지 나타내면 200이므로 2상자를 사야 합니다.

➡ $25000 \times 2 = 50000$(원) … 40 %

따라서 대형 마트에서 사는 것이 더 저렴합니다. … 20 %

1단원 단원 평가 8~10쪽

01 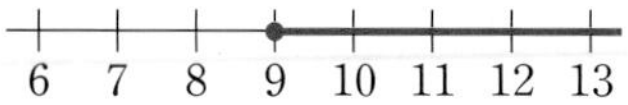

02 4명	03 ③	04 2명
05 수호, 민수	06 6권	07 12 cm
08 4개	09 은주, 영은, 경민	
10 풀이 참조, 7600원		11 3700
12 8	13 7590, 7652	14 ㉢, ㉤
15 5100	16 ㉡	17 7척
18 620개	19 3500원	
20 풀이 참조, 50000원		

01 9 이상인 수는 9와 같거나 큰 수이므로 9를 ●을 이용하여 나타내고 오른쪽으로 선을 긋습니다.

02 18 이상인 수는 18과 같거나 큰 수입니다. 만 나이가 18세와 같거나 많은 사람은 어머니, 아버지, 언니, 할머니로 모두 4명입니다.

03 36 초과인 수는 36보다 큰 수이므로 ③의 36은 36 초과인 수가 아닙니다.

04 120 미만인 수는 120보다 작은 수입니다.
키가 120 cm 미만인 사람은 119.2 cm인 성현이와 118.9 cm인 유준으로 모두 2명입니다.

05 제자리멀리뛰기의 기록이 141 cm 이상 159 cm 미만인 학생은 수호(141 cm), 민수(158 cm)입니다.

06 제자리멀리뛰기의 기록이 111 cm 이상 141 cm 미만

인 학생은 성진(124 cm), 지안(140 cm)입니다.
2명에게 공책을 3권씩 주려면 공책은 최소
$2\times3=6$(권)이 필요합니다.

07 1등급은 180 cm 이상을 뛰어야 하는데 지호의 기록은 168 cm이므로 최소 $180-168=12$ (cm)를 더 멀리 뛰어야 합니다.

08 43 이상 52 미만인 수와 47 초과 54 이하인 수의 범위에 모두 포함되는 수의 범위는 47 초과 52 미만인 수입니다. 따라서 47 초과 52 미만인 자연수는 48, 49, 50, 51로 모두 4개입니다.

09 수직선에 나타낸 수의 범위는 47 초과 52 이하인 수입니다. 따라서 몸무게가 47 kg 초과 52 kg 이하에 속하는 학생은 몸무게가 47.5 kg인 은주, 52.0 kg인 영은, 51.9 kg인 경민입니다.

10 ㉎ 진수와 동생은 어린이 요금, 아버지와 어머니는 어른 요금입니다. … 50 %
따라서 진수네 가족이 내야 하는 입장료는
$800\times2+3000\times2=7600$(원)입니다. … 50 %

11 • 1543을 올림하여 백의 자리까지 나타내기 위해서 백의 자리 아래 수인 43을 100으로 보고 올림하면 1600이 됩니다.
• 5260을 올림하여 백의 자리까지 나타내기 위해서 백의 자리 아래 수인 60을 100으로 보고 올림하면 5300이 됩니다.
따라서 $5300-1600=3700$입니다.

12 버림하여 십의 자리까지 나타냈을 때 60인 수는 60 이상 70 미만인 수입니다. 60 이상 70 미만인 자연수 중에서 8의 배수는 $8\times8=64$입니다.
따라서 연희가 처음에 생각한 자연수는 8입니다.

13

수	올림	반올림
7590	7600	7600
7747	7800	7700
7652	7700	7700
7614	7700	7600

따라서 조건을 만족하는 수는 7590과 7652입니다.

14 반올림하여 백의 자리까지 나타내었을 때 4600이 되는 어떤 수는 4550 이상 4650 미만인 수입니다.
4550 이상 4650 미만인 수의 범위에 해당하지 않는 수는 ㉢, ㉤입니다.

15 수 카드 4장으로 만들 수 있는 가장 작은 네 자리 수는 5067입니다. 5067을 올림하여 백의 자리까지 나타내면 5100입니다.

16 • 5716을 올림하여 천의 자리까지 나타내기 위해서 천의 자리 아래 수인 716을 1000으로 보고 올림하면 6000이 됩니다.
• 5716을 버림하여 천의 자리까지 나타내기 위해서 천의 자리 아래 수인 716을 0으로 보고 버림하면 5000이 됩니다.
• 5716을 반올림하여 천의 자리까지 나타내면 백의 자리 숫자가 7이므로 올림하여 6000이 됩니다.
따라서 값이 다른 하나는 ㉡입니다.

17 보트에 모든 학생을 태워야 하므로 올림하여 십의 자리까지 나타냅니다. 63명을 올림하여 십의 자리까지 나타내면 70명이므로 보트는 최소 $70\div10=7$(척)이 있어야 합니다.

18 10개가 안 되는 감은 봉지에 넣어 팔 수 없습니다.
625개를 버림하여 십의 자리까지 나타내야 하므로 최대 620개를 봉지에 넣어서 팔 수 있습니다.

19 정은이가 가지고 있는 구슬은 모두 $48+27=75$(개)입니다. 구슬을 한 봉지에 10개씩 담아서 판매하므로 75를 버림하여 십의 자리까지 나타내면 70, 즉 7봉지를 팔 수 있습니다. 따라서 구슬을 팔아서 받을 수 있는 돈은 최대 $500\times7=3500$(원)입니다.

20 ㉎ 10 kg은 8 kg 초과 12 kg 이하인 수의 범위이므로 현진이가 사려는 수박의 총 금액은
$15000\times3=45000$(원)입니다. … 50 %
현진이가 10000원짜리 지폐만 사용해야 하므로 45000원을 올림하여 만의 자리까지 나타내면 50000원이 됩니다. 따라서 현진이가 내야 하는 돈은 최소 50000원입니다. … 50 %

2 단원 분수의 곱셈

2 단원 기본 문제 복습 11~12쪽

01 3, 12, 2, 2 02 $4\frac{1}{2}$

03 $\frac{4}{9}$, 16, 5, 1, 17, 1 04 $12\frac{3}{4}$

05 3, 9

06 방법 1 27, 7, $\frac{27}{7}$, $3\frac{6}{7}$ 방법 2 3, 7, $\frac{27}{7}$, $3\frac{6}{7}$

07 $\frac{2}{3}$, (위에서부터) 2, 3, $\frac{8}{15}$ 08 ㉡, ㉢, ㉣, ㉠

09

10 $\frac{7}{81}$

11 (앞에서부터) 2, 19, 3, $\frac{38}{9}$, $4\frac{2}{9}$

12 ⑤ 13 (1) $6\frac{3}{7}$ (2) $2\frac{1}{4}$

02 $\frac{9}{\underset{2}{\cancel{14}}}\times\overset{1}{\cancel{7}}=\frac{9}{2}=4\frac{1}{2}$

04 $\frac{17}{\underset{4}{\cancel{20}}}\times\overset{3}{\cancel{15}}=\frac{51}{4}=12\frac{3}{4}$

05 12의 $\frac{1}{4}$은 12를 4등분한 것 중의 1이므로 $12\times\frac{1}{4}=3$, 12의 $\frac{3}{4}$은 12를 4등분한 것 중의 3이므로 $12\times\frac{3}{4}=9$입니다.

08 ㉠ $\frac{1}{5}\times\frac{1}{2}=\frac{1}{10}$, ㉡ $\frac{1}{3}\times\frac{1}{7}=\frac{1}{21}$, ㉢ $\frac{1}{6}\times\frac{1}{3}=\frac{1}{18}$, ㉣ $\frac{1}{4}\times\frac{1}{4}=\frac{1}{16}$입니다.
단위분수는 분모가 클수록 작으므로 곱이 작은 것부터 차례로 기호를 쓰면 ㉡, ㉢, ㉣, ㉠입니다.

09 $\frac{3}{\underset{1}{\cancel{4}}}\times\frac{\overset{1}{\cancel{4}}}{5}=\frac{3}{5}$, $\frac{1}{\underset{3}{\cancel{6}}}\times\frac{\overset{2}{\cancel{4}}}{5}=\frac{2}{15}$, $\frac{\overset{1}{\cancel{4}}}{\underset{1}{\cancel{9}}}\times\frac{\overset{1}{\cancel{9}}}{\underset{5}{\cancel{20}}}=\frac{1}{5}$

10 $\frac{\overset{1}{\cancel{5}}}{9}\times\frac{7}{\underset{3}{\cancel{12}}}\times\frac{\overset{1}{\cancel{4}}}{\underset{3}{\cancel{15}}}=\frac{7}{81}$

11 $3\frac{1}{3}\times1\frac{4}{15}=\frac{\overset{2}{\cancel{10}}}{3}\times\frac{19}{\underset{3}{\cancel{15}}}=\frac{38}{9}=4\frac{2}{9}$

12 색칠된 부분은 가로가 $1\frac{3}{4}$, 세로가 $1\frac{1}{5}$인 직사각형이므로 넓이는 $1\frac{3}{4}\times1\frac{1}{5}=\frac{7}{\underset{2}{\cancel{4}}}\times\frac{\overset{3}{\cancel{6}}}{5}=\frac{21}{10}=2\frac{1}{10}$입니다.

13 (1) $4\frac{5}{7}\times1\frac{4}{11}=\frac{\overset{3}{\cancel{33}}}{7}\times\frac{15}{\underset{1}{\cancel{11}}}=\frac{45}{7}=6\frac{3}{7}$

(2) $\frac{6}{7}\times2\frac{5}{8}=\frac{\overset{3}{\cancel{6}}}{\underset{1}{\cancel{7}}}\times\frac{\overset{3}{\cancel{21}}}{\underset{4}{\cancel{8}}}=\frac{9}{4}=2\frac{1}{4}$

2 단원 응용 문제 복습 13~14쪽

01 $19\frac{1}{4}$ km	02 $181\frac{1}{2}$ km	03 264 km
04 $\frac{5}{64}$	05 $\frac{71}{81}$	06 $3\frac{29}{32}$
07 2800원	08 160명	09 90쪽
10 $1\frac{5}{9}$	11 $15\frac{7}{16}$	12 $1\frac{31}{125}$

01 2시간 20분$=2\frac{20}{60}$시간$=2\frac{1}{3}$시간입니다.
2시간 20분 동안
$8\frac{1}{4}\times2\frac{1}{3}=\frac{\overset{11}{\cancel{33}}}{4}\times\frac{7}{\underset{1}{\cancel{3}}}=\frac{77}{4}=19\frac{1}{4}$ (km)를 달릴 수 있습니다.

02 2시간 15분$=2\frac{15}{60}$시간$=2\frac{1}{4}$시간입니다.

2시간 15분 동안 달린 거리는

$80\frac{2}{3}\times 2\frac{1}{4}=\frac{\overset{121}{\cancel{242}}}{\underset{1}{\cancel{3}}}\times\frac{\overset{3}{\cancel{9}}}{\underset{2}{\cancel{4}}}=\frac{363}{2}=181\frac{1}{2}$ (km)입니다.

03 3시간 45분$=3\frac{45}{60}$시간$=3\frac{3}{4}$시간이므로 3시간 45분 동안 이동한 거리는

$70\frac{2}{5}\times 3\frac{3}{4}=\frac{\overset{88}{\cancel{352}}}{\underset{1}{\cancel{5}}}\times\frac{\overset{3}{\cancel{15}}}{\underset{1}{\cancel{4}}}=264$ (km)입니다.

04 어떤 수를 □라 하면 $□+\frac{5}{8}=\frac{3}{4}$입니다.

➡ $□=\frac{3}{4}-\frac{5}{8}=\frac{6}{8}-\frac{5}{8}=\frac{1}{8}$

따라서 바르게 계산하면 $\frac{1}{8}\times\frac{5}{8}=\frac{5}{64}$입니다.

05 어떤 수를 □라 하면 $□+\frac{4}{9}=2\frac{5}{12}$입니다.

➡ $□=2\frac{5}{12}-\frac{4}{9}=\frac{29}{12}-\frac{4}{9}=\frac{87}{36}-\frac{16}{36}=\frac{71}{36}$

따라서 바르게 계산하면 $\frac{71}{\underset{9}{\cancel{36}}}\times\frac{\overset{1}{\cancel{4}}}{9}=\frac{71}{81}$입니다.

06 어떤 수를 □라 하면 $□-1\frac{1}{4}=1\frac{7}{8}$입니다.

➡ $□=1\frac{7}{8}+1\frac{1}{4}=\frac{15}{8}+\frac{5}{4}=\frac{15}{8}+\frac{10}{8}=\frac{25}{8}$

따라서 바르게 계산하면

$\frac{25}{8}\times 1\frac{1}{4}=\frac{25}{8}\times\frac{5}{4}=\frac{125}{32}=3\frac{29}{32}$입니다.

07 (필통을 사는 데 쓴 돈)$=\overset{1500}{\cancel{15000}}\times\frac{3}{\underset{1}{\cancel{10}}}=4500$(원)

➡ (볼펜을 사는 데 쓴 돈)

$=(15000-4500)\times\frac{4}{15}=\overset{700}{\cancel{10500}}\times\frac{4}{\underset{1}{\cancel{15}}}$

$=2800$(원)

08 (남자의 수)$=\overset{80}{\cancel{960}}\times\frac{5}{\underset{1}{\cancel{12}}}=400$(명)

(여자 어린이의 수)$=(960-400)\times\frac{2}{7}$

$=\overset{80}{\cancel{560}}\times\frac{2}{\underset{1}{\cancel{7}}}=160$(명)

09 (오전에 읽은 동화책의 쪽수)$=\overset{30}{\cancel{240}}\times\frac{3}{\underset{1}{\cancel{8}}}=90$(쪽)

(오후에 읽은 동화책의 쪽수)$=(240-90)\times\frac{2}{5}$

$=\overset{30}{\cancel{150}}\times\frac{2}{\underset{1}{\cancel{5}}}=60$(쪽)

➡ (유준이가 더 읽어야 하는 동화책의 쪽수)

$=240-90-60=90$(쪽)

10 1을 3등분 하였으므로 작은 눈금 한 칸의 크기는 $\frac{1}{3}$입니다.

㉠$=\frac{2}{3}$, ㉡$=2\frac{1}{3}$이므로

㉠×㉡$=\frac{2}{3}\times 2\frac{1}{3}=\frac{2}{3}\times\frac{7}{3}=\frac{14}{9}=1\frac{5}{9}$입니다.

11 1을 4등분 하였으므로 작은 눈금 한 칸의 크기는 $\frac{1}{4}$입니다. ㉠$=3\frac{1}{4}$, ㉡$=4\frac{3}{4}$이므로

㉠×㉡$=3\frac{1}{4}\times 4\frac{3}{4}=\frac{13}{4}\times\frac{19}{4}=\frac{247}{16}=15\frac{7}{16}$입니다.

12 1을 5등분 하였으므로 작은 눈금 한 칸의 크기는 $\frac{1}{5}$입니다. ㉠$=\frac{2}{5}$, ㉡$=1\frac{1}{5}$, ㉢$=2\frac{3}{5}$이므로

㉠×㉡×㉢$=\frac{2}{5}\times 1\frac{1}{5}\times 2\frac{3}{5}=\frac{2}{5}\times\frac{6}{5}\times\frac{13}{5}$

$=\frac{156}{125}=1\frac{31}{125}$입니다.

2 단원 서술형 수행 평가 15~16쪽

01 풀이 참조, $1\frac{5}{9}$ L
02 풀이 참조, $682\frac{1}{2}$ cm^2
03 풀이 참조, 24 kg
04 풀이 참조, 15 m
05 풀이 참조, 34세
06 풀이 참조, $6\frac{4}{9}$ kg
07 풀이 참조, 오전 11시 44분
08 풀이 참조, 30권
09 풀이 참조, $79\frac{3}{4}$ cm^2
10 풀이 참조, 125 L

01 예 (일주일 동안 마신 우유의 양)
=(하루에 마신 우유의 양)×7 … 30 %
$=\frac{2}{9}\times 7=\frac{14}{9}=1\frac{5}{9}$ (L) … 70 %

02 예 (주머니 14개를 만드는 데 필요한 옷감)
=(주머니 1개를 만드는 데 필요한 옷감)
×(주머니 수) … 30 %
$=48\frac{3}{4}\times 14=\frac{195}{\cancel{4}_2}\times \cancel{14}^7=\frac{1365}{2}$
$=682\frac{1}{2}$ (cm^2) … 70 %

03 예 (빈 바구니의 무게)$=\frac{75}{100}$ kg$=\frac{3}{4}$ kg … 40 %
(수박 3통의 무게)
$=7\frac{3}{4}\times 3=\frac{31}{4}\times 3=\frac{93}{4}$ (kg) … 40 %
➡ (수박이 담긴 바구니의 무게)
$=\frac{3}{4}+\frac{93}{4}=\frac{\cancel{96}^{24}}{\cancel{4}_1}=24$ (kg) … 20 %

04 예 (사용한 휴지의 길이)$=\cancel{27}^3\times\frac{4}{\cancel{9}_1}=12$ (m) … 70 %
➡ (사용하고 남은 휴지의 길이)$=27-12=15$ (m)
… 30 %

05 예 (삼촌의 나이)=(진호의 나이)$\times 2\frac{5}{6}$ … 30 %
$=12\times 2\frac{5}{6}=\cancel{12}^2\times\frac{17}{\cancel{6}_1}$
$=34$(세) … 70 %

06 예 (달에서 민우의 몸무게)
=(지구에서 민우의 몸무게)$\times\frac{1}{6}$ … 30 %
$=38\frac{2}{3}\times\frac{1}{6}=\frac{\cancel{116}^{58}}{3}\times\frac{1}{\cancel{6}_3}=\frac{58}{9}$
$=6\frac{4}{9}$ (kg) … 70 %

07 예 시계는 12일 동안 $1\frac{1}{3}\times 12=\frac{4}{\cancel{3}_1}\times\cancel{12}^4=16$(분)이 늦어집니다. … 70 %
따라서 12일 후 정오에 이 시계는
낮 12시−16분=오전 11시 44분을 가리킵니다.
… 30 %

08 예 (동화책의 수)$=\cancel{180}^{15}\times\frac{5}{\cancel{12}_1}=75$(권) … 50 %
(형수가 읽은 동화책의 수)$=\cancel{75}^{15}\times\frac{2}{\cancel{5}_1}=30$(권)
… 50 %

09 예 (가장 큰 직사각형의 가로)
$=4\frac{1}{8}\times 3=\frac{33}{8}\times 3=\frac{99}{8}$ (cm) … 30 %
(가장 큰 직사각형의 세로)
$=3\frac{2}{9}\times 2=\frac{29}{9}\times 2=\frac{58}{9}$ (cm) … 30 %
➡ (가장 큰 직사각형의 넓이)
$=\frac{\cancel{99}^{11}}{\cancel{8}_4}\times\frac{\cancel{58}^{29}}{\cancel{9}_1}=\frac{319}{4}=79\frac{3}{4}$ (cm^2) … 40 %

10 예 두 수도꼭지를 동시에 틀어서 1분 동안 받을 수 있는 물의 양은 $3\frac{5}{6}+4\frac{1}{2}=3\frac{5}{6}+4\frac{3}{6}=8\frac{1}{3}$ (L)입니다. … 40 %
따라서 15분 동안 받을 수 있는 물의 양은

$8\frac{1}{3}\times15=\frac{25}{\underset{1}{\cancel{3}}}\times\overset{5}{\cancel{15}}=125$ (L)입니다. ··· 60 %

2단원 단원 평가 17~19쪽

01 (1) $5\frac{5}{7}$ (2) $1\frac{10}{11}$　02 $3\frac{1}{5}$ kg

03 $2\frac{2}{3}\times4=(2\times4)+\left(\frac{2}{3}\times4\right)=8+\frac{8}{3}=8+2\frac{2}{3}$
$=10\frac{2}{3}$

04 (○)( )　05 $19\frac{1}{4}$ km　06 $7\frac{1}{5}$

07 $8\times\frac{5}{6}$ / $6\frac{2}{3}$　08 750원

09 $6\times1\frac{5}{8}=\overset{3}{\cancel{6}}\times\frac{13}{\underset{4}{\cancel{8}}}=\frac{39}{4}=9\frac{3}{4}$

10 (위에서부터) 9, 15, 12, 14　11 76 km

12 (1) $>$ (2) $<$　13 $\frac{5}{54}$　14 7, 8(또는 8, 7)

15 6　16 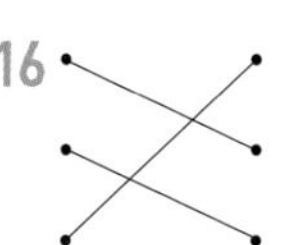　17 $4\frac{3}{4}$ km

18 풀이 참조, $\frac{7}{10}$시간　19 $9\frac{3}{5}$ kg

20 풀이 참조, 60쪽

01 (1) $\frac{5}{7}\times8=\frac{40}{7}=5\frac{5}{7}$

(2) $\frac{7}{11}\times3=\frac{21}{11}=1\frac{10}{11}$

02 (딸기 4팩의 무게)$=\frac{4}{5}\times4=\frac{16}{5}=3\frac{1}{5}$ (kg)

03 대분수를 자연수와 진분수로 나누어 계산합니다.

04 (정삼각형의 둘레)

$=5\frac{4}{9}\times3=\frac{49}{\underset{3}{\cancel{9}}}\times\overset{1}{\cancel{3}}=\frac{49}{3}=16\frac{1}{3}$ (cm)

(정사각형의 둘레)

$=3\frac{5}{12}\times4=\frac{41}{\underset{3}{\cancel{12}}}\times\overset{1}{\cancel{4}}=\frac{41}{3}=13\frac{2}{3}$ (cm)

$16\frac{1}{3}>13\frac{2}{3}$이므로 정삼각형의 둘레가 더 깁니다.

05 준영이가 7일 동안 호수를 걸은 거리는

$2\frac{3}{4}\times7=\frac{11}{4}\times7=\frac{77}{4}=19\frac{1}{4}$ (km)입니다.

06 24의 $\frac{3}{10}$은 $24\times\frac{3}{10}$입니다.

➡ $\overset{12}{\cancel{24}}\times\frac{3}{\underset{5}{\cancel{10}}}=\frac{36}{5}=7\frac{1}{5}$

07 곱이 가장 크려면 자연수에 가장 큰 수가 들어가야 하므로 자연수는 8이고, 5와 6으로 만들 수 있는 진분수는 $\frac{5}{6}$입니다.

따라서 $\overset{4}{\cancel{8}}\times\frac{5}{\underset{3}{\cancel{6}}}=\frac{20}{3}=6\frac{2}{3}$입니다.

08 (어린이의 박물관 입장료)$=\overset{250}{\cancel{2000}}\times\frac{3}{\underset{1}{\cancel{8}}}=750$(원)

10 $\overset{9}{\cancel{18}}\times\frac{1}{\underset{1}{\cancel{2}}}=9$, $\overset{3}{\cancel{18}}\times\frac{5}{\underset{1}{\cancel{6}}}=15$, $\overset{6}{\cancel{18}}\times\frac{2}{\underset{1}{\cancel{3}}}=12$,

$\overset{2}{\cancel{18}}\times\frac{7}{\underset{1}{\cancel{9}}}=14$

11 (자동차가 1시간 동안 갈 수 있는 거리)

$=20\times3\frac{4}{5}=\overset{4}{\cancel{20}}\times\frac{19}{\underset{1}{\cancel{5}}}=76$ (km)

12 (1) 어떤 수에 진분수를 곱하면 곱한 결과는 어떤 수보다 작습니다.

(2) 어떤 수에 더 큰 수를 곱할수록 곱한 결과는 커집니다.

13 $\frac{5}{\underset{6}{\cancel{24}}}\times\frac{\overset{1}{\cancel{4}}}{9}=\frac{5}{54}$

14 분모의 곱이 클수록 계산 결과가 작으므로 계산 결과가 가장 작으려면 $\frac{1}{7}\times\frac{1}{8}$ 또는 $\frac{1}{8}\times\frac{1}{7}$이 되어야 합니다.

15 $\frac{1}{6\times\square}<\frac{1}{30}$이고 단위분수에서 분모가 클수록 분수는 작아집니다. 따라서 $6\times\square>30$의 □ 안에 들어갈 수 있는 가장 작은 자연수는 6입니다.

16 $1\frac{1}{5}\times2\frac{1}{6}=\frac{\overset{1}{\cancel{6}}}{5}\times\frac{13}{\underset{1}{\cancel{6}}}=\frac{13}{5}=2\frac{3}{5}$

$1\frac{1}{2}\times1\frac{4}{9}=\frac{\overset{1}{\cancel{3}}}{2}\times\frac{13}{\underset{3}{\cancel{9}}}=\frac{13}{6}=2\frac{1}{6}$

$2\frac{2}{7}\times1\frac{3}{4}=\frac{\overset{4}{\cancel{16}}}{\underset{1}{\cancel{7}}}\times\frac{\overset{1}{\cancel{7}}}{\underset{1}{\cancel{4}}}=4$

17 (학교에서 박물관까지의 거리)

$=2\times2\frac{3}{8}=\overset{1}{\cancel{2}}\times\frac{19}{\underset{4}{\cancel{8}}}=\frac{19}{4}=4\frac{3}{4}$ (km)

18 예 48분$=\frac{48}{60}$시간$=\frac{4}{5}$시간입니다. … 50 %

따라서 동생이 피아노 연습을 한 시간은

$\frac{\overset{1}{\cancel{4}}}{5}\times\frac{7}{\underset{2}{\cancel{8}}}=\frac{7}{10}$(시간)입니다. … 50 %

19 (강아지의 무게)=(고양이의 무게)$\times1\frac{4}{5}$

$=5\frac{1}{3}\times1\frac{4}{5}=\frac{16}{\underset{1}{\cancel{3}}}\times\frac{\overset{3}{\cancel{9}}}{5}$

$=\frac{48}{5}=9\frac{3}{5}$ (kg)

20 예 어제 읽은 동화책의 쪽수는 $\overset{32}{\cancel{160}}\times\frac{2}{\underset{1}{\cancel{5}}}=64$(쪽)입니다. … 50 %

따라서 오늘 읽은 동화책은

$(160-64)\times\frac{5}{8}=\overset{12}{\cancel{96}}\times\frac{5}{\underset{1}{\cancel{8}}}=60$(쪽)입니다. … 50 %

3 단원 합동과 대칭

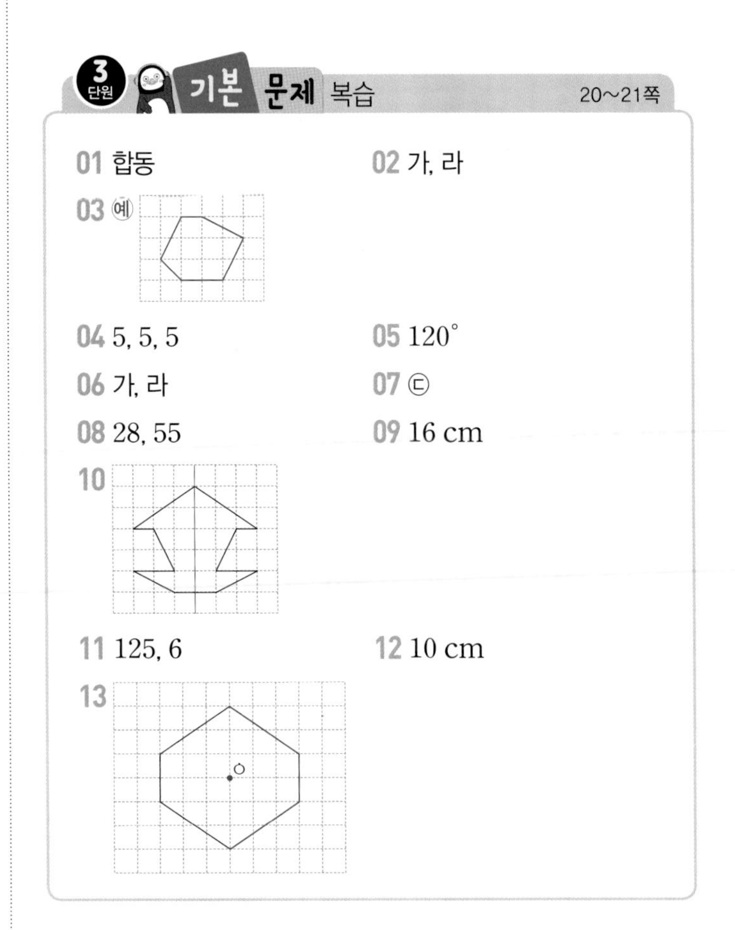
3 단원 기본 문제 복습 20~21쪽

01 합동　02 가, 라
03 예
04 5, 5, 5　05 120°
06 가, 라　07 ㉢
08 28, 55　09 16 cm
10
11 125, 6　12 10 cm
13

01 모양과 크기가 같아서 포개었을 때 완전히 겹치는 두 도형을 서로 합동이라고 합니다.

02 도형 가와 라는 모양과 크기가 같아서 포개었을 때 완전히 겹칩니다.

03 주어진 도형의 꼭짓점과 같은 위치에 점을 찍은 후 점들을 연결하여 그립니다.

04 주어진 도형은 오각형이므로 대응점, 대응변, 대응각이 각각 5쌍씩 있습니다.

05 각 ㅁㅂㅅ의 대응각은 각 ㄷㄹㄱ이므로
(각 ㅁㅂㅅ)=(각 ㄷㄹㄱ)=120°입니다.

06 도형이 완전히 포개어지도록 접을 수 있는 직선은 가, 라입니다.

07 ㉢ 점 ㄴ의 대응점은 점 ㅂ이므로 점 ㄴ에서 대칭축까지의 거리와 점 ㅂ에서 대칭축까지의 거리가 같습니다.

08 (변 ㄷㄹ)=(변 ㄷㅂ)=28 cm
(각 ㄷㅂㅁ)=(각 ㄷㄹㅁ)=100°이므로
(각 ㄷㅁㅂ)=180°−25°−100°=55°입니다.

09 선대칭도형에서 대칭축은 대응점끼리 이은 선분을 둘로 똑같이 나눕니다.
➡ (변 ㄴㄷ)=8×2=16 (cm)

10 도형이 완전히 포개어지도록 접을 수 있는 직선을 그립니다.

11 점대칭도형은 대응변의 길이와 대응각의 크기가 각각 서로 같습니다.

12 점대칭도형에서 각각의 대응점에서 대칭의 중심까지의 거리가 서로 같으므로
(선분 ㄱㄹ)=(선분 ㄱㅇ)×2=5×2=10 (cm)입니다.

13 각 점에서 대칭의 중심을 지나는 직선을 긋습니다. 각 점에서 대칭의 중심까지의 거리가 같도록 대응점을 찾아 표시합니다. 각 대응점을 이어 점대칭도형을 완성합니다.

3단원 응용 문제 복습 22~23쪽

01 30°	02 50°	03 30 cm
04 2개	05 **A**	06 2개
07 84 cm²	08 204 cm²	09 168 cm²
10 80 cm²	11 168 cm²	12 46 cm²

01 합동인 두 도형에서 대응각의 크기는 서로 같으므로
(각 ㄱㄷㄹ)=(각 ㄹㄴㄱ)=70°입니다.
따라서 (각 ㄷㄱㄹ)=180°−70°−80°=30°입니다.

02 합동인 두 도형에서 대응각의 크기는 서로 같으므로
(각 ㄱㄷㄴ)=(각 ㄹㄴㄷ)=25°입니다.
(각 ㄴㅁㄷ)=180°−(25°×2)=130°
직선이 이루는 각의 크기는 180°이므로
(각 ㄹㅁㄷ)=180°−130°=50°입니다.

03 (변 ㄱㄷ)=30×2÷5=12 (cm)이고, 합동인 두 도형에서 대응변의 길이는 서로 같으므로
(변 ㄱㄹ)=(변 ㅁㄴ)=13 cm입니다.
따라서 삼각형 ㄱㄷㄹ의 둘레는
5+12+13=30 (cm)입니다.

04 선대칭도형이 되는 알파벳은 **A**, **E**, **H**, **X**입니다.
점대칭도형이 되는 알파벳은 **H**, **S**, **X**, **Z**입니다.
따라서 선대칭도형이면서 점대칭도형인 알파벳은 **H**, **X**로 모두 2개입니다.

05 선대칭도형은 **A**, **O**, **H**, **X**이고 이 중에서 점대칭도형은 **O**, **H**, **X**이므로 선대칭도형이지만 점대칭도형이 아닌 알파벳은 **A**입니다.

06 선대칭도형은 **A**, **H**, **I**, **M**, **O**이고 점대칭도형은 **H**, **I**, **N**, **O**, **Z**입니다. 따라서 선대칭도형도 점대칭도형도 아닌 것은 **F**, **Q**로 모두 2개입니다.

07
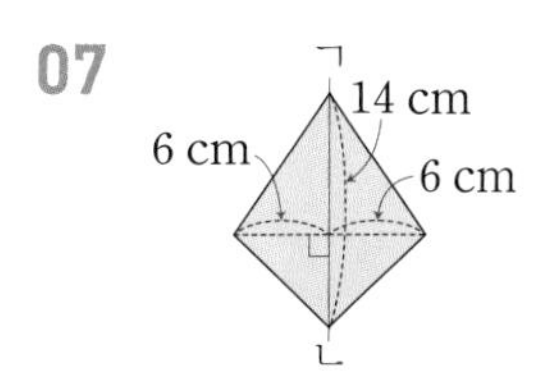

완성한 선대칭도형의 넓이는 밑변의 길이가 14 cm, 높이가 6 cm인 삼각형 두 개의 넓이이므로
(14×6÷2)×2=84 (cm²)입니다.

08
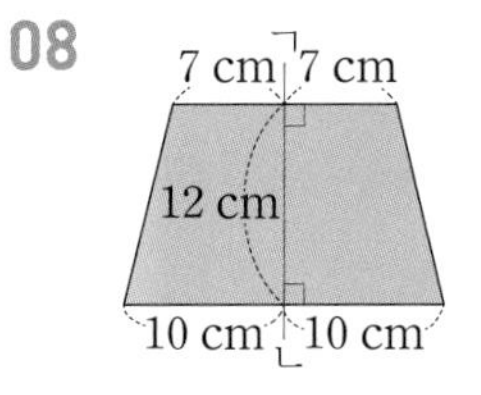

완성한 선대칭도형은
윗변이 14 cm, 아랫변이 20 cm, 높이가 12 cm인 사다리꼴입니다.
➡ (완성한 선대칭도형의 넓이)
=(14+20)×12÷2
=204 (cm²)

09
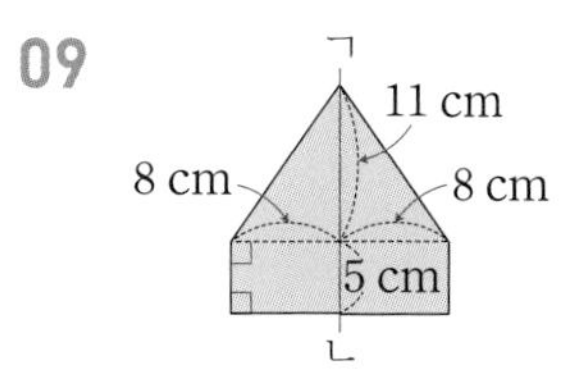

완성한 선대칭도형의 넓이는 밑변의 길이가 16 cm, 높이가 11 cm인 삼각형의 넓이와 가로가 16 cm, 세

로가 5 cm인 직사각형의 넓이의 합입니다.

➡ (완성한 선대칭도형의 넓이)

$=16\times11\div2+16\times5$

$=88+80=168\ (\text{cm}^2)$

10

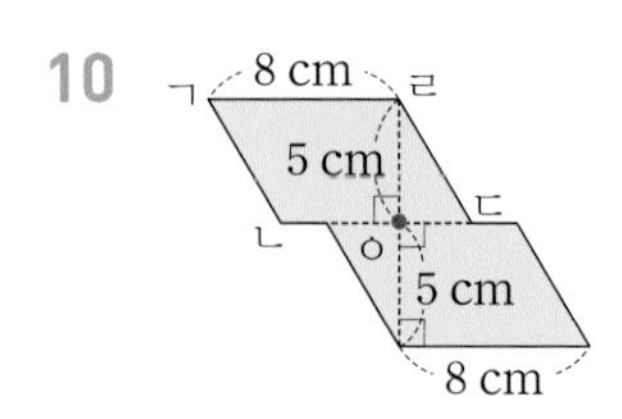

점 ㅇ을 대칭의 중심으로 하는 점대칭도형의 넓이는 밑변의 길이가 8 cm, 높이가 5 cm인 평행사변형 2개의 넓이와 같습니다.

➡ (완성한 점대칭도형의 넓이)

$=(8\times5)\times2=80\ (\text{cm}^2)$

11

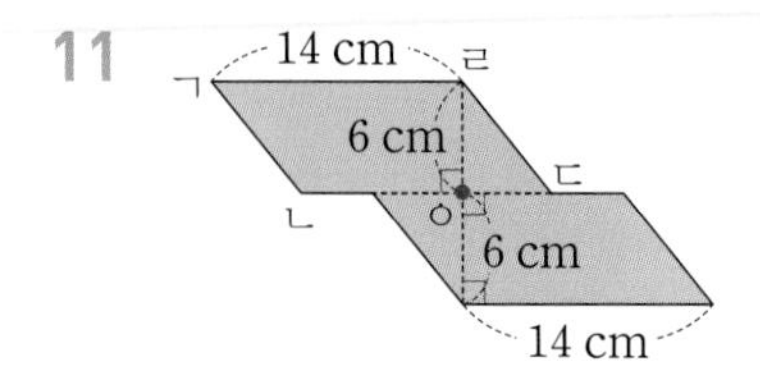

점 ㅇ을 대칭의 중심으로 하는 점대칭도형의 넓이는 밑변의 길이가 14 cm, 높이가 6 cm인 평행사변형 2개의 넓이와 같습니다.

➡ (완성한 점대칭도형의 넓이) $=(14\times6)\times2$

$=168\ (\text{cm}^2)$

12

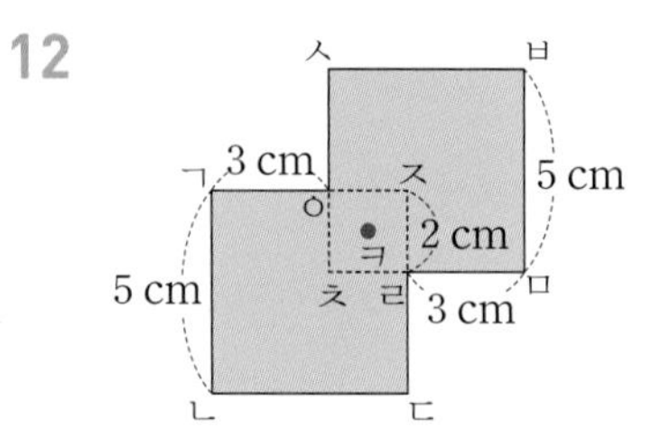

사각형 ㄱㄴㄷㅈ이 정사각형이므로

(선분 ㄱㅈ)=5 cm이고

(선분 ㅇㅈ)=5−3=2 (cm)입니다.

따라서 완성한 점대칭도형의 넓이는 한 변의 길이가 5 cm인 정사각형 2개의 넓이에서 한 변의 길이가 2 cm인 정사각형의 넓이를 빼서 구합니다.

➡ (완성한 점대칭도형의 넓이)

$=5\times5\times2-2\times2$

$=50-4=46\ (\text{cm}^2)$

24~25쪽

01 풀이 참조, 25°	02 풀이 참조, 18 cm
03 풀이 참조, 100°	04 풀이 참조, 8 cm
05 풀이 참조, 60°	06 풀이 참조, 72 cm²
07 풀이 참조, 42 cm	08 풀이 참조, 54 cm

01 예 합동인 도형에서 대응각의 크기는 서로 같으므로

(각 ㄷㅁㄹ)=(각 ㄱㄷㄴ)=65°입니다. … 30 %

따라서 (각 ㅁㄷㄹ)=180°−65°−90°=25°입니다.

… 70 %

02 예 (변 ㄹㄷ)=(변 ㅁㅂ)=4 cm,

(변 ㄱㄹ)=(변 ㅇㅁ)=3 cm … 60 %

따라서 (사각형 ㄱㄴㄷㄹ의 둘레)=6+5+4+3

=18 (cm)

입니다. … 40 %

03 예 삼각형 ㄱㄴㄷ이 이등변삼각형이므로

(각 ㄴㄱㄷ)=180°−(65°×2)=50°입니다.

… 40 %

선대칭도형에서 대응각의 크기는 서로 같으므로

(각 ㄹㄱㄴ)=(각 ㄴㄱㄷ)=50°입니다. … 40 %

따라서 (각 ㄹㄱㄴ)=50°×2=100°입니다. … 20 %

04 예 (선분 ㄷㅇ)=(선분 ㄱㅇ)=6 cm,

(선분 ㄴㅇ)=(선분 ㄹㅇ)입니다.

(선분 ㄴㅇ)+(선분 ㄹㅇ)+6+6=28 (cm),

(선분 ㄴㅇ)+(선분 ㄹㅇ)=28−12=16 (cm)

… 70 %

따라서 (선분 ㄴㅇ)=16÷2=8 (cm)입니다. … 30 %

05 예 합동인 삼각형 ㄱㄹㅂ과 삼각형 ㅁㄹㅂ은 대응각의 크기가 서로 같으므로

(각 ㅁㄹㅂ)=(각 ㄱㄹㅂ)=65°입니다. … 40 %

(각 ㅁㅂㄹ)=(각 ㄱㅂㄹ)이므로

(각 ㅁㅂㄹ)=(180°−70°)÷2=55°입니다. … 40 %

따라서 (각 ㄹㅁㅂ)=180°−65°−55°=60°입니다.

… 20 %

06 예 완성한 점대칭도형의 넓이는 주어진 직각삼각형의 넓이의 2배와 같습니다. ··· 40 %
주어진 직각삼각형의 넓이는 $9\times8\div2=36$ (cm²)입니다. ··· 40 %
따라서 완성한 점대칭도형의 넓이는
$36\times2=72$ (cm²)입니다. ··· 20 %

07 예 대응변의 길이는 서로 같으므로
(변 ㄱㄴ)+(변 ㄱㄹ)$=52\div2=26$ (cm)입니다. ··· 40 %
각각의 대응점에서 대칭의 중심까지의 거리는 서로 같으므로 (선분 ㄴㅇ)=(선분 ㄹㅇ)=8 cm입니다. ··· 30 %
따라서 삼각형 ㄱㄴㄹ의 둘레는
$26+8+8=42$ (cm)입니다. ··· 30 %

08 예 점대칭도형을 완성하여 길이를 표시하면 다음과 같습니다.

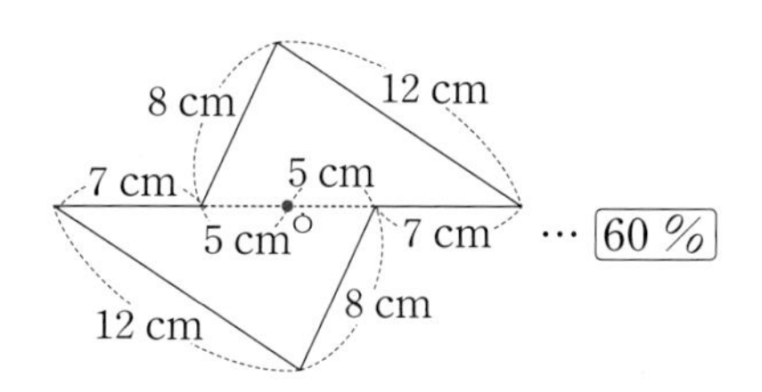

따라서 완성한 점대칭도형의 둘레는
$(8+12+7)\times2=54$ (cm)입니다. ··· 40 %

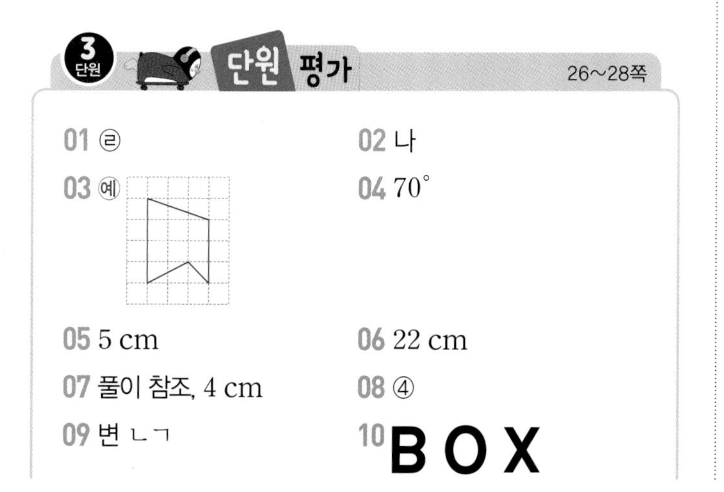

3 단원
단원 평가
26~28쪽
01 ㉣
02 나
03 예
04 70°
05 5 cm
06 22 cm
07 풀이 참조, 4 cm
08 ④
09 변 ㄴㄱ
10 BOX

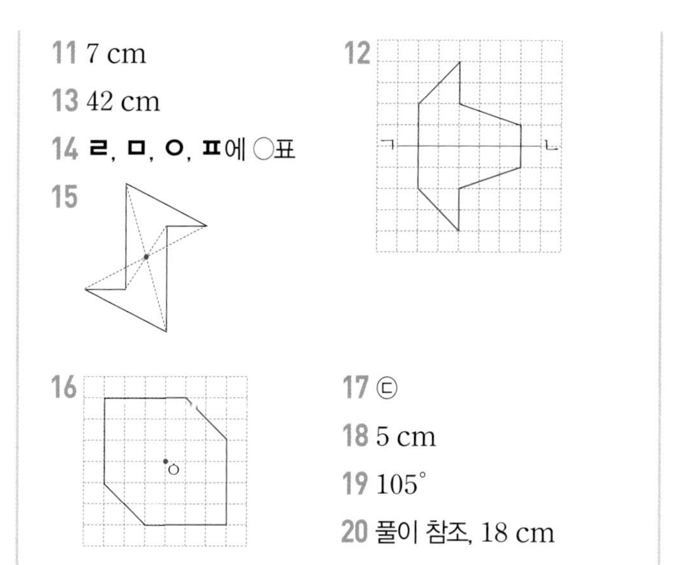

11 7 cm
12
ㄱ
ㄴ
13 42 cm
14 ㄹ, ㅁ, ㅇ, ㅍ에 ○표
15
16
ㅇ
17 ㉢
18 5 cm
19 105°
20 풀이 참조, 18 cm

01 나머지 셋과 모양과 크기가 다른 도형은 ㉣입니다.

02 직선 나를 따라 잘라야 만들어지는 두 도형을 포개었을 때 완전히 겹칩니다.

03 주어진 도형의 꼭짓점과 같은 위치에 점을 찍은 후 점들을 연결하여 그립니다.

04 대응각의 크기는 서로 같으므로
(각 ㅁㅇㅅ)=(각 ㄷㄴㄱ)=70°입니다.

05 주어진 사각형이 정사각형이므로
(변 ㄷㅁ)=(변 ㄱㄴ)=8 cm입니다.
(선분 ㄷㄹ)=(선분 ㅇㅅ)=3 cm이므로
(선분 ㄹㅁ)$=8-3=5$ (cm)입니다.

06 대응변의 길이가 서로 같으므로
(변 ㄱㄴ)=(변 ㄹㅂ)=8 cm,
(변 ㄴㄷ)=(변 ㅂㅁ)=9 cm입니다.
따라서 삼각형 ㄱㄴㄷ의 둘레는 $8+9+5=22$ (cm)입니다.

07 예 (각 ㄴㄷㅅ)=(각 ㄹㄷㅂ)=60°,
(각 ㅅㄷㅂ)=180°−60°−60°=60°입니다. ··· 30 %
(각 ㅁㅂㄷ)=(각 ㄱㅅㄷ)=120°,
(각 ㄷㅅㅂ)=(각 ㄷㅂㅅ)=180°−120°=60°입니다. ··· 40 %
삼각형 ㅂㅅㄷ의 세 각의 크기가 모두 60°이므로 정삼각형입니다. 따라서 (변 ㅅㄷ)=4 cm입니다. ··· 30 %

11 삼각형 ㄱㄴㄷ의 둘레가 24 cm이고
(변 ㄴㄷ)$=5\times2=10$ (cm)이므로
(변 ㄱㄴ)$+$(변 ㄱㄷ)$=24-10=14$ (cm)입니다.
➡ (변 ㄱㄷ)$=$(변 ㄱㄴ)$=14\div2=7$ (cm)

12 대칭축을 따라 접었을 때 완전히 겹치도록 그립니다.

13
6 cm ㄱ
10 cm
13 cm
5 cm ㄴ

(선대칭도형의 둘레)
$=(6+10+5)\times2$
$=21\times2=42$ (cm)

14 한 점을 중심으로 180° 돌렸을 때 처음 도형과 완전히 겹치는 도형은 **ㄹ**, **ㅁ**, **ㅇ**, **ㅍ**입니다.

15 대응점끼리 이은 선분들이 만나는 점이 대칭의 중심입니다.

16 각 점에서 대칭의 중심까지의 거리가 같도록 대응점을 찾아 표시한 후 각 대응점을 이어 점대칭도형을 완성합니다.

17 ㉢ 점대칭도형에서 대칭의 중심은 대응점끼리 이은 선분을 둘로 똑같이 나누므로 각각의 대응점에서 대칭의 중심까지의 거리는 같습니다.

18 대응점끼리 이은 선분은 대칭의 중심에 의해 똑같이 둘로 나눠지므로 선분 ㄴㅇ은 $10\div2=5$ (cm)입니다.

19 대응각의 크기는 서로 같으므로
(각 ㄹㄷㄴ)$=$(각 ㄱㅂㅁ)$=125°$,
(각 ㅁㄹㄱ)$=$(각 ㄴㄱㄹ)$=70°$입니다.
(각 ㄱㄹㄷ)$=130°-70°=60°$이므로
(각 ㄱㄴㄷ)$=360°-70°-60°-125°=105°$입니다.

20 예 대칭의 중심은 대응점끼리 이은 선분을 똑같이 둘로 나누므로 (선분 ㄷㅇ)$=$(선분 ㅂㅇ)$=3$ cm입니다. … 30 %
(변 ㄱㅂ)$=12-3-3=6$ (cm)이고 점대칭도형에서 대응변의 길이가 서로 같으므로
(변 ㄹㄷ)$=$(변 ㄱㅂ)$=6$ cm입니다. … 40 %
따라서 (선분 ㄱㄹ)$=12+6=18$ (cm)입니다. … 30 %

4 단원 소수의 곱셈

4 단원 기본 문제 복습 29~30쪽

01 2.5 L	02 0.48 km	03 24 km
04 77 cm	05 ③	06 13.5 m^2
07 5, 17, 85, 0.85		08 12.88
09 1.96 m^2	10 36 m^2	11 3.4 km
12 (1) > (2) =	13 ②	

01 $0.5\times5=2.5$ (L)

02 (기차역에서 학교까지의 거리)
$=$(준서네 집에서 기차역까지의 거리)$\times0.32$
$=1.5\times0.32=0.48$ (km)

03 $4.8\times5=24$ (km)

04 $7.7\times10=77$ (cm)

05 10에 0.8, 1.1, 1.08을 곱했을 때에는 가장 큰 수인 1.1을 곱한 결괏값이 가장 큽니다. $20\times0.5=10$인데 19×0.5는 19가 20보다 작기 때문에 10보다 작습니다.

06 $4.5\times3=13.5$ (m^2)

07 $0.5\times1.7=\frac{5}{10}\times\frac{17}{10}=\frac{85}{100}=0.85$

08 곱하는 두 수의 소수점 아래 자리 수를 더하면 소수 두 자리 수이므로 12.88입니다.

09 $2.8\times0.7=1.96$ (m^2)

10 $7.5\times9.6\div2=72\div2=36$ (m^2)

11 (10초 동안 소리가 이동한 거리)$=340\times10=3400$ (m)
1 km$=$1000 m이므로 $3400\times0.001=3.4$ (km)입니다.

12 (1) $0.85\times100=85$, $0.85\times10=8.5$
➡ $85>8.5$

(2) $7.2 \times 100 = 720$, $0.72 \times 1000 = 720$

➡ $720 = 720$

13 곱하는 수의 0이 하나씩 늘어날 때마다 곱의 소수점이 오른쪽으로 한 자리씩 옮겨집니다. 78.241에서 소수점이 오른쪽으로 두 자리 이동했기 때문에 100이 곱해졌다는 것을 알 수 있습니다.

4단원 응용 문제 복습 31~32쪽

01 0.001	**02** 1000
03 10	**04** 7.02 cm^2
05 24.6 cm^2	**06** 4 cm^2
07 15.34	**08** 3.12
09 70.68	**10** 3.375 m
11 0.32 m	**12** 1.44 m

01 120에서 소수점이 왼쪽으로 세 자리 옮겨졌으므로 ㉠은 0.001입니다.

02 13×5.3은 소수 한 자리 수이고 0.13×0.53은 소수 네 자리 수이므로 13×5.3은 0.13×0.53의 1000배입니다.

➡ ㉠$= 1000$

03 ㉠은 100이고 ㉡은 0.1입니다.

따라서 ㉠ × ㉡은 $100 \times 0.1 = 10$입니다.

04 (색칠한 부분의 넓이)

=(전체 직사각형의 넓이)

−(색칠하지 않은 직사각형의 넓이)

$=(5.4 \times 2.8)-(5.4 \times 1.5)$

$=15.12-8.1=7.02\ (cm^2)$

다른 풀이 색칠한 두 부분을 모으면 가로가 5.4 cm, 세로가 $(2.8-1.5)$ cm인 직사각형이 됩니다.

(색칠한 부분의 넓이)=(가로)×(세로)

$=5.4 \times 1.3=7.02\ (cm^2)$

05 (색칠하지 않은 삼각형의 밑변의 길이)

$=10.4-1.9=8.5$ (cm)

➡ (색칠한 부분의 넓이)

=(직사각형의 넓이)

−(색칠하지 않은 삼각형의 넓이)

$=(10.4 \times 4)-(8.5 \times 4 \div 2)$

$=41.6-17=24.6\ (cm^2)$

06 (색칠한 부분의 넓이)

=(사다리꼴의 넓이)−(마름모의 넓이)

$=((4.2+2.2) \times 2.5 \div 2)-(3.2 \times 2.5 \div 2)$

$=8-4=4\ (cm^2)$

07 $2<5<6<9$이므로 곱이 가장 작게 되는 곱셈식을 만들려면 자연수 부분에 가장 작은 수와 둘째로 작은 수인 2, 5를 놓아야 합니다.

따라서 만들 수 있는 곱셈식은

$2.6 \times 5.9=15.34$, $2.9 \times 5.6=16.24$이므로 가장 작은 곱은 15.34입니다.

08 $0<4<7<8$이므로 곱이 가장 작게 되는 곱셈식을 만들려면 자연수 부분에 가장 작은 수인 0을 놓아야 합니다.

따라서 만들 수 있는 곱셈식은

$0.4 \times 7.8=3.12$, $0.7 \times 4.8=3.36$,

$0.8 \times 4.7=3.76$이므로 가장 작은 곱은 3.12입니다.

09 $9>7>6>3$이므로 곱이 가장 크게 되는 곱셈식을 만들려면 자연수 부분에 가장 큰 수와 둘째로 큰 수인 9, 7을 놓아야 합니다.

따라서 만들 수 있는 곱셈식은

$9.6 \times 7.3=70.08$, $9.3 \times 7.6=70.68$이므로 가장 큰 곱은 70.68입니다.

10 첫 번째로 튀어 오른 공의 높이는 $6 \times 0.75=4.5$ (m)입니다.

따라서 두 번째로 튀어 오른 공의 높이는

$4.5 \times 0.75=3.375$ (m)입니다.

11 첫 번째로 튀어 오른 공의 높이는 $5\times0.4=2$ (m)입니다.
두 번째로 튀어 오른 공의 높이는 $2\times0.4=0.8$ (m)입니다.
따라서 세 번째로 튀어 오른 공의 높이는
$0.8\times0.4=0.32$ (m)입니다.

12 (첫 번째로 튀어 오른 공의 높이)$=10\times0.6=6$ (m)
(두 번째로 튀어 오른 공의 높이)$=6\times0.6=3.6$ (m)
(세 번째로 튀어 오른 공의 높이)$=3.6\times0.6$
$=2.16$ (m)
따라서 두 번째로 튀어 오른 공의 높이와 세 번째로 튀어 오른 공의 높이의 차는 $3.6-2.16=1.44$ (m)입니다.

4단원 서술형 수행 평가 33~34쪽

01 풀이 참조, 0.105 kg	02 풀이 참조, 975 km
03 풀이 참조, 90쪽	04 풀이 참조, 93
05 풀이 참조, 12.95 cm	06 풀이 참조, 71.55 kg
07 풀이 참조, 0.975 m	08 풀이 참조, 8.436
09 풀이 참조, 1.74	10 풀이 참조, 세 번째

01 예 (빨간색 리본의 무게)$=0.07\times0.7$
$=0.049$ (kg) … 40 %
(노란색 리본의 무게)$=0.14\times0.4=0.056$ (kg)입니다. … 40 %
따라서 (지현이가 사용한 리본의 무게)
$=$(빨간색 리본의 무게)$+$(노란색 리본의 무게)
$=0.049+0.056=0.105$ (kg)
입니다. … 20 %

02 예 3시간 15분$=3\frac{15}{60}$시간$=3.25$시간입니다.
… 50 %
따라서 3시간 15분 동안 갈 수 있는 거리는
$300\times3.25=975$ (km)입니다. … 50 %

03 예 5분을 측정할 수 있는 모래시계를 15번 사용하면
$5\times15=75$(분)$=1$시간 15분입니다. … 50 %
1시간 15분$=1\frac{15}{60}$시간$=1.25$시간이므로 1시간 15분 동안 책을 모두 $72\times1.25=90$(쪽) 읽을 수 있습니다.
… 50 %

04 예 $0.8\times52=41.6$이고 $43\times1.2=51.6$이므로
$41.6<\square<51.6$입니다. … 50 %
따라서 □ 안에 들어갈 수 있는 가장 작은 자연수는 42이고, 가장 큰 자연수는 51이므로 … 40 %
두 수의 합은 $42+51=93$입니다. … 10 %

05 예 (2시간 동안 줄어든 양초의 길이)$=2.3\times2$
$=4.6$ (cm)
입니다. … 60 %
따라서 (처음 양초의 길이)
$=$(2시간 후 양초의 길이)$+4.6$
$=8.35+4.6=12.95$ (cm)
입니다. … 40 %

06 예 금성에서 측정한 몸무게는 각각 윤호는
$40.3\times0.9=36.27$ (kg)이고, 예슬이는
$39.2\times0.9=35.28$ (kg)입니다. … 50 %
따라서 윤호와 예슬이의 몸무게의 합은
$36.27+35.28=71.55$ (kg)입니다. … 50 %

07 예 (준서가 사용한 끈의 길이)$=0.65\times0.7$
$=0.455$ (m) … 40 %
(민서가 사용한 끈의 길이)$=0.65\times0.8$
$=0.52$ (m) … 40 %
따라서 (준서와 민서가 사용한 끈의 길이)
$=0.455+0.52=0.975$ (m)입니다.
… 20 %

08 예 0.217은 21.7에서 소수점이 왼쪽으로 두 자리 옮겨진 것이므로 ㉠은 0.01입니다. … 60 %
따라서 $843.6\times$㉠$=843.6\times0.01=8.436$입니다.
… 40 %

09 예 $0<3<5<8$이므로 곱이 가장 작게 되는 곱셈식을 만들려면 자연수 부분에 가장 작은 수인 0을 놓아야 합니다. … [40 %]
따라서 만들 수 있는 곱셈식은 $0.3\times5.8=1.74$, $0.5\times3.8=1.9$, $0.8\times3.5=2.8$이므로 가장 작은 곱은 1.74입니다. … [60 %]

10 예 첫 번째로 튀어 오른 공의 높이는 $20\times0.75=15$ (m)이고, 두 번째로 튀어 오른 공의 높이는 $15\times0.75=11.25$ (m)입니다. … [50 %]
세 번째로 튀어 오른 공의 높이는 $11.25\times0.75=8.4375$ (m)이므로 처음으로 10 m보다 낮아집니다. … [50 %]

4 단원 평가 35~37쪽

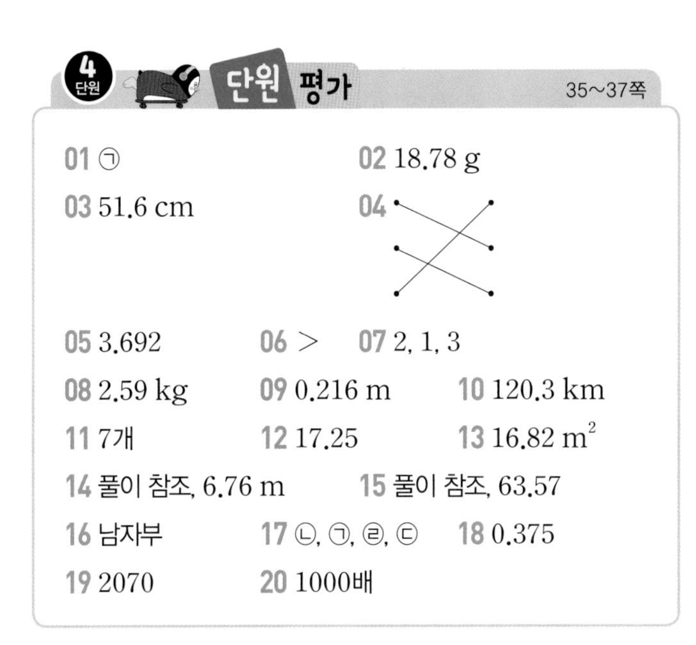

01 ㉠
02 18.78 g
03 51.6 cm
04 (선 잇기)
05 3.692
06 >
07 2, 1, 3
08 2.59 kg
09 0.216 m
10 120.3 km
11 7개
12 17.25
13 16.82 m^2
14 풀이 참조, 6.76 m
15 풀이 참조, 63.57
16 남자부
17 ㉡, ㉠, ㉣, ㉢
18 0.375
19 2070
20 1000배

01 ㉠ $1.28\times3=3.84$ ㉡ $2.89\times3=8.67$

02 $6.26\times3=18.78$ (g)입니다.

03 (정오각형의 한 변의 길이)=(정사각형의 둘레)
$=2.58\times4=10.32$ (cm)
(정오각형의 둘레)$=10.32\times5=51.6$ (cm)

04 $3.5\times0.2=0.7$, $0.8\times9=7.2$,
$8\times0.12=0.96$, $0.5\times1.4=0.7$,
$1.8\times4=7.2$, $3\times0.32=0.96$

05 가장 큰 수는 3.55이고 두 번째로 작은 수는 1.04입니다. 두 수의 곱은 $3.55\times1.04=3.692$입니다.

06 $17.2\times0.8=13.76$, $0.25\times54.2=13.55$
➡ $13.76>13.55$

07 $4\times0.75=3$, $8.5\times0.23=1.955$,
$1.24\times3=3.72$
➡ $1.955<3<3.72$

08 $3.7\times0.7=2.59$ (kg)입니다.

09 (경준이가 가지고 있는 철사의 길이)
=(도형이가 가지고 있는 철사의 길이)$\times0.3$
$=0.72\times0.3=0.216$ (m)

10 $80.2\times1.5=120.3$ (km)입니다.

11 $5\times0.98=4.9$이고 $7\times1.6=11.2$입니다.
$4.9<\square<11.2$이므로 □ 안에 들어갈 수 있는 자연수는 5, 6, 7, 8, 9, 10, 11로 모두 7개입니다.

12 만들 수 있는 가장 큰 소수 한 자리 수는 7.5이고 가장 작은 소수 한 자리 수는 2.3입니다.
➡ $7.5\times2.3=17.25$

13 (세로)$=5.8\times0.5=2.9$ (m)
➡ (직사각형의 넓이)=(가로)×(세로)
$=5.8\times2.9=16.82$ (m^2)

14 예 (첫 번째로 튀어 오른 공의 높이)
$=16\times0.65=10.4$ (m)입니다. … [50 %]
따라서 (두 번째로 튀어 오른 공의 높이)
$=10.4\times0.65=6.76$ (m)입니다. … [50 %]

15 예 자연수 부분에 가장 큰 수와 둘째로 큰 수인 9, 6을 놓아 곱셈식을 만들면 $9.3\times6.1=56.73$, $9.1\times6.3=57.33$이므로 ㉠은 57.33입니다.
… [40 %]
자연수 부분에 가장 작은 수와 둘째로 작은 수인 1, 3을 놓아 곱셈식을 만들면 $1.6\times3.9=6.24$, $1.9\times3.6=6.84$이므로 ㉡은 6.24입니다. … [40 %]

따라서 ㉠+㉡$=57.33+6.24=63.57$입니다.

… 20 %

16 $1\text{ m}=100\text{ cm}$이므로 여자부 네트의 높이는 $2.24\times100=224\ (\text{cm})$입니다.
$224<243$이므로 남자부 네트의 높이가 더 높습니다.

17 ㉠ $7.13\times100=713$, ㉡ $71.3\times100=7130$, ㉢ $0.713\times0.1=0.0713$, ㉣ $713\times0.001=0.713$
➡ ㉡>㉠>㉣>㉢

18 0.25를 곱해야 할 것을 2.5를 곱하였으므로 3.75에서 소수점을 왼쪽으로 한 자리 이동한 0.375가 바르게 계산한 값입니다.

19 $0.025\times$㉠$=25$에서 0.025의 소수점이 오른쪽으로 세 자리 옮겨져서 25가 되었으므로 ㉠$=1000$입니다.
따라서 $2.07\times1000=2070$입니다.

20 $72.9\times$★$=729$에서 72.9의 소수점이 오른쪽으로 한 자리 옮겨져서 729가 되었으므로 ★$=10$입니다.
$35.8\times$♥$=0.358$에서 35.8의 소수점이 왼쪽으로 두 자리 옮겨져서 0.358이 되었으므로 ♥$=0.01$입니다.
따라서 ★$=10$, ♥$=0.01$이므로 ★은 ♥의 1000배입니다.

5 단원 직육면체

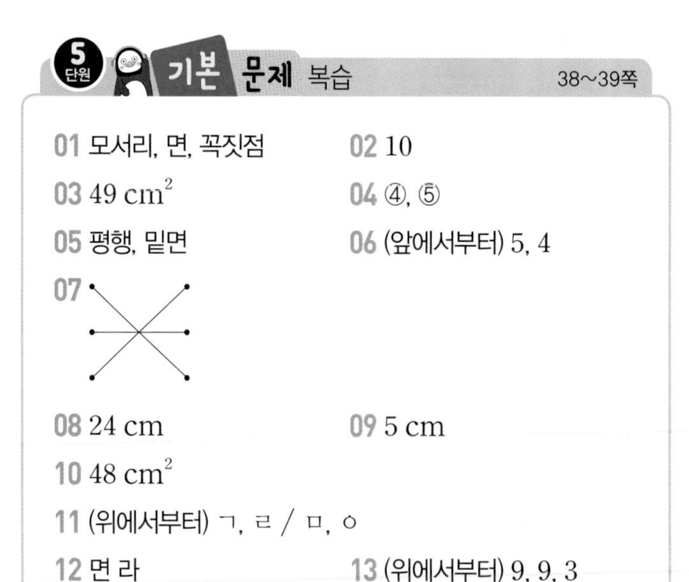

5단원 기본 문제 복습 38~39쪽

01 모서리, 면, 꼭짓점 **02** 10
03 49 cm^2 **04** ④, ⑤
05 평행, 밑면 **06** (앞에서부터) 5, 4
07
08 24 cm **09** 5 cm
10 48 cm^2
11 (위에서부터) ㄱ, ㄹ / ㅁ, ㅇ
12 면 라 **13** (위에서부터) 9, 9, 3

01 면과 면이 만나는 선분을 모서리, 선분으로 둘러싸인 부분을 면이라고 합니다. 또, 모서리와 모서리가 만나는 점을 꼭짓점이라고 합니다.

02 직육면체의 면의 수는 6개, 모서리의 수는 12개, 꼭짓점의 수는 8개입니다.
따라서 ■+●−▲$=6+12-8=10$입니다.

03 정육면체의 모든 면은 정사각형입니다.
따라서 (색칠한 면의 넓이)$=7\times7=49\ (\text{cm}^2)$입니다.

04 ① 꼭짓점은 모두 8개입니다.
② 모서리는 모두 12개입니다.
③ 면은 모두 6개입니다.
④ 정사각형은 직사각형이라고 할 수 있으므로 정육면체는 직육면체라고 할 수 있습니다.

05 직육면체에서 색칠한 두 면처럼 계속 늘여도 만나지 않는 두 면을 서로 평행하다고 합니다. 이 두 면을 직육면체의 밑면이라고 합니다.

06 직육면체에서 평행한 모서리는 길이가 서로 같습니다.

07 직육면체에서 한 면과 수직인 면은 4개입니다. 한 꼭짓점에서 만나는 모서리는 모두 3개입니다. 직육면체에

서 서로 평행한 2개의 면을 밑면이라고 합니다.

08 색칠한 면과 평행한 면은 가로가 7 cm, 세로가 5 cm인 직사각형이므로 둘레는 $7\times2+5\times2=24$ (cm)입니다.

09 정육면체의 모서리는 모두 12개이고 길이가 같으므로 한 모서리의 길이는 $60\div12=5$ (cm)입니다.

10 색칠한 면과 수직이면서 보이지 않는 면은 오른쪽과 같이 두 면입니다.

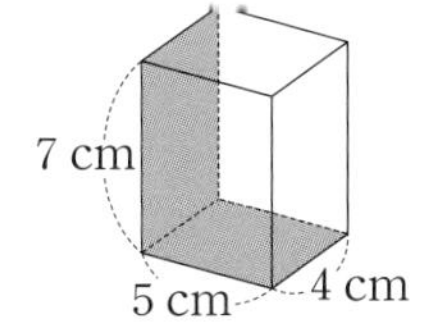

➡ (두 면의 넓이의 합)
$=7\times4+5\times4=28+20$
$=48$ (cm^2)

11 전개도를 접었을 때 만나는 점끼리 같은 기호를 써넣습니다.

12 전개도를 접어서 직육면체를 만들었을 때 서로 평행한 면은 만나지 않으므로 면 바와 만나지 않는 면은 면 라입니다.

5단원 응용 문제 복습 40~41쪽

01 9	02 12	03 36 cm
04 12	05 14	06 철수
07 28 cm	08 52 cm	09 8 cm
10 60 cm	11 84 cm^2	12 48 cm^2

01 $(17+15+㉠)\times4=164$입니다. $164\div4=41$이므로 $17+15+㉠=41$입니다. ➡ $㉠=9$

02 $㉡=㉠+㉠$이므로
(모든 모서리의 길이의 합)$=(㉠+3+㉠+㉠)\times4$
$=84$,
$㉠+3+㉠+㉠=21$, $㉠+㉠+㉠=18$,
$3\times㉠=18$, $㉠=6$입니다.
➡ $㉡=6\times2=12$

03 정육면체의 모서리의 길이는 모두 같으므로 직육면체를 잘라서 만들 수 있는 가장 큰 정육면체의 한 모서리의 길이는 3 cm입니다. 정육면체의 모서리는 12개이므로 모든 모서리의 길이의 합은 $3\times12=36$ (cm)입니다.

04 주사위의 보이지 않는 면에 있는 눈의 수는 각각 1, 5, 3과 더해서 7이 되는 수입니다. 따라서 보이지 않는 면의 눈의 수의 합은 $6+2+4=12$입니다.

05 눈의 수가 6인 면과 눈의 수가 1인 면은 서로 평행합니다. 눈의 수가 6과 1인 두 면을 제외한 나머지 면은 눈의 수가 6인 면과 수직입니다. 따라서 눈의 수가 6인 면과 수직인 모든 면의 눈의 수의 합은
$2+3+4+5=14$입니다.

06 철수는 눈의 수가 3, 5인 면을 볼 수 있습니다.
➡ $3+5=8$
영희는 눈의 수가 2, 4인 면을 볼 수 있습니다.
➡ $2+4=6$
따라서 철수가 영희보다 보이는 면의 눈의 수의 합이 더 큽니다.

07 (붙인 색 테이프의 전체 길이)
$=4\times2+2\times4+6\times2$
$=8+8+12=28$ (cm)

08 (붙인 색 테이프의 전체 길이)
$=9\times2+5\times4+7\times2$
$=18+20+14=52$ (cm)

09 (붙인 빨간색 테이프의 길이)$=(3+8)\times2$
$=11\times2=22$ (cm)
(붙인 노란색 테이프의 길이)$=(12+3)\times2$
$=15\times2=30$ (cm)
따라서 붙인 빨간색 테이프의 길이와 노란색 테이프의 길이의 차는 $30-22=8$ (cm)입니다.

10 (선분 ㄱㄹ)$=(7+5)\times2=24$ (cm)
(선분 ㄱㄴ)$=$(선분 ㄹㄷ)$=6$ cm

➡ (사각형 ㄱㄴㄷㄹ의 둘레)$=(24+6)\times 2$

$=60$ (cm)

11 색칠한 부분이 삼각형인 경우는 두 부분을 합치면 가로가 2 cm, 세로가 7 cm인 직사각형입니다.
따라서 색칠한 부분은 가로가 $5+2+5=12$ (cm), 세로가 7 cm인 직사각형입니다.
➡ (색칠한 부분의 넓이)$=12\times 7=84$ (cm^2)

12 면 ㉮의 넓이는 면 ㉯의 넓이의 3배이므로 $4\times 3=12$ (cm^2)입니다. 전개도를 접었을 때 면 ㉯와 수직인 면은 면 ㉮와 합동인 면 4개이므로 넓이의 합은 $12\times 4=48$ (cm^2)입니다.

5단원 서술형 수행 평가 42~43쪽

01 풀이 참조	02 풀이 참조, 144 cm^2
03 풀이 참조, 7	04 풀이 참조, 6
05 풀이 참조, 27 cm	06 풀이 참조, 48 cm
07 풀이 참조, 90 cm	08 풀이 참조, 4 cm
09 풀이 참조, 46 cm, 126 cm^2	
10 풀이 참조, 72 cm	

01 직육면체가 아닙니다. … 30 %
예 직육면체는 직사각형 6개로 둘러싸인 도형인데 직사각형이 아닌 도형이 있고 면의 수도 6개가 아닙니다.
… 70 %

02 예 정육면체의 모서리는 12개이고 모든 모서리의 길이는 같습니다.
(정육면체의 한 모서리의 길이)$=144\div 12=12$ (cm)입니다. … 50 %
따라서 정육면체의 한 면의 넓이는
$12\times 12=144$ (cm^2)입니다. … 50 %

03 예 직육면체에는 길이가 같은 모서리가 4개씩 3종류가 있으므로 $5+4+\square=64\div 4=16$입니다. … 50 %
따라서 $\square=16-(5+4)=7$입니다. … 50 %

04 예 4의 눈이 그려진 면과 마주 보는 면에는 3의 눈이 그려져 있고, 2의 눈이 그려진 면과 마주 보는 면에는 5의 눈이 그려져 있습니다. … 50 %
눈이 그려지지 않은 면에는 1 또는 6의 눈을 그릴 수 있고 두 면은 서로 평행하므로 $6\times 1=6$입니다.
… 50 %

05 예 정육면체의 모든 모서리의 길이는 같고 정육면체의 겨냥도에서 보이지 않는 모서리는 3개입니다. … 40 %
한 면의 넓이가 81 cm^{2}이므로 한 모서리의 길이는 9 cm입니다. 따라서 보이지 않는 모서리의 길이의 합은 $9\times 3=27$ (cm)입니다. … 60 %

06 예 정육면체에서 보이는 모서리는 9개, 보이지 않는 모서리는 3개입니다. … 50 %
(보이는 모서리의 길이의 합)
$-$(보이지 않는 모서리의 길이의 합)
$=(8\times 9)-(8\times 3)=48$ (cm)입니다. … 50 %

07 예 보이지 않는 모서리는 3개이므로
(한 모서리의 길이)$=30\div 3=10$ (cm)입니다.
… 50 %
정육면체의 보이는 모서리는 $12-3=9$(개)입니다.
따라서 (보이는 모든 모서리의 길이의 합)
$=10\times 9=90$ (cm)입니다. … 50 %

08 예 (가의 모든 모서리의 길이의 합)$=(8+4+5)\times 4$
$=17\times 4$
$=68$ (cm)
… 40 %
(나의 모든 모서리의 길이의 합)$=6\times 12$
$=72$ (cm) … 40 %
따라서 (두 도형의 모든 모서리의 길이의 합의 차)
$=72-68=4$ (cm)입니다. … 20 %

09 예) (선분 ㄹㅁ)=(선분 ㅂㅁ)=(선분 ㅅㅇ)=6 cm이므로 (선분 ㄷㅁ)=8+6=14 (cm)입니다. ··· 20 %

(사각형 ㅎㄷㅁㅌ의 둘레)$=(14+9)\times 2$

$=23\times 2$

$=46$ (cm) ··· 40 %

(사각형 ㅎㄷㅁㅌ의 넓이)$=14\times 9=126$ (cm^2)입니다. ··· 40 %

10 예) 모든 모서리의 길이의 합은 보이지 않는 모서리의 길이의 합의 4배이므로 보이지 않는 모서리의 길이의 합은 $72\div 4=18$ (cm)입니다. ··· 30 %

나머지 한 모서리의 길이는 $18-3-6=9$ (cm)입니다. ··· 30 %

따라서 직육면체의 전개도의 둘레는

$9\times 4+3\times 8+6\times 2=36+24+12=72$ (cm)입니다. ··· 40 %

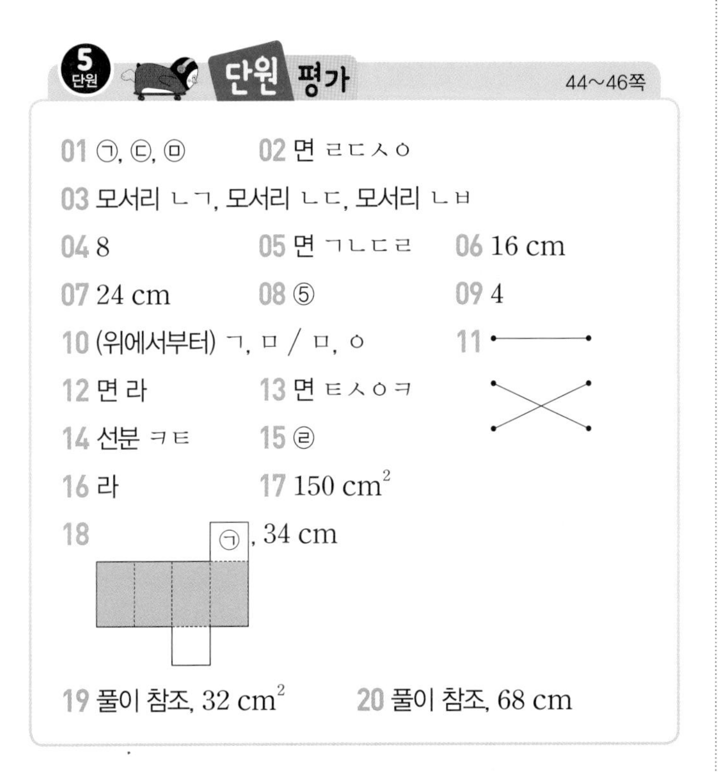

5단원 단원 평가 44~46쪽

01 ㉠, ㉢, ㉤ 02 면 ㄹㄷㅅㅇ
03 모서리 ㄴㄱ, 모서리 ㄴㄷ, 모서리 ㄴㅂ
04 8 05 면 ㄱㄴㄷㄹ 06 16 cm
07 24 cm 08 ⑤ 09 4
10 (위에서부터) ㄱ, ㅁ / ㅁ, ㅇ 11 (풀이 참조)
12 면 라 13 면 ㅌㅅㅇㅋ
14 선분 ㅋㅌ 15 ㉣
16 라 17 150 cm^2
18 (그림 참조), 34 cm
19 풀이 참조, 32 cm^2 20 풀이 참조, 68 cm

01 직육면체는 직사각형 6개로 둘러싸인 도형이므로 ㉠, ㉢, ㉤입니다.

02 직육면체에서 서로 마주 보는 면은 합동이고 평행합니다. 면 ㄱㄴㅂㅁ과 평행한 면은 면 ㄹㄷㅅㅇ이므로 두 면은 서로 모양과 크기가 같은 면입니다.

03 하나의 꼭짓점에는 3개의 모서리가 만납니다.

05 직육면체에서 서로 평행한 두 면을 직육면체의 밑면이라고 합니다.

따라서 면 ㅁㅂㅅㅇ과 평행한 면은 면 ㄱㄴㄷㄹ입니다.

06 보이지 않는 모서리는 3개로 길이는 각각 6 cm, 5 cm, 5 cm입니다.

➡ (보이지 않는 모서리의 길이의 합)$=6+5+5$

$=16$ (cm)

07 (색칠한 면의 둘레)$=4+8+4+8=24$ (cm)

08 정육면체의 모서리의 길이는 모두 같습니다. 그러나 직육면체는 한 꼭짓점에서 만나는 모서리의 길이가 모두 달라도 직육면체입니다.

09 직육면체에는 길이가 같은 모서리가 4개씩 3종류 있습니다. $60\div 4=15$이므로 $\square=15-(6+5)=4$입니다.

11 서로 평행한 면은 3쌍으로 (가, 라), (나, 바), (다, 마)입니다.

12 전개도를 접었을 때 면 가의 모서리와 만나는 모서리를 갖는 면은 면 나, 면 다, 면 바, 면 마입니다. 따라서 면 가의 모서리와 만나지 않는 모서리를 갖는 면은 면 라입니다.

13 평행한 면은 모양과 크기가 같으면서 전개도를 접었을 때 만나지 않는 면입니다.

14 전개도를 접었을 때 점 ㄱ과 점 ㅋ이 만나고 점 ㅎ과 점 ㅌ이 만나므로 선분 ㄱㅎ과 겹치는 선분은 선분 ㅋㅌ입니다.

15 ㉣은 접었을 때 겹쳐지는 면이 있습니다.

16 면 가와 평행한 면을 찾아야 합니다. 전개도를 접으면 글자 가와 마주 보며 평행한 면에는 글자 라가 적혀 있습니다. 따라서 바닥에 숨겨진 글자는 라입니다.

17 (면 ㉠과 수직인 면의 넓이)$=(8\times5+5\times7)\times2$

$=75\times2=150\ (cm^2)$

18 (색칠한 부분의 둘레)$=(3+3+3+3+5)\times2$

$=34\ (cm)$

19 ㉾ 직육면체에는 넓이가 같은 면이 3쌍 있습니다.

면의 넓이는 각각

$10\times8=80\ (cm^2)$, $8\times4=32\ (cm^2)$,

$10\times4=40\ (cm^2)$입니다. … 60 %

따라서 가장 좁은 면의 넓이는 $32\ cm^2$입니다.

… 40 %

20 ㉾ 전개도를 접어서 만든 직육면체는 길이가 4 cm, 6 cm, 7 cm인 모서리가 각각 4개씩 있습니다.

… 40 %

따라서

(모든 모서리의 길이의 합)$=(4+6+7)\times4$

$=68\ (cm)$입니다.

… 60 %

6 단원 평균과 가능성

6 단원 기본 문제 복습 47~48쪽

01 51번	02 30, 39, 30	03 6 kg
04 20장	05 민우	06 48 m
07 12세	08 49번	09 46번
10 39개	11 반반이다	12 $\frac{1}{2}$
13 ㉠, ㉢, ㉡, ㉣		

01 (하루 평균 줄넘기 횟수)

=(5일 동안의 전체 줄넘기 횟수)÷(줄넘기 한 날수)

$=255\div5=51$(번)

02 39와 21 모두 30과 9씩 차이가 나기 때문에 평균을 30으로 예상하고 짝지을 수 있습니다.

03 (평균)$=(6+5+9+4)\div4$

$=24\div4=6\ (kg)$

04 (평균)$=(26+15+21+18)\div4$

$=80\div4=20$(장)

05 (진우의 하루 평균 읽은 책의 쪽수)$=224\div7=32$(쪽)

(민우의 하루 평균 읽은 책의 쪽수)$=165\div5=33$(쪽)

따라서 민우의 하루 평균 읽은 쪽수가 더 많습니다.

06 승훈이의 공 던지기 기록의 평균은

$(22+23+25+19+21)\div5=110\div5=22\ (m)$

입니다.

따라서 평균보다 더 멀리 던진 기록은 23 m, 25 m이므로 합은 $23+25=48\ (m)$입니다.

07 (두 반의 회원 전체 나이의 합)

=(줄넘기반 회원 나이의 합)

+(배드민턴반 회원 나이의 합)

$=12\times10+8\times15=120+120=240$(세)

두 반 전체 회원 수는 20명이므로

(두 반 전체 회원 나이의 평균)$=240\div20=12$(세)입니다.

08 (평균)=(42+71+53+39+40+49)÷6
=294÷6=49(번)

09 (지수네 모둠의 줄넘기 기록의 합)=49×5=245(번)
(소연이의 줄넘기 기록)
=245−(51+60+43+45)
=46(번)

10 (5일 동안 접은 전체 종이학의 수)=43×5=215(개)
(화요일에 접은 종이학의 수)
=215−(43+44+46+43)=39(개)

12 주사위에 그려진 눈의 수는 1, 2, 3, 4, 5, 6입니다. 이때 홀수는 (1, 3, 5), 짝수는 (2, 4, 6)으로 홀수일 가능성은 '반반이다'이므로 수로 표현하면 $\frac{1}{2}$입니다.

13 화살이 파란색에 멈출 가능성을 말로 표현하면 ㉠ 확실하다, ㉡ ~아닐 것 같다, ㉢ 반반이다, ㉣ 불가능하다입니다.
따라서 가능성이 높은 것부터 차례로 기호를 쓰면 ㉠, ㉢, ㉡, ㉣입니다.

6단원 응용 문제 복습 49~50쪽

01 2모둠	02 영수네, 1	03 2, 3
04 157.5 cm	05 15세	06 2300원
07 53 kg, 48 kg		08 92점, 87점
09 52분, 58분	10 ㉠	11 ㉡
12 라, 가, 다, 마, 나		

01 (1모둠의 평균)=(90+78+85+81+76)÷5
=410÷5=82(점)
(2모둠의 평균)=(84+75+80+93+83)÷5
=415÷5=83(점)
따라서 2모둠의 과학 점수의 평균이 더 높습니다.

02 (영수네 모둠의 평균)=(20+19+17+20)÷4
=76÷4=19(초)
(민수네 모둠의 평균)=(22+18+16+24)÷4
=80÷4=20(초)
따라서 영수네 모둠의 100 m 달리기 기록의 평균이 20−19=1(초) 더 빠릅니다.

03 한 학생당 이용할 수 있는 텃밭 넓이의 평균은 1반이 682÷22=31 (m^2)이고,
2반은 646÷19=34 (m^2)입니다.
따라서 2반이 한 학생당 텃밭을 34−31=3 (m^2) 더 넓게 이용할 수 있습니다.

04 (재민이가 들어오기 전 키의 평균)
=(152+147+158+143)÷4
=600÷4=150 (cm)
따라서 재민이의 키는 150+7.5=157.5 (cm)입니다.

05 (새로운 회원이 들어오기 전 나이의 평균)
=(18+22+25+19+21)÷5
=105÷5=21(세)
새로운 회원이 한 명 더 들어오면 6명이 됩니다. 평균이 1세 줄었다는 것은 6명으로 나누었을 때 1이 줄어든 것이므로 6세가 적어야 합니다. 따라서
(새로운 회원의 나이)=21−1×6=15(세)입니다.

06 1월부터 4월까지 저축액의 평균은 1800원이고, 1월부터 5월까지 저축액의 평균이 100원 더 많은 1900원이 되려면 1월부터 5월까지 100원씩 더 저축해야 합니다. 따라서 최소 1800+5×100=2300(원)을 저축해야 합니다.

07 (다섯 명의 몸무게의 합)=45×5=225 (kg)
(경준이와 정훈이의 몸무게의 합)
=225−(46+35+43)=101 (kg)
5☆+★8=101이고 일의 자리에서 ☆+8=11이므로 ☆은 3입니다.
53+★8=101이므로 ★8=101−53=48입니다.

따라서 경준이의 몸무게는 53 kg, 정훈이의 몸무게는 48 kg입니다.

08 (성훈이의 5회까지 점수의 합)$=92\times5=460$(점)
(2회의 점수)+(4회의 점수)$=460-(95+90+96)$
$=179$(점)
$9☆+★7=179$이고 일의 자리에서 $☆+7=9$이므로 ☆은 2입니다.
$92+★7=179$이므로 $★7=179-92=87$입니다.
따라서 2회의 점수는 92점, 4회의 점수는 87점입니다.

09 (5일간의 산책 시간의 합)$=50\times5=250$(분)
(월요일과 수요일의 산책 시간의 합)
$=250-(45+55+40)=110$(분)
$5☆+★8=110$이고 일의 자리에서 $☆+8=10$이므로 ☆은 2입니다.
$52+★8=110$이므로 $★8=110-52=58$입니다.
따라서 월요일의 산책 시간은 52분, 수요일의 산책 시간은 58분입니다.

10 ㉠ 1부터 12까지의 수 중 12의 약수는 1, 2, 3, 4, 6, 12로 6개이므로 가능성은 '반반이다'이고 수로 표현하면 $\frac{1}{2}$ 입니다.
㉡ 주머니에 파란색 구슬은 없으므로 가능성은 '불가능하다'이고 수로 표현하면 0입니다.

11 ㉠ 바구니에 복숭아는 없으므로 가능성은 '불가능하다'이고 수로 표현하면 0입니다.
㉡ 1부터 20까지의 수 중 11 이상인 수는 11부터 20까지의 수로 10개입니다. 가능성은 '반반이다'이고 수로 표현하면 $\frac{1}{2}$ 입니다.

12 가: ~일 것 같다 나: 불가능하다
다: 반반이다 라: 확실하다
마: ~아닐 것 같다

6단원 서술형 수행 평가 51~52쪽

01 풀이 참조, 43개
02 풀이 참조, 89점
03 풀이 참조, 29.5 ℃
04 풀이 참조, 재석이네 모둠, 1번
05 풀이 참조, 1
06 풀이 참조, $\frac{1}{2}$
07 풀이 참조, 예나네 학교, 1 m^2
08 풀이 참조, 146 cm
09 풀이 참조, 1500000원
10 풀이 참조, 23쪽

01 예 (빈 병 수의 합)$=50+32+48+33+52$
$=215$(개) … 50 %
따라서
(5개월 동안 모은 빈 병 수의 평균)
$=215\div5=43$(개)입니다. … 50 %

02 예 (국어와 수학 점수의 합)$=88\times2=176$(점)
(과학과 사회 점수의 합)$=90\times2=180$(점)
(네 과목 점수의 합)$=176+180=356$(점) … 50 %
따라서 (네 과목 점수의 평균)$=356\div4=89$(점)입니다. … 50 %

03 예 (4개월 동안 최고 기온의 합)
$=27.7\times4=110.8$ (℃)입니다. … 50 %
따라서
(8월의 최고 기온)
$=110.8-(26.9+28.8+25.6)$
$=29.5$ (℃)입니다. … 50 %

04 예 (여정이네 모둠의 평균)
$=(19+16+21+20+23+15)\div6$
$=114\div6=19$(번) … 40 %
(재석이네 모둠의 평균)
$=(18+26+14+15+21+26)\div6$
$=120\div6=20$(번) … 40 %
따라서 재석이네 모둠의 평균이 $20-19=1$(번) 더 많습니다. … 20 %

05 ㉮ 1 이상 5 이하인 수는 1, 2, 3, 4, 5이므로 1부터 5까지 적힌 파란 공이 5개 들어 있는 주머니에서 공 1개를 꺼낼 때 1 이상 5 이하인 수가 적힌 파란 공을 꺼낼 가능성은 '확실하다'입니다. … 50 %
따라서 가능성을 수로 표현하면 1입니다. … 50 %

06 ㉮ 1부터 8까지의 수 중 8의 배수는 1, 2, 4, 8로 4개입니다. … 50 %
따라서 가능성은 '반반이다'이므로 수로 표현하면 $\frac{1}{2}$입니다. … 50 %

07 ㉮ 윤주네 학교에서 한 학생당 이용할 수 있는 강당 넓이의 평균은 $660 \div 330 = 2$ (m^2)입니다. … 40 %
예나네 학교에서 한 학생당 이용할 수 있는 강당 넓이의 평균은 $1350 \div 450 = 3$ (m^2)입니다. … 40 %
따라서 예나네 학교가 한 학생당 강당을
$3-2=1$ (m^2) 더 넓게 이용할 수 있습니다. … 20 %

08 ㉮ 남학생 키의 평균이 150 cm이므로 남학생 키의 합은 $150 \times 3 = 450$ (cm)입니다. … 30 %
여학생 키의 평균이 140 cm이므로 여학생 키의 합은 $140 \times 2 = 280$ (cm)입니다. … 30 %
따라서 민수네 모둠의 키의 평균은
$(450+280) \div 5 = 730 \div 5 = 146$ (cm)입니다.
… 40 %

09 ㉮ (세훈이네 과수원에서 수확한 감의 전체 무게)
$= 75 \times 12 = 900$ (kg)입니다. … 40 %
15 kg씩 담은 감은 $900 \div 15 = 60$(상자)입니다.
… 30 %
따라서 감의 판매액은 모두
$25000 \times 60 = 1500000$(원)입니다. … 30 %

10 ㉮ (월요일부터 금요일까지 읽은 역사책 쪽수의 평균)
$= (13+16+24+21+11) \div 5$
$= 85 \div 5 = 17$(쪽)입니다. … 50 %
따라서 토요일에 민호가 읽어야 하는 역사책 쪽수는 최소 $17+1 \times 6 = 17+6 = 23$(쪽)입니다. … 50 %

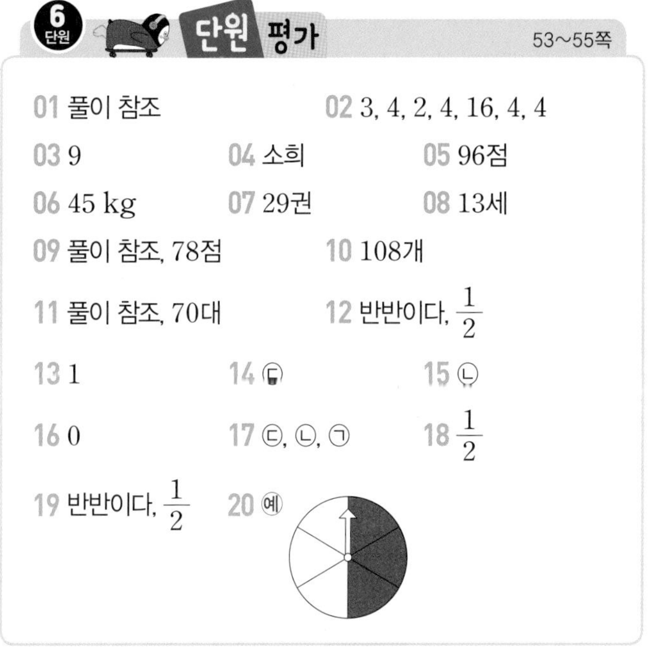
6 단원 **단원 평가** 53~55쪽

01 풀이 참조　02 3, 4, 2, 4, 16, 4, 4
03 9　04 소희　05 96점
06 45 kg　07 29권　08 13세
09 풀이 참조, 78점　10 108개
11 풀이 참조, 70대　12 반반이다, $\frac{1}{2}$
13 1　14 ㉣　15 ㉡
16 0　17 ㉢, ㉡, ㉠　18 $\frac{1}{2}$
19 반반이다, $\frac{1}{2}$　20 ㉮

01

○를 옮겨 사과의 수를 고르게 만들면 ○가 각각 4개입니다.

02 (평균)=(전체 사과의 수)÷(모둠원 수)
$= (7+3+4+2) \div 4 = 16 \div 4 = 4$(개)

03 12와 6의 가운데 수는 9이고, 10과 8의 가운데 수도 9입니다. 짝지어 고르게 하여 평균을 구하면 9회입니다.

04 소희가 하루 평균 읽은 책의 쪽수는 $630 \div 5 = 126$(쪽)입니다. 하늘이가 하루 평균 읽은 책의 쪽수는
$840 \div 7 = 120$(쪽)입니다.
따라서 소희가 하루 평균 읽은 책의 쪽수가 더 많습니다.

05 세 번의 수학 단원평가 점수의 합은 $88 \times 3 = 264$(점)입니다. 4번째 수학 단원평가 점수를 더하면
$90 \times 4 = 360$(점)입니다. 따라서 4번째 수학 단원평가의 점수는 $360-264=96$(점)입니다.

06 (남학생 10명의 몸무게의 합)$=10\times49=490$ (kg)
(여학생 8명의 몸무게의 합)$=8\times40=320$ (kg)
지혜네 반 학생 전체의 몸무게의 평균은
$(490+320)\div18=45$ (kg)입니다.

07 (전체 도서 대출 수)$=24\times4=96$(권)
➡ (믿음반의 도서 대출 수)$=96-(25+22+20)$
$=29$(권)

08 (한 명이 전학을 가고 난 후의 나이의 합)
$=168-12=156$(세)
(12명의 나이의 평균)$=156\div12=13$(세)

09 예 (전체 학생의 총점)$=79.5\times9$
$=715.5$(점) … 30 %
(남학생의 총점)$=80.7\times5$
$=403.5$(점) … 30 %
(여학생의 총점)$=715.5-403.5$
$=312$(점)
따라서 여학생의 과학 점수의 평균은
$312\div4=78$(점)입니다. … 40 %

10 평균 90개씩 7일간 판매한 꽈배기는 모두
$90\times7=630$(개)입니다. 따라서 금요일에 최소한
$630-(94+75+88+91+89+85)=108$(개)를
팔아야 합니다.

11 예 (월요일부터 금요일까지 TV 생산량의 평균)
$=(46+51+62+58+43)\div5$
$=260\div5=52$(대) … 50 %
월요일부터 토요일까지 TV 생산량의 평균이
$52+3=55$(대)가 되려면 TV 생산량의 총합이
$55\times6=330$(대)이어야 합니다.
따라서 토요일의 TV 생산량은
$330-(46+51+62+58+43)$
$=330-260=70$(대)이어야 합니다. … 50 %

12 시계는 1부터 12까지의 숫자가 있고 이 중 짝수는 6개입니다. 하루는 밤과 낮이 있으므로 종소리가 울리는 횟수 총 24번 중 짝수인 시각에 종소리가 울리는 횟수는 12번입니다. 따라서 짝수인 시각에 종소리가 울릴 가능성을 말로 표현하면 '반반이다'이고 수로 표현하면 $\frac{1}{2}$입니다.

13 거짓말 탐지기에 손을 올리고 말을 했을 때 노래가 나오거나 진동이 울리거나 둘 중 하나는 반드시 일어나는 일입니다. 두 가지 경우가 일어날 가능성은 '확실하다'이고 수로 표현하면 1입니다.

14 ㉢ 내년에는 12월이 7월보다 늦게 오므로 가능성은 '확실하다'입니다.

15 ㉠ 불가능하다, ㉡ 확실하다, ㉢ 불가능하다, ㉣ 반반이다

16 지갑에 만 원짜리 지폐만 들어 있으므로 천 원짜리 지폐를 꺼낼 가능성은 '불가능하다'입니다. 따라서 가능성을 수로 표현하면 0입니다.

17 ㉠ 주사위 눈의 수 중 6의 배수는 6이므로 가능성은 '~아닐 것 같다'입니다.
㉡ 주사위 눈의 수 중 6의 약수는 1, 2, 3, 6이므로 가능성은 '~일 것 같다'입니다.
㉢ 주사위 눈의 수는 모두 1 이상인 수이므로 가능성은 '확실하다'입니다.

18 주사위 눈의 수 중 4의 약수는 1, 2, 4이므로 가능성은 '반반이다'입니다. 따라서 가능성을 수로 표현하면 $\frac{1}{2}$입니다.

19 구슬 10개가 들어 있는 주머니에서 구슬을 꺼낼 때 꺼낸 구슬의 개수가 짝수인 경우는 2개, 4개, 6개, 8개, 10개로 5가지입니다. 따라서 꺼낸 구슬의 개수가 짝수일 가능성은 '반반이다'이고 수로 표현하면 $\frac{1}{2}$입니다.

20 꺼낸 구슬의 개수가 짝수일 가능성이 '반반이다'이므로 화살이 빨간색에 멈출 가능성과 같으려면 회전판의 6칸 중 3칸을 빨간색으로 색칠하면 됩니다.

한눈에 보는 정답

Book 1 본책

1 단원 수의 범위와 어림하기

교과서 개념 다지기 8~10쪽

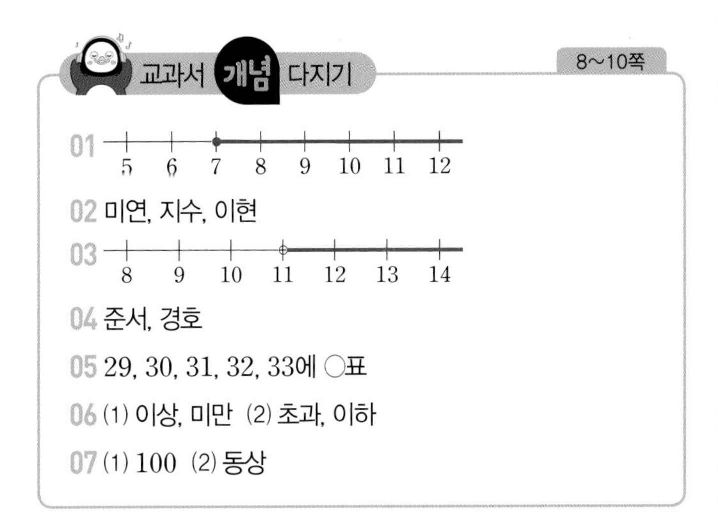

01 (수직선) 5 6 7 8 9 10 11 12

02 미연, 지수, 이현

03 (수직선) 8 9 10 11 12 13 14

04 준서, 경호

05 29, 30, 31, 32, 33에 ○표

06 (1) 이상, 미만 (2) 초과, 이하

07 (1) 100 (2) 동상

교과서 넘어 보기 11~14쪽

01 140.0 cm, 142.9 cm
02 형, 어머니

03 37, 38, 39에 ○표, 33, 34, 35, 36, 37에 △표

04 (수직선) 12 13 14 15 16 17 18

05 준호, 동생
06 종현, 경선, 수훈

07 5일
08 230 mm, 235 mm

09 9.51초, 9.68초

10 20, 21, 22에 ○표, 16, 17에 △표

11 (수직선) 52 53 54 55 56 57 58

12 3개

13 연주 / 예 47 초과인 수는 47보다 큰 수이므로 47은 포함되지 않아.

14 명수, 윤호
15 ㉢, ㉥

16 69, 70, 71에 ○표

17 (수직선) 24 25 26 27 28 29

18 ㉠, ㉢
19 이상, 이하

20 서연, 희수
21 형욱, 가은

22 (수직선) 9 10 11 12 13 14 15 16 17 18 19 20 21 22

교과서 속 응용 문제

23 23개
24 10개

25 9개
26 25명 이상 30명 이하

27 161명 이상 192명 이하
28 81명 초과 109명 미만

교과서 개념 다지기 15~18쪽

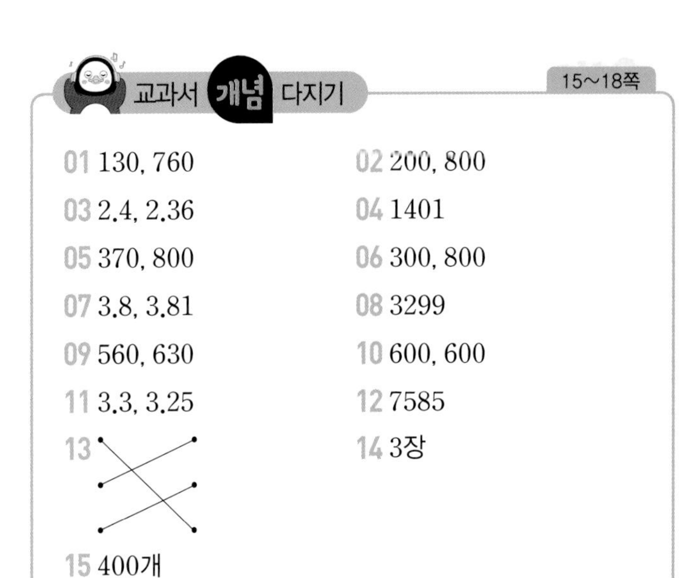

01 130, 760
02 200, 800

03 2.4, 2.36
04 1401

05 370, 800
06 300, 800

07 3.8, 3.81
08 3299

09 560, 630
10 600, 600

11 3.3, 3.25
12 7585

13 (선 잇기)
14 3장

15 400개

교과서 넘어 보기 19~22쪽

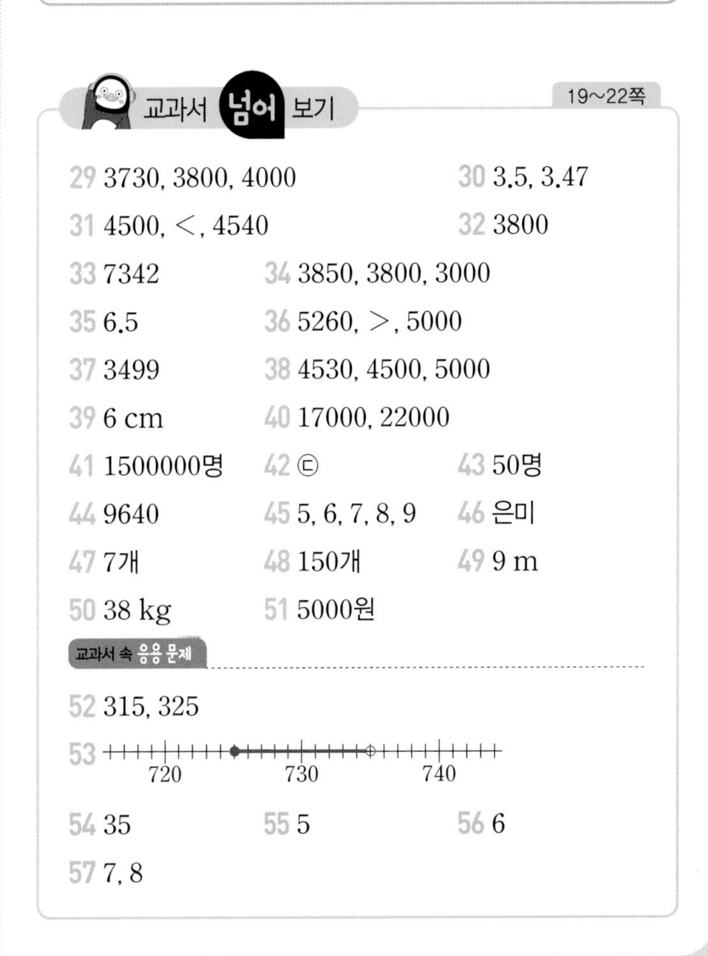

29 3730, 3800, 4000
30 3.5, 3.47

31 4500, <, 4540
32 3800

33 7342
34 3850, 3800, 3000

35 6.5
36 5260, >, 5000

37 3499
38 4530, 4500, 5000

39 6 cm
40 17000, 22000

41 1500000명
42 ㉢
43 50명

44 9640
45 5, 6, 7, 8, 9
46 은미

47 7개
48 150개
49 9 m

50 38 kg
51 5000원

교과서 속 응용 문제

52 315, 325

53 (수직선) 720 730 740

54 35
55 5
56 6

57 7, 8

23~27쪽

대표 응용 1 25, 26, 27, 28, 29, 30, 31 / 29, 30, 31, 32, 33, 34, 35 / 29, 30, 31

1-1 49, 50, 51, 52 **1-2** 34

대표 응용 2 350, 3000, 500, 3500, 1000, 4000 / 3000, 3500, 4000, 10500

2-1 17000원

대표 응용 3 올림, 십, 올림, 30 / 3, 3, 2700

3-1 14000원 **3-2** 4000원

대표 응용 4 버림, 십, 버림, 310 / 310, 31, 31, 46500

4-1 130000원 **4-2** 440000원

대표 응용 5 17, 17, 68000 / 2, 2, 72000, 문구점에 ○표

5-1 도매점 **5-2** 나 가게, 100원

28~30쪽

01 현성, 윤영 02 6.8, 9, 8.9, 7, 6

03 8개 04 5명

05 46, $45\frac{1}{8}$, 59에 ○표 06 14명

07 

08 ㉢ 09 정민, 진욱

10 나, 바 / 가, 마, 사 / 다 / 라, 아

11 1360, 1400

12 2500에 ○표, 2000에 ○표

13 2564, 2672, 3246에 ○표

14 현빈 15 <

16 1210 m 17 470

18 성준 19 10000원

20 5000원

31~33쪽

01 5일 02 6.7, 7, $5\frac{1}{3}$, 5.5에 ○표

03 (수직선) 61 62 63 64 65 66 67 68 69

04 14 05 ⑤

06 창의력 과학, 시화 07 8개

08 ②, ④ 09 도서관, 박물관

10 16문제 이상 11 ③

12 48999 13 영훈

14 5개 15 1400

16 1550, 1649 17 버림, 올림

18 17대 19 1800원

20 50000원

2 단원 분수의 곱셈

36~37쪽

01 $\frac{3}{4}$, $\frac{3}{4}$, 3, 9, $2\frac{1}{4}$

02 (1) 15, 45, $6\frac{3}{7}$ (2) $\frac{1}{7}$, $\frac{1}{7}$, 3, 3, 6, 3, $6\frac{3}{7}$

03 (1) 5, 45, 15, $7\frac{1}{2}$ (2) 3, 2, $\frac{15}{2}$, $7\frac{1}{2}$

(3) 3, 2, $\frac{15}{2}$, $7\frac{1}{2}$

04 (1) 7, 3, 7, 21, $4\frac{1}{5}$ (2) 2, 3, 1, 1, $4\frac{1}{5}$

교과서 넘어 보기 38~40쪽

01 방법 1 21, $\frac{21}{4}$, $5\frac{1}{4}$ 방법 2 3, $\frac{21}{4}$, $5\frac{1}{4}$ 방법 3 3, $\frac{21}{4}$, $5\frac{1}{4}$

02 $\frac{2}{5}$, $\frac{2}{5}$, $\frac{2}{5}$, $\frac{2}{5}$, $1\frac{3}{5}$

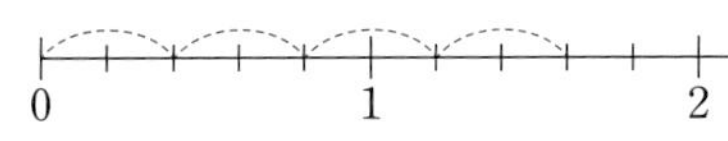

03 (1) $1\frac{1}{2}$ (2) $1\frac{2}{3}$

04 $5\frac{3}{5}$ km

05 (1) 9, 3, 27, $6\frac{3}{4}$ (2) 3, $\frac{3}{4}$, $6\frac{3}{4}$

06 ㉢, $1\frac{5}{12}\times4=\frac{17}{\cancel{12}_3}\times\cancel{4}^1=\frac{17}{3}=5\frac{2}{3}$

07 (1) $6\frac{3}{7}$ (2) $38\frac{1}{3}$

08 (선 잇기)

09 $41\frac{1}{4}$ cm

10 경민, 지호

11 $16\frac{2}{3}$, $7\frac{1}{2}$

12 $1\frac{2}{3}$ kg

13 36쪽

14 (1) $24\frac{2}{3}$ (2) $57\frac{3}{4}$

15 $8\times1\frac{1}{5}$, $8\times\frac{9}{4}$에 ○표

$8\times\frac{11}{12}$, $8\times\frac{5}{6}$에 △표

16 $8\times1\frac{1}{12}=\cancel{8}^2\times\frac{13}{\cancel{12}_3}=\frac{26}{3}=8\frac{2}{3}$

17 $4\frac{7}{10}$ / $70\frac{1}{2}$

18 1800원

교과서 속 응용 문제

19 400, 50

20 민호

21 1시간 6분

교과서 개념 다지기 41~42쪽

01 (1) (위에서부터) 1, 4, $\frac{1}{20}$ (2) 7, 5, $\frac{6}{35}$

02 (위에서부터) 2, 4, 5, 7, $\frac{8}{105}$

03 8, 9 / (위에서부터) 8, 9 / 5, 7 / $\frac{72}{35}$, $2\frac{2}{35}$

04 2, 14 / (위에서부터) 2, 14 / 3, 5 / $\frac{28}{15}$, $1\frac{13}{15}$

교과서 넘어 보기 43~46쪽

22 3, $\frac{1}{15}$

23 ㉡

24 2, 3(또는 3, 2) / 7, 8(또는 8, 7)

25 1, 2, 3

26 방법 1 5, 18 / 5 방법 2 1, 2 / 5 방법 3 1, 2 / 5

27 $\frac{6}{35}$

28 $\frac{16}{25}$ m^2

29 $\frac{4}{45}$ m

30 (1) $\frac{1}{4}$ L (2) $\frac{7}{8}$ L

31 $\frac{1}{4}$

32 $\frac{2}{15}$

33 (1) 11, 5, $\frac{55}{12}$, $4\frac{7}{12}$ (2) 5, 5, $\frac{35}{8}$, $4\frac{3}{8}$

34 $2\frac{13}{21}$

35 <

36 ㉠

37 ㉢

38 $9\frac{7}{8}$, $33\frac{6}{7}$

39 가

40 4

교과서 속 응용 문제

41 $\frac{5}{24}$

42 $\frac{1}{4}$

43 $\frac{1}{3}$

44 3개

45 3, 4, 5, 6, 7

46 6, 7, 8

응용력 높이기 47~51쪽

대표 응용 1 $\frac{2}{3}$, $\frac{2}{3}$, $\frac{2}{3}$, $66\frac{2}{3}$

1-1 50 cm

1-2 $43\frac{1}{5}$ cm

대표 응용 2 1, 3 / (위에서부터) 1, 3, $\frac{11}{30}$ / (위에서부터) 1, 3, $\frac{21}{60}$ / $\frac{11}{30}$, $\frac{21}{60}$, $\frac{77}{600}$

2-1 $2\frac{1}{7}$

2-2 108

대표 응용 3 2, 2, 18, 17, 2, $\frac{51}{10}$, $5\frac{1}{10}$

3-1 $6\frac{1}{4}$ cm² 3-2 $4\frac{5}{7}$ cm²

대표 응용 4 $19\frac{1}{3}$, $3\frac{1}{3}$, $19\frac{1}{3}$, $3\frac{1}{3}$, 16

4-1 $18\frac{1}{3}$ cm 4-2 $74\frac{1}{3}$ cm

대표 응용 5 20, 1, 1, 15, 7, 5

5-1 $5\frac{5}{14}$ km 5-2 $25\frac{5}{16}$ km

단원 평가 LEVEL ❶

52~54쪽

01 (위에서부터) 3, 2 / $\frac{15}{2}$, $7\frac{1}{2}$

02 ㉡ 03 (1) 10, 2, 20, $6\frac{2}{3}$ (2) 2, $\frac{2}{3}$, $6\frac{2}{3}$

04 ㉡, $3\frac{1}{4}\times 3=\frac{13}{4}\times 3=\frac{13\times 3}{4}=\frac{39}{4}=9\frac{3}{4}$

05 $14\frac{2}{3}$ cm

06 $\frac{3}{6\times 8}$에 ○표 / $6\times\frac{3}{8}=\frac{6\times 3}{8}=\frac{\overset{9}{\cancel{18}}}{\underset{4}{\cancel{8}}}=\frac{9}{4}=2\frac{1}{4}$

07 16, $6\frac{2}{3}$ 08 12명 09 13

10 18000원 11 (1) 7, 12 / 7 (2) 1, 2 / 7

12 $\frac{1}{18}$ 13 $\frac{6}{11}$ m² 14 $\frac{3}{16}$

15 $\frac{5}{24}$ 16 $4\frac{2}{7}$ 17 ③

18 31 cm 19 4개 20 가 밭

단원 평가 LEVEL ❷

55~57쪽

01 $10\frac{5}{6}$ 02 (선 잇기) 03 6개

04 $43\frac{1}{2}$ 05 ⑤ 06 23 cm

07 < 08 $31\frac{1}{2}$ kg 09 재희

10 (위에서부터) $1\frac{3}{4}$, $1\frac{1}{24}$ / $5\frac{3}{5}$, $3\frac{1}{3}$

11 ③ 12 11 km 13 5

14 $\frac{9}{13}$ 15 $\frac{25}{96}$ m² 16 $\frac{5}{7}$시간

17 56 km 18 22 19 75쪽

20 $\frac{8}{21}$ m

3 단원 합동과 대칭

교과서 개념 다지기

60~61쪽

01 (1) 예 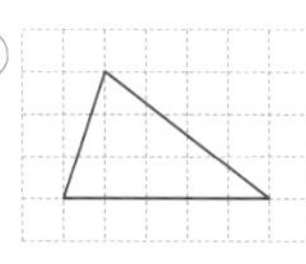 (2) 예 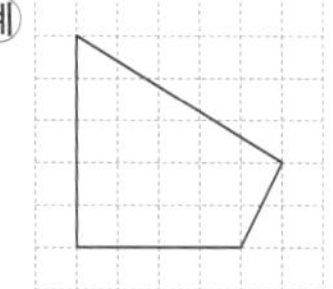

02 다

03 점 ㄹ, 점 ㅁ, 점 ㅂ

04 변 ㄹㅁ, 변 ㅁㅂ, 변 ㅂㄹ

05 각 ㄹㅁㅂ, 각 ㅁㅂㄹ, 각 ㅂㄹㅁ

교과서 넘어 보기

62~64쪽

01 합동 02 ( )(○)( )

03 예 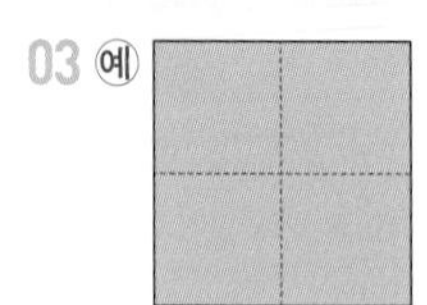 04 예

05 라 06 다

07 가와 바, 라와 사, 마와 아

08 ⑤ 09 ㉡

10 (1) 점 ㅅ (2) 변 ㅇㅅ (3) 각 ㅇㅁㅂ

11 6쌍, 6쌍, 6쌍 12 7 cm

13 70° 14 30 cm

15 60° 16 50 cm

17 48 cm 18 48 m

교과서 개념 다지기 65~68쪽

01 가, 라

02

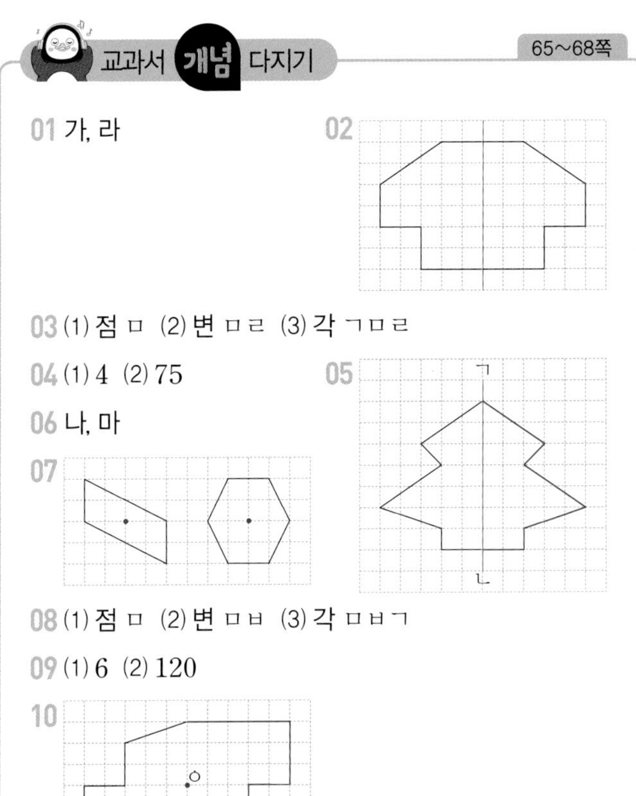

03 (1) 점 ㅁ (2) 변 ㅁㄹ (3) 각 ㄱㅁㄹ

04 (1) 4 (2) 75

05

06 나, 마

07

08 (1) 점 ㅁ (2) 변 ㅁㅂ (3) 각 ㅁㅂㄱ

09 (1) 6 (2) 120

10

교과서 넘어 보기 69~73쪽

19 ㉡, ㉣, ㉤

20

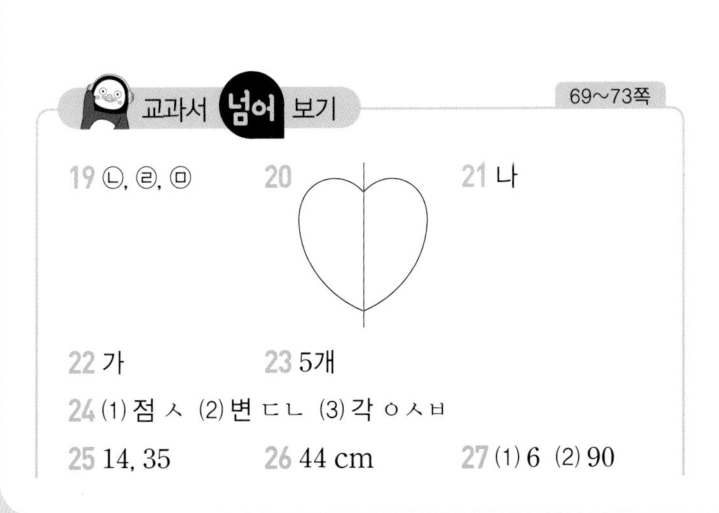

21 나

22 가 23 5개

24 (1) 점 ㅅ (2) 변 ㄷㄴ (3) 각 ㅇㅅㅂ

25 14, 35 26 44 cm 27 (1) 6 (2) 90

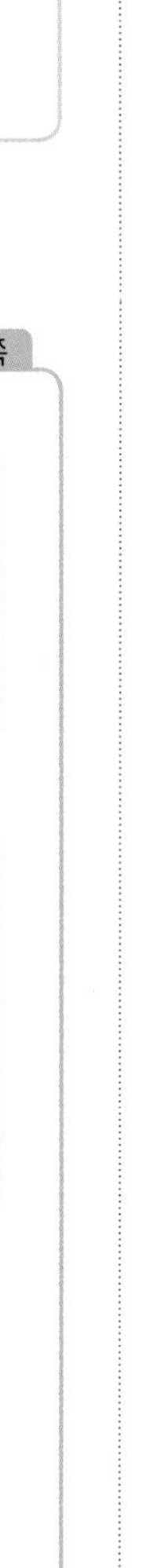

28

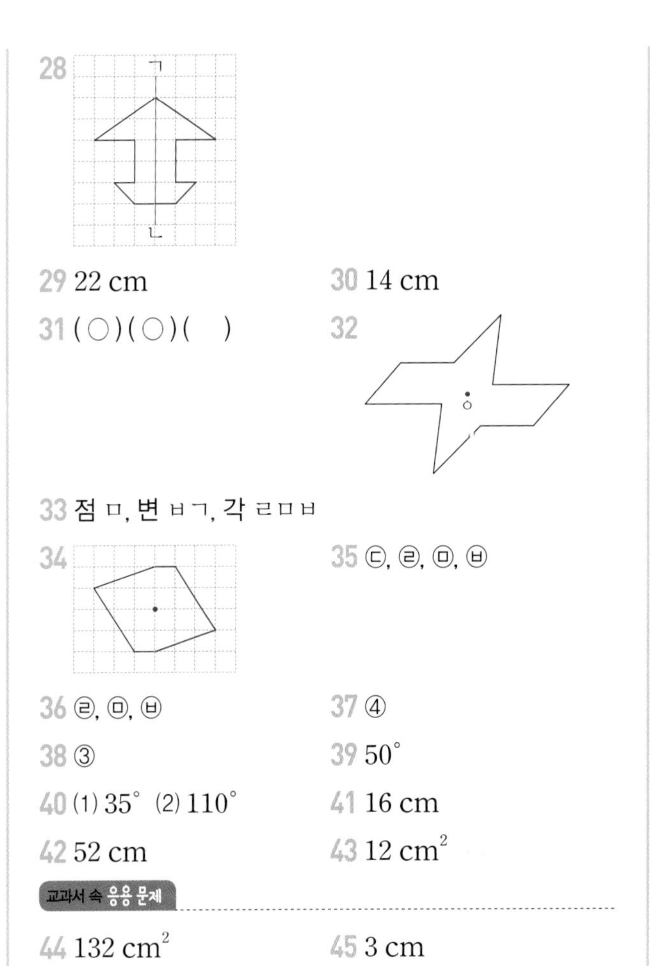

29 22 cm 30 14 cm

31 (○)(○)( ) 32

33 점 ㅁ, 변 ㅂㄱ, 각 ㄹㅁㅂ

34 35 ㉢, ㉣, ㉤, ㉥

36 ㉣, ㉤, ㉥ 37 ④

38 ③ 39 50°

40 (1) 35° (2) 110° 41 16 cm

42 52 cm 43 12 cm²

교과서 속 응용 문제

44 132 cm² 45 3 cm

46 86 cm 47 30 cm

응용력 높이기 74~77쪽

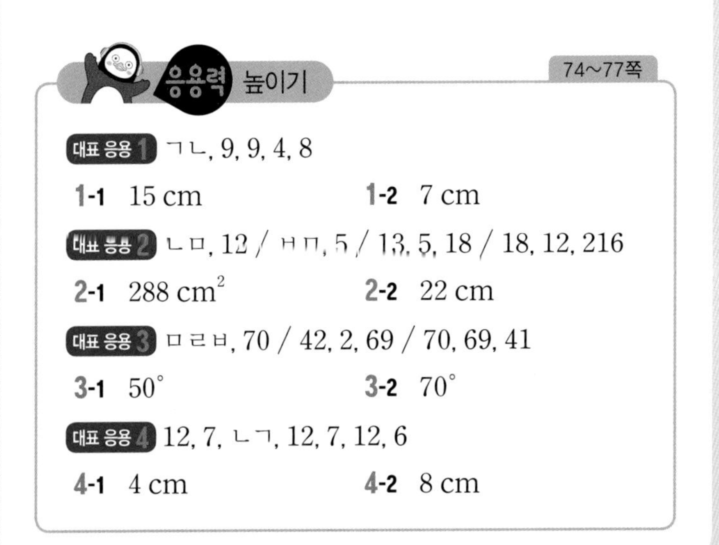

대표 응용 1 ㄱㄴ, 9, 9, 4, 8

1-1 15 cm 1-2 7 cm

대표 응용 2 ㄴㅁ, 12 / ㅂㅁ, 5 / 13, 5, 18 / 18, 12, 216

2-1 288 cm² 2-2 22 cm

대표 응용 3 ㅁㄹㅂ, 70 / 42, 2, 69 / 70, 69, 41

3-1 50° 3-2 70°

대표 응용 4 12, 7, ㄴㄱ, 12, 7, 12, 6

4-1 4 cm 4-2 8 cm

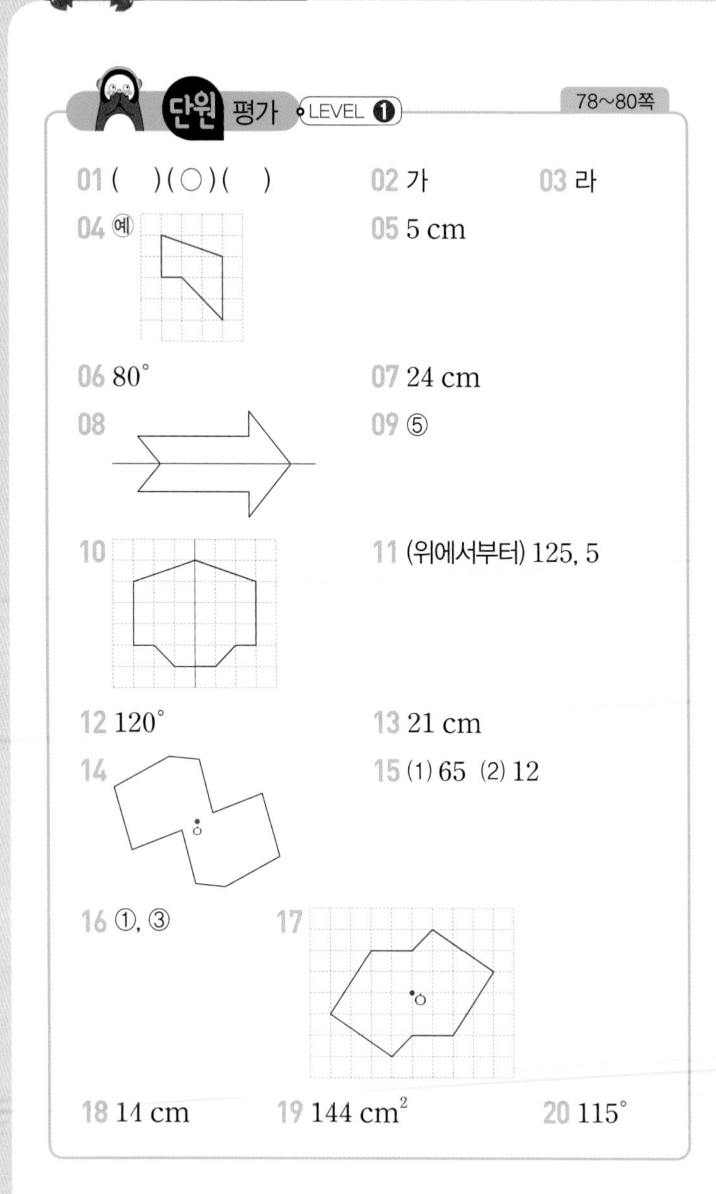

단원 평가 LEVEL ❶ 78~80쪽

01 ( )(○)( )
02 가
03 라
04 예
05 5 cm
06 80°
07 24 cm
08
09 ⑤
10
11 (위에서부터) 125, 5
12 120°
13 21 cm
14
15 (1) 65 (2) 12
16 ①, ③
17
18 14 cm
19 144 cm^2
20 115°

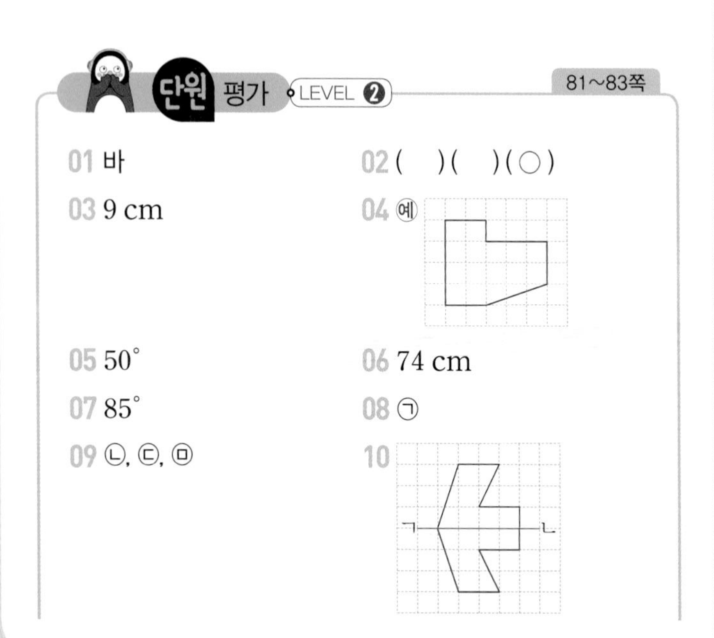

단원 평가 LEVEL ❷ 81~83쪽

01 바
02 ( )( )(○)
03 9 cm
04 예
05 50°
06 74 cm
07 85°
08 ㉠
09 ㉡, ㉢, ㉤
10

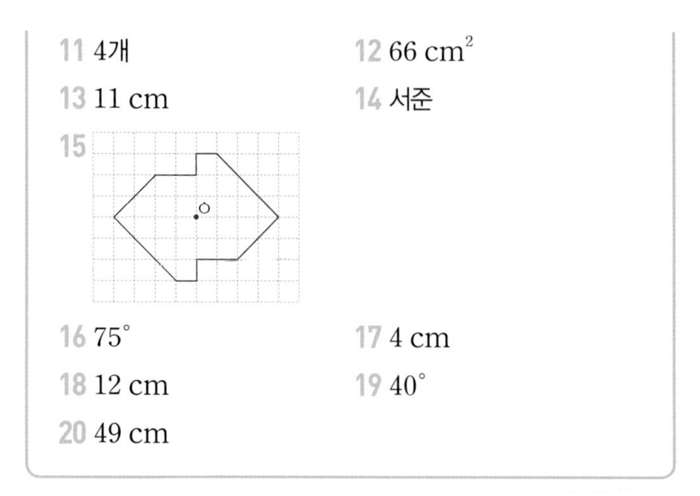

11 4개
12 66 cm^2
13 11 cm
14 서준
15
16 75°
17 4 cm
18 12 cm
19 40°
20 49 cm

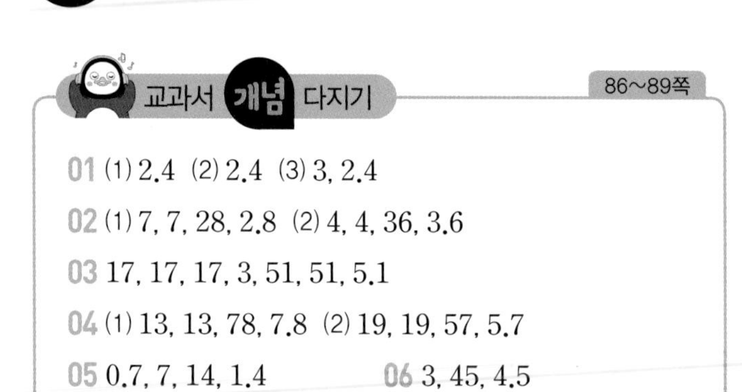

4단원 소수의 곱셈

교과서 개념 다지기 86~89쪽

01 (1) 2.4 (2) 2.4 (3) 3, 2.4
02 (1) 7, 7, 28, 2.8 (2) 4, 4, 36, 3.6
03 17, 17, 17, 3, 51, 51, 5.1
04 (1) 13, 13, 78, 7.8 (2) 19, 19, 57, 5.7
05 0.7, 7, 14, 1.4
06 3, 45, 4.5
07 13.5
08 (1) 25, 25, 50, 5 (2) ① 50, 5 ② 5
09 (1) 27, 27, 81, 8.1 (2) 214, 642, 6.42
10 (1) 12.9 (2) 525, 5.25

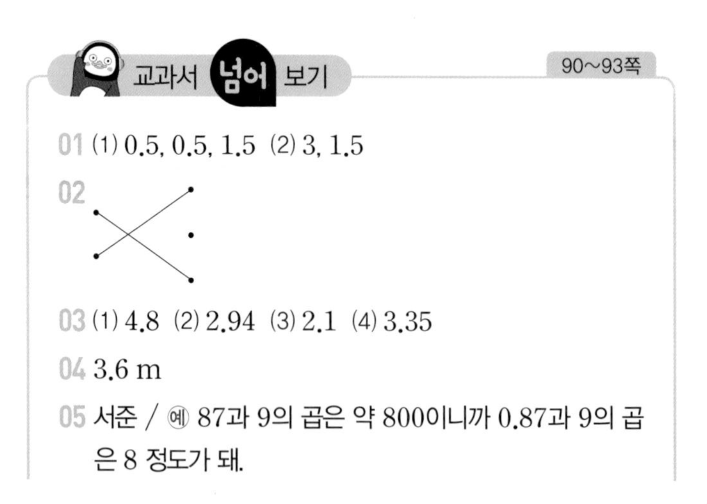

교과서 넘어 보기 90~93쪽

01 (1) 0.5, 0.5, 1.5 (2) 3, 1.5
02
03 (1) 4.8 (2) 2.94 (3) 2.1 (4) 3.35
04 3.6 m
05 서준 / 예 87과 9의 곱은 약 800이니까 0.87과 9의 곱은 8 정도가 돼.

06 >

07 3.2 km

08
$$\begin{array}{r} 1.8\,4 \\ \times \quad\; 9 \\ \hline 1\,6.5\,6 \end{array}$$

09 (1) 예 $3.7\times4=\frac{37}{10}\times4=\frac{37\times4}{10}=\frac{148}{10}=14.8$

(2) 예 3.7은 0.1이 37개이므로 3.7×4는 0.1이 148개입니다. 따라서 $3.7\times4=14.8$입니다.

10 20.64

11 21.5 cm

12 127.2 km

13 17.4 km

14 바트

15 63, 756, 7.56

16 (　)(○)(　)

17 6.35, 88.2

18 ㉠

19 예준

20 ㉠

21 41.86 kg, 17.48 kg

22 65.94마이크로그램

23 270.5킬로칼로리

24 96

교과서 속 응용 문제

25 14병

26 3장

27 3포

94~96쪽

01 24, 0.24, 0.24

02 $\frac{1}{100}$, 0.54

03 (1) 18, 21, 378, 3.78 (2) 23, $\frac{415}{100}$, $\frac{9545}{1000}$, 9.545

04 (1) 4.48 (2) 29.25

05 (1) 1539, 15.39 (2) 4267, 4.267

06 930, 9.3

07 26.7, 267, 2670

08 342, 34.2, 3.42

97~100쪽

28 $\frac{9}{10}\times\frac{23}{100}=\frac{207}{1000}=0.207$

29 0.608

30 0.474 m^2

31 0.0594

32 예

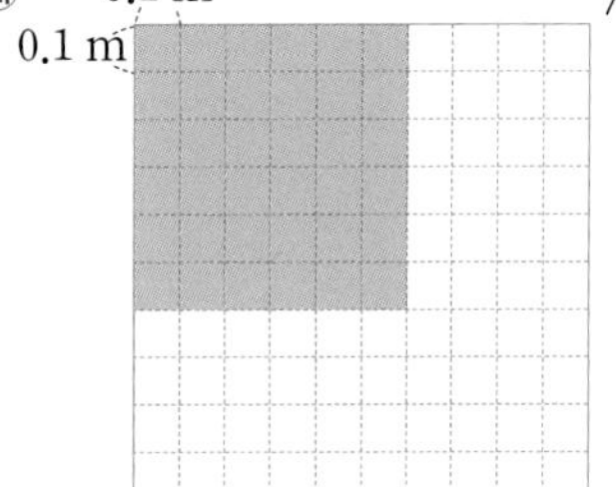

/ $0.6\times0.6=0.36$

33 (1) 예 $42 \times 28 = 1176$
($\frac{1}{10}$배, $\frac{1}{10}$배, $\frac{1}{100}$배)
$4.2 \times 2.8 = 11.76$

(2) 예 $4.2\times2.8=\frac{42}{10}\times\frac{28}{10}=\frac{1176}{100}=11.76$

34 ㉢, ㉠, ㉡

35 ㉡, ㉢

36 (위에서부터) 4.313, 1.589

37 7

38 28

39 31.28

40 지호

41 ㉡

42 (1) 0.1 (2) 0.629

43 ㉢

44 할머니 댁

45 15688원, 156876원

46 9470

47 3.175

48

49 (1) 4.5 (2) 3.07

교과서 속 응용 문제

50 7.5, 0.6 / 0.75, 6

51 1.179

52 63

53 1000 m

54 147565원

55 초콜릿 100개

응용력 높이기

101~105쪽

대표 응용 1 10.8, 10.2 / 10.8, 10.2, 110.16

1-1 0.7296 m^2

1-2 162.24 cm^2

대표 응용 2 66, 70.2, 66, 70.2 / 67, 68, 69, 70

2-1 18, 38

2-2 58

대표 응용 3 0.1, 0.37, 4.07, 4.07

3-1 32.64 m

3-2 21.75 cm

대표 응용 4 30, 1, 3.5, 3.5, 335.3

4-1 9.425 L

4-2 25.311 L

대표 응용 5 1, 2, 1.4, 4.06, 1.9, 4.56, 4.06

5-1 9.25

5-2 0.054

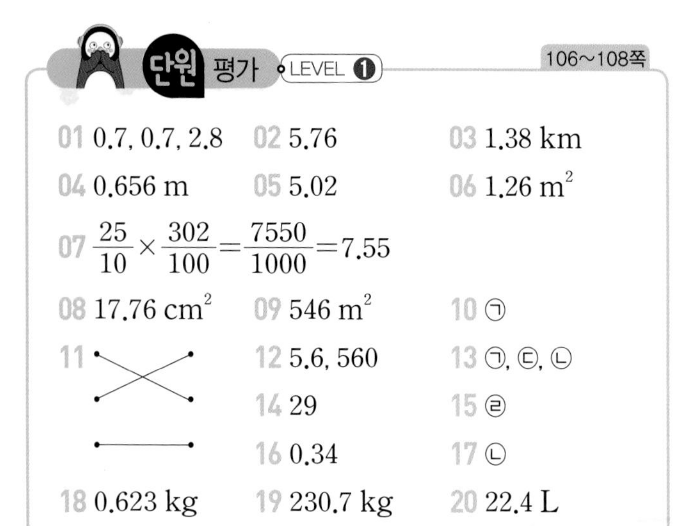

단원 평가 LEVEL ❶

106~108쪽

01 0.7, 0.7, 2.8
02 5.76
03 1.38 km
04 0.656 m
05 5.02
06 1.26 m^2
07 $\frac{25}{10}\times\frac{302}{100}=\frac{7550}{1000}=7.55$
08 17.76 cm^2
09 546 m^2
10 ㉠
11 (lines connecting dots)
12 5.6, 560
13 ㉠, ㉢, ㉡
14 29
15 ㉣
16 0.34
17 ㉡
18 0.623 kg
19 230.7 kg
20 22.4 L

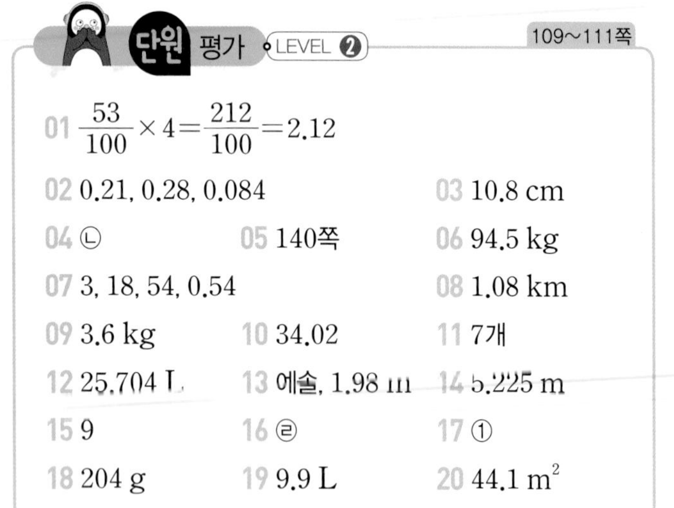

단원 평가 LEVEL ❷

109~111쪽

01 $\frac{53}{100}\times 4=\frac{212}{100}=2.12$
02 0.21, 0.28, 0.084
03 10.8 cm
04 ㉡
05 140쪽
06 94.5 kg
07 3, 18, 54, 0.54
08 1.08 km
09 3.6 kg
10 34.02
11 7개
12 25.704 L
13 예솔, 1.98 m
14 5.225 m
15 9
16 ㉣
17 ①
18 204 g
19 9.9 L
20 44.1 m^2

5단원 직육면체

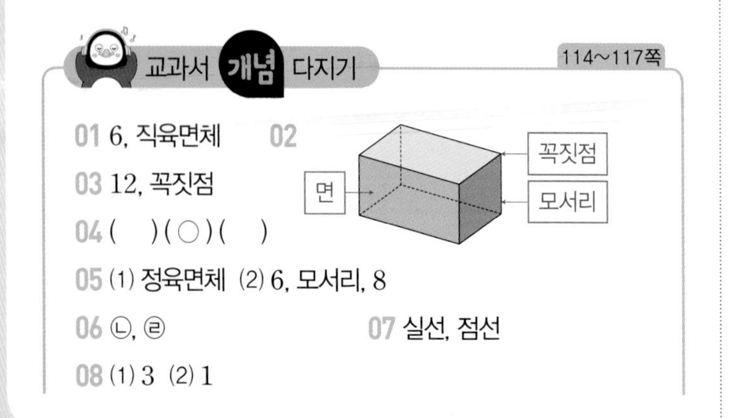

교과서 개념 다지기

114~117쪽

01 6, 직육면체
02 (diagram)

03 12, 꼭짓점
04 ( )(○)( )
05 (1) 정육면체 (2) 6, 모서리, 8
06 ㉡, ㉣
07 실선, 점선
08 (1) 3 (2) 1

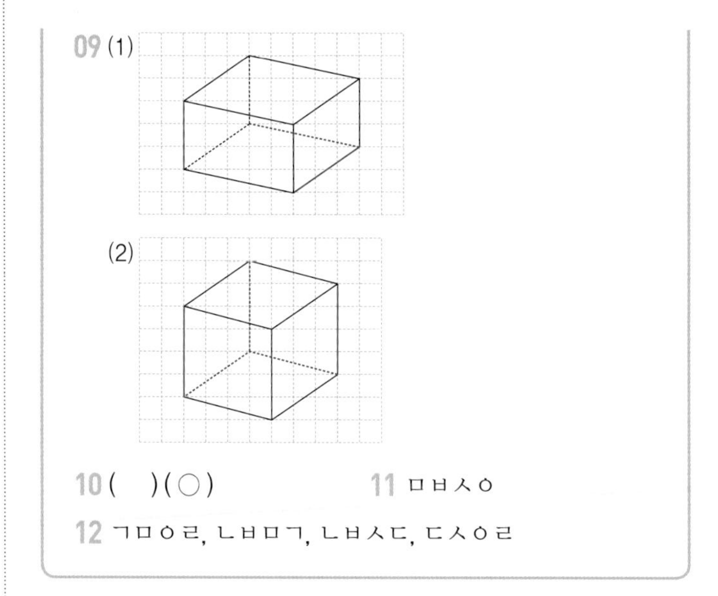

09 (1) (2)

10 ( )(○)
11 ㅁㅂㅅㅇ
12 ㄱㅁㅇㄹ, ㄴㅂㅁㄱ, ㄴㅂㅅㄷ, ㄷㅅㅇㄹ

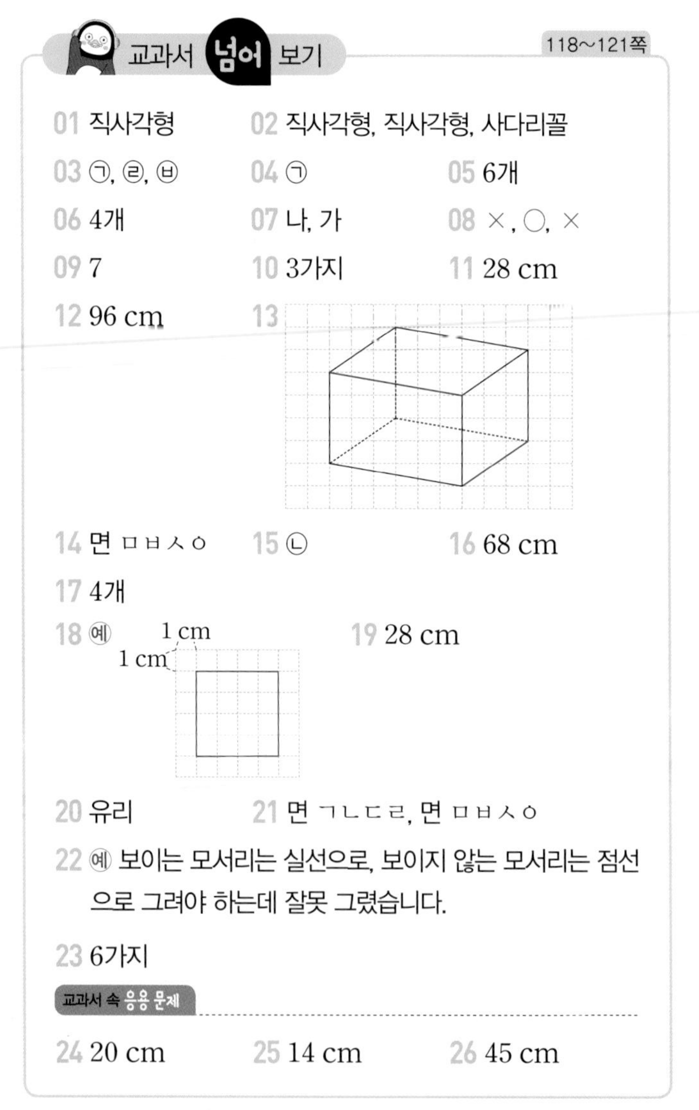

교과서 넘어 보기

118~121쪽

01 직사각형
02 직사각형, 직사각형, 사다리꼴
03 ㉠, ㉣, ㉥
04 ㉠
05 6개
06 4개
07 나, 가
08 ×, ○, ×
09 7
10 3가지
11 28 cm
12 96 cm
13 (diagram)
14 면 ㅁㅂㅅㅇ
15 ㉡
16 68 cm
17 4개
18 예

19 28 cm
20 유리
21 면 ㄱㄴㄷㄹ, 면 ㅁㅂㅅㅇ
22 예 보이는 모서리는 실선으로, 보이지 않는 모서리는 점선으로 그려야 하는데 잘못 그렸습니다.
23 6가지

교과서 속 응용 문제

24 20 cm
25 14 cm
26 45 cm

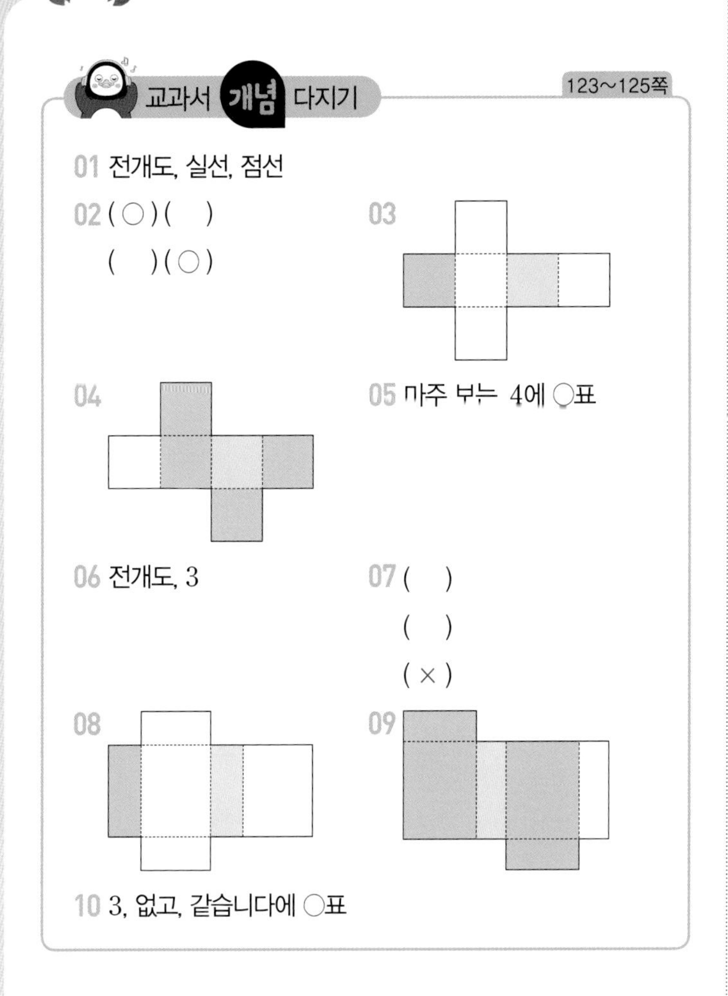
교과서 개념 다지기
123~125쪽
01 전개도, 실선, 점선
02 (○) (   )
(   ) (○)
03
04
05 마주 보는 4에 ○표
06 전개도, 3
07 (   )
(   )
(×)
08
09
10 3, 없고, 같습니다에 ○표

교과서 넘어 보기
126~129쪽
27
28 면 나, 면 다, 면 라, 면 마
29 다, 라
30 (위에서부터) ㄱ, ㄹ, ㅁ, ㅇ
31
32 2
33 14
34 (앞에서부터) 2, 4, 4
35 점 ㅈ, 점 ㅍ
36 (1) 선분 ㅋㅌ (2) 점 ㅅ, 점 ㅈ

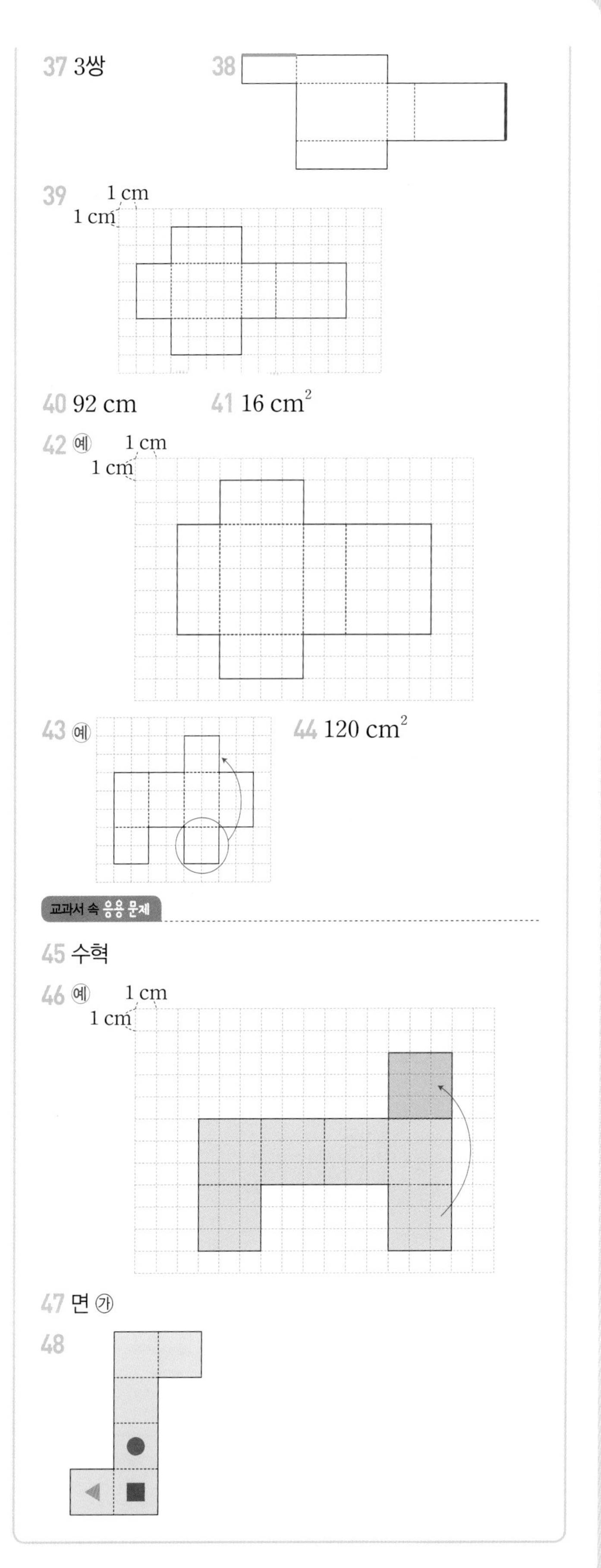
37 3쌍
38
39
1 cm
1 cm
40 92 cm
41 16 cm²
42 예
1 cm
1 cm
43 예
44 120 cm²
교과서 속 응용 문제
45 수혁
46 예
1 cm
1 cm
47 면 ㉮
48

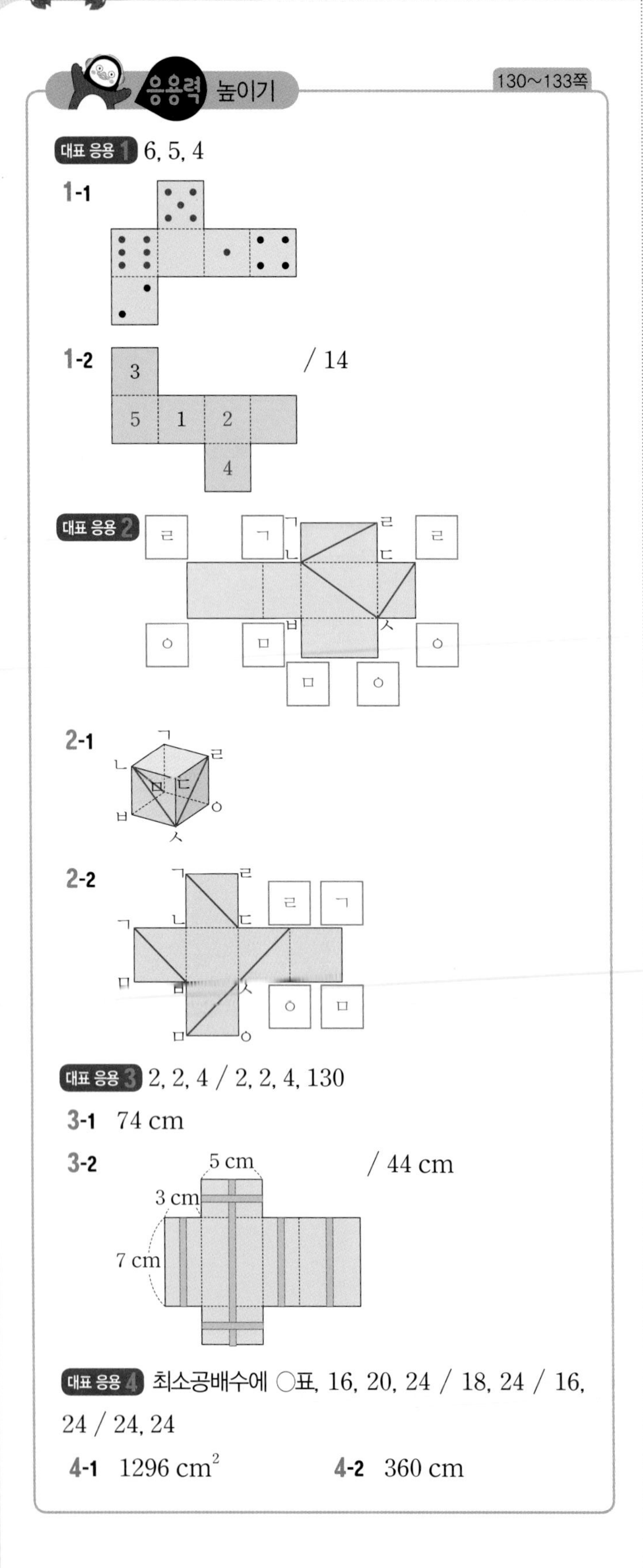

응용력 높이기
130~133쪽
대표 응용 1 6, 5, 4
1-1
1-2
/ 14
대표 응용 2
2-1
2-2
대표 응용 3 2, 2, 4 / 2, 2, 4, 130
3-1 74 cm
3-2
/ 44 cm
대표 응용 4 최소공배수에 ○표, 16, 20, 24 / 18, 24 / 16, 24 / 24, 24
4-1 1296 cm²
4-2 360 cm

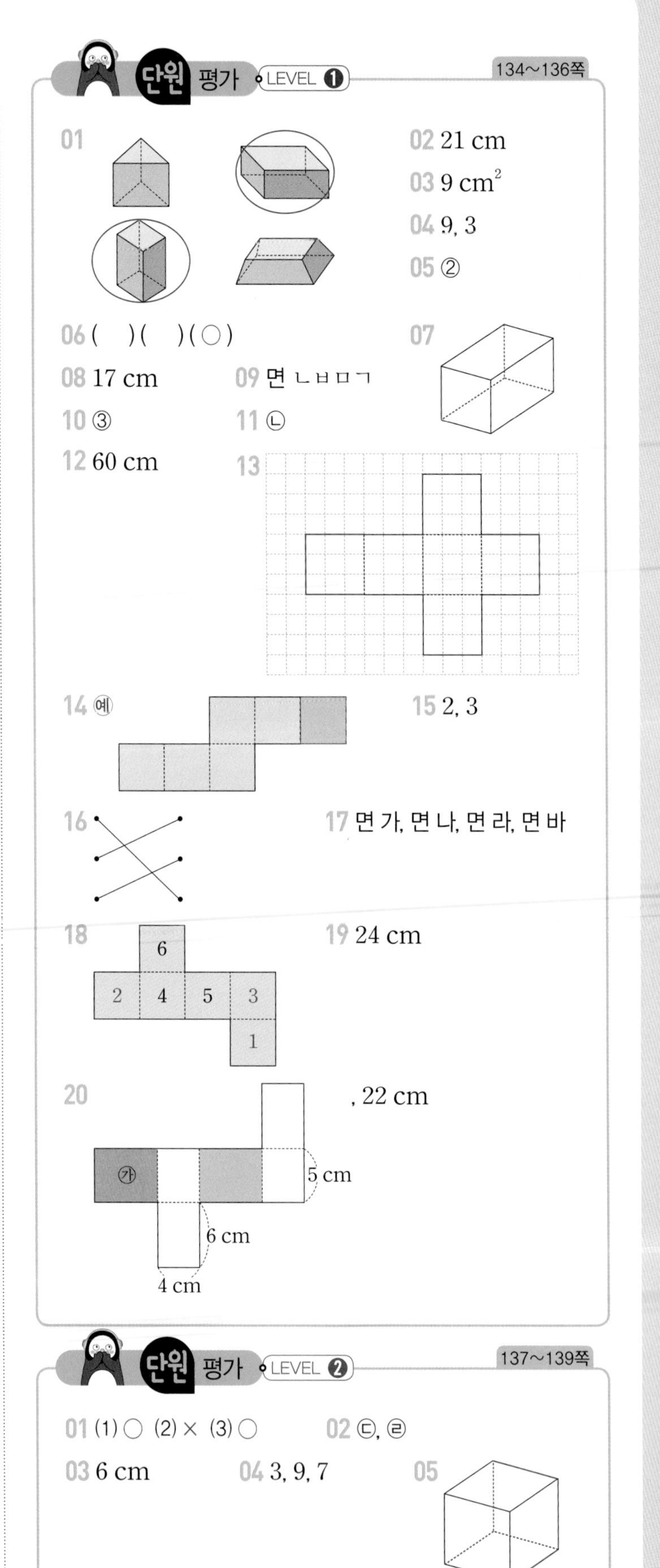

단원 평가 LEVEL 1
134~136쪽
01
02 21 cm
03 9 cm²
04 9, 3
05 ②
06 ( )( )(○)
07
08 17 cm
09 면 ㄴㅂㅁㄱ
10 ③
11 ㉡
12 60 cm
13
14 예
15 2, 3
16
17 면 가, 면 나, 면 라, 면 바
18
19 24 cm
20
, 22 cm
단원 평가 LEVEL 2
137~139쪽
01 (1) ○ (2) × (3) ○
02 ㉢, ㉣
03 6 cm
04 3, 9, 7
05

06 10 cm　07 77 cm²　08 93 cm
09 72 cm　10 6　11 9 cm
12 3 cm　13 50 cm²　14 49 cm²
15 240 cm　16 36 cm²　17 28 cm
18 선분 ㅋㅊ　19 88 cm
20 , 56 cm

(가) 7 cm 4 cm 6 cm

6단원 평균과 가능성

교과서 개념 다지기 142~145쪽

01 20에 ○표
02 (1) 32, 38, 35, 40, 35, 180 (2) 5 (3) 180, 5, 36
03 9, 7, 10, 6, 32, 8　04 5, 6, 5, 4, 20, 5
05 월 화 수 목 / 5
06 2, 9, 7, 6, 6 / 30, 5, 6
07 (1) 6, 30 (2) 30, 7, 5, 8, 6, 4

교과서 넘어 보기 146~149쪽

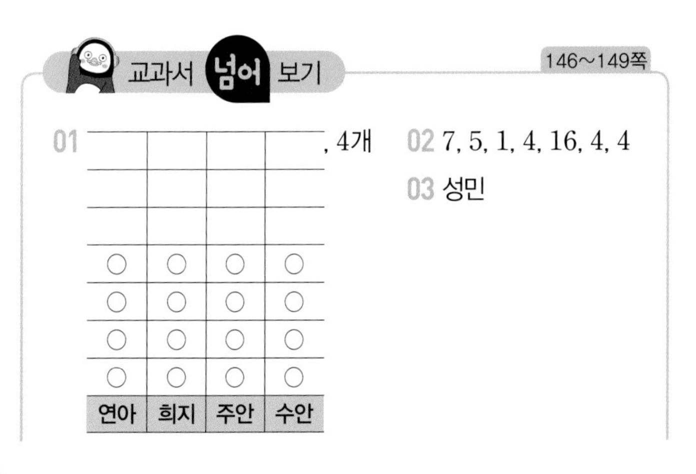

01 , 4개　02 7, 5, 1, 4, 16, 4, 4
03 성민

연아 희지 주안 수안

04 (1) 예 47 / 예 평균을 47분으로 예상한 후 (35, 59), 47, (60, 34)로 수를 옮기고 짝지어 자료의 값을 고르게 하여 구한 현지의 독서 시간의 평균은 47분입니다.
(2) 예 (현지의 독서 시간의 평균)
$=(35+60+47+59+34)\div 5$
$=235\div 5=47$(분)

05 42분　06 84개　07 86개
08 소시지빵　09 88점　10 88점 초과
11 수요일, 목요일, 금요일　12 석진
13 36개　14 4명　15 9개
16 12750개　17 월요일, 화요일　18 한서네 모둠
19 5점, 5점　20 두레반, 1점

교과서 속 응용 문제

21 50대　22 25명　23 89회
24 12초　25 44회

교과서 개념 다지기 150~153쪽

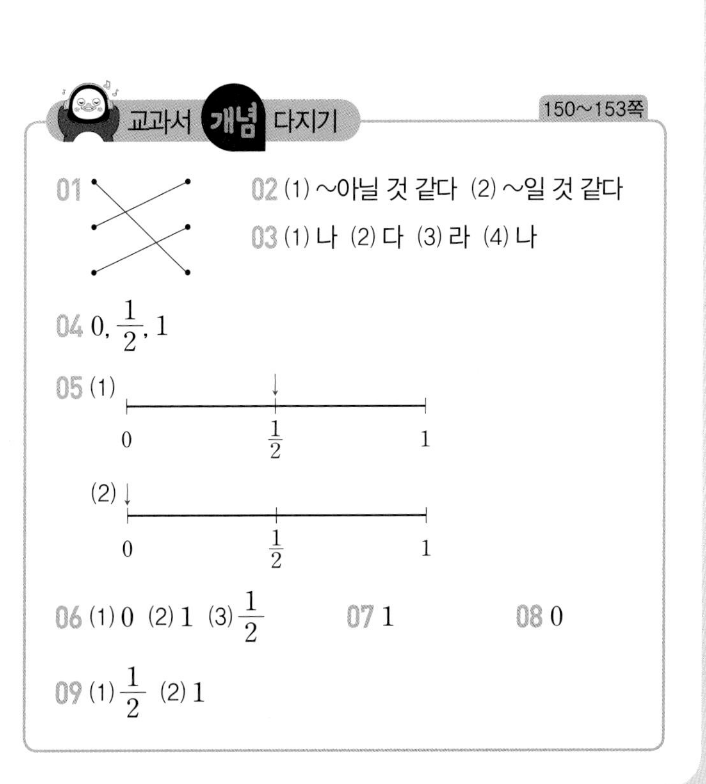

01　02 (1) ~아닐 것 같다 (2) ~일 것 같다
03 (1) 나 (2) 다 (3) 라 (4) 나
04 0, $\frac{1}{2}$, 1
05 (1) 0 $\frac{1}{2}$ 1
(2) 0 $\frac{1}{2}$ 1
06 (1) 0 (2) 1 (3) $\frac{1}{2}$　07 1　08 0
09 (1) $\frac{1}{2}$ (2) 1

교과서 넘어 보기 154~157쪽

26 (그림) 27 ㉢

28 반반이다 29 반반이다

30 나미

31 예 언필 8자루와 볼펜 1자루가 들어 있는 필통에서 1자루를 꺼낼 때 연필이 나올 거야.

32 재서, 지희 33 동호, 불가능하다

34 ㉣, ㉢, ㉡, ㉠ 35 찬빈, 주안, 수민, 준서

36 다 37 마 38 라

39 다, 라, 마, 나, 가

40 (1) 0 (2)

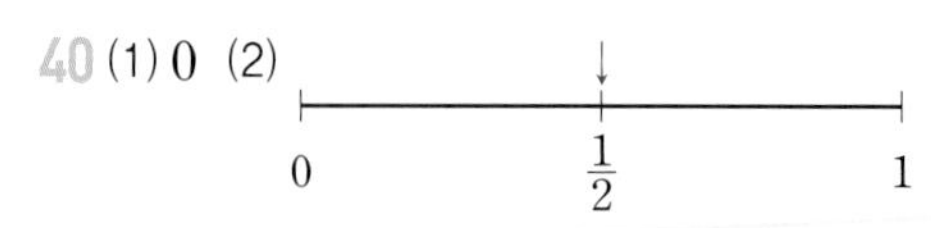

41 말 불가능하다 수 0

42 (1) 반반이다 / $\frac{1}{2}$

(2)

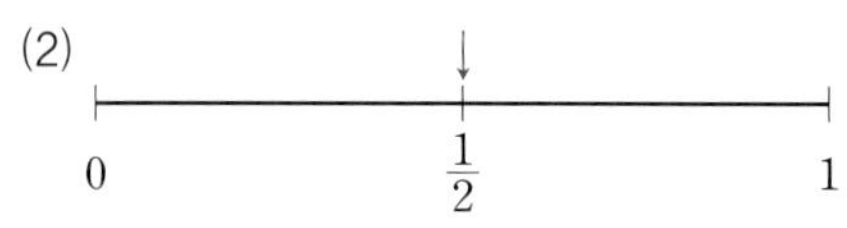

43 0 44 ㉠ 45 ㉣

교과서 속 응용 문제

46 수민

47 예 지금은 오전 9시니까 1시간 후에는 오전 10시가 될 거야.

48 ~아닐 것 같다에 ○표 49 윤지, 찬영, 선호, 수민

50 ㉠, ㉢, ㉡

응용력 높이기 158~161쪽

대표 응용 1 6, 914.4, 141.4, 565.6 / 914.4, 565.6, 1480, 148

1-1 39.75 kg 1-2 3 kg

대표 응용 2 940, 940, 3760, 3760, 930

2-1 31개 2-2 302타, 285타

대표 응용 3 5, 445, 5, 89 / 89, 92, 644 / 644, 445, 199

3-1 50분 3-2 95점

대표 응용 4 반반이다, $\frac{1}{2}$, 3

4-1 예

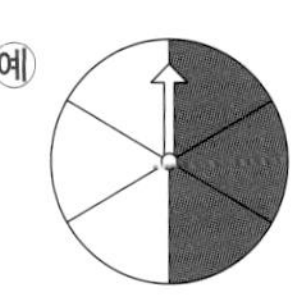

4-2 예

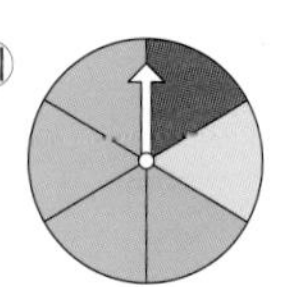

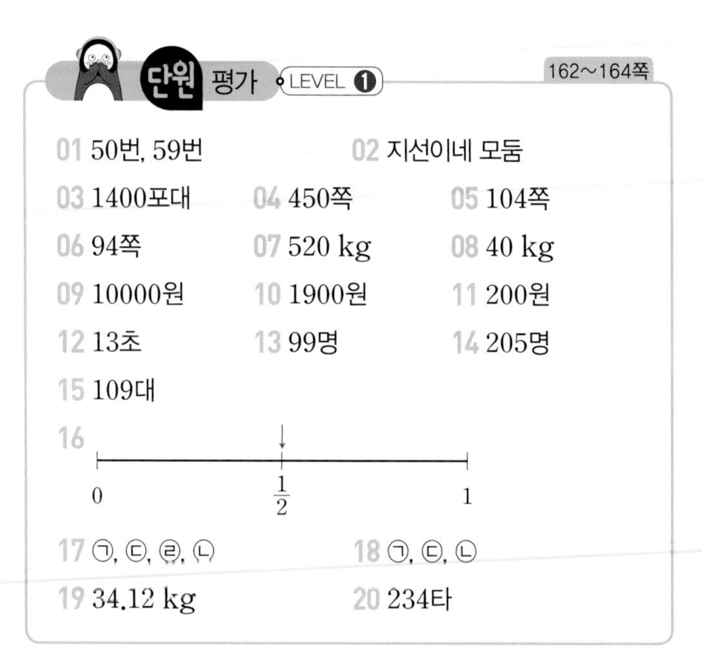

단원 평가 LEVEL 1 162~164쪽

01 50번, 59번 02 지선이네 모둠

03 1400포대 04 450쪽 05 104쪽

06 94쪽 07 520 kg 08 40 kg

09 10000원 10 1900원 11 200원

12 13초 13 99명 14 205명

15 109대

16

17 ㉠, ㉢, ㉣, ㉡ 18 ㉠, ㉢, ㉡

19 34.12 kg 20 234타

단원 평가 LEVEL 2 165~167쪽

01 26명 02 25명 03 5학년

04 38 kg 05 오후 5시 25분 06 60 kg

07 22 kg 08 10 kg 09 12 kg

10 84점 11 $\frac{1}{2}$ 12 1

13 노란색 구슬 14 불가능하다 / 0

15 $\frac{1}{2}$ 16 $\frac{1}{2}$ 17 ㉢, ㉠, ㉡

18 ㉣, ㉤, ㉡, ㉢, ㉠ 19 78점

20 64세

Book 2 복습책

1 단원 수의 범위와 어림하기

1 단원 기본 문제 복습 2~3쪽

01 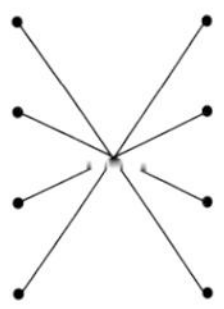

02 재현, 민우
03 예린, 윤정
04 이상, 미만
05 73, 74, 75에 ○표, 69, 70, 71에 △표
06 3590, 3600　07 4.5　08 32800, 30000
09 4553에 ○표　10 156, 161, 147, 159
11 7200명　12 800 cm　13 16장

1 단원 응용 문제 복습 4~5쪽

01 144000원　02 300000원　03 205000원
04 4개　05 4개　06 6개
07 4343　08 6457　09 45429
10 200 cm　11 7 m　12 12 m

1 단원 서술형 수행 평가 6~7쪽

01 4개　02 9개　03 99
04 27명　05 6개　06 6봉지
07 3000원　08 151명 이상 180명 이하
09 5698　10 대형 마트

1 단원 단원 평가 8~10쪽

01 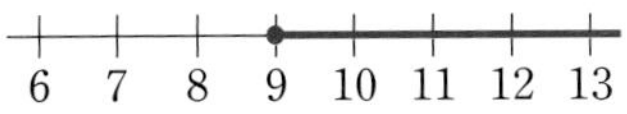

02 4명　03 ③　04 2명
05 수호, 민수　06 6권　07 12 cm
08 4개　09 은주, 영은, 경민
10 7600원　11 3700　12 8
13 7590, 7652　14 ㉢, ㉤　15 5100
16 ㉡　17 7척　18 620개
19 3500원　20 50000원

2 단원 분수의 곱셈

2 단원 기본 문제 복습 11~12쪽

01 3, 12, 2, 2　02 $4\frac{1}{2}$
03 $\frac{4}{9}$, 16, 5, 1, 17, 1　04 $12\frac{3}{4}$
05 3, 9
06 방법 1 27, 7, $\frac{27}{7}$, $3\frac{6}{7}$　방법 2 3, 7, $\frac{27}{7}$, $3\frac{6}{7}$
07 $\frac{2}{3}$, (위에서부터) 2, 3, $\frac{8}{15}$　08 ㉡, ㉢, ㉣, ㉠
09 

10 $\frac{7}{81}$
11 (앞에서부터) 2, 19, 3, $\frac{38}{9}$, $4\frac{2}{9}$
12 ⑤　13 (1) $6\frac{3}{7}$ (2) $2\frac{1}{4}$

2 단원 응용 문제 복습 13~14쪽

01 $19\frac{1}{4}$ km　02 $181\frac{1}{2}$ km　03 264 km
04 $\frac{5}{64}$　05 $\frac{71}{81}$　06 $3\frac{29}{32}$
07 2800원　08 160명　09 90쪽
10 $1\frac{5}{9}$　11 $15\frac{7}{16}$　12 $1\frac{31}{125}$

2 단원 서술형 수행 평가 15~16쪽

01 $1\frac{5}{9}$ L　02 $682\frac{1}{2}$ cm^2　03 24 kg

04 15 m　05 34세　06 $6\frac{4}{9}$ kg

07 오전 11시 44분　08 30권

09 $79\frac{3}{4}$ cm^2　10 125 L

2 단원 단원 평가 17~19쪽

01 (1) $5\frac{5}{7}$ (2) $1\frac{10}{11}$　02 $3\frac{1}{5}$ kg

03 $2\frac{2}{3}\times4=(2\times4)+\left(\frac{2}{3}\times4\right)=8+\frac{8}{3}=8+2\frac{2}{3}$
$=10\frac{2}{3}$

04 (○)( )　05 $19\frac{1}{4}$ km　06 $7\frac{1}{5}$

07 $8\times\frac{5}{6}$ / $6\frac{2}{3}$　08 750원

09 $6\times1\frac{5}{8}=\overset{3}{\cancel{6}}\times\frac{13}{\underset{4}{\cancel{8}}}=\frac{39}{4}=9\frac{3}{4}$

10 (위에서부터) 9, 15, 12, 14　11 76 km

12 (1) > (2) <　13 $\frac{5}{54}$　14 7, 8(또는 8, 7)

15 6　16　17 $4\frac{3}{4}$ km

18 $\frac{7}{10}$시간　19 $9\frac{3}{5}$ kg　20 60쪽

3 단원 합동과 대칭

3 단원 기본 문제 복습 20~21쪽

01 합동　02 가, 라　03 예

04 5, 5, 5　05 120°　06 가, 라

07 ㉢　08 28, 55　09 16 cm

10　11 125, 6

12 10 cm　13 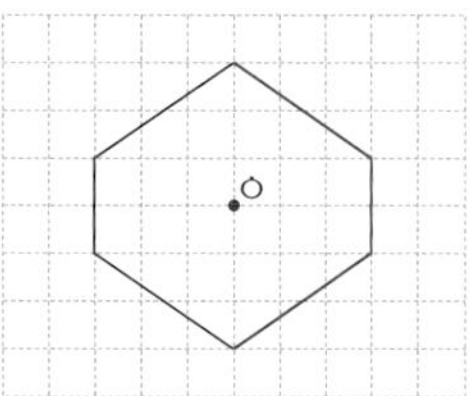

3 단원 응용 문제 복습 22~23쪽

01 30°　02 50°　03 30 cm

04 2개　05 A　06 2개

07 84 cm^2　08 204 cm^2　09 168 cm^2

10 80 cm^2　11 168 cm^2　12 46 cm^2

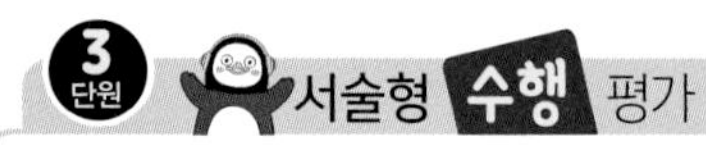

3 단원 서술형 수행 평가 24~25쪽

01 25°　02 18 cm　03 100°

04 8 cm　05 60°　06 72 cm^2

07 42 cm　08 54 cm

3 단원 단원 평가 26~28쪽

01 ㉣　02 나　03 예

04 70°　05 5 cm

06 22 cm　07 4 cm

08 ④　09 변 ㄴㄱ　10 BOX

11 7 cm　12 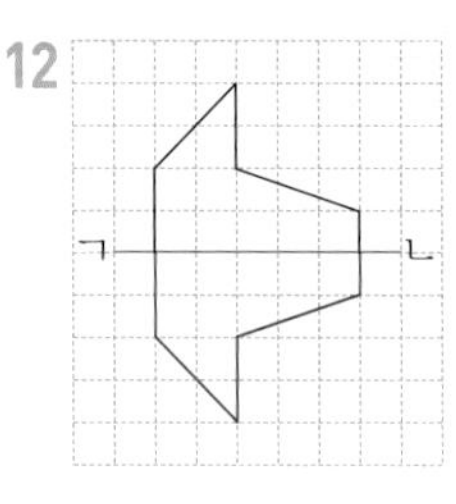

13 42 cm

14 ㄹ, ㅁ, ㅇ, ㅍ에 ○표

15 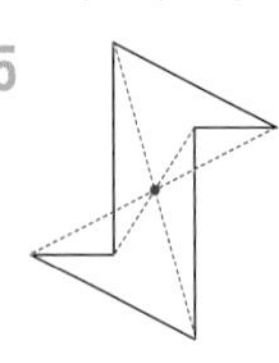

16 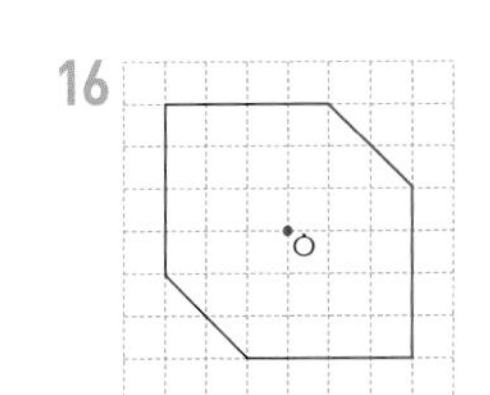

17 ㉢

18 5 cm

19 105°

20 18 cm

4 단원 소수의 곱셈

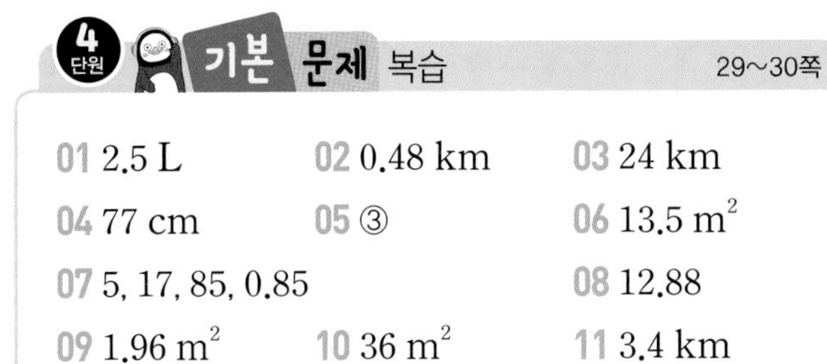

4단원 기본 문제 복습 29~30쪽

01 2.5 L　02 0.48 km　03 24 km

04 77 cm　05 ③　06 13.5 m^2

07 5, 17, 85, 0.85　08 12.88

09 1.96 m^2　10 36 m^2　11 3.4 km

12 (1) > (2) =　13 ②

4단원 응용 문제 복습 31~32쪽

01 0.001　02 1000

03 10　04 7.02 cm^2

05 24.6 cm^2　06 4 cm^2

07 15.34　08 3.12

09 70.68　10 3.375 m

11 0.32 m　12 1.44 m

4단원 서술형 수행 평가 33~34쪽

01 0.105 kg　02 975 km　03 90쪽

04 93　05 12.95 cm　06 71.55 kg

07 0.975 m　08 8.436　09 1.74

10 세 번째

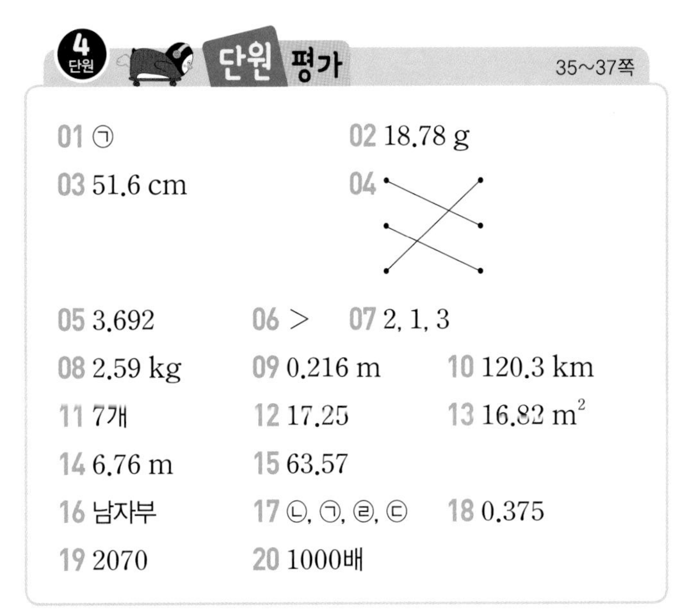

4단원 단원 평가 35~37쪽

01 ㉠　02 18.78 g

03 51.6 cm　04

05 3.692　06 >　07 2, 1, 3

08 2.59 kg　09 0.216 m　10 120.3 km

11 7개　12 17.25　13 16.82 m^2

14 6.76 m　15 63.57

16 남자부　17 ㉡, ㉠, ㉣, ㉢　18 0.375

19 2070　20 1000배

5 단원 직육면체

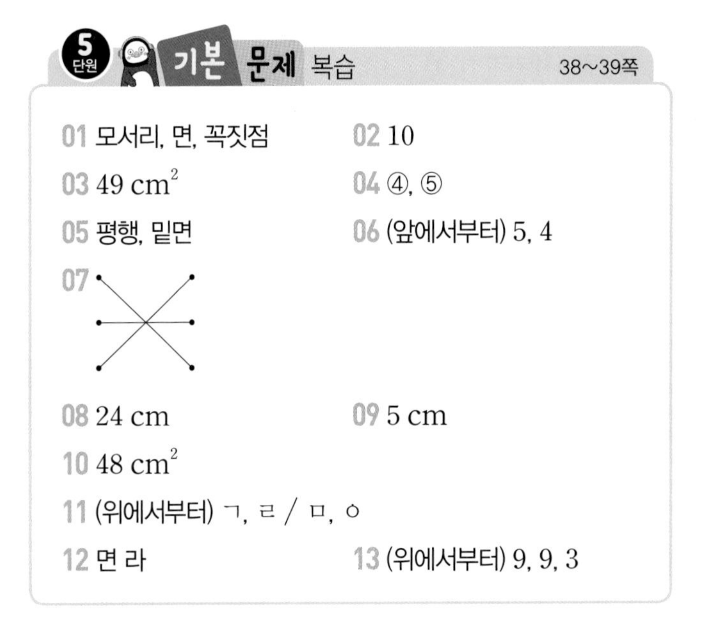

5단원 기본 문제 복습 38~39쪽

01 모서리, 면, 꼭짓점　02 10

03 49 cm^2　04 ④, ⑤

05 평행, 밑면　06 (앞에서부터) 5, 4

07

08 24 cm　09 5 cm

10 48 cm^2

11 (위에서부터) ㄱ, ㄹ / ㅁ, ㅇ

12 면 라　13 (위에서부터) 9, 9, 3

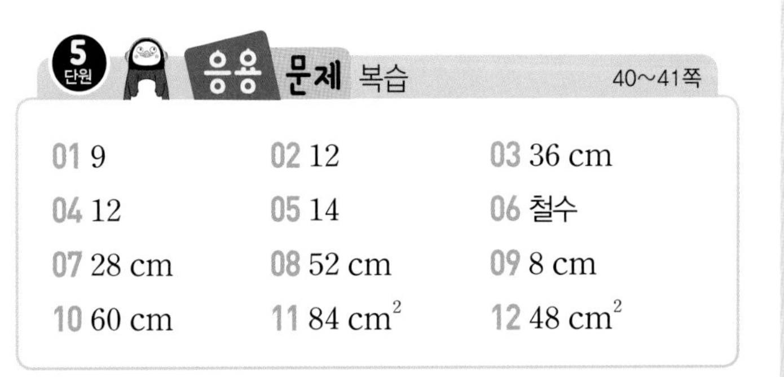

5단원 응용 문제 복습 40~41쪽

01 9　02 12　03 36 cm

04 12　05 14　06 철수

07 28 cm　08 52 cm　09 8 cm

10 60 cm　11 84 cm^2　12 48 cm^2

5 단원 서술형 수행 평가 42~43쪽

01 직육면체가 아닙니다.

이유 예 직육면체는 직사각형 6개로 둘러싸인 도형인데 직사각형이 아닌 도형이 있고 면의 수도 6개가 아닙니다.

02 $144\ cm^2$ 03 7 04 6

05 27 cm 06 48 cm 07 90 cm

08 4 cm 09 46 cm, $126\ cm^2$

10 72 cm

5 단원 단원 평가 44~46쪽

01 ㉠, ㉢, ㉤ 02 면 ㄹㄷㅅㅇ

03 모서리 ㄴㄱ, 모서리 ㄴㄷ, 모서리 ㄴㅂ

04 8 05 면 ㄱㄴㄷㄹ 06 16 cm

07 24 cm 08 ⑤ 09 4

10 (위에서부터) ㄱ, ㅁ / ㅁ, ㅇ 11 (그림)

12 면 라 13 면 ㅌㅅㅇㅋ

14 선분 ㅋㅌ 15 ㉣

16 라 17 $150\ cm^2$

18 (그림) ㉠, 34 cm

19 $32\ cm^2$ 20 68 cm

6 단원 평균과 가능성

6 단원 기본 문제 복습 47~48쪽

01 51번 02 30, 39, 30 03 6 kg

04 20장 05 민우 06 48 m

07 12세 08 49번 09 46번

10 39개 11 반반이다 12 $\frac{1}{2}$

13 ㉠, ㉢, ㉡, ㉣

6 단원 응용 문제 복습 49~50쪽

01 2모둠 02 영수네, 1 03 2, 3

04 157.5 cm 05 15세 06 2300원

07 53 kg, 48 kg 08 92점, 87점

09 52분, 58분 10 ㉠ 11 ㉡

12 라, 가, 다, 마, 나

6 단원 서술형 수행 평가 51~52쪽

01 43개 02 89점 03 29.5 ℃

04 재석이네 모둠, 1번 05 1

06 $\frac{1}{2}$ 07 예나네 학교, $1\ m^2$

08 146 cm 09 1500000원 10 23쪽

6 단원 단원 평가 53~55쪽

01

○	○	○	○
○	○	○	○
○	○	○	○
○	○	○	○
연우	보화	시언	윤호

02 3, 4, 2, 4, 16, 4, 4

03 9 04 소희 05 96점

06 45 kg 07 29권 08 13세

09 78점 10 108개

11 70대 12 반반이다, $\frac{1}{2}$

13 1 14 ㉢ 15 ㉡

16 0 17 ㉢, ㉡, ㉠ 18 $\frac{1}{2}$

19 반반이다, $\frac{1}{2}$ 20 예

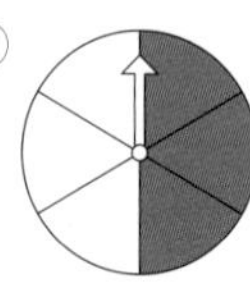